소방전기회로

최충석 지음

신광문화사

머리말

인류에게 빛의 혁명을 선물한 전기는 산업의 발달과 인간의 삶의 질 향상이라는 큰 틀에서 나날이 활용의 폭과 깊이가 확장되고 있다. 전기는 에너지의 사용 환경과 형태에 따라 주택, 공장, 빌딩, 조명, 차량, 가전, 정보, 통신, 소방 등 다양하다.

그런데 이와 같이 다양한 전기의 활용은 그 대상과 폭을 가늠하기 어렵고, 학문의 범위와 경계가 불분명한 것이 현실이다. 새로운 기술의 태동을 위한 응용 및 융합 시스템이 점점 증가함에 따라 학습의 범위 및 패턴 등도 일부 변화가 필요하게 되었다. 산업 현장에서 우리들이 다루는 설비나 기기 등의 안전을 확보하기 위해서는 소방 전기의 기초 지식이 없이는 효율적으로 접근하고, 문제를 해결해 가는데 한계가 있다는 것을 직면하게 되었다.

소방전기회로는 각 장마다 전문 용어에 대한 기초 지식을 설명할 때 고려되어야 하는 개념에 충실했으며, 독자의 이해를 증진시키기 위해 한자와 영문을 병기하여 그 뜻을 이해하는 데 도움을 주고자 하였다. 그리고 매 단원에서 제시하고 있는 주제에 대해 실제도, 개략도, 회로도, 응용 분야 및 관련 예제 등을 적절하게 제시하여 소방 전기 분야를 입문하는 공학도, 학생들을 지도하는 교수님, 산업 현장에서 지식 기반이 부족한 엔지니어 등이 쉽게 활용할 수 있도록 단원을 구성하여 학습자가 내용을 이해하고 지식을 터득하는 데 도움이 되도록 집필하였다.

소방전기회로의 구성은 제15장으로 구성하였으며, 기호, 단위 표기 및 물리량 등을 부록으로 제시하였다. 서적의 도입부에 전기회로의 기초를 제시하여 전기와 관련된 기본 정의 및 법칙 등을 설명하였다. 또한, 저항회로의 해석, 회로의 연결, 회로망의 정리, 축전지(콘덴서), 정현파 교류 회로, 정전계, 자기의 현상 및 법칙, 코일(인덕터), 기본 소자와 페이저, 교류 전력과 에너지, 3상 회로, 변압기 등을 순차적으로 제시하여 학습자의 학습 효율성과 학문의 체계성을 이해하는 데 도움이 되도록 구성하였다. 또한, 도서의 후반부에 전자 회로의 기초와 디지털 회로 등의 기본 개념을 제시하여 향후 학습할 전기공학개론, 소방전기설비, 소방전기실습, 전기안전공학, 전기화재공학 등의 학습을 진행하는데 자연스럽게 연결될 수 있도록 지식의 연결 고리를 제공하였다.

지난 몇 년간 소방전기회로를 집필함에 있어서 최선을 다하였으나 부족함이 있다는 것도 잘 인지하고 있다. 하지만 다양한 분야로 융합된 소방안전공학의 개론 해석 및 활용 등에 조금이라도 기여하는 마음으로 현시점에서 탈고하기로 결정한 것이다. 앞으로 더욱 겸허한 마음으로 수정 및 보완을 하도록 노력하고자 한다.

그리고 독자들께서도 잘 아시는 바와 같이 서적의 출판은 저자의 원고를 출판사가 받아 도서 출판 전문가들에 의해서 제작되어 소비자들에게 보급되고 있다. 도서 출판 전문가들은 도서의 편집, 제작, 출판 및 보급 등에 대해서는 최고의 전문가들이다. 그러나 그들은 서적의 전반적인 부분에 대해서 전문가이지만 도서의 내용 및 활용 범위 등 세부적인 전문 지식에 대한 이론, 정보와 근거 등이 부족한 것이 현실이다.

그러므로 본 저서를 접하는 교수님, 엔지니어 및 관련 종사자 등의 조언과 충고는 본 저서의 문제점을 해결하거나 개선하는 데 직접적인 도움이 된다. 잘못된 정보와 지식을 방치하면 관련 종사자들이 그릇된 지식을 얻게 되고, 그 악순환의 고리는 관련 전문가 집단의 수준 저하 및 신뢰성 상실로 이어진다. 따라서 본 저서를 접하는 전문가들의 조언과 지적이 우리 모두를 위하고 관련 지식 산업의 성장에 기여한다는 사명감을 인식하시어 적극적인 충고와 조언을 부탁드린다.

끝으로 이 책이 독자들에게 반려가 되어 향후 지속 성장 가능한 전문가가 되시는 데 동반자가 되기를 기대하는 바이며, 본 저서의 집필에 참고 자료가 되었던 여러 저서의 저자들과 출판을 위해 정성을 기울여 주신 신광문화사 관계자 여러분께 깊은 감사의 말을 전한다.

저자 최충석
enetek@naver.com

목 차

제 3 장 회로의 연결 • 75

제 4 장 회로망의 정리 • 107

제 5 장 축전지 (콘덴서) • 149

제 6 장 정현파 교류회로 • 177

제 7 장 정전계 • 201

제 8 장 자기의 현상 및 법칙 • 227

제 9 장 코 일 (인덕터) • 259

제 10 장 기본소자와 페이저 • 285

제 11 장 교류전력과 에너지 • 317

제 12 장 3상 회로 • 347

제 13 장 변압기 • 383

제 14 장 전자회로의 기초 • 409

제 1 장

전기회로의 기초

1.1 전기의 기원

[1] 탈레스

자연계에 전기가 존재한다는 사실을 처음으로 언급한 인물은 기원전 600년경 그리스의 철학자인 탈레스(Thales, B.C 624~B.C 546)이다. 탈레스는 자연적 물질의 근원을 물(水, water)이라고 주장하였다. 물은 경험적으로 파악된 물질적 질료(質料, matter)이며, 스스로의 변화에 의해 다양한 만물을 형성한다고 생각하였다. 그는 자연과 그 다양성을 지적 탐구로 이해하고자 하였다. 그리스 최초의 철학자로서 식민지인 소아시아[1)]의 밀레토스 출생으로 기하학 분야에 중요한 5가지 정리를 발견(發見, discovery)하였다.

① 원은 지름에 의해 2등분된다.
② 이등변삼각형의 밑변의 두 각은 같다.
③ 교차하는 직선의 맞꼭지각은 같다.
④ 반원에 내접하는 각은 직각이다.
⑤ 두 개의 삼각형에서 두 각과 그 사이의 변의 길이가 같으면 합동이다.

탈레스는 자석이 금속을 끌어당기는 작용을 발견하였고, 만물의 근원을 추구한 철학의 창시자이다. 그는 땅 속에서 돌처럼 굳어서 된 광물인 호박(琥珀, amber)을 양모(羊毛, wool)에 문지르면 가벼운 종이, 먼지, 털 등을 끌어당기는 현상을 발견하였다. 이와 같은 현상을 마찰 전기(摩擦 電氣, frictional electricity)라고 한다. 전기를 영어로 'electricity'라고 하는데 이 말의 근원은 희랍어인 일렉트론(elektron)이며, 일렉트론은 호박을 뜻하는 말이다.

전기는 어떤 상태로 존재하느냐에 따라 정전기(靜電氣, static electricity)와 동전기(動電氣, dynamic electricity)로 구분된다. 정전기는 전하가 정지 상태로 있어 전하의 분포가 시간적으로 변화하지 않는 전기이다. 정전기의 반대되는 개념으로 동전기가 있으며, 일반적으로 전기는 동전기를 의미한다. 물체를 구성하는 원자핵의 주변에는 전자들이 돌고 있는데 이 전자들은 마찰을 통해 다른 물체로 이동한다. 정전기는 18세기 후반부터 프랑스의 물리학자 샤를 쿨롱(Charles Augustin de Coulomb, 1736~1806) 등에 의해 정량적 연구가 이루어져 전기의 응용과 전자기학 발전의 기반이 되었다.

1) 소아시아는 아시아 대륙의 서쪽 끝에 위치한 곳으로 흑해, 마르마라해, 에게해, 지중해 등에 둘러싸인 반도이다.

[2] 프랭클린

벤자민 프랭클린(Benjamin Franklin, 1706~1790)은 미국인으로 미국철학협회의 창립과 피뢰침(避雷針, lightning rod)의 발명, 미국 독립선언서의 초안을 작성한 인물로 공리주의자[2]이다. 보스턴의 가난한 집안에서 태어나 정규 교육은 2년 정도 밖에 받지 못했지만 그는 열두 살에 인쇄공으로 사회에 첫발을 내디딘 후 철저한 자기 관리와 시간 관리를 통해 스스로 성공하였다. 그가 제시한 '13가지 덕목' 이 미국 정신의 근간을 이루었다는 것 외에도 그의 삶은 비즈니스의 성공, 부를 쌓고 행복한 삶에 이르는 원칙을 우리에게 보여준 인물이다. 사고의 근본에는 개인의 창의성이야말로 진보의 원천이라고 주장하였다. 그의 사후에 출판된 자서전(自敍傳, autobiography)은 미국 산문 문학 중에서 일품으로 꼽히며, 100달러 지폐에는 그의 초상화가 실려 있다. 프랭클린이 세상을 떠난 지 200년이 넘었지만 미국 역사상 가장 위대한 인물 중 한 명으로 평가받고 있다.

프랭클린은 과학에도 관심이 많았고, 1740년에 미국 필라델피아 시민에게 전기를 처음으로 소개하였다. 1752년에 프랭클린은 뇌운(雷雲, thunderstorm cloud) 속으로 연(鳶, kite)을 날려 뇌운 속에 양(+)과 음(−)의 전기가 있음을 확인하였다. 이 정전기를 라이덴병(Leyden jar)[3]에 담는 일에 성공한 후 피뢰침을 발명하였다. 그림 1.1에서 보는 바와 같이 비구름이 많은 여름철의 천둥은 강한 번개와 소리를 동반하며 고층 건물이나 나무 등에 떨어진다. 이러한 현상은 비구름의 하단에 발생한 음(−) 전하가 지표에 유도된 양(+) 전하를 끌어당겨 순간적으로 중화되기 때문인데,

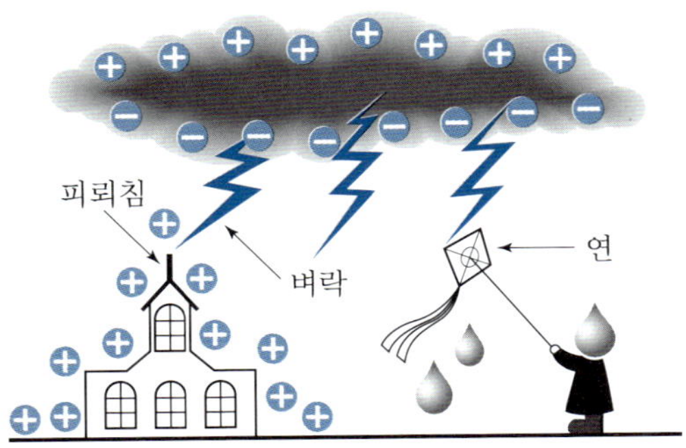

그림 1.1 낙뢰의 원리

2) 19세기 중반 영국에서 나타난 사회 사상으로 가치 판단의 기준을 효용과 행복의 증진에 두어 '최대 다수의 최대 행복' 실현을 윤리적 행위의 목적으로 보았다.

3) 라이덴병은 유리병의 안팎에 금속박을 붙여 만든 것으로 전기에너지를 저장할 수 있는 초기의 콘덴서이다.

이를 낙뢰(落雷, lightning strike)라고 한다. 이러한 낙뢰는 큰 전류를 동반하기 때문에 건축물, 기계, 사람 등에 큰 피해를 일으킨다. 이와 같은 옥외 시설물을 보호하기 위해서 시설하는 것이 피뢰침이다. 그는 천둥 번개의 실험에서 번개와 전기는 같다는 것을 입증하였다.

[3] 옴

게오르그 시몬 옴(Georg Simon Ohm, 1789~1854)은 물과 열 및 전기를 서로 유사한 현상이라 생각하였다. 게오르그 시몬 옴은 독일의 중부 에를랑겐(Erlangen)에서 대장장이의 아들로 태어나 에를랑겐 대학에 입학하여 물리학과 수학을 공부한 독일의 물리학자이다. 1827년에 '전기 회로의 수학적 연구'를 출판하여 옴의 법칙(Ohm's law)을 발표하였다. 1841년 영국왕립학회의 최고의 영예인 코프리상을 수상하였고, 1849년 뮌헨대학 교수가 되었다. 옴은 전기의 전위차는 열 흐름에 대한

표 1.1 전기와 자기 분야를 개척한 주요 과학자

이 름	활동 기간	주요 업적	단위
탈레스(Thales)	B.C 636~546	전기와 자기 개척자	
길버트(Gilbert, W)	A.D 1540~1603	지구가 거대한 자기라는 것을 확인	[Gb]
뉴턴(Newton, I)	1642~1727	물체의 운동 법칙과 만유인력의 수식화	[N]
프랭클린(Franklin, B)	1706~1790	전하의 보존 법칙 발견	
쿨롱(Coulomb, C.A)	1736~1806	전기력과 자기력의 측정	[C]
와트(Watt, J)	1736~1819	증기력의 응용 분야 개척	[W]
가우스(Gauss, K)	1777~1855	전기력선에 대한 발산 법칙 발표	[G]
볼타(Volta, A)	1745~1827	볼타 전지의 발명	[V]
앙페르(Ampere, A.M)	1775~1836	솔레노이드 발명	[A]
옴(Ohm, G.S)	1787~1854	도체의 전기 저항을 수식화	[Ω]
패러데이(Faraday, M)	1791~1867	자기가 전기를 생성시키는 것을 입증	[F]
헨리(Henry, J)	1797~1878	전자 유도 현상을 실험으로 제시	[H]
웨버(Weber, W.E)	1804~1891	지구 자기에 대한 연구 영역 개척	[Wb]
줄(Joule, J.P)	1818~1889	전류가 흐르면 반드시 열이 발생함을 제시	[J]
맥스웰(Maxwell, J.C)	1831~1879	전자기의 일반 이론을 정립	[Mx]
에디슨(Edison, T.A)	1847~1931	백열전구의 발명, 최초의 발전소를 건설	
테슬라(Tesla, N)	1856~1943	유도 전동기 발명 및 전력을 교류로 송전	[T]
헤르츠(Hertz, H)	1857~1894	라디오 전파의 송신 및 수신 실험	[Hz]
아인슈타인(Einstein, A)	1879~1955	상대성 이론 제시, 맥스웰 방정식의 일반화	
디바이(Debye, P.J.W)	1884~1966	X선 회절 이론으로 결정구조 해석	[λ]
페르미(Fermi, E)	1901~1954	최초로 원자 폭탄 개발 성공	

온도차이며, 흐르는 물에서 높이의 차에 해당한다고 생각하였다. 전류의 세기는 전압과 저항에 의해 결정된다는 것을 옴이 발견하였다.

오늘날의 전기 기구들을 구성하고 있는 거의 모든 전기 회로는 옴의 법칙을 따른다. 1 옴[Ω]은 1 볼트(Volt, [V])의 전압으로 1 암페어(ampere, [A])의 전류가 흐를 때의 저항이다. 전기 저항의 크기를 나타내는 단위는 옴(Ohm, [Ω])이다. 저항 값은 물질의 종류에 따라 다르다. 전기 저항이 가장 작은 물질은 은(銀, silver; Ag)이며, 전기 저항은 도체의 길이에 비례하고, 도체의 단면적에 반비례한다. 도선의 길이가 길면 전자가 지나가야 할 길이가 길기 때문에 저항이 크고, 단면적이 넓으면 전자가 이동하기 쉬우므로 저항이 작다. 도선은 굵게 만들수록 저항이 작아져서 더 효율적이지만 재료가 더 많이 사용되므로 용도와 가격에 맞는 최적의 굵기로 만들어야 효과적이다.

일반적으로 물질의 저항 값은 온도에 따라 변하는데 도체는 온도가 상승하면 전기저항이 증가하지만 반도체나 절연체에서는 오히려 작아지는 경향을 보인다. 저항은 물질의 이동을 방해하는데 물체뿐만 아니라 열이나 전기의 이동에서도 저항이 존재한다. 전기의 흐름에 대한 저항을 전기 저항(電氣 抵抗, electric resistance)이라 한다. 표 1.1은 전기와 자기 분야를 개척한 과학자들의 주요 업적 및 활동 시기를 나타낸 것이다.

1.2 물질의 구조

[1] 원자

전류와 전압의 개념을 이해하기 위해서는 원자 구조(原子 構造, atomic structure)에 대한 개념 정립이 필요하다. 모든 원자(原子, atom) 중에서 가장 간단한 구조를 가진 원자는 수소 원자로 그 구조는 양성자와 전자로 구성되어 있으며, 그 위치는 그림 1.2(a)와 같다. 물질은 고유의 원자번호(Z)가 있고, 1 개의 전자가 가지고 있는 전하(e)는 음의 값을 가지는 것으로 Z개의 전자를 가지는 전하는 Ze[C]이다. 원자번호가 Z인 원자의 원자핵은 이 전하와 절대 값이 같은 양전하를 가지고 있기 때문에 보통의 원자에서 전체의 전하량은 양(+)과 음(−)이 서로 같고, 총합은 '0' 이 된다. 외부에 대해서는 중성이며, 전자와 원자핵 사이에는 쿨롱의 힘(coulomb's force)이 작용한다. 양성자는 양전기 (+), 전자는 음전기 (−)를 가지고 있다. 같은 종류의 전기는 반발하고, 다른 종류의 전기는 서로 끌어당긴다.

전자의 질량 : $m_e = 9.109 \times 10^{-31}$ [kg]

양성자의 질량 : $m_p = 1.672 \times 10^{-27}$ [kg] (전자의 약 1,840 배)

전자와 양성자의 전기량 : $e = 1.602 \times 10^{-19}$ [C]

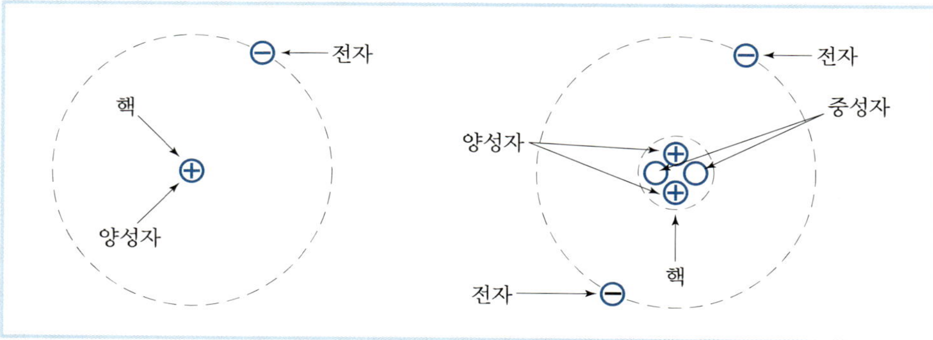

그림 1.2 수소 원자와 헬륨 원자

[2] 분자

자연계에 존재하는 모든 물질은 여러 원소 중 어느 형태의 조합에 의해서 이루어지는 것인데 이렇게 생성된 물질에 고유한 물리·화학적 성질을 나타내는 단위체가 분자(分子, molecule)이다. 분자는 두 개 이상의 원자가 화학 결합에 의해 일정한 형태로 유지하는 것이다. 따라서 전자는 물질의 특성을 가지는 가장 작은 입자(粒子, particles)로 정의한다. 분자들은 결합의 형태에 따라 이온 결합(ionic bond), 공유 결합(共有 結合, covalent bond), 금속 결합(金屬 結合, metallic bond), 분자 결합(分子結合, molecular bond) 등으로 존재한다.

(1) 이온 결합

이온 결합(ionic bond)은 양이온과 음이온이 정전기 인력(靜電氣 引力, electrostatic attraction)으로 결합하여 생기는 화학 결합이다. 이온 결합에 대응되는 화학 결합은 공유 결합이다. 대표적인 예로 소금과 같이 양성이 강한 금속과 음성이 강한 비금속의 결합물이 있다. 양이온 주위를 여러 개의 음이온이 정전기 인력으로 둘러싸고 있는 결정 구조를 이룬다.

그림 1.3과 같이 할로겐 원소와 알칼리 원소가 만나면 각각 양이온, 음이온이 되며 두 이온 사이에는 쿨롱의 힘에 의해서 안정된 결합을 하게 된다. 염화나트륨인

소금 NaCl을 이루는 나트륨(Na; sodium or Natrium)은 11 개의 전자를 갖고 있고, 염소(鹽素, Cl; chlorine)는 17 개의 전자를 갖고 있다. 두 원자는 세 번째 전자껍질에 8 개의 전자를 갖고 있어야 안정된 구조이다. 그러므로 8 개가 안 되면 그 궤도를 마저 채우거나 아니면 아예 비워 버리기 위해 자신이 가진 전자를 내주려고 한다. 이러한 나트륨과 염소가 만나면 나트륨 원자는 전자 1 개를 아낌없이 내주고 (+) 전기를 띤 (+) 이온(나트륨 이온, Na^+)이 된다. 또한, 염소 원자는 나트륨 원자로부터 전자 1 개를 받아 (−) 전기를 띤 (−) 이온(염화 이온, Cl^-)이 된다. 그 결과 이들 사이에 강한 전기적 인력이 작용하여 염화나트륨(NaCl)이라는 소금이 만들어진다. 1 개의 소금 입자를 이루는 나트륨 이온은 (+), 염화 이온은 (−)의 전기를 띠고 있기 때문에 나트륨 이온과 염화 이온이 차례대로 무수히 결합하여 소금 덩어리가 된다. 이와 같은 결합을 이온 결합(ionic bond)이라 하며, NaCl, LiF 등이 대표적인 물질이다.

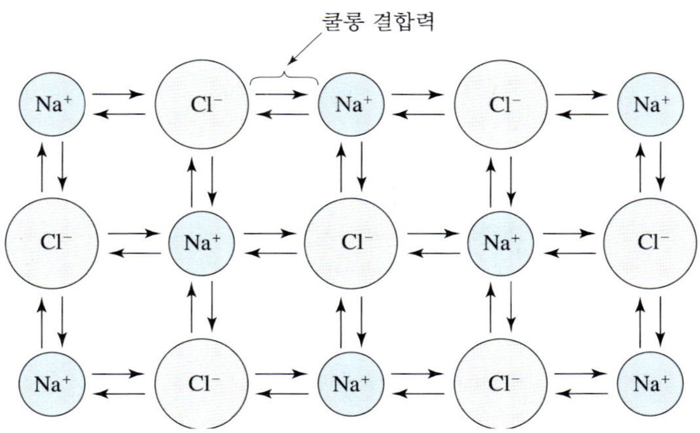

그림 1.3 NaCl의 이온 결합

(2) 공유 결합

분자를 구성하는 원자들이 서로 상대편 원자의 전자들을 공유함으로써 발생하는 결합력에 의한 결합을 공유 결합(共有 結合, covalent bond)이라 한다. 공유 결합은 대부분의 유기 화합물과 일부 무기 화합물에서 볼 수 있는데 수소, 탄소, 산소, 황 등의 원자는 공유 결합을 만들기 쉽다. 공유 결합을 도식적으로 나타내는 데는 결합에 관여하는 전자를 점으로 나타내어 H : H, Cl : Cl 등과 같이 나타내는 경우가 많다. 전자쌍의 수가 2 개인 이중 결합은 O :: O, 3 개인 삼중 결합은 N ::: N 처럼 나타낸다. 또한, 전자쌍 하나를 1 개의 결합선으로 나타내어 H−H, O=O, N≡N 과 같이 나타내기도 한다.

결합력은 삼중 결합이 이중 결합보다 강하며, 이중 결합은 단일 결합보다 강하다. 공유 결합은 이온 결합과 마찬가지로 전형적이고 극한적인 결합 양식이며, 대부분의 결합은 그들의 중간적인 성격을 지니고 있다.

공유 결합의 예로 메탄(CH_4) 분자의 공유 결합 개략도를 그림 1.4에 나타낸다. 탄소 원자는 4 개의 최외각 전자를 가지고 있으며, 수소 원자는 1 개의 최외각 전자를 가지고 있다. 공유 결합은 매우 단단하고 높은 용융점(熔融點, melting point)을 가지는 다이아몬드처럼 강한 결합력을 가지고 있으나 270 [℃]에서 용융하는 비스무트(Bi)와 같이 매우 낮은 결합력을 가지는 것도 있다. 그리고 불순물이 포함되지 않은 순수한 물질인 경우 저온에서 거의 절연체에 가까운 전기적 특성을 나타낸다.

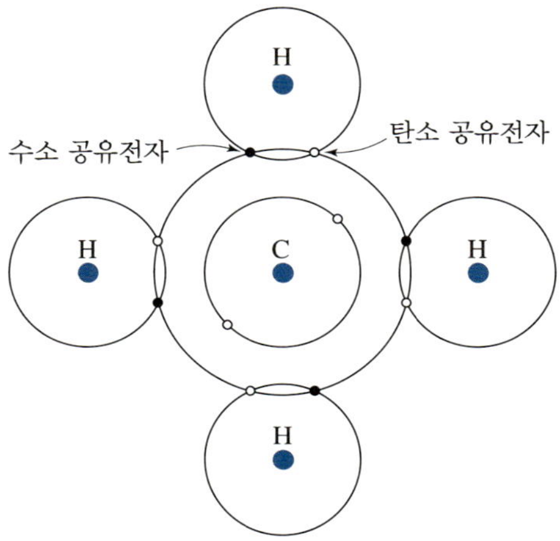

그림 1.4 메탄 분자의 공유 결합

(3) 금속 결합

은(銀, silver), 동(銅, copper), 금(金, gold), 철(鐵, iron) 등은 우리의 생활과 매우 친숙한 금속이다. 고체 금속은 무수히 많은 원자가 규칙적이며, 일정한 배열을 이루고 있다. 개개의 금속 원자는 최외각 전자 껍질의 전자들을 쉽게 내주려고 한다. 원자의 최외각 전자는 특정 원자에 예속되지 않고, 금속 원자 전체를 자유롭게 움직인다. 이렇게 금속 원자가 전자를 내놓고 (+) 이온으로 되어 일정한 배열을 이루면 전자들이 (+) 이온들 사이를 자유롭게 이동해 다니면서 (+) 이온들 사이의 반발력을 약화시켜 결합이 유지된다. 이와 같은 기능을 하는 전자를 자유 전자(自由 電子, free electron)라 하고, 이것이 전기 전도(電氣 傳導, electric conduction)에 기여한다.

금속 결합(金屬 結合, metallic bond)에서는 이온과 전도 전자와의 상호 인력이 크게 작용한다. 금속은 자유 전자가 있기 때문에 전기가 매우 잘 통한다. 또한, 매우 얇은 종이 모양으로 펴거나 가는 선으로 뽑아낼 수 있다. 금속의 이런 유연성은 금속 이온들이 서로 잘 미끄러질 수 있고, 미끄러져서 변형되더라도 금속 원자의 배열은 변하지 않기 때문이다. 금속에 힘이 작용하더라도 금속 이온과 전자들 사이의 인력 때문에 원자들이 함께 붙어 있는 것이다. 금속의 열전도성이 좋은 이유도 자유전자에 의해 열운동이 금속 전체에 빠르게 전달되기 때문이다. 금속 결합의 특징은 높은 열 및 전기 전도 등을 가지고 있으며, 대표적인 알칼리 금속은 리튬(Li; Lithium), 나트륨(Na; Natrium), 칼륨(K; potassium), 루비듐(Rb; Rubidium), 세슘(Cs; Cesium), 프란슘(Fr; Francium) 등이다.

(4) 분자 결합

물질의 특성을 가지는 가장 작은 입자를 분자라 하며, 이런 분자가 서로 결합하는 것을 분자 결합(分子 結合, molecular bond)이라 한다. 분자가 결합하는 것은 전기적으로 중성인 분자 사이에서 극히 근거리에서만 가능하다. 이 때 작용하는 약한 인력을 반 데르 발스의 힘(Van der Waals' force)이며, 분자 결합의 예를 설명하고 있다.

네덜란드의 물리학자 반 데르 발스(1837～1923)가 1873년에 도입한 힘이다. 일부 비금속 무기 화합물이나 유기 화합물의 결정은 이 힘에 의하여 분자 상호간 결합하고 있는 것으로 추정되고 있는데 이런 물질들이 녹는점이 낮거나 승화하기 쉬운 것은 이 힘이 약하기 때문인 것으로 알려져 있다. 헬륨, 아르곤, 네온 등과 같이 화학 결합을 하지 않는 불활성 기체라도 저온에서는 고체로 된다. 그 때의 결합은 반 데르 발스의 힘이라는 약한 정전기력이 있기 때문이다.

[3] 여기와 전리

(1) 여기

전자는 보통 상태에서 가장 안정한 상태를 유지하려는 성질이 있다. 에너지가 적은 상태를 최저 준위라고 부르며, 파울리[4)]의 배타 원리(Pauli's exclusion principle)를 따르면서 차례로 자리를 차지하게 된다. 그리고 에너지가 같은 몇 개의 원자 오비탈(atomic orbital)[5)]에 전자가 들어갈 때 에너지가 가장 낮은 전자 배치는 홀전자

4) 볼프강 파울리(Wolfgang Ernst Pauli, 190～1958)는 오스트리아 출생으로 양자역학의 주요한 원리인 배타원리를 발견한 물리학자다.

5) 오비탈(orbital)은 원자핵 주위에서 전자가 발견될 확률을 나타내거나 전자가 어떤 공간을 차지하는가를 보여주는 함수이다.

수가 가장 많고, 이들이 모두 같은 스핀양자수를 가진다는 훈트의 규칙(Hund's rule)을 따른다.

훈트의 규칙은 독일의 물리학자 훈트([Friedrich Hermann Hund, 1896~1997)가 발견한 것으로 그림 1.5는 훈트의 규칙을 따르는 원자들의 전자 배치 순서이다. 그러나 외부에서 빛, X선 등을 쬐거나 가속 전자를 충돌시키면 핵외 전자는 그 에너지를 얻어 보통 상태로 이동하는 일이 있다. 이와 같은 현상을 여기(勵起, excitation)라 하고, 그 상태를 여기 상태(勵起 狀態, excitation state)라 한다. 그리고 여기 상태의 에너지를 전자 볼트(electron voltage) 단위로 나타내어 이것을 여기 전압(勵起 電壓, excitation voltage)이라고 한다.

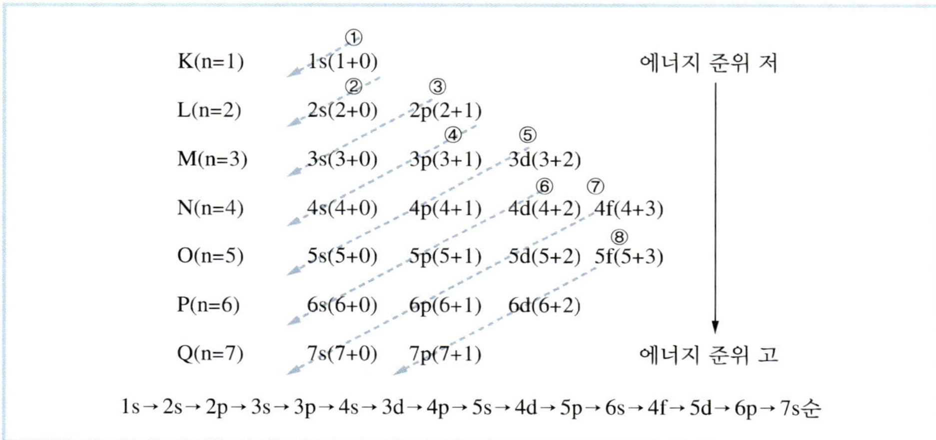

그림 1.5 훈트의 규칙을 따르는 원자들의 전자 배치 순서

(2) 전리

전리(電離, ionization)는 이온화라고도 부르며, 중성의 분자 또는 원자에서 전자를 잃거나 얻는 전자 이동이 일어나 전하를 띠게 되는 반응이다. 고온의 기체들이 서로 충돌하면서 전리가 일어나기도 한다. 고온의 기체들은 분자 운동이 활발하고 큰 에너지를 가지고 운동하는 분자들의 수가 많아 기체들이 충돌하기 쉽고, 이때 전자의 이동이 일어나면서 전리가 일어난다. 기체들마다 전리하는데 필요한 에너지의 크기가 다르며, 전리에너지(ionization energy)의 크기가 작은 기체일수록 전리가 되기 쉽다. 전리에너지가 큰 기체일수록 전리되기 어려우며, 더 높은 온도에서 충돌이 일어나야 전리될 수 있다.

저압 상태에서 기체에 전류를 흘려주어도 전리가 일어날 수 있다. 저압에서 기체에 전류가 흐르게 되면 전류를 형성하고 있는 전자들이 기체와 충돌하면서 기체로부터 전자를 뺏고, 기체를 양이온으로 이온화시키거나 중성 상태의 기체 분자에 전자가 붙어 음이온으로 전리시키기도 한다. 이와 같은 현상을 전리라 하고, 전리에 필요한 전압을 전리 전압(電離 電壓, ionization voltage)이라고 한다. 예를 들어 수소를 전리하기 위해서는 전자를 무한원으로 가져가면 되므로 기저 상태에 있는 수소 원자를 전리하는데 필요한 에너지는 13.58 [eV] 이다.

1.3 전하와 전류

전기 회로의 특성 및 동작 등을 설명하는데 필요한 몇 가지 양(量, quantity) 중에서 가장 기본적인 양을 전하(電荷, electric charge)라 할 수 있다. 전하는 전기적인 성질을 갖고 있는 입자(粒子, particles)를 의미한다. 전하는 양전하(陽電荷, proton), 정전하(靜電荷, positive charge), 전자(電子, electron), 부전하(負電荷, negative charge) 등으로 분류된다. M.K.S 단위로서는 쿨롱(coulomb, [C])이 쓰인다.

그림 1.6과 같은 구리 도선(銅線, copper wire)의 양 단자에 축전지를 연결하면 총 음전하와 총 양전하는 양단에 위치할 것이다. 그 구리 전선이 축전지의 양단에 접속되는 순간 양이온은 그 자리에서 진동하나 구리 전선 내의 자유 전자들은 양극 단자로 이동한다. 음극 단자는 구리 전선의 전자들이 양극 단자를 향하여 이동할 수 있도록 전자들을 공급하고, 축전지의 화학 반응은 양극 단자에서 전자들을 흡수하고 음극 단자에서 전자의 일정한 공급을 유지시킨다.

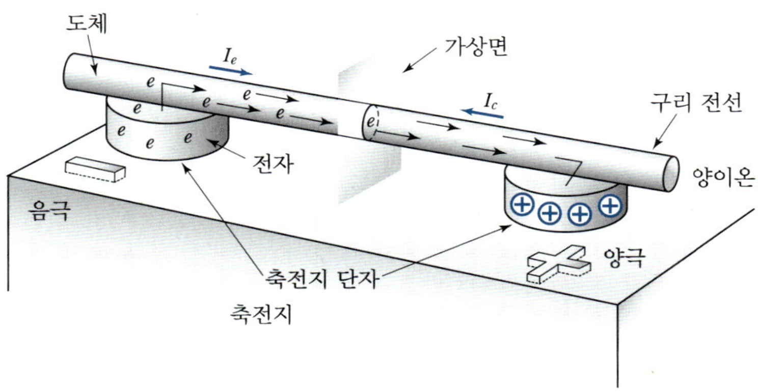

그림 1.6 전류의 이동

전기 회로에서 에너지가 전송되려면 전하의 이동이 있어야 하며, 전하의 이동은 전류(電流, electric current)를 형성한다. 이 때 전류의 세기 또는 전류는 회로의 어느 단면을 단위 시간에 통과하는 전하량으로 정의하며, M.K.S 단위로 나타내면 암페어(ampere, [A]) 이다. 만일 1 초에 6.242×10^{18} 개의 전자가 도체의 단면적을 통과한다면 이 전하의 흐름 혹은 전류를 1 암페어라 한다. 1 [A]는 매초 1 [C]의 전하가 이동할 때의 전류이다. 전자 한 개의 전하량 e와 질량 m은 각각 다음과 같다.

$$e = -1.602 \times 10^{-19} \text{ [C]} \tag{1.1}$$

$$m = 9.109 \times 10^{-31} \text{ [kg]} \tag{1.2}$$

즉, 양성자의 전하량은 전자의 전하량과 같고, 질량은 전자의 약 1,840 배가 되는 것으로 알려져 있다. 따라서 일정한 비율로 t 초 동안에 Q [C]의 전하가 이동한다면 전류 I와 전하량 Q 사이에는 다음의 관계가 성립한다.

$$I = \frac{Q}{t} \text{ [A]} \quad \text{또는} \quad Q = It \text{ [C]} \tag{1.3}$$

여기서, I는 ampere [A], Q는 coulomb [C], t는 seconds [s] 이다.

이동하는 전하량이 시간적으로 변할 경우 미소 시간 dt [s] 동안 dq [C]의 전하가 이동한다면 이때의 전류는 다음과 같이 미분(微分, differential calculus) 형태로 나타낸다.

$$i = \frac{dq}{dt} \text{ [A]} \tag{1.4}$$

또한, 매초에 통과하는 전하량은 다음과 같이 적분(積分, integral calculus) 형태로 나타낸다.

$$q = \int i \, dt \text{ [C]} \tag{1.5}$$

전류의 정방향은 관례상 정전하가 이동하는 방향으로 정의한다. 따라서 전자의 이동 방향은 전류의 정방향과 반대가 된다.

예제 1.1

어느 도선의 단면을 3 [s] 동안에 0.3 [C]의 전하가 이동하였다면 이때 흐른 전류 [A]는?

풀이

전하가 이동할 때의 전류는 다음과 같다.

$$I = \frac{Q}{t} = \frac{0.3}{3} = 0.1 \text{ [A]}$$

예제 1.2

어떤 도선에 3 [A]의 전류가 9 [s] 동안 흘렀다면 대략 몇 개의 전자가 이동한 것인가?

풀이

도선에 전하가 흐를 때의 전자의 수는 다음과 같다.

$$N = \frac{Q}{e} = \frac{I \cdot t}{e} = \frac{3 \times 9}{1.602 \times 10^{-19}} \fallingdotseq 16.8 \times 10^{19} \text{ [개]}$$

예제 1.3

어떤 축전지는 5 [C]의 전하를 저장하고 있다. 이 축전지가 300 [s] 동안 일정하게 그림 1.7과 같이 저장할 때의 전류는 얼마인가?

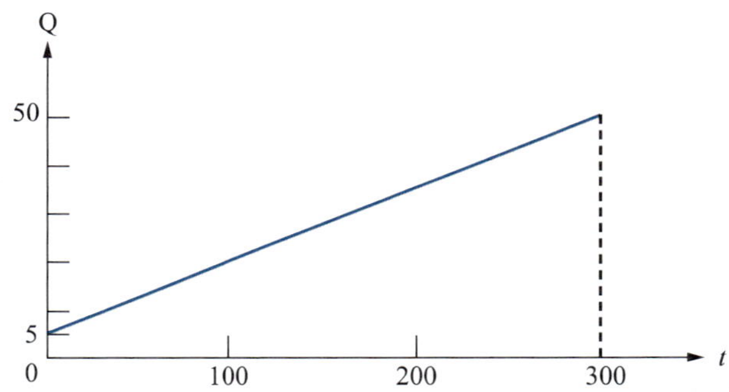

그림 1.7 축전지의 전하와 시간 곡선

풀이

축전지의 전하 축적률을 나타내기 위해서 다음과 같은 직선의 방정식을 적용한다.

$$y = mx + b$$

$(x_1,\ y_1) = (0,\ 5)$, $(x_2,\ y_2) = (300,\ 50)$이므로 기울기 m은 다음과 같이 계산된다.

$$m = \frac{y_2 - y_1}{x_2 - x_1} = \frac{50 - 5}{300 - 0} = 0.15$$

그리고 절편 $b = 5$이며, 변수 $x = t$이므로 축전지의 전하량은 다음과 같이 표현된다.

$$Q = 0.15\,t + 5 \text{ [C]}$$

그러므로 저장할 때의 전류는 다음과 같다.

$$I = \frac{dQ}{dt} = \frac{d}{dt}(0.15\,t + 5) = 0.15 \text{ [A]}$$

1.4 전위와 전압

물은 수위가 높은 곳에서부터 낮은 곳으로 흐르며, 두 지점 사이의 수위차가 클수록 물 흐름의 세기 또는 물의 속도가 커진다. 전지와 꼬마전구를 전선으로 연결하면 전류가 흘러서 전구에 불이 켜진다. 왜 전류가 흐르게 되는지 이해를 돕기 위하여 물의 흐름을 예를 들어 설명하고자 한다.

그림 1.8(a)에서 두 개의 물통 사이에는 수위차가 없기 때문에 물이 흐르지 않는다. 즉, 전위차가 없기 때문에 전류가 흐르지 않는 것과 같다. 그림 1.8(b)에서 두 개의 물통 사이에는 수위차가 있기 때문에 물은 높은 곳에서 낮은 곳으로 흐르게 된다. 마찬가지로 도선 속의 전하의 이동 역시 도선의 두 지점간의 전위차(電位差, electric potential difference)가 형성될 때 이루어진다고 볼 수 있다. 전위(電位, electric potential)는 전기적인 위치 에너지라 할 수 있고 이것이 바로 수위에 해당되며, 전위차 및 전압은 수위차 및 수압 등에 비교될 수 있다.

물이 흘러 수위가 변화될 때 에너지 변환이 수반되듯이 전기 회로에 전류가 흐를 때에도 에너지의 변환 또는 전송이 일어나면서 전위차가 발생된다. 이때 두 점 간의 전위차는 단위 정전하가 그 두 점 사이를 이동할 때 얻거나 또는 잃게 되는 에너지로 결정되며, M.K.S 단위로 볼트(volt, [V])가 쓰인다. 즉, 1 [V]는 1 [C]의 전하가 두 점 간을 이동할 때 얻거나 잃는 에너지가 1 [J]이 되는 두 점 간의 전위차를 말한다.

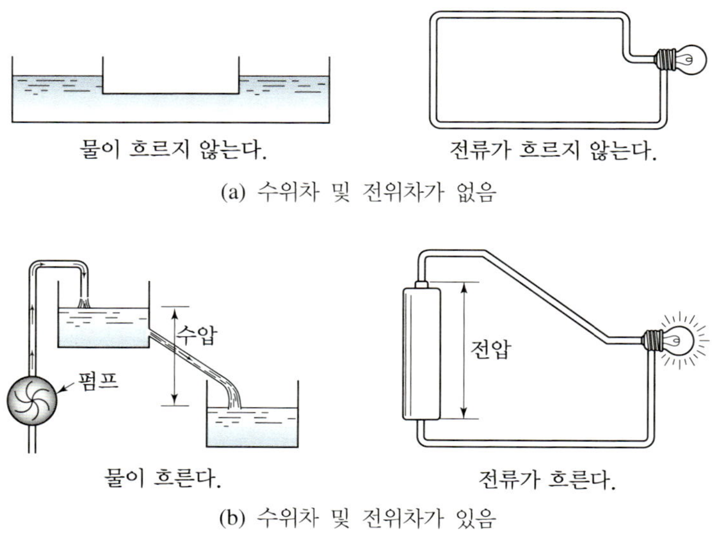

그림 1.8 수위차와 전위차의 비교

따라서 Q [C]의 전하가 어느 두 점 사이를 이동해서 얻거나 잃는 에너지는 W [J]이며, 이 때 그 두 점 사이에 V [V]의 전위차가 형성된다면 그림 1.9의 이들 사이에는 다음의 관계가 성립한다.

$$V = \frac{W}{Q} \text{ [V]} \quad \text{또는} \quad W = QV \text{ [J]} \tag{1.6}$$

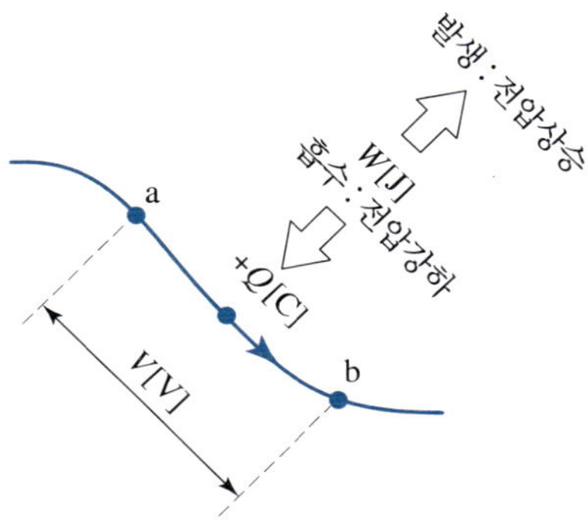

그림 1.9 전위차와 에너지 변화

일반적으로 미소 전하 dq [C]이 이동할 때 수반되는 에너지의 변화가 dw [J] 이라면 이 때의 전위차는 다음과 같이 미분(微分, differential calculus) 형태로 나타낸다.

$$v = \frac{dw}{dq} \text{ [V]} \tag{1.7}$$

그리고 이것을 적분(積分, integral calculus) 형태로 나타내면 다음과 같다.

$$w = \int v \, dq \text{ [J]} \tag{1.8}$$

회로 내의 한 점 a에서 다른 점 b까지 단위 정전하가 이동되는데 있어서 외부에서 일을 해주어야 할 때 이동되는 전하가 에너지를 얻을 때 b의 전위는 a의 전위보다 높다. 두 점 사이의 전위를 비교할 때는 전위가 높은 쪽을 정(+), 전위가 낮은 쪽을 부(−)로 표시한다. 그러므로 a를 기준으로 했을 때 b의 전위는 정(+)이 되며, 이때는 a에서 b로 전압 상승(電壓 上昇, voltage rise)이 일어난다.

실제의 경우는 그림 1.10과 같은 회로에서 전하가 전원(電源, electric sources)인 건전지를 지날 때 이곳에서 에너지를 공급받는 경우가 된다. 반면에 그림 1.9는 a로부터 b까지 단위 정전하가 이동하면서 전하 자신이 외부에 대해 일을 할 때 전하가 에너지를 잃을 때는 a로부터 b로 전압 강하(電壓 降下, voltage drop)가 있다. 그리고 이때는 그림 1.10에서처럼 전하가 부하(負荷, electric load)인 전구를 지나면서

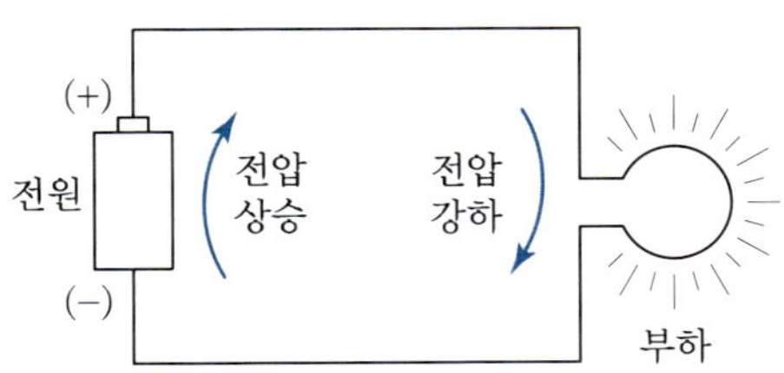

그림 1.10 전압 상승과 전압 강하

이곳에 에너지를 공급해 준다. 전원에서는 비전기적 에너지가 전기적 에너지로 변환되어 정전하를 전위가 낮은 곳에서 높은 곳으로 이동시켜 외부 회로에 전류가 흐르게 된다. 전원의 경우 회로가 구성되지 않은 상태에서 전원 두 단자 사이의 전위차 또는 개방 전압을 그 전원의 기전력(起電力, e.m.f; electromotive force)이라고 한다.

예제 1.4

어떤 축전지는 그림 1.11과 같은 특성을 나타낸다. 300 [s]가 경과하였을 때 총 50 [C]의 전하량이 축전지에 저장되었다. 축전기의 손실이 없고, 전하량을 모두 방전할 수 있는 전압 [V]은?

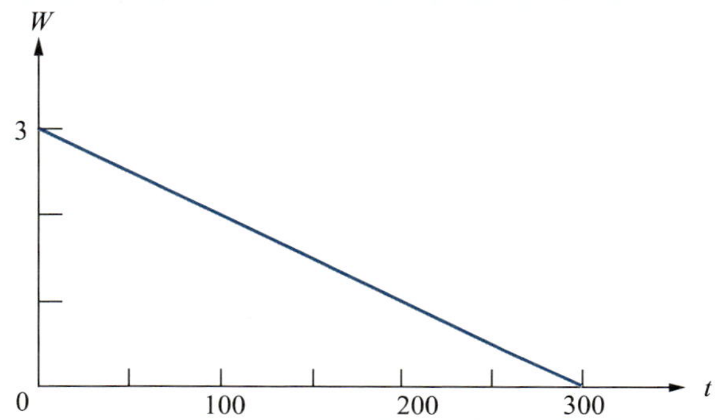

그림 1.11 축전지의 에너지와 시간 곡선

풀이

축전지의 전하 축적률을 나타내기 위해서 다음과 같은 직선의 방정식을 적용한다.

$$y = mx + b$$

$(x_1, y_1) = (0, 3)$, $(x_2, y_2) = (300, 0)$이므로 기울기 m은 다음과 같이 계산된다.

$$m = \frac{y_2 - y_1}{x_2 - x_1} = \frac{0 - 3}{300 - 0} = -0.01$$

그리고 절편 $b = 3$이며, 변수 $x = t$이므로 축전지의 전하량은 다음과 같이 표현된다.

$$W = -0.01\,t + 3\ [\text{W}]$$

그러므로 300 [s] 동안 축적되는 에너지는 다음과 같다.

$$w = \int_a^b W\,dt = \int_0^{300} (-0.01\,t + 3)\ dt = \left[-0.005\,t^2 + 3\,t\right]_0^{300} = 450\ [\text{J}]$$

따라서 방전 전압은 다음과 같다.

$$V = \frac{w}{Q} = \frac{450}{50} = 9\ [\text{V}]$$

1.5 전원의 종류

전기 회로에는 전원과 회로 소자의 종류 및 상태에 따라 시간적으로 변화하는 전류가 흐른다. 전기 회로의 수동 소자는 저항, 커패시터, 인덕터 등이 있으며, 능동 소자는 발전기, 축전지, 증폭기 등이 있다. 전기 회로를 해석한다는 것은 이들 소자들과 관련되어 있는 전압, 전류, 전력 등을 구하는 과정이다.

회로가 구성되면 회로에 전력을 공급하는 것이 전원(電源, electric sources) 이다. 전원은 독립 전원(獨立 電源, independent sources)과 종속 전원(從屬 電源, dependent sources)으로 구분한다. 독립 전원은 회로의 구성과 관계없이 독립적으로 전력을 공급하는 장치이다. 종속 전원은 트랜지스터(Tr; transistor), 증폭기(增幅器, amplifier) 등의 반도체 소자의 등가 회로를 만들 때 나타내는 수학적 모델이며, 회로 내의 다른 값에 종속되어 전력을 공급하는 장치이다. 독립 전원은 독립 전류원과 독립 전압원이 있고, 종속 전원 역시 종속 전류원과 종속 전압원이 있다.

[1] 독립 전원

독립 전원(獨立 電源, independent sources)은 회로의 형태에 관계없이 전압 및 전류 등을 일정하게 유지하는 능동 소자이다. 독립 전압원은 회로에 어느 정도의 전류가 흐르는지에 관계없이 전압을 공급하는 장치이다. 일반적인 전압원은 내부 저항을 갖고 있으므로 전류가 흐르면 내부 저항에 의한 전압 강하가 발생하여 실제의 전압을 알 수 없다. 그러므로 이상적인 독립 전원의 내부 저항(r)은 '0' 이다. 독립된 전원의 작동 상태를 확인하기 위해 어둔 밤에 자동차의 전조등 및 실내등을 모두 켜놓은 상태를 가정하자. 이와 같은 상태에서 자동차의 시동을 걸면 순간적으로 조명등이 어두워지는 것을 경험할 것이다. 자동차의 교류 발전기(交流 發電機, alternator)를 기동하려면 순간적으로 대전류가 필요하다. 축전지의 전압이 일시적으로 낮아져 전조등 및 실내등에 정격 전압을 충분히 공급하지 못하기 때문이다.

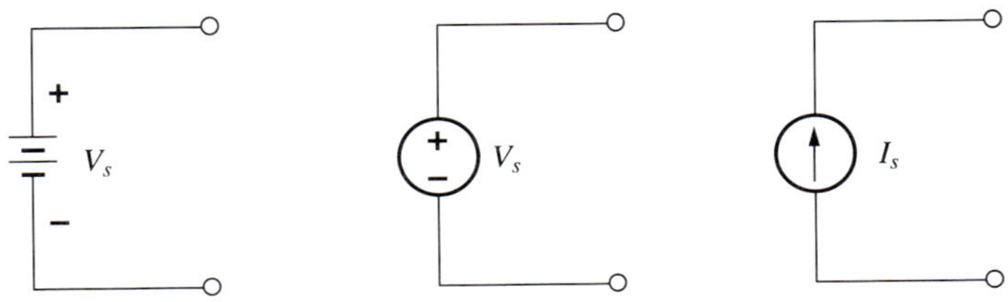

(a) 전압원 (b) 전압원 (c) 전류원

그림 1.12 이상적인 독립 전원의 표기

독립 전류원은 회로에 인가되는 전압에 관계없이 일정한 전류를 회로에 공급하는 장치이다. 독립 전류원은 실제 시스템에서 존재하지 않고, 이론적인 회로 해석에 적용되는 것으로 독립 전류원을 수학적 등가로 만들어 병렬 회로 해석에 적용한다. 그림 1.12는 이상적인 독립 전압원과 전류원의 표기를 나타낸 것이다.

[2] 종속 전원

종속 전원(従屬 電源, dependent sources)은 독립 전원과 같이 실제 존재하는 것이 아니며 반도체 소자인 트랜지스터, 증폭기 등과 같은 전자 회로를 해석할 때 등가회로를 나타내는 것이다. 종속 전원은 회로 내의 다른 곳의 전압 및 전류 등에 의해 전압 및 전류의 크기가 제어되는 소자이다. 따라서 그림 1.13에서 표시하고 있는 종속 전원의 공급 전압 및 전류는 회로 내의 다른 소자의 전압 V_x 및 전류 I_x 등에 일정한 상수를 곱한 값으로 표현된다. $V=\alpha V_x$, $I=\beta V_x$ 등으로 표현된다. α는 상수이고, β는 저항의 역수인 컨덕턴스(conductance)를 의미한다.

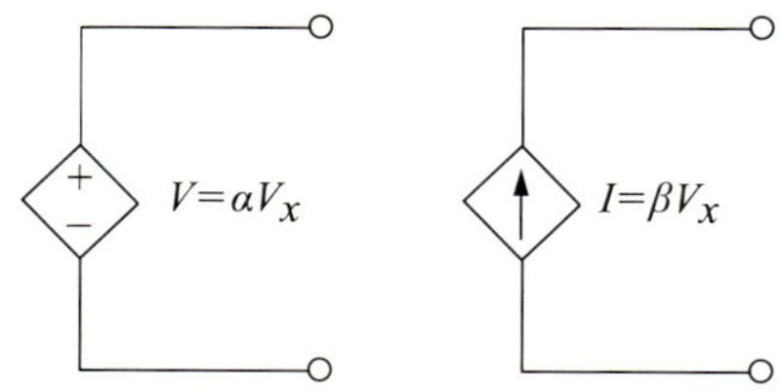

그림 1.13 이상적인 종속 전원의 표기

[3] 트랜지스터와 종속 전원

반도체 소자의 트랜지스터는 독립적인 전원을 갖고 있는 것이 아니고 트랜지스터가 작동되는 과정에 종속 전원이 포함되어 있다. 그림 1.14는 바이폴라트랜지스터

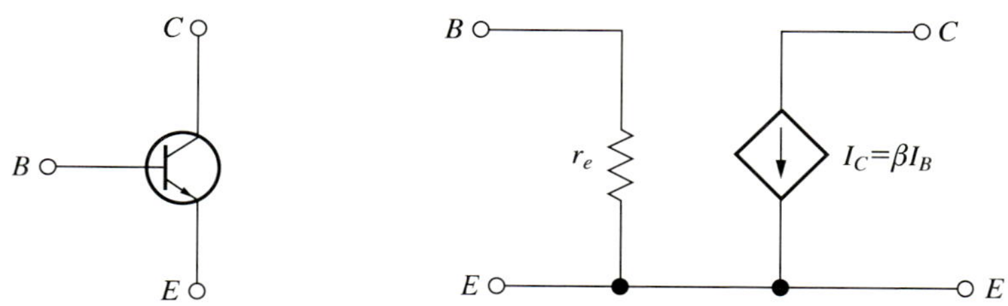

(a) 기호 (b) 등가 회로

그림 1.14 종속 전원의 예(BJT)

(BJT; Bipolar junction transistor)의 기호 및 등가 회로를 나타낸 것으로 종속 전류원 $I=\delta I_x$라고 하면 컬렉터 전류 I_C와 베이스 전류 I_B는 $I_C=\beta I_B$의 관계가 있음을 알 수 있다. 따라서 베이스 전류를 조정하여 증폭하는 기능을 갖고 있다. BJT는 npn 트랜지스터이며, δ 및 β는 상수이다.

그림 1.15는 일반적으로 MOS (Metal Oxide Semiconductor)라고 부르는 금속 산화막 반도체 전계 효과 트랜지스터(MOSFET; Metal Oxide Semiconductor Field Effect Transistor)의 기호 및 등가 회로를 나타낸 것이다.

MOSFET의 n-type으로 종속 전류원 $I=\gamma V_x$는 드레인(D; Drain) 전류와 게이트(G; Gate) 전압 등으로 표현할 수 있다. 즉, $I_D=g_m V_{GS}$의 관계가 있음을 알 수 있다. 그리고 γ 및 g_m은 저항의 역수인 컨덕턴스를 의미한다.

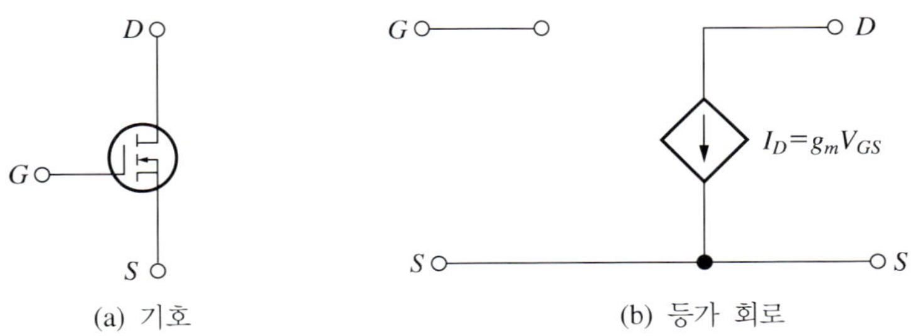

그림 1.15 종속 전원의 예(MOSFET)

예제 1.5

그림 1.16은 종속 전원의 회로를 예로 제시한 것이다. 그림 1.16(a)에서 베이스 전류 I_B가 20 [mA] 흐를 때 그림 1.16(b)에 흐르는 종속 전원의 전류 I_0는 얼마인가?

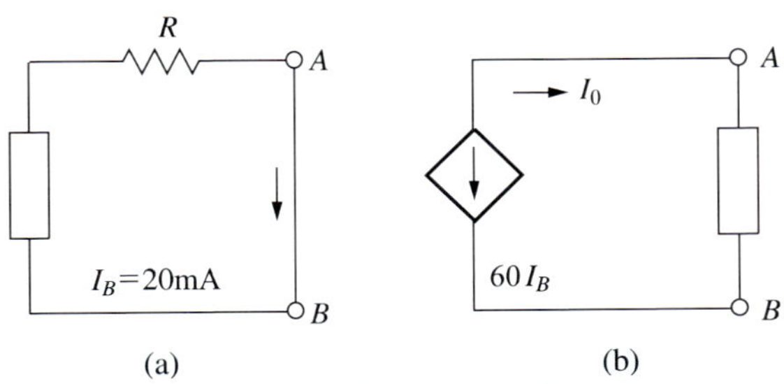

그림 1.16 종속 전원의 계산

풀이

종속 전원의 전류 I_0는 단자 A와 B 사이를 흐르는 I_{AB}와 같다.

$$I_0 = I_{AB} = -60 I_B = -60\times(20\times10^{-3}) = -1.2\ [\mathrm{A}]$$

1.6 직류 공급 장치

전기 회로에는 전원과 회로 소자의 종류 및 상태에 따라 시간적으로 변화하는 전류가 흐른다. 시간의 변화에 관계없이 크기와 방향이 일정한 전류를 직류(直流, DC; direct current)라 한다. 직류에 대해 상세히 설명하기 위해 직류 전압 및 전류만을 공급하는 전원을 가정한다.

[1] 직류 전압원

직류 전압원(直流 電壓源, DC voltage sources)을 나타내는 기호는 그림 1.17과 같으며, 막대 길이의 차이로 극성을 나타낸다. 일반적으로 직류 전압원은 화학 반응을 이용한 축전지, 전기에너지를 생산하는 발전기, 전원을 정류하여 사용하는 정류기 등으로 분류한다.

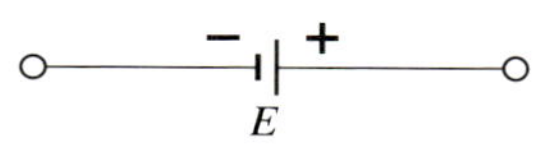

그림 1.17 직류 전원의 기호 표기

(1) 축전지

축전지(蓄電池, battery)는 가장 대표적인 직류원이다. 전지는 화학 반응에서 나오는 화학에너지를 직접 유효한 전기에너지로 바꾸는 장치이며, 전류는 직류이다. 전지로부터 전류가 흘러나오는 것을 방전(放電, electric discharge)이라 하며, 반대로 전지에 전류가 흘러들어가는 것을 충전(充電, electric charge)이라 한다.

전지를 한번 사용하고 나면 버리거나 속에 든 충전물을 교체해야 하는 것을 1차 전지(1次 電池, primary cell) 또는 건전지(乾電池, dry cell)라 한다. 그리고 전지 중에서 충전과 방전을 반복 할 수 있는 것을 2차 전지(2次 電池, secondary cell) 또는 축전지(蓄電池, battery)라 하며, 극판의 형식에 따라 알칼리 축전지, 납축전지 등으로 분류된다.

알칼리 축전지(alkaline battery)는 전해액 물질로 수산화제2망간과 금속카드뮴을 사용한다. 수산화니켈 [NiOOH]은 양극으로 사용되고, 금속카드뮴 [Cd]은 음극으로 사용된다. 즉, 니켈카드뮴식 알칼리 축전지는 가성칼리(KOH) 수용액 속에 옥시수산화 니켈 [NiOOH]과 카드뮴을 서로 격리시켜 반응시키면 양극판 사이에 1.3 [V]의 전압이 발생하며, 이들의 충·방전 반응 과정은 다음과 같다.

$$\begin{array}{ccccccccc} (\text{양극}) & & (\text{음극}) & & & \text{방전} & (\text{양극}) & & (\text{음극}) \\ 2NiOOH & + & Cd & + & 2H_2O & \rightleftarrows & 2Ni(OH)_2 & + & Cd(OH)_2 \\ \text{옥시수산화니켈} & & \text{카드뮴} & & \text{물} & \text{충전} & \text{수산화니켈} & & \text{수산화카드뮴} \end{array}$$

전해액(電解液, electrolyte)인 가성칼리(KOH)는 직접 충·방전에 관여하지 않고 전기에너지를 전달하는 역할만을 하므로 전해액량은 축전지의 용량에 관계없다. 즉, 충전과 방전에 의한 전해액의 비중 변화가 거의 없다는 특징을 갖고 있다.

니켈카드뮴식 알칼리 축전지(Nickel-Cadmium alkaline battery)는 양극판과 음극판을 천공한 강판의 포켓 속에 활성화 물질을 충전하여 틀 속에 배열한 포켓식 알칼리 축전지의 구조는 그림 1.18과 같다. 알칼리 축전지 중에서 가장 널리 사용되고 있으며, 부하가 작은 용도에 많이 사용된다. 대부분 밀폐형으로 저에너지밀도이나 가볍고, 수명이 길며, 과방전 및 과충전에 잘 견디며 보수경비도 싸다.

그리고 소결식 알칼리 축전지(sintered alkaline storage battery)는 니켈 분말을 소결한 것을 두 극으로 사용하고, 양극 활성 물질은 산화니켈, 음극 활성 물질은 금속 카드뮴으로 하며, 수산화칼륨 25 [%]를 전해액으로 사용한다. 종래의 알칼리 축전지에 비해 훨씬 간단하고 소형화도 쉽다. 항공기용, 자동차 시동용, 라디오, 전기 통신용, 선박용, 운반용 동력원, 농업 기계 등 응용 범위는 넓다. 또한, 양극판과 음극판은 니켈을 주체로 하는 금속 분말을 소결하여 만든 다공성 기판의 가는 구멍 속에 활성화 물질을 충전하여 제작하며, 그림 1.19와 같다.

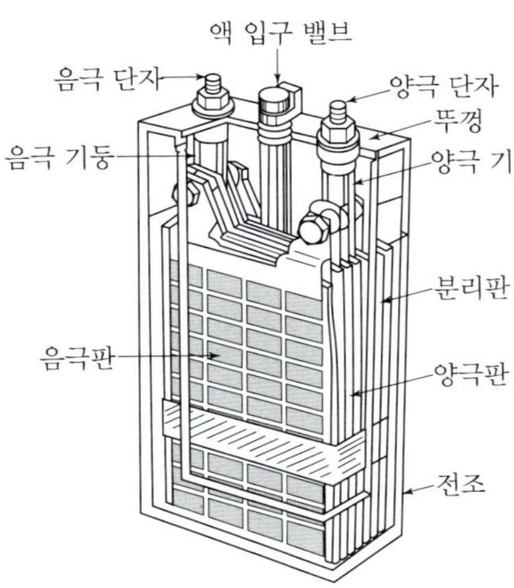

그림 1.18 포켓식 알칼리 축전지의 구조

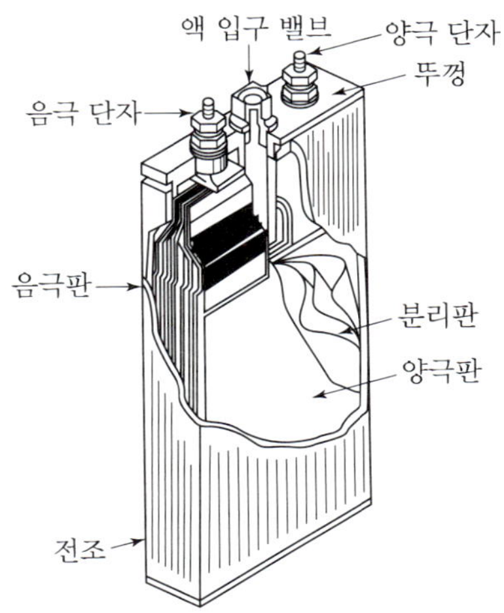

그림 1.19 소결식 알칼리 축전지의 구조

그리고 일반적인 자동차에 쓰이는 축전지가 납축전지이며, 구성하는 축전지의 수에 따라 다양한 전압을 얻을 수 있다. 납축전지는 방전할 때 화학에너지를 전기에너지로 바꿔 설비에 공급하고, 충전할 때는 외부에서 전기에너지를 받아 이것을 화학에너지로 바꿔 저장하는 형식이다.

출력을 증가시키기 위해 각각의 구성 전지들은 서로 연결된 이산화납(PbO_2)을 양극, 납(Pb)을 음극으로 만든 것이다. 이 전극들은 묽은 황산으로 이루어진 전해질 속에 담겨져 있다.

하나의 납축전지는 약 2 [V]의 전압을 발생하므로 6 개의 전지를 직렬로 연결하면 12 [V]의 전압을 얻을 수 있다. 외부 회로를 구성하여 납축전지가 작동되면 다음과 같은 충·방전 반응을 나타낸다.

$$\underset{\text{이산화납}}{\overset{\text{(양극)}}{PbO_2}} + \underset{\text{황산}}{\overset{\text{(전해액)}}{2H_2SO_4}} + \underset{\text{납}}{\overset{\text{(음극)}}{Pb}} \underset{\text{충전}}{\overset{\text{방전}}{\rightleftarrows}} \underset{\text{황산납}}{\overset{\text{(양극)}}{PbSO_4}} + \underset{\text{물}}{\overset{\text{(전해액)}}{2H_2O}} + \underset{\text{황산납}}{\overset{\text{(음극)}}{PbSO_4}}$$

방전에 의한 양극의 활성 물질인 이산화납은 전해액 속의 황산과 반응하여 황산납으로 되고, 음극의 활성 물질인 납도 황산과 반응하기 때문에 전해액의 비중이 저하된다. 충전하면 양극의 황산납은 이산화납으로 되고, 음극의 황산납은 납으로 복귀되어 전해액의 비중도 원래대로 돌아간다. 즉, 충전과 방전이 이루어지면서 비중이 변화하는 것이 납축전지의 특징이다.

납축전지의 구조는 그림 1.20과 같으며, 사용되는 양극판의 종류에 따라 페이스트식 극판과 클래드식 극판으로 분류되며 모양은 그림 1.21과 같다.

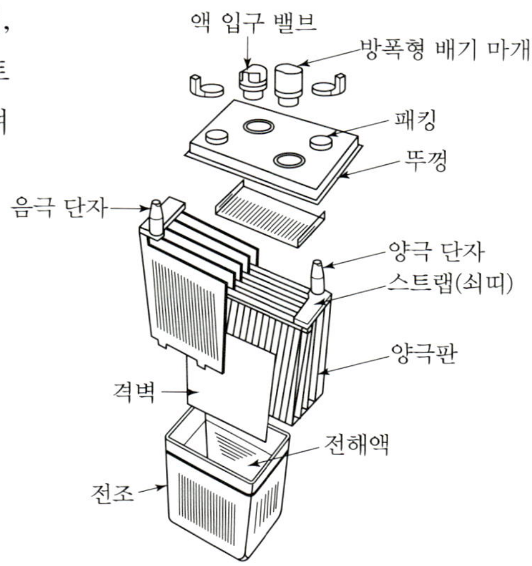

그림 1.20 납축전지의 구조(예)

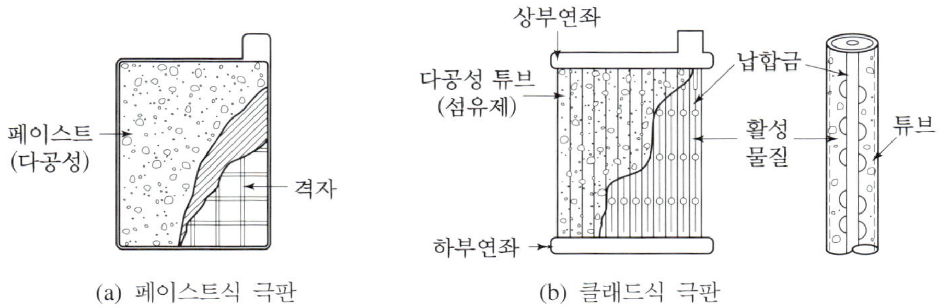

그림 1.21 납축전지의 극판

축전지는 암페어-시간 (ampere-hours, [Ah]) 또는 밀리암페어-시간 (milliampere-hours, [mAh]) 등으로 그 용량을 나타낸다. 200 암페어-시간의 용량을 가지는 축전지는 이론적으로 200 시간 동안 1 [A], 100 시간 동안 2 [A], 50 시간 동안 4 [A] 등을 다음과 같은 식에 의해 사용할 수 있음을 나타낸다.

$$\text{수명} = \frac{\text{용량}}{\text{시간}} \tag{1.9}$$

또는

$$\text{Life [hours]} = \frac{\text{ampere − hours rating [Ah]}}{\text{amperes drawn [A]}} \tag{1.10}$$

(2) 전력 공급 장치

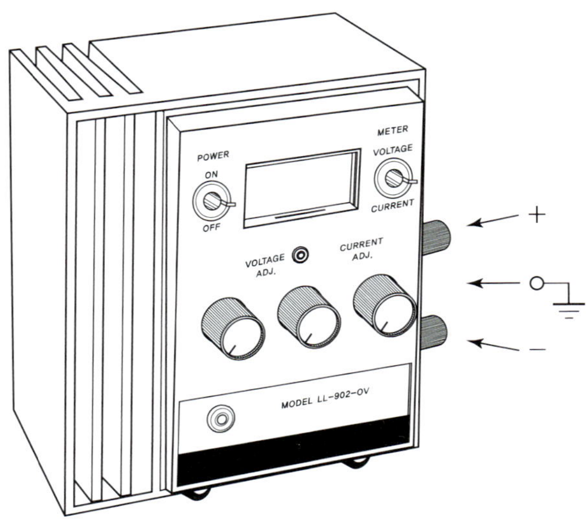

그림 1.22 직류 전원 공급 장치의 실제도

일반적으로 실험실에서 사용되는 전원 장치는 정류와 필터를 거쳐서 안정된 직류 전압을 얻는데 사용된다. 이와 같은 처리 과정에서 실험실에 공급되는 교류는 일정한 값으로 변환되며, 그림 1.22는 직류 공급 장치(直流 供給 裝置, DC supply equipment)의 실제도를 나타낸 것이다. 또한, 대부분의 직류 전원 공급 장치의 회로 연결 형태는 그림 1.23의 회로에서 알 수 있듯이 3개 정도로 조절 가능한 전압 단자를 가지고 있다.

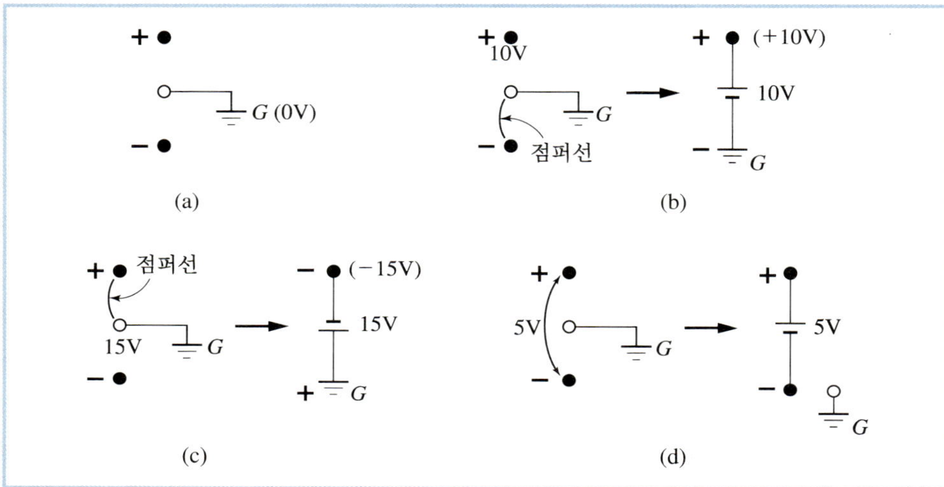

그림 1.23 직류 전원 공급 장치의 회로 연결 형태

[2] 직류 전류원

직류 전류원은 부하 전류에 관계없이 일정한 전류를 발생하는 전원을 말한다. 그림 1.24와 같은 특성 곡선을 나타내며, 정보 통신 설비 및 지능형 설비 등에 폭 넓게 사용되는 사회적 환경의 요구에 따라 안정된 전류원의 필요성이 증가된다.

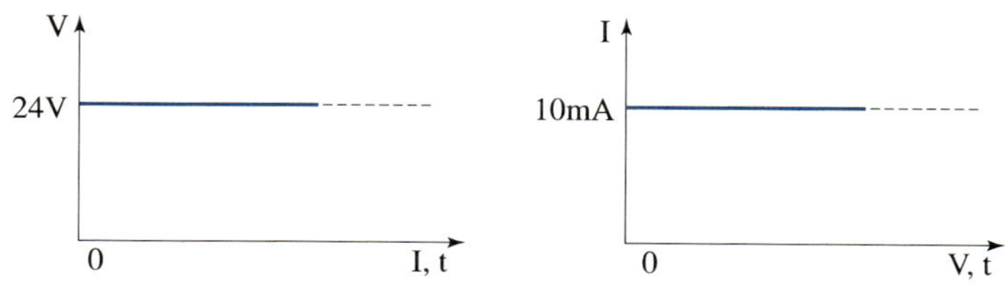

그림 1.24 직류 전류원의 특성 곡선

1.7 도체와 절연체

전기를 전달하기 위해서 사용되는 재료를 도전 재료라 하며, 금속 및 비금속 등에 관계없이 많은 종류가 있다. 대표적인 도체(導體, conductor)는 은, 구리, 금, 알루미늄, 철 등이 사용되고 있다. 도체로 사용되기 위해서는 저항률이 적은 것 이외에도 인장 강도, 가공성, 내식성, 경제성 등이 우수해야 한다. 표 1.2에 각종 도전 재료의 물리적 특성을 나타낸다.

표 1.2 각종 도전 재료의 물리적 성질

금속명	저항률 [$\mu\Omega\cdot$cm]	퍼센트 도전율 (20℃ 기준)	저 항 온도계수 (20℃ 기준)	비 중 [20℃]	열팽창률 [1×10^{-6}℃] (20℃ 기준)	융 점 [℃]	인장강도 [kgf/mm^2]
은(Ag)	1.62	106	0.0038	10.50	18.9	961	15
구리(Cu)	1.72	100	0.0039	8.90	16.6	1083	20
금(Au)	2.40	72	0.0034	19.30	14.2	1063	10
알루미늄(Al)	2.62	66	0.0039	2.70	23.0	660	8
몰리브덴(Mo)	4.76	36	0.0047	10.20	5.1	2600	-
텅스텐(W)	5.48	31	0.0045	19.30	4.0	3370	110
아연(Zn)	6.10	28	0.0037	7.14	33.0	419	15
니켈(Ni)	6.90	25	0.0069	8.90	12.8	1452	40
철(Fe)	10.0	17	0.0050	7.86	11.7	1535	25
백금(Pt)	10.5	16	0.0039	21.45	8.9	1755	15
주석(Sn)	11.4	15	0.0042	7.35	20.0	232	2.5
납(Pb)	21.9	8	0.0039	11.37	29.1	327	-

전기 설비의 절연 재료(絕緣 材料, insulation material)로 사용되는 물질은 그 종류가 대단히 많다. 형태에 따라 고체, 액체, 기체 등으로 분류한다. 그리고 절연 재료의 내열 구분에 따라 각각 기기의 최고 허용 온도가 한정되어 있고, 표 1.3은 내열성에 따른 절연 재료의 종별 및 최고 허용 온도를 나타낸 것이다.

표 1.3 내열성에 따른 절연 재료의 종별 및 최고 허용 온도

종	최고사용 온도[℃]	절연 재료
Y	90	면, 종이 등의 재료로 구성되어 있어서 니스류에 함침되지 않으며, 유중에 함침되지 않은 것. 예) 요소 수지, 목재
A	105	면, 종이 등의 목재로 구성되어 있어서 니스류에 함침되거나 기름에 함침된 것. 예) 폴리비닐, 폴리아미드, 포르말
E	120	대부분의 플라스틱(PVC)
B	130	운모, 석면, 유리 섬유 등의 재료를 아스팔트 접착 재료와 같이 구성한 것
F	155	운모, 석면, 유리 섬유 등의 재료를 알키드 수지, 에폭시 수지 등의 내열성이 우수한 접착 재료와 구성한 것
H	180	운모, 석면, 유리 섬유 등의 재료를 규소 수지 등 특수 내열성이 우수한 접착 재료와 같이 구성한 것
C	180 초과	운모, 석면, 유리 등을 단독으로 사용한 것. 시멘트 등의 무기 접착제와 조합시킨 재료

1.8 옴의 법칙

게오르크 시몬 옴(Georg Simon Ohm, 1789~1854)은 독일의 물리학자이다. 옴이 제안한 옴의 법칙(Ohm's law)은 도선에 전지 등을 사용해서 전압을 걸어 전류가 흐를 때 흐르는 전류가 전압을 도선의 저항으로 나눈 값과 같다는 것이다. 전류, 전압, 저항이라는 전기의 가장 기본적인 세 가지 변수가 있으며, 이들이 간단한 수학적 관계로 연결되어 있다는 것이다.

예를 들어 회로 구성의 기본 요소인 에너지 공급원(전지), 작동 손잡이(스위치), 에너지 소비원(꼬마전구)을 그림 1.25(a)와 같이 전선으로 연결하여 스위치를 닫으

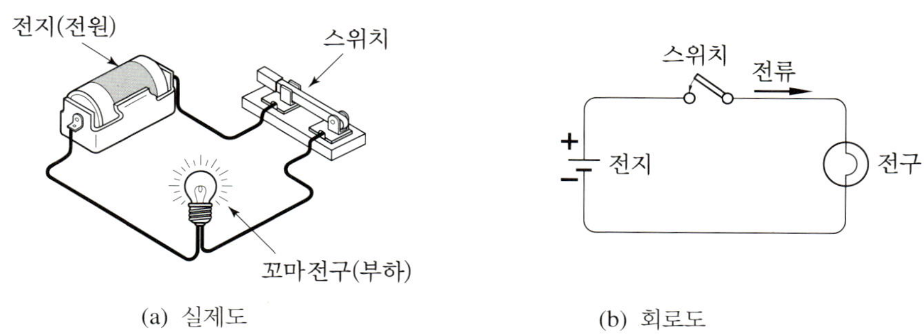

그림 1.25 전기 회로의 실제도와 회로도

면 꼬마전구에 불이 켜진다. 즉, 전류가 전선에 흘렀다는 것을 의미하며, 이러한 전류의 통로를 전기 회로(電氣 回路, electric circuit) 또는 간단하게 회로라고 한다. 전기 회로를 그림 1.25(a)와 같이 회로를 그리는 것은 불편하기 때문에 한국산업규격(KS; Korean Industrial Standards)에서 정해진 기호에 맞게 그림 1.25(b)와 같이 간단하게 나타낸다.

전기 회로에서 전지 등과 같이 전류를 계속 흘려줄 수 있는 것을 전원(電源, electric sources)이라 한다. 그리고 꼬마전구 등과 같이 전원에서 전류를 공급받아 일을 하는 것을 부하(負荷, electric load)라고 한다. 전압(V)의 단위는 볼트(volt, [V])를 사용하고, 전류(I)의 단위는 암페어(ampere, [A])를 사용하며, 저항(R)의 단위는 옴(ohm, [Ω])을 사용한다. 전기 회로에 사용되는 V, I, R의 관계를 나타내기 위하여 그림 1.26(a)와 같이 저항 값이 R [Ω]인 전구에 전압이 V [V]인 전지를 전선으로 연결한 경우 직류 회로에 흐르는 전류 I [A]는 다음과 같이 된다.

$$I = \frac{V}{R} \text{ [A]} \tag{1.11}$$

전기 회로에 흐르는 전류 I는 인가한 전압 V에 비례하고, 저항 R에 반비례하게 되는데 이를 옴의 법칙(Ohm's law)이라고 한다. 회로에서 측정된 데이터는 그래프, 차트 등 시스템의 동작이나 응답 특성을 이해하는데 중요한 역할을 한다. 그러므로 취득한 데이터를 읽고 도식화하여 의미를 제시하는 기술 개발은 전문가의 가치를 한층 높이게 될 것이며, 회로도는 그림 1.26(b)와 같다.

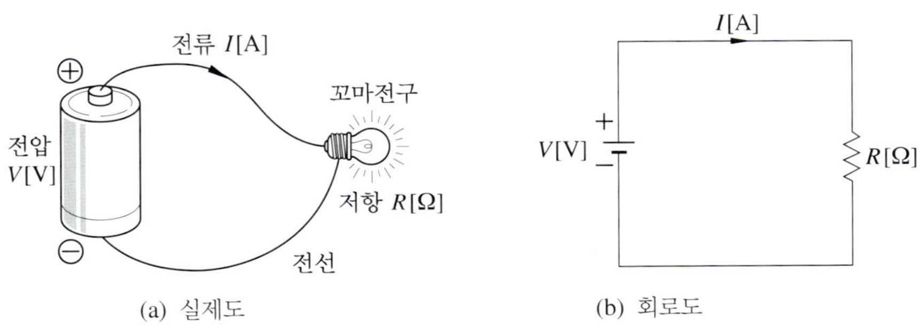

그림 1.26 옴의 법칙을 설명하기 위한 기본 회로

그림 1.27(a)는 회로에서 취득한 전자 소자의 전압과 전류의 관계를 나타낸 것이다. 일반적으로 실축(가로)은 전압을 나타내고, 허축(세로)은 전류를 표시한다. 그림 1.27(b)는 회로에 공급되는 전류 방향과 저항 소자의 전압 극성을 나타낸 것이다. 만약 전류 방향이 정의된 방향과 반대라면 실축(전압) 아래 부분에 그래프가 나타날

것이고, 전압의 극성이 정의한 것과 반대라면 허축(전류)의 왼쪽 부분에 그래프가 나타날 것이다. 예를 들어 전압 $V=100$ [V] 일 때 허축(전류)에 수평선을 그으면 전류 값은 5 [A]를 얻을 수 있다. 마찬가지로 $V=40$ [V]에서 그래프의 수직축과 전류 측에 수평선을 그리면 옴의 법칙대로 2 [A]의 전류 값을 얻을 수 있다.

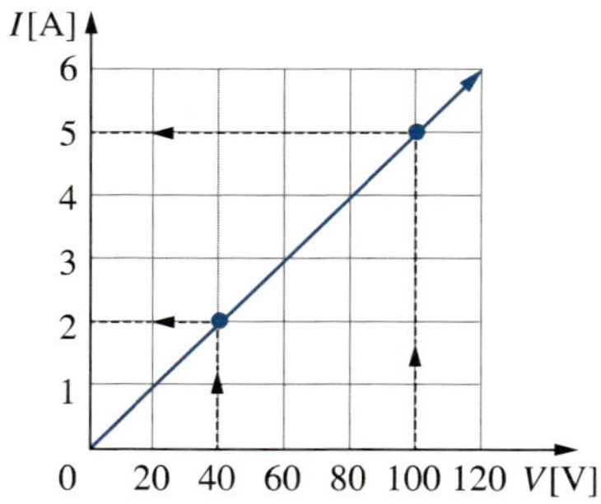

(a) 전압과 전류의 관계

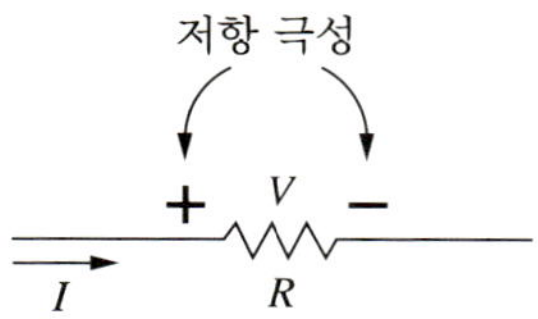

(b) 전류 방향과 전압 극성

그림 1.27 옴의 법칙에 대한 전압과 전류의 관계

예제 1.6

30 [V]의 전원 전압에 의하여 2 [A]의 전류가 흐르는 전기 회로가 있다. 이 회로의 저항은 몇 [Ω]이 되겠는가?

풀이

옴의 법칙에 대입하여 저항을 구할 수 있다.

$$R=\frac{V}{I}=\frac{30}{2}=15\,[\Omega]$$

1.9 줄의 법칙

제임스 줄(James Prescott Joule, 1818～1889)은 영국의 물리학자로 열역학 제1법칙인 에너지보존법칙(law of energy conservation)의 창설자이며, 전류의 발열 작용에 관한 법칙인 줄의 법칙(Joule's Law)을 발견하였다. 또한, 오늘날 열의 일당량이라 하는 비례상수를 실측하였으며, 톰슨과 공동연구로 '줄톰슨효과' 등의 업적을 남겼다.

즉, 도체에 전류가 흐르면 필연적으로 얼마간의 열이 정량적으로 발생한다는 사실을 실험으로 입증한 사람이다. 이때 발생한 열을 줄 열(joule heat) 또는 열 저항(熱 抵抗, thermal resistance)이라고 한다. 전기장판, 모발건조기 등과 같은 가정용 전열기구의 대부분이 이 가열 방식을 이용하고 있다. 그림 1.28은 도체에 전류가 흐를 때 발생하는 열의 발산 형태를 원자와 자유 전자의 관계로 나타낸 것이다.

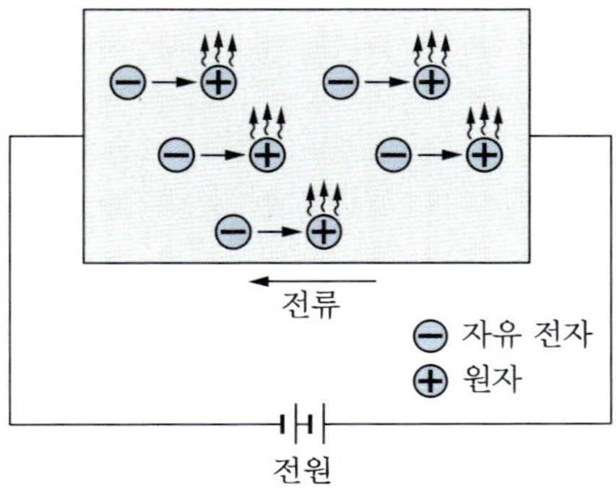

그림 1.28 도체에서의 열의 발생

이 때 발생하는 열량 H [J]은 전류 I [A]의 제곱과 저항 R [Ω]의 크기 및 전류가 흐른 시간 t [s]의 곱에 비례한다. 이것을 줄의 법칙(Joule's law)이라 하며, 다음과 같이 나타낸다.

$$H = I^2 R t \ [\mathrm{J}] \tag{1.12}$$

발생한 줄 열은 도체를 지나는 자유 전자가 도체 내의 원자 등과 비탄성 충돌을 일으킬 때 발생되는 열에너지가 외부로 방출된 것이다. 이때의 충돌 현상이 바로 도체에서의 전류 흐름을 방해하는 저항으로 작용하는데 이것을 전기 저항(電氣 抵抗, electrical resistance)이라고 한다. 또한, 도체 내부에서 전류의 흐름을 방해하는 에너지가 열로 변환되며 전류에 의한 발열 작용을 이용한 것을 저항 가열(抵抗 加熱, resistance heat)이라 한다. 줄의 법칙에서 에너지를 열량(熱量, calorie)으로 표시하면 다음과 같이 나타낼 수 있다.

$$H = 0.24 I^2 R t = 0.24 P t = 0.24 V I t \ [\mathrm{cal}] \tag{1.13}$$

여기서, H [cal]는 발열량, P [W]는 소비전력, V [V]는 전압, I [A]는 전류, R [Ω]은 저항, t [s]는 시간을 나타낸다.

예제 1.7

1,000 [Ω]의 저항에 0.5 [A]의 전류를 20 [s] 흘렸을 때의 발열량은 몇 [cal]인가?

풀이

발열량은 다음과 같이 구할 수 있다.

$$H = 0.24\, I^2\, R\, t = 0.24 \times 0.5^2 \times 1{,}000 \times 20 = 1{,}200 \text{ [cal]}$$

1.10 전력 및 전력계

[1] 전력

전력(電力, electric power)은 전기가 단위 시간에 하는 일의 양을 의미한다. 즉, 단위 시간에 변환 또는 전송되는 에너지로 정의되며, M.K.S 단위로는 와트(Watt, [W])가 쓰인다. 1 [W]는 매초 변환되는 에너지가 1 [J] 일 때의 전력을 말하며, 변환되는 에너지 W [J]과 시간과의 관계를 전력 P [W]로 나타내면 다음과 같다.

$$P = \frac{W}{t} \text{ [W]} \tag{1.14}$$

식 (1.2), 식 (1.6)로부터 $Q = It$, $W = QV$이므로 다음과 같이 표시된다.

$$P = VI \text{ [W]} \tag{1.15}$$

이로부터 t [s] 동안에 변환되는 에너지 또는 전력량 W [J]은 다음과 같이 나타낸다.

$$W = Pt = VIt \text{ [J]} \tag{1.16}$$

또한, 변환되는 에너지가 시간적으로 변하는 경우 각 순간의 전력을 순시 전력(瞬時 電力, instantaneous power)이라 하며 p로 나타낸다.

$$p = \frac{dw}{dt} = vi \text{ [W]} \tag{1.17}$$

이로부터 시간 t [s] 동안 변환되는 전체 에너지는 다음과 같이 나타낸다.

$$w = \int_0^t p\, dt = \int_0^t vi\, dt \text{ [J]} \tag{1.18}$$

전력의 실용 단위로는 킬로와트 [kW]와 마력(horse power, [H.P])이 많이 쓰이며, 1 [kW] = 1,000 [Watt], 1 [H.P] = 746 [Watt]의 관계가 있다.

또한, 전력량의 단위로서는 와트아워(Watt hour, [Wh]) 또는 킬로와트아워 [kWh]가 자주 사용되며, 1 [Wh] = 3,600 [J], 1 [kWh] = 1,000 [Wh]의 관계가 있다.

다음에는 전류-전압의 기준 방향과 전력과의 관계를 알아보기로 한다.

그림 1.29(a)와 같이 전압 상승의 방향으로 전류가 흐른다면 이 부분은 전원과 같은 역할을 한다고 볼 수 있으므로 회로의 이 부분에는 전기에너지 또는 전력의 발생 또는 공급이 있다. 또한, 그림 1.29(b)와 같이 전압 강하의 방향으로 전류가 흐르고 있다면 이 부분은 부하로 작용하고 있다고 볼 수 있기 때문에 회로의 이 부분에서는 전기에너지의 소모 또는 전송이 있다.

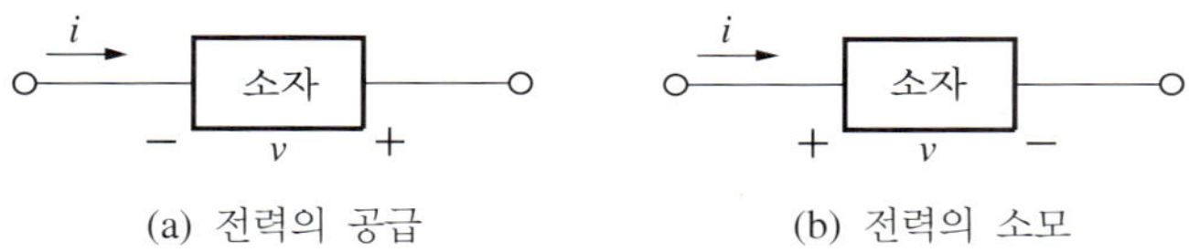

그림 1.29 전류-전압의 기준 방향과 전력

예제 1.8

저항 회로에 220 [V]의 전압이 2 [min] 동안 인가되어 60 [C]의 전하량이 이동되었다면 이 회로에서의 전력 P [W]는 얼마인가?

풀이

회로에서 소비되는 전력은 다음과 같다.

$$P = \frac{W}{t} = \frac{QV}{t} = \frac{60 \times 220}{2 \times 60} = 110 \text{ [W]}$$

예제 1.9

전류가 5 [A]이면, 저항 5 [Ω]에 소비되는 전력 P [W]는 얼마인가?

풀이

회로에서 소비되는 전력은 다음과 같다.

$$P = I^2 R = 5^2 \times 5 = 125 \text{ [W]}$$

[2] 전력계

일상생활과 산업 현장에서 공급되는 전력을 측정하기 위한 기기가 전력계(電力計, wattmeter)이다. 전력계는 그림 1.30에 나타낸 것과 같이 전압 단자, 전류 단자, 눈금, 이동 손잡이 등으로 구성되어 있다. 전력은 전압과 전류의 함수이므로 회로 저항 R [Ω]의 전력을 측정하기 위해서는 네 개의 단자를 회로에 적절하게 연결해야 한다.

전력계의 전압 코일(PC; potential coil)과 전류 코일(CC; current coil)이 그림 1.31과 같이 연결되면 전력 값을 측정할 수 있다. 회로에 연결된 각각의 코일 단자 중에서 하나를 반대로 연결하면 음의 값을 지시한다.

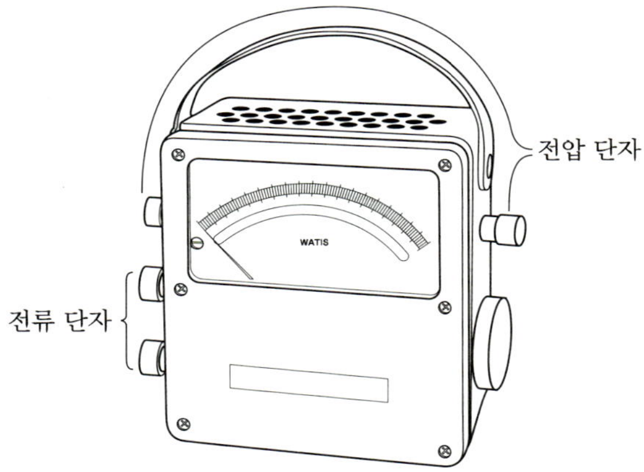

그림 1.30 전력계의 실제도

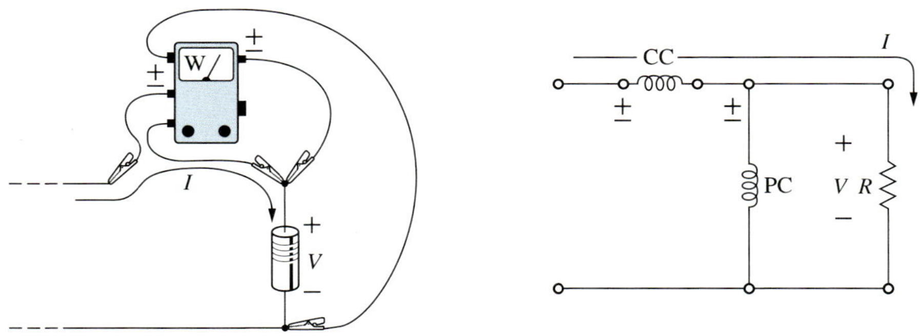

(a) 실제도 (b) 회로도

그림 1.31 전력계의 연결

1.11 효율 및 에너지

[1] 효율

기기나 장치의 효율(效率, efficiency)은 최소한 투입으로 주어진 또는 기대하는 산출을 얻는 능력이다. 즉, 투입과 비교된 산출의 비율로 정해지면 그 비율의 값이 커질수록 효율이 높은 것으로 평가된다. 전기 설비에 사용되는 에너지를 한 형태에서 다른 형태로 변화시키는 과정을 그림 1.32와 같은 형태로 나타낼 수 있다. 어떤 에너지 시스템도 다음과 같은 식에 의해 표현이 가능하다.

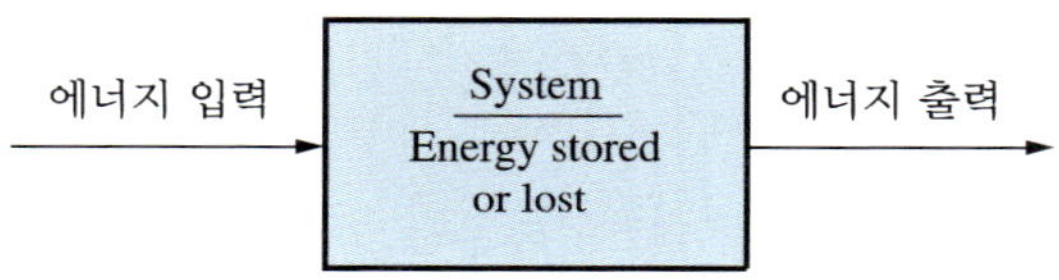

그림 1.32 에너지의 입력과 출력

$$\text{에너지 입력} = \text{에너지 출력} + \text{에너지의 손실 또는 에너지의 저장} \tag{1.19}$$

양변을 시간 함수 t 로 나누면 다음과 같다.

$$\frac{W_{input}}{t} = \frac{W_{output}}{t} + \frac{W_{lost\ \mathrm{or}\ stored\ in\ the\ system}}{t} \tag{1.20}$$

즉, 전력(P)은 에너지(W)를 시간(t)으로 나눈 것이며, 입력은 다음과 같다.

$$P_i = P_{out} + P_{lost\ \mathrm{or}\ stored}\ [\mathrm{W}] \tag{1.21}$$

그러므로 회로에서 시스템의 효율(η)은 다음과 같이 나타낼 수 있다.

$$\mathrm{Efficiency} = \frac{\mathrm{Power\ output}}{\mathrm{Power\ input}} \quad \text{또는} \quad \eta = \frac{P_0}{P_i} \tag{1.22}$$

이 식을 백분율로 나타내면 다음과 같다.

$$\eta = \frac{P_0}{P_i} \times 100\ [\%] \quad \text{또는} \quad \eta = \frac{W_0}{W_i} \times 100\ [\%] \tag{1.23}$$

이상과 같은 식에서 알 수 있듯이 최대 효율 100 [%]는 $P_0 = P_i$ 일 때 또는 전력 손실이나 계에 축적되는 전력이 '0' 일 때 발생한다.

[2] 에너지

단위 시간당 일의 양을 전력(電力, electric power)으로 정의하며, 이 값에 시간의 함수를 곱하면 에너지(energy)가 된다. 전기에너지와 관련이 깊은 전동기(電動機, motor)는 전기에너지를 기계에너지로 변환하는 회전기이다. 그런 전동기가 일정시간 사용되지 않는다면 에너지 변환은 없을 것이다. 즉, 물건을 움직이는 시간이 길수록 사용되는 에너지도 더욱 커질 것이다. 그러므로 어떤 시스템에 의해 손실 또는 얻어지는 에너지(W)를 전력(P)와 시간(t)의 관계로 나타내면 다음과 같다.

$$W = Pt \ [\mathrm{J}] \tag{1.24}$$

전력 P는 와트(Watt)로 측정되고, 시간은 초(秒, second)로 측정되므로 에너지의 단위는 와트초(Watt-second) 또는 줄(joule)이 되는 것이다. 그러나 와트초 단위는 현실과 차이가 많이 발생하므로 대부분 와트시 Wh 또는 킬로와트시 kWh로 정의하여 사용한다.

$$\mathrm{Energy}\ [\mathrm{Wh}] = \mathrm{power}\ [\mathrm{W}] \times \mathrm{time}\ [\mathrm{h}] \tag{1.25}$$

또는

$$\mathrm{Energy}\ [\mathrm{kWh}] = \frac{\mathrm{power}\ [\mathrm{W}] \times \mathrm{time}\ [\mathrm{h}]}{1{,}000} \tag{1.26}$$

1장 연습문제

01. 전기 회로의 특성 및 동작을 설명하는데 필요한 몇 가지 양(量) 중에서 가장 기본적인 양을 (　　　　)라 할 수 있다.

답 전하

02. 전기 회로에서 에너지가 전송되려면 전하의 이동이 있어야 하며 전하의 이동은 (　　　)를 형성한다.

답 전류

03. 전기 회로에는 전원과 회로 소자의 종류 및 상태에 따라 시간적으로 변화하는 전류가 흐른다. 시간의 변화에 관계없이 크기와 방향이 일정한 전류를 (　　　)라 한다.

답 직류

04. 전기 회로에 흐르는 전류는 인가한 전압에 비례하고 저항에 반비례하게 되는데 이를 (　　　　)이라고 한다.

답 옴의 법칙

05. 도체에 전류가 흐르면 필연적으로 얼마간의 열이 정량적으로 발생한다는 사실이 실험을 통해서 최초로 증명되었으며, 이때 발생한 열을 (　　　)이라고 한다.

답 줄 열

06. 독립 전원은 회로의 구성과 관계없이 (   )으로 전력을 공급하는 장치이며, 종속 전원은 트랜지스터 등의 반도체 소자의 (   )를 만들 때 나타내는 수학적 모델이다.

답 독립적, 등가 회로

07. 2 [kΩ]의 저항에 2 [A]의 전류를 30 [min] 흘렸을 때의 발열량은 몇 [J]인가?

답 14.4×10^6 [J]

08. 저항 회로에 220 [V]의 전압이 40 [min] 동안 인가되어 2,400 [C]의 전하량이 이동되었다면 이 회로에서의 전력 P[W]는 얼마인가?

답 220 [W]

09. 어떤 회로에 전류가 2 [A]이면, 저항 2 [kΩ]에 소비되는 전력 P[W]는 얼마인가?

답 8,000 [W]

10. 일상생활과 산업 현장에서 공급되는 전력을 측정하기 위한 기기는 (   )이며, 기기의 내부에 (   ) 코일과 (   ) 코일이 있다.

답 전력계, 전압, 전류

제 2 장

저항회로의 해석

2.1 도체의 저항

어떤 물체를 통하여 전하(電荷, electric charge)가 이동할 때는 언제나 역학계에서 발생하는 마찰력과 비슷한 저항(抵抗, resistance)을 받는다. 이 저항은 전자와 전자 사이 또는 물질 내의 다른 원자와의 충돌 때문에 전기에너지가 열에너지로 변환되는 것이 물질의 전기 저항(電氣 抵抗, electric resistance) 이다. 저항의 단위는 옴(ohm)이라고 읽고, 그리스 문자의 대문자 오메가 [Ω]로 표시한다. 또한, 저항의 표기는 영문 머리글자인 R로 나타내고, 심벌은 그림 2.1과 같이 흐르는 전류가 결정되면 극성을 표기한다.

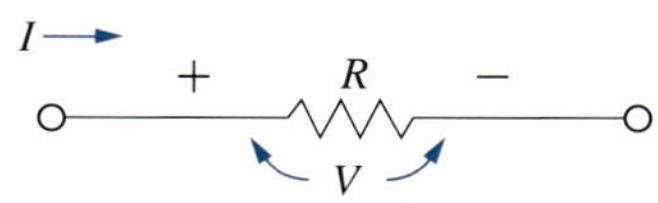

그림 2.1 저항의 표기 및 심벌

대부분 물질의 저항은 재료(材料, material), 길이(length), 단면적(斷面積, cross-sectional area), 온도(溫度, temperature) 등 4가지 요소에 의해서 결정된다. 일반적인 자연계에서 도체는 온도가 증가할수록 내부의 입자(粒子, particles)들이 활발히 운동하여 전자의 자유로운 운동을 방해하여 저항이 증가한다. 그림 2.2와 같이 도체의 길이가 l [m]이고, 단면적이 $S\,[\mathrm{m}^2]$일 때 도체의 저항 $R\,[\Omega]$은 다음 식으로 나타낸다.

$$R = \rho \frac{l}{S} \ [\Omega] \tag{2.1}$$

저항은 도체의 길이에 비례하고 단면적에 반비례(反比例, inverse proportion)한다. 비례 상수 ρ는 비저항, 저항률(抵抗率, resistivity) 또는 도체의 재질에 따라 고유 값을 갖기 때문에 고유 저항(固有 抵抗, specific resistance)이라고도 한다. 단위는

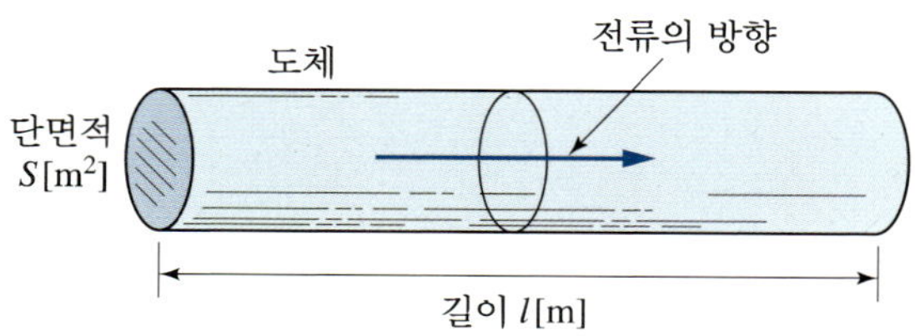

그림 2.2 도체의 저항 표기

[Ω· m] 또는 [Ω·cm] 등이 주로 사용된다. 도체의 길이는 l로 나타내고, 단위는 [m] 또는 [cm] 등이 사용된다.

예제 2.1

도체의 길이가 1 [m]이고 직경이 2.0 [mm]인 구리 전선이 상온에서 사용되고 있을 때 저항은 얼마인가? 단, 동선의 고유 저항은 $\frac{1}{58}\times 10^{-6}$ [Ω· m]이다.

풀이

도체의 전기 저항은 다음과 같다.

$$R=\rho\frac{l}{S}=\rho\frac{l}{\pi r^2}=\left(\frac{1}{58}\times 10^{-6}\right)\times\frac{1.0}{\pi\times\left(\frac{2.0}{2}\times 10^{-3}\right)^2}\fallingdotseq 5.5\times 10^{-3}\ [\Omega]$$

예제 2.2

어떤 인두의 내부 저항이 90 [Ω] 일 때, 2.0 [A]의 전류가 인두 내부에 흘렀다면 인두에 가해져야 하는 전압 [V]은 얼마인가?

풀이

인두에 가해지는 전압은 다음과 같다.

$$V=IR=2.0\times 90=180\ [\mathrm{V}]$$

2.2 도체의 컨덕턴스

물질의 도전율(導電率, conductivity)은 저항률의 역수로 나타내며, 표기는 그리스의 소문자 σ(sigma)로 나타낸다.

$$\sigma=\frac{1}{\rho}=\frac{1}{\frac{RS}{l}}=\frac{l}{RS}\ [℧/\mathrm{m}] \tag{2.2}$$

그리고 도체의 도전성을 비교하기 위해 표준 연동의 도전율을 100 [%]로 하였을 때 나타내는 것을 퍼센트 도전율(導電率, percentage conductivity)이라고 한다. 그리고 저항 R값의 역수를 컨덕턴스(conductance) G라고 표기한다.

$$G=\frac{1}{R}\ [℧] \tag{2.3}$$

이는 일정한 전압을 인가하였을 때 회로에 흐르는 전류가 컨덕턴스 G에 비례하므로 다음과 같이 나타낼 수 있다.

$$I=\frac{V}{R}=GV\,[\mathrm{A}] \tag{2.4}$$

G가 클수록 회로에 전류가 흐르기 쉽다는 것을 의미하는 것이며, 컨덕턴스의 단위는 모(mho, [℧])로 나타내거나 지멘스(siemens, [S])로 표기한다.

예제 2.3

회로에 흐르는 전류는 4.4 [A]이고, 인가된 전압은 220 [V]라면 컨덕턴스는 얼마인가?

풀이

옴의 법칙에서 도체의 전류는 다음과 같다.

$$I=\frac{V}{R}=GV\,[\mathrm{A}]$$

그러므로 컨덕턴스는 다음과 같다.

$$G=\frac{I}{V}=\frac{4.4}{220}=0.02\ [℧]$$

2.3 물질의 온도계수

도체(導體, conductors)에는 상당한 양의 자유 전자가 존재한다. 어떤 열에너지가 도체에 인가되면 입자의 자유 운동 강도를 증가시키므로 전자의 유동을 어렵게 만든다. 그 결과 양도체에서는 온도가 증가함에 따라 저항도 증가하며, 양(+)의 온도계수를 가지고 있다.

반도체(半導體, semiconductors)에서는 온도 상승에 따라 열에너지가 자유 캐리어를 증가시킨다. 그런데 반도체는 온도의 증가에 따라 저항이 감소하는 특성을 나타내므로 부(−)의 온도계수를 가지고 있다.

절연체(絕緣體, insulators)는 입자(粒子, particles)의 이동이 거의 없을 뿐만 아니라 자유 전자의 활동이 거의 없는 물질이다. 결과적으로 절연체는 부(−)의 온도계수를 가지고 있다. 온도 변화에 의한 저항의 변화를 비율로 나타낸 것을 저항의 온

표 2.1 저항률에 따른 물질의 분류

항목 \ 구분	도 체	반도체	절연체
물 질	은, 구리, 금, 알루미늄	실리콘, 게르마늄	석영, 운모, 플라스틱, 고무
저항률 [Ω·m]	$10^{-8} \sim 10^{-5}$	$10^{-5} \sim 10^{4}$	$10^{4} \sim 10^{16}$
용 도	전선, 기판	다이오드, 웨이퍼	애자, 부싱

도계수(溫度係數, temperature coefficient)라 하며, 기호는 그리스 소문자의 α (alpha)로 나타낸다. 또한, 단위는 온도의 역수인 [$℃^{-1}$]로 표기하며, 관계식은 다음과 같다.

$$R_2 = R_1[1 + \alpha(t_2 - t_1)]\,[\Omega] \tag{2.5}$$

여기서, t_1 : 상승 전의 온도 [℃]
t_2 : 상승 후의 온도 [℃]
R_1 : t_1 [℃]에서 도체의 저항 [℃]
R_2 : t_2 [℃]에서 도체의 저항 [℃]
α : t_1 [℃]에서 온도계수

온도계수 α 는 0 [℃]를 기준으로 1 [℃]씩 온도 상승에 대한 저항의 증가 비율로서 온도 구간에 따라 약간씩 차이가 있다. 따라서 t_1 [℃]에서 저항의 온도계수 α 는 식 (2.6)과 같이 나타낸다.

$$\alpha = \frac{1}{234.5 + t_1}\,[1/℃] \tag{2.6}$$

그리고 건축물에 설치된 전기설비 또는 전기기계기구 등에 사용되는 전기재료 저항의 크기에 따라 도체, 반도체 절연체 등으로 구분된다. 일반적으로 도체는 전선과 전선, 전선과 단자, 단자대와 단자대 등을 접속하는데 사용되는 접속 재료이다. 도전 재료 중에서 저항이 가장 적은 것은 은(Ag)이며, 다음으로 구리(Cu)이다. 구리는 도전율이 은과 유사하며 경제성도 좋아서 도전재료로 우수한 재료이다.

도체가 갖추어야 할 조건은 도전율이 클 것, 접속하기 쉬울 것, 인장 강도가 비교적 클 것, 가공성이 풍부할 것, 선이나 박판 등으로 만들기 쉬울 것, 내식성이 클 것, 값이 저렴할 것 등이 있다. 또한, 접속 재료의 요구 사항은 전기적 성질, 온도계수 및 전기 저항치 등이지만 사용 목적에 따라 열적 성질, 기계적 성질, 자기적 성질, 열기전력, 화학적 안정도 등이 요구된다.

그리고 절연체는 전기나 열이 전달되지 않도록 하는 재료이며 기체, 액체 및 고체 등으로 나눌 수 있다. 기체 절연 재료는 공기 외에도 산소, 질소, 수소 등과 같은 일반 기체도 양호한 절연 재료가 된다. 액체 절연 재료는 석유계의 물질로 절연유, 실리콘유, 염소화유 등의 합성절연유 등이 있다. 고체 절연 재료는 무기계, 자기계, 유리계, 섬유질계, 수지계, 고무계, 니스계 등 많은 종류가 있다. 공기는 자연계에서 절연 재료로서 사용되고 있으며, 질소는 대형 변압기의 탱크 속에 주입하여 사용된다. 표 2.2는 전기설비에 사용되는 전기 재료의 종류 및 용융 온도를 나타낸 것이다.

표 2.2 전기 재료의 종류 및 용융 온도

종류 \ 용융온도	용융온도[℃]	종류 \ 용융온도	용융온도[℃]
알루미늄 합금	570～660	금(pure)	1,065
알루미늄	660	파라핀(wax)	50～57
구리	1,083	체지방	30～50
주철	1,150～1,200	폴리스타이렌	≃ 240
땜납(주석+납)	183～216	폴리프로필렌	≃ 165
탄소강	1,520	폴리에스테르	≃ 250
주석	232	폴리에틸렌	≃ 130
아연	420	PMMA	≃ 160
마그네슘 합금	589～651	PVC	≃ 250
스테인리스 강	1,400～1,530	나일론	250～260
철(pure)	1,535	폴리우레탄폼	≃ 200
납(pure)	327	세라믹	≃ 1,500

예제 2.4

동의 저항률은 20[℃]에서 1.69×10^{-8} [Ω·m]이며, 온도계수는 $\alpha_{20} = 0.0039$이다. 단면의 지름이 1 [mm], 길이 100 [m]의 동선이 30 [℃]에서 저항은 얼마인가?

풀이

도체의 고유 저항은 다음과 같다.

$$\rho_{30} = \rho_{20}\{(1+0.0039)\times(30-20)\} = (1.69\times10^{-8})\times(1+0.0039\times10)$$
$$\fallingdotseq 1.756\times10^{-8}\,[\Omega\cdot\mathrm{m}]$$

그러므로 고유 저항 특성을 고려한 전기 저항은 다음과 같다.

$$R = \rho_{30}\frac{l}{S} = (1.756\times10^{-8})\times\frac{100}{\pi\times\left(\frac{10^{-3}}{2}\right)^2} \fallingdotseq 2.24\,[\Omega]$$

2.4 접촉 저항

전기기계기구의 체결이나 접속을 할 때 발생되는 접촉 저항(接觸 抵抗, contact resistance)은 물질 자체가 가지고 있는 고유 저항 값이 아니라 전극이나 연결부와 같은 외부의 다른 물질과 접촉하면서 발생하는 저항이다. 물질 자체가 가지고 있는 고유 저항 값은 측정 방법에 무관한 값을 가지지만 접촉 저항은 측정 방법이나 계면의 형성 조건에 따라 달라진다. 접촉 저항 값은 전극 2개만으로 측정하는 2전극 측정과 4개의 전극을 사용하여 측정하는 4전극 측정이 있다. 2전극 측정에는 소자와 전극과의 접촉에서 모두 전압강하가 일어나 소자 고유의 저항을 접촉저항으로부터 분리해 낼 수가 없다. 하지만 4전극 측정에서는 2개의 전극으로는 전류를 나머지 2개로는 소자의 전압강하만을 측정할 수 있기 때문에 접촉 저항 효과를 제외시킬 수 있다.

접촉 저항은 계면의 형성 조건에 따라 전류와 전압이 선형 관계를 나타내는 옴 접촉(ohmic contact)과 비선형 관계를 나타내는 쇼트키 접촉(schottky contact)으로 분류된다. 따라서 접촉 저항은 도체의 물리적 접촉부에 존재하는 저항을 의미하며, IEC[1)] 60943에 의하면 접촉 저항(R_c)은 집중 저항 R_e(集中 抵抗, convergence resistance)와 경계 저항 R_i(境界 抵抗, transition resistance or boundary resistance)의 합으로 나타낸다.

$$R_c = R_e + R_i = \frac{\rho}{2na} + \frac{\rho_0}{\pi n a^2} \ [\Omega] \tag{2.7}$$

여기서, ρ : 금속의 저항
n : 접촉점의 수
a : 접촉점의 반경
ρ_0 : 표면 저항

그림 2.3(a)는 도체의 A평면과 도체의 B평면이 접촉되었을 때를 나타낸 개략도이다. 두 도체의 사이를 확대하여 보면 완벽하게 접촉된 것이 아니고 작은 구멍이 다수 생성된 것을 알 수 있다. 그리고 그림 2.3(b)는 그림 2.3(a)에 나타낸 접촉면의 점선 부분을 확대하여 표시한 것으로 도체의 A평면과 도체의 B평면이 접촉할 때 생

1) IEC (International Electronical Committee)는 전기 기술에 관한 표준의 국제적 통일과 조정을 목적으로 1906년에 설립된 '국제전기표준회의' 이다.

성되는 접촉점의 반경(a)을 나타낸 것이다.

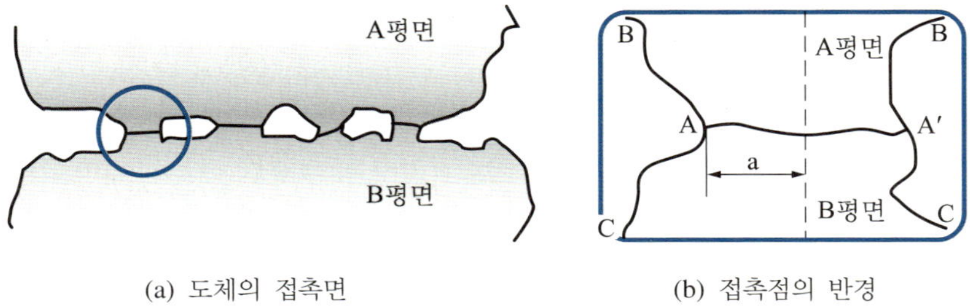

그림 2.3 도체의 A평면과 도체의 B평면이 서로 접촉할 때의 접촉 저항

2.5 저항의 형태

저항은 전자와 전자 사이 또는 물질 내의 다른 원자와의 충돌 때문에 전기에너지를 열에너지로 변환되는 것이 물질의 전기 저항(電氣 抵抗, electric resistance)이다. 저항은 작동 형태에 따라 고정 저항(固定 抵抗, fixed resistor)과 가변 저항(可變 抵抗, variable resistor)으로 구분된다.

[1] 고정 저항

고정 저항(固定 抵抗, fixed resistor)은 저항 값을 바꿀 수 없는 저항이다. 일반적으로 사용되는 저전력용 고정 저항은 탄소 산화물로 만든 저항이다. 그 기본 구조는 그림 2.4와 같다.

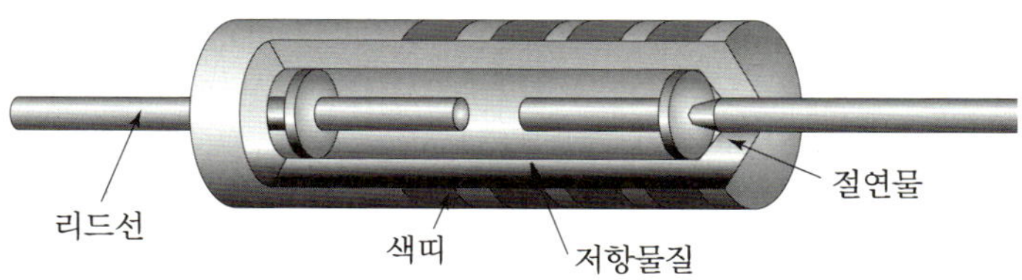

그림 2.4 고정 저항의 기본 구조

용량이 클수록 전류의 흐름과 소비를 높이기 위해서는 저항의 크기가 커져야 하는 것이다. 여러 가지 용량의 봉입형 화합물 저항을 그림 2.5에 나타낸다.

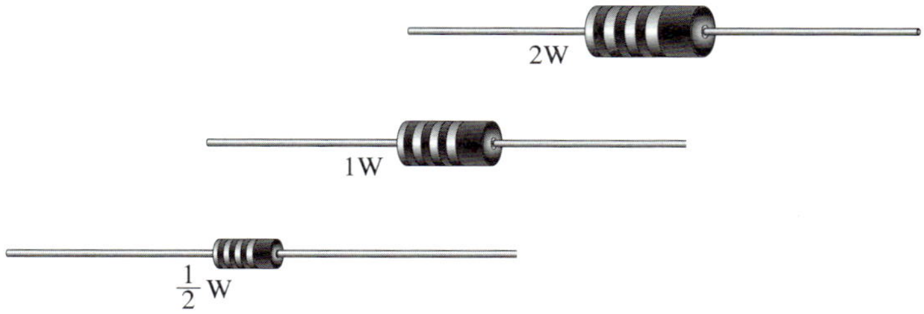

그림 2.5 여러 가지 화합물 저항

[2] 가변 저항

가변 저항(可變 抵抗, variable resistor)은 말뜻에서 알 수 있듯이 손잡이가 붙어 있는 볼륨으로 용도에 알맞게 저항을 조정할 수 있으며, 두세 개의 단자를 가지고 있다. 그리고 이 소자가 저항을 조절하기 위해서 사용된다면 가감 저항기(加減 抵抗器, rheostat)라 부르며, 전압 조절 장치로 사용한다면 전위차계(電位差計, potentiometer)라고 부른다.

그림 2.6은 가변 저항기의 형태를 나타낸 것이다. 그림 2.6(a)는 외부 형태를 나타낸 것으로 양끝 단자 a~c 사이의 저항은 b 단자가 회전체의 위치에 따라 저항이 변하도록 되어 있다. 회전자(回轉子, wiper arm or rotor)와 다른 양끝 단자 사이의 저항의 합은 영 옴에서 전위차계의 정격 최고 저항과 같으며, 식 (2.7)과 같이 나타낸다. 그리고 그림 2.6(b)는 내부 구조를 나타낸 것으로 슬라이드 접촉자(sliding contact)의 접촉 면적이 크고 작아짐에 따라 저항 값이 변화하는 것을 알 수 있다.

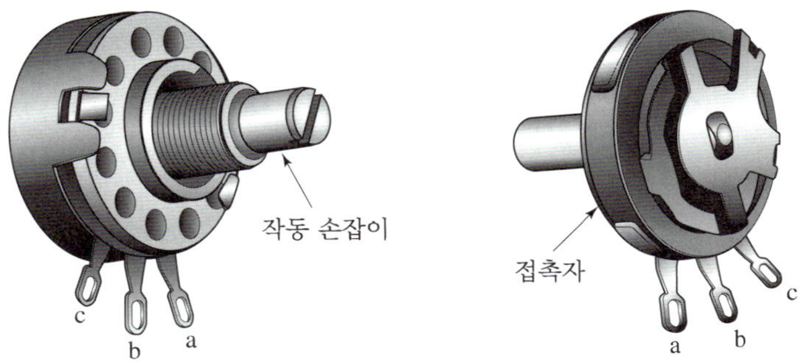

(a) 외부 형태 (b) 내부 구조

그림 2.6 가변 저항기의 형태

그림 2.7(a)는 세 단자를 가지고 있는 전위차계의 기호를 나타낸 것이며, 그림 2.7(b)는 국제적으로 공인된 가변 저항의 기호 및 표기법을 나타낸 것이다.

$$R_{ac} = R_{ab} + R_{bc} \quad [\Omega] \tag{2.8}$$

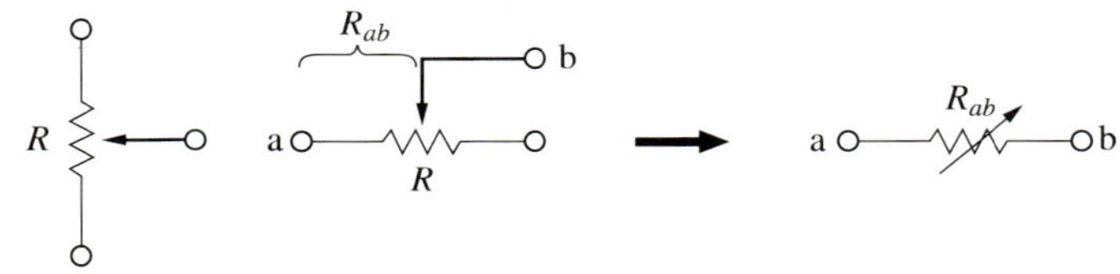

(a) 기호 (b) 표기법

그림 2.7 가변 저항의 기호 및 표기법

2.6 색 저항의 표기

고정 저항과 가변 저항은 그 형태가 다양하기 때문에 저항 값을 표면에 나타내어야 한다. 저항 값을 표면에 기록하기에 그 면적이 너무 좁다. 따라서 저항의 표면에 특정의 색을 띠 모양으로 배열하여 사용하고 있는데 이것을 색 저항(色 抵抗, color coding)이라 한다. 색 저항은 구조가 간단하고 가격이 저렴하여 많이 사용되고 있다. 즉, 4가지 또는 5가지 색을 그림 2.8과 같이 저항 표면의 한쪽 끝부터 표시한다. 그 색의 값은 표 2.3과 같이 고유한 값을 가지며, 표 2.4와 같이 색 띠의 의미를 나타낸다.

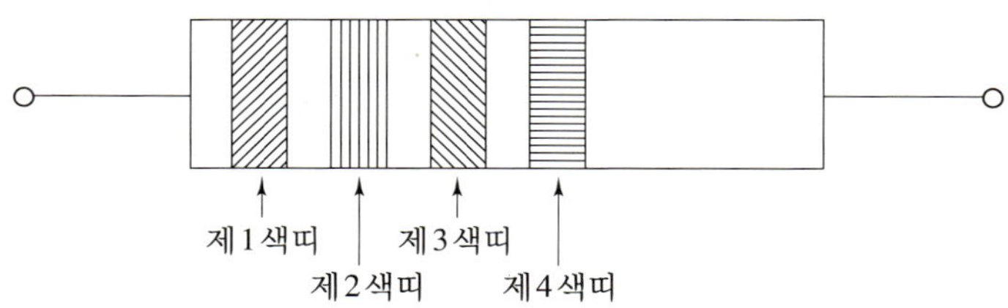

(a) 색 띠의 배열순서

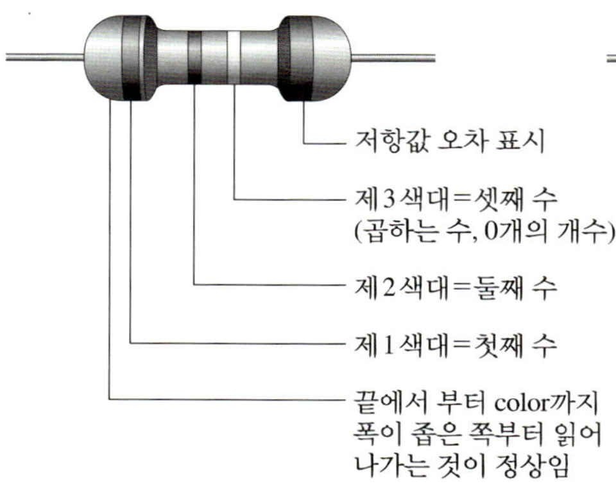

(b) 4색 저항의 배열순서 및 의미

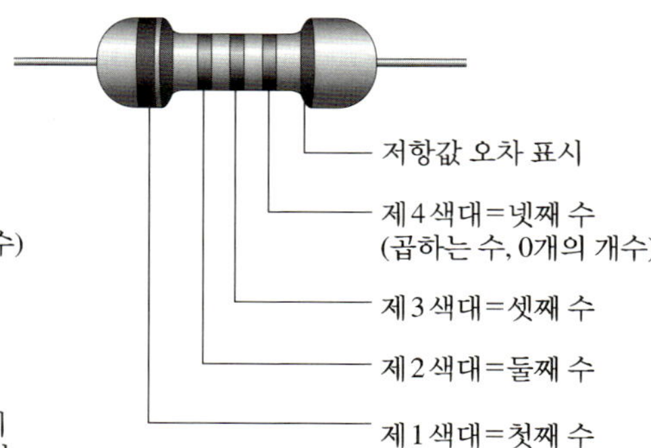

(c) 5색 저항의 배열순서 및 의미

그림 2.8 색 저항의 배열순서 및 의미

표 2.3 저항의 색 띠 코드

색 별	영문명	제1색 띠	제2색 띠	제3색 띠	제4색 띠
흑색, 검정색	black	0	0	10^0 (=1)	
갈색	brown	1	1	10^1 (=10)	
적색, 빨강색	red	2	2	10^2 (=100)	± 2 %
등색, 주황색	orange	3	3	10^3 (=1 k)	
황색, 노랑색	yellow	4	4	10^4 (=10 k)	
녹색	green	5	5	10^5 (=100 k)	
청색, 파랑색	blue	6	6	10^6 (=1 M)	
자색, 보라색	violet	7	7	10^7 (=10 M)	
회색	gray	8	8	10^8 (=100 M)	
백색, 흰색	white	9	9	10^9 (=1 G)	
금색	gold			10^{-1} (=0.1)	± 5 %
은색	silver			10^{-2} (=0.01)	± 10 %
무색	no color				± 20 %

※ k(kilo) = 10^3, M(mega) = 10^6, G(giga) = 10^9, T(tera) = 10^{12}, P(peta) = 10^{15}

표 2.4 색 띠의 숫자

제 1 색 띠	제 2 색 띠	제 3 색 띠	제 4 색 띠	배수 표시
제 1 숫자	제 2 숫자	제 3 숫자	제 4 숫자	허용 오차 표시

예제 2.5

회로에 사용되는 색 저항이 다음 표와 같이 구성되어 있는 경우 저항 [Ω]과 공차 [%]는 각각 얼마인가?

제 1 색 띠	제 2 색 띠	제 3 색 띠	제 4 색 띠
적 색	황 색	등 색	무 색

풀이

저항은 다음과 같다.

$$R = 24 \times 10^3 = 24{,}000\ [\Omega] = 24\ [\text{k}\Omega]$$

그리고 마지막 색이 무색이므로 공차는 ± 20 [%] 이다.

예제 2.6

회로에 사용되는 색 저항이 다음 표와 같이 구성되어 있는 경우 저항 [Ω]과 공차 [%]는 각각 얼마인가?

제 1 색 띠	제 2 색 띠	제 3 색 띠	제 4 색 띠
백 색	자 색	갈 색	금 색

풀이

저항은 다음과 같다.

$$R = 97 \times 10^1 = 970\ [\Omega]$$

그리고 마지막 색이 금색이므로 공차는 ± 5[%] 이다.

2.7 저항기의 활용

회로에서 저항기(抵抗器, ohmmeter)를 사용하는 이유는 다음과 같은 기능을 수행하기 때문이다.

① 독립된 저항 또는 종합적인 저항을 측정할 수 있다.
② 개방 회로의 해석에 사용할 수 있다.
③ 회로의 연결 상태를 확인하고 점검하는데 사용할 수 있다.
④ 전자 소자의 상태를 점검하는데 사용할 수 있다.

즉, 이들의 저항은 크기가 아주 작은 것으로부터 매우 넓은 범위에 걸쳐 다양한 형태로 존재한다. 그러므로 회로에서 저항을 측정할 때에는 각각의 회로 및 소자에 적합한 측정법을 써야 최적의 특성을 알 수 있다.

일반적으로 저항을 측정할 때는 그림 2.9와 같이 저항 양단에 저항기의 단자를 접속하면 된다. 왜냐하면 저항에 흐르는 전하의 방향과 양에 대한 제약은 없기 때문이다. 회로 및 소자의 저항을 측정할 때 저항기의 눈금은 최대로 놓고 작동시켜 점점 최적의 눈금에 위치시켜 데이터를 얻는 것이 중요하다. 그리고 한 개의 저항만을 측정할 때는 측정하기 전에 회로에서 저항을 분리하여 측정을 하는 것이 오차를 줄일 수 있다. 그리고 시스템이 복잡하여 분리가 어려운 회로는 다른 소자의 영향을 최소화하기 위해서 저항의 한쪽 끝만이라도 회로에서 분리해야 한다.

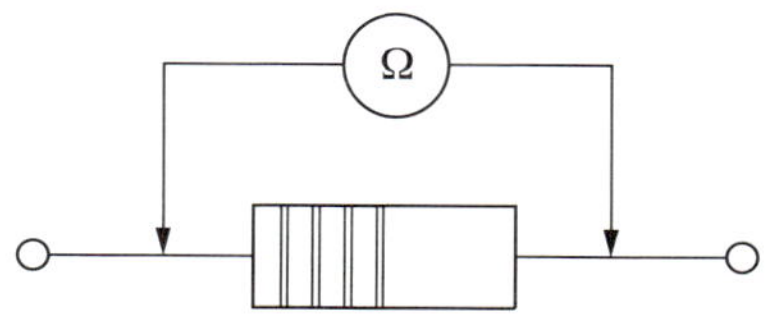

그림 2.9 단일 소자의 저항 측정

그림 2.10과 같이 저항기로 사용될 때에 저항기의 두 단자가 서로 접촉된다면 저항 값은 영(零, zero)을 지시하게 된다. 저항기의 눈금이 정확히 영을 지시하면 완전한 접속을 의미한다. 그러나 저항 값이 영보다 크다면 접속이 약하게 된 것이며, 저항 값이 무한대라면 접속이 완전히 떨어진 것을 의미한다.

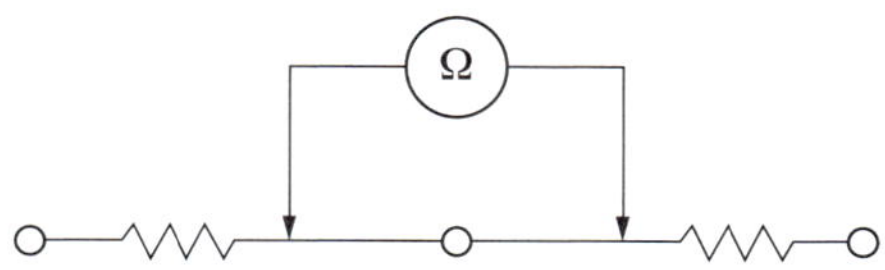

그림 2.10 저항기의 작동 상태 점검

그림 2.11은 연선 내부의 상태를 점검하기 위해 간단한 측정 방법을 제시한 것이다. 소선(素線, strand wire)의 한쪽 끝을 연결하고 한쪽의 각각 소선에 저항기를 접촉하여 저항기가 영을 지시하면 두 번째 소선도 정상임을 알 수 있다. 이와 같은 과정을 반복하면 회로 내의 소선의 상태를 점검하는 것이 가능하다.

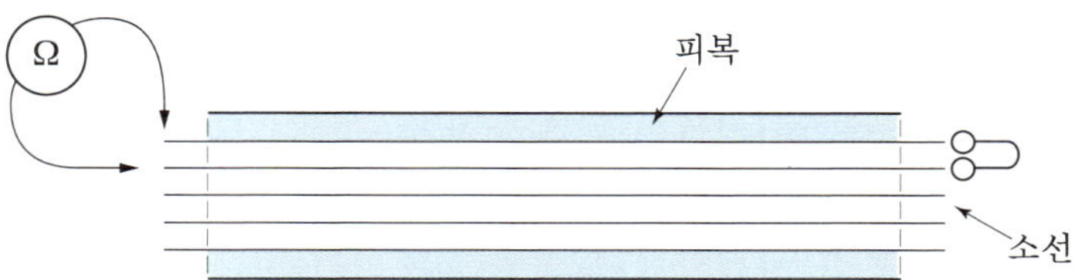

그림 2.11 저항기를 이용한 연선 내부의 회로 점검

집적 회로에 일반적으로 사용되는 다이오드, 트랜지스터 등과 같은 전자 소자의 상태를 저항기로 점검이 가능하다. 반도체 소자는 미소 전류에 의해 시스템이 작동되도록 설계되어 있기 때문에 시스템의 작동 중에 저항을 측정하면 소자의 기능 저하 또는 마비가 발생할 수 있으므로 전원을 완벽히 분리하고 측정해야 한다.

저항기의 용도 및 재질에 따라 P형 탄소피막 고정저항기, 전력형 피복 권선 저항기, 탄소 피막 고정 저항기, 솔리드 저항기, 선 저항기(정밀용), 법랑 저항기(전력용),

가변 저항기(볼륨) 등이 있으며, 그림 2.12는 산업 현장에서 많이 사용하는 저항기의 예를 나타낸 것이다.

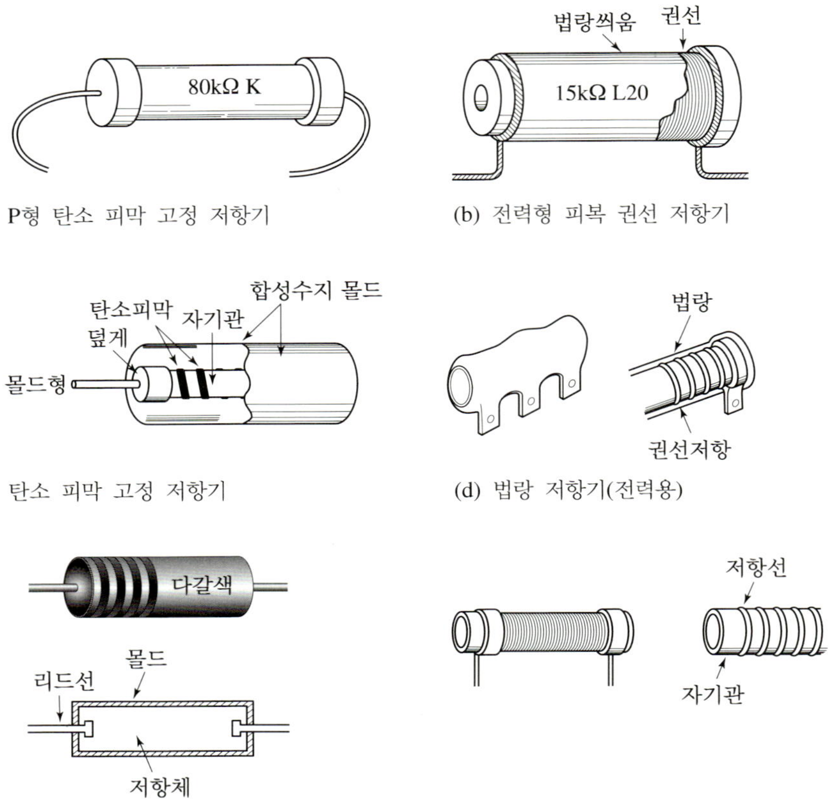

(a) P형 탄소 피막 고정 저항기
(b) 전력형 피복 권선 저항기
(c) 탄소 피막 고정 저항기
(d) 법랑 저항기(전력용)
(e) 솔리드 저항기
(f) 권선 저항기(정밀용)

그림 2.11 저항기의 구조

2.8 바이메탈의 작동

바이메탈(bimetal)은 열팽창계수가 높은 금속과 낮은 금속을 합쳐서 하나의 판으로 만든 것으로 전열 기구에서 많이 사용되는 온도 조절 장치(溫度 調節 裝置, temperature control system)이다. 이 방식은 열에너지를 기계적 에너지로 변환하는 방식으로 $-50 \sim 500$ [℃]까지의 넓은 온도 제어 영역을 갖는 온도 조절기를 만들 수 있으며, 전기적 입력 없이 온도에 의해서만 작동한다는 장점이 있다. 그러나 가공처리하는 과정에서 응력을 받기 때문에 반드시 열처리 공정을 거쳐야 하는 번거로

움이 있으며, 열팽창계수의 차이에 의해 구부러지는 동작을 하므로 단순히 구부러진 것만으로 전기적 문제가 해결되지 않을 때가 많다.

[1] 바이메탈의 동작 원리

바이메탈의 끝단 가까이 발열체와 직렬로 전기 접점을 접속하여 놓으면 가열에 의해 바이메탈이 어느 정도 구부러진 때에 접점이 열려 전기가 끊어져 발열이 멈춘다. 그렇게 하여 바이메탈이 냉각되어 원래 위치에 되돌아가므로 접점이 닫혀 다시 가열된다. 이렇게 해서 전기 회로의 개폐를 반복하여 일정한 폭의 온도를 유지하는 기구로 되어 있으며, 작동 원리는 그림 2.13과 같다.

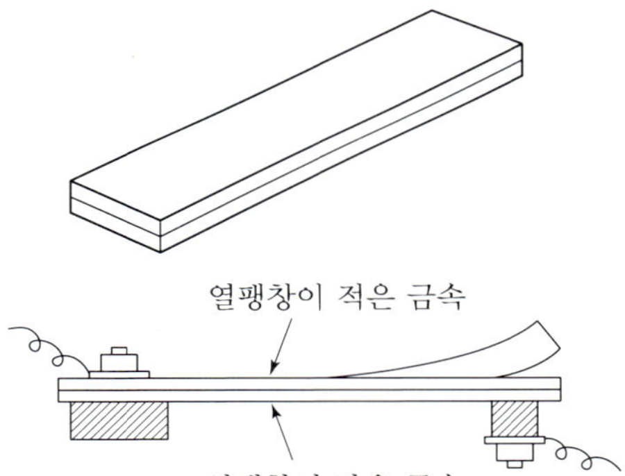

그림 2.13 바이메탈의 작동 원리

[2] 자동 온도 조절기

(1) 서동식 자동 온도 조절기

바이메탈의 온도 변화에 의한 진동에 비례하여 접점을 개폐하는 것으로 서서히 움직이는 방식이며, 작동 원리는 그림 2.14와 같다.

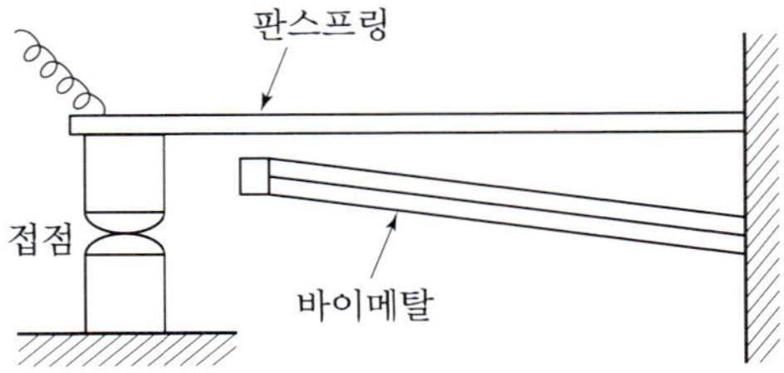

그림 2.14 서동식 자동 온도 조절기

(2) 속동식 자동 온도 조절기

속동식은 접점의 개폐가 빠르게 움직인다는 의미로 바이메탈의 온도 변화에 의해 변위가 생길 때 용수철의 힘에 의해 접점의 개폐를 급속히 행하도록 하는 것이며, 작동 원리는 그림 2.15와 같다.

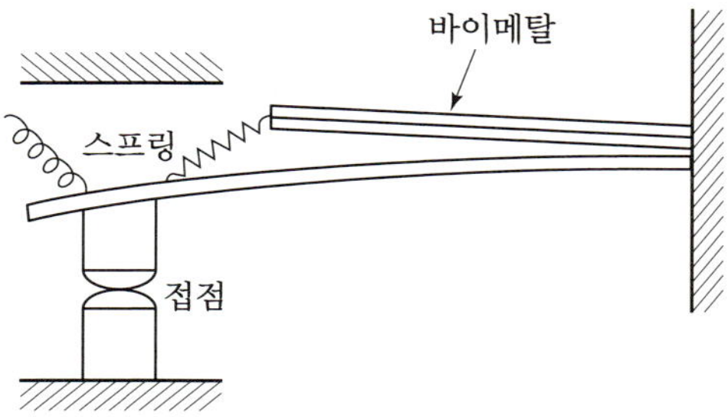

그림 2.15 속동식 자동 온도 조절기의 동작

(3) 액체 또는 기체의 팽창을 직접 이용하는 것

전열기구의 제어용에는 대개 사용되고 있지 않지만 냉장고용의 자동 온도 조절기 등에 사용된다. 원리는 가스, 기름 등의 팽창을 벨로우즈(bellows), 피스톤(piston) 등의 움직임으로 추출하여 접점을 개폐하도록 한 것으로 동작 정밀도가 높다.

(4) 자성체를 이용하는 것

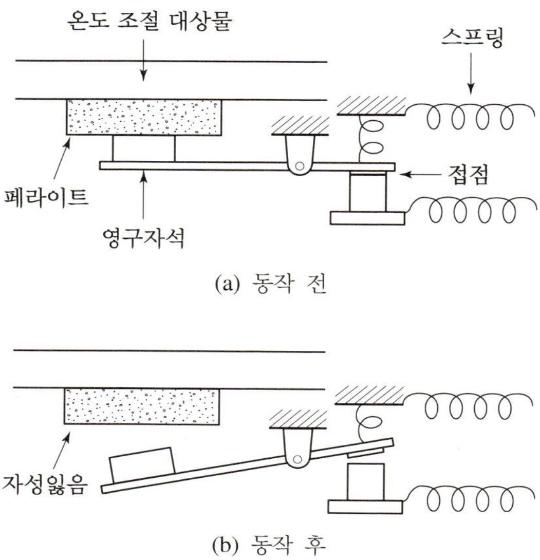

그림 2.16 자성체형 서모스텟

강자성체(니켈, 철, 코발트, 망간 등)는 고온에서 자석(磁石, magnet)에 의해 흡착하지 않게 된다. 자성물체가 가열되어 자성이 '0' 이 되는 온도를 큐리점(curie point)이라 한다. 이와 같은 성질을 이용한 자성체형 서모스텟(magnetron type thermostat) 온도 제어 장치의 동작 전과 동작 후의 형태는 그림 2.16과 같다.

2.9 서미스터의 종류

서미스터(thermistor)는 온도 변화에 대한 저항 변화 값이 커서 전열 제품의 온도 감지용 센서로 주로 사용되고 있다. 바이메탈은 온도 센서와 조절부의 기능을 동시에 수행하기 때문에 간단한 구조로 되어있지만 서미스터는 온도 센서의 역할만 수행하기 때문에 온도 조절을 하는 제어 회로가 추가로 필요하므로 기계식에 비해 복잡하게 구성된다.

전기요나 전기장판 등과 같이 전자식 온도 제어 방식을 택하고 있는 제품들은 전기다리미나 전기스토브 등과 같이 바이메탈을 사용하는 제품과는 회로 구성 자체가 근본적으로 다르게 구성되어 있다. 서미스터(thermistor; thermally sensitive resistor)는 온도에 민감한 저항기로서 니켈(Ni), 철(Fe), 코발트(Co), 티타늄(Ti), 망간(Mn) 등의 산화물을 조합하여 1,500 [℃]의 고온에서 하소(煆燒, calcination)2)하여 만든 세라믹형 반도체이며, 모양은 그림 2.17과 같다.

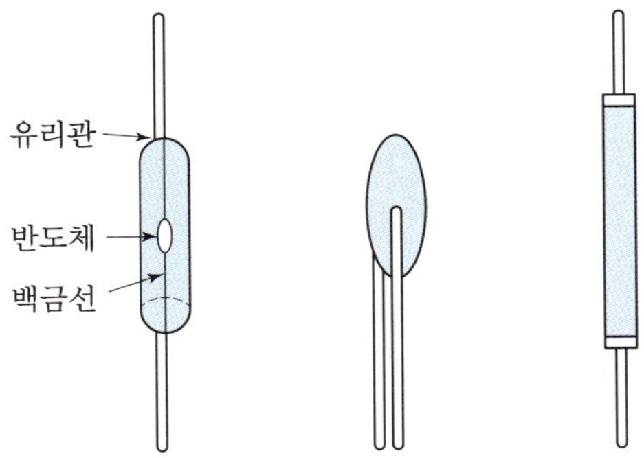

그림 2.17 서미스터의 모양

2) 하소는 가열 조작의 일종으로 외부에서 열을 가해 탈수 및 분해 등을 일으켜 휘발 성분을 분리하는 것이다.

그림 2.18은 서미스터와 바이메탈을 조합한 예이다. 온도가 상승하면 NTC 서미스터의 저항 R_1은 줄어들어 소비되는 전류도 작게 된다. 그런데 회로에서 소비되는 전력은 일정해야 하므로 저항 R_1이 줄어들면 저항 R_2에서 소비되는 전류가 증가하여 R_2의 온도가 상승하게 된다. 그리고 R_2의 온도 상승은 인접한 바이메탈 스위치의 온도를 상승시키는 역할을 하므로 바이메탈의 작동에 의해 회로를 OFF 하게 된다. 이와 같이 회로가 OFF 되어 일정 시간이 경과하면 바이메탈은 다시 자연 냉각되어 최초의 상태로 되돌아가 회로는 ON 상태를 나타낸다. 즉, 이와 같은 상태가 부하의 변동에 따라 반복됨으로서 시스템의 온도 제어가 가능한 것이다.

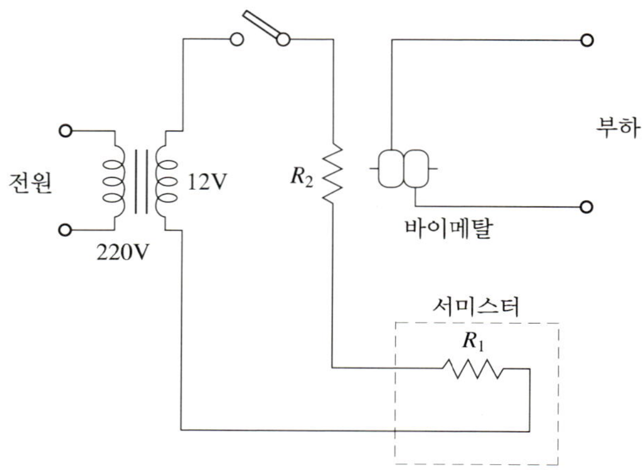

그림 2.18 서미스터와 바이메탈의 조합

최근에는 서미스터와 반대로 온도가 상승하면 저항이 커지는 재료가 개발되고 있다. 이것을 이용한 온도 제어는 회로가 간단한 것이 특징이다. 소형 발열 기구의 발열원과 직렬로 이것을 접속하여 놓으면 전류가 흘러 온도가 상승하면 감온 저항체의 저항이 커져 전류가 감소한다. 전류가 감소하면 온도가 내려가고, 저항이 적어져 전류가 증가하여 온도가 상승한다. 이와 같이 자동적으로 일정한 온도를 유지할 수 있어서 릴레이와 스위치도 불필요한 간단한 회로가 된다. 최근의 전자모포, 전기탈취기 등에는 이러한 소자를 사용한 것이다.

[1] NTC 서미스터

일반적으로 서미스터라 하면 NTC (Negative Temperature Coefficient) 서미스터를 가리킨다. 이것은 온도에 따라 저항률이 음(−)의 온도 계수를 갖는 것으로 온도가 상승하면 도리어 저항률이 감소하는 특성을 나타낸다. 서미스터의 저항 값은 수 옴에서 수 메거 옴까지 다양한 범위의 센서(sensor)가 있다. NTC 서미스터는 신뢰성이 높아 계측용으로 적합하며 사용상의 안전을 고려하여 센서부를 유리와 같은 재료로 덮어 사용한다. 센서의 형상은 비드형(bead type), 프로브형(probe type), 디스크형(disk type), 로드형(rod type) 등 다양한 모양이 있다. 이들 서미스터는 저항률이 크므로 온도 감소 계수를 작게 할 수 있기 때문에 센서의 응답 속도가 빠르다. 그러나 동일한 저항으로 동일한 온도계수를 갖는 센서를 생산하기가 곤란하므로 호환성을 유지하는 데 어려움이 있다. NTC 서미스터는 전자 회로의 온도 보상, 온도 측정, 회로 제어, 자동 이득 조절 등에 응용되고 있으며, 최근에는 전자 체온계, 냉각기, 자동차의 냉각수 온도 검출 등에 사용된다.

[2] PTC 서미스터

PTC (Positive Temperature Coefficient) 서미스터는 $BaTiO_3$(티탄산바륨)에 Pb(납), Sr(스트론튬)을 적당히 첨가한 세라믹 반도체로서 양(+)의 온도 계수를 갖는다. 온도가 올라감에 따라 저항률이 선형적으로 증가하는 특성을 갖고 있다. 따라서 PTC 서미스터에 전류를 흘리면 서미스터 자체의 줄 열에 의해 서미스터의 온도는 상승한다. 온도가 일정 위치 T_2에 도달하면 저항이 급격하게 증가하여 서미스터에 흐르는 전류가 감소한다. 그러면 이번에는 줄열의 발생이 약해져 온도 상승은 정지되고 온도 T_2는 일정하게 된다. 그대로 일정 시간이 경과하면 온도는 설정된 T_1까지 내려가 저항 값은 줄어든다. 저항이 감소하면 전류가 흘러 가열이 다시 시작된다. 이처럼 어떤 일정 압력을 서미스터에 가하면 서미스터 자체가 온도 검출을 함과 동시에 전류 조절도 자동적으로 실시하여 T_1과 T_2 사이의 온도 범위를 유지시키는 것이다.

[3] CTR 서미스터

CTR (Critical Temperature Resistor) 서미스터는 PTC 서미스터보다 더 급격한 저항 특성을 갖는 것으로 양(+)의 온도 계수를 갖고 있다. 따라서 정온 가열 장치, 온도 경보 등과 같이 이상 온도가 발생하였을 때 주로 사용된다.

2.10 전류계, 전압계 및 회로 시험기

[1] 전류계

회로망에서 시스템의 작동 상태를 점검하거나 확인하기 위해서는 전류와 전압을 측정해야 한다. 회로망에서 전류계(電流計, ammeter)는 전류를 측정하는데 사용되고, 전압계(電壓計, voltmeter)는 전압을 측정하는데 사용된다.

전류계는 직류 전류계와 교류 전류계로 나눌 수 있다. 직류 전류계는 자기장 속에 놓인 코일에 전류가 흐르면 전류에 비례하는 힘이 발생하는 원리를 이용한다. 교류 전류계는 두 개의 철편을 이용한다. 전류가 흐르는 코일에 의해서 생기는 자기장 속에 한쪽 철편을 고정하고 다른 한쪽은 회전하도록 배치하여 두 개의 철편 사이에서 발생하는 인력(引力, attractive force)이나 척력(斥力, repulsive force)의 토크를 이용하여 전류를 측정한다.

디지털 전류계는 전류계 내부에 장착된 표준 저항기에 전류를 흘린 후 전압 강하를 측정한다. 측정된 전압으로 전류를 계산하고, 디지털 신호로 변환하여 숫자로 나타내기 때문에 측정값을 정확히 읽을 수 있다. 전류를 측정하기 위해서는 회로에 전류계를 직렬로 접속해야 하는 데 직류 전류의 측정 예를 그림 2.19에 나타낸다.

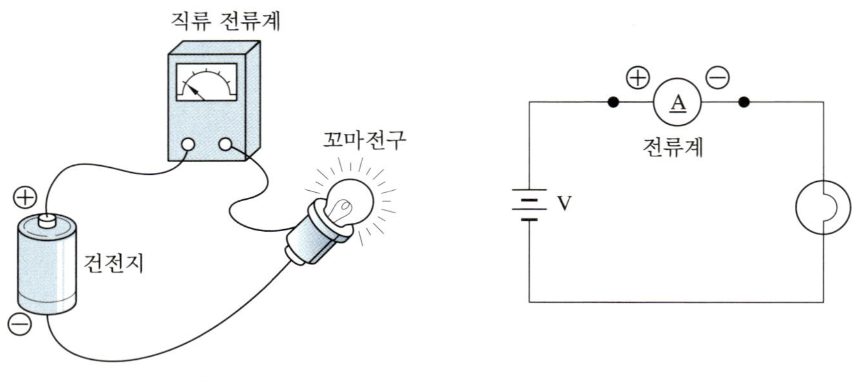

(a) 실제도 (b) 회로도

그림 2.19 직류 전류의 측정

(1) 가동 코일형 전류계

가동 코일형 전류계(moving coil type ammeter)는 직류의 전류 측정에 널리 쓰인다. 영구 자석의 양극 사이에 원통형의 연철편을 고정하고, 그 간격에 생기는 일정

자장 안에 코일을 장치한다. 코일에는 회전축이 달려 있고 축받이에 의해서 유지된다. 회전축에는 가벼운 지침과 용수철이 부착되어 있다. 용수철은 코일의 상하로 두 개가 있어 각각 코일의 권선(捲線, winding wire)의 양단과 접속되어 코일에 측정 전류를 끌어들이는 역할도 한다. 코일에 측정 전류가 통하면 코일은 전류의 크기에 비례한 회전력을 받아 그 회전력과 용수철의 힘이 균형을 이룰 때까지 회전해서 정지한다. 그 회전각을 지침의 움직임에 의해 읽음으로써 전류를 측정할 수 있다. 코일 속을 흐르는 전류의 방향을 반대로 바꾸면 코일은 반대 방향으로 회전한다.

교류를 통하게 하면 전류의 방향은 주기적으로 바뀌므로 이에 따라 지침도 좌우로 움직이는데 주파수가 높아지면 코일의 움직임은 전류의 방향 변화를 따를 수 없게 되고, 그 결과 지침은 전혀 움직이지 않는다. 즉, 코일 속을 흐르는 전류가 직류가 아니면 측정할 수가 없다. 전선을 접속하는 측정 단자에는 (+), (−)의 기호가 들어 있다. 측정할 때에는 (+) 단자로부터 (−) 단자로 전류가 흐르도록 전선을 접속해야 한다. 그림 2.20은 가동 코일형 전류계의 작동 원리 및 명칭을 나타낸 것이다.

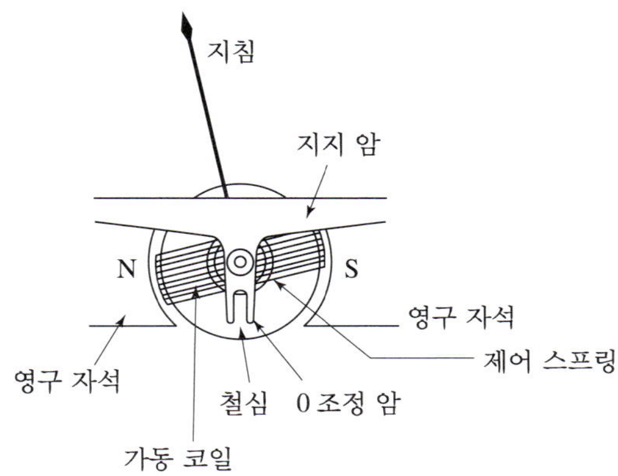

그림 2.20 가동 코일형 전류계의 작동 원리 및 명칭

(2) 가동 철편형 전류계

가동 철편형 전류계(moving iron type ammeter)는 고정된 코일 속에 고정 연철편과 가동 연철편을 넣고 코일에 측정 전류가 흐를 때 그 철편이 자화해서 생기는 반발력 또는 흡인력을 이용하여 전류를 측정하는 구조로 되어 있다. 가동 철편이 회전축에 달려 있어서 자화하여 반발력을 받으면 축이 회전하며, 그 회전은 용수철과 균형이 이루어지면 정지한다. 이 회전각을 지침에 의해서 읽으면 전류의 크기를 알 수 있다.

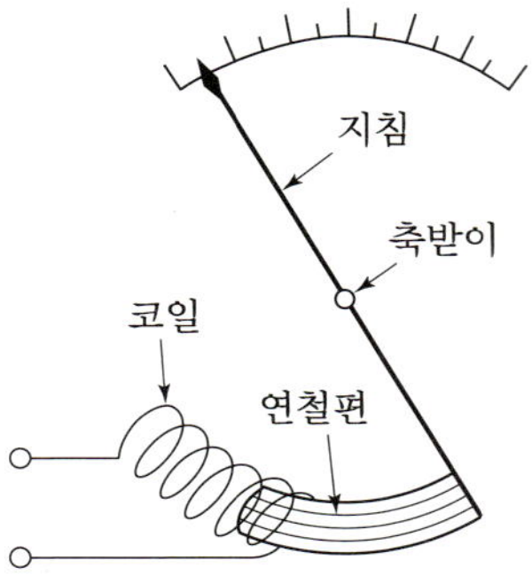

그림 2.21 가동 철편형 전류계의 작동 원리 및 명칭

전류의 방향이 바뀌면 철편이 자화하는 극(極, pole)도 바뀌는데 고정 철편 및 가동 철편이 다 같이 바뀌므로 반발력의 방향은 바뀌지 않는다. 따라서 교류 전류의 측정이 가능하며 직류에도 사용된다. 다만 철편에 자성이 남는 결점이 있기 때문에 정밀 측정에는 적합하지 않고, 주파수가 높은 교류의 측정에 사용할 수도 없다. 그림 2.21은 가동 철편 전류계의 작동 원리 및 명칭을 나타낸 것이다.

(3) 기타 전류계

기타 전류계는 고주파 교류의 전류 측정에 쓰이는 열전대형 전류계, 교류 전류의 비교적 정밀한 측정에 쓰이는 전류력계형 전류계, 정류기와 직류 전류계를 결합한 정류형 전류계 등이 있다. 전류계의 코일에 통할 수 있는 전류의 크기에는 한계가 있다. 이 한계를 넘는 큰 전류를 측정하기 위해서는 코일에 병렬로 분류기(分流器, shunt)를 접속하여야 한다. 코일과 분류기의 양쪽 전류의 비(比, ratio)를 미리 알아두면 코일에 흐르는 전류를 측정해서 전체의 전류를 알 수 있다. 여러 가지의 저항치를 분류기에 바꾸어 접속함으로써 전류 측정의 범위를 적절하게 조절할 수 있다.

(4) 전류계를 사용할 때 주의점

전류계(電流計, ammeter)를 사용할 때는 회로에 직렬로 연결하여야 하며, 전류계의 극이 바뀌면 측정기의 지침도 반대로 움직이므로 바뀌지 않도록 주의해야 한다. 한편 전류계 자체의 내부 저항으로 인하여 전압 강하가 발생하면 정확한 전류를 측정하기 어렵다. 그러므로 내부 저항 값을 작게 하는 것이 측정의 정확도를 높일 수 있다. 또한, 보다 정밀한 측정을 할 경우는 미리 전류계의 내부 저항을 조사하여 오차를 보정해 주어야 한다. 측정해야 할 전류의 크기가 매우 클 때는 가동 코일에 병렬 연결된 분류기를 이용하면 수십 암페어에서 수백 암페어의 대전류를 읽을 수 있다. 반대로 전류계로 측정할 수 없는 매우 작은 전류를 알고 싶을 때는 검류계(檢流計, galvanometer)를 이용한다.

[2] 전압계

전압을 측정하기 위해서는 전압계(電壓計, voltmeter)를 회로에 병렬로 접속해야 한다. 직류 전압계는 극성에 주의해야 하며, 그림 2.22에 직류 전압의 측정 예를 나타낸다. 일반적으로 측정 결과가 눈금으로 표시되는 지시 전압계와 숫자로 표시되는 디지털 전압계 등으로 나눌 수 있다. 지시 전압계는 다시 작동 원리에 따라 가동 코일형, 가동 철편형, 전류력계형, 정전기형, 열전쌍형 등으로 분류된다.

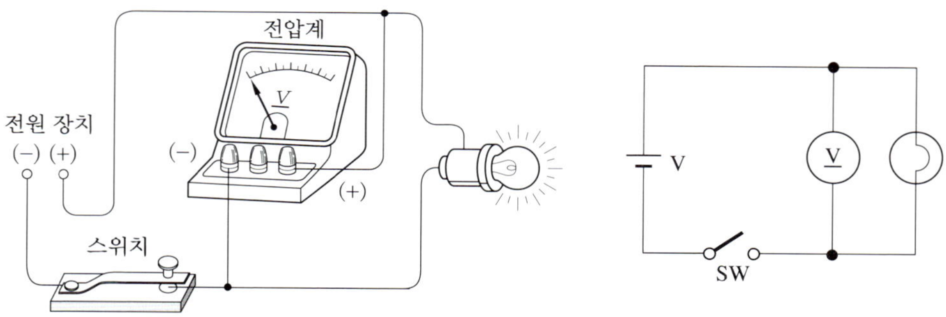

(a) 실제도 (b) 회로도

그림 2.22 직류 전압의 측정

(1) 교류 전압계

교류 전압계(交流 電壓計, AC voltmeter)는 교류의 전압을 측정하는 계기이다. 교류 전류계에 저항을 직렬로 연결하여 사용하는 경우가 대부분이다. 종류는 교류 전류계와 비슷하며 정전기형 전압계는 정전기력에 의해 직접 전압을 측정하는 것으로 수십 kV 까지의 고전압 측정에 많이 사용된다. 또한, 분압기로 전압을 분할하여 보통 전압계로 고전압을 측정할 수도 있다. 고주파 전압의 측정에는 주파수 특성이 좋은 다이오드를 사용한 파고치형이 주로 사용된다. 눈금은 보통 사인파 교류에 대해서 실효값으로 새겨져 있다. 따라서 너무 비뚤어진 파형의 교류를 측정하면 정확한 값을 나타내지 않는 경우가 있다. 감도를 바꾸기 위해서는 직렬로 저항을 넣거나 변압기를 사용한다.

(2) 직류 전압계 및 자동 직류 전압계

직류 전압계(直流 電壓計, DC voltmeter)는 직류 전압의 크기를 측정하는 계기이다. 직류 전류계와 동작 원리는 같으나 내부 저항이 크고, 회로에 병렬로 접속하여 계측한다. 그리고 자동 직류 전압계(自動 直流 電壓計, auto-ranging DC voltmeter)는 측정하는 전압의 크기에 따라 전체 눈금의 25~98 [%]의 최적 지시가 자동적으로 이루어지는 전압계이다. 이 전압계는 탐침(探針, probe)을 피측정물에 대기만 하면 리드 스위치에 의한 최적 측정 범위로 전환이 자동적으로 이루어지고, 램프에 의해 그 측정 범위가 표시된다. 이 때문에 보통의 전압계와 같은 측정 범위 전환이나 극성 전환의 조작이 불필요하며, 과대 입력에 의한 손상이 없다. 5 [mV]~1,500 [V] 정도의 측정 범위를 가진 것이 시판되고 있다. 전체 눈금에서 1 [mV]~300 [V] 정도의 전압을 측정할 수 있고, 빈번히 측정 범위를 전환하는 현장에서 사용하면 편리하다.

(3) 전압계를 사용할 때 주의점

① 계기를 접속할 때 극성을 주의한다.
② 전압계의 최대 눈금은 측정 예상 값보다 반드시 커야 한다.
③ 전압계는 회로 또는 저항과 병렬로 접속해야 한다.
④ 전압 측정 단자에 전류계를 접속하지 않도록 한다.

[3] 회로 시험기

회로 시험기(回路 試驗器, circuit tester)는 테스터(tester)라고 불리며 저항, 전압, 전류 등을 측정하는 계측기이다. 전기·전자 부품을 점검하거나 수리하는 데 이용한다. 측정할 수 있는 대상은 직류 전압 및 전류, 교류 전압, 저항 등이 있으며, 교류 전류는 측정이 불가능하다. 또한, 통전 시험, 절연 시험 등을 할 수 있다. 이는 위의 전기량을 각각 넓은 범위에 걸쳐서 간단한 선택 스위치(select switch)로 손쉽게 측정할 수 있으므로 매우 실용적이고 유용한 계측기이다. 또한, 테스터는 전압, 저항 및 전류를 측정할 수 있기 때문에 VOM (Volt-Ohm-Milliammeter) 또는 멀티미터라고도 한다.

대부분의 회로 시험기는 1,000 [V] 정도 이내의 직류 및 교류 전압, 250 [mA] 이내의 전류, 20 [MΩ] 정도까지의 저항을 측정할 수 있으며, 이들은 각각 3~5 개의 측정 범위로 구분되어 있다.

일반적으로 테스터는 최대 눈금(full scale)의 50 ~ 100 [μA]의 직류 전류계와 여러 개의 분류기, 분압기, 기능 선택 스위치 등으로 구성되어 있다. 저항을 측정할 때에는 테스터 내부에 들어 있는 전지가 사용된다.

디지털 테스터(digital tester)는 전지의 소모 상태, 극성의 표시, 영점 조정 등이 자동으로 이루어지며, 측정값의 판독에서 관측 오차를 최소로 할 수 있다. 또한, 과부하에 대한 회로 보호 기능을 갖고 있으며, 직류 전압을 측정할 때 10 [MΩ] 정도의 입력 저항을 사용하여 오차가 적다. 교류 전압을 측정할 때는 5 [MΩ] 정도의 입력 저항을 사용하므로 오차를 ±1.2 [%] 이내로 제한할 수 있다. 그림 2.23은 회로 시험기의 주요 명칭을 나타낸 것이다.

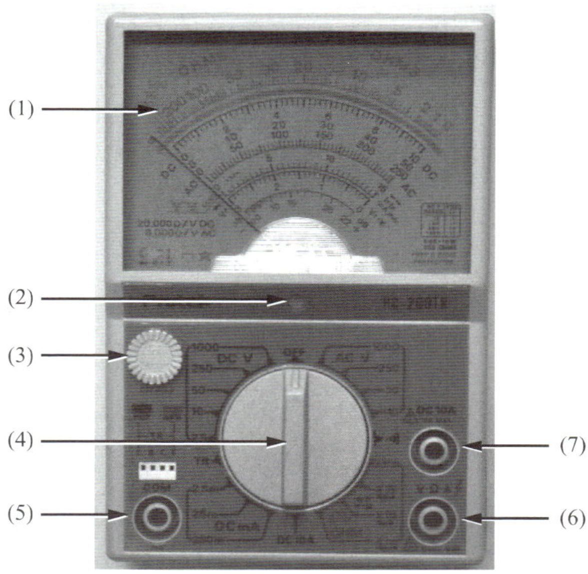

그림 2.23 회로 시험기의 주요 명칭

(1) 눈금판	선택 스위치의 위치에 따라 테스터의 지침이 가리키는 값을 읽기 위하여 직류 전류 눈금, 직류 전압 눈금, 교류 전압 눈금, 저항 눈금 등이 측정 범위별로 표시되어 있다. 또 이상의 기본 눈금 외에 일정한 약속 하에서 응용 측정하는 경우에 사용되는 dB 눈금, 콘덴서의 정전 용량, 인덕터의 인덕턴스, 트랜지스터의 성능 측정용 눈금 등이 있다.
(2) 영위 조정 나사	테스터의 지침을 눈금 가장 좌측의 영위선에 일치시키기 위하여 사용하는 나사이다. 테스터를 사용하기 전에 지침이 영위선과 일치하는지 반드시 확인해야 한다.

(3) 0 [Ω] 조정기	저항을 측정할 때 두 개의 전선 단자를 서로 접속하면 저항은 0 [Ω]이 된다. 이때 지침은 눈금판의 가장 우측에 있는 0 [Ω]을 지시하여야 한다. 만약 지침이 0 [Ω]을 지시하지 않으면 0 [Ω] 조정기를 돌려 조정하여야 한다. 0 [Ω] 조정기는 저항 측정 범위를 바꿀 때 마다 조정해야 하며, 낮은 저항을 측정할 때 지침이 0 [Ω]까지 가지 않을 때에는 내부 전지가 소모된 경우이므로 전지를 교환한다.
(4) 선택 스위치	선택 스위치는 이 스위치에 의하여 저항 측정, 전압 측정, 전류 측정 등과 측정 범위를 선택할 수 있다.
(5) (−) 공통 단자	흑색 리드(lead)를 꽂아 사용한다. 직류 전압, 직류 전류 등을 측정할 때 회로의 (−) 극성에 접속한다.
(6) (+) 단자	적색 리드를 꽂아 사용한다. 직류 전압, 직류 전류([mA] 범위 내의 경우) 등을 측정할 때 회로의 (+) 극성에 접속한다. 저항을 측정할 때는 테스터(가동 코일형의 경우) 내부에 있는 전지의 (−) 단자가 접속된다.
(7) DC 10 단자	큰 직류 전류를 측정할 때 사용하는 단자이다. 직류 전류를 최대 10 [A]까지 측정할 때 적색 리드를 꽂아 사용한다.

2장 연습문제

01. 전기에너지는 열에너지로 변환되며 그 이름을 물질의 (　　　)이라고 정의한다.

답 저항

02. 대부분 물질의 저항은 (　　　), (　　　), (　　　), (　　　) 등 4가지 요소에 의해서 결정된다.

답 재료, 길이, 단면적, 온도

03. 어떤 회로의 내부 저항이 100 [Ω]이고, 양단에 220 [V]를 인가하였을 때 흐르는 전류는 얼마인가?

답 2.2 [A]

04. 회로에 인가된 전압은 220 [V]이고, 전류는 4 [A]가 흐르고 있을 때 회로의 컨덕턴스는 얼마인가?

답 $G \fallingdotseq 0.018$ [℧]

05. 저항 값을 표면에 표기하기에는 그 면적이 너무 작아서 특정의 색을 띠 모양으로 배열하여 사용하고 있는데 이것을 (　　　)이라 한다.

답 색 저항

06. 회로에 제1색 띠 : 적색, 제2색 띠 : 황색, 제3색 띠 : 등색, 제4색 띠 : 금색 등으로 나타낸 색 저항이 있다면 그 값 및 오차는?

답 $R = 24$ [kΩ], 공차는 ±5 [%]

07. 저항기의 용도 및 재질에 따라 P형 탄소피막 고정저항기, 전력형 피복 권선 저항기, 탄소피막 고정 저항기, 솔리드 저항기, 선 저항기는 (   ), 법랑 저항기는 (   ), 가변 저항기는 (   ) 등으로 사용된다.

답 정밀용, 전력용, 볼륨

08. (   )은 열팽창계수가 높은 금속과 낮은 금속을 합쳐서 하나의 판으로 만든 것으로 전열 기구에서 가장 많이 사용되는 온도 조절 장치이다.

답 바이메탈

09. 일반적으로 서미스터 중에서 (   )는 온도에 따라 저항률이 음(−)의 온도계수를 갖는 것으로 온도가 상승하면 도리어 저항률이 감소하는 특성을 나타낸다.

답 NTC 서미스터

10. (   )는 $BaTiO_3$(티탄산바륨)에 Pb(납), Sr(스트론튬)을 적당히 첨가한 세라믹 반도체로서 양(+)의 온도 계수를 갖는다.

답 PTC 서미스터

11. 회로망에서 전류계는 전류를 측정하는데 사용되고, 전압계는 전압을 측정하는데 사용된다. 전류계는 회로에 (   )로 접속해야 하며, 전압계는 회로에 (   )로 접속한다.

답 직렬, 병렬

제 3 장

회로의 연결

3.1 직렬 회로의 해석

[1] 직렬 회로의 개요

전기 회로에서 전류는 시간의 변화에 따른 출력의 형태를 두 종류로 나타낸다. 그 중 하나는 전류가 시간의 변화와 관계없이 이상적인 조건인 크기와 방향이 일정한 직류 전류(直流 電流, DC; direct current) 이다. 다른 하나는 시간의 변화에 따라 그 크기와 방향이 연속적으로 변하는 교류 전류(交流 電流, AC; alternating current) 이다. 축전지는 두 단자 사이의 전위차에 의해서 회로를 통해 전하를 흐르게 할 수 있는 능력을 가지고 있고, 그림 3.1과 같이 나타낼 수 있다.

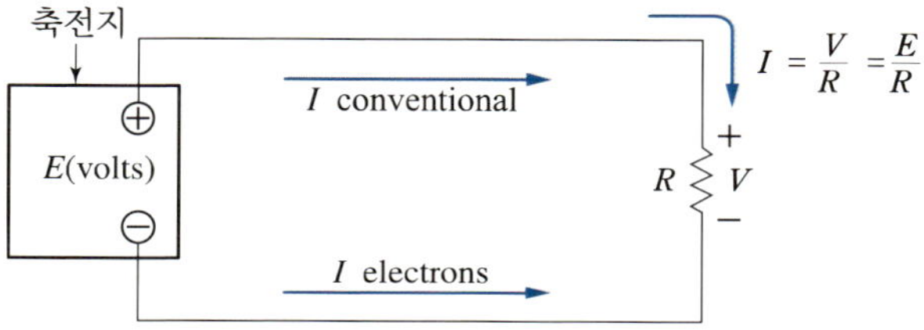

그림 3.1 축전지에 의한 전하의 이동

(+) 단자는 (−) 단자에서 공급하는 전자들이 전선을 통해서 같은 속도로 끌어당기는 역할을 한다. 회로를 통해 흐르는 직류 전류는 그 크기와 방향이 변화하지 않는다. 회로에 구성된 전원이 일정하게 공급되고, 도체가 손실이 없는 이상적인 경우라면 전위차 V는 축전지가 공급하는 전하와 같은 값을 나타낼 것이다. 그리고 흐르는 전류의 양은 저항 R에 의해서 결정되며, 전류의 방향은 전자가 흐르는 방향과 반대이다.

그림 3.2는 직류 회로에 연결된 저항과 전원의 극성을 나타낸 것이다. 그림 3.2(a)는 전류가 전압원을 통과할 때 전류의 흐름은 저전위에서 고전위로 흐름을 나타낸 것이다. 그림 3.2(b)는 전류가 저항을 통과할 때 고전위에서 저전위로 전류가 흐른

(a) 직류 전원 (b) 저항의 극성

그림 3.2 DC 전원과 저항 소자의 극성 표시

다는 것을 설명하고 있다. 축전지 양단의 전위에 있어서는 상승 방향은 (−) 에서 (+) 로 흐르며, 저항 양단의 전위에 있어서는 감소 방향은 (+) 에서 (−) 로 흐른다는 것을 나타낸다.

[2] 직렬 회로의 계산

일반적으로 장식용으로 사용하는 꼬마전구는 여러 가지 색깔의 전구들을 차례로 한 개씩 연결한 것인데 이러한 방법을 직렬 접속(直列 接續, series connection)이라 한다. 이 저항들과 전원이 모두 직렬로 접속되어 있는 회로를 직렬 회로(直列 回路, series circuit)라 한다.

그림 3.3(a)는 저항을 직렬로 접속한 실제도이며, 그림 3.3(b)는 기호로 나타낸 직렬 회로다. 직렬 회로에 있어서 각각의 직렬 소자를 통해서 흐르는 전류는 손실이 없다면 모두 같다. 그림 3.3(b)는 교류 전원을 사용한 저항의 직렬 접속 방법을 나타낸 것이다. 계산이 쉽도록 직류 전원인 전지와 저항을 직렬로 연결한 직렬 접속 회로를 그림 3.4에 나타낸다. 저항이 직렬로 접속된 이러한 회로의 해석은 다음과 같다.

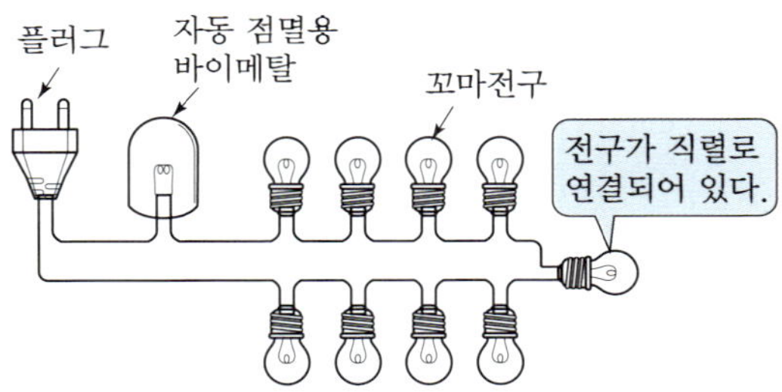

(a) 직렬 접속의 실제도

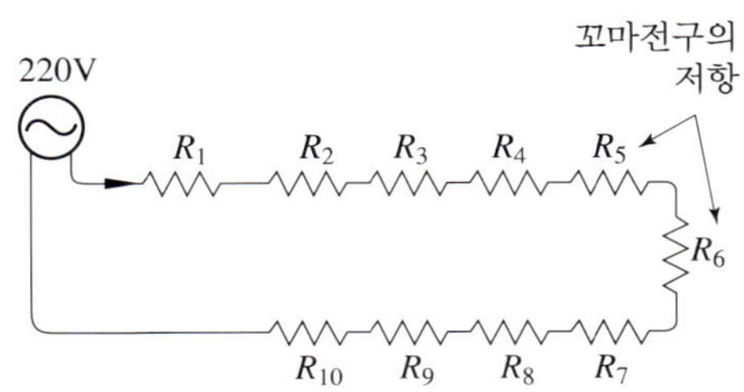

(b) 회로도

그림 3.3 전구의 직렬 접속

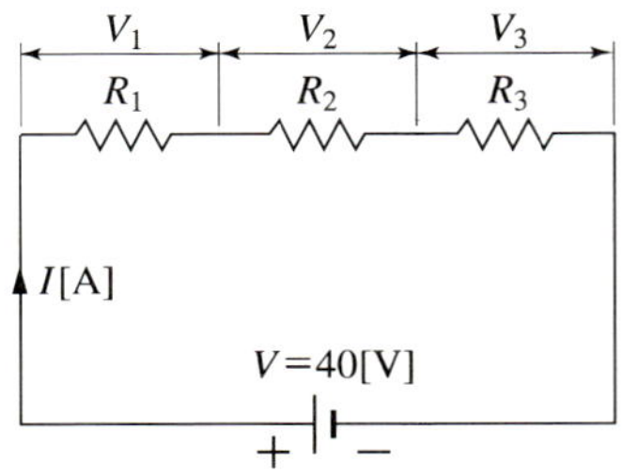

그림 3.4 **저항의 직렬 접속 회로**

① 각각의 저항 값 R_1, R_2, R_3를 합친 합성 저항(合性 抵抗, combined resistance) R_0를 구한다.

$$R_0 = R_1 + R_2 + R_3 \ [\Omega] \tag{3.1}$$

② 회로에 흐르는 전체 전류 I는 옴의 법칙에 의하여 다음과 같이 구할 수 있다.

$$I = \frac{V}{R_0} = \frac{V}{R_1 + R_2 + R_3} \ [\mathrm{A}] \tag{3.2}$$

③ 그리고 각각의 저항 R_1, R_2, R_3에 걸리는 단자 전압 V_1, V_2, V_3을 옴의 법칙으로 구할 수 있다.

$$V_1 = IR_1 \ [\mathrm{V}] \tag{3.3}$$

$$V_2 = IR_2 \ [\mathrm{V}] \tag{3.4}$$

$$V_3 = IR_3 \ [\mathrm{V}] \tag{3.5}$$

이상은 3개의 저항이 직렬로 접속된 경우의 합성 저항을 나타낸 것이지만 저항이 R_1 [Ω], R_2 [Ω], R_3 [Ω] … R_n [Ω]의 n개의 저항에 대한 직렬 접속의 합성 저항 R_T [Ω]은 직렬로 접속한 각 저항의 전체 합이 되며, 다음과 같은 식으로 나타낸다.

$$R_T = R_1 + R_2 + R_3 + \cdots + R_n = \sum_{i=1}^{n} R_i \ [\Omega] \tag{3.6}$$

또한, 각각의 회로 소자 양단에 걸리는 전압도 옴의 법칙을 사용해서 결정할 수 있고, 수식은 다음과 같다.

$$V_1 = IR_1 \text{ [V]} \tag{3.7}$$

$$V_2 = IR_2 \text{ [V]} \tag{3.8}$$

$$V_3 = IR_3 \text{ [V]} \tag{3.9}$$

$$\cdots$$

$$V_N = IR_N \text{ [V]} \tag{3.10}$$

각각의 저항에 인가되는 전력은 각각의 저항과 전류의 곱으로 나타낼 수 있다.

$$P_1 = V_1 I_1 = I_1^2 R_1 = \frac{V_1^2}{R_1} \text{ [W]} \tag{3.11}$$

$$P_2 = V_2 I_2 = I_2^2 R_2 = \frac{V_2^2}{R_2} \text{ [W]} \tag{3.12}$$

$$P_3 = V_3 I_3 = I_3^2 R_3 = \frac{V_3^2}{R_3} \text{ [W]} \tag{3.13}$$

$$\cdots$$

$$P_N = V_N I_N = I_N^2 R_N = \frac{V_N^2}{R_N} \text{ [W]} \tag{3.14}$$

직렬 회로에서 전류 $I = I_1 = I_2 = I_3 = \cdots = I_N$ 이므로 총 소비 전력은 다음과 같이 표현된다.

$$P_{dc} = P_1 + P_2 + P_3 + \cdots + P_N \text{ [W]} \tag{3.15}$$

예제 3.1

그림 3.5와 같이 $R_1 = 4\,[\Omega]$, $R_2 = 10\,[\Omega]$, $R_3 = 6\,[\Omega]$의 저항들이 직렬로 접속된 회로에 $E = 40\,[V]$의 전압을 인가하였을 때 ① 합성 저항 R_0, ② 전체 전류 I, ③ 단자 전압 V_1, V_2, V_3 각각을 구하시오.

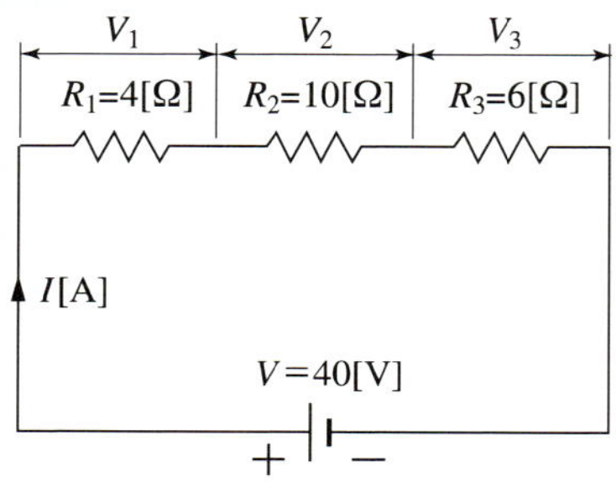

그림 3.5

풀이

① 합성 저항 R_0는 다음과 같다.

$$R_0 = R_1 + R_2 + R_3 = 4 + 10 + 6 = 20\ [\Omega]$$

② 전체 전류 I는 다음과 같다.

$$I = \frac{E}{R_0} = \frac{40}{20} = 2\ [A]$$

③ 단자 전압 V_1, V_2, V_3는 다음과 같다.

$$V_1 = IR_1 = 2 \times 4 = 8\ [V]$$
$$V_2 = IR_2 = 2 \times 10 = 20\ [V]$$
$$V_3 = IR_3 = 2 \times 6 = 12\ [V]$$

예제 3.2

연속으로 이어지는 직렬 회로에 $R_1 = 5\,[\Omega]$, $R_2 = 8\,[\Omega]$, $R_3 = 7\,[\Omega]$의 저항들이 연결되어 있을 경우 합성 저항 R은 얼마인가? 그리고 양단에 직류 전압 220 [V]를 인가했다면 전류는 얼마인가?

풀이

합성 저항 R은 다음과 같다.

$$R = R_1 + R_2 + R_3 = 5 + 8 + 7 = 20\ [\Omega]$$

전체 전류 I는 다음과 같다.

$$I = \frac{V}{R} = \frac{220}{20} = 11\ [A]$$

3.2 병렬 회로의 해석

[1] 병렬 회로의 개요

복잡한 시스템 내의 회로망 해석은 여러 가지 방법을 이용해서 해석하게 된다. 시스템 내의 어떤 한 부분이 두 점을 공통으로 가진다면 두 소자, 두 가지 또는 두 회로망은 병렬로 연결된 것이다. 예를 들어 그림 3.6에서 구성 요소 a 와 b는 공통으로 1, 2 단자를 가지므로 두 소자는 병렬이다.

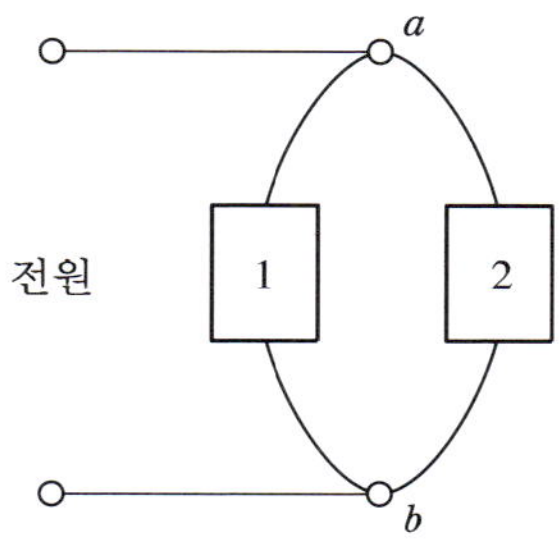

그림 3.6 소자의 병렬 연결

그림 3.7에 나타낸 모든 소자는 앞에서 설명된 기준을 만족하기 때문에 병렬 회로(竝列 回路, parallel circuit)라 할 수 있다. 그림 3.7(a)는 일반 회로에서 가장 범용성 있게 사용되는 사다리 형(ladder type)이며, 그림 3.7(b)는 위 단자와 아래 단자가 하나의 점으로 구성되어 있는 경우이다.

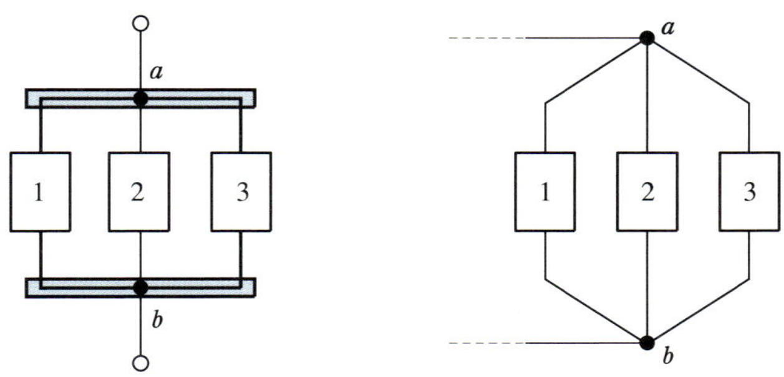

(a) 사다리 형 (b) 한 단자 형

그림 3.7 병렬 연결의 형태

그림 3.8은 소자 1과 소자 2는 병렬 연결 회로이고, 다시 이 병렬 회로가 소자 3과는 직렬 연결로 회로가 구성되어 있다. 이와 같이 각각의 구성 요소가 직렬과 병렬로 연결된 회로를 직·병렬 회로라 한다.

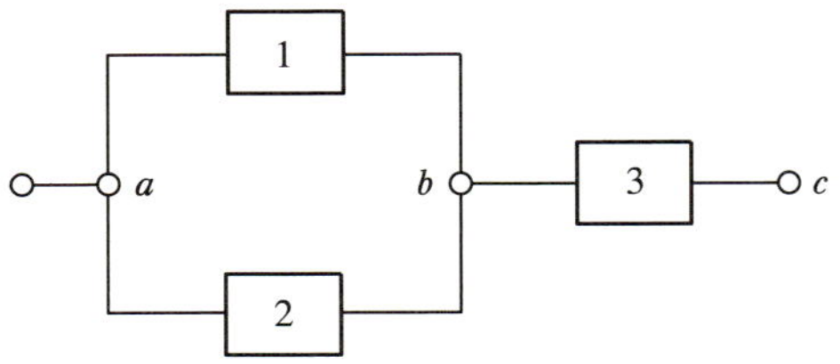

그림 3.8 직·병렬 회로의 예

[2] 병렬 회로의 계산

직렬 회로에서 합성 저항은 주어진 회로에서 각각의 저항을 순차적으로 합한 것이다. 병렬 저항은 그림 3.9와 같이 연결된 형태를 말한다.

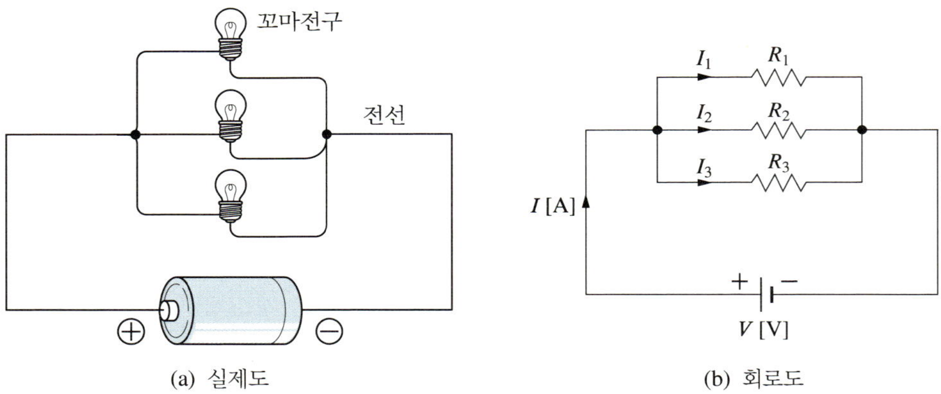

그림 3.9 저항의 병렬 접속

이러한 병렬 회로의 합성 저항은 다음과 같이 나타낸다.

$$R_T = \frac{1}{\dfrac{1}{R_1} + \dfrac{1}{R_2} + \dfrac{1}{R_3}} \ [\Omega] \tag{3.16}$$

이상은 3 개의 저항이 병렬로 접속된 것이지만 n개의 저항 R_1, R_2, $R_3 \cdots R_n$이 병렬로 연결되었을 때의 합성 저항 R_T는 다음과 같이 나타낸다.

$$\frac{1}{R_T} = \frac{1}{R_1} + \frac{1}{R_2} + \frac{1}{R_3} + \cdots + \frac{1}{R_n} = \sum_{i=1}^{n} \frac{1}{R_i} \tag{3.17}$$

이상의 결과로부터 병렬 저항의 합을 구할 때는 각 저항 값의 역수에 대한 합을 구하고, 그 역수를 취하면 구할 수 있다. 그리고 병렬 회로의 해석에 있어서 저항 R의 역수인 컨덕턴스 G를 적용하는 경우 그림 3.10과 같은 회로를 구성할 수 있다.

$$G_T = G_1 + G_2 + G_3 + \cdots + G_N \,[\mho] \tag{3.18}$$

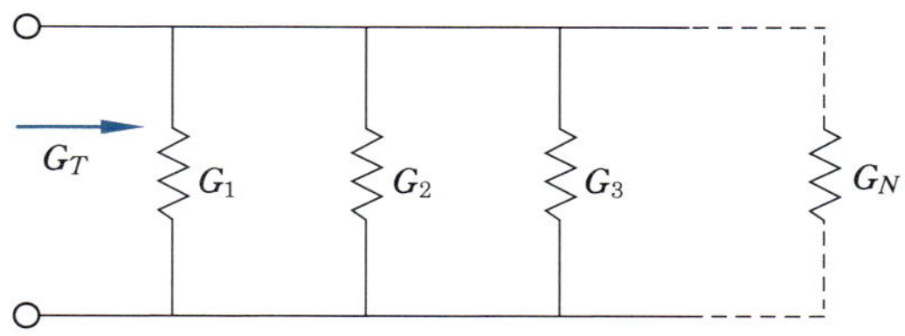

그림 3.10 컨덕턴스 회로의 해석

예제 3.3

그림 3.11과 같은 병렬 회로에서 총 컨덕턴스 G_T와 합성 저항 R_T를 각각 구하시오.

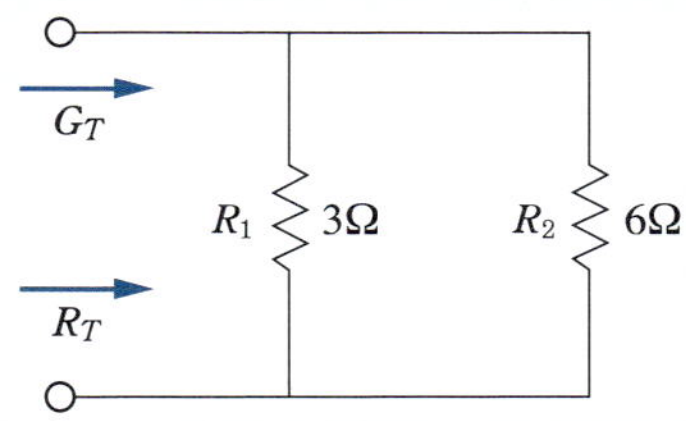

그림 3.11

풀이

병렬 회로의 컨덕턴스는 다음과 같다.

$$G_T = G_1 + G_2 = \frac{1}{R_1} + \frac{1}{R_2} = \frac{1}{3} + \frac{1}{6} = 0.5\,[\mho]$$

그리고 전기 저항은 다음과 같다.

$$R_T = \frac{1}{G_T} = \frac{1}{0.5} = 2\,[\Omega]$$

예제 3.4

그림 3.12와 같이 $R_1 = 4\,[\Omega]$, $R_2 = 5\,[\Omega]$, $R_3 = 8\,[\Omega]$의 저항들이 병렬로 접속된 회로에 $V = 40\,[\mathrm{V}]$의 전압을 인가하였을 때 ① 각 저항에 흐르는 전류 I_1, I_2, I_3, ② 전체 전류 I, ③ 합성 저항 R_0 등을 구하시오.

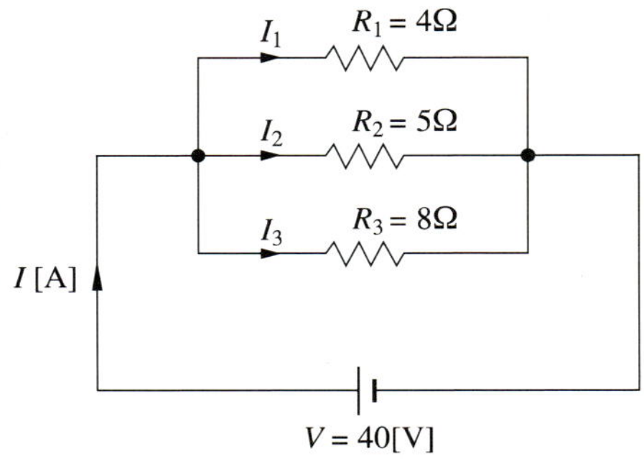

그림 3.12

풀이

① 각 저항에 흐르는 전류 I_1, I_2, I_3는 다음과 같다.

$$I_1 = \frac{V}{R_1} = \frac{40}{4} = 10\,[\mathrm{A}]$$

$$I_2 = \frac{V}{R_2} = \frac{40}{5} = 8\,[\mathrm{A}]$$

$$I_3 = \frac{V}{R_3} = \frac{40}{8} = 5\,[\mathrm{A}]$$

② 전체 전류 I는 다음과 같다.

$$I = I_1 + I_2 + I_3 = 10 + 8 + 5 = 23\,[\mathrm{A}]$$

③ 합성 저항 R_0는 다음과 같다.

$$R_0 = \frac{V}{I} = \frac{40}{23}\,[\Omega]$$

[3] 병렬 회로망

병렬 회로의 가장 간단한 형태는 두 개의 소자를 입력측과 출력측의 공통 단자점이 형성되도록 연결된 것이다. 그림 3.13은 간단한 예를 나타낸 것으로 합성 저항 $R_T = R_1 R_2 / (R_1 + R_2)$로 나타낼 수 있고, 입력 전류 $I_s = V / R_T$가 된다. 그러므로 전압원의 단자는 R_1과 R_2에 직접 연결되므로 각각의 전압은 같다. 그 사실을 이용하여 수식으로 나타내면 다음과 같이 나타낼 수 있다.

$$V_1 = V_2 = V\ [\mathrm{V}] \tag{3.19}$$

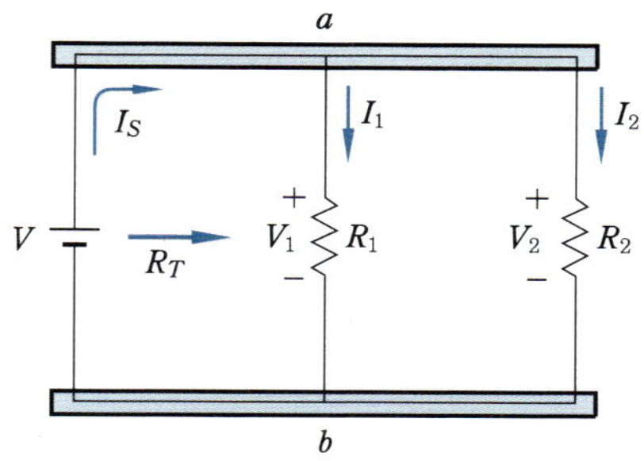

그림 3.13 병렬 회로망의 예

그리고 각각의 전류는 다음과 같다.

$$I_1 = \frac{V_1}{R_1} = \frac{V}{R_1} \text{ [A]} \tag{3.20}$$

$$I_2 = \frac{V_2}{R_2} = \frac{V}{R_2} \text{ [A]} \tag{3.21}$$

만일 합성 저항을 구하고 양변에 인가 전압(印加 電壓, applied voltage)을 곱하면 다음과 같다.

$$V\left(\frac{1}{R_T}\right) = V\left(\frac{1}{R_1} + \frac{1}{R_2}\right) \text{ [A]} \tag{3.22}$$

그리고 양변의 괄호를 정리하면 다음과 같다.

$$\frac{V}{R_T} = \frac{V}{R_1} + \frac{V}{R_2} \text{ [A]} \tag{3.23}$$

따라서 옴의 법칙을 적용하면 전체 전류를 구할 수 있다.

$$I_T = I_1 + I_2 \text{ [A]} \tag{3.24}$$

하나의 전압원을 가지는 병렬 회로에서 전체 전류는 각각의 가지 전류의 합과 같다. 저항에 의해 소비되는 전력과 전원에 의해 전달되는 전력은 다음과 같이 결정된다.

$$P_1 = V_1 I_1 = I_1^2 R_1 = \frac{V_1^2}{R_1} \text{ [W]} \tag{3.25}$$

$$P_2 = V_2 I_2 = I_2^2 R_2 = \frac{V_2^2}{R_2} \text{ [W]} \tag{3.26}$$

$$P_T = V I_T = I_T^2 R_T = \frac{V^2}{R_T} \text{ [W]} \tag{3.27}$$

3.3 직렬 및 병렬 전압원

[1] 직렬 전압원

직렬 전압원(直列 電壓源, voltage sources in series)은 회로에 인가되는 전체 전압을 증가 또는 감소시키기 위해서 그림 3.14와 같이 직렬로 연결하여 사용할 수 있다. 전체 전압은 같은 극성을 가지는 전원을 합한 후 반대 극성을 가지는 전원 전체를 빼기함으로써 쉽게 결정할 수 있다. 이 때 계산된 값이 더 큰 극성이 전체 극성을 나타낸다.

예를 들면 그림 3.14(a)에서 전원은 모두 전류가 흐르는 오른쪽 방향으로 인가되므로 전체 전압은 그림에 나타난 것처럼 합산한 값 E_T는 다음과 같다.

$$E_T = V_1 + V_2 + V_3 = 10 + 6 + 2 = 18 \text{ [V]} \tag{3.28}$$

그러나 그림 3.14(b)에서는 왼쪽 방향의 전압이 더 크므로 전체 전압 $E_T{}'$는 아래와 같이 표현된다.

$$E_T{}' = V_1 + V_2 + V_3 = 9 + 3 - 4 = 8 \text{ [V]} \tag{3.29}$$

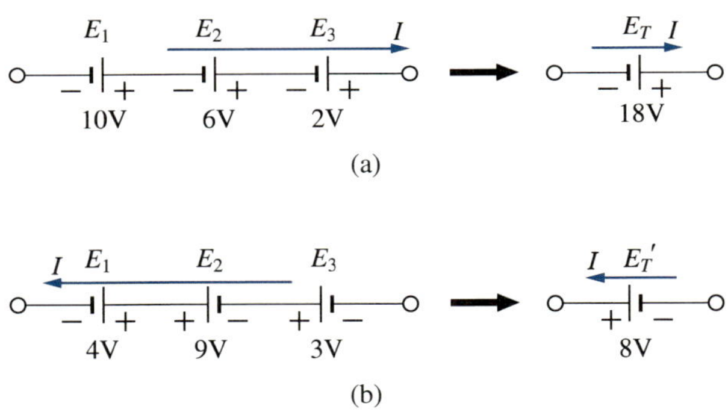

그림 3.14 직렬 전압원의 연결

[2] 병렬 전압원

한 개의 시스템에서 전압원이 두 개 이상으로 구성되어 있는 회로를 병렬 전압원(竝列 電壓源, voltage sources in parallel)이라고 한다. 그림 3.15는 간단한 병렬 전압원을 나타낸 것이다. 그림 3.15(b)는 그림 3.15(a)를 등가로 변환한 것을 나타낸 것이다. 만일 그들이 서로 다른 전압을 가진다면 키르히호프의 전압법칙($K.V.L$)에 위배되는 것이다. 병렬로 동일한 전압의 전지를 두 개 또는 그 이상 연결하면 전원으로부터 발생하는 전류 값은 증가하여 흐를 것이다. 그림 3.15에 나타낸 바와 같이 전체 전류 값은 절점에서 $I_s = I_1 + I_2$에 의해서 결정된다.

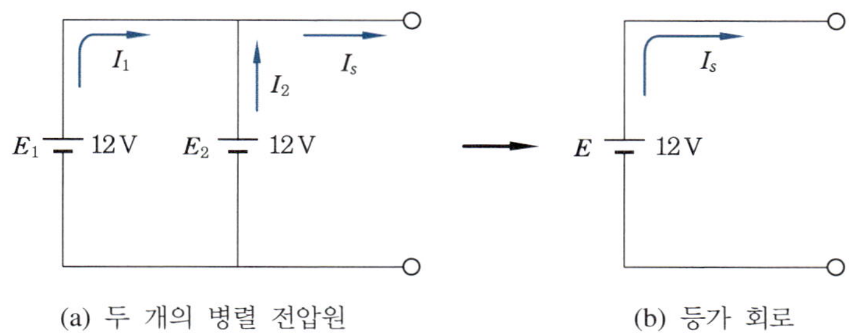

그림 3.15 **간단한 병렬 전압원**

3.4 키르히호프의 법칙

키르히호프의 법칙은 독일의 물리학자 키르히호프(Kirchhoff, Gustav Robert, 1824～1887)에 의해서 발견되었다. 전류에 관한 법칙과 열복사에 관한 법칙 두 가지가 있다. 전류에 관한 법칙은 옴의 법칙을 확장한 것으로 전기회로에서 전류를 구할 때 사용된다. 열복사에 관한 법칙은 일정한 온도에서 같은 파장의 복사(전자기파)에 대한 물체의 흡수율과 방출률의 비는 물체의 성질에 관계없이 일정하다는 것이다.

키르히호프의 전기회로에 관한 법칙은 1849년에 발표되었으며 전자기학 분야에서 정상전류에 대한 옴의 법칙을 일반화하였다. 임의의 복잡한 회로를 흐르는 전류를 구할 때 사용되며, 전류에 관한 제1법칙과 전압에 관한 제2법칙이 있다.

그리고 키르히호프는 1857년 분젠(Robert Wilhelm von Bunsen, 1811～1899)과 스펙트럼 분석 연구를 시작하여 1859년에 나트륨 D선의 암선과 휘선이 같은 위치에 있음을 확인하였다. 특히, 흑체 복사 개념을 도입하여 열역학적인 열평형 상태인 일정한 온도에서 같은 파장의 복사(전자기파)에 대한 물체의 흡수율과 방출율의 비는 물체의 성질에 관계없이 일정한 값을 가진다는 열복사의 법칙을 알아냈다. 즉, 흡수율은 물질이 흡수하는 복사에너지의 양과 입사하는 양의 비이다. 따라서 어떠한 파장의 복사를 발행시키는 능력이 클수록 그것을 흡수하는 능력도 크며, 물질의 종류와는 무관하다는 것이다.

[1] 키르히호프의 전류법칙

키르히호프의 전류 법칙($K. C. L$; Kirchhoff's current law)은 키르히호프의 제 1 법칙 또는 접합점 법칙이라고 한다. 도선의 임의의 분기점에 유입 또는 유출되는 전류의 대수합은 각 순간에 있어서 '0' 이다. 즉, 분기점에 있어서 유입되는 총 전류는 유출되는 총 전류와 같다. 그림 3.16에서 분기점 '0' 에 유입되는 전류를 정(+)으로 하고 유출되는 전류를 부(−)로 하면 다음과 같다.

$$I_1 - I_2 + I_3 + I_4 - I_5 = 0 \tag{3.30}$$

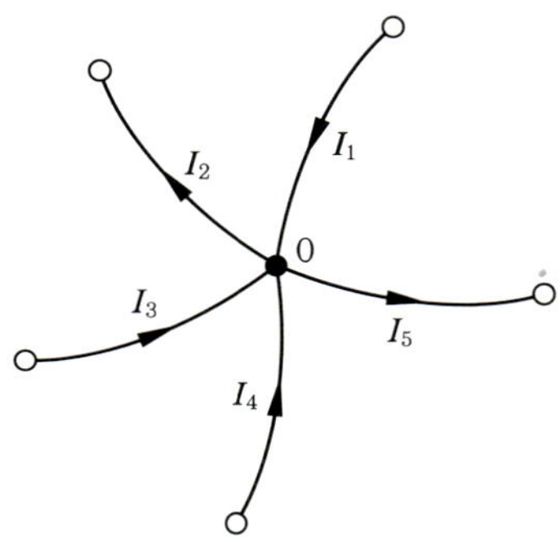

그림 3.16 키르히호프의 전류법칙

일반적으로는 다음과 같이 나타낸다.

$$\sum_{k=1}^{n} I_k = 0 \tag{3.31}$$

그러므로 이 식을 시간 t_1에서 t_2까지 적분하면 전하량은 다음과 같다.

$$q = \left(\int_{t_1}^{t_2} I_1\,dt + \int_{t_1}^{t_2} I_3\,dt + \int_{t_1}^{t_2} I_4\,dt\right) - \left(\int_{t_1}^{t_2} I_2\,dt + \int_{t_1}^{t_2} I_5\,dt\right) = 0 \tag{3.32}$$

이 식은 시간 t_1에서 t_2 사이의 분기점에 유입, 유출되는 전하의 총합을 나타낸 것이다. 이것은 임의의 시간 동안 도체의 한 분기점에 유입된 전하만큼 그 점에서 반드시 유출되기 때문에 그 점에 전하가 축적될 수도 없고 그곳으로부터 발생할 수도 없다는 것을 의미한다. 따라서 제 1법칙을 전하 보존 법칙(電荷 保存 法則, conservation law of electrical charge)이라고 한다.

예제 3.5

그림 3.17에서 키르히호프의 전류법칙을 이용하여 I_1, I_3, I_5 를 각각 구하시오.

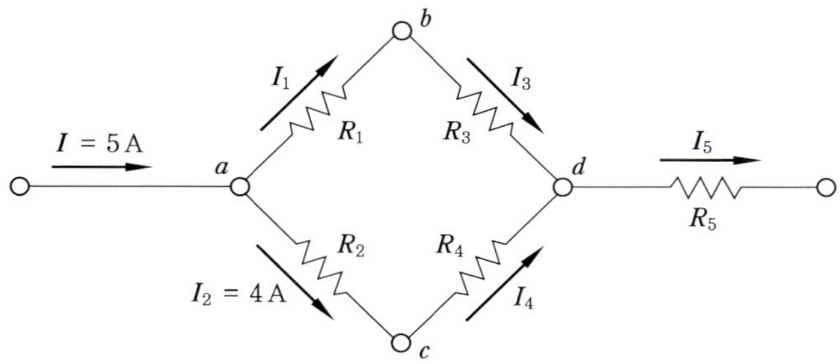

그림 3.17

풀이

a 절점에서 유입되는 전류와 유출되는 전류의 관계를 나타내면 다음과 같다.

$$\sum I_{entering} = \sum I_{leaving}$$
$$I = I_1 + I_2$$
$$5 = I_1 + 4$$

양변에 4 [A]를 빼면 다음과 같다.

$$5 - 4 = I_1 + 4 - 4$$
$$I_1 = 1\ [A]$$

b 절점에서 유입되는 전류와 유출되는 전류의 관계를 나타내면 다음과 같다.

$$\sum I_{entering} = \sum I_{leaving}$$
$$I_1 = I_3 = 1\ [A]$$

R_2와 R_4가 직렬로 연결되어 있으므로 각각의 소자에 흐르는 전류는 같다.

c 절점에서는

$$I_2 = I_4 = 4\ [A]$$

d 절점에서는

$$\sum I_{entering} = \sum I_{leaving}$$
$$I_3 + I_4 = I_5$$
$$I_5 = 1 + 4 = 5\ [A]$$

[2] 키르히호프의 전압법칙

키르히호프의 전압법칙($K.V.L$; Kirchhoff's voltage law)은 폐회로 법칙, 고리법칙 또는 전압법칙이라고 한다. 회로망 내의 임의의 폐회로(閉回路, closed circuit)에서 한 방향으로 일주하면서 취한 전압 상승의 대수합이 각 순서에 있어서 '0' 임을 나타내는 법칙이며, 키르히호프의 제 2 법칙이라고도 한다. 그림 3.18의 폐회로에서 시계 방향으로 일주할 때 전압 상승을 정(+), 전압 강하를 부(−)로 하여 총합을 취하면 다음과 같은 수식이 만들어 진다.

$$-V_1 + V_2 + V_3 + V_4 = 0 \tag{3.33}$$

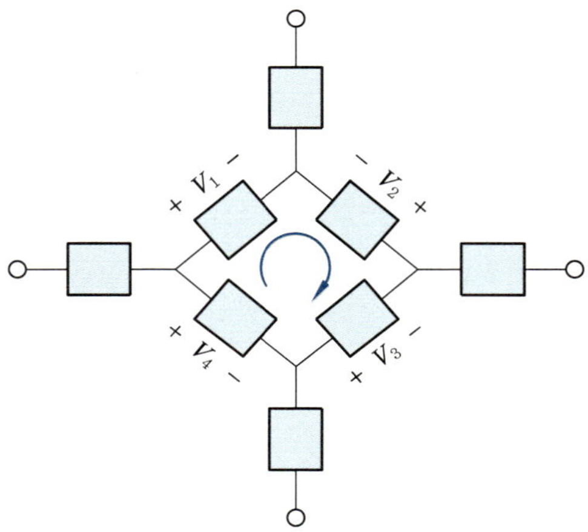

그림 3.18 키르히호프의 전압법칙

일반적으로 다음과 같이 나타낸다.

$$\sum_{k=1}^{n} V_k = 0 \tag{3.34}$$

이는 폐회로에서 한 방향으로 일주하면서 취한 전압 상승의 총합이 전압 강하의 총합과 같음을 알 수 있다.

예제 3.6

그림 3.19와 같이 $R_1 = 4\ [\Omega]$, $R_2 = 6\ [\Omega]$을 직렬 연결하여 인가 전압은 직류 24 [V]를 가했을 때 ① 합성 저항, ② 전체 전류, ③ R_1, R_2에 인가되는 전압, ④ R_1, R_2에서 소모되는 전력 등을 구하시오.

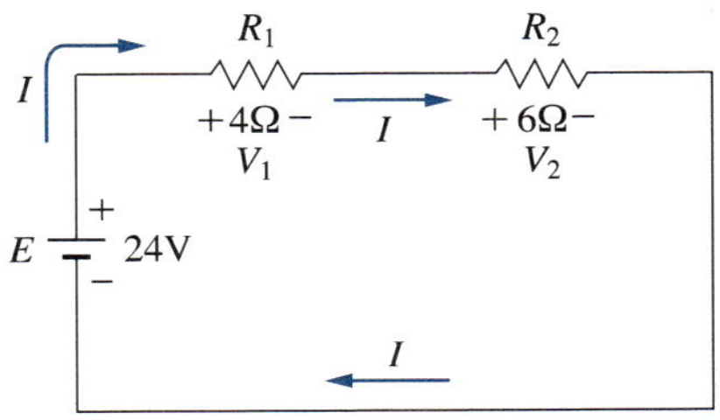

그림 3.19

풀이

① 합성 저항 R은 다음과 같다.

$$R = R_1 + R_2 = 4 + 6 = 10\ [\Omega]$$

② 전체 전류 I는 다음과 같다.

$$I = \frac{E}{R_1 + R_2} = \frac{24}{10} = 2.4\ [\text{A}]$$

③ R_1, R_2에 인가되는 전압 V_1, V_2는 다음과 같다.

$$V_1 = IR_1 = 2.4 \times 4 = 9.6\ [\text{V}]$$

$$V_2 = IR_2 = 2.4 \times 6 = 14.4\ [\text{V}]$$

④ R_1, R_2에서 소모되는 전력 P_1, P_2는 다음과 같다.

$$P_1 = \frac{V_1^2}{R_1} = \frac{9.6^2}{4} = 23.04\ [\text{W}]$$

$$P_2 = \frac{V_2^2}{R_2} = \frac{14.4^2}{6} = 34.56\ [\text{W}]$$

예제 3.7

그림 3.20과 같은 회로에서 ① 키르히호프의 전압법칙을 적용하여 V_2, ② 전류 I, ③ R_1, R_3를 각각 구하라.

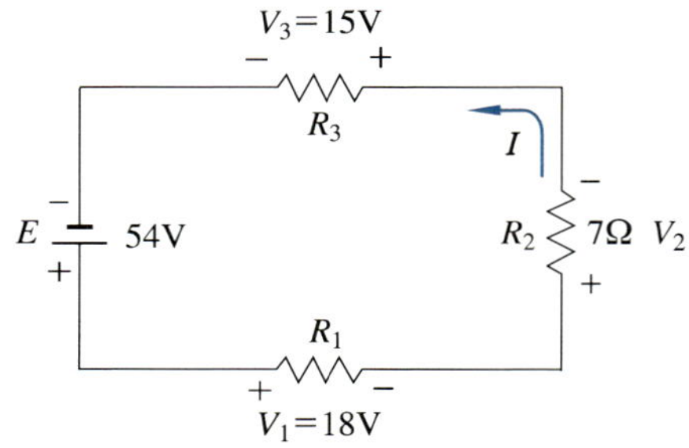

그림 3.20

풀이

① 키르히호프의 전압법칙을 시계 방향으로 적용하면 다음과 같다.

$$-E+V_3+V_2+V_1=0$$

또는 $$E=V_1+V_2+V_3\ [\mathrm{V}]$$

그러므로 $$V_2=E-V_1-V_3$$
$$=54-18-15=21\ [\mathrm{V}]$$

② 전체 전류 I는 다음과 같다.

$$I=\frac{V_2}{R_2}=\frac{21}{7}=3\ [\mathrm{A}]$$

③ R_1, R_3는 다음과 같다.

$$R_1=\frac{V_1}{I}=\frac{18}{3}=6\ [\Omega]$$

$$R_3=\frac{V_3}{I}=\frac{15}{3}=5\ [\Omega]$$

3.5 전류 및 전압의 분배 법칙

[1] 전류 분배 법칙

전류 분배 법칙(電流 分配 法則, current distributive law)은 시스템 내에 있는 병렬 가지에 전류가 어떻게 분할하는가를 나타내는 법칙이다. 동일한 두개의 병렬 소자에 대해서는 동일한 전류가 분할하여 흐르며, 서로 다른 병렬 소자에 대해서는 저항이 작을수록 입력 전류는 커진다.

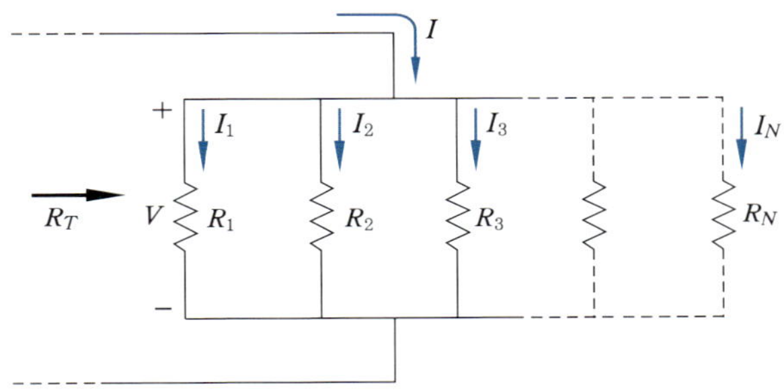

그림 3.21 전류 분배 회로

그림 3.21은 전류 분배 법칙을 설명하기 위한 회로이며, 합성 저항을 R_T라 하고, 전체 전류를 I라 하면 다음과 같이 나타낸다.

$$\frac{1}{R_T} = \frac{1}{R_1} + \frac{1}{R_2} + \cdots + \frac{1}{R_N} \tag{3.35}$$

$$I = I_1 + I_2 \cdots I_N \text{ [A]} \tag{3.36}$$

즉, $V = IR_T$로 나타내며, 임의의 저항 소자 R_x에 흐르는 전류 I_x는 다음과 같은 식이 된다.

$$I = \frac{V}{R_T} = \frac{I_x R_x}{R_T} \text{ [A]} \tag{3.37}$$

그리고 일반형은 다음과 같다.

$$I_x = \frac{R_T}{R_x} I \text{ [A]} \tag{3.38}$$

임의의 병렬 가지를 흐르는 전류는 병렬 가지의 합성 저항과 그 가지의 저항으로 나눈 입력 전류의 곱과 같다. 따라서 전류 I_1, I_2는 다음과 같다.

$$I_1 = \frac{V}{R_1} = \frac{R_T}{R_1} I \ [\mathrm{A}] \tag{3.39}$$

$$I_2 = \frac{V}{R_2} = \frac{R_T}{R_2} I \ [\mathrm{A}] \tag{3.40}$$

그림 3.22는 두 개의 저항이 병렬로 연결되어 있는 경우를 나타낸 것이다. 그러므로 전체 저항 R_T는 다음과 같다.

$$R_T = \frac{R_1 R_2}{R_1 + R_2} \ [\Omega] \tag{3.41}$$

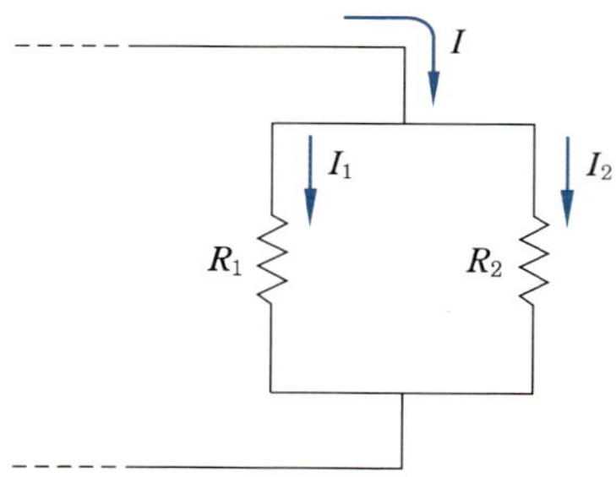

그림 3.22 두 개의 병렬 저항

그러므로 저항 소자 R_1과 R_2에 흐르는 가지 전류 I_1과 I_2는 다음과 같다.

$$I_1 = \frac{R_T}{R_1} I = \frac{\frac{R_1 R_2}{R_1 + R_2}}{R_1} I = \frac{R_2}{R_1 + R_2} I \quad [\mathrm{A}] \tag{3.42}$$

$$I_2 = \frac{R_T}{R_2} I = \frac{\frac{R_1 R_2}{R_1 + R_2}}{R_2} I = \frac{R_1}{R_1 + R_2} I \quad [\mathrm{A}] \tag{3.43}$$

예제 3.8

그림 3.23과 같은 저항 소자 2개가 병렬로 연결되어 있는 경우 각각의 소자에 흐르는 전류 I_1, I_2를 구하시오.

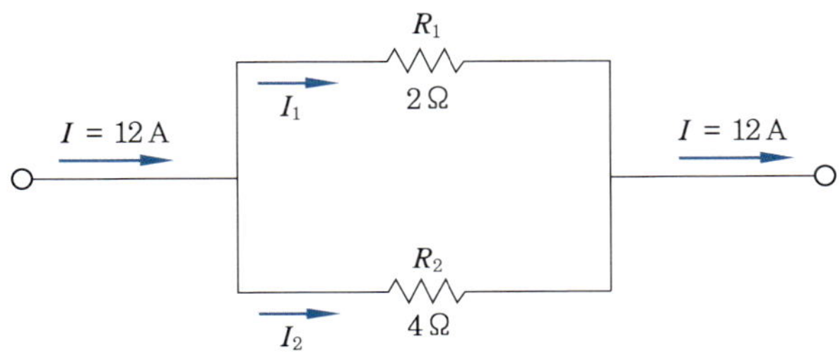

그림 3.23

풀이

전류 분배 법칙을 이용하면 가지 전류 I_1을 구할 수 있다.

$$I_1 = \frac{R_2}{R_1 + R_2} I = \frac{4 \times 12}{2+4} = 8\ [A]$$

키르히호프의 전류법칙을 적용하면 전체 전류 I는 다음과 같다.

$$I = I_1 + I_2\ [A]$$

그러므로

$$I_2 = I - I_1 = 12 - 8 = 4\ [A]$$

그리고 전류 분배 법칙을 적용하면 가지 전류 I_2을 구할 수 있다.

$$I_2 = \frac{R_1}{R_1 + R_2} I = \frac{2 \times 12}{2+4} = 4\ [A]$$

[2] 전압 분배 법칙

직렬 회로의 저항 소자 양단에 걸리는 전압은 저항 준위의 크기로 나누어 얻을 수 있다. 회로의 직렬 저항 양단의 전압 강하의 합은 인가된 전압과 동일하다. 그림 3.24와 같은 회로를 예를 들어 해석함으로써 전압 분배의 개념을 이해할 수 있다.

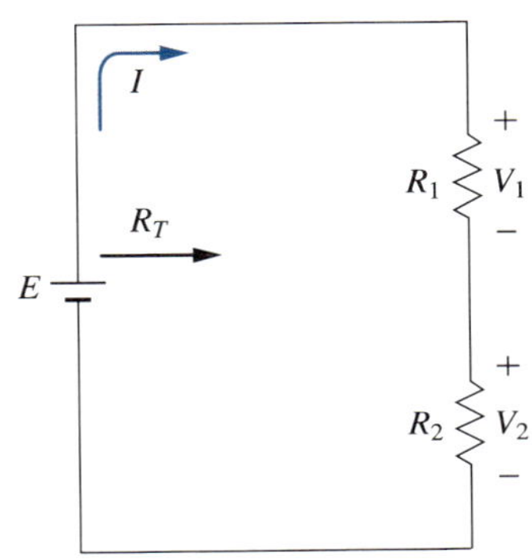

그림 3.24 직렬 회로의 전압 분배

전체 저항 R_T와 전류 I는 다음과 같다.

$$R_T = R_1 + R_2 \ [\Omega] \tag{3.44}$$

$$I = \frac{E}{R_T} \ [\mathrm{A}] \tag{3.45}$$

그리고 V_1과 V_2는 다음과 같다.

$$V_1 = IR_1 = \left(\frac{E}{R_T}\right)R_1 = \frac{R_1 E}{R_T} \ [\mathrm{V}] \tag{3.46}$$

$$V_2 = IR_2 = \left(\frac{E}{R_T}\right)R_2 = \frac{R_2 E}{R_T} \ [\mathrm{V}] \tag{3.47}$$

그러므로 V_1과 V_2의 관계를 확장하여 일반화된 전압 분배 법칙(電壓 分配 法則, voltage distributive law)은 다음과 같이 나타낸다.

$$V_x = \frac{R_x E}{R_T} \ [\mathrm{V}] \tag{3.48}$$

따라서 V_x는 R_x에 걸리는 전압이고, E는 직렬 소자 양단에 인가된 전압이며, R_T는 직렬 회로의 전체 저항이다. 즉, 직렬 회로에서 저항 양단에 걸리는 전압은 인가 전압에 저항 값을 곱한 것을 직렬 소자의 전체 저항으로 나눈 값과 같다.

예제 3.9

그림 3.25와 같은 직렬 회로에서 전압 V_1, V_2를 각각 구하시오.

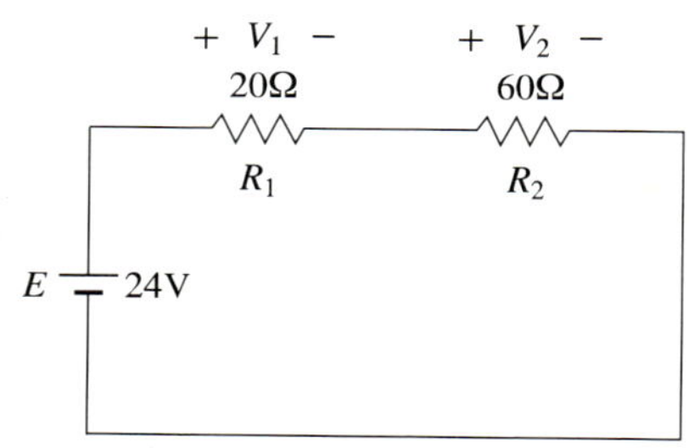

그림 3.25

풀이

전압 분배 법칙을 적용하면 각각의 전압은 다음과 같다.

$$V_1 = \frac{R_1 E}{R_1 + R_2} = \frac{20 \times 24}{20 + 60} = 6 \ [\mathrm{V}]$$

$$V_2 = \frac{R_2 E}{R_1 + R_2} = \frac{60 \times 24}{20 + 60} = 18 \ [\mathrm{V}]$$

3.6 전압원의 특성

[1] 전압원의 내부 저항

전기 설비에 사용되는 발전기, 축전지, 건전지 등의 모든 전압원은 어떤 내부 저항(內部 抵抗, internal resistance)을 가지고 있다. 그림 3.26(a)는 이들의 실제도를 나타낸 것이며, 이상적인 전압원의 등가 회로를 나타내면 그림 3.26(b)와 같이 나타낸다.

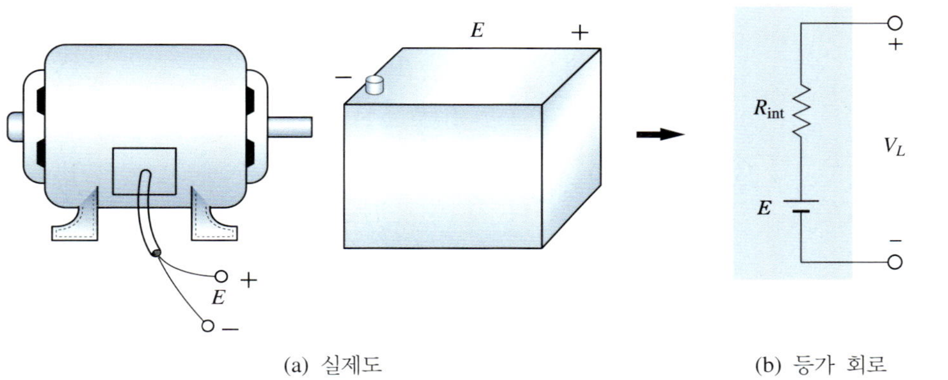

그림 3.26 전압원의 실제도 및 등가 회로

그러나 실제 전기 설비에서는 전압원의 내부에 내부 저항을 가지고 있고, 무부하 또는 전부하 상태에서 출력 전압을 가진다. 그림 3.27은 내부 저항이 존재하는 회로를 나타낸 것으로 폐회로를 따라 키르히호프의 전압법칙을 적용하여 수식을 나타내면 다음과 같다.

$$E - I_L R_i - V_L = 0 \tag{3.49}$$

$$V_L = E - I_L R_i \ [\mathrm{V}] \tag{3.50}$$

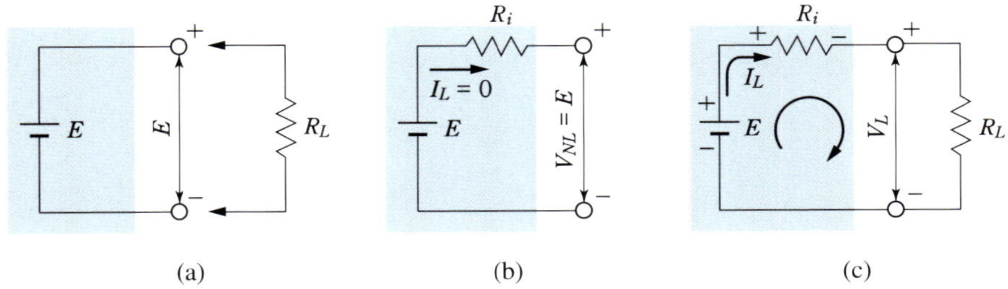

그림 3.27 내부 저항이 있는 회로

만일 내부 저항 R_i의 값을 모른다면 우선 V_L에 대한 방정식으로부터 R_i에 대해서 풀면 구할 수 있다.

$$R_i = \frac{E - V_L}{I_L} = \frac{E}{I_L} - \frac{I_L R_L}{I_L} = \frac{E}{I_L} - R_L \ [\Omega] \tag{3.51}$$

그림 3.28은 내부 저항이 있는 회로에 대한 출력 전압과 전류의 관계를 그래프로 나타낸 것이다. 그림 3.28(b)에서도 알 수 있듯이 부하 전류(I_L)의 증가는 도체를 따라 흐르는 전류량을 증가시키게 된다. 또한, 전원의 내부 저항 양단에 전압 강하가 발생하게 되어 단자 전압이 감소하게 된다. 이와 같은 과정이 반복되어 일정 시간이 경과하면 마침내 내부 저항은 0 [Ω]으로 접근하게 된다. 즉, 곡선의 기울기가 경사질수록 내부 저항은 크게 되며, 실제로 전압 또는 전류의 임의의 선택 구간에 대해서 내부 저항의 크기는 다음과 같이 주어진다.

$$R_i = \frac{\Delta V_L}{\Delta I_L} \ [\Omega] \tag{3.52}$$

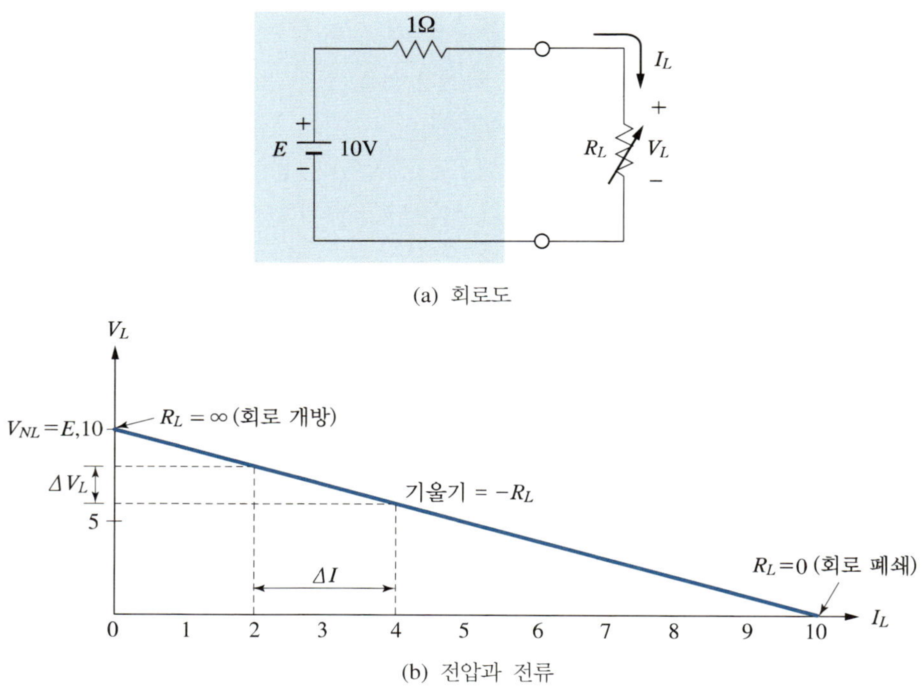

그림 3.28 내부 저항이 있는 출력 전압과 전류의 관계

예제 3.10

그림 3.29와 같은 축전지가 2 [Ω]의 내부 저항이 있을 경우 저항 값이 13 [Ω]인 부하가 있을 때 ① 전류(I), ② 단자 전압(V_L), ③ 내부 저항에서 소비되는 전력(P_i) 등을 구하시오.

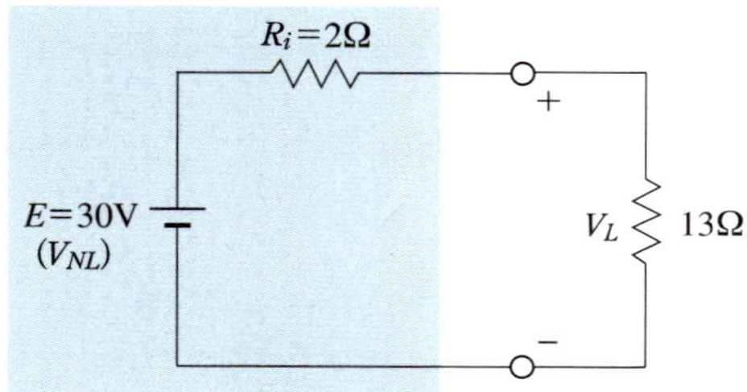

그림 3.29

풀이

① 회로에 흐르는 전류는 다음과 같다.

$$I = \frac{E}{R_i + R_L} = \frac{30}{2+13} = \frac{30}{15} = 2 \text{ [A]}$$

② 그리고 부하에 걸리는 전압은 다음과 같다.

$$V_L = E - IR_i = 30 - 2 \times 2 = 26 \text{ [V]}$$

③ 따라서 내부 저항에서 소비되는 전력은 다음과 같다.

$$P_i = I^2 R_i = 2^2 \times 2 = 8 \text{ [W]}$$

[2] 전압 변동률

전기 설비에 사용되는 이상 전원은 부하의 변동에 따라 출력의 단자 전압이 변하지 않는다. 예를 들어 화재 경보에 공급되는 220 [V]가 있다면 부하의 수와 용량에 관계없이 출력의 단자 전압은 변하지 않는다. 즉, 입력 전압에 대해서 출력 단자 전압이 어느 정도 근사치를 나타내는가를 표현한 것이 전압 변동률(電壓 變動率, VR; voltage regulation)이다. 그림 3.30은 전부하와 무부하 상태 사이의 전압 변동률을 ξ로 나타낸다. 그리고 V_{NL}는 무부하(無負荷, NL; no load) 상태의 전압이며, V_{FL}은 전부하(全負荷, FL; full load) 상태의 전압이다.

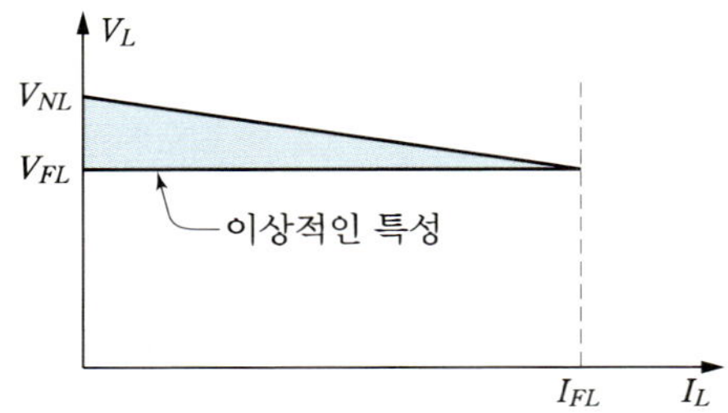

그림 3.30 부하에 따른 전압의 변동

$$\xi = \frac{V_{NL} - V_{FL}}{V_{FL}} \times 100\ [\%] \tag{3.53}$$

이상적인 전기 설비에서는 $V_{NL} = V_{FL}$이며, $\xi = 0$이다.

따라서 전압 변동률은 부하의 변화에 따라 단자 전압의 변화가 더 작음을 알 수 있다. 즉, 이상 전원의 경우 간략히 다음과 같이 표현이 가능하다.

$$\xi_i = \frac{R_i}{R_L} \times 100\ [\%] \tag{3.54}$$

같은 부하에 대해 내부 저항이 더 작아지면 전압 변동률이 더욱 작아지고, 출력이 더욱 이상적으로 됨을 알 수 있다.

예제 3.11

무부하 상태에서의 전압이 224 [V]이고, 전부하 상태에서의 전압이 220 [V]라면 전압 변동률 [%]은 얼마인가?

풀이

부하의 변동에 따른 전압 변동률은 다음과 같다.

$$\xi = \frac{V_{NL} - V_{FL}}{V_{FL}} \times 100$$

$$= \frac{224 - 220}{220} \times 100 \fallingdotseq 1.82\ [\%]$$

3.7 전류계 및 전압계의 부하 효과

[1] 전류계의 부하 효과

전류계(電流計, ammeter)는 회로의 전류를 측정하기 위한 기기로써 전류를 측정하기 위한 회로의 가지 사이에 삽입됨에 주의해야 한다. 그림 3.31에 나타난 바와 같이 회로 내의 전류계가 직렬로 삽입되어 전류를 측정하는 것이다.

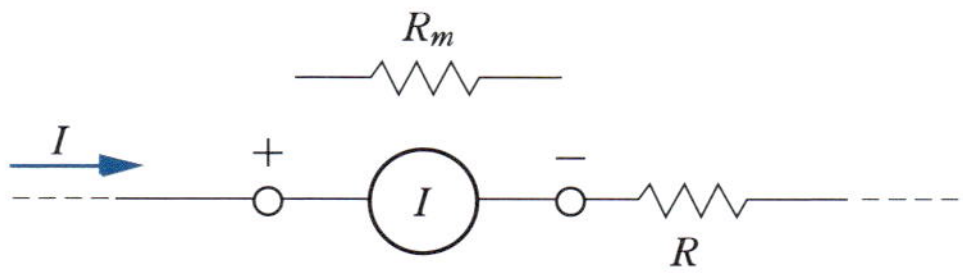

그림 3.31 회로 내의 전류계 연결

전류계를 이용하여 회로의 전류를 측정할 때 시스템에 대한 영향을 최소로 하려면 전류계의 저항(R_m)은 부하 저항(R)과 같은 가지의 다른 직렬 소자에 비하여 매우 작아야 한다. R_m의 값은 이상적인 회로에서 '0' 이다. 만일 전류계의 저항(R_m)이 부하 저항(R)의 10 [%] 또는 그 이상의 값을 나타내면 일반적으로 전류를 측정하는 데 중대한 영향을 미치게 된다. 또한, 전류계에서 구분되어 있는 전류 눈금에 대한 각각의 저항 값이 일반적으로 같지 않음에 대해 주의해야 한다.

전류계의 저항 값은 전류 값이 감소함에 따라 일반적으로 증가하나 대부분의 경우 전류계의 내부 저항은 다른 회로 소자의 저항 값에 비하여 무시할 수 있을 만큼 충분히 적다고 가정할 수 있다.

[2] 전압계의 부하 효과

시스템의 단자 사이의 전압을 측정하기 위해서는 전압계를 회로에 병렬로 연결하여 사용한다. 전압계를 회로의 저항과 병렬로 연결한다는 것은 그림 3.32와 같이 병렬 저항을 구성한다는 의미이다.

두 개의 가지를 병렬로 연결한 저항은 언제나 두 개의 가지 중 작은 쪽의 저항보다 적다. 전압계에 사용되는 저항은 가능한 큰 값을 가져야 한다.

그림 3.32에 전압계의 내부 저항이 11 [MΩ]이고, 10 [kΩ]의 저항을 측정하도록 구성되어 있는데 이 회로의 합성 저항은 다음과 같다.

$$R_T = 10\,\mathrm{k\Omega} \parallel 11\,\mathrm{M\Omega} = \frac{(10^4)(11\times 10^6)}{10^4 + (11\times 10^6)} \fallingdotseq 9.99\,[\mathrm{k\Omega}] \tag{3.55}$$

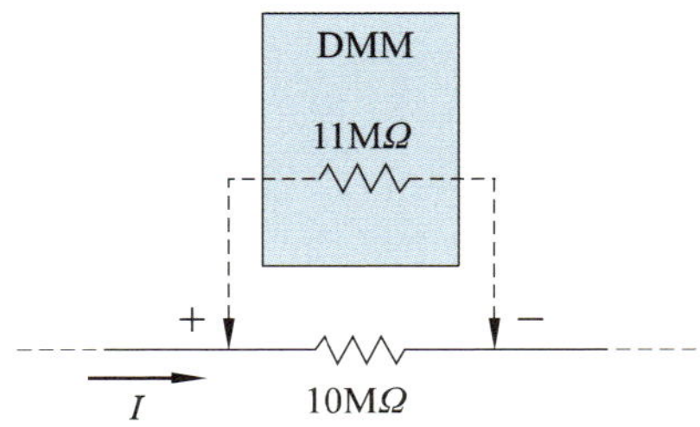

그림 3.32 전압계의 부하

이 회로는 합성 저항은 9.99 [kΩ]으로 외부적인 변화가 없다면 그 값은 고정되어 있다. 그러나 만일 내부 저항이 50 [kΩ]의 전압계를 2.5 [V] 범위로 사용했을 때의 병렬 저항은 다음과 같다.

$$R_T = 10\,\mathrm{k\Omega} \parallel 50\,\mathrm{k\Omega} = \frac{(10^4)(50\times 10^3)}{10^4 + (50\times 10^3)} \fallingdotseq 8.33\,[\mathrm{k\Omega}] \tag{3.56}$$

즉, 10 [kΩ]의 저항이 8.33 [kΩ]의 저항으로 변화했기 때문에 이 회로의 특성이 변화한 것을 의미한다. 특히 정밀도의 수준이 요구되는 연구 설비의 값을 측정하기 위해서 측정하고자하는 저항과 전압계의 내부 저항 사이의 수준 차이를 고려해야 하는데 이것을 전압계의 부하 효과(負荷 效果, loading effect)라 한다.

대부분의 디지털 멀티미터(DMM; Digital Multimeter)는 10 [MΩ] 이상의 내부 저항을 가지고 있다. 또한, 전압 저항 밀리암미터(VOM; Volt-Ohm-Milliammeter)의 측정 범위를 알려면 계기의 전면에 기록되어 있는 옴/볼트 값에 그 범위에서의 최대 전압을 곱해 주면 된다.

예제 3.12

그림 3.33과 같이 구성된 전압계가 있는 경우 공급 전압 $E=20$ [V]이다.

① 디지털 멀티미터(DMM)의 내부 저항이 11 [MΩ]이라면 계기의 지시 값은?

② Ω/V 값이 20,000이고, 100 [V]인 범위에서 전압 저항 밀리암미터(VOM)를 대상으로 반복하면 얼마인가?

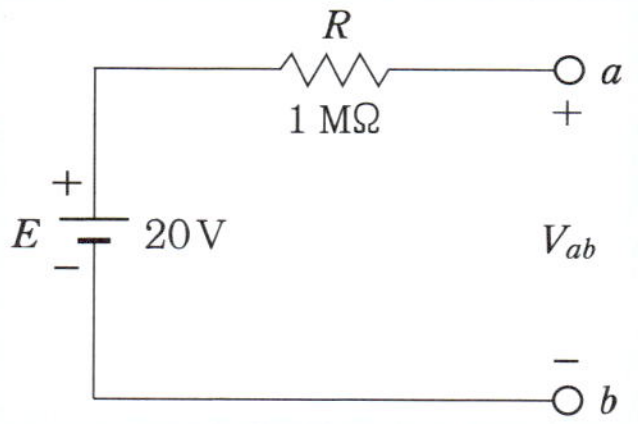

그림 3.33

풀이

① 계측기는 그림 3.34와 같은 회로가 구성되어 있다. 그러므로 전압 분배 법칙을 적용하면 단자 전압 V_{ab}를 다음과 같이 구할 수 있다.

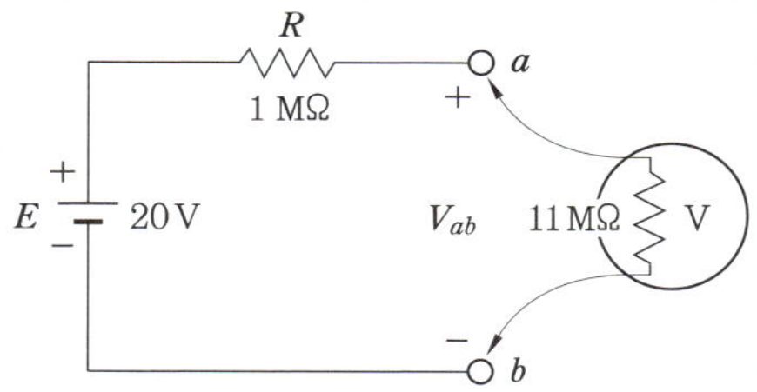

그림 3.34

$$V_{ab}=\frac{(11\times10^6)\times20}{(11\times10^6)+(1\times10^6)} \fallingdotseq 18.33\ [\mathrm{V}]$$

② Ω/V 값이 20,000이므로 전압 저항 밀리암미터(VOM)의 내부 저항 R_i은 다음과 같다.

$$R_i=100\,[\mathrm{V}]\times20{,}000\,[\Omega/\mathrm{V}]=2\ [\mathrm{M}\Omega]$$

그리고 Ω/V 값이 20,000일 때의 단자 전압은 다음과 같다.

$$V_{ab}=\frac{(2\times10^6)\times20}{(2\times10^6)+(1\times10^6)} \fallingdotseq 13.33\ [\mathrm{V}]$$

즉, 이상의 결과에서도 알 수 있듯이 계측기는 내부 저항을 고려하여 측정해야 한다.

3장 연습문제

01. 어떤 회로에 저항 $R_1 = 25$ [Ω], $R_2 = 10$ [Ω], $R_3 = 15$ [Ω]을 직렬로 접속한 경우 합성 저항은 ?

답 $R_T = 50$ [Ω]

02. 회로에서 합성 저항이 20 [Ω]이고, 전압이 220 [V] 공급될 때 회로에 흐르는 전류는 얼마인가?

답 11 [A]

03. $R_1 = 4$ [Ω], $R_2 = 6$ [Ω]을 직렬 연결하여 인가 전압은 직류 12 [V]를 인가했을 때 전체 전류는 얼마가 흐르는가?

답 1.2 [A]

04. $R_1 = 20$ [Ω], $R_2 = 30$ [Ω]의 저항이 직렬로 연결되어 있고 양 단자에 220 [V]의 전압을 공급하는 경우 R_1 및 R_2 에 걸리는 전압은?

답 88 [V], 132 [V]

05. 단자 전압이 24 [V]인 축전지의 내부 저항이 1[Ω]이고, 부하에서 19 [Ω]의 저항이 직렬로 연결된 경우 흐르는 전류는 얼마인가?

답 1.2 [A]

06. $R_1 = 2$ [Ω], $R_2 = 4$ [Ω]가 병렬로 연결되어 있을 때 합성 컨덕턴스는?

답 $G_T = 0.75$ [℧]

07. $R_1 = 4$ [Ω], $R_2 = 5$ [Ω], $R_3 = 10$ [Ω]의 저항들이 병렬로 접속된 회로에 220 [V]의 전압을 인가할 때 각각의 저항에 흐르는 전류는?

답 $I_1 = 55$ [A], $I_2 = 44$ [A], $I_3 = 22$ [A]

08. 어떤 회로에서 유입되는 전류 $I_1 = 5$ [A], $I_2 = 8$ [A], $I_3 = 6$ [A]라면 유출되는 전류 I_4[A]는 얼마인가?

답 $I_4 = -19$ [A]

09. 회로에 인가되는 전압은 220 [V]이고, 저항 소자 $R_1 = 5$ [Ω], $R_2 = 10$ [Ω]이 병렬로 연결되어 있을 때 R_1에 흐르는 전류는?

답 44 [A]

10. 어떤 회로에 20 [A]의 전류가 흐르고 있고, 저항 $R_1 = 15$ [Ω], $R_2 = 5$ [Ω]이 병렬로 연결되어 있을 때 15 [Ω]에 흐르는 전류는?

답 5 [A]

제 4 장

회로망의 정리

4.1 회로망의 용어

여러 개의 전원과 회로 소자로 구성된 회로망(回路網, network)의 효율적인 해석을 위해 그림 4.1과 같이 회로 소자의 이름이 정의되어 있다. 그림 4.1(a)의 회로에 대한 위상 그래프(topological graph)의 예를 그림 4.1(b)에 나타낸다. 그리고 그림 4.1(c)와 같이 그래프의 각 선에 화살표를 붙여 기준 방향을 표시하면 방향성 그래프(oriented graph or directed graph)라고 부른다. 시스템 내의 회로망을 해석하기 위해 사용되는 용어는 다음과 같은 것이 있으며, 그림 4.2에 그래프로 나타낸다.

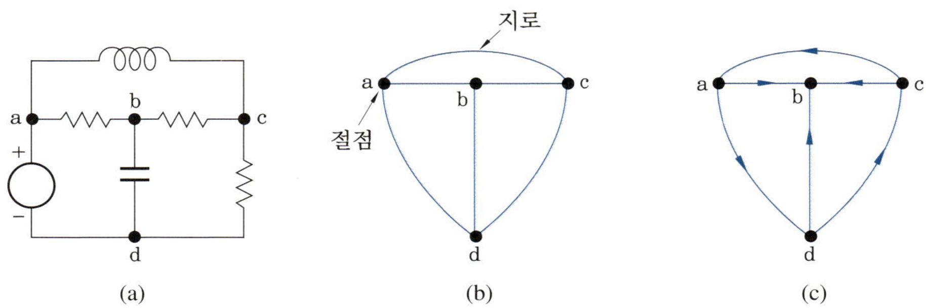

그림 4.1 회로망과 그래프(1)

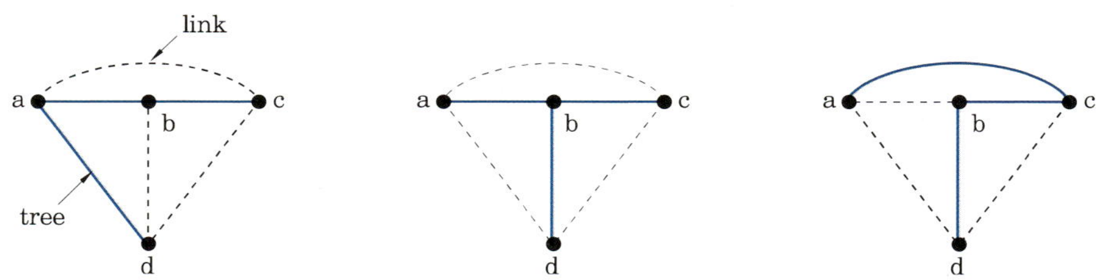

그림 4.2 회로망과 그래프(2)

① 절점 또는 마디 (node or vertex)	회로망에서 두 개 또는 그 이상의 소자가 연결되는 점(a, b, c, d)이다.
② 지로 또는 가지 (branch)	절점과 절점 사이에 연결된 회로 소자이다.
③ 폐로(loop)	몇 개의 지로를 통하여 일주하면서 완결되는 폐회로(closed loop)이다.
④ 회로망 그래프 (network graph)	그림 4.1(b)와 같이 지로가 어떤 소자를 나타내는가를 불문에 붙이고, 이것을 하나의 선분으로 대표하여 절점 사이를 연결한 것이다.

⑤ 방향성 그래프 (directed graph)	그림 4.1(c)와 같이 지로마다 화살표를 붙여서 전류의 방향 및 전압 강하의 방향을 표시한 그래프를 말하며, 화살표가 없는 것은 무방향성 그래프(undirected graph)이다.
⑥ 평면 회로망 (planner network)	어느 지로도 교차하지 않도록 평면상에 그 회로도를 그릴 수 있는 회로망을 말하며, 그와 같이 그릴 수 없는 회로를 비평면 회로망 (non-planner graph)이다.
⑦ 메시 (mesh)	평면 회로망에서 형성되는 작은 폐회로들을 말한다.
⑧ 트리 (tree)	주어진 회로망 그래프에서 모든 절점을 폐로의 형성 없이 연결한 부분 그래프(sub-graph)를 말하며, 주어진 회로망에 대하여 트리는 여러 개가 있을 수 있다.
⑨ 링크 (link)	주어진 트리에 대하여 트리 지로 이외의 회로망 그래프의 모든 지로를 말하며, 링크의 수는 지로의 총수에서 트리 지로의 수를 뺀 것과 같다 (그림 4.2).
⑩ 능동 회로망 (active network)	회로망 중에 전원이 포함된 것이다.
⑪ 수동 회로망 (passive network)	회로망 중에 전원을 포함하지 않은 것이다.
⑫ 능동 소자 (active element)	회로망을 구성하는 소자 중에서 에너지를 공급하는 소자이다.
⑬ 수동 소자 (passive element)	회로망을 구성하는 소자 중에서 에너지를 공급할 수 없는 소자이다.
⑭ 선형 소자 (linear element)	수동 소자의 전압 전류 특성이 직선으로 나타나는 소자이다.
⑮ 선형 회로망 (linear network)	선형 소자만으로 구성된 회로망이다.
⑯ 비선형 회로망 (nonlinear network)	비선형 소자를 포함하는 회로망이다.

4.2 노드 전압법

일반적으로 회로망의 해석은 분기 전류 및 노드 전압을 계산하는 것이다. 그러므로 모든 변수를 명확하게 객관화하는 것이 중요하며, 알고 있는 변수와 모르는 변수를 정해야 한다. 즉, 지정된 변수를 체계적으로 제시할 수 있는 회로 방정식을 수립하고, 적절한 해법을 사용하여 해를 구하는 것이다. 노드 전압의 해석은 회로의 해석에서 가장 보편적으로 사용하는 방법으로 선형 회로에 주로 적용된다.

회로망의 해석을 위해 적용되는 노드 전압법(node voltage method)은 각각의 노드에서 전압을 독립 변수로 정의한다. 노드 중의 하나를 기준 노드(reference node)라 하며, 나머지 각각의 노드 전압은 기준 노드를 기준으로 결정된다. 또한, 각각의 노드 전압이 정의되면 각 분기에 흐르는 전류를 결정하기 위한 인접한 두 노드 사이에 옴의 법칙을 적용한다.

노드 전압법에서 각각의 분기 전류는 하나 또는 그 이상의 노드 전압으로 나타낼 수 있으므로 전류는 표면적으로 나타나지 않는다. 그리고 각 분기 전류를 노드 전압의 항으로 정의한 후에 키르히호프의 전류법칙(K.C.L)을 각각의 노드에 적용한다. 즉, n개의 노드가 있는 회로에 대해서 n개의 선형방정식을 수립할 수 있다. 그러나 노드 전압 중의 하나는 기준 노드 전압이기 때문에 이미 알고 있는 값인 '0' 으로 가정한다. 그러므로 $n-1$개의 노드 전압에 대해서 $n-1$개의 독립적인 선형방정식을 수립할 수 있는 것이다. 일반적으로 회로망을 효과적으로 해석하기 위해서 적용되는 노드 전압법은 다음과 같은 절차를 따른다.

① 일반적으로 접지되어 있는 부분을 기준 노드로 선택한다. 이 노드는 대부분의 소자들이 연결되어 있고, 다른 모든 노드 전압은 이 노드를 기준으로 결정한다.
② 나머지 $n-1$개의 노드 전압을 독립 또는 종속 변수로 정의한다. 회로에 구성된 m개의 전압원 각각은 종속 변수로 분류한다. 즉, 노드가 전압원에 연결되어 있지 않으면 그 노드의 전압은 독립 변수로 다룬다.
③ 독립 변수로 분류된 각각의 노드에 키르히호프의 전류법칙을 적용하고, 각각의 분기 전류를 인접한 노드 전압의 항으로 나타낸다.
④ $n-1-m$개의 미지수로 구성된 연립 방정식[1]의 해를 구하면 해석이 완료된다.

노드 해석법의 적용 방법을 이해하기 위해 그림 4.3(a)와 같은 회로를 가정한다. 노드 및 분기 회로의 특성을 적절하게 설명하기 위해 그림 4.3(b)와 같이 등가 회로를 구성하고 각각의 전류 및 저항의 방향을 정의한다. 따라서 회로망의 어느 부분이 노드인지 명확하게 표시되며, 전류의 방향 역시 명확하게 결정된다.

노드 a 및 노드 b에 키르히호프의 전류법칙(K.C.L)을 적용하고 수식을 세우면 다음과 같다.

$$i_s - i_1 - i_2 = 0 \tag{4.1}$$

$$i_2 - i_3 = 0 \tag{4.2}$$

1) 연립방정식은 미지수와 수의 연산으로 이루어진 여러 개의 방정식을 한꺼번에 고려하고자 나열한 형태를 말한다.

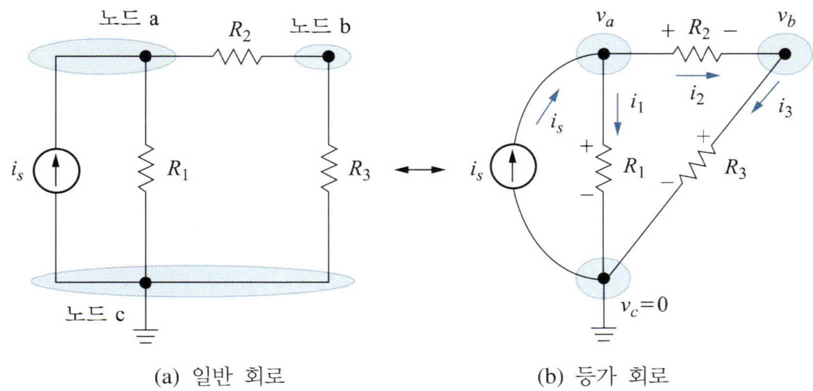

그림 4.3 노드 해석의 예

그리고 노드 c에 키르히호프의 전류법칙(K.C.L)을 적용하고 수식을 세우면 식 (4.3)과 같으며, 접지되어 있는 기준 노드에 K.C.L을 적용할 필요가 없다는 것을 알 수 있을 것이다.

$$i_1 + i_3 - i_s = 0 \tag{4.3}$$

그러므로 회로망의 해석을 위해 적용된 전류 i_1, i_2, i_3는 독립 변수인 v_1, v_2, v_3의 함수로 표현할 수 있다. 즉, 옴의 법칙을 적용하여 i_1을 나타내면 다음과 같다. 이 식은 노드 a에서 노드 c로 흐르는 전류 i_1이 발생시키는 양단의 전위차 $v_a - v_c$ 사이에 R_1이 있기 때문이다.

$$i_1 = \frac{v_a - v_c}{R_1} \ [\text{A}] \tag{4.4}$$

그러므로 이와 같은 방법을 i_2와 i_3에 각각 적용하면 다음과 같이 식을 얻을 수 있다.

$$i_2 = \frac{v_a - v_b}{R_2} \ [\text{A}] \tag{4.5}$$

$$i_3 = \frac{v_b - v_c}{R_3} \ [\text{A}] \tag{4.6}$$

식 (4.4), 식 (4.5)와 식 (4.6)을 식 (4.1)과 식 (4.2)에 대입하면 다음과 같다.

$$i_s - \frac{v_a - v_c}{R_1} - \frac{v_a - v_b}{R_2} = 0 \tag{4.7}$$

$$\frac{v_a - v_b}{R_2} - \frac{v_b - v_c}{R_3} = 0 \tag{4.8}$$

그리고 v_c는 접지되어 있는 노드이므로 $v_c = 0$이며, 식 (4.7)과 식 (4.8)을 정리하면 다음과 같다.

$$\left(\frac{1}{R_1} + \frac{1}{R_2}\right) v_a + \left(-\frac{1}{R_2}\right) v_b = i_s \tag{4.9}$$

$$\left(-\frac{1}{R_2}\right) v_a + \left(\frac{1}{R_2} + \frac{1}{R_3}\right) v_b = 0 \tag{4.10}$$

예제 4.1

어떤 회로망이 그림 4.4와 같이 구성되어 있다.

$I_1 = 2\,[\mathrm{A}]$, $I_2 = 4\,[\mathrm{A}]$, $R_1 = 1\,[\mathrm{k\Omega}]$, $R_2 = 2\,[\mathrm{k\Omega}]$, $R_3 = 4\,[\mathrm{k\Omega}]$, $R_4 = 2\,[\mathrm{k\Omega}]$

일 때 노드 전압법을 이용하여 각각의 저항에 흐르는 전류를 계산하시오.

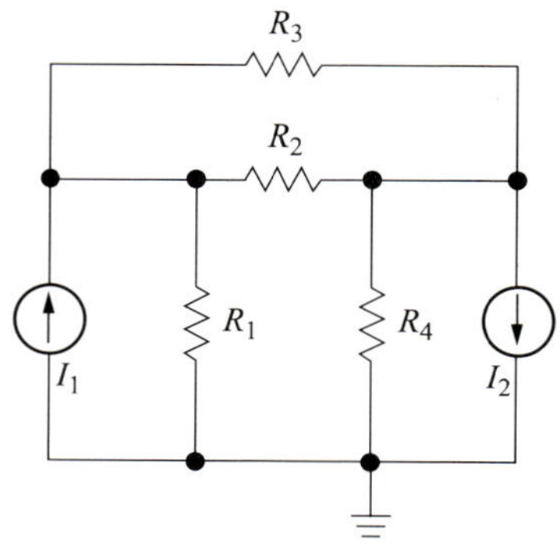

그림 4.4

풀이

① 회로망의 하단에 접지되어 있는 노드를 기준 노드로 결정한다.

② 그림 4.5와 같이 노드 1 및 노드 2를 나타낸다. 그러므로 회로망에는 2개의 독립 변수 v_1과 v_2가 만들어진다.

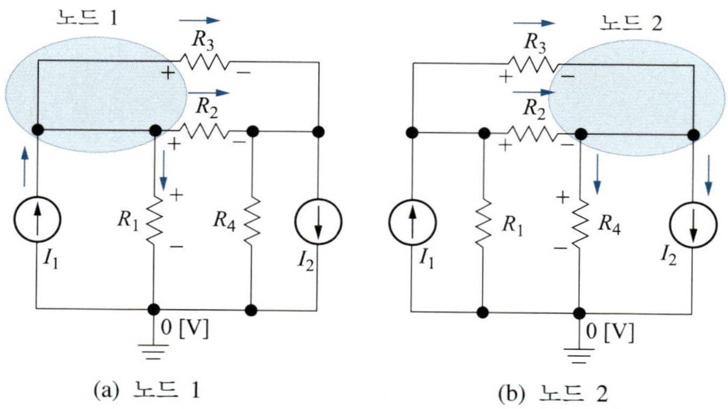

그림 4.5

③ 노드 1과 노드 2에 키르히호프의 전류법칙을 적용하여 수식을 구성하면 다음과 같다.

<노드 1> $I_1 - I_{R_1} - I_{R_2} - I_{R_3} = 0$이다.

$$I_1 - \frac{v_1 - 0}{R_1} - \frac{v_1 - v_2}{R_2} - \frac{v_1 - v_2}{R_3} = 0$$

<노드 2> $I_{R_2} + I_{R_3} - I_{R_4} - I_2 = 0$이다.

$$\frac{v_1 - v_2}{R_2} + \frac{v_1 - v_2}{R_3} - \frac{v_2 - 0}{R_4} - I_2 = 0$$

이 식들을 변수 분리하여 미지의 노드 전압의 수식으로 나타내면 다음과 같다.

노드 1 : $\left(\frac{1}{R_1} + \frac{1}{R_2} + \frac{1}{R_3}\right) v_1 + \left(-\frac{1}{R_2} - \frac{1}{R_3}\right) v_2 = I_1$

노드 2 : $\left(-\frac{1}{R_2} - \frac{1}{R_3}\right) v_1 + \left(\frac{1}{R_2} + \frac{1}{R_3} + \frac{1}{R_4}\right) v_2 = -I_2$

④ 저항과 전류를 대입하여 정리하면 다음과 같다.

노드 1 : $1.75\, v_1 - 0.75\, v_2 = 2$

노드 2 : $-0.75\, v_1 + 1.25\, v_2 = -4$

그러므로 두 개의 연립 방정식을 풀면 v_1과 v_2는 다음과 같이 행렬식[2)]으로 나타낼 수 있다.

$$v_1 = \frac{\begin{vmatrix} 2 & -0.75 \\ -4 & 1.25 \end{vmatrix}}{\begin{vmatrix} 1.75 & -0.75 \\ -0.75 & 1.25 \end{vmatrix}} = \frac{(2 \times 1.25) - (-0.75 \times -4)}{(1.75 \times 1.25) - (-0.75 \times -0.75)} = \frac{-0.5}{1.625} \fallingdotseq -0.3\ [\mathrm{V}]$$

$$v_2 = \frac{\begin{vmatrix} 1.75 & 2 \\ -0.75 & -4 \end{vmatrix}}{\begin{vmatrix} 1.75 & -0.75 \\ -0.75 & 1.25 \end{vmatrix}} = \frac{(1.75 \times -4) - (2 \times -0.75)}{(1.75 \times 1.25) - (-0.75 \times -0.75)} = \frac{-5.5}{1.625} = -3.4\ [\mathrm{V}]$$

따라서 각각의 저항에 흐르는 전류는 다음과 같다.

$$i_{R1} = \frac{v_1 - 0}{R_1} = \frac{-0.3}{1{,}000} = -0.3\ [\mathrm{mA}]$$

$$i_{R2} = \frac{v_1 - v_2}{R_2} = \frac{-0.3 - (-3.4)}{2{,}000} = 1.55\ [\mathrm{mA}]$$

$$i_{R3} = \frac{v_1 - v_2}{R_3} = \frac{-0.3 - (-3.4)}{4{,}000} = 0.775\ [\mathrm{mA}]$$

$$i_{R4} = \frac{v_2 - 0}{R_4} = \frac{-3.4}{2{,}000} = -1.7\ [\mathrm{mA}]$$

4.3 망전류법

회로망을 해석하는 또 다른 방법은 독립 변수로 망전류(網電流, mesh current)를 이용하는 망전류법(網電流法, mesh current method)이다. 이 방법은 노드 전압법과 유사한 특성을 갖고 있다. 즉, 독립 변수와 망전류를 사용하여 적절한 수의 독립 방정식을 세우는 것이다. 망전류법은 지정된 방향으로 저항에 흐르는 전류가 결정되면 저항에 걸리는 전압의 극성을 그림 4.6과 같이 정의하는 것이다.

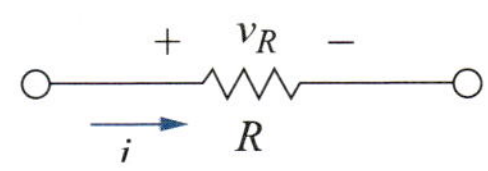

그림 4.6 저항의 극성 결정

그리고 키르히호프의 전압법칙(K.V.L)을 적용하여 폐회로에 대한 전압의 합은 '0' 이 된다. 즉, 그림 4.7의 회로에 K.V.L을 적용하면 간단하게 방정식을 제시할 수 있다. 이와 같은 방식으로 회로를 해석하여 방정식을 구성하면 회로 내의 망의 수와 일치한다. 망이 회로 내에서 쉽게 구성되기 때문에 회로망을 해석하는 데 효율성이 높으며, 방정식의 구성이 체계적이다. 이와 같은 작업이 완료되면 다음은 선형 회로에 대해 망전류법을 적용하는 절차가 필요하다.

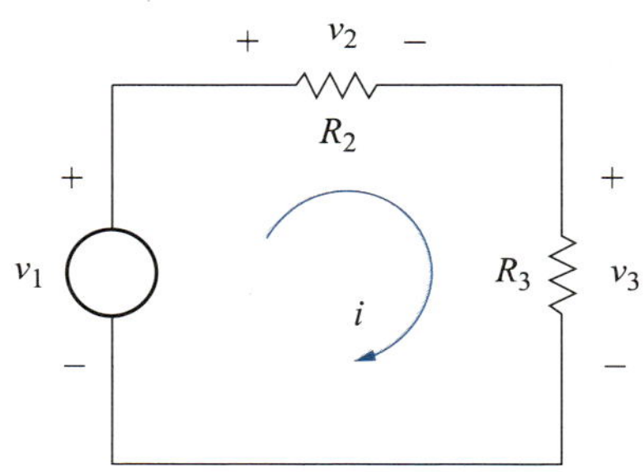

그림 4.7 회로망에 K.V.L을 적용

망전류법을 회로망에 적용할 때 주의할 점은 일관되게 전류의 방향을 선택하는 것이다. 즉, 회로 방정식을 수립하는 데 있어서 실수를 줄이기 위해서 일반적으로

2) 행렬식은 정사각 행렬에 어떤 특정한 방법으로 하나의 수를 대응시키는 함수이다. 행렬식은 역행렬이 존재하는지를 판단하는 근거가 되며, 문자의 수와 식의 수가 같은 연립일차방정식의 근이 유일하게 존재하는지를 결정하는 데 중요한 역할을 한다.

망전류의 방향은 시계의 회전과 같은 쪽으로 정의한다. 그러면 회로망의 망전류를 설명하기 위해 그림 4.8과 같은 회로를 가정한다.

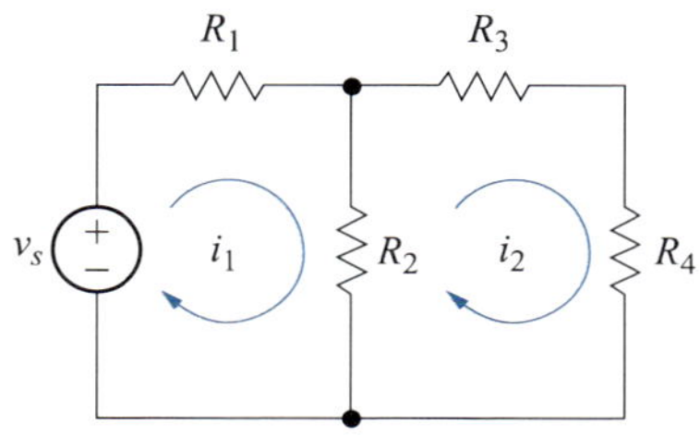

그림 4.8 2개의 회로망이 있는 회로

제시된 회로망은 2개의 망을 가진 회로이므로 그림 4.9와 같이 정의할 수 있으며, 망전류 i_1과 i_2에 대한 2개의 방정식을 구성할 수 있다. 망전류 i_1이 저항 R_1에 흐르는 전류와 같지만 저항 R_2에 흐르는 전류와 같지 않다는 점에 주의해야 한다. 저항 R_2에 흐르는 분기 전류는 두 망전류 사이의 차인 $i_1 - i_2$를 나타낸 것이다. 그러므로 망전류법의 해석에 적용된 규칙에 따라 전압 v_2의 극성이 이미 정의되었기 때문에 다음과 같이 나타낼 수 있다.

$$v_2 = (i_1 - i_2)\,R_2 = v_s - v_1 \text{ [V]} \tag{4.11}$$

그리고 $v_1 = i_1 R_1$이므로 망로 1에 대한 수식을 완성하면 다음과 같이 나타낸다.

$$v_s - i_1 R_1 - (i_1 - i_2)\,R_2 = 0 \tag{4.12}$$

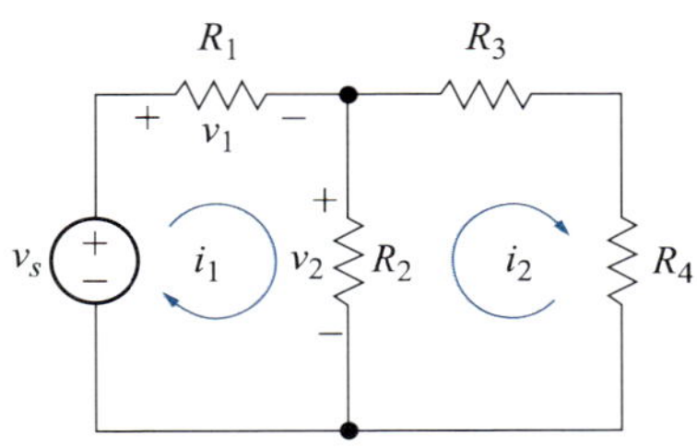

그림 4.9 망 1의 전류와 전압의 결정

망 2에도 이와 같은 방법을 그림 4.10과 같이 적용할 수 있으며, 시계 방향으로 흐르는 망전류 i_2를 따라 망 2 주변에 지정되는 전압을 나타낼 수 있다. 망전류 i_2는 저항 R_3과 R_4를 통과하는 전류는 $(i_2 - i_1)$과 같다. 그리고 이 저항에 걸리는 전압은 다음과 같다.

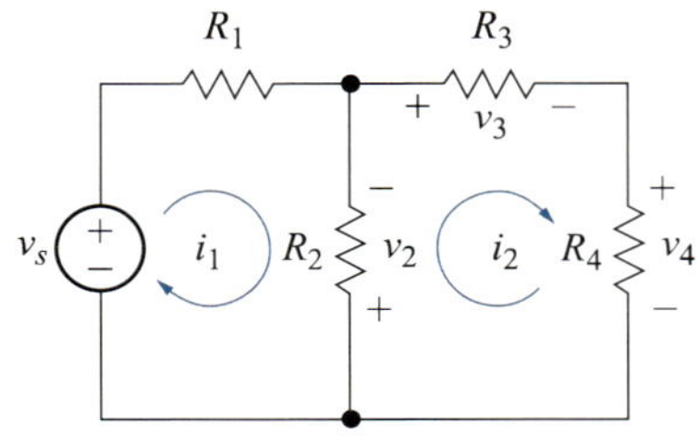

그림 4.10 망 2의 전류와 전압의 결정

$$v_2 = (i_2 - i_1)R_2 = (-v_3) + (-v_4)\ [\mathrm{V}] \tag{4.13}$$

그리고 $v_3 = i_2 R_3$, $v_4 = i_2 R_4$이므로 망로 2에 K.V.L을 적용하여 수식을 완성하면 다음과 같이 나타낸다.

$$(i_2 - i_1)R_2 + i_2 R_3 + i_2 R_4 = 0 \tag{4.14}$$

그리고 식 (4.13)과 식 (4.11)이 다른 이유는 각각의 망에 대한 전압을 시계 방향으로 초기에 설정되었고, 그 규칙을 일관성 있게 적용하였기 때문이다. 망전류법의 해석에 있어서 적용되는 중요한 규칙이다. 즉, 두 망전류가 반대 방향으로 저항 R_2에 흐르기 때문이며, 두 개의 망에서 저항 v_2에 대한 전압 극성의 지정이 반대가 된 것이다. 그러므로 두 개의 망에 대한 방정식을 조합하면 다음과 같이 나타낼 수 있다.

$$(R_1 + R_2)i_1 - R_2 i_2 = v_s \tag{4.15}$$

$$-R_2 i_1 + (R_2 + R_3 + R_4)i_2 = 0 \tag{4.16}$$

따라서 식 (4.15)와 식 (4.16)의 두 개의 방정식을 풀면 각각의 망전류 i_1과 i_2를 구할 수 있다. 그리고 이와 같은 회로망의 망전류법을 해석하는 절차는 다음과 같이 요약된다.

① 회로망 해석의 신뢰성을 높이기 위해 각각의 망전류를 일관성 있게 적용한다. 일반적으로 망전류는 시계 방향으로 설정하며, 전원측에 전류원이 존재할 때는 전류원의 방향과 일치시키는 것이 회로 해석에 편리하다.
② n개의 망과 m개의 전류원을 갖는 회로망에서는 n－m개의 독립된 방정식이 존재하며, 미지의 망전류는 n－m개의 독립 변수가 있다.
③ 미지의 망전류를 포함하는 각각의 망에 키르히호프의 전압법칙(K.V.L)을 적용하고, 각각의 전압을 하나 또는 그 이상의 망전류 항으로 나타낸다.
④ n－m개의 미지수를 갖는 연립 방정식을 풀면 각각의 망전류를 구할 수 있다.

예제 4.2

어떤 회로망이 그림 4.11과 같이 구성되어 있다. $V_1 = 10\,[\mathrm{V}]$, $V_2 = 20\,[\mathrm{V}]$, $V_3 = 2\,[\mathrm{V}]$, $R_1 = 5\,[\Omega]$, $R_2 = 10\,[\Omega]$, $R_3 = 20\,[\Omega]$, $R_4 = 40\,[\Omega]$ 일 때 망전류법을 이용하여 망전류를 구하시오.

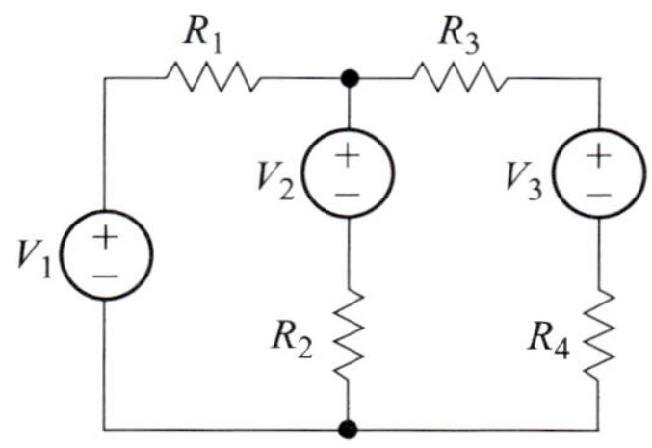

그림 4.11 전압원이 있는 회로망

풀이

① 그림 4.11의 회로망에서 미지의 i_1 과 i_2 두 개가 있음을 알 수 있다.

② 회로망에서 미지의 망전류 i_1 과 i_2를 구하기 위해 그림 4.12와 같은 회로를 가정한다. 망 1과 망 2에서 저항 R_2에 걸리는 전압 v_2의 극성이 서로 다르다는 것을 주의해야 한다.

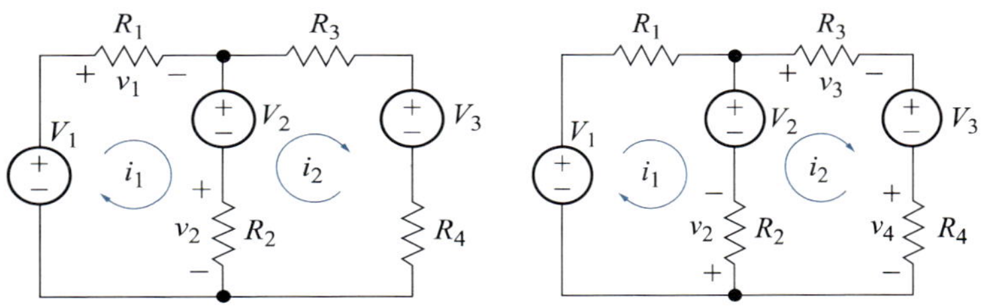

그림 4.12 망 1과 망 2

③ 그림 4.12를 근거로 망전류에 대한 회로망 방정식을 다음과 같이 구성한다.

망1 : $V_1 - i_1 R_1 - V_2 - R_2(i_1 - i_2) = 0$

망2 : $-R_2(i_2 - i_1) + V_2 - R_3 i_2 - V_3 - R_4 i_2 = 0$

④ 두 개의 연립방정식에 제시된 값을 넣고 정리하면 다음과 같다.

망1 : $10 - 5i_1 - 20 - 10(i_1 - i_2) = 0$

망2 : $-10(i_2 - i_1) + 20 - 20i_2 - 2 - 40i_2 = 0$

⑤ 두 개의 연립방정식을 계산하면 다음과 같다.

망1 : $-15i_1 + 10i_2 = 10$

망2 : $10i_1 - 70i_2 = -18$

$$i_1 = \frac{\begin{vmatrix} 10 & 10 \\ -18 & -70 \end{vmatrix}}{\begin{vmatrix} -15 & 10 \\ 10 & -70 \end{vmatrix}} = \frac{(10\times-70)-(10\times-18)}{(-15\times-70)-(10\times10)} = \frac{-520}{950} \fallingdotseq -0.55\ [\mathrm{A}]$$

$$i_2 = \frac{\begin{vmatrix} -15 & 10 \\ 10 & -18 \end{vmatrix}}{\begin{vmatrix} -15 & 10 \\ 10 & -70 \end{vmatrix}} = \frac{(-15\times-18)-(10\times10)}{(-15\times-70)-(10\times10)} = \frac{170}{950} \fallingdotseq 0.18\ [\mathrm{A}]$$

예제 4.3

전류원이 있는 회로망이 그림 4.13과 같이 구성되어 있다. $V_s = 10\,[\mathrm{V}]$, $I_s = 2\,[\mathrm{A}]$, $R_1 = 5\,[\Omega]$, $R_2 = 10\,[\Omega]$, $R_3 = 15\,[\Omega]$ 일 때 망전류법을 이용하여 v_x 를 구하시오.

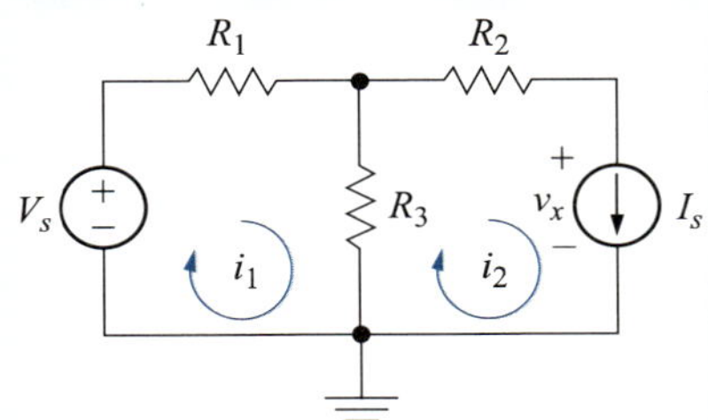

그림 4.13 전류원이 있는 회로망

풀이

① 회로망에서 망 2의 전류 i_2가 전류원 I_s 와 동일함을 알 수 있다.

② 망 1의 전류 i_1을 구하기 위해 키르히호프의 전압법칙(K.V.L)을 적용하여 수식을 구성하면 다음과 같다.

$$V_s - i_1 R_1 - (i_1 - i_2) R_3 = 0$$

그러므로 주어진 값들을 대입하여 정리하면 망 1의 전류 i_1은 다음과 같다.

$$10 - 5\,i_1 - (i_1 - 2) \times 15 = 0$$
$$i_1 = 2\ [\mathrm{A}]$$

③ 그러므로 미지의 전압 v_x를 구하기 위해서는 망 2에 키르히호프의 전압법칙(K.V.L)을 적용하여 수식을 구성하면 다음과 같다.

$$v_x - (i_2 - i_1) R_3 - i_2 R_2 = 0$$

그리고 $I_s = i_2$이므로 미지의 전압 v_x의 수식은 다음과 같다.

$$v_x = (i_2 - i_1) R_3 + i_2 R_2 = (2 - i_1) \times 15 + 2 \times 10 = -15\,i_1 + 50\ [\mathrm{V}]$$

따라서 망 1에서 얻은 $i_1 = 2\,[\mathrm{A}]$를 수식에 대입하면 미지의 전압 v_x를 구할 수 있다.

$$v_x = -15\,i_1 + 50 = (-15) \times 2 + 50 = 20\ [\mathrm{V}]$$

4.4 브리지 회로망

회로망 내에서 R, L, C의 값을 측정하는데 있어서 브리지 회로(bridge circuit)가 일반적으로 사용된다. 그림 4.14는 브리지 회로망의 기본 회로이며, 휘스톤 브리지(Wheatstone bridge)라 한다.

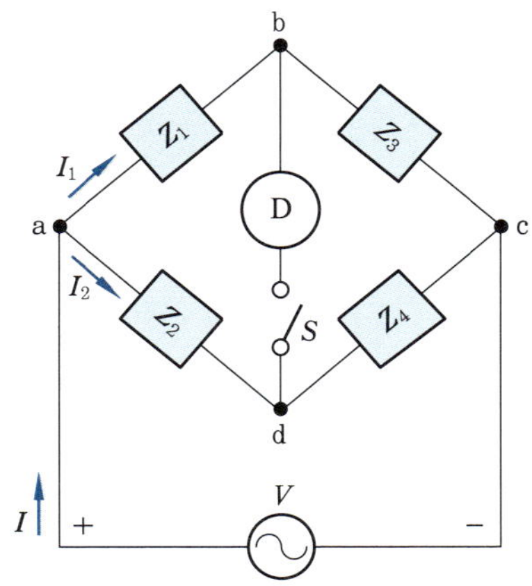

그림 4.14 브리지 회로

D는 검류계(檢流計, detector or galvanometer) 또는 수화기를 나타내며 가변 임피던스의 변화에 의해 b, d 점의 전위가 같아지게 되면 D에는 전류가 흐르지 않는다. 이와 같은 것을 브리지의 평형 상태라 하며, 이러한 평형 상태가 되면 a−b 사이의 전위차와 a−d 사이의 전위차가 같고, b−c 사이 및 d−c 사이의 전위차 역시 같게 나타난다.

$$Z_1 I_1 = Z_2 I_2 \tag{4.17}$$

$$Z_3 I_1 = Z_4 I_2 \tag{4.18}$$

이 식을 정리하면 다음과 같은 관계가 성립되는 것을 알 수 있다.

$$\frac{Z_2}{Z_1} = \frac{Z_4}{Z_3} \tag{4.19}$$

또는

$$Z_1 Z_4 = Z_2 Z_3 \tag{4.20}$$

즉, 브리지 회로에서 3개의 임피던스를 알고 있으면 나머지 미지의 임피던스를 구할 수 있으므로 회로의 특성 해석에 자주 이용된다.

예제 4.4

그림 4.15와 같은 브리지 회로망에 흐르는 전류 I_1, I_2, I_3 및 $I_{5\Omega}$를 구하시오.

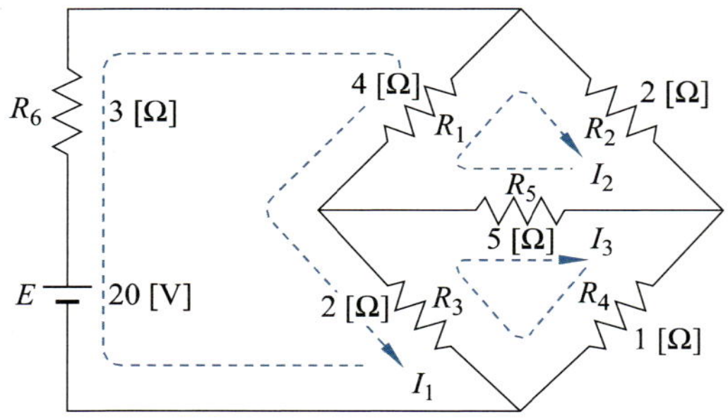

그림 4.15 브리지 회로망

풀이

망로 해석법을 각각의 루프에 적용하여 수식을 세우면 다음과 같은 수식을 얻을 수 있다.

$$(3+4+2)I_1 - 4I_2 - 2I_3 = 20$$
$$(4+5+2)I_2 - 4I_1 - 5I_3 = 0$$
$$(2+5+1)I_3 - 2I_1 - 5I_2 = 0$$

위의 식을 정리하면 다음과 같다.

$$9I_1 - 4I_2 - 2I_3 = 20$$
$$-4I_1 + 11I_2 - 5I_3 = 0$$
$$-2I_1 - 5I_2 + 8I_3 = 0$$

그러므로 방정식을 풀면 다음과 같이 전류를 구할 수 있다.

$$I_1 = 4 \text{ [A]}$$
$$I_2 = \frac{8}{3} \text{ [A]}$$
$$I_3 = \frac{8}{3} \text{ [A]}$$

그러므로 5 [Ω]에 흐르는 전류는 다음과 같다.

$$I_{5\Omega} = I_2 - I_3 = \frac{8}{3} - \frac{8}{3} = 0 \text{ [A]}$$

예제 4.5

그림 4.16과 같은 브리지 회로망이 있다. 회로망은 4개의 저항과 전원 전압으로 구성되어 있다. $R_1 = R_2 = R_3 = 2\,[\Omega]$, $v_s = 12\,[\mathrm{V}]$, $v_{ab} = 2\,[\mathrm{V}]$ 일 때 R_x를 구하시오.

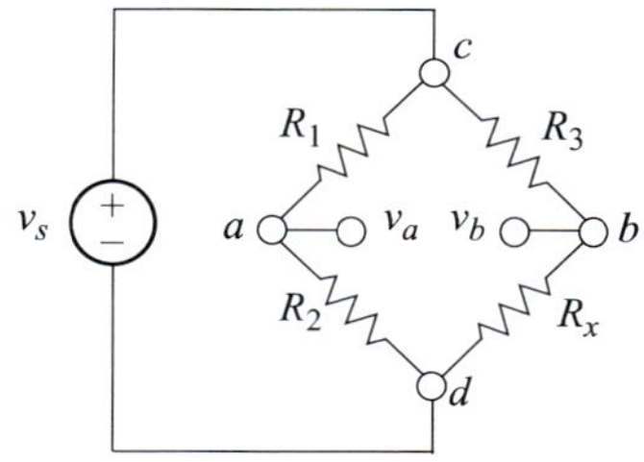

그림 4.16 브리지 회로

풀이

① 주어진 회로에서 $R_1 - R_2$ 및 $R_3 - R_x$ 각각은 직렬로 연결된 것을 알 수 있다.

② 각각의 직렬 연결 회로가 병렬로 구성되어 있으므로 그림 4.17과 같이 변형된 등가 회로를 제시할 수 있다.

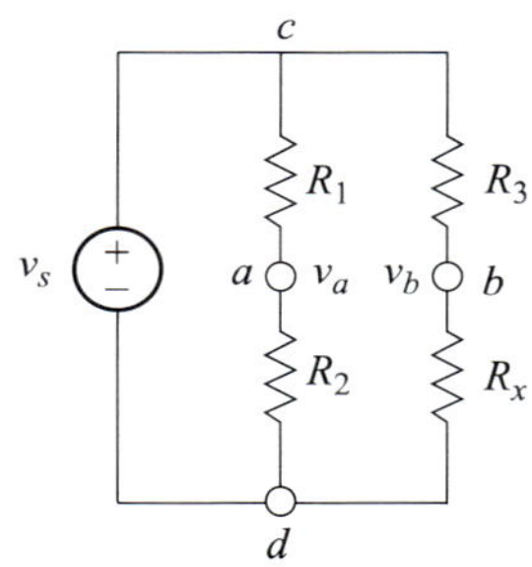

그림 4.17 변형된 등가 회로

③ 각각의 직렬 회로에 전압 분배 법칙을 적용하여 수식을 나타내면 다음과 같다.

$$v_{ad} = v_s \frac{R_2}{R_1 + R_2}\,[\mathrm{V}]$$

$$v_{bd} = v_s \frac{R_x}{R_3 + R_x}\,[\mathrm{V}]$$

④ 그러므로 a 단자와 b 단자 사이에 걸리는 전압은 다음과 같다.

$$v_{ab} = v_{ad} - v_{bd} = v_s\left(\frac{R_2}{R_1 + R_2} - \frac{R_x}{R_3 + R_x}\right)\,[\mathrm{V}]$$

⑤ 따라서 주어진 값을 대입하여 정리하면 미지의 저항 R_x를 구할 수 있다.

$$2 = 12 \times \left(\frac{2}{2+2} - \frac{R_x}{2 + R_x}\right)$$

그러므로 $R_x = 1\,[\Omega]$ 이다.

4.5 중첩의 정리

시스템의 회로망에 다수의 전원이 포함되어 있을 때 각각의 가지에 흐르는 전류를 구하기에 편리한 법칙이다. 회로망에 다수의 전원이 포함되어 있는 경우에 각각의 지로에 흐르는 전류는 전원이 각각 단독으로 작용하고 있는 각 가지 전류를 중첩시킨 대수합이 같다는 것이 중첩의 정리(重疊 定理, principle of superposition)이다. 단, 각각의 전원이 단독으로 작용한다고 생각할 때 나머지 전원을 제거하여 도선을 단락시켜 놓아야 한다.

예를 들어 그림 4.18(a)와 같이 전원이 두 개 포함되어 있는 회로에서 전류 I_3을 구해 보기로 하자. 중첩의 원리에 의하여 그림 4.18(b)와 같이 10 [V]의 전원을 단락시키고, 회로에는 12 [V]의 전원만이 존재한다고 가정하여 I_{31}을 구하면 다음과 같이 나타낸다.

$$I_{31} = I_{11} \cdot \frac{R_2}{R_2 + R_3} = \frac{V_1}{R_1 + \dfrac{R_2 \cdot R_3}{R_2 + R_3}} \times \frac{R_2}{R_2 + R_3}$$

$$= \frac{12}{3 + \dfrac{4 \times 2}{4+2}} \times \frac{4}{4+2} = \frac{24}{13} \ [\mathrm{A}] \tag{4.21}$$

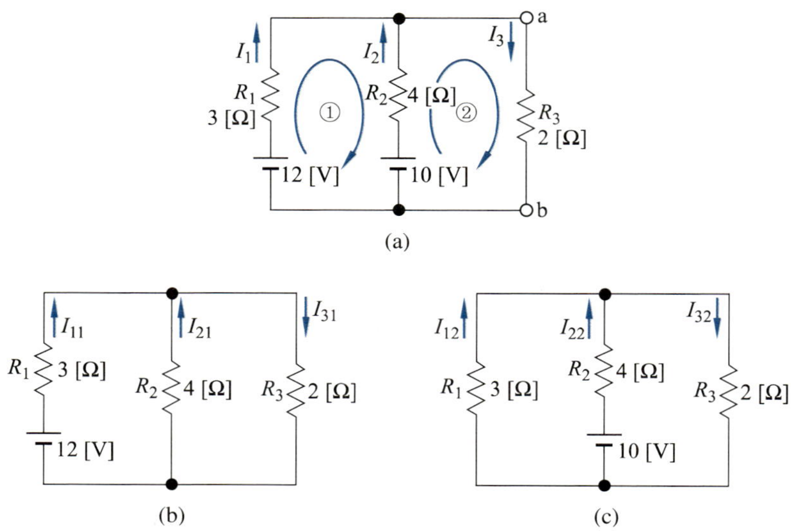

그림 4.18 중첩의 원리

다음에 그림 4.18(c)와 같이 12 [V]의 전원을 단락시키고, 회로에는 10 [V]의 전원만이 존재한다고 가정하면 다음과 같이 나타낸다.

$$I_{32} = I_{22} \cdot \frac{R_1}{R_1 + R_3} = \frac{V_2}{R_2 + \dfrac{R_1 \cdot R_3}{R_1 + R_3}} \times \frac{R_1}{R_1 + R_3}$$

$$= \frac{10}{4 + \dfrac{3 \times 2}{3+2}} \times \frac{3}{3+2} = \frac{15}{13} \ [\mathrm{A}] \tag{4.22}$$

그러므로 중첩의 원리에 의하여 I_{31}과 I_{32}가 동시에 존재한다고 가정하여 중첩시키면 I_3을 다음과 같이 나타낸다.

$$I_3 = I_{31} + I_{32} = \frac{24}{13} + \frac{15}{13} = \frac{39}{13} = 3 \ [\mathrm{A}] \tag{4.23}$$

이상의 결과는 키르히호프의 법칙을 적용하여 계산하여도 같은 결과를 얻을 수 있으며, 교류 회로에도 적용이 가능하다.

예제 4.6

어떤 회로망에서 그림 4.19와 같이 $I_B = 10$ [V], $V_G = 12$ [V], $R_B = 3$ [Ω], $R_G = 2$ [Ω], $R = 1$ [Ω]으로 구성되어 있다. 중첩의 원리를 이용하여 회로 R에 걸리는 전압을 해석하시오.

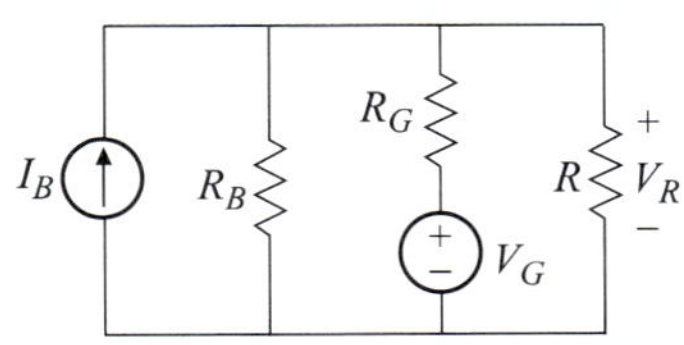

그림 4.19 중첩의 원리 예

풀이

① 회로 해석의 편리성을 위해 R에 걸리는 전압의 접지 노드와 극성을 표시한다.

② 먼저 그림 4.20과 같이 전압원을 제거하고 회로를 직결한다. 그리고 이 회로에 키르히호프의 전류법칙(K.C.L)을 적용하여 회로 방정식을 수립하면 다음과 같다.

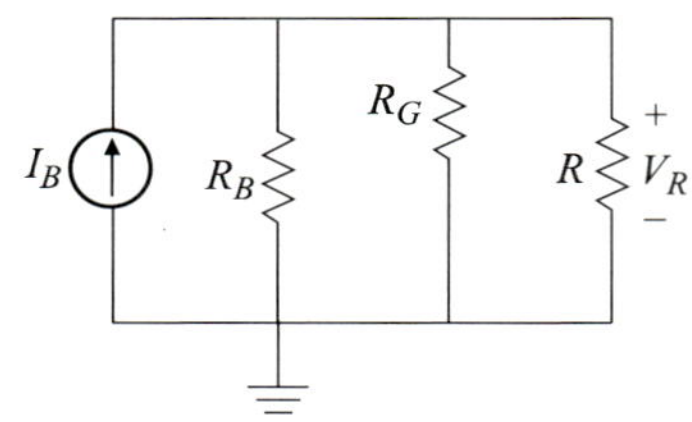

그림 4.20 전압원을 제거한 회로

$$I_B - \frac{V_{R-I}}{R_B} - \frac{V_{R-I}}{R_G} - \frac{V_{R-I}}{R} = 0$$

$$V_{R-I} = \frac{I_B}{1/R_B + 1/R_G + 1/R} = \frac{10}{1/3 + 1/2 + 1/1} \fallingdotseq 5.45\,[\mathrm{V}]$$

③ 그림 4.21과 같이 전류원을 제거한 회로를 구성한다. 그리고 이 회로에 키르히호프의 전류법칙(K.C.L)을 적용하여 회로 방정식을 수립하면 다음과 같다.

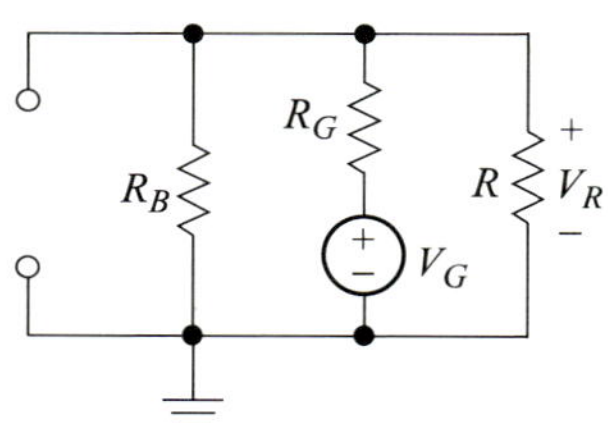

그림 4.21 전류원을 제거한 회로

$$\frac{V_{R-V}}{R_B} + \frac{V_{R-V} - V_G}{R_G} + \frac{V_{R-V}}{R} = 0$$

$$V_{R-V} = \frac{V_G / R_G}{1/R_B + 1/R_G + 1/R} = \frac{12/2}{1/3 + 1/2 + 1/1} \fallingdotseq 3.27\,[\mathrm{V}]$$

④ 각각의 회로에서 구한 값을 합하면 R에 걸리는 전압이며, 다음과 같다.

$$V_R = V_{R-I} + V_{R-V} = 5.45 + 3.27 = 8.72\,[\mathrm{V}]$$

4.6 테브낭의 정리

회로망을 해석할 때 주로 사용되는 것이 테브낭의 정리(Thevenin's theorem)이며, 1883년 프랑스의 통신공학자 테브낭(Léon Charles Thévenin, 1857~1926)에 의해서 제안되었다. 그림 4.22(a)와 같이 능동 회로망이 있는 2단자 회로망은 그림 4.22(b)와 같은 독립 전원을 테브낭 등가 전압(V_{Th})이라 하고, 직렬로 연결된 저항을 테브낭 등가 저항(R_{Th})이라 정의한다.

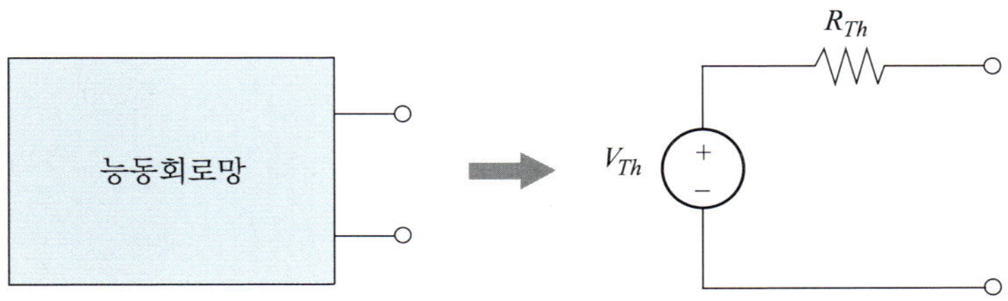

(a) 능동 회로망 (b) 테브낭 등가 회로망

그림 4.22 능동 회로망과 테브낭 등가 회로망

그리고 이와 같이 개방된 2단자 회로망은 그림 4.23과 같이 나타낼 수 있다. 즉, 개방된 회로망이므로 테브낭 등가 저항(R_{Th})을 통해서 전류가 흐를 수 없고 개방 전압(v_{oc})은 '0' 이다. 그러므로 키르히호프의 전압법칙(K.V.L)을 회로망에 적용하면 테브낭 등가 전압(V_{Th})과 개방 전압(v_{oc})은 동일하며, 다음과 같은 수식이 성립된다.

$$V_{Th} = v_{oc} \tag{4.24}$$

그리고 개방된 2단자 회로망을 단락시키면 그림 4.24와 같다. 따라서 단락된 회로망을 통해서 흐르는 단락 전류(i_{sc})는 다음과 같이 나타낼 수 있다.

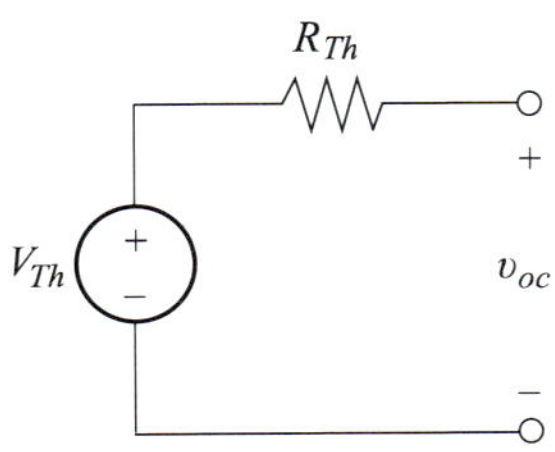

그림 4.23 개방된 2단자 회로망

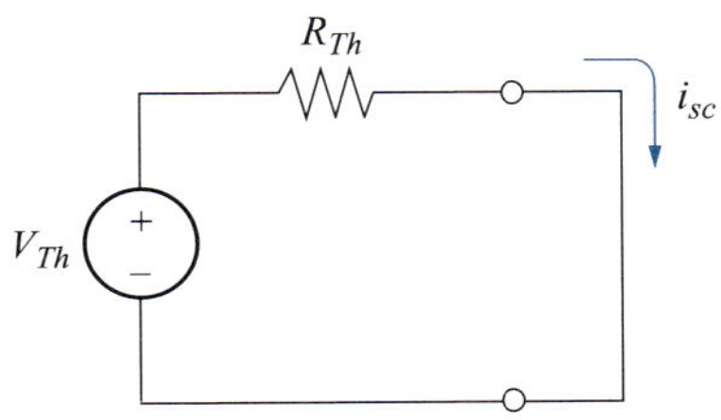

그림 4.24 단락된 회로망

$$i_{sc} = \frac{V_{Th}}{R_{Th}} \ [\mathrm{A}] \tag{4.25}$$

그러므로 테브낭 등가 저항(R_{Th})은 다음과 같이 표현이 가능하다.

$$R_{Th} = \frac{V_{Th}}{i_{sc}} = \frac{v_{oc}}{i_{sc}} \ [\Omega] \tag{4.26}$$

그리고 4.25(a)와 같이 부하 R_L에 흐르는 전류를 구할 때 R_L을 제외한 나머지 부분인 단자 a, b 좌측의 전원을 포함하는 능동 회로망은 그림 4.25(b)의 점선과 같이 등가 대치가 가능하다.

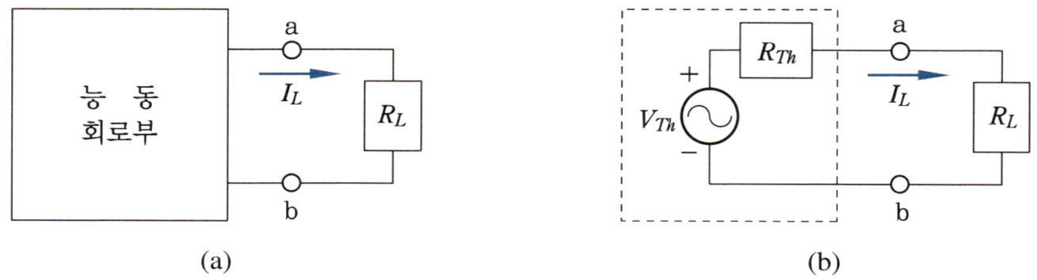

그림 4.25 부하가 연결된 테브낭의 등가 회로망

그러므로 능동 회로망은 하나의 등가 전압(V_{Th})과 하나의 등가 저항(R_{Th})이 직렬 접속된 전압원 회로로 등가 대치할 수 있다. 그림 4.25(a)와 같은 능동 회로망도 그 임의의 두 단자 a, b의 바깥쪽에 대해서는 이것을 등가적으로 하나의 전압과 하나의 저항과 직렬 접속된 것으로 대치할 수 있는 그림 4.25(b)와 같이 나타낼 수 있다. 이때 등가 전압(V_{Th}) 의 값은 원래 회로망에서 단자 a, b를 개방했을 때의 개방 전압과 같다. 그리고 등가 저항(R_{Th})의 값은 능동 회로망 내의 모든 전원을 단락시킨 후 단자 a, b에서 회로망 측을 향해 바라본 저항과 같다. 결국, 부하 저항(R_L)에 흐르는 전류(I_L)은 다음과 같이 나타낸다.

$$I_L = \frac{V_{Th}}{R_{Th} + R_L} \ [\mathrm{A}] \tag{4.27}$$

예제 4.7

그림 4.26과 같은 회로망에서 부하 저항 R_L에서 바라본 테브낭의 등가 저항 R_{Th}는 얼마인가? 단, $V = 12\,[\mathrm{V}]$, $R_1 = R_2 = R_3 = R_4 = 2\,[\Omega]$, $I = 2\,[\mathrm{A}]$ 이다.

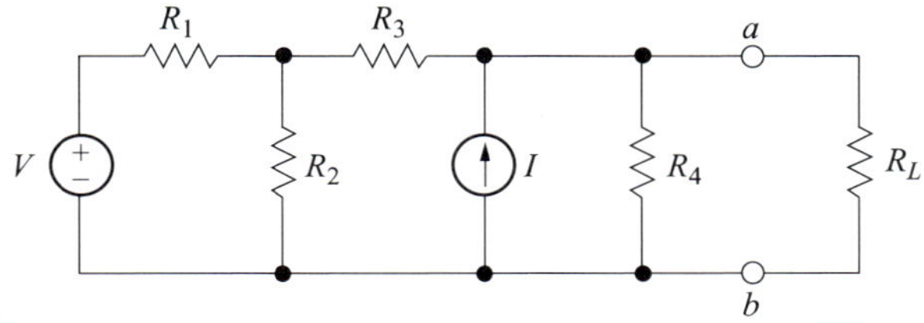

그림 4.26 등가 저항의 계산

풀이

테브낭의 정리를 이용한 등가 저항 R_{Th}를 구하기 위해서는 전압원은 단락시키고, 전류원을 개방해야 하므로 그림 4.27과 같은 회로를 제안할 수 있다.

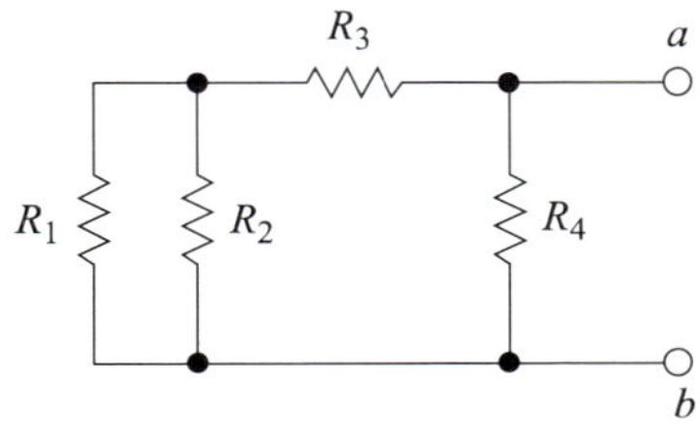

그림 4.27 전압원은 단락하고 전류원은 개방된 회로

단자 a, b 바라본 등가 저항은 수식은 다음과 같다.

$$\begin{aligned} R_{Th} &= ((R_1 \parallel R_2) + R_3) \parallel R_4 \\ &= ((2 \parallel 2) + 2) \parallel 2 = 1.2\,[\Omega] \end{aligned}$$

예제 4.8

그림 4.28과 같은 회로망에서 개방 전압 v_{oc}는 얼마인가? 단, $V = 12\,[\mathrm{V}]$, $R_1 = 2\,[\Omega]$, $R_2 = R_3 = 10\,[\Omega]$, $R_4 = 20\,[\Omega]$ 이다.

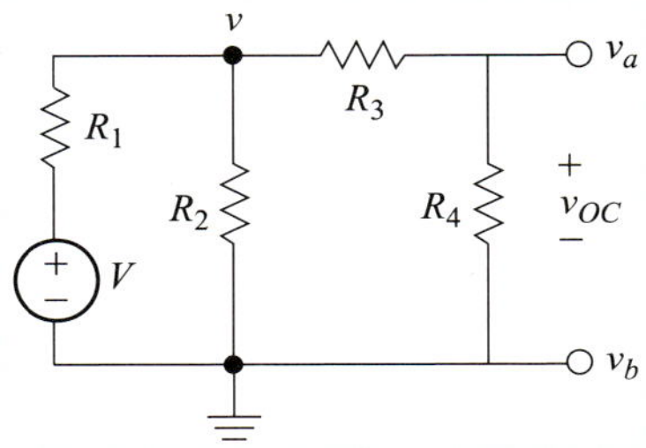

그림 4.28 개방 전압의 계산

풀이

① 테브낭의 정리를 이용하여 등가 전압을 구하기 위해서는 먼저 부하를 제거하고 개방 전압 v_{oc}를 회로에 표시한다.

② v_b는 기준 노드와 같으므로 v_a는 수치적으로 개방 전압 v_{oc}와 같게 된다.

③ 다른 노드 전압을 v 라 하면 노드 전압법을 적용하고, 키르히호프의 전류법칙(K.C.L)에 의해 다음과 같은 두 개의 방정식을 얻을 수 있다.

첫 번째 노드는 $I_V - I_{R_2} - I_{R_3} = 0$이다.

$$\frac{V-v}{R_1} - \frac{v}{R_2} - \frac{v - v_a}{R_3} = 0$$

그리고 두 번째 노드는 $I_{R_3} - I_{R_4} = 0$이다.

$$\frac{v - v_a}{R_3} - \frac{v_a}{R_4} = 0$$

④ 각각의 방정식에 주어진 값을 대입하여 정리하면 다음과 같다.

$-0.7v + 0.1\,v_a = -6$

$0.1v - 0.15v_a = 0$

⑤ 그러므로 두 방정식을 계산하면 v 와 v_a를 구할 수 있다.

$$v = \frac{\begin{vmatrix} -6 & 0.1 \\ 0 & -0.15 \end{vmatrix}}{\begin{vmatrix} -0.7 & 0.1 \\ 0.1 & -0.15 \end{vmatrix}} = \frac{(-6\times -0.15)-(0.1\times 0)}{(-0.7\times -0.15)-(0.1\times 0.1)} = \frac{0.9}{0.095} \fallingdotseq 9.47\,[\mathrm{V}]$$

$$v_a = \frac{\begin{vmatrix} -0.7 & -6 \\ 0.1 & 0 \end{vmatrix}}{\begin{vmatrix} -0.7 & 0.1 \\ 0.1 & -0.15 \end{vmatrix}} = \frac{(-0.7\times 0)-(-6\times 0.1)}{(-0.7\times -0.15)-(0.1\times 0.1)} = \frac{0.6}{0.095} \fallingdotseq 6.32\,[\mathrm{V}]$$

⑥ 따라서 개방 전압 v_{oc}은 다음과 같이 표현된다.

$$v_{oc} = v - v_a = 9.47 - 6.32 = 3.15\,[\mathrm{V}]$$

예제 4.9

그림 4.29의 회로에서 테브낭의 등가 방식을 적용하여 부하 전류 i를 구하시오.
단, $V=12\,[\mathrm{V}]$, $I=4\,[\mathrm{A}]$, $R_1=2\,[\Omega]$, $R_2=4\,[\Omega]$, $R_3=3\,[\Omega]$ 이다.

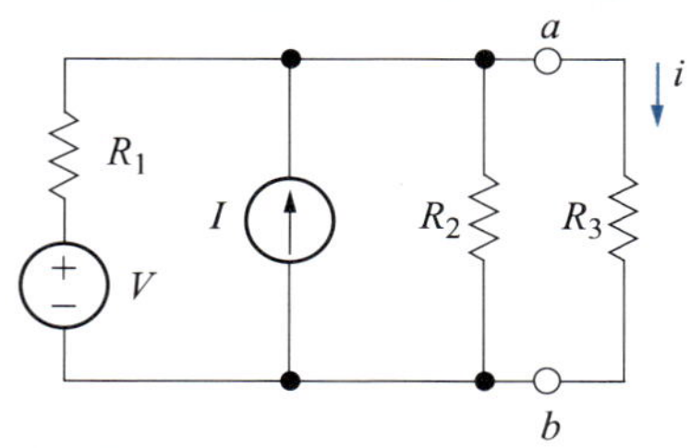

그림 4.29 부하 전류의 계산

풀이

① 먼저 테브낭의 등가 저항을 구한다. 그러므로 전압원은 단락시키고, 전류원은 개방한 회로를 그림 4.30과 같이 구성하고, 등가 저항 R_{Th}를 구한다.

$$R_{th} = R_1 \parallel R_2 = 2 \parallel 4 \fallingdotseq 1.33\,[\Omega]$$

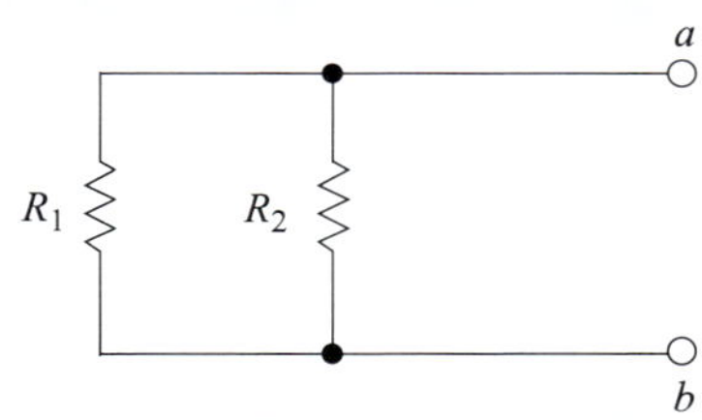

그림 4.30 전압원은 단락하고 전류원은 개방된 회로

② 부하를 회로에서 분리하고, 개방 전압 v_{oc}를 그림 4.31의 회로와 같이 표시한다. v_b는 기준 노드와 같으므로 노드 전압 v_a는 개방 전압과 같다. 그러므로 키르히호프의 전류법칙(K.C.L)을 적용하여 수식을 세우면 다음과 같다.
$I_V + I - I_{R_2} = 0$ 이다.

$$\frac{V-v_a}{R_1} + I - \frac{v_a}{R_2} = 0$$

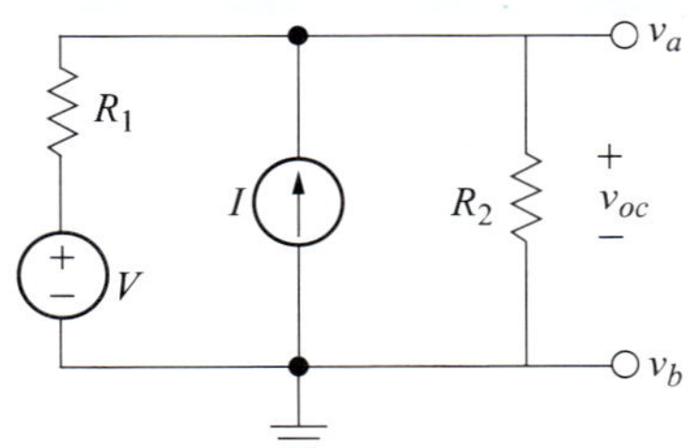

그림 4.31 부하를 회로에서 분리한 회로

③ 주어진 값을 수식에 대입하여 정리하면 테브낭의 등가 전압을 구할 수 있다.

$$\frac{12 - v_a}{2} + 4 - \frac{v_a}{4} = 0$$

$$v_{Th} = v_{oc} = v_a \fallingdotseq 13.3 \text{ [V]}$$

④ 그러므로 부하 전류 i 는 다음과 같다.

$$i = \frac{v_{Th}}{R_{Th}} = \frac{13.3}{1.33} = 10 \text{ [A]}$$

⑤ 따라서 테브낭의 등가 회로는 그림 4.32와 같다.

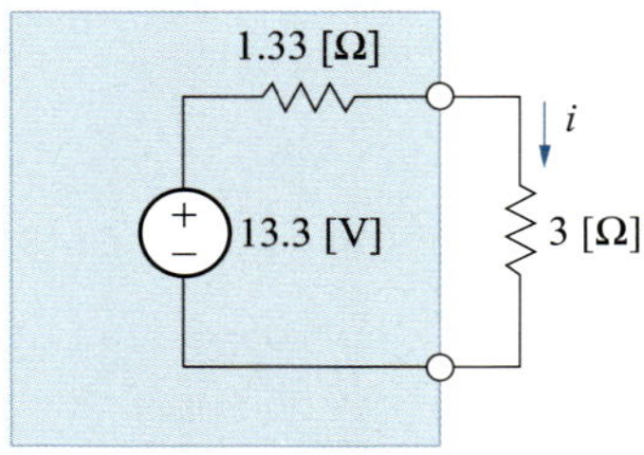

그림 4.32 테브낭의 등가 회로

예제 4.10

그림 4.33을 테브낭의 정리를 이용하여 등가 회로를 구하라. 그리고 저항 R_L이 2 [Ω]일 때 흐르는 전류를 구하시오.

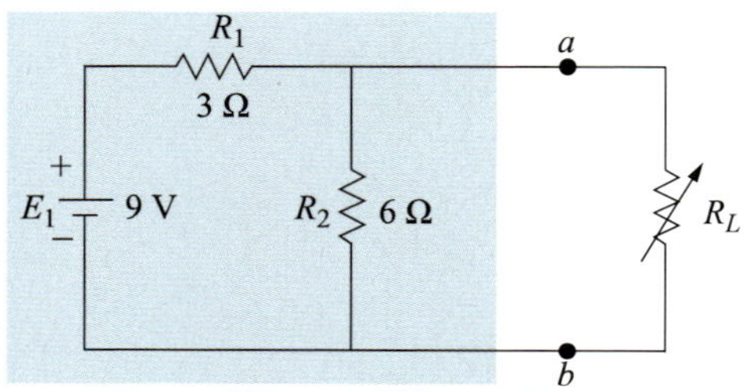

그림 4.33 회로망

풀이

① 테브낭의 정리에서 테브낭의 저항 R_{Th}를 구하기 위해서 부하 저항 R_L을 제거하고, 단자 a, b를 개방하면 그림 4.34와 같다.

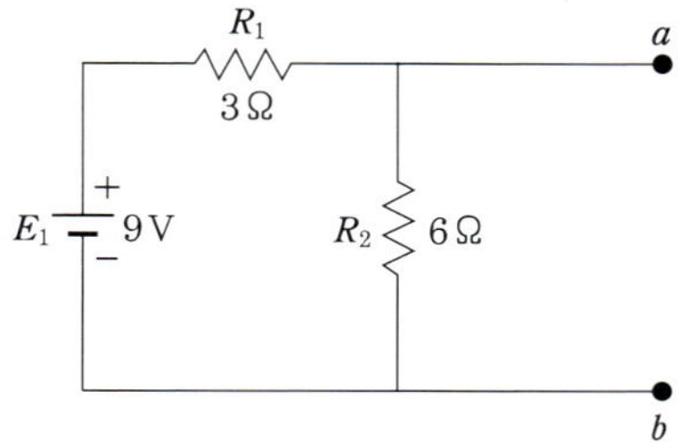

그림 4.34 부하를 개방하여 제거한 회로

② 그리고 전압원을 제거하고 직결하면 그림 4.35와 같으며, 부하측에서 전원측을 바라볼 때의 R_{Th}는 다음과 같다.

$$R_{Th} = R_1 \parallel R_2 = \frac{3 \times 6}{3+6} = 2\ [\Omega]$$

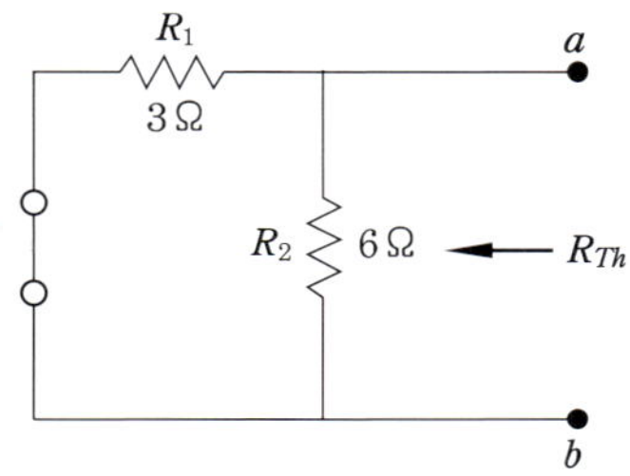

그림 4.35 등가 저항을 구하기 위한 회로

③ 전압원을 대치하라. 즉, 개방 회로 전압 E_{Th}는 6 [Ω]에 걸리는 전압 강하와 같으며, 그림 4.36과 같이 나타낸다.

$$E_{Th} = \frac{R_2 E_1}{R_2 + R_1} = \frac{6 \times 9}{6+3} = 6\ [\text{V}]$$

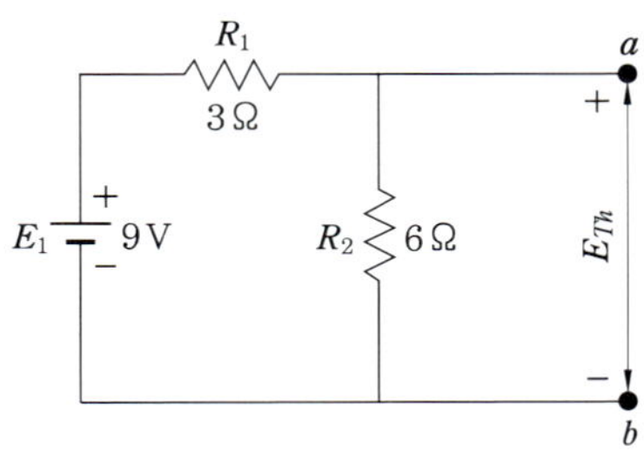

그림 4.36 등가 전압을 구하기 위한 회로

④ 등가 회로를 구하면 그림 4.37과 같이 나타낸다.

$$I_L = \frac{E_{Th}}{R_{Th} + R_L} = \frac{6}{2+2} = 1.5\ [\text{A}]$$

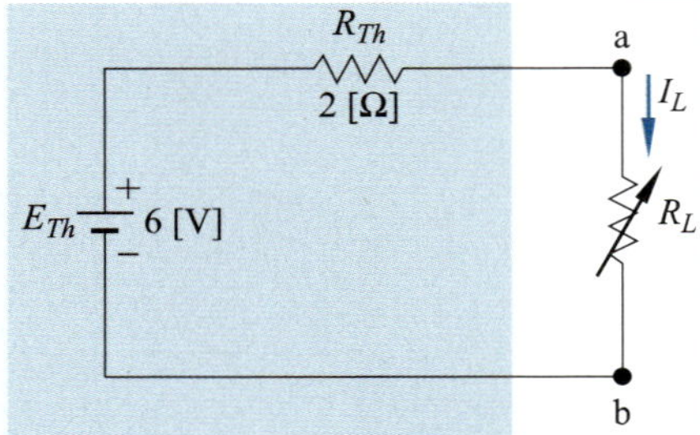

그림 4.37 테브낭의 등가 회로

예제 4.11

그림 4.38의 회로에서 테브낭의 정리를 이용하여 테브낭의 등가 전압, 등가 저항 및 등가 회로를 구하라. 단, 부하 저항은 R_{load} 이다.

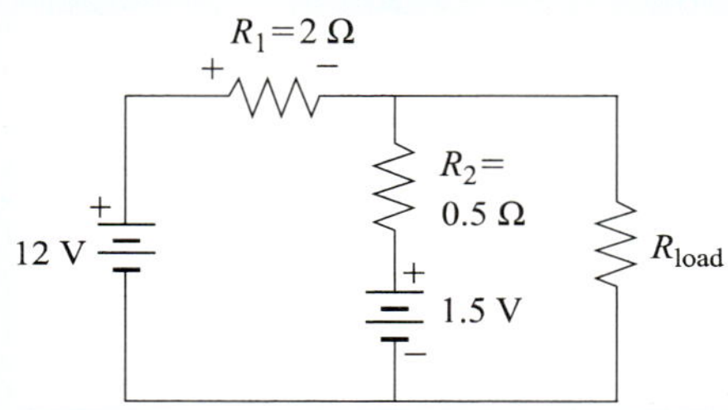

그림 4.38 회로망

풀이

① 그림 4.39와 같이 회로망에서 부하 저항을 분리시키고, 그림 4.40을 이용하여 테브낭의 등가 저항 R_{Th}를 계산하면 다음과 같다.

$$R_{Th} = \frac{R_1 R_2}{R_1 + R_2} = \frac{2 \times 0.5}{2 + 0.5} = 0.4\ [\Omega]$$

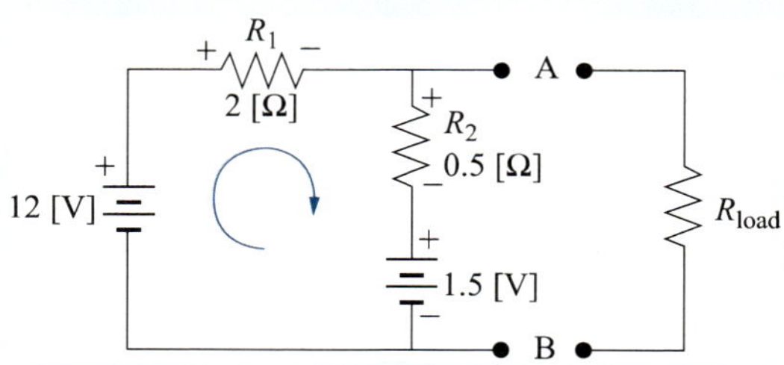

그림 4.39 부하를 개방한 회로

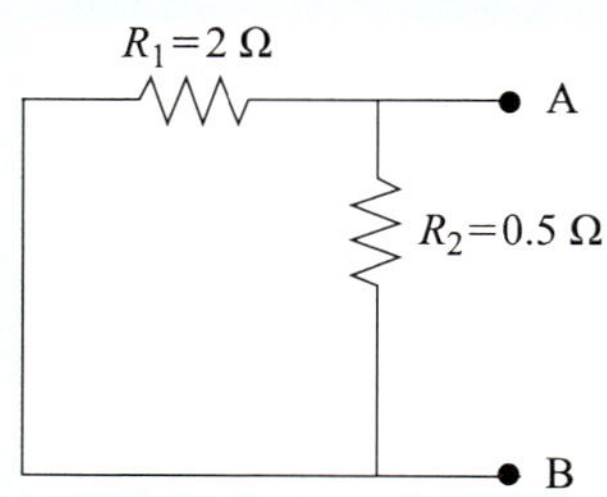

그림 4.40 등가 저항 회로

② 그리고 그림 4.39의 좌측회로에 대해서 키르히호프의 전압법칙(K.V.L)을 이용하여 전압 방정식을 세운다. 이때 회로의 해석은 시계 방향으로 진행하면 다음과 같은 수식을 구할 수 있다.

$$12 - V_{R1} - V_{R2} - 1.5 = 0$$

$$V_{R1} + V_{R2} = 10.5 \text{ [V]}$$

계산된 결과에 근거하여 그림 4.39의 좌측은 그림 4.41과 같이 나타낼 수 있다. 그리고 전압 분배 법칙을 이용하여 그림 4.41의 R_2에 걸리는 전압을 구하면 다음과 같다.

$$V_{R_2} = (10.5)\left(\frac{R_2}{R_1 + R_2}\right) = (10.5)\left(\frac{0.5}{2+0.5}\right) = 2.1 \text{ [V]}$$

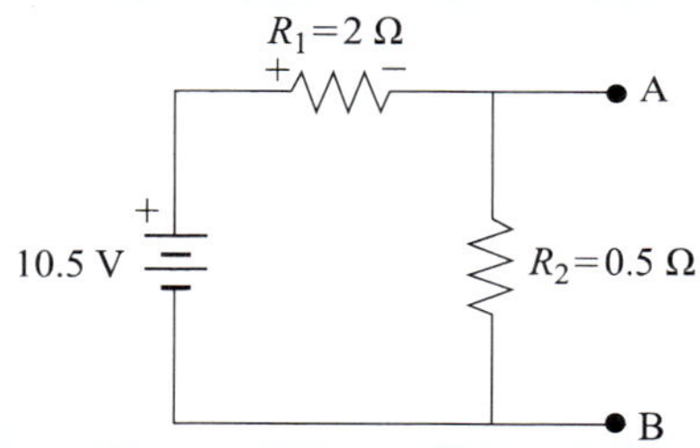

그림 4.41 그림 4.39의 간소화된 회로

R_2에 걸리는 전압 2.1 [V]를 그림 4.39에 적용하여 회로를 구성하면 그림 4.42와 같다.

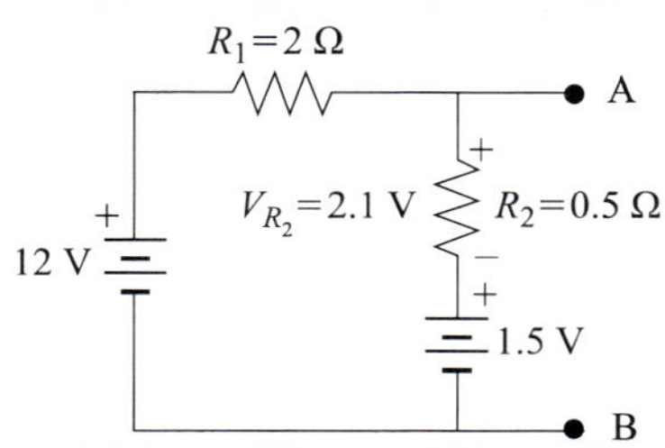

그림 4.42 R_2의 전압을 나타낸 회로

즉, 개방 회로의 전압은 R_2에 인가되고, 전압은 1.5 [V]이다. 그리고 A, B 단자에서 바라본 개방 단자 전압 $V_{oc} = 2.1 + 1.5 = 3.6$ [V] 이다.

③ A, B 단자를 단락시켜 그림 4.43과 같이 회로를 구성한다.

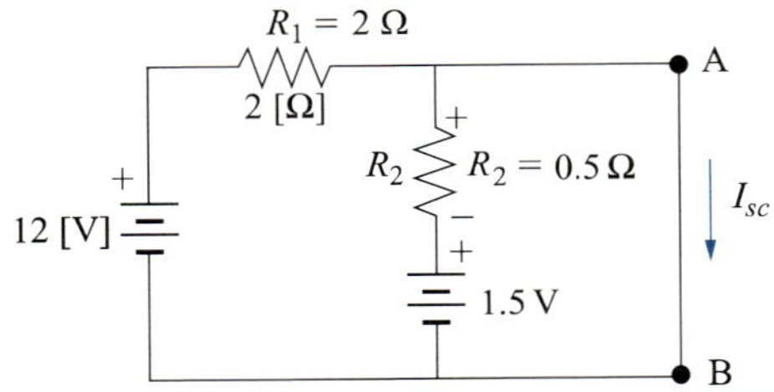

그림 4.43 A와 B 사이를 단락시킨 회로

옴의 법칙과 K.V.L 을 적용하여 A와 B 사이에 흐르는 단락 전류 I_{sc1}를 계산하면 다음과 같다.

$$I_{sc1} = \frac{12}{R_1} = \frac{12}{2} = 6\ [\text{A}]$$

또한, 1.5 [V]와 R_2에 대해 옴의 법칙과 K.V.L 을 적용하여 단락 전류 I_{sc2}를 계산하면 다음과 같다.

$$I_{sc2} = \frac{1.5}{R_2} = \frac{1.5}{0.5} = 3\ [\text{A}]$$

그러므로 중첩의 원리에 의해 전체 단락 전류 I_{sc} 를 계산하면 다음과 같다.

$$I_{sc} = I_{sc1} + I_{sc2} = 6 + 3 = 9\ [\text{A}]$$

④ 테브낭의 등가 전압 V_{Th}는 개방 회로의 전압 V_{oc} 와 같으므로 계산하면 다음과 같다.

$$V_{Th} = V_{oc} = V_{R_2} + 1.5 = 2.1 + 1.5 = 3.6\ [V]$$

$$R_{Th} = \frac{V_{oc}}{I_{sc}} = \frac{3.6}{9} = 0.4\ [\Omega]$$

⑤ 테브낭의 등가 저항 및 등가 전압이 계산됨에 따라 그림 4.44와 같이 테브낭의 등가 회로가 구성된다.

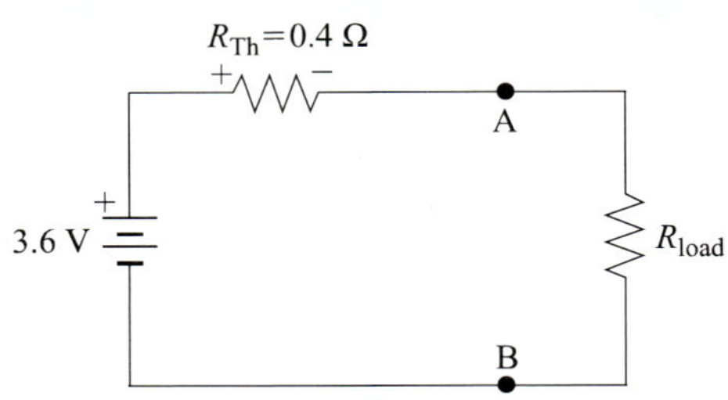

그림 4.44 테브낭의 등가 회로

4.7 노턴의 정리

그림 4.45(a)와 같이 어떤 구조를 가지는 능동 회로부도 그 임의의 두 단자 a, b 바깥쪽에 대해서는 그림 4.45(b)와 같이 이것을 등가적으로 하나의 전류원과 하나의 저항이 병렬 접속된 것으로 대치할 수 있음을 정의한 것이 노턴의 정리(Norton's theorem)이다.

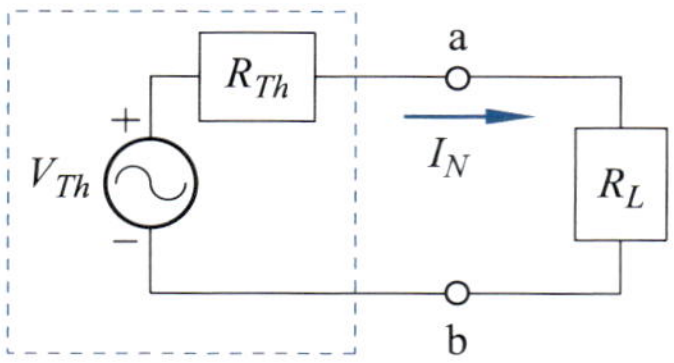

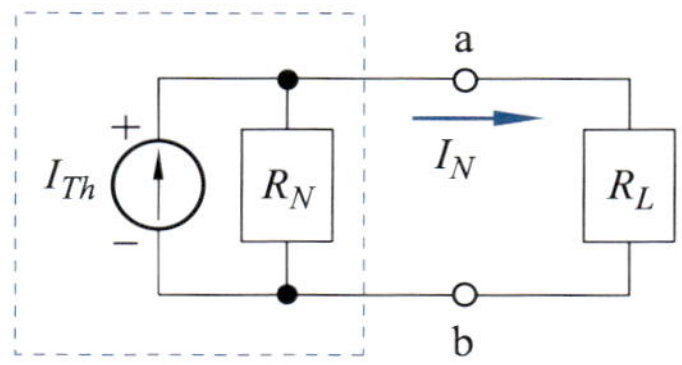

그림 4.45 테브낭 회로(a)와 노턴의 회로(b)

노턴의 정리는 테브낭의 정리를 확장한 것으로 1926년 지멘스의 연구원 한스 페르디난트 마이어(Hans Ferdinand Mayer, 1895~1980)와 벨연구소[3)]의 공학자 에드워드 로리 노턴(Edward Lawry Norton, 1898~1983)이 독자적으로 발표한 것이다.

등가 전류원 I_N은 원래 회로망의 단자 a, b를 단락시켰을 때 이곳을 흐르는 전류인 단락 전류와 같고, 병렬 접속 등가 저항 R_N은 능동 회로망 내부의 모든 전원을 제거한 다음 단자 a, b에서 회로측을 향한 저항 값과 같다. 노턴의 등가 회로에서 전류원 I_N은 테브낭 등가 회로에서 전압원 V_{Th}를 직렬 저항 R_{Th}으로 나눈 값이므로 $I_N = V_{Th}/R_{Th}$이며, 원래 회로망에서 단자 a, b를 단락했을 때의 전류 값과 같다. 전류원의 병렬 접속 저항 R_N은 테브낭 등가 회로에서 직렬 접속 저항 R_{Th}와 같으므로 원래 회로망 내의 전원을 제거한 다음 단자 a, b로부터 회로망 쪽을 바라본 저항이 된다. 결국, 테브낭 정리와 노턴 정리의 상호 변환 공식은 다음과 같이 나타낸다.

$$R_{Th} = R_N, \quad V_{Th} = I_N R_N \ [\mathrm{V}] \tag{4.28}$$

$$R_N = R_{Th}, \quad I_N = \frac{V_{Th}}{R_{Th}} \ [\mathrm{A}] \tag{4.29}$$

3) 벨연구소(Bell Labs)는 1925년 설립된 세계 최고 수준의 민간 연구개발 기관이다. 20세기에는 정보통신 네트워크 시대를 이끌었고 21세기 들어서는 커뮤니케이션 혁신에 집중하고 있다. 연구소 명칭은 세계 최초 전화기 발명가인 알렉산더 그레이엄 벨의 이름을 땄다.

예제 4.12

그림 4.46과 같은 회로에서 노턴 전류 및 노턴 등가 회로를 구하라. 단, $V = 12\,[\mathrm{V}]$, $I = 4\,[\mathrm{A}]$, $R_1 = 2\,[\Omega]$, $R_2 = 4\,[\Omega]$, $R_3 = 5\,[\Omega]$ 이다.

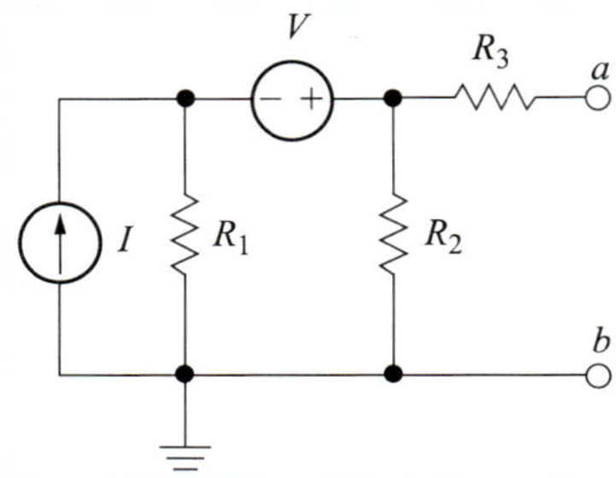

그림 4.46 회로망

풀이

① 먼저 테브낭의 등가 저항을 구하기 위해 전압원은 단락하고 전류원은 개방한 회로를 그림 4.47과 같이 나타낸다.

$$R_{Th} = R_1 \parallel R_2 + R_3 = 2 \parallel 4 + 5 \fallingdotseq 6.33\,[\Omega]$$

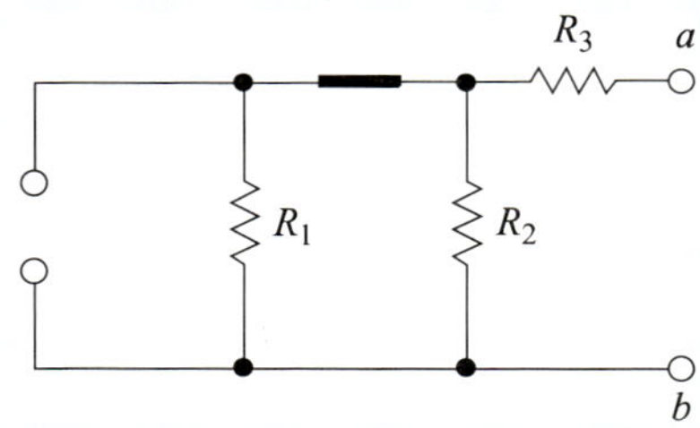

그림 4.47 등가 저항을 구하기 위한 회로

② 노턴 전류를 계산하기 위해 그림 4.48과 같이 부하를 단락 회로로 대체하고, 단락 전류 i_{sc} 를 표시한다. 노드 전압법을 적용하기 위해 노드 v_1과 v_2를 고려하면 $v_2 - v_1 = V$이며, 전압원에 흐르는 미지의 전류는 i 라고 한다.

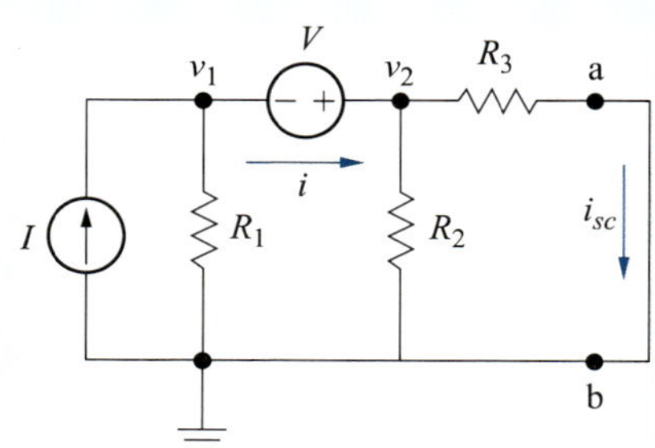

그림 4.48 부하를 단락한 회로

③ 앞에서 제안된 회로를 이용하여 노드 1과 노드 2에 키르히호프의 전류법칙(K.C.L)을 각각 적용하면 다음과 같은 방정식을 얻을 수 있다.

노드 1 : $I - \dfrac{v_1}{R_1} - i = 0$

노드 2 : $i - \dfrac{v_2}{R_2} - \dfrac{v_2}{R_3} = 0$

④ 노드 1의 식에 $v_1 = v_2 - V$를 대입하여 정리하면 다음과 같은 연립 방정식을 얻을 수 있다.

노드 1 : $i + \dfrac{v_2}{R_1} = I + \dfrac{V}{R_1}$

노드 2 : $-i + \dfrac{v_2}{R_2} + \dfrac{v_2}{R_3} = 0$

⑤ 두 개의 연립 방정식에 주어진 값을 대입하고 정리하면 다음과 같은 수식을 얻을 수 있다.

$$i + 0.5\,v_2 = 10$$
$$-i + 0.45\,v_2 = 0$$

⑥ 그러므로 미지의 전류는 i와 노드 전압 v_2는 다음과 같다.

$$i = \frac{\begin{vmatrix} 10 & 0.5 \\ 0 & 0.45 \end{vmatrix}}{\begin{vmatrix} 1 & 0.5 \\ -1 & 0.45 \end{vmatrix}} = \frac{(10 \times 0.45) - (0.5 \times 0)}{(1 \times 0.45) - (0.5 \times -1)} = \frac{4.5}{0.95} \fallingdotseq 4.74\,[\mathrm{A}]$$

$$v_2 = \frac{\begin{vmatrix} 1 & 10 \\ -1 & 0 \end{vmatrix}}{\begin{vmatrix} 1 & 0.5 \\ -1 & 0.45 \end{vmatrix}} = \frac{(1 \times 0) - (10 \times -1)}{(1 \times 0.45) - (0.5 \times -1)} = \frac{10}{0.95} \fallingdotseq 10.53\,[\mathrm{V}]$$

⑦ 끝으로 노턴 전류 i_N를 구하고 노턴의 등가 회로를 나타내면 그림 4.49와 같다.

$$i_N = i_{sc} = \frac{v_2}{R_3} = \frac{10.53}{5} = 2.106\,[\mathrm{A}]$$

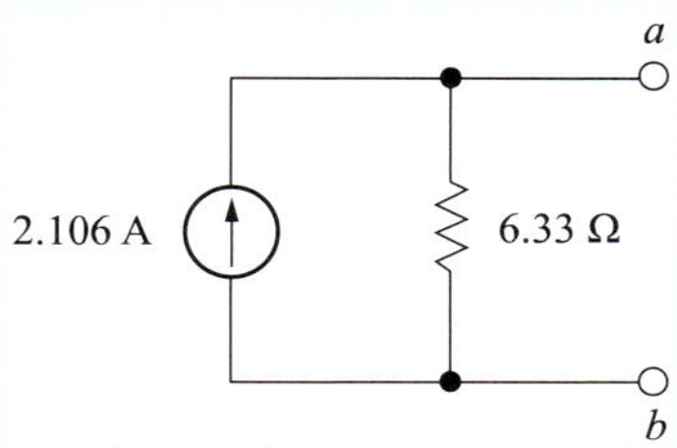

그림 4.49 노턴 회로

예제 4.13

그림 4.50과 같은 회로에 대해서 노턴의 등가 회로를 나타내라.

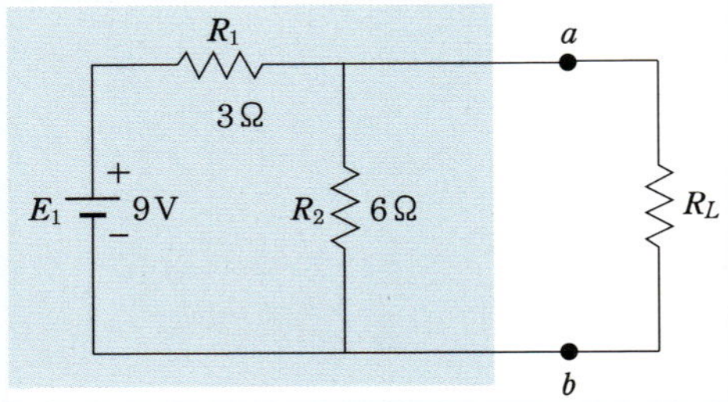

그림 4.50 회로망

풀이

① 그림 4.51과 같이 부하를 개방한다.

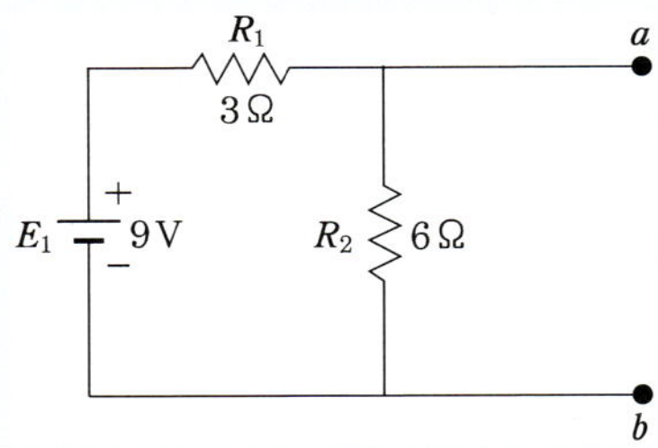

그림 4.51 부하를 개방한 회로

② 노턴의 저항 R_N을 구하기 위해서 E_1을 단락시키면, 그림 4.52와 같이 나타낸다.

$$R_N = R_1 \parallel R_2 = \frac{3 \times 6}{3+6} = 2\ [\Omega]$$

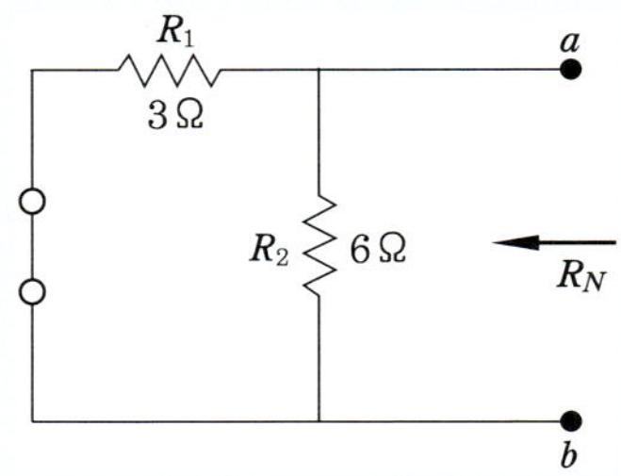

그림 4.52 등가 저항을 구하기 위한 회로

③ 단자 a, b 사이의 연결은 저항 R_2를 제거하는 효과가 있다. 그러므로 I_N은 R_1을 흐르는 전류와 같고, 전체 전원 전압은 R_1에만 걸리게 된다.

$$V_2 = I_2 R_2 = 0 \times 6 = 0 \text{ [V]}$$

그러므로 노턴의 전류는 다음과 같다.

$$I_N = \frac{E}{R_1} = \frac{9}{3} = 3 \text{ [A]}$$

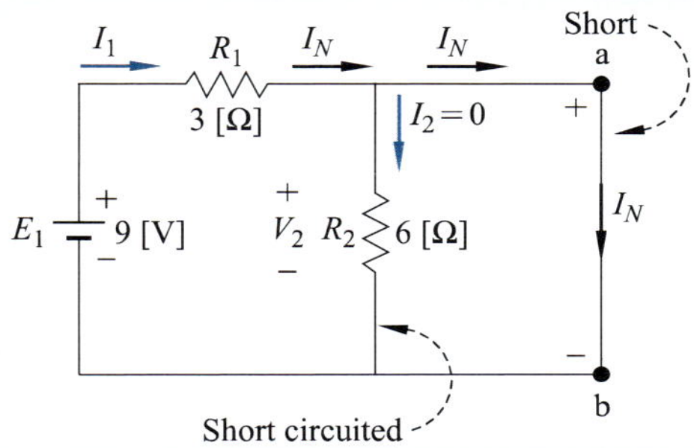

그림 4.53 노턴 전류를 구하기 위한 회로

④ 그림 4.54와 같이 전압원을 전류원으로 변환할 수 있다.

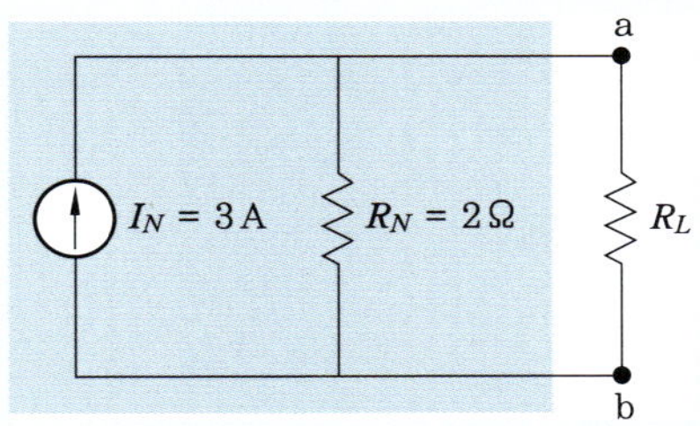

그림 4.54 노턴의 등가 회로

4.8 밀만의 정리

밀만의 정리(Millman's theorem)는 크기가 다른 전압원이 여러 개 병렬로 접속되어 있을 때 전체 병렬 지로에 걸리는 공통 전압을 구하는 간단한 방법이다. 그림 4.55(a)와 같이 내부 컨덕턴스 G_K, 기전력이 E_k $(k = 1, 2, \cdots, n)$를 가진 전원이 병렬로 연결되었을 때 그림 4.55(b)와 같이 내부 컨덕턴스 G_0, 기전력 E_0를 가진 1개의 전원처럼 바꾸어 놓을 수 있는데 이를 밀만의 정리라고 하며, 다음 식과 같이 나타낸다.

$$E_0 = \frac{G_1E_1 + G_2E_2 + \cdots + G_nE_n}{G_1 + G_2 + \cdots + G_n} \ [\mathrm{V}] \tag{4.30}$$

그리고 $G_0 = G_1 + G_2 + \cdots + G_n$이다.

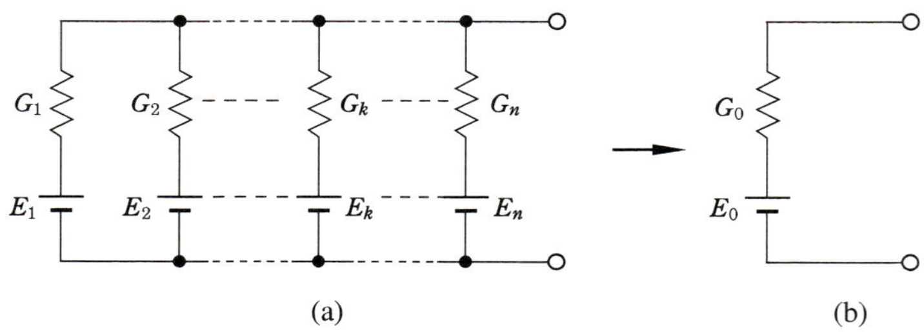

그림 4.55 밀만의 정리

예제 4.14

그림 4.56과 같은 회로를 밀만의 정리를 이용하여 R_L에 걸리는 전압과 전류를 구하시오.

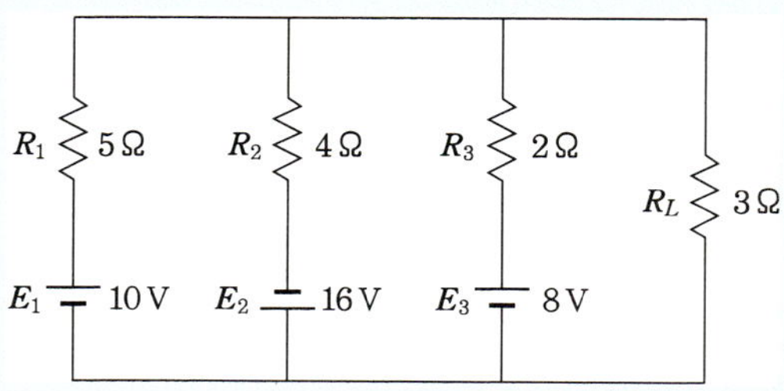

그림 4.56 회로망

풀이

밀만의 정리를 이용하면 다음과 같이 전압을 구할 수 있다.

$$E_0 = \frac{\frac{E_1}{R_1} + \frac{E_2}{R_2} + \frac{E_3}{R_3}}{\frac{1}{R_1} + \frac{1}{R_2} + \frac{1}{R_3}} = \frac{\frac{10}{5} - \frac{16}{4} + \frac{8}{2}}{\frac{1}{5} + \frac{1}{4} + \frac{1}{2}} \fallingdotseq 2.105 \ [\mathrm{V}]$$

그리고 등가 저항은 다음과 같다.

$$R_0 = \frac{1}{\frac{1}{5} + \frac{1}{4} + \frac{1}{2}} \fallingdotseq 1.053 \ [\Omega]$$

따라서 전류 I_L은 다음과 같고, 회로망은 그림 4.57과 같이 표현된다.

$$I_L = \frac{2.105}{1.053 + 3} = \frac{2.105}{4.053} \fallingdotseq 0.519 \ [\mathrm{A}]$$

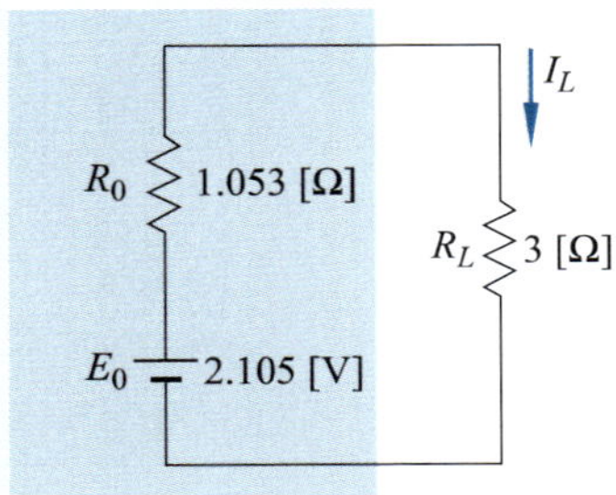

그림 4.57 회로망

[1] 전지의 병렬 연결

동일한 용량의 전지를 병렬 연결했을 때의 전류 I를 구하는 일반식은 다음과 같다.

$$I = \frac{V}{\frac{r}{m} + R} \ [\mathrm{A}] \tag{4.31}$$

단, m은 병렬 연결된 전지의 개수, V는 전지의 단자전압, r은 전지의 내부 저항, R은 회로의 부하 저항을 나타낸다.

예제 4.15

어떤 전지 2개가 그림 4.58과 같이 병렬 연결되어 있다. 전지의 단자 전압은 12 [V]이고, 내부 저항은 2 [Ω]이다. 그리고 부하 저항은 25 [Ω]일 때 회로의 전류 I는 얼마인가?

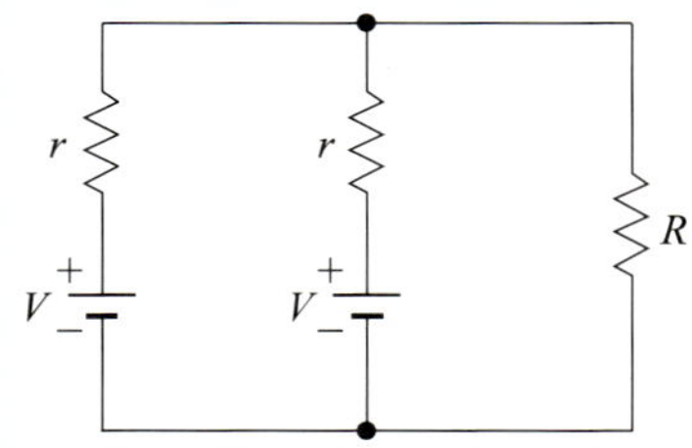

그림 4.58 전지의 병렬 연결

풀이

병렬로 연결된 회로를 편리하게 해석하기 위해 그림 4.59와 같은 등가 회로를 가정한다.

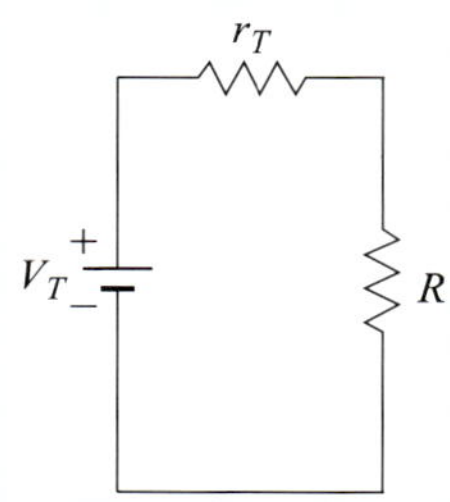

그림 4.59 간소화된 직렬 회로

그림 4.58의 등가 회로 그리고 밀만의 정리를 이용하여 병렬로 연결된 전지 회로의 전압 V_T를 구하면 다음과 같다.

$$V_T = \frac{I}{Y} = \frac{\frac{V}{r} + \frac{V}{r}}{\frac{1}{r} + \frac{1}{r}} = \frac{\frac{2V}{r}}{\frac{2}{r}} = V = 12\,[\mathrm{V}]$$

그리고 회로의 전체 내부 저항을 구하면 다음과 같다.

$$r_T = \frac{1}{\frac{1}{r} + \frac{1}{r}} = \frac{1}{\frac{2}{r}} = \frac{r}{2} = \frac{2}{2} = 1\,[\Omega]$$

그리므로 앞의 두 식을 이용하면 회로의 전류를 구할 수 있다.

$$I = \frac{V_T}{r_T + R} = \frac{12}{1 + 25} \fallingdotseq 0.46\,[\mathrm{A}]$$

[2] 전지의 직렬 연결

동일한 용량의 전지를 직렬 연결했을 때의 전류 I를 구하는 일반식은 다음과 같다.

$$I = \frac{nV}{nr + R} \text{ [A]} \tag{4.32}$$

단, n은 직렬 연결된 전지의 개수, V는 전지의 단자전압, r은 전지의 내부 저항, R은 회로의 부하 저항을 나타낸다.

예제 4.16

어떤 전지 2개가 그림 4.60과 같이 직렬 연결되어 있다.
전지의 단자 전압은 12 [V]이고, 내부 저항은 2 [Ω]이다. 그리고 부하 저항은 20 [Ω]일 때 회로의 전류 I는 얼마인가?

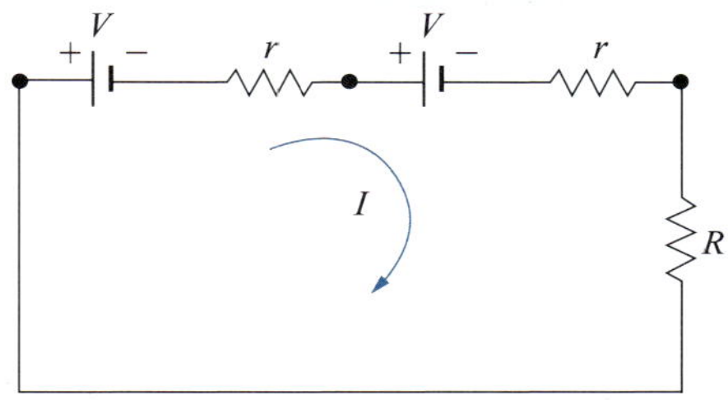

그림 4.60 전지의 직렬 연결

풀이

회로에는 전지 2개가 직렬로 연결되어 있으므로 전압 방정식은 다음과 같다.

$$-V - V_r - V - V_r - V_R = 0$$

$$-2V - I(r+r) - IR = 0$$

$$I = \frac{-2V}{2r + R} = \frac{-2 \times 12}{2 \times 2 + 20} = -1 \text{ [A]}$$

즉, 설정된 전류 I의 방향과 반대로 전류가 흐르는 것을 알 수 있다.

4.9 상반 정리

상반 정리(相反 定理, reciprocity theorem)는 가역 정리라고도 한다. 즉, “전원 1개를 가진 회로망 내에서 임의의 지로에 흐르는 전류는 그 지로에 전원을 이동하였을 때 원래의 전원을 단락시킨 지로에 흐르는 전류와 같다.” 라는 정리로 「전원」과 「가지 전류」의 교환이 이루어질 수 있다. 이는 회로망 내의 한 지로에 삽입된 전류 전원과 다른 지로 양단의 전압 사이에도 같은 관계가 성립됨을 말해준다.

예제 4.17

그림 4.61의 (a)와 (b)의 회로에 있어서 상반 정리가 성립함 ($I_1 = I_2$)을 증명하여라.

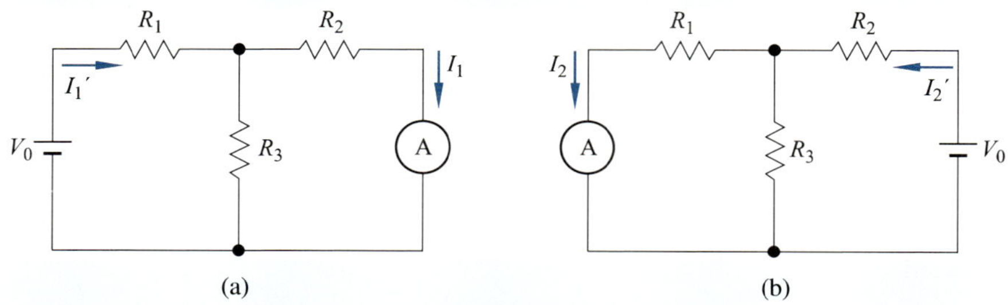

그림 4.61 회로망

풀이

상반 정리가 성립하기 위해서는 전류 $I_1 = I_2$가 되어야 한다.

그림 4.61(a) 회로에서 전류를 구하면 다음과 같다.

$$I_1 = I_1' \frac{R_3}{R_2 + R_3} \text{ [A]} \quad ①$$

$$I_1' = \frac{V_0}{R_1 + \dfrac{R_2 R_3}{R_2 + R_3}} \text{ [A]} \quad ②$$

②식을 ①식에 대입하면 다음과 같다.

$$I_1 = \frac{V_0}{R_1 + \dfrac{R_2 R_3}{R_2 + R_3}} \times \frac{R_3}{R_2 + R_3} = \frac{R_3 V_0}{R_1 R_2 + R_2 R_3 + R_3 R_1} \text{ [A]}$$

그림 4.61(b) 회로에서 전류를 구하면 다음과 같다.

$$I_2 = I_2' \times \frac{R_3}{R_1 + R_3} \text{ [A]} \quad ③$$

$$I_2' = \frac{V_0}{R_2 + \dfrac{R_1 R_3}{R_1 + R_3}} \text{ [A]} \quad ④$$

④식을 ③식에 대입하면 다음과 같다.

$$I_2 = \frac{V_0}{R_2 + \dfrac{R_1 R_3}{R_1 + R_3}} \times \frac{R_3}{R_1 + R_3} = \frac{R_3 V_0}{R_1 R_2 + R_2 R_3 + R_3 R_1} \text{ [A]}$$

그러므로 $I_1 = I_2$임이 증명된다.

예제 4.18

그림 4.62(a)에서 R_5를 통해서 전류 I_5가 흐르고, 그림 4.62(b)는 R_1를 통해서 전류 I_1이 흐를 때 서로 상반 정리가 성립하는 전류를 계산하시오. 여기서, $V = 24\,[\mathrm{V}]$, $R_1 = 2\,[\Omega]$, $R_2 = 4\,[\Omega]$, $R_3 = 6\,[\Omega]$, $R_4 = 8\,[\Omega]$, $R_5 = 10\,[\Omega]$ 이다.

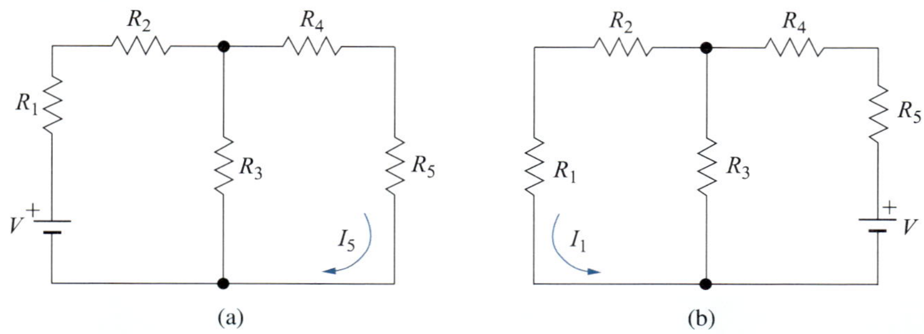

그림 4.62 상반 정리

풀이

그림 4.62(a)의 등가 전압과 등가 저항을 계산하면 다음과 같다.

$$V_{Th} = V\left[\frac{R_3}{R_1 + R_2 + R_3}\right] = 24 \times \left[\frac{6}{2+4+6}\right] = 12\,[\mathrm{V}]$$

$$\begin{aligned} R_{Th} &= R_4 + (R_1 + R_2) \parallel (R_3) \\ &= 8 + (2+4) \parallel (6) = 11\,[\Omega] \end{aligned}$$

그러므로 전류 I_5는 다음과 같다.

$$I_5 = \frac{V_{Th}}{R_{Th} + R_5} = \frac{12}{11+10} \fallingdotseq 0.57\,[\mathrm{A}]$$

그리고 그림 4.62(b)의 등가 전압과 등가 저항을 계산하면 다음과 같다.

$$V_{Th} = V\left[\frac{R_3}{R_3 + R_4 + R_5}\right] = 24 \times \left[\frac{6}{6+8+10}\right] = 6\,[\mathrm{V}]$$

$$\begin{aligned} R_{Th} &= R_2 + (R_4 + R_5) \parallel (R_3) \\ &= 4 + (8+10) \parallel (6) = 8.5\,[\Omega] \end{aligned}$$

그러므로 전류 I_1는 다음과 같다.

$$I_1 = \frac{V_{Th}}{R_{Th} + R_1} = \frac{6}{8.5+2} \fallingdotseq 0.57\,[\mathrm{A}]$$

따라서 두 회로의 전류 $I_5 = I_1$ 이므로 상반 정리가 성립됨을 알 수 있다.

4장 연습문제

01. 회로망에서 두 개 또는 그 이상의 소자가 연결되는 점을 (   )라 한다.

답 절점 또는 마디

02. 절점과 절점 사이에 연결된 회로 소자를 (   )라 한다.

답 지로 또는 가지

03. 평면 회로망에서 형성되는 작은 폐회로들을 (   )라 한다.

답 메시

04. 여러 개의 임피던스를 직렬과 병렬로 반복 접속한 회로를 (   )이라고 한다.

답 사다리 회로망

05. 분압기를 이용하여 출력 전압을 측정할 때는 (   )이 가능한 높은 위치에서 분압기가 제어되도록 해야 한다.

답 분압 저항

06. (   )는 회로망에 다수의 전원이 포함되어 있는 경우 각각의 지로에 흐르는 전류는 전원이 각각 단독으로 작용하고 있는 각 가지 전류를 중첩시킨 대수합이 같음을 정의하고 있다.

답 중첩의 원리

07. (   )는 전원 1개를 가진 회로망 내에서 임의의 지로에 흐르는 전류는 그 지로에 전원을 이동하였을 때 원래의 전원을 단락시킨 지로에 흐르는 전류와 같음을 정의하고 있다.

답 상반 정리

08. 브리지 회로망에서 검류계에 전류가 흐르지 않는 경우 $Z_1 = 10$ [Ω], $Z_2 = 5$ [Ω], $Z_3 = 20$ [Ω]의 임피던스가 측정되었을 때 Z_4 는 얼마인가? (   )

답 $Z_4 = 10$ [Ω]

09. 여러 개의 기전력을 포함하는 선형 회로망 내의 전류 분포는 각 기전력이 단독으로 그의 위치에 있을 때 흐르는 전류 분포의 합과 같다는 것은?

답 중첩의 원리

10. 선형 회로망의 소자가 아닌 것은? (   )
① 철심이 있는 코일 ② 철심이 없는 코일 ③ 저항기 ④ 콘덴서

답 ①

제 5 장

축전지 (콘덴서)

5.1 전기의 정체

자연계에 전기가 존재한다는 사실을 처음으로 언급한 인물은 기원전 600년경 그리스의 철학자인 탈레스(Thales, B.C 624~B.C 546)이다. 그리고 전기에 관한 연구가 비교적 왕성하게 시작되던 17세기는 주로 마찰전기(摩擦電氣, frictional electricity)를 이용하여 전기 실험을 하였다. 그러나 물체를 문질러서 발생하는 마찰전기는 실험을 하는데 사용할 수 있을 만큼 크지 않았다.

실험에 사용할 수 있을 만큼 충분한 전기를 발생시킬 수 있는 전기 발생 장치를 만들어 전기에 관한 실험 연구에 공헌한 사람은 네덜란드의 게리케(Otto von Guericke, 1602~1686) 이다. 진공 장치를 만들어 진공에 관한 여러 가지 실험을 한 사람으로 잘 알려진 게리케는 1663년에 마찰을 이용하여 많은 정전기(靜電氣, static electricity)를 발생시키는 전기 발생 장치를 만들었다.

그리고 전기가 흐른다는 사실을 실험으로 입증한 사람은 영국의 그레이(Stephen Gray, 1666~1736) 이다. 그레이는 마찰에 의해 유리 막대에 대전된 전기가 여러 가지 물질을 통해 다른 물체로 이동한다는 것을 보여주는 실험 결과를 영국의 왕립협회에 보고했다.

그리고 실험을 통해 땅이나 사람의 몸, 금속은 전기가 잘 흐를 수 있는 도체라는 것을 알아냈다. 물이 전기를 잘 흐르게 하는 도체라는 것도 밝혔으며, 부도체라도 표면에 물기가 있으면 전기를 전달할 수 있다는 것도 알아냈다. 금속 막대나 금속구를 손에 들고 모피와 문지르면 대전되지 않았다.

그러나 부도체 위에 고정시키고 마찰하면 금속도 대전시킬 수 있다는 것을 알게 되었다. 부도체 위에 고정시키면 마찰로 발생한 전기가 다른 곳으로 흘러가지 못하기 때문이라고 설명했다. 그는 부도체에 고정시키는 방법으로 금속을 포함해 거의 모든 물체를 대전시킬 수 있었다. 그레이는 유리 막대에 대전된 전기가 금속으로 만든 도선을 통해 수 백 미터 떨어져 있는 코르크를 대전시킬 수 있다는 것을 실험으로 입증했다. 그는 도선이 땅과 닿으면 멀리 있는 물체가 대전되지 않는다는 것도 발견했으며, 실험을 통해 전기는 표면을 통해 흐를 수 있는 성질이 있다는 사실도 확인하였다.

뒤페(Charles Francois de Cisternay Du Fay, 1689~1739)는 실험을 통해 모든 물질은 정도의 차이는 있지만 모두 마찰에 의해 대전될 수 있다는 것을 보여주었다. 뒤페는 물체의 색깔은 대전 현상과 아무 관계가 없다는 것을 확인했다. 전기 연구에서 뒤페의 가장 큰 업적은 전기에는 두 종류의 전기가 있다고 주장한 것이었다.

1733년에 뒤페는 전기에는 플러스(+)와 마이너스(−)의 두 종류의 유체가 있다고 주장했다. 물체는 두 가지 전기 유체를 똑같이 가지고 있기 때문에 중립적이지만 마찰로 인해 균형이 깨지면 다른 물체를 끌어당기거나 밀어낸다고 설명했다. 18세기 중엽에 뒤페는 전기가 뜨거운 금속 부근에 있는 기체 상태의 플라스마(plasma)[1]를 통해서도 전달될 수 있다는 것을 알아냈다.

프랑스의 실험 물리학자 놀레(Jean-Antoine Nollet, 1700∼1770) 역시 많은 실험을 통해 전기의 정체를 밝혀냈다. 놀레는 도체의 뾰족한 끝이 전기 방전에서 중요한 역할을 한다는 것을 알아냈으며, 이와 같은 원리는 후에 미국의 벤자민 플랭클린(Benjamin Franklin, 1706∼1790)이 피뢰침을 만드는데 응용되었다.

1748년 놀레는 최초로 전기의 척력(斥力, repulsive force)과 인력(引力, attractive force)을 측정하여 정전기의 존재를 확인하는 검전기(檢電器, electroscope)를 만들었다. 전기를 저장하는 장치를 라이덴병이라고 최초로 부른 사람이다. 그는 대전체 사이에 전기 유체가 지속적으로 흐르고 있다는 가정 하에 전기적 척력과 인력이 작용하는 원리를 설명하려고 시도하였다.

5.2 정전 용량

그림 5.1과 같이 두 개의 금속판을 서로 마주보게 하고 직류 전원에 접속하면 전원의 양극(陽極, positive electrode)으로부터는 양(+) 전하가, 음극(陰極, negative electrode)으로부터는 음(−) 전하가 각각 A, B의 전극 위에 나타나게 된다. 이때 양(+), 음(−)의 전하는 두 전극 사이에 있는 매질을 통하여 상대방의 전하를 끌어당겨 전극 위에 축적되는데 이를 충전(充電, electric charge)이라 하고, 축적된 전하를 방출하게 되는 것을 방전(放電, electric discharge)이라고 한다. 이때 전원 전압 V [V]에 의하여 축적된 전하를 Q [C]이라고 하면 Q와 V는 비례 관계에 있으므로 이것을 C라고 표시하며 다음의 관계가 성립한다.

$$C = \frac{Q}{V} \text{ [F]} \tag{5.1}$$

즉, 전극이 전하를 축적할 수 있는 능력의 정도를 비례상수 C라고 하며, 이것을

1) 기체 상태의 물질에 계속 열을 가하여 온도를 올려주면 이온핵과 자유전자로 이루어진 입자들의 집합체가 만들어진다. 물질의 세 가지 형태인 고체, 액체, 기체와 더불어 '제4의 물질상태'를 의미한다.

정전 용량(靜電 容量, electrostatic capacity or capacitance)이라고 한다. 일반적으로 정전 용량의 단위는 패럿(farad, [F])으로 나타낸다. 1 [F]의 정전 용량은 1 [V]의 전압을 가했을 때 1 [C]의 전하가 축적된 경우의 값이다. 실제로 1 [F]은 단위가 너무 크기 때문에 마이크로패럿(μF), 피코패럿(pF)을 사용한다.

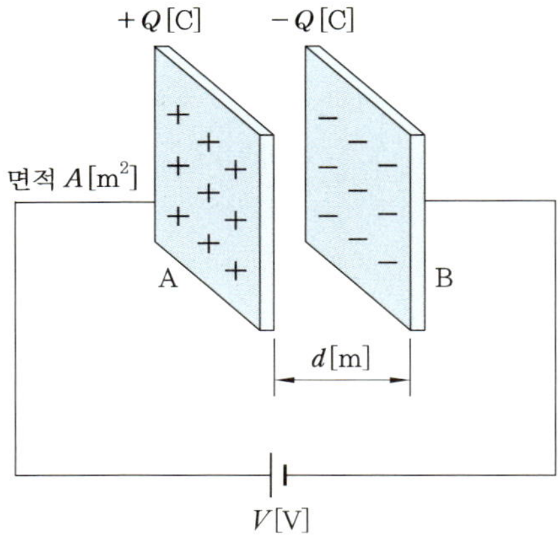

그림 5.1 정전 용량

5.3 콘덴서의 구조

두 개의 전극 사이의 정전 용량을 이용하기 위해 만들어진 수동 소자를 콘덴서(condenser) 또는 커패시터(capacitor)라 하며, 콘덴서는 직류는 흐르지 못하게 하지만 교류는 통하게 하며 용량이 클수록 그리고 주파수가 높을수록 잘 통하게 된다. 그리고 콘덴서는 극성의 유무에 따라 +, − 극성이 있는 유극성 콘덴서와 극성이 없는 무극성 콘덴서로 분류한다.

일반적으로 콘덴서의 간단한 구조는 그림 5.2와 같으며, 전극의 면적을 $A\,[\mathrm{m}^2]$, 전극 사이의 간격을 d [m], 유전체의 유전율(誘電率, permittivity)을 ϵ 이라고 하면 콘덴서의 정전 용량 C는 다음과 같이 구할 수 있다.

$$C = \epsilon \frac{A}{d} = \epsilon_0 \epsilon_r \frac{A}{d} = 8.855 \times 10^{-12} \epsilon_r \frac{A}{d} \ [\mathrm{F}] \tag{5.2}$$

그리고 유전율(ϵ)은 진공의 유전율(ϵ_0)과 비유전율(ϵ_r)의 곱과 같다.

$$\epsilon = \epsilon_0 \epsilon_r \ [\mathrm{F/m}] \tag{5.3}$$

또한, 진공의 유전율 ϵ_0는 다음과 같다.

$$\epsilon_0 = 8.855 \times 10^{-12} \,[\mathrm{F/m}] \tag{5.4}$$

유전율(誘電率, permittivity)은 진공의 유전율 ϵ_0와 비유전율 ϵ_r의 곱으로 나타낸다. ϵ_0는 진공의 유전율로서 고유의 상수이다. 그러나 비유전율(比誘電率, relative permittivity) ϵ_r은 물질마다 다르며, 진공 상태의 비유전율은 '1' 이다. 결국 정전 용량이 큰 콘덴서를 얻기 위해서는 전극의 면적이 크거나, 전극간의 간격이 좁거나, 비유전율이 큰 유전체(誘電體, dielectrics)를 사용하여야 한다.

유전체는 전기장을 가할 때 전기 편극이 생기지만 직류 전류는 생기지 않게 하는 물질이다. 이는 전기장 속에 놓인 유전체 내부에서 무극성 분자나 유극성 분자 모두 전기쌍극자모멘트를 형성하여 주위의 전기장을 일정량 상쇄시키기 때문이다.

유전체에 생기는 단위부피당 쌍극자모멘트 P와 전기장의 세기 E와의 비 P/E를 이 유전체의 편극률(偏極率, polarizability)이라 하고, 이것을 콘덴서의 극판 사이에 넣었을 때와 넣지 않았을 때 전기용량의 비를 물질의 유전율이라고 한다. 표 5.1은 콘덴서용 유전체의 비유전율 값을 나타낸 것이다.

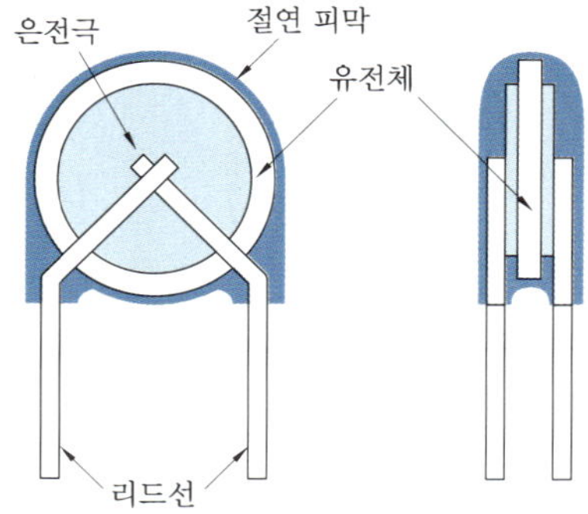

그림 5.2 콘덴서의 구조

표 5.1 콘덴서용 유전체의 비유전율

유 전 체	비유전율(ϵ_r)	유 전 체	비유전율(ϵ_r)
진공	1.0	운모(mica)	5～9
공기	1.0006	염화비닐	5～9(50Hz), 3.3～4.5(106Hz)
테프론	2.0	소다유리	6～8
종이	2.5	자기	5～5.5
변압기유	4.0	증류수	80
절연니스	5～6	티탄산바륨 ($BaTiO_3$)	1,000～3,000

5.4 콘덴서의 종류 및 정전 용량 판독

[1] 콘덴서의 종류

콘덴서는 사용 목적에 따라 여러 가지가 있으나 정전 용량 값이 고정된 고정 콘덴서(fixed condenser)와 정전 용량 값을 바꿀 수 있는 가변 콘덴서(variable condenser)로 나눌 수 있다. 특히 고정 콘덴서 중에는 극성이 정해져 있는 전해 콘덴서도 있으며, 이들 콘덴서의 기호를 그림 5.3에 나타낸다. 그림 5.4의 고정 콘덴서는 전극 사이에 넣은 유전체의 종류에 따라 종이 콘덴서, 마이카 콘덴서, 세라믹 콘덴서, 마일러 콘덴서 및 전해 콘덴서 등이 있다.

(a) 고정 콘덴서 (b) 가변 콘덴서 (c) 전해 콘덴서

그림 5.3 콘덴서의 기호

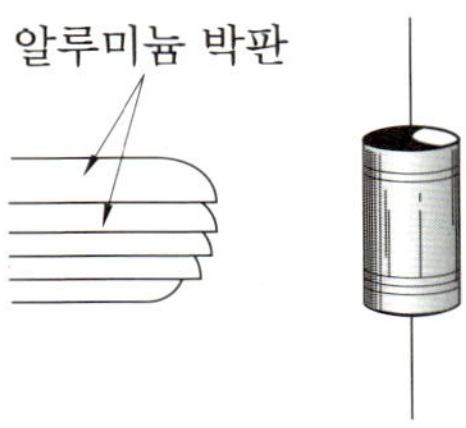

(a) 종이 콘덴서

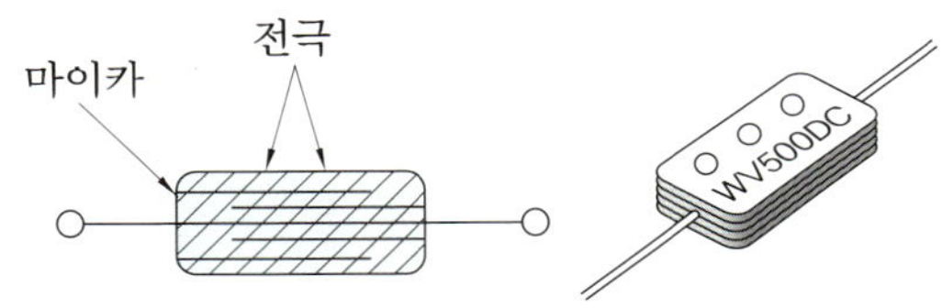

(b) 마이카 콘덴서

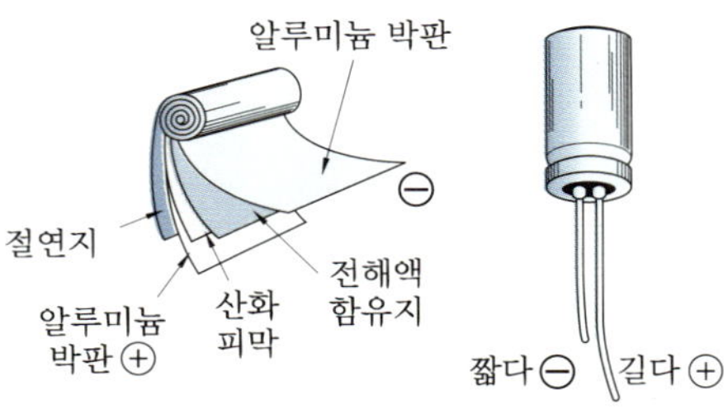

(c) 전해 콘덴서

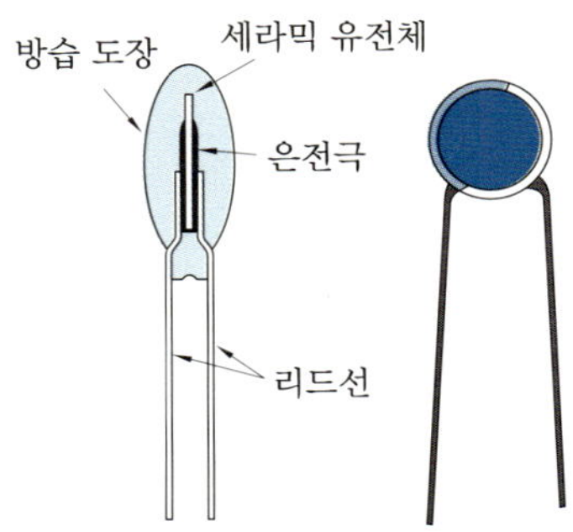

(d) 세라믹 콘덴서

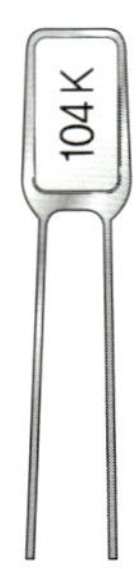

(e) 마일러 콘덴서

그림 5.4 고정 콘덴서의 종류

가변 콘덴서는 줄여서 바리콘(varicon)이라고도 부르며 유전체의 종류에 따라 공기 가변 콘덴서, 폴리 가변 콘덴서 등이 있는데 이들을 그림 5.5에 나타낸다.

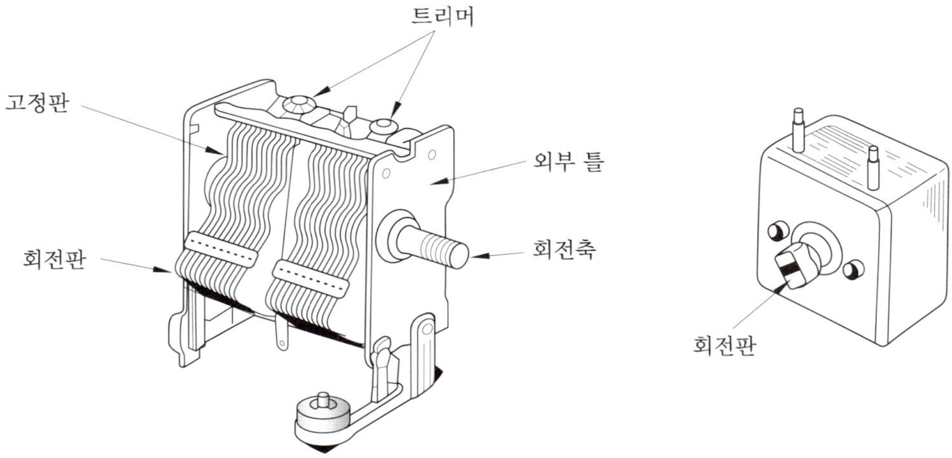

(a) 공기 가변 콘덴서　　　(b) 폴리 가변 콘덴서

그림 5.5 가변 콘덴서의 종류

예제 5.1

공기로 충전된 콘덴서의 극판 간격이 1.5 [mm]이며, 단면적이 0.01 [m^2]인 경우 콘덴서의 용량 C_0 [pF]은 얼마인가? 또한, 양극에 220 [V]의 전압을 인가할 경우 전계의 세기 E [V/m]를 구하시오.

풀이

콘덴서의 용량은 다음과 같다.

$$C_0 = \epsilon_0 \epsilon_r \frac{A}{d} = \frac{8.855 \times 10^{-12} \times 1 \times 0.01}{1.5 \times 10^{-3}} \text{[F]} \fallingdotseq 59 \text{ [pF]}$$

그리고 전계의 세기는 다음과 같다.

$$E = \frac{V}{d} = \frac{220}{1.5 \times 10^{-3}} \fallingdotseq 147 \times 10^3 \text{ [V/m]}$$

[2] 콘덴서의 정전 용량 판독

일반적으로 콘덴서의 정전 용량(靜電 容量, electrostatic capacity), 허용 오차(許容誤差, allowable error), 정격 전압(定格 電壓, rated voltage) 등은 콘덴서의 표면에 표시되어 있다. 콘덴서의 문자에 의한 허용오차 표기는 표 5.2에 나타냈다.

표 5.2 문자에 의한 콘덴서의 허용 오차

<table>
<tr><th colspan="2">구 분</th><th>B</th><th>C</th><th>D</th><th>F</th><th>G</th><th>J</th><th>K</th><th>M</th><th>N</th><th>V</th><th>X</th><th>Z</th><th>P</th></tr>
<tr><td rowspan="2">허용 오차</td><td>[%]</td><td>±0.1</td><td>±0.25</td><td>±0.5</td><td>±1</td><td>±2</td><td>±5</td><td>±10</td><td>±20</td><td>±30</td><td>+20
−10</td><td>+40
−10</td><td>+80
−20</td><td>+100
−0</td></tr>
<tr><td>[pF]</td><td>±0.1</td><td>±0.25</td><td>±0.5</td><td>±1</td><td>±2</td><td></td><td></td><td></td><td></td><td></td><td></td><td></td><td></td></tr>
</table>

콘덴서에 대한 정격 전압의 표기는 표 5.3과 같다. 정격 전압은 연속하여 콘덴서를 사용 가능한 직류 전압을 의미하며, 그 이상의 전압을 가하면 콘덴서의 특성 저하가 발생하거나 심한 경우에는 절연 파괴를 일으켜 콘덴서가 파괴된다.

표 5.3 콘덴서의 정격 전압

구 분	A	B	C	D	E	F	G	H	J	K
0	1.0	1.25	1.6	2.0	2.5	3.15	4.0	5.0	7.3	8.0
1	10	12.5	16	20	25	31.5	40	50	63	80
2	100	125	160	200	250	315	400	500	630	800
3	1000	1250	1600	2000	2500	3150	4000	5000	6300	8000

일반적으로 시판되어 사용되는 콘덴서의 형명 표시는 제조회사에 따라 약간의 차이가 있으며, 예로 표기하면 다음과 같다.

예) CP R 102 K 2G

① 첫째의 두 문자는 콘덴서의 종류를 나타낸다.
  예) CP = 종이 콘덴서, CF = 전해 콘덴서

② 둘째의 문자는 전기적 특성을 나타낸다.

③ 셋째의 아라비아 숫자는 정전 용량을 표시하는 것으로 처음 두 숫자는 정수이고, 마지막 숫자는 10 의 배수를 나타내며 단위는 [pF]이다.
  여기서, 102 ⇨ $10 \times 10^2 = 1,000$ [pF] 이다.
  그리고 소수점을 나타낼 때는 숫자와 숫자 사이에 R 을 사용하여 표기한다.
  예) 2R5 ⇨ 2.5 [pF]

④ 넷째의 문자는 허용 오차를 나타내는 문자로 표 5.2를 참조한다.
  예) K = ±10 [%]

⑤ 다섯째의 숫자와 문자의 조합은 정격 전압이며, 그 값은 표 5.3에 나타냈다.
  예) 2G = 400 [V]

5.5 R−C 직렬 회로의 콘덴서 충전

그림 5.6과 같은 $R-C$ 직렬 회로망의 스위치를 닫은 직후의 전위와 전류를 해석해 보자. 스위치가 닫히는 순간 전원부에 있는 전자는 이동을 시작하여 축전지에 도달할 것이다. 그 결과 하부 판에 음(−) 전하가 형성되고 상부 판에 양(+) 전하가 대응하여 배치될 것이다. 전자의 이동은 처음에는 매우 빠르다가 콘덴서의 전위가 전원의 전위에 가깝게 높아짐에 따라서 속도가 느려지게 된다. 콘덴서 양단의 전압이 축전지의 전압과 같아질 때 전자의 이동은 끝나고 양 극판에는 $Q = C\,V_C = C\,E$인 전하가 축적된다. 전류와 전압의 변화를 그림 5.7과 그림 5.8에 나타낸다.

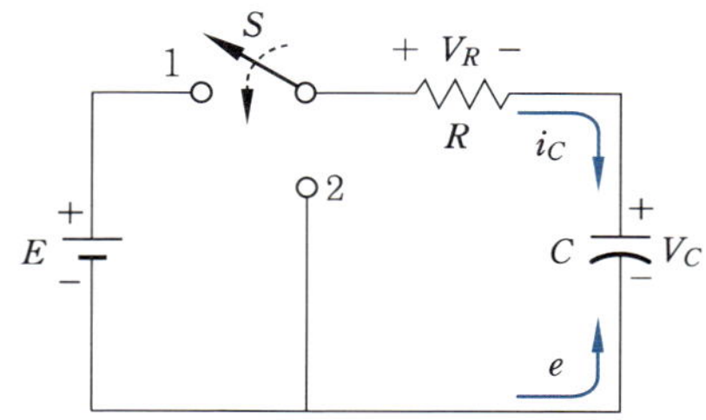

그림 5.6 $R-C$ 직렬 회로

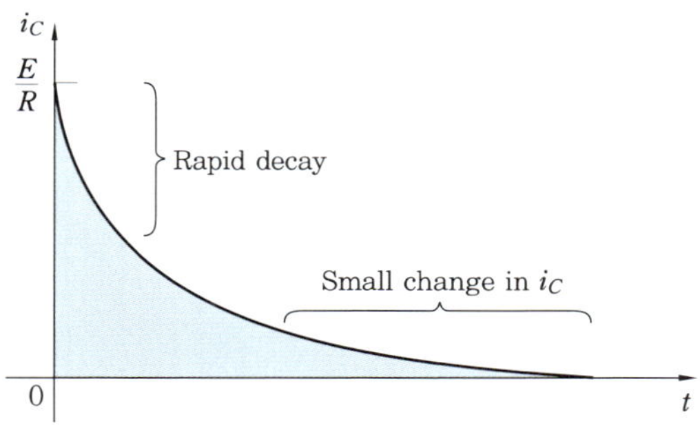

그림 5.7 충전 전류의 변화

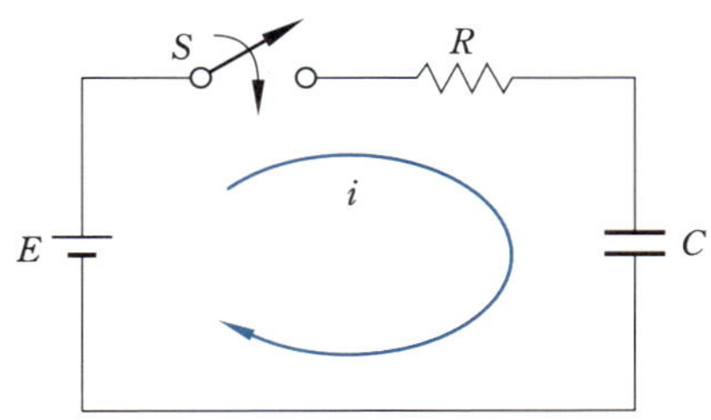

그림 5.8 $R-C$ 직렬 회로의 직류 전압 인가

직류 전압을 인가하고 전하량이 없는 그림 5.8과 같은 $R-C$ 직렬 회로에 시간 $t=0$인 순간에 직류 전압 E를 인가할 때의 전압 평형 방정식은 다음과 같다.

$$V_R + V_C = E \ [\mathrm{V}] \tag{5.5}$$

그리고 $V_R = Ri = R\dfrac{dq}{dt}$, $V_C = \dfrac{1}{C}q = \dfrac{1}{C}\displaystyle\int i\,dt$ 를 대입하여 정리하면 다음과 같다.

$$Ri + \frac{1}{C}\int i\,dt = E \ [\mathrm{V}] \tag{5.6}$$

이 식은 적분 방정식이므로 이를 미분 방정식으로 고치기 위해 $i = \dfrac{dq}{dt}$, $q = \displaystyle\int i\,dt$ 의 관계를 이용하면 식 (5.6)은 전하량 q에 관한 다음의 미분 방정식이 된다.

$$R\frac{dq}{dt} + \frac{1}{C}q = E \ [\mathrm{V}] \tag{5.7}$$

그러므로 식 (5.7)에 대한 일반해(一般解, general solution) q는 정상항 q_s와 과도항 q_t의 합으로 주어지게 된다.

$$q = q_s + q_t \ [\mathrm{C}] \tag{5.8}$$

그리고 정상항 q_s는 다음과 같다.

$$q_s = CE \ [\mathrm{C}] \tag{5.9}$$

또한, 과도항 q_t는 식 (5.7)의 우변을 '0' 으로 놓았을 때의 해가 되므로 다음과 같이 표현된다.

$$R\frac{dq}{dt} + \frac{1}{C}q_t = 0 \tag{5.10}$$

또한, 두 번째 항을 이항하면 다음과 같다.

$$R\frac{dq}{dt} = -\frac{1}{C}q_t \tag{5.11}$$

그리고 변수를 분리하면 다음과 같다.

$$\frac{dq}{q_t} = -\frac{1}{RC}\,dt \tag{5.12}$$

양변을 적분하면 다음과 같다.

$$\ln q_t = -\frac{1}{RC}t + \alpha \tag{5.13}$$

$$\because \int \frac{1}{q}\,dq = \ln q + \alpha$$

이 식을 지수 함수(指數 函數, exponential function) 형식으로 정리하면 다음과 같은 형식이 된다.

$$q_t = A\,e^{-\frac{1}{RC}t} \ [\mathrm{C}] \tag{5.14}$$

따라서 전하량 q 에 관한 방정식은 다음과 같다.

$$q = q_s + q_t = CE + A\,e^{-\frac{1}{RC}t} \ [\mathrm{C}] \tag{5.15}$$

이 식에서 적분 상수 A를 결정하는 초기 조건은 다음과 같다

$$q(t)\mid_{t=0} = 0 \tag{5.16}$$

그러므로 $CE + A = 0$으로부터 A를 구할 수 있다.

$$A = -CE \tag{5.17}$$

이것을 식 (5.15)에 대입하고 정리하면 다음과 같다.

$$q = CE\left(1 - e^{-\frac{1}{RC}t}\right) \ [\mathrm{C}] \tag{5.18}$$

이때 C에 충전되는 전하량 q 는 그림 5.9에 나타낸 바와 같이 점점 증가하여 정상 값 CE에 점근(漸近, a gradual approach)[2)] 한다.

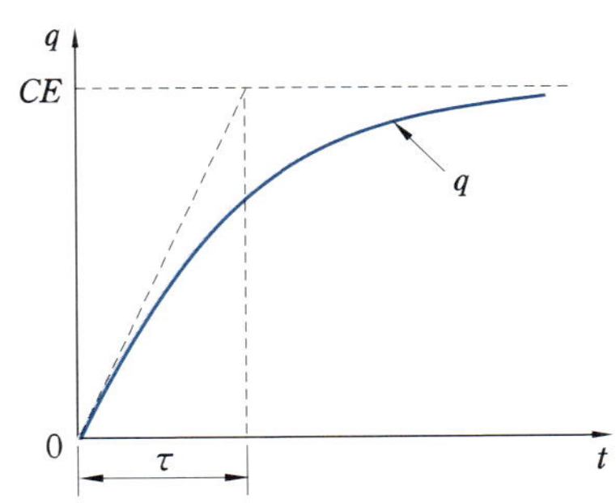

그림 5.9 C 에 충전되는 전하량 q

2) 점근(漸近, a gradual approach)은 어떤 목표에 점점 가까워진다는 뜻이다.

전류 i를 구하기 위해서는 식 (5.18)을 전류에 대해 미분하고 정리하면 다음과 같이 된다.

$$i = \frac{dq}{dt} = \frac{E}{R} e^{-\frac{1}{RC}t} \text{ [A]} \tag{5.19}$$

이때 전류 i의 변화를 그림 5.10에 나타냈다.

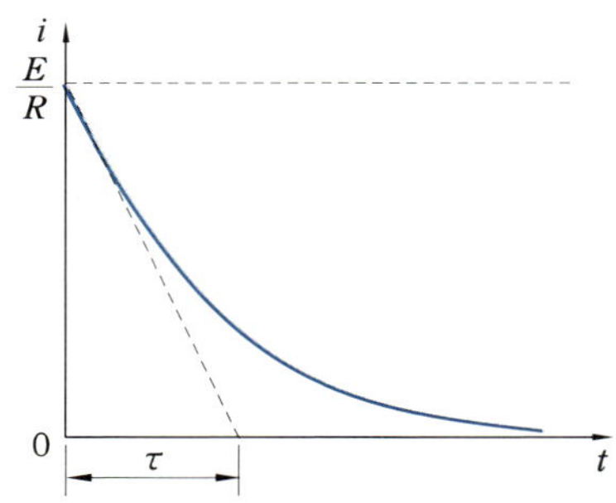

그림 5.10 충전 전류의 시간적 변화

그림 5.10에서 q의 곡선에 $t=0$에서 접선이 q의 정상 값(= CE)과 교차하는 시간 τ가 시정수이므로 다음과 같은 수식이 가능하다.

$$\tan\theta = \left.\frac{dq}{dt}\right|_{t=0} = \frac{E}{R} \tag{5.20}$$

그리고 그림 5.9에서 $\tan\theta = \dfrac{CE}{\tau}$ 이고, 식 (5.20)과 동일하므로 τ는 다음과 같다.

$$\tau = RC \tag{5.21}$$

또한, 그림 5.10의 전류 곡선에 대한 시정수 τ를 구해보면 다음과 같다.

$$\tan\theta = \left.\frac{di}{dt}\right|_{t=0} = -\frac{1}{RC} = -\frac{1}{\tau} \tag{5.22}$$

역시 $\tau = RC$로 표현됨을 알 수 있다. 한편 저항 R과 커패시턴스 C 양단의 전압을 각각 v_R, v_C라 하면 식 (5.19)와 식 (5.18)로부터 다음과 같이 나타낸다.

$$v_R = Ri = E e^{-\frac{1}{RC}t} \text{ [V]} \tag{5.23}$$

$$v_C = \frac{q}{C} = E\left(1 - e^{-\frac{1}{RC}t}\right) \text{ [V]} \tag{5.24}$$

그림 5.11은 이들의 관계를 보여주고 있으며, 시간 t에 관계없이 $v_R + v_C = E$의 관계가 성립함을 알 수 있다.

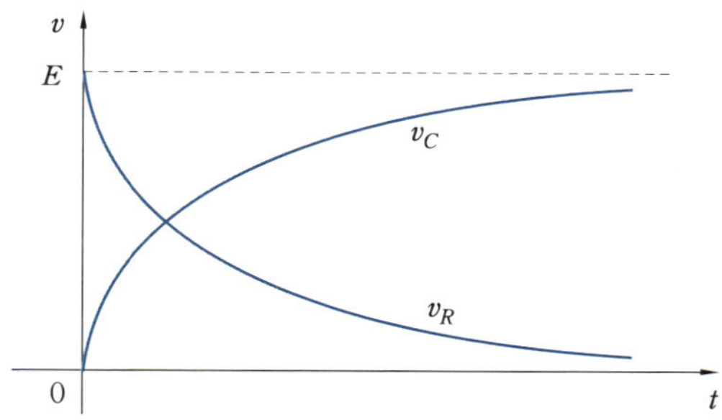

그림 5.11 $R-C$ 회로에 있어서 단자 전압의 시간 변화

5.6 R-C 직렬 회로의 콘덴서 방전

직류 전압을 제거하고 그림 5.12와 같이 $R-C$ 직렬 회로에 전압 E로 충전되어 있는 초기 전하량 Q는 저항 R을 통하여 방전을 하므로 전압 평형 방정식은 다음과 같이 나타낸다.

$$V_R + V_C = 0 \text{ [V]} \tag{5.25}$$

그러므로 $V_R = Ri = R\frac{dq}{dt}$, $V_C = \frac{1}{C}q$를 대입하여 정리하면 다음과 같다.

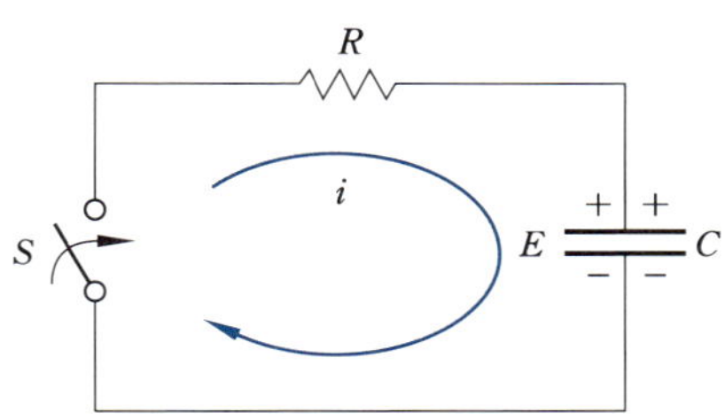

그림 5.12 $R-C$ 방전 회로

$$R\frac{dq}{dt}+\frac{1}{C}q = 0\ [\mathrm{V}] \tag{5.26}$$

이 회로에서는 전하량의 정상항이 $q_s = 0$ 이므로 일반해는 다음과 같다.

$$R\frac{dq}{dt} = -\frac{1}{C}q \tag{5.27}$$

그리고 변수를 분리하면 다음과 같다.

$$\frac{dq}{q} = -\frac{1}{RC}\,dt \tag{5.28}$$

양변을 적분하면 다음과 같다.

$$\ln q = -\frac{1}{RC}t + \alpha \tag{5.29}$$

$$\because \int \frac{1}{q}\,dq = \ln q + \alpha$$

이를 지수 함수 형식으로 고치면 다음과 같은 형식이 된다.

$$q = A e^{-\frac{1}{RC}t}\ [\mathrm{C}] \tag{5.30}$$

이 식에서 적분 상수 A를 결정하는 초기 조건은 다음과 같다.

$$q(t)\mid_{t=0} = CE \tag{5.31}$$

그러므로 적분 상수 A는 다음과 같다.

$$A = CE \tag{5.32}$$

따라서 식 (5.30)은 다음과 같이 나타낼 수 있다.

$$q = CE\,e^{-\frac{1}{RC}t}\ [\mathrm{C}] \tag{5.33}$$

방전 전류 i는 다음과 같이 나타낸다.

$$i = \frac{dq}{dt} = -\frac{E}{R}e^{-\frac{1}{RC}t}\ [\mathrm{A}] \tag{5.34}$$

전류의 부호가 (−)로 나타나는 것은 충전할 때의 전류 방향을 정(+)으로 하였기 때문이다. $t=0$일 때 C의 단자 전압은 E이므로 커패시턴스의 충전 전하량 $Q=CE$이고, $I=E/R$라면 식 (5.34)는 다음과 같이 나타낸다.

$$i=-I\,e^{-\frac{1}{RC}t}\,[\mathrm{A}] \tag{5.35}$$

이때의 q 및 i의 시간적 변화는 그림 5.13과 같다.

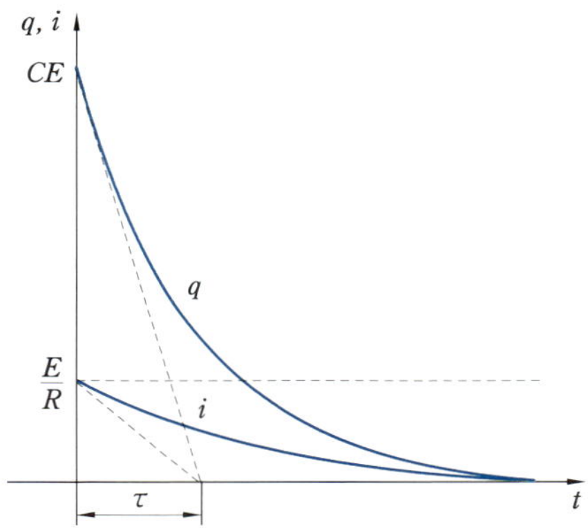

그림 5.13 커패시턴스의 q와 i의 시간적 변화

5.7 초기 전하가 축적된 R−C 직렬회로에 직류전압의 인가

그림 5.14와 같이 초기 전하가 축적된 $R-C$ 직렬 회로에 직류 전압을 인가할 때의 전하량과 전류를 해석해 보자. 스위치가 닫히는 순간 전원부에 있는 전자는 이동을 시작하여 축전지에 도달할 것이다. 전자의 이동은 처음에는 매우 빠르다가 콘덴서의 전위가 전원의 전위에 가깝게 높아짐에 따라서 속도가 느려지게 된다. 즉, 초기 전하가 축적된 $R-C$ 직렬 회로에 직류 전압이 인가될 때의 전압 평형 방정식은 다음과 같다.

$$V_R+V_C=E\,[\mathrm{V}] \tag{5.36}$$

그리고 $V_R=Ri=R\dfrac{dq}{dt}$, $V_C=\dfrac{1}{C}q=\dfrac{1}{C}\displaystyle\int i\,dt$를 대입하여 미분방정식을 풀어 전하량 q의 일반해를 구하면 다음과 같은 식을 얻을 수 있다.

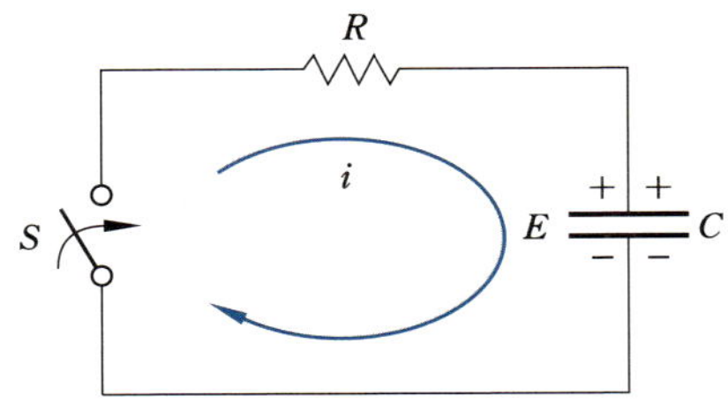

그림 5.14 **초기 전하가 축적된 $R-C$ 직렬 회로에 직류 전압의 인가**

$$q = q_s + q_t = CE + Ae^{-\frac{1}{RC}t} \text{ [C]} \tag{5.37}$$

여기서 적분 상수 A를 결정하기 위해서는 초기 조건 $t=0$일 때 C가 초기 전하 Q_0의 전하를 가지고 있으므로 다음과 같이 나타낸다.

$$q(t)_{t=0} = Q_0 \tag{5.38}$$

초기 전하 Q_0는 다음과 같이 정의된다.

$$Q_0 = CE + A \tag{5.39}$$

그러므로 적분 상수 A는 다음과 같다.

$$A = Q_0 - CE \tag{5.40}$$

따라서 전하량 q는 식 (5.40)을 식 (5.37)에 대입하여 정리하면 다음과 같다.

$$q = CE(1 - e^{-\frac{1}{RC}t}) + Q_0 e^{-\frac{1}{RC}t} \text{ [C]} \tag{5.41}$$

그러므로 충전 전류 i는 다음과 같이 나타낸다.

$$i = \frac{dq}{dt} = \frac{CE - Q_0}{RC} e^{-\frac{1}{RC}t} = \left(\frac{E}{R} - \frac{Q_0}{RC}\right) e^{-\frac{1}{RC}t} \text{ [A]} \tag{5.42}$$

$I = \dfrac{E}{R}$이고, $I_0 = \dfrac{Q_0}{RC}$라 하면 식 (5.42)는 다음과 같이 나타낸다.

$$i = (I - I_0) e^{-\frac{1}{RC}t} \text{ [A]} \tag{5.43}$$

즉, $R-C$ 직렬 회로의 충전 전류 i는 정상항과 과도항으로 표현되며, 충전은 지수 함수에 반비례하는 것을 알 수 있다.

예제 5.2

그림 5.14와 같은 $R-C$ 직렬 회로에 $t=0$일 때 스위치 S를 닫는다면 초기전류 $i(t)|_{t=0}$는 얼마인가? 단, 콘덴서의 초기 전하는 $q(0)=0$ 이다.

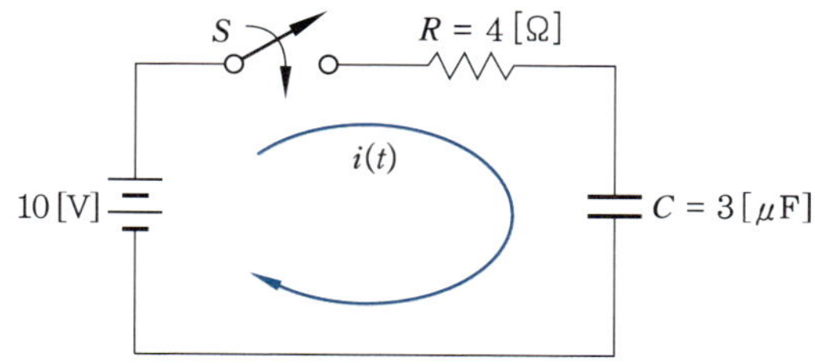

그림 5.15

풀이

회로에서 $t=0$인 순간 콘덴서 양단의 전압이 $V_C=0$이므로 초기값의 전류는 $i(0)=E/R=10/4=2.5$ [A]가 된다.

$i(t)=\dfrac{E}{R}e^{-\frac{1}{RC}t}$ [A] 로부터 전류를 구할 수 있다.

$$i(0)=\frac{E}{R}=\frac{10}{4}=2.5\text{ [A]}$$

5.8 콘덴서의 접속

콘덴서로 구성된 회로의 해석은 저항의 접속과 반대로 생각하면 쉽게 해결할 수 있다. 저항의 접속과 같이 콘덴서도 직렬 회로, 병렬 회로, 직·병렬 회로 등이 시스템에 존재한다.

[1] 콘덴서의 병렬 접속

그림 5.16과 같이 정전 용량이 C_1, C_2, C_3인 세 개의 콘덴서를 병렬로 접속할 때의 합성 정전 용량을 구하면 다음과 같다. 단, 인가 전압을 E [V]라 하고, 각각의 콘덴서에 축적되는 전하를 Q_1, Q_2, Q_3라 하면 다음과 같이 나타낸다.

$$Q_1 = C_1 E \text{ [C]} \tag{5.44}$$

$$Q_2 = C_2 E \text{ [C]} \tag{5.45}$$

$$Q_3 = C_3 E \text{ [C]} \tag{5.46}$$

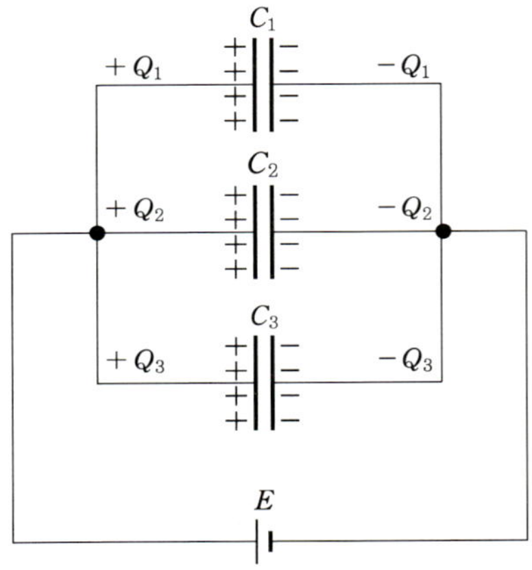

그림 5.16 콘덴서의 병렬 접속

회로 전체에 축적되는 전체 전하(全體 電荷, total charge) Q는 다음과 같다.

$$Q = Q_1 + Q_2 + Q_3 = C_1 E + C_2 E + C_3 E \quad (5.47)$$
$$= (C_1 + C_2 + C_3) E \ [\mathrm{C}]$$

따라서 병렬 접속 회로의 합성 정전 용량 C는 다음과 같이 나타낸다.

$$C = C_1 + C_2 + C_3 \ [\mathrm{F}] \quad (5.48)$$

예제 5.3

회로망에서 그림 5.17과 같은 콘덴서가 병렬로 연결되어 있을 때 ① 합성 정전 용량 [μF], ② 각 극의 전하량 [mC], ③ 합성 전하량 [mC] 등을 구하시오.

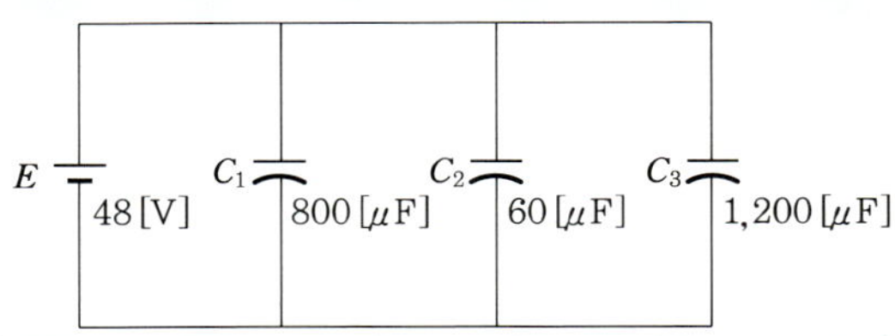

그림 5.17 콘덴서의 병렬 회로

풀이

① 합성 정전 용량은 다음과 같다.

$$C_T = C_1 + C_2 + C_3 = 800 + 60 + 1{,}200 = 2{,}060 \ [\mu\mathrm{F}]$$

② 각 극의 전하량은 다음과 같다.

$$Q_1 = C_1 E = (800 \times 10^{-6}) \times 48 = 38.4 \ [\mathrm{mC}]$$

$$Q_2 = C_2 E = (60 \times 10^{-6}) \times 48 = 2.88\ [\mathrm{mC}]$$

$$Q_3 = C_3 E = (1{,}200 \times 10^{-6}) \times 48 = 57.6\ [\mathrm{mC}]$$

③ 합성 전하량은 다음과 같다.

$$Q_T = Q_1 + Q_2 + Q_3 = 38.4 + 2.88 + 57.6 = 98.88\ [\mathrm{mC}]$$

[2] 콘덴서의 직렬 접속

그림 5.18과 같이 정전 용량이 C_1, C_2, C_3인 세 개의 콘덴서를 직렬로 접속할 때의 합성 정전 용량을 구해 보자. 이때 전압 E [V]를 공급하면 각 콘덴서에 그림과 같이 $+Q$와 $-Q$가 교대로 정전 유도된다. 이때 전체 전압 $E = V_1 + V_2 + V_3$으로 각 콘덴서의 크기에 반비례하여 분압되며, 다음의 관계가 성립된다.

$$V_1 = \frac{Q}{C_1}\ [\mathrm{V}] \tag{5.49}$$

$$V_2 = \frac{Q}{C_2}\ [\mathrm{V}] \tag{5.50}$$

$$V_3 = \frac{Q}{C_3}\ [\mathrm{V}] \tag{5.51}$$

따라서 전체 전압 E는 다음 식과 같이 나타낸다.

$$E = V_1 + V_2 + V_3 = \frac{Q}{C_1} + \frac{Q}{C_2} + \frac{Q}{C_3} \tag{5.52}$$

$$= \left(\frac{1}{C_1} + \frac{1}{C_2} + \frac{1}{C_3}\right) Q\ \ [\mathrm{V}]$$

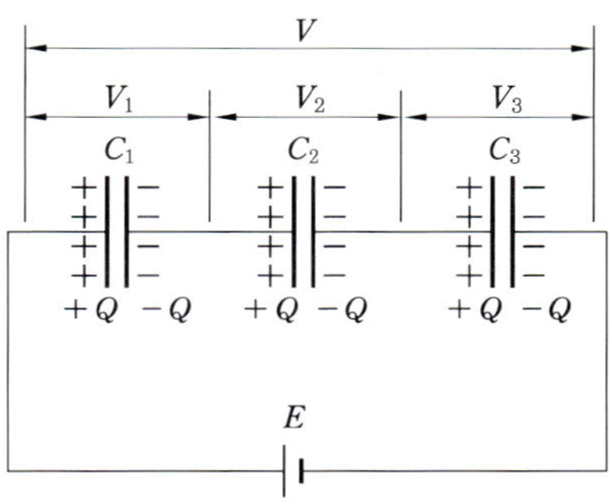

그림 5.18 콘덴서의 직렬 접속

그러므로 직렬 접속 회로의 합성 정전 용량 C [F] 는 다음과 같이 나타낸다.

$$C = \frac{1}{\dfrac{1}{C_1} + \dfrac{1}{C_2} + \dfrac{1}{C_3}} \text{ [F]} \tag{5.53}$$

예제 5.4

그림 5.19와 같이 콘덴서가 직렬로 연결되어 있을 때 ① 합성 정전 용량 [μF], ② 각 극의 전하량 [mC], ③ 각 콘덴서의 전압 [V] 을 구하시오.

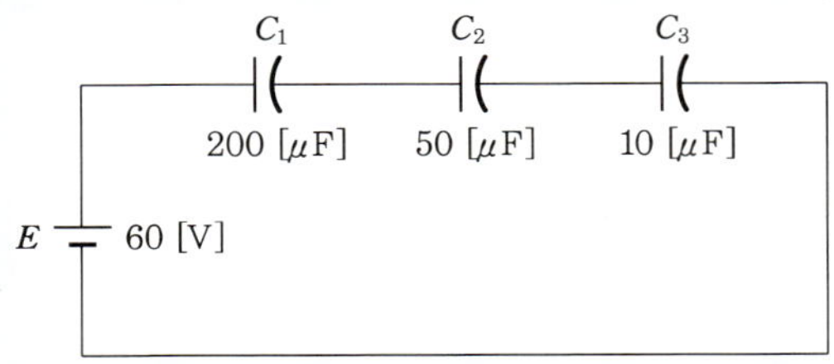

그림 5.19 콘덴서의 직렬 회로

풀이

① 합성 정전 용량은 다음과 같다.

$$\frac{1}{C_T} = \frac{1}{C_1} + \frac{1}{C_2} + \frac{1}{C_3} = \left(\frac{1}{200} + \frac{1}{50} + \frac{1}{10}\right) \times 10^6 = 0.125 \times 10^6$$

$$C_T = \frac{1}{0.125 \times 10^6} = 8 \text{ [}\mu\text{F]}$$

② 각 극의 전하량은 다음과 같다.

$$Q_T = Q_1 = Q_2 = Q_3 \text{ [C]}$$

$$Q_T = C_T E = (8 \times 10^{-6}) \times 60 = 480 \text{ [}\mu\text{C]}$$

③ 각 콘덴서의 전압은 다음과 같다.

$$V_1 = \frac{Q_1}{C_1} = \frac{480 \times 10^{-6}}{200 \times 10^{-6}} = 2.4 \text{ [V]}$$

$$V_2 = \frac{Q_2}{C_2} = \frac{480 \times 10^{-6}}{50 \times 10^{-6}} = 9.6 \text{ [V]}$$

$$V_3 = \frac{Q_3}{C_3} = \frac{480 \times 10^{-6}}{10 \times 10^{-6}} = 48.0 \text{ [V]}$$

그리고 전체 전압은 다음과 같다.

$$E = V_1 + V_2 + V_3 = 2.4 + 9.6 + 48 = 60 \text{ [V]}$$

5.9 콘덴서에 축적된 에너지

회로 소자가 용량성 소자만으로 구성되어 있는 이상적인 콘덴서는 공급받은 에너지를 소비하지 않고 도체 표면 사이의 전계 형태로 에너지를 저장한다. 그림 5.20의 충전 상태(充電 狀態, charging state)에서 콘덴서에 나타나는 전압, 전류 및 전력을 도시화하였다. 전력 곡선은 전류와 전압을 일정한 시간 간격으로 측정하여 곱해준 값을 점으로 나타내고, 그 점들을 이어서 곡선으로 만든다. 저장된 에너지는 전력 곡선의 아랫부분에 음영으로 나타낸다. 회로에 공급되는 순시 전압 v 와 순시 전류 i 는 다음과 같이 나타낸다.

$$v = \sqrt{2}\, V \sin \omega t \ \ [\mathrm{V}] \tag{5.54}$$

$$i = \sqrt{2}\, I \sin\left(\omega t + \frac{\pi}{2}\right) = \sqrt{2}\, I \cos \omega t \ \ [\mathrm{A}] \tag{5.55}$$

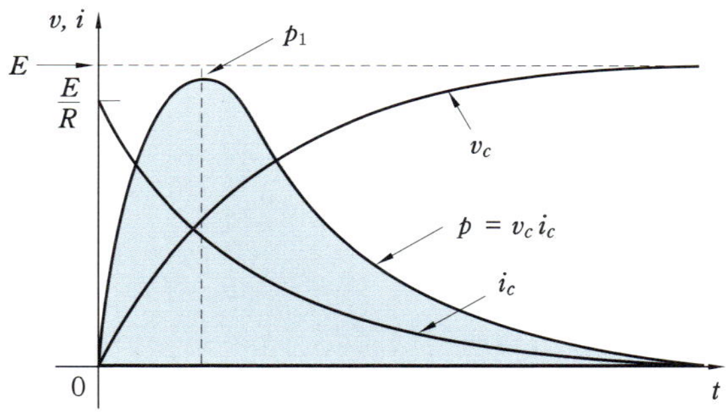

그림 5.20 콘덴서의 특성 곡선

그러므로 콘덴서의 순시 전력은 다음과 같이 나타낸다.

$$p = vi = 2\, VI \sin \omega t \cdot \cos \omega t = VI \sin 2\omega t \ \ [\mathrm{W}] \tag{5.56}$$

$$\because \ \sin\alpha \cdot \cos\beta = \frac{1}{2}\{\sin(\alpha+\beta) + \sin(\alpha-\beta)\}$$

교류 전원이 공급되는 회로에서 1주기의 평균 전력 P는 '0' 이 됨을 다음과 같이 나타낼 수 있다.

$$P = \frac{1}{T}\int p\,dt = \frac{1}{T}\int_0^T VI \ \sin 2\omega t\, dt = 0 \tag{5.57}$$

즉, $p > 0$ 인 때는 전원으로부터 콘덴서에 전력이 공급되고 있고, $p < 0$ 인 경우에는 콘덴서로부터 전원측으로 전력이 반환되고 있어서 콘덴서 C 자체에서는 전력 소모가 없음을 설명하고 있다. 콘덴서 C에서의 에너지를 고려하기 위해 순시 전류 i가 흐를 때의 전압 강하를 v라 하면 다음과 같은 식이 가능하다.

$$i = C\frac{dv}{dt} \text{ [A]} \tag{5.58}$$

그러므로 순시전력 p는 다음과 같다.

$$p = vi = Cv\frac{dv}{dt} \text{ [W]} \tag{5.59}$$

시간 t_1과 t_2 사이에서 콘덴서 C에 유입되는 에너지를 w'_c라 하면 다음과 같다.

$$\begin{aligned} w'_c &= \int_{t_1}^{t_2} p\,dt = \int_{t_1}^{t_2} Cv\frac{dv}{dt}dt = C\int_{v_1}^{v_2} v\,dv \\ &= \frac{1}{2}C(v_2^2 - v_1^2) \text{ [J]} \end{aligned} \tag{5.60}$$

v_1, v_2는 각각 t_1, t_2에서의 전압을 말한다. 이 식은 C에 유입된 에너지가 단자 전압의 최초 값과 최종 값에만 관계되고 도중 값의 변화 상태에는 관계가 없음을 보여주고 있다.

콘덴서 C 양단의 전압은 연속적으로 변할 수밖에 없기 때문에 초기치 단자 전압 $v_1 = 0$으로 보면 전압이 $v(= v_2)$인 순간에 콘덴서의 순간축적에너지는 다음과 같이 나타낼 수 있다.

$$w_c = \frac{1}{2}Cv^2 \text{ [J]} \tag{5.61}$$

실제에 있어 콘덴서 C에 축적되는 에너지는 콘덴서 양단 극판 사이의 전위차에 의해서 형성되는 전계의 정전에너지(electrostatic energy)로 축적된다. 그리고 순시 전압 $v = \sqrt{2}V\sin\omega t$ [V]를 대입하면 다음과 같이 정리된다.

$$w_c = \frac{1}{2}Cv^2 = CV^2\sin^2\omega t = \frac{1}{2}CV^2(1 - \cos 2\omega t) \text{ [J]} \tag{5.62}$$

$$\because\ \sin^2\theta = \frac{1}{2}(1 - \cos 2\theta)$$

이것을 한 주기의 축적에너지 W_c 로 표현하면 다음 식과 같이 나타낸다.

$$W_c = \frac{1}{T}\int_0^T w_c^2\,dt = \frac{1}{T}\int_0^T \frac{1}{2}\,C\,V^2(1-\cos 2\omega t)\,dt \tag{5.63}$$

$$= \frac{1}{2}\,C\,V^2\ \ [\mathrm{J}]$$

예제 5.5

회로망에서 극판 사이에 24 [V]의 전압이 인가되고, 정전 용량이 2 [μF]이라면 콘덴서에 저장되는 에너지는 얼마인가?

풀이

C 에 축적되는 에너지 W_c 는 다음과 같다.

$$W_c = \frac{1}{2}\,C\,V^2 = \frac{1}{2}(2\times 10^{-6})\times(24)^2 = 576\ \ [\mu\mathrm{J}]$$

예제 5.6

어떤 도체구의 반경이 20 [cm]이고 정전에너지가 1.6×10^{-5} [J] 이었다면 이 구의 표면 전위는 몇 [V]인가?

풀이

반경 r [m]인 도체구가 진공 중에 있을 때 정전 용량 C [F]은 다음과 같다.

$$C = 4\pi\epsilon_0\,r\ [\mathrm{F}]$$

그리고 정전 용량 C에 축적되는 에너지 W_c 는 다음과 같다.

$$W_c = \frac{1}{2}\,C\,V^2 = \frac{1}{2}(4\pi\epsilon_0\,r)\ V^2 = 2\pi\epsilon_0\,r\ \ V^2\ [\mathrm{J}]$$

그러므로 전위 V 는 다음과 같다.

$$V = \sqrt{\frac{W}{2\pi\epsilon_0\,r}} = \sqrt{\frac{1.6\times 10^{-5}}{2\pi\times 8.855\times 10^{-12}\times 0.2}} \fallingdotseq 1{,}200\ \ [\mathrm{V}]$$

5.10 에너지 저장 장치(ESS)

에너지 저장 장치(ESS; energy storage system)는 발전소에서 과잉 생산된 전력을 저장해 두었다가 일시적으로 전력이 부족할 때 송전해 주는 저장 장치를 말한다. 여기에는 전기를 모아두는 배터리와 배터리를 효율적으로 관리해 주는 관련 장치들이 있다. ESS는 신재생에너지를 안정적으로 공급하기 위해 필수적인 미래 유망 사업이다. 신재생 에너지는 미래의 중요한 에너지로 ESS를 이용하면 원하는 시간에 전력을 생산하기 어려운 태양광, 풍력 등의 신재생 에너지를 미리 저장했다가 필요한 시간대에 사용할 수 있기 때문이다.

ESS는 전력 인프라를 구성하는 요소이자 분산전원과 같은 차세대 전력망을 구현하기 위한 핵심 요소 중 하나이다. ESS는 전기를 생산하는 발전 영역, 생성된 전기를 이송하는 송배전 영역, 그리고 전달된 전기를 실제 사용하는 수용가(소비자) 영역에 모두 적용된다.

ESS에서 에너지의 저장 원리는 전기화학에너지, 열에너지, 기계에너지, 위치에너지, 자기에너지, 전기에너지, 열화학에너지, 화학에너지 등으로 기술을 분류할 수 있으며, 그림 5.21은 에너지의 저장 원리에 따른 기술 분류 예를 나타낸 것이다.

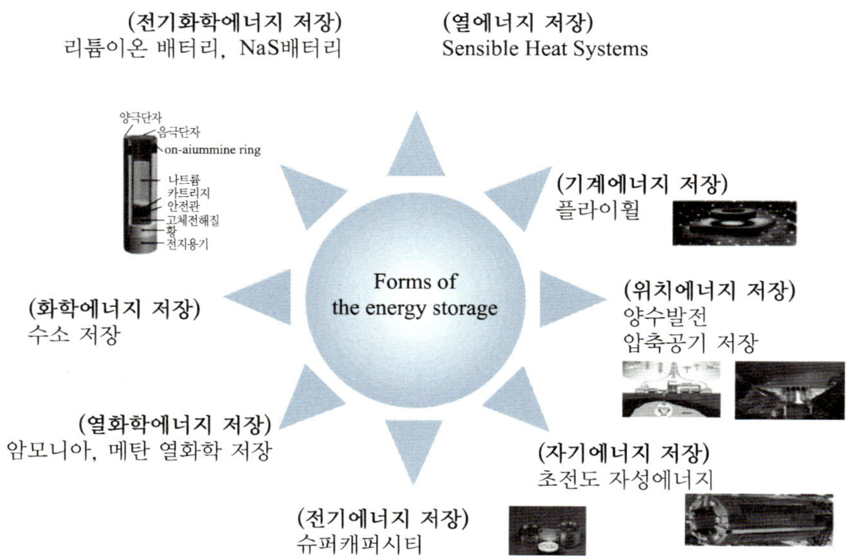

그림 5.21 에너지의 저장 원리에 따른 기술 분류 예

보통 필요 발전량은 냉난방 수요가 급증하는 최고 수요 시점을 기준으로 설정되어 있는데 ESS는 피크 수요 시점의 전력 부하를 조절해 발전 설비에 대한 과잉 투자를 막아준다. 그리고 ESS는 돌발적인 정전시에도 안정적으로 전력을 공급할 수 있도록 해준다. 또한, ESS는 태양광, 풍력, 조력, 파력 등 신재생 에너지 또는 소규모 발전소에서 생산된 전기가 수시로 전력망에 공급되거나 전기자동차 충전소 등에서 높은 출력으로 갑자기 전기가 소비될 때 유용하다. ESS는 전기의 불규칙한 수요와 공급을 조절하고 수시로 변화하는 주파수를 조정해 전력망의 신뢰도를 향상시키기 때문이다.

ESS의 설치 확대는 세계적 추세이며, 지속적으로 발전할 것으로 예측된다. 일본은 2011년 도후쿠 대지진 이후 원자력 발전에 대한 전반적인 검토가 진행되고 있고, 전력 예비율을 높게 유지하고 비상 정전에 대비하기 위해 보조금 지원으로 ESS를 적극 지원한 바가 있다. 특히, 가정용 ESS의 보급으로 전력 공급의 불안감을 잠재우는 데 효과가 있을 것으로 예측된다. 다수의 ESS 업체와 건설사는 주택 구매 시 안정적인 전력 수급 차원에서 10 [kW]급 미만의 ESS를 빌트인(built-in) 방식으로 공급하기도 한다.

미국은 이미 전력 계통형 대형 ESS와 주거용 ESS를 대상으로 다수의 실증 사업을 진행 중인데 효과가 검증된 영역을 중심으로 ESS의 구체적인 수준까지 제도화하고 있다. 예를 들어 캘리포니아 주는 2010년 9월 에너지 저장 시스템의 설치를 의무화하는 법안인 '캘리포니아 에너지저장 법안(AB 2514)' 을 제정했다. 이에 따라 캘리포니아 주의 전력회사들은 2024년까지 1.3 [GW]의 ESS를 설치 완료하기로 결정했다.

우리나라는 2011년부터 '에너지저장 기술 개발 및 산업화 전략 K-ESS 2020' 을 마련해 2020년까지 세계시장 점유율 30 [%]를 목표로 연구 개발 및 설비 투자를 추진하고 있다. 또한, 신재생에너지 촉진법을 통해 2022년까지 신재생에너지 공급 의무자 비율을 10 [%] 이상으로 확대하는 것을 발표하면서 ESS의 중요성이 높아지고 있다. 이에 따라 2012년부터 리튬전지를 채택한 ESS 보급화 사업을 진행하고 있는데, 2013년에는 보급화 사업에서 총 12 [MWh]의 ESS를 설치했다.

향후 ESS 설치량 증가에 대비해 각종 제도, 안전 규격 및 지원책이 논의되는 한편, 국내 사업화 및 수출 확대에 필요한 ESS용 리튬 이차전지의 신뢰성을 확보하기 위해 시험 평가 인증에 대한 정부 지원이 추진되고 있다.

우리나라는 제주 스마트 그리드 실증사업에서 ESS도 함께 실증했다. 한국은 2009년 7월 G8 선진 8개국 확대정상회의에서 이탈리아와 함께 스마트 그리드 선도국으로 지정됐으며, 그해 12월 'MEF 기후변화 주요국 회의 스마트 그리드 로드맵'을 제안하였다. 이를 통해 확정된 '제주 스마트 그리드 실증사업'은 제주도 구좌읍 일대에서 2009년 12월부터 2013년 5월까지 42개월간 진행되었다.

스마트 그리드는 전기 및 정보통신 기술을 활용해 전력망을 지능화하고 고도화함으로써 고품질의 전력서비스를 제공하고 에너지 이용 효율을 극대화하는 차세대 전력망 이다. 우리나라는 스마트 그리드를 통해 국가 온실가스 감축 목표를 달성하고 저탄소 녹색성장 인프라를 구축하는 한편 스마트 그리드를 반도체, IT의 뒤를 잇는 신성장 동력으로 육성하고 있다. 그림 5.22는 스마트 그리드에 적용된 ESS의 예를 나타낸 것이다.

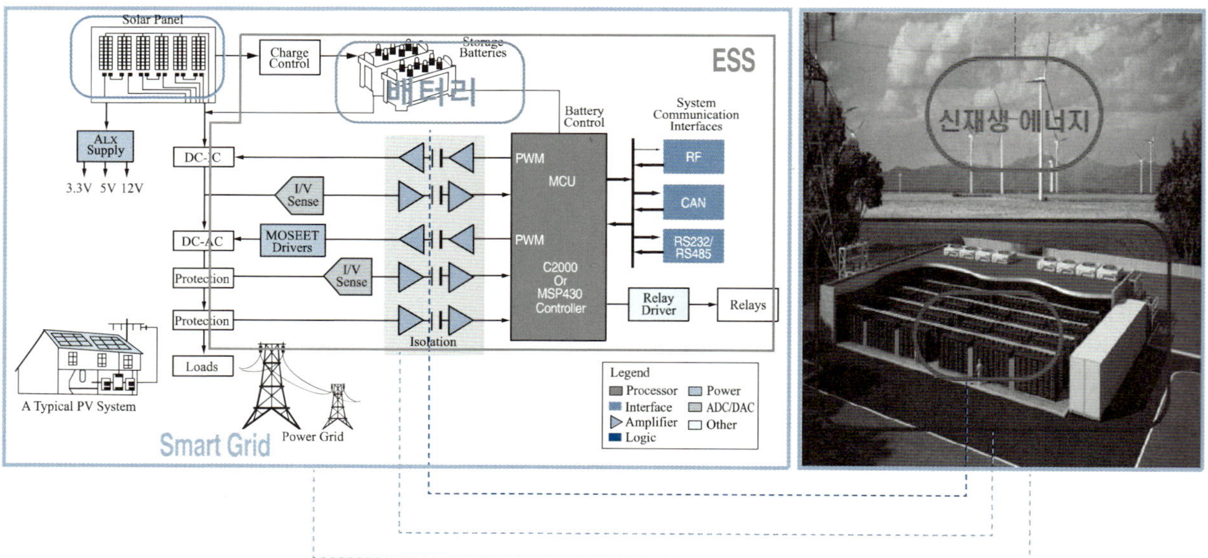

그림 5.22 스마트 그리드에 적용된 ESS의 예

5장 연습문제

01. 콘덴서의 양, 음의 전하는 두 전극 사이에 있는 매질을 통해서 상대방의 전하를 끌어당겨 전극 위에 축적되는데 이를 (   )이라 하고, 축적된 전하를 방출하게 되는 것을 (   )이라고 한다.

답 충전, 방전

02. 콘덴서는 사용 목적에 따라 정전 용량 값이 고정된 (   )와 정전 용량 값을 바꿀 수 있는 (   )로 나눌 수 있다.

답 고정 콘덴서, 가변 콘덴서

03. 공기로 충전된 콘덴서의 극판 간격이 1 [mm]이며, 단면적이 100 [mm^2]인 경우 콘덴서의 용량 C_0 [pF]은 얼마인가?

답 $C_0 = 0.8855$ [pF]

04. 공기로 충전된 콘덴서의 극판 간격이 2 [mm]이며, 양극에 220 [V]의 전압을 인가할 경우 전계의 세기 E [V/m]를 구하시오.

답 $E = 110 \times 10^3$ [V/m]

05. 어떤 회로망에서 콘덴서 $C_1 = 60$ [μF], $C_2 = 80$ [μF], $C_3 = 90$ [μF]가 병렬로 연결되었을 때 합성 정전 용량은?

답 $C_T = 230$ [μF]

06. 회로망에서 충전된 콘덴서 $C_1 = 12\,[\mu\text{F}]$, $C_2 = 3\,[\mu\text{F}]$, $C_3 = 6\,[\mu\text{F}]$가 직렬로 연결되어 있을 때 합성 정전 용량은?

답 $C_T \fallingdotseq 1.7\ [\mu\text{F}]$

07. 회로망에서 극판 사이에 12 [V]의 전압이 인가되고, 정전 용량이 $3\,[\mu\text{F}]$이라면 콘덴서에 저장되는 에너지는?

답 $W_c = 216\ [\mu\text{J}]$

08. 회로망에서 충전된 콘덴서 $C_1 = 20\,[\mu\text{F}]$, $C_2 = 30\,[\mu\text{F}]$, $C_3 = 40\,[\mu\text{F}]$가 병렬로 연결되어 있고, 인가 전압은 220 [V]일 때 합성 전하량은?

답 $Q_T = 19.8\ [\text{mC}]$

09. 회로망에서 충전된 콘덴서 $C_1 = 12\,[\mu\text{F}]$, $C_2 = 12\,[\mu\text{F}]$, $C_3 = 36\,[\mu\text{F}]$가 직렬로 연결되어 있고, 전압은 24 [V]일 때 각각의 전하량은?

답 $Q_T = Q_1 = Q_2 = Q_3$, $Q_T \fallingdotseq 123.4\ [\mu\text{C}]$

10. 실제로 사용되는 콘덴서에 축적되는 에너지는 콘덴서 양단 극판 사이의 전위차에 의해서 형성되는 전계에 (　　　　　　)로 충전된다.

답 정전에너지

제 6 장

정현파 교류회로

6.1 전류 및 전압의 파형

전기 회로에는 전원과 회로 소자의 종류 및 상태에 따라 시간적으로 변화하는 전류가 흐른다. 그림 6.1에는 여러 종류의 전류가 시간에 따라 변화하는 모양이 그려져 있다.

그림 6.1(a)와 같이 시간의 변화에 관계없이 크기와 방향이 일정한 전류를 직류(直流, DC; direct current)라 한다. 직류는 전열이나 전등용으로 사용하는 것도 무방하지만 전지의 충전이나 전기분해, 전자회로 등에 사용된다.

그림 6.1(b)는 교류(交流, AC; alternating current) 중에서도 그 크기와 방향이 주기적으로 변화하는 전류를 정현파 교류라 한다. 정현파 교류라고 명명하는 것은 파형이 정현 곡선을 이루기 때문으로 가장 이상적인 교류 파형이다. 일반적으로 교류라 함은 정현파를 의미한다. 교류는 교류 발전기나 진공관 발진기에 의해서 얻어지는 교류 전압, 전류는 거의 정현파에 가깝다.

그림 6.1(c)는 그림 6.1(b)와 같은 정현파 교류가 어떤 이유에 의해 그 크기와 방향이 주기적으로 변화하면서 일그러진 파형이며, 왜형파 또는 비정현파 교류라 한다.

그림 6.1(d)는 그림 6.1(b)와 같은 정현파가 정류되어 생기는 맥류(脈流, pulsating current) 이다. 교류 성분을 포함한 직류 전압 또는 직류 전류를 말하며, 좀 더 이상적인 직류 성분을 얻기 위해서는 교류 성분을 제거하기 위해 평활 회로가 사용된다.

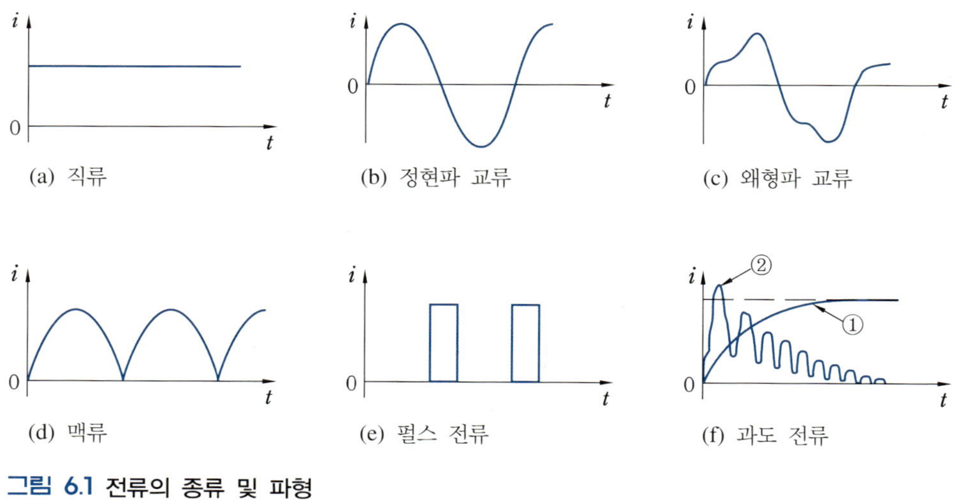

그림 6.1 전류의 종류 및 파형

그림 6.1(e)와 같이 시간 변화에 따라 충격적으로 나타나는 전류를 펄스 전류(pulse current)라 한다. 펄스 전류는 아크용접에 있어서 주기적으로 중첩하여 흐르는 전류에서 용적의 이행하는 역할을 하며, 매초 50～100회의 주기가 일반적으로 사용된다.

그리고 그림 6.1(f)의 ①은 1차지연요소(一次遲延要素, first order lag element)의 특성 곡선이며, 단일의 지수 함수상의 변화를 나타내는 요소를 말한다. 그림 6.1(f)의 ②는 2차지연요소(二次遲延要素, second-order lag element)의 특성 곡선이다. 이와 같은 파형은 회로의 개폐시나 회로 정수의 변화 등에 기인해서 과도적으로 흐르는 전류에 의해서 발생하므로 과도 전류(過度 電流, transient current)라 한다.

6.2 정현파 교류 기전력의 발생

정현파 교류 기전력을 발생시키는 가장 간단한 장치는 그림 6.2(a)와 같은 2극 발전기이며, 그림 6.2(b)는 그림 6.2(a)에 대한 단면도이다. 자속 밀도 $B\,[\mathrm{Wb/m^2}]$ 의 평균 자계 내에 자계와 직각으로 놓은 길이 l [m]의 도체가 ω [rad/s]의 각속도와 v [m/s]의 선속도로 운동하는 경우를 생각하자. 그림 6.2(b)와 같이 중심각 θ의 위치에 있어서 도체의 선속도 v를 벡터적으로 자계의 방향에 평행인 성분과 수직인 성분으로 직각 분해해 보면 그때 평행인 성분의 크기는 $v\cos\theta$, 수직 성분의 크기는 $v\sin\theta$가 된다. 이 중 도체가 자속을 자르는데 기여하는 성분은 수직 성분이며, 도체는 매초 자속을 $v\sin\theta$ [m/s]의 속도로 자르는 셈이 된다.

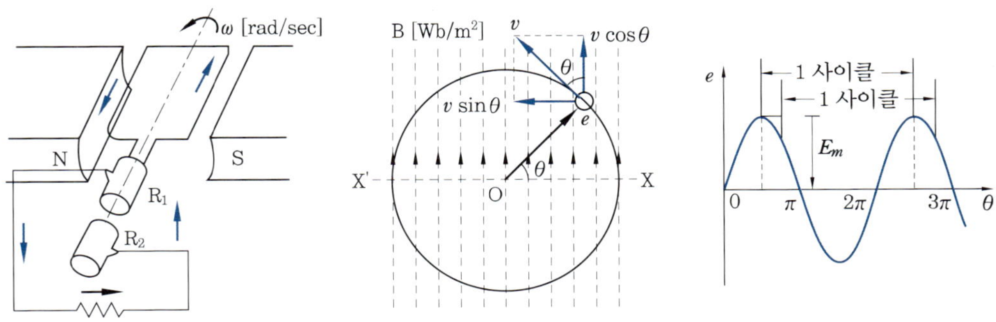

(a) 2극 발전기의 구성 (b) 도체의 운동방향 (c) 파형

그림 6.2 정현파 기전력의 발생

매초 한 쪽 도체에 의해서 잘리는 자속의 양을 계산해보면 자속 밀도가 B [Wb/m^2]이므로 $Blv\sin\theta$ [Wb]가 되며 양쪽 도체를 감안하면 $2Blv\sin\theta$ [Wb]가 된다. 패러데이 법칙에 의해 도체가 매초 1 [Wb]의 비율로 자속을 자를 때 도체 내에 1 [V]의 기전력이 유기되므로 도체에 발생되는 유기기전력은 다음과 같다.

$$e = 2Blv\sin\theta \ [\mathrm{V}] \tag{6.1}$$

각 θ가 기선 $\overline{OX}$ 로부터 t 초 후의 위치라면 θ는 다음과 같다.

$$\theta = \omega t \tag{6.2}$$

그러므로 식 (6.1)은 다음과 같이 나타낸다.

$$e = 2Blv\sin\theta = 2Blv\sin\omega t \ [\mathrm{V}] \tag{6.3}$$

식 (6.3)을 그래프로 나타내 보면 그림 6.2(c)와 같은 정현파가 되며, 정현파의 진폭(振幅, amplitude) 또는 최대값(maximum value)인 $2Blv$를 E_m이라 하면 E_m은 유기기전력 e의 최대값이 된다.

$$e = 2Blv\sin\omega t = E_m\sin\omega t \ [\mathrm{V}] \tag{6.4}$$

그림 6.2(c)에서 기전력이 한번 변화하여 다시 원상태가 되기까지를 1 사이클(cycle)이라 하며, 1 초 동안의 사이클의 수를 주파수(周波數, frequency) f 라 하고 주파수의 단위는 헤르츠(hertz, [Hz])가 사용된다.

6.3 주파수와 주기

정현파 기전력은 그림 6.2(a)와 같은 2극 방식 외에 다극 방식에 의해서도 발생될 수 있다. 그러나 다극 방식의 경우 도체인 전기자(電氣子, armature)가 공간적으로 360° 회전하지 않고도 도체에 발생되는 기전력은 1 사이클이 될 수 있다. 따라서 정현파 교류에서는 공간각에 관계없이 1 사이클의 각을 2π[rad]으로 정하고, 이것을 기준으로 하여 표시되는 각을 전기각(電氣角, electrical angle)이라 한다. 주파수 f인 정현파의 경우 1 초 동안에 변화하는 전기각은 $2\pi f$[rad]이 되며, 이를 특히 각속도(角速度, angular velocity) 또는 각주파수(角周波數, angular frequency) ω[rad/s]라 한다.

$$\omega = 2\pi f \ [\mathrm{rad/s}] \tag{6.5}$$

그림 6.2(a)와 같은 2 극 방식의 경우 1 초 사이의 전기각 또는 각주파수 ω는 바로 전기자의 회전 각속도와 일치하지만 다극 방식의 경우에는 일치하지 않는다. 전기각을 θ, 전기자의 회전각을 θ' 라 하면 4 극 방식의 경우 $\theta = 2\theta'$, 6극일 때 $\theta = 3\theta'$, 8 극일 때 $\theta = 4\theta'$... 가 되어 일반적으로 P극 방식인 경우 다음과 같은 관계가 성립한다.

$$\theta = \frac{P}{2} \cdot \theta' \tag{6.6}$$

따라서 P극 발전기의 경우 전기자의 1 회전시마다 $P/2$ 사이클의 기전력이 유기되므로 전기자의 1 분간의 회전수를 N_s[rpm]라 하면 기전력의 주파수 f는 다음과 같다.

$$f = \frac{P}{2} \cdot \frac{N_s}{60} = \frac{PN_s}{120} \ [\text{Hz}] \tag{6.7}$$

여기서, N_s는 동기 속도(同期 速度, synchronous velocity) 이다.

정현파 교류에서는 1 주기 2π [rad] 변화하는데 걸리는 시간을 주기(週期, period) T라 하고, 1 주기 사이에 정현파 교류가 전파되는 공간적 거리 λ를 파장(波長, wavelength)이라 한다.

주파수 f, 주기 T, 파장 λ인 정현파를 생각하면 주파수와 주기는 역수 관계가 있고, $\omega = 2\pi f$이므로 이들 사이에는 다음과 같은 관계가 성립한다.

$$T = \frac{1}{f} = \frac{2\pi}{\omega} \ [\text{s}] \tag{6.8}$$

$$\lambda = \frac{C_0}{f} \ [\text{m}] \tag{6.9}$$

C_0는 진공 중의 광속으로 3×10^8 [m/s] 이다.

따라서 식 (6.4)의 유기기전력 e는 다음과 같이 나타낸다.

$$e = E_m \sin \omega t = E_m \sin 2\pi f t \ [\text{V}] \tag{6.10}$$

예제 6.1

대한민국의 상용주파수인 60 [Hz]에 대한 각속도 ω [rad/s]는 얼마인가?

풀이

각속도는 다음과 같다.

$$\omega = 2\pi f = 2 \times 3.14 \times 60 \fallingdotseq 377 \ [\text{rad/s}]$$

예제 6.2

두 개의 교류 전압 $v_1 = 220\sqrt{2}\sin(377t - 30°)$[V], $v_2 = 110\sqrt{2}\cos(377t - 30°)$ [V] 의 위상차를 시간 [s] 으로 표시하면 얼마인가?

풀이

주어진 식에서 $\omega t = 377t$이므로 주파수를 구하면 다음과 같다.

$$f = \frac{\omega}{2\pi} = \frac{377}{2\pi} = 60\ [\text{Hz}]$$

그리고 두 파형의 위상차가 90°이므로 파형의 1주기 360°의 1/4이다. 따라서 주파수와 위상차를 고려한 시간은 다음과 같다.

$$t = \frac{1}{4} \times \frac{1}{f} = \frac{1}{4} \times \frac{1}{60} = \frac{1}{240}\ [\text{s}]$$

6.4 순시값과 위상

식 (6.10)과 같은 표현식에서 e는 시간의 변화에 따라 순간순간 나타나는 정현파의 값을 의미하기 때문에 e를 순시치(瞬時置, instantaneous value)라 하며, 식 (6.10)과 같은 표현을 순시값 표시식이라 한다. 통상 순시값은 e, v, i 등과 같이 소문자로 표시한다.

식 (6.10)은 그림 6.2(b)에서 $\overline{OX}$를 기점으로 한 것이지만 X 점보다 반시계 방향으로 α [rad] 만큼 앞선 점을 기점으로 한 경우에는 $\theta = \omega t + \alpha$가 되므로 식 (6.10)은 다음과 같이 정현파 기전력의 일반적인 표현식이 된다.

$$e = E_m \sin(\omega t + \alpha) = E_m \sin(2\pi f t + \alpha)\ [\text{V}] \tag{6.11}$$

α는 시간 $t = 0$에서의 각 또는 상(相, phase)을 의미하는 것이기 때문에 이를 초기 위상(初期 位相, initial phase), 초기각(初期角, initial angle) 또는 간단히 위상(位相, phase)이라고 한다. 식 (6.10)은 초기각 $\alpha = 0$일 경우에 해당된다.

순시값 표시식은 정현파 전류의 경우에도 마찬가지가 되며 일반식은 다음과 같이 나타낸다.

$$i = I_m \sin(\omega t + \beta)\ [\text{A}] \tag{6.12}$$

그림 6.3(a)는 정현파 전압 v 와 정현파 전류 i 가 동상(同相, inphase)임을 보여주고 있으며, 그림 6.3(b)는 최대값이 같은 두 정현파 전압 사이에 위상차(位相差, phase difference)가 있음을 보여 주고 있다. v_1은 v_2보다 위상이 θ 만큼 앞서고 있으며, v_2는 v_1보다 위상이 θ 만큼 뒤진다고 말한다. v_1, v_2를 비교할 때 v_1을 진상(進相, leading phase), v_2를 지상(遲相, lagging phase)이라고 한다.

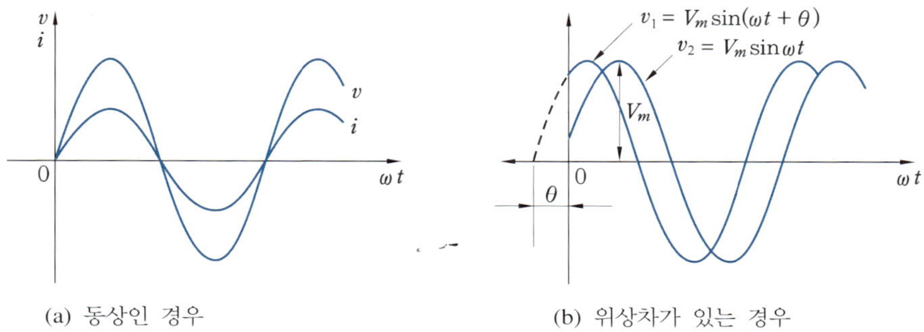

그림 6.3 정현파의 위상 관계

예제 6.3

$v = 300\sin 120\pi t$ [V]로 표시되는 정현파 전압이 있다. 이 정현파의 주파수 f [Hz]와 $t = 1/360$ [s]인 순시 전압을 구하시오.

풀이

주파수는 다음과 같다.

$$f = \frac{\omega}{2\pi} = \frac{120\pi}{2\pi} = 60 \text{ [Hz]}$$

$t = \dfrac{1}{360}$ [s]인 순간의 전압은 다음과 같다. 그러므로 순시 전압은 다음과 같이 나타낸다.

$$v = 300\sin 120\pi \cdot \frac{1}{360} = 300\sin\frac{\pi}{3} = 300 \times \frac{\sqrt{3}}{2} = 150\sqrt{3} \text{ [V]}$$

예제 6.4

정현파의 두 전류 $i_1(t) = \sqrt{2}\sin(\omega t + \pi/4)$ [A], $i_2(t) = -2/\sqrt{3}\cos(\omega t + \pi/6)$ [A]로 주어질 때 전류의 합은 얼마인가?

풀이

$i_1(t)$를 정리하면 다음과 같다.

$$\begin{aligned} i_1(t) &= \sqrt{2}\sin(\omega t + \pi/4) \\ &= \sqrt{2}(\sin\omega t \cdot \cos\pi/4 + \cos\omega t \cdot \sin\pi/4) = \sin\omega t + \cos\omega t \text{ [A]} \end{aligned}$$

$i_2(t)$를 정리하면 다음과 같다.

$$\begin{aligned} i_2(t) &= -2/\sqrt{3}\cos(\omega t + \pi/6) \\ &= -2/\sqrt{3}(\cos\omega t \cdot \cos\pi/6 - \sin\omega t \cdot \sin\pi/6) \\ &= -\cos\omega t + 1/\sqrt{3}\sin\omega t \text{ [A]} \end{aligned}$$

그러므로 전류의 합은 다음과 같다.

$$\begin{aligned} i_1(t) + i_2(t) &= (\sin\omega t + \cos\omega t) + (-\cos\omega t + 1/\sqrt{3}\sin\omega t) \\ &= \sin\omega t + 1/\sqrt{3}\sin\omega t = (1 + 1/\sqrt{3})\sin\omega t \text{ [A]} \end{aligned}$$

예제 6.5

어떤 회로에서 $e = E_m\sin(\omega t + 30°)$ [V], $i = I_m\cos(\omega t - 100°)$ [A]와의 위상차는 얼마인가?

풀이

순시 전류를 정리하면 다음과 같다.

$$\begin{aligned} i &= I_m\cos(\omega t - 100°) = I_m\cos(\omega t - 100° + 90°) \\ &= I_m\sin(\omega t - 10°) \text{ [A]} \end{aligned}$$

그러므로 위상차는 다음과 같다.

$$\theta = \theta_1 - \theta_2 = 30° - (-10°) = 40°$$

6.5 평균값

전압 및 전류에 대한 평균치(平均値, average value)는 어느 시간 구간($t_1 \sim t_2$)에서의 산술적인 평균값을 의미하지만 주기파의 경우 일반적으로 한 주기 내에 정(+)의 값과 부(−)의 값이 번갈아 존재하며, 서로 상쇄되기 때문에 평균값의 의미를 상실하게 된다. 그러므로 한 주기 내에 정(+), 부(−)의 값이 동시에 존재할 경우에는 그 절대 값에 대한 산술 평균값이 그 평균값으로서 의미를 갖으며, 그림 6.4(a)와 같다.

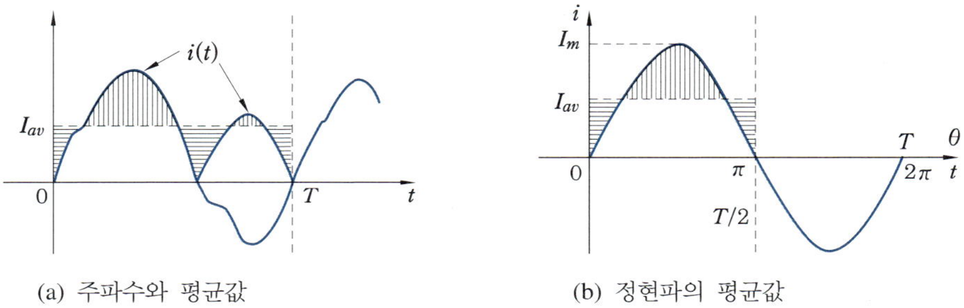

그림 6.4 평균값

이 때 평균값을 I_{av} 라 하면 평균값에 대한 일반적인 정의는 다음과 같다.

$$I_{av} = \frac{1}{T}\int_0^T |\, i(t) \,|\, dt \ [\mathrm{A}] \tag{6.13}$$

그러나 그림 6.4(b)와 같이 정현파 정(+)의 값과 부(−)의 값이 대칭적 구조를 갖는 경우 반주기 또는 반파에 대한 평균값은 나머지 반주기에 대한 평균값과 역시 같기 때문에 반주기에 대한 평균값은 한 주기 전체에 대한 평균값으로서 의미를 갖게 된다. 따라서 이런 경우는 반주기 $0 \sim T/2$ 사이의 평균값을 구하면 된다. 이제 $i = I_m \sin \omega t$ [A]로서 표시되는 정현파 전류에 대한 평균값을 구해보면 다음과 같이 나타낼 수 있다.

$$I_{av} = \frac{1}{T/2}\int_0^{T/2} i(t)\, dt = \frac{1}{T/2}\int_0^{T/2} I_m \sin \omega t \, dt \ [\mathrm{A}] \tag{6.14}$$

$$I_{av} = \frac{1}{\pi}\int_0^{\pi} i \, d\theta = \frac{1}{\pi}\int_0^{\pi} I_m \sin \theta \, d\theta \ [\mathrm{A}] \tag{6.15}$$

즉, 평균값은 반주기를 구하면 알 수 있으므로 다음과 같다.

$$I_{av} = \frac{1}{\pi}\int_0^{\pi} I_m \sin\theta\, d\theta = \frac{I_m}{\pi}\left[-\cos\theta\right]_0^{\pi} = \frac{2}{\pi} I_m \simeq 0.637 I_m \text{ [A]} \tag{6.16}$$

결국 정현파 전류 및 전압의 평균값은 다음과 같다.

$$I_{av} = \frac{2}{\pi} I_m \simeq 0.637 I_m \text{ [A]} \tag{6.17}$$

$$V_{av} = \frac{2}{\pi} V_m \simeq 0.637 V_m \text{ [V]} \tag{6.18}$$

예제 6.6

그림 6.5와 같은 사각파 전압의 평균값은?

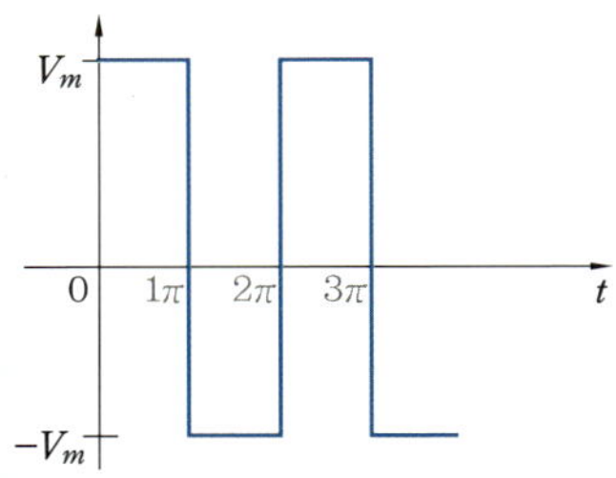

그림 6.5 사각파형

풀이

사각파 전압의 평균값은 다음과 같다.

$$V_{av} = \frac{1}{T}\int_0^{T} v\, dt = \frac{1}{\pi}\int_0^{\pi} V_m\, dt = \frac{V_m}{\pi}\int_0^{\pi} dt = \frac{V_m}{\pi}[t]_0^{\pi} = \frac{V_m}{\pi}[\pi - 0] = V_m \text{ [V]}$$

예제 6.7

정현파 교류 전압 $e = E_m \sin(\omega t + \theta)$ [V] 의 평균값은 최대값의 몇 [%]인가?

풀이

정현파 교류 전압의 평균값은 다음과 같다.

$$E_{av} = \frac{2}{\pi} E_m \simeq 0.637 E_m \text{ [V]}$$

그러므로 평균값은 최대값의 약 63.7[%]이다.

6.6 실효값

시간 가변 전류 및 전압의 크기를 정의하는 방법에 산술적 평균값 외에 전력적인 측면에서의 실효치(實效置, effective value)가 있다. 즉, 어떤 회로에서 저항(R)에 전류(I)가 흐를 때 전력(P_{dc})은 다음과 같이 나타낸다.

$$P_{dc} = IV = I^2 R \text{ [W]} \tag{6.19}$$

역시 같은 저항에 시간 가변 전류 또는 주기파 전류 $i(t)$가 흐를 때의 순시 전력(p)는 다음과 같다.

$$p = i^2 R \text{ [W]} \tag{6.20}$$

그러므로 평균 전력은 순시 전력을 일정 구간 적분하면 다음과 같이 구할 수 있다.

$$P_{av} = \frac{1}{T}\int_0^T p\, dt = \frac{1}{T}\int_0^T i^2 R\, dt \text{ [W]} \tag{6.21}$$

이때 $P_{dc} = P_{av}$ 이라면 전력적인 측면에서 직류 I는 시간 가변 전류 $i(t)$에 등가가 되며, 이때의 직류 I 값을 시간 가변 전류 $i(t)$에 대한 실효값으로 정의한다. 다시 말해 실효값은 전력적인 측면에서 가변 시간 전류 및 전압을 직류로 환산한 값이라고 할 수 있다. 주기파 전류 $i(t)$에 대한 실효값은 식 (6.19)와 식 (6.21)로부터 다음과 같이 구해진다.

$$I^2 R = \frac{1}{T}\int_0^T i^2(t) R\, dt \tag{6.22}$$

$$\therefore\ I = \sqrt{\frac{1}{T}\int_0^T i^2\, dt} \text{ [A]} \tag{6.23}$$

결국 실효값($r.m.s$; root mean square value)은 순시값 $i(t)$의 제곱에 대한 평균값의 평방근을 의미한다. 전류, 전압의 실효값은 I, V와 같이 대문자로 표기함으로써 순시값 i, v 및 최대값 I_m, V_m과 구분해서 쓴다. 그러면 $i(t) = I_m \sin\omega t$ [A]로 표시되는 정현파 전류에 대한 실효값을 구해보자. 물론 식 (6.23)에 의해 구해질 수 있으나 정현파는 반파 대칭이므로 반파 또는 반주기에 대한 실효값은 한 주기에 대한 실효값과 같다.

따라서 정현파의 실효값은 반주기분에 대한 실효값을 구하면 된다.

$$I = \sqrt{\frac{1}{T/2}\int_0^{T/2} i^2\,dt}\ \ [\mathrm{A}] \tag{6.24}$$

또는
$$I = \sqrt{\frac{1}{\pi}\int_0^{\pi} i^2\,d\theta}\ \ [\mathrm{A}]$$

그러므로 순시전류 i 를 대입하여 정리하면 다음과 같다.

$$I = \sqrt{\frac{1}{\pi}\int_0^{\pi} i^2\,d\theta} = \sqrt{\frac{1}{\pi}\int_0^{\pi} (I_m \sin\theta)^2\,d\theta} \tag{6.25}$$

$$= \frac{I_m}{\sqrt{2}} \simeq 0.707\,I_m\ \ [\mathrm{A}]$$

결국 정현파 전류 및 전압의 실효값은 각각 다음과 같다.

$$I = \frac{I_m}{\sqrt{2}} \simeq 0.707\,I_m\ \ [\mathrm{A}] \tag{6.26}$$

$$V = \frac{V_m}{\sqrt{2}} \simeq 0.707\,V_m\ \ [\mathrm{V}] \tag{6.27}$$

또한, 식 (6.25)로부터 다음과 같이 실효값과 최대값의 관계를 다음과 같이 나타낼 수 있다.

$$I_m = \sqrt{2}\,I\ \ [\mathrm{A}] \tag{6.28}$$

$$V_m = \sqrt{2}\,V\ \ [\mathrm{V}] \tag{6.29}$$

그러므로 정현파에 대한 순시값의 표시식은 다음과 같이 표현된다.

$$i = I_m \sin\omega t = \sqrt{2}\,I \sin\omega t\ \ [\mathrm{A}] \tag{6.30}$$

$$v = V_m \sin\omega t = \sqrt{2}\,V \sin\omega t\ \ [\mathrm{V}] \tag{6.31}$$

전압계, 전류계 등 대부분 교류용 계기는 순시값의 제곱에 비례하는 토크(torque)를 지시하도록 되어 있기 때문에 그 눈금은 실효값을 나타낸다.

예제 6.8

그림 6.6과 같은 파형을 갖는 사각파 전류의 평균값이 10 [A]이라면 전류의 실효값은?

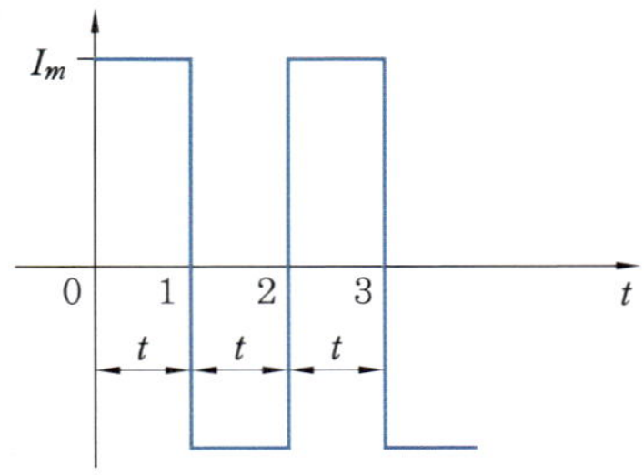

그림 6.6 사각파

풀이

맥류 전류의 평균값 I_{av}는 다음과 같다.

$$I_{av} = \frac{1}{T}\int_0^T i\,dt = \frac{1}{t}\int_0^t i\ dt = \frac{1}{t}\int_0^t I_m\,dt = \frac{1}{t}[I_m t]_0^t = I_m = 10\ [\mathrm{A}]$$

그러므로 최대 전류는 다음과 같다.

$$I_m = I_{av} = 10\ [\mathrm{A}]$$

따라서 맥류 전류의 실효값 I는 다음과 같다.

$$I = \sqrt{\frac{1}{2t}\int_0^{2t}(10)^2 dt} = \sqrt{100} = 10\ [\mathrm{A}]$$

예제 6.9

그림 6.7과 같은 $i = I_m \sin\omega t$ [A]인 정현파 교류의 반파 정류 파형의 실효값은?

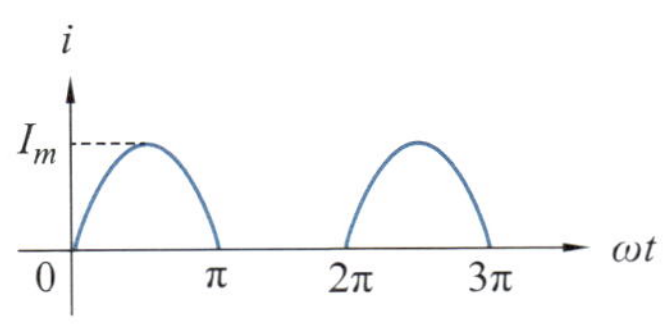

그림 6.7 반파 정류 회로

풀이

정현파의 실효값은 다음과 같다.

$$I = \sqrt{\frac{1}{T}\int_0^T i^2\,dt} = \sqrt{\frac{1}{2\pi}\int_0^{2\pi} i^2\,dt}\ [\mathrm{A}]$$

그런데 반파 정류는 $\pi \sim 2\pi$ 일 때 $i = 0$ 이다.

그러므로 반파 정류의 실효값은 다음과 같이 구할 수 있다.

$$I = \sqrt{\frac{1}{2\pi}\int_0^{\pi} i^2\, dt}$$
$$= \sqrt{\frac{1}{2\pi}\int_0^{\pi} I_m^2 \sin^2 \omega t\, d(\omega t)} = \sqrt{\frac{I_m^2}{2\pi}\int_0^{\pi}\frac{1-\cos 2\omega t}{2}\, d(\omega t)}$$
$$= \frac{I_m}{2}\ [\mathrm{A}]$$

예제 6.10

어떤 정현파 회로에서 $v_1 = 20\sqrt{2}\sin\omega t\,[\mathrm{V}]$, $v_2 = 50\sqrt{2}\cos(\omega t - \pi/6)\,[\mathrm{V}]$ 일 때 $v_1 + v_2$의 실효값은?

풀이

$v_2(t)$ 를 정리하면 다음과 같다.

$$v_2 = 50\sqrt{2}\cos(\omega t - \pi/6) = 50\sqrt{2}\sin(\omega t + 60°)$$
$$= 50\sqrt{2}(\sin\omega t \cdot \cos 60° + \cos\omega t \cdot \sin 60°)$$
$$= 50\sqrt{2}(\sin\omega t \cdot 1/2 + \cos\omega t \cdot \sqrt{3}/2)$$
$$= 25\sqrt{2}(\sin\omega t + \sqrt{3}\cos\omega t)\ [\mathrm{V}]$$

그러므로 $v_1 + v_2$는 다음과 같다.

$$v_1 + v_2 = 20\sqrt{2}\sin\omega t + 25\sqrt{2}(\sin\omega t + \sqrt{3}\cos\omega t)$$
$$= 45\sqrt{2}\sin\omega t + 25\sqrt{6}\cos\omega t\,[\mathrm{V}]$$

6.7 파형률과 파고율

정현파 교류의 크기는 실효값으로 나타내지만 이것만으로는 파형을 수량적으로 알 수 없으므로 파형의 개형을 알기 위한 방법으로 파형률(波形率, form factor)과 파고율(波高率, crest factor)이란 계수를 사용한다. 시스템 회로의 파형률 및 파고율 등을 알면 대칭파의 모양에 대해서 어느 정도 추측이 가능하고, 교류 발전기의 설계 및 시험 등의 문제 해결에 중요한 단서가 되기도 한다. 그리고 비정현파에서도 왜곡(歪曲, distortion)의 정도를 이해하기 위해서 파형률과 파고율의 계수를 사용하고 있으며, 이들은 다음과 같이 정의되고 있다.

$$\text{파고율} = \frac{\text{최대값}}{\text{실효값}} \tag{6.32}$$

$$\text{파형률} = \frac{\text{실효값}}{\text{평균값}} \tag{6.33}$$

정현파 교류에 대한 파고율과 파형률을 구해보면 다음과 같이 나타낸다.

$$\text{파고율} = \frac{I_m}{I} = \frac{I_m}{I_m / \sqrt{2}} = \sqrt{2} = 1.414 \tag{6.34}$$

$$\text{파형률} = \frac{I_m / \sqrt{2}}{2 I_m / \pi} = \frac{\pi}{2\sqrt{2}} = \frac{0.707}{0.637} = 1.111 \tag{6.35}$$

이 값은 다른 비정현 주기파에 대한 정현파로부터의 일그러진 정도를 판단하는데 기준이 되기도 한다. 여러 가지 주기파의 파형률과 파고율을 표 6.1에 나타낸다.

표 6.1 여러 가지 파형에 대한 파형률과 파고율

명칭	파형	실효값	파고율	파형률
사각파	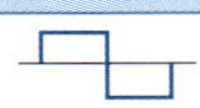	I_m	1	1
반원파		$\frac{I_m}{\sqrt{3/2}} = 0.816 I_m$	$\sqrt{\frac{3}{2}} = 1.225$	$\frac{4}{\pi}\sqrt{\frac{2}{3}} = 1.040$
정현파		$\frac{I_m}{\sqrt{2}} = 0.707 I_m$	$\sqrt{2} = 1.414$	$\frac{\pi}{2\sqrt{2}} = 1.109 I_m$
삼각파		$\frac{I_m}{\sqrt{3}} = 0.577 I_m$	$\sqrt{3} = 1.732$	$\frac{2}{\sqrt{3}} = 1.155$

예제 6.11

어떤 회로의 전압 파형이 다음과 같다. 전압 파형의 실효값은 얼마인가?

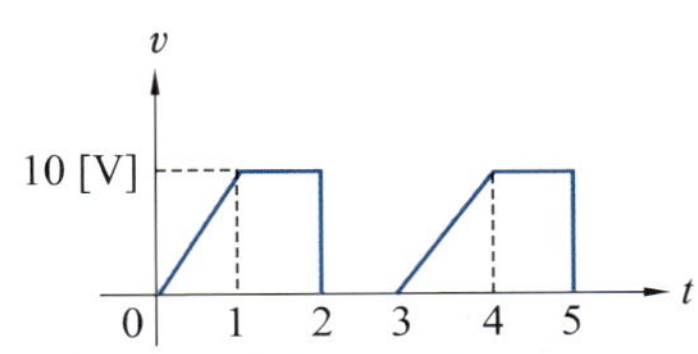

그림 6.8 전압 파형

풀이

파형의 실효값은 다음과 같다.

$$V = \sqrt{\frac{1}{T}\int_0^T v^2\, dt} = \sqrt{\frac{1}{3}\left\{\int_0^1 (10t)^2\, dt + \int_1^2 (10)^2\, dt\right\}} = \frac{20}{3} \fallingdotseq 6.67\ [\text{V}]$$

예제 6.12

삼각파의 전압 파형이 다음과 같다. 이 전압 파형의 평균값을 구하고 파고율 및 파형률을 구하시오.

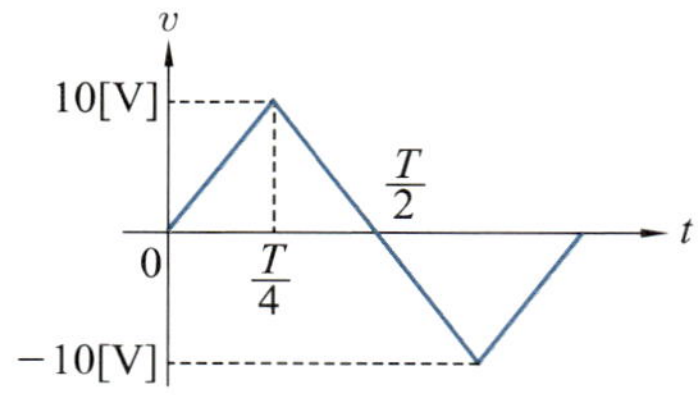

그림 6.9 삼각파의 전압 파형

풀이

먼저 삼각파의 평균값은 다음과 같다.

$$\begin{aligned} V_{av} &= \frac{1}{T/4}\int_0^{T/4} v\,dt \\ &= \frac{1}{T/4}\int_0^{T/4}\left(\frac{V_m}{T/4}t\right)dt \\ &= \frac{16}{T^2}\,V_m\int_0^{T/4} t\,dt \\ &= \frac{16\,V_m}{T^2}\left[\frac{t^2}{2}\right]_0^{T/4} = \frac{V_m}{2} = \frac{10}{2} = 5\,[\mathrm{V}] \end{aligned}$$

그리고 삼각파의 실효값을 구하면 다음과 같다.

$$\begin{aligned} V &= \sqrt{\frac{1}{T/4}\int_0^{T/4} v^2\,dt} \\ &= \sqrt{\frac{1}{T/4}\int_0^{T/4}\left(\frac{V_m}{T/4}t\right)^2 dt} \\ &= \sqrt{\frac{64\,V_m^2}{T^3}\int_0^{T/4} t^2\,dt} \\ &= \sqrt{\frac{64\,V_m^2}{T^3}\times\frac{1}{3}\times\left[t^3\right]_0^{T/4}} = \frac{V_m}{\sqrt{3}} = \frac{10}{\sqrt{3}}\,[\mathrm{V}] \end{aligned}$$

따라서 파고율 및 파형률은 다음과 같다.

$$\text{파고율} = \frac{\text{최대값}}{\text{실효값}} = \frac{V_m}{V_m/\sqrt{3}} = \sqrt{3} = \frac{10}{10/\sqrt{3}} = \sqrt{3}$$

$$\text{파형률} = \frac{\text{실효값}}{\text{평균값}} = \frac{V_m/\sqrt{3}}{V_{av}} = \frac{10/\sqrt{3}}{5} = \frac{2}{\sqrt{3}}$$

6.8 간단한 정현파 회로

[1] 저항 회로

대부분의 전기 장치들은 무수히 많은 저항들을 필요에 따라 직렬, 병렬 또는 직렬과 병렬을 혼합 접속하여 사용한다. 그림 6.10(a)와 같은 저항 R만을 가지는 회로에 $i = I_m \sin\omega t$ [A]의 정현파 전류가 흐른다면 저항 양단의 전압은 옴의 법칙에서 다음과 같이 나타낸다.

$$v = Ri = RI_m \sin\omega t \ [\mathrm{V}] \tag{6.36}$$

v 의 최대값을 V_m이라 하면 바로 RI_m과 같게 된다. 전압과 전류의 최대값 사이에는 다음의 관계가 성립한다.

$$V_m = RI_m \ [\mathrm{V}] \tag{6.37}$$

또한, 전압 및 전류의 실효값 사이에는 다음과 같이 나타낸다.

$$V = RI \ [\mathrm{V}] \tag{6.38}$$

$$I = \frac{V}{R} \ [\mathrm{A}] \tag{6.39}$$

그림 6.10(b)는 저항 R만으로 된 교류 회로에서 순시값 전압과 전류의 관계를 보여준다.

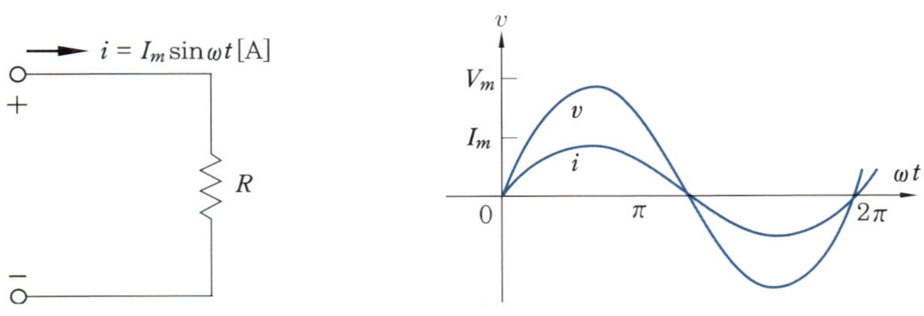

(a) 저항만의 회로 (b) 순시값 전압과 전류

그림 6.10 저항회로의 전압-전류 관계

> ※ 저항만의 회로의 특징
> ① 전압과 전류는 동일 주파수의 정현파이다.
> ② 전압과 전류는 동상이다.
> ③ 전압과 전류의 최대값 또는 실효값의 비는 R 이다.

예제 6.13

저항 $R_1 = 10\,[\Omega]$, $R_2 = 40\,[\Omega]$이 직렬로 연결된 회로에 220 [V], 60 [Hz]인 교류 전압을 인가할 때 회로 전류 및 R_2 양단 사이의 전압을 구하시오.

풀이

교류 220 [V]라 함은 실효값을 의미하므로 전압 방정식은 다음과 같다.

$$\begin{aligned} v &= \sqrt{2} \cdot 220 \sin \omega t \\ &= \sqrt{2} \cdot 220 \sin 2\pi \cdot 60\, t = \sqrt{2} \cdot 220 \sin 377 t\ [\mathrm{V}] \end{aligned}$$

따라서 순시값 전류 i 는 다음과 같다.

$$\begin{aligned} i &= \frac{v}{R_1 + R_2} \\ &= \frac{\sqrt{2} \cdot 220 \sin 377t}{50} = \sqrt{2} \cdot 4.4 \sin 377t\ [\mathrm{A}] \end{aligned}$$

R_2 양단의 전압 v_2 는 다음과 같다.

$$\begin{aligned} v_2 &= R_2 \cdot i \\ &= 40 \cdot \sqrt{2} \cdot 4.4 \sin 377\, t = \sqrt{2} \cdot 176 \sin 377 t\ [\mathrm{V}] \end{aligned}$$

전압과 전류의 크기는 실효값이며, 실효값 = 최대값 / $\sqrt{2}$ 이므로 회로 전류의 크기 I 는 다음과 같다.

$$I = \frac{\sqrt{2} \cdot 4.4}{\sqrt{2}} = 4.4\ [\mathrm{A}]$$

R_2 양단의 전압 V_2는 다음과 같다.

$$V_2 = \frac{\sqrt{2} \cdot 176}{\sqrt{2}} = 176\ [\mathrm{V}]$$

[2] 인덕턴스 회로

인덕턴스(inductance)는 회로의 전류 변화에 대한 전자기 유도에 의해 생기는 역기전력의 비율을 나타내는 양이다. 즉, 코일에 흐르는 전류가 변화되면 그 코일에 전압이 발생된다. 이 전류 변화에 대해 발생되는 전압의 비율을 표시하는 양으로서 단위는 헨리[H] 이다.

인덕턴스는 자기 인덕턴스(self-inductance)와 상호 인덕턴스(mutual inductance)가 있다. 자기 인덕턴스는 전기 회로를 흐르는 전류값의 변화에 대하여 어느 만큼의 유도 기전력이 발생하는가를 나타내는 상수이다. 상호 인덕턴스는 두 폐회로(閉回

路, closed circuit)에서 한쪽 회로에 단위전류가 흐를 때 다른 쪽의 회로를 관통하는 자기력선속의 양이며, 상호 유도계수라고도 한다.

그림 6.11(a)와 같은 회로에 $i = I_m \sin\omega t$ [A]의 정현파 전류가 인덕턴스 L만을 갖는 이상적인 인덕터에 흐를 때 전류의 방향으로 생기는 전압 강하 v는 다음과 같이 나타낸다.

$$\begin{aligned} v &= L\frac{di}{dt} = L\frac{d}{dt}(I_m \sin\omega t) \\ &= \omega L I_m \cos\omega t \\ &= \omega L I_m \sin(\omega t + 90°)\ [\mathrm{V}] \end{aligned} \tag{6.40}$$

$\omega L I_m$ 은 바로 v의 최대값이 된다.

$$V_m = \omega L I_m\ [\mathrm{V}] \tag{6.41}$$

그리고 전압, 전류의 실효값 사이에 관계를 알아보면 다음과 같은 수식이 성립된다.

$$V = \omega LI\ [\mathrm{V}] \tag{6.42}$$

$$I = \frac{V}{\omega L}\ [\mathrm{A}] \tag{6.43}$$

그림 6.11(b)는 인덕턴스 회로에서 v, i 의 관계를 보여주고 있다.

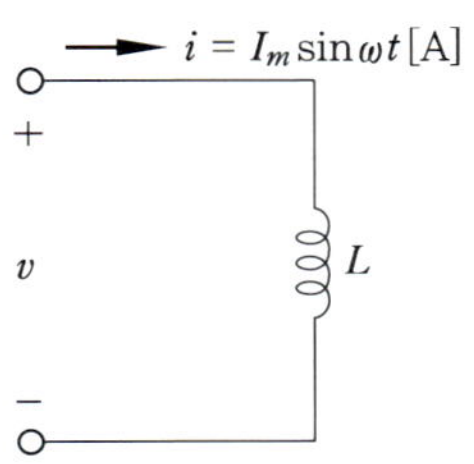

(a) 인덕턴스의 회로

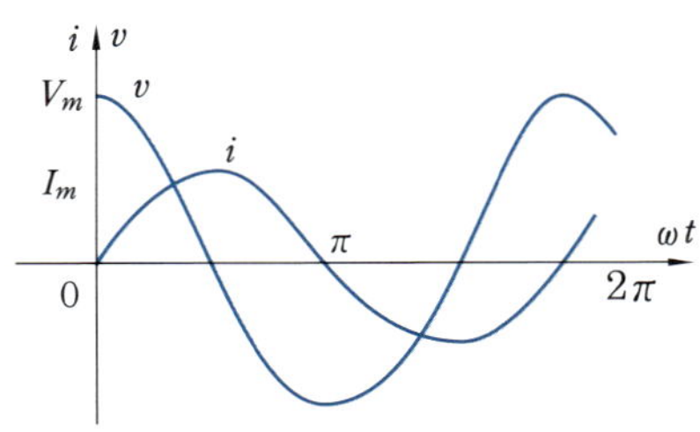

(b) 순시값 전압과 전류

그림 6.11 인덕턴스 회로의 전압-전류 관계

> **※ 인덕턴스 회로의 특징**
> ① 전압과 전류는 동일주파수의 정현파이다.
> ② 전압은 전류보다 위상이 90° 앞선다.
> ③ 전압과 전류의 최대값 또는 실효값의 비는 ωL 이다.

인덕턴스 회로를 저항 회로의 경우와 비교하면 ωL 은 저항회로에서의 R 과 같은 일종의 교류 저항임을 알 수 있다. 그러므로 이것을 저항(抵抗, resistance)과 유사한 개념을 갖는 리액턴스(reactance)라 하며 X_L로 표시하고, 단위는 옴(ohm, [Ω])이다.

$$X_L = \omega L = 2\pi f L \ [\Omega] \tag{6.44}$$

따라서 전압에 대한 순시값은 다음과 같다.

$$v = X_L I_m \sin(\omega t + 90°) \ [\text{V}] \tag{6.45}$$

그리고 전압 및 전류의 실효값의 관계는 각각 다음과 같다.

$$V = X_L I \ [\text{V}] \tag{6.46}$$

$$I = \frac{V}{X_L} \ [\text{A}] \tag{6.47}$$

이것을 인덕턴스만의 교류 회로에서는 옴의 법칙이라고 할 수 있다. ωL 은 보통의 저항과는 달리 전압이 전류보다 위상이 90° 앞서게 하는 효과가 있으므로 이를 특히 유도성 리액턴스(inductive reactance)라 부른다.

예제 6.14

$L = 40$ [mH]의 코일에 $v = \sqrt{2} \cdot 220 \sin 377t$ [V]의 전압이 인가될 때 이 코일의 리액턴스, 전류의 실효값 및 순시값 표시식을 구하시오.

풀이

회로의 리액턴스는 다음과 같다.

$$X_L = \omega L = 2\pi f L = 377 \times 40 \times 10^{-3} \fallingdotseq 15 \ [\Omega]$$

$$I = \frac{V}{X_L} = \frac{220}{15} \fallingdotseq 14.7 \ [\text{A}]$$

이 경우 i는 v보다 위상이 $\pi/2$ 뒤지므로 순시값은 다음과 같다.

$$i = \sqrt{2} \cdot 14.7 \sin\left(377t - \frac{\pi}{2}\right) \ [\text{A}]$$

[3] 커패시턴스 회로

커패시턴스(capacitance)는 물체가 전하를 축적하는 능력을 나타내는 물리량이다.

전기 용량 또는 정전용량이라고도 한다. 예를 들면 콘덴서의 양극에 음과 양의 전하가 축적될 때 그 전기량은 양극 간의 전위차에 비례한다. 그 비례계수가 전기용량이며, 단위로는 패럿 [F]을 사용한다.

그림 6.12(a)와 같은 커패시턴스 C만을 갖는 이상적 커패시터에 $i = I_m \sin\omega t$ [A]로 표시되는 정현파 전류가 유입될 때 전류 방향으로의 전압 강하 v는 다음과 같이 나타낸다.

$$v = \frac{1}{C}\int i\, dt = \frac{1}{C}\int I_m \sin\omega t\ dt = -\frac{1}{\omega C} I_m \cos\omega t \tag{6.48}$$
$$= \frac{1}{\omega C} I_m \sin(\omega t - 90°)\ [\mathrm{V}]$$

v의 최대값은 $\frac{1}{\omega C} I_m$ 이 된다.

$$V_m = \frac{1}{\omega C} I_m\ [\mathrm{V}] \tag{6.49}$$

그러므로 전압, 전류의 실효값 사이에는 다음의 관계가 성립된다.

$$V = \frac{1}{\omega C} I\ [\mathrm{V}] \tag{6.50}$$

$$I = \omega C V = \frac{V}{1/\omega C}\ [\mathrm{A}] \tag{6.51}$$

그림 6.12(b)는 이때의 전압과 전류 사이의 관계를 보여준다.

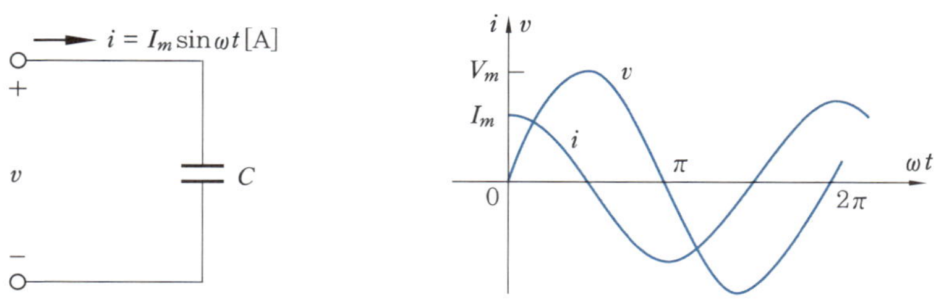

(a) 커패시턴스의 회로 (b) 순시값 전압과 전류

그림 6.12 커패시턴스 회로의 전압-전류 관계

> **※ 커패시턴스 회로의 특징**
>
> ① 전압과 전류는 동일 주파수의 정현파이다.
> ② 전압은 전류보다 위상이 90° 늦다.
> ③ 전압과 전류의 최대값 및 실효값의 비는 $1/\omega C$ 이다.

커패시턴스의 회로에 있어서 $1/\omega C$은 용량성 리액턴스(capacitive reactance)라 하여 X_c로 표시한다. ωL과 마찬가지로 회로 전류를 제한하는 교류 저항으로서 역할을 하지만 인덕턴스와는 달리 전압이 전류보다 위상이 90° 뒤지게 하는 효과가 있다. 그러므로 유도성 리액턴스와 구별하기 위해서 유도성 리액턴스 X_L의 부호는 정(+)으로, 용량성 리액턴스 X_c의 부호는 부(−)로 한다.

$$X_c = -\frac{1}{\omega C} = -\frac{1}{2\pi f\ C}\ [\Omega] \tag{6.52}$$

따라서 전압에 대한 순시값은 다음과 같이 나타낸다.

$$v = |X_c|\ I_m \sin(\omega t - 90°)\ [\text{V}] \tag{6.53}$$

그리고 전압 및 전류의 실효값은 다음과 같다.

$$V = |X_c|\ I\ [\text{V}] \tag{6.54}$$

$$I = \frac{V}{|X_c|}\ [\text{A}] \tag{6.55}$$

이와 같이 나타낸 것을 커패시턴스만의 교류 회로에서 옴의 법칙이라 할 수 있다.

예제 6.15

정전용량 50 [μF]인 콘덴서가 있다. 이 콘덴서에 $v = \sqrt{2} \cdot 220 \sin 377t$ [V]의 교류 전압을 인가했을 때 회로의 리액턴스, 전류의 실효값과 순시값의 표시식을 구하시오.

풀이

회로의 리액턴스와 실효값 전류는 각각 다음과 같다.

$$X_c = \frac{1}{\omega C} = \frac{1}{377 \times 50 \times 10^{-6}} \fallingdotseq 53\ [\Omega]$$

$I = \dfrac{V}{X_c} = \dfrac{220}{53} \fallingdotseq 4.15$ [A]가 되며, 이때 전류는 전압보다 위상이 90° 앞서므로 순시값은 다음과 같다.

$$i = \sqrt{2} \cdot 4.15 \sin\left(377t + \frac{\pi}{2}\right)\ [\text{A}]$$

6장 연습문제

01. 시간의 변화에 관계없이 크기와 방향이 일정한 전류를 (　　　)라 하며, 시간의 변화에 따라 그 크기와 방향이 주기적으로 변화하는 전류를 (　　　)라 한다.

답 직류, 교류

02. 주파수 f [Hz] 인 정현파의 경우 1 [s] 동안에 변화하는 전기각은 $2\pi f$ [rad]이 되며 이를 (　　　) 또는 (　　　)라 하고, ω [rad/s] 로 나타낸다.

답 각속도, 각주파수

03. 정현파 교류 순시 전압 $v = 240\sin 120\pi t$ [V]로 표시될 때 주파수는 얼마인가?

답 60 [Hz]

04. 저항 $R_1 = 3$ [Ω], $R_2 = 2$ [Ω]이 직렬로 연결된 회로에 실효 전압 220 [V], 주파수 60 [Hz]를 인가할 때 회로의 전류를 순시값의 형태로 나타내시오.

답 $i = \sqrt{2} \cdot 44\sin 377t$ [A]

05. $L = 30$ [mH] 의 코일에 $v = \sqrt{2} \cdot 220\sin 377t$ [V]의 전압이 인가될 때 코일의 리액턴스를 구하시오.

답 11.31 [Ω]

06. 교류 회로에 리액턴스가 40 [Ω]이고, 인가 전압 $v=\sqrt{2}\cdot 220\sin 377t$ [V]가 공급되고 있을 때 전류의 실효값 및 순시값 표시식을 구하시오.

답 5.5 [A], $i=\sqrt{2}\times 5.5\sin\left(377t-\frac{\pi}{2}\right)$ [A]

07. 정전용량이 40 [μF]이고, $v=\sqrt{2}\cdot 220\sin 377t$ [V]의 교류 전압을 인가했을 때 회로의 리액턴스는 얼마인가?

답 $X_c \fallingdotseq 66.3$ [Ω]

08. 저항만의 회로에서 전압과 전류의 최대값 또는 실효값의 비는 (   ) 이다.

답 R

09. 인덕턴스 회로에서 전압과 전류의 최대값 또는 실효값의 비는 (   ) 이다.

답 ωL

10. 커패시턴스 회로에서 전압과 전류의 최대값 및 실효값의 비는 (   ) 이다.

답 $\frac{1}{\omega C}$

제 7 장

정전계

7.1 정전계와 쿨롱의 법칙

자연계에 존재하는 물질을 마찰시키면 전기가 발생한다는 사실을 초기 인류는 인지한 것으로 판단된다. 물질을 마찰시켰을 때 발생되는 전기를 마찰전기(摩擦電氣, frictional electricity or triboelectricity)라 한다. 모피, 유리, 운모, 명주, 목재, 수지, 금속, 셀룰로이드 등 임의로 두 개의 물질을 마찰시키면 한쪽은 정(正), 다른 한쪽은 부(負)로 대전(帶電, electrification)하게 된다. 대전된 전기의 이동을 허용하지 않으면 부도체(不導體, non-conductor) 또는 절연체(絕緣體, insulator)이다. 반대로 전기가 자유로이 이동할 수 있는 물질을 도체(導體, conductor)라 하며 은(Ag; silver), 구리(Cu; copper), 금(Au; aurum), 알루미늄(Al; aluminium) 등이 있다.

프랑스 물리학자 쿨롱(Charles-Augustin de Coulomb, 1736～1806)은 하나의 대전체 가까이에 다른 대전체를 놓으면 두 개의 전하 사이에 힘이 작용한다는 사실을 실험으로 증명하였다. 이것은 대전체의 근처에 전기적 영향이 미치는 공간이 형성되며, 다른 도전체가 가까이 오면 그 물체에 힘이 미친다는 것이다. 이와 같이 전기적인 힘이 작용하는 공간을 전계(電界, electric field)라고 한다. 특히 전하가 정지하고 있을 때의 전계를 정전계(靜電界, electrostatic field)라고 한다.

그림 7.1은 비틀림 저울(torsion balance)을 사용한 쿨롱의 실험을 나타낸 것이다. 원자에서 핵과 전자 사이의 힘은 만유인력보다 전기력이 훨씬 크므로 만유인력은

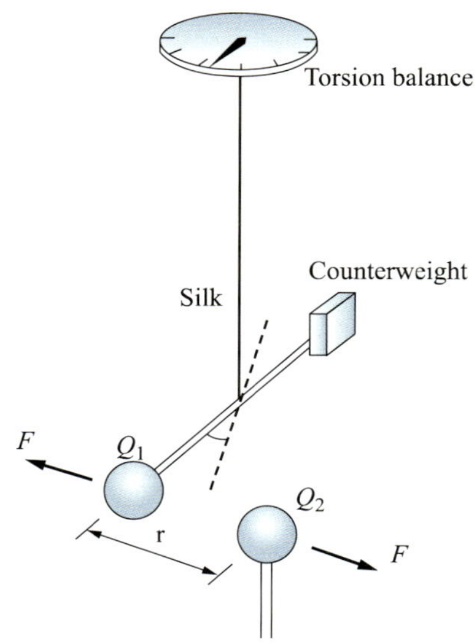

그림 7.1 비틀림 저울을 사용한 쿨롱의 실험

무시하고 쿨롱의 법칙을 사용하여 계산하였다. 전하(電荷, electric charge)를 갖는 물체 상호 간의 거리를 정확하게 설정하기 위한 극히 미소한 대전체를 가정하고 이것을 점전하(點電荷, point charge)라고 말한다. 실제에 있어 대전체의 크기에 비하여 거리가 매우 클 때의 대전체를 점(點, point)이라고 판단해도 결과는 큰 오차가 없다. 거리 r [m] 만큼 떨어져 있는 두 개의 정지된 점전하 Q_1, Q_2 사이에 작용하는 힘을 F [N]라 하면 다음과 같은 식으로 표현이 가능하다.

$$F = k\frac{Q_1 Q_2}{r^2} \ [\mathrm{N}] \tag{7.1}$$

즉, 두 점전하 사이에 작용하는 힘은 Q_1과 Q_2 사이의 곱에 비례하고 거리의 제곱에 반비례하며, 방향은 Q_1과 Q_2 사이를 연결하는 직선상에 있다. Q_1과 Q_2가 같은 극성이면 반발력(半撥力, repulsive force)이 작용하며, 다른 극성이면 흡인력(吸引力, attractive force)이 작용한다. 그리고 관계식에 적용된 k는 비례 상수를 의미하며, 식 (7.1)을 쿨롱의 법칙(Coulomb's law)이라고 한다. 이 법칙은 상당히 가까운 거리까지 적용할 수 있으며, 원자 내의 전자 사이 및 원자핵과 전자 사이의 계산에도 이용할 수 있지만 핵 내부에서는 적용할 수 없다. 일반적으로 두 개의 전하 사이의 거리가 10^{-12} [m] 이하에는 적용할 수 없다. 이 단위계에서는 길이의 단위를 [m], 질량을 [kg], 시간을 [s]라 한다. 그리고 힘의 단위는 뉴턴(newton)이며, [$\mathrm{kg \cdot m/s^2}$]로 표현된다.

식 (7.1)에서 k를 지배하는 것은 물질의 유전율(誘電率, permittivity)이며, 유전율은 진공의 유전율(space permittivity or dielectric constant in vacuum)과 비유전율(比誘電率, relative permittivity)의 곱으로 나타낸다. 즉, $\epsilon = \epsilon_0 \epsilon_r$이며, 진공 중에서 비유전율 $\epsilon_r = 1$이다.

$$\epsilon_0 = 8.855 \times 10^{-12} \ [\mathrm{F/m}] \tag{7.2}$$

$$\frac{1}{4\pi\epsilon_0} \fallingdotseq 9 \times 10^9 \tag{7.3}$$

그러므로 식 (7.1)은 다음과 같이 표현이 가능하다.

$$F = k\frac{Q_1 Q_2}{r^2} = \frac{1}{4\pi\epsilon_0}\frac{Q_1 Q_2}{\epsilon_r r^2} = 9 \times 10^9 \frac{Q_1 Q_2}{\epsilon_r r^2} \ [\mathrm{N}] \tag{7.4}$$

예제 7.1

어떤 공기 중에서 ±1 [C]의 두 점전하가 1 [m] 거리에 놓여 있을 때 작용하는 힘은 얼마인가?

풀이

쿨롱의 법칙을 이용하여 해결할 수 있다.

$$F = \frac{1}{4\pi\epsilon_0}\frac{Q_1 Q_2}{r^2}$$

$$= 9\times10^9 \frac{Q_1 Q_2}{r^2} = 9\times10^9 \frac{1\times1}{1} = 9\times10^9 \text{ [N]}$$

예제 7.2

한 변의 길이가 10 [cm]인 정 삼각형(A, B, C)의 두 정점(A, B)에 각각 $+10^{-5}$ [C], -10^{-5} [C]의 전하가 위치하였을 때 다른 정점 C에 $+10^{-8}$ [C]의 전하를 놓았을 때 이 전하에 작용하는 힘은 어떤 관계인가?

풀이

A 정점의 전하와 C 정점의 전하 사이에 작용하는 힘을 F_{AC}이라 하면 다음과 같다.

$$F_{AC} = \frac{1}{4\pi\epsilon_0}\frac{Q_A Q_C}{r^2}$$

$$= 9\times10^9 \frac{(10^{-5})(10^{-8})}{(0.1)^2} = 9\times10^{-2} \text{ [N]}$$

B 정점의 전하와 C 정점의 전하 사이에 작용하는 힘을 F_{BC}이라 하면 다음과 같다.

$$F_{BC} = \frac{1}{4\pi\epsilon_0}\frac{Q_B Q_C}{r^2}$$

$$= 9\times10^9 \frac{(-10^{-5})(10^{-8})}{(0.1)^2} = -9\times10^{-2} \text{ [N]}$$

즉, F_{AC}와 F_{BC}의 크기는 같고 방향이 반대인 것을 알 수 있다.

7.2 전계와 전기력선

전기적인 성질을 갖고 있는 전하 사이에는 쿨롱의 법칙에 따른 힘이 작용하는 것을 알 수 있다. 따라서 그 주위의 전계의 모양을 조사하려면 점전하(點電荷, point charge)로 된 검전하(檢電荷, test charge)를 이용하면 된다. 검전하에 작용하는 힘을 단위 점전하에 작용하는 힘으로 환산하면 그 점에 작용하는 전계의 세기(intensity of electric field)를 의미한다. 그리고 이러한 전기력이 작용하는 공간을 그 대전체에 의한 전계(電界, electric field)라 한다. 따라서 δQ를 검전하라 하고, δF를 δQ에 작용하는 힘이라 하면 전계의 세기 E는 다음과 같이 정의된다.

$$E = \lim_{\delta Q \to \infty} \frac{\delta F}{\delta Q} \ [\mathrm{N/C}] \tag{7.5}$$

M.K.S 단위계에서는 $\delta Q = 1$ [C]에 작용하는 힘이 1 [N]이 되는 전계의 세기 E를 단위로 하며, 다음과 같은 관계가 있다.

$$E = [\mathrm{N/C}] = \frac{[\mathrm{N \cdot m}]}{[\mathrm{C \cdot m}]} = \left[\frac{\mathrm{J}}{\mathrm{C}}\frac{1}{\mathrm{m}}\right] = [\mathrm{V/m}] \tag{7.6}$$

그리고 전계의 세기 E [V/m]인 점의 전하 Q [C]가 받는 힘은 다음과 같다.

$$F = QE \ [\mathrm{N}] \tag{7.7}$$

$$E = \frac{F}{Q} \quad [\mathrm{N/C = V/m}] \tag{7.8}$$

즉, 힘의 방향은 전계의 방향과 일치하는 것을 알 수 있다. 전계의 원천인 전하분포에 따른 진공 중에서 전계의 계산 예를 나타내면 다음과 같다.

$$E = \frac{F}{Q} = \frac{1}{4\pi\epsilon_0\epsilon_r}\frac{Q}{r^2} \fallingdotseq \frac{1}{4\pi\epsilon_0}\frac{Q}{r^2} \ [\mathrm{V/m}] \tag{7.9}$$

맥스웰(James Clerk Maxwell, 1777～1851)은 이 검전하에 작용하는 힘의 원인은 검전하가 존재하는 장소에 있어서의 전계에 있다고 하였다. 점전하로 전계 내의 각 점을 조사하면 각 점의 전계의 세기와 방향을 알 수 있지만 이것을 그림으로 나타내면 전계의 모양은 더욱 명료하게 된다. 이것은 그림 7.2와 같이 나타내는 것을 전기력선(電氣力線, electric line of force)이며, 다음과 같은 성질을 갖고 있다.

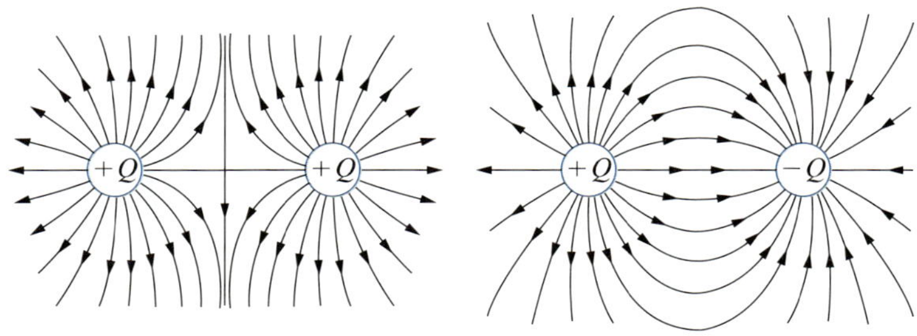

(a) 같은 극성의 전기력선 (b) 다른 극성의 전기력선

그림 7.2 전기력선의 분포 및 방향

※ 전기력선의 성질

① 전기력선은 전계가 그린 공간 곡선이며, 선상의 임의의 점에서 접선이 전계의 세기의 방향을 나타낸다.
② 전기력선의 방향은 전위가 높은 곳에서 낮은 곳으로 향한다.
③ 전기력선은 정(+) 방향에서 부(−) 방향으로 흐르거나 무한원까지 퍼진다.
④ 두 개의 전기력선은 교차하지 않는다.
⑤ 정전계에서 전기력선은 폐곡선이 되지 않는다.
⑥ 전기력선은 등전위면과 직교한다.

예제 7.3

대기 중에서 어떤 공간의 A 점에 Q [C]의 전하, B 점에 $4Q$ [C]의 전하가 직선거리 1 [m] 간격을 두고 놓여 있을 때 전계의 세기가 0 인 점은 A점으로부터 몇 [m]인가?

풀이

부호가 같은 경우 전계의 세기가 0 인 점은 두 전하 사이에 존재하며 그림 7.3과 같이 그 점까지의 거리를 x [m]라 할 때 전계는 반대 방향으로 작용한다.

$$E = \frac{1}{4\pi\epsilon_0}\left[\frac{Q}{x^2} - \frac{4Q}{(1-x)^2}\right] = 0$$

그러므로 $\dfrac{Q}{x^2} = \dfrac{4Q}{(1-x)^2}$ 이다. 그리고 이것을 정리하면 $4x^2 = (1-x)^2$ 이다.

$$\therefore\ x = \frac{1}{3}\ [\mathrm{m}]$$

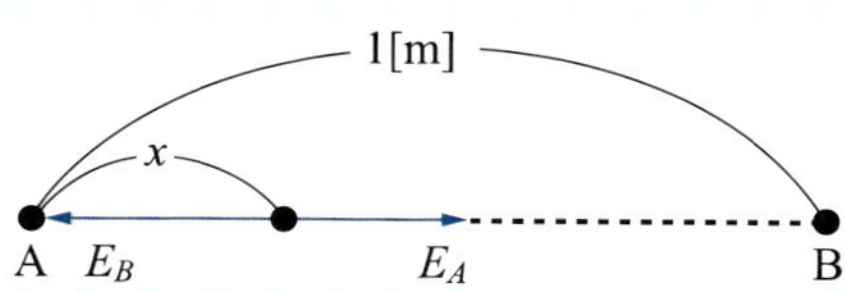

그림 7.3 전계의 세기

7.3 전위

여러 개의 점전하에 대한 전계는 각각의 전하에 대한 벡터 합(vector sum)을 구하면 된다. 다른 하나의 방법은 전위(電位, electric potential)라는 스칼라량(scalar quantity)을 사용하면 쉽게 얻을 수 있다. 전계 중의 두 점 P_1에서 P_2로 전하 Q를 이동하는 데 필요한 일을 계산한다. P_1과 P_2 사이의 거리를 δl 이라고 하면 이때 수행한 일 δW는 그림 7.4에서 다음과 같이 나타낼 수 있다.

$$\delta W = -QE\,\delta l \cos\theta \;\; [\mathrm{J}] \tag{7.10}$$

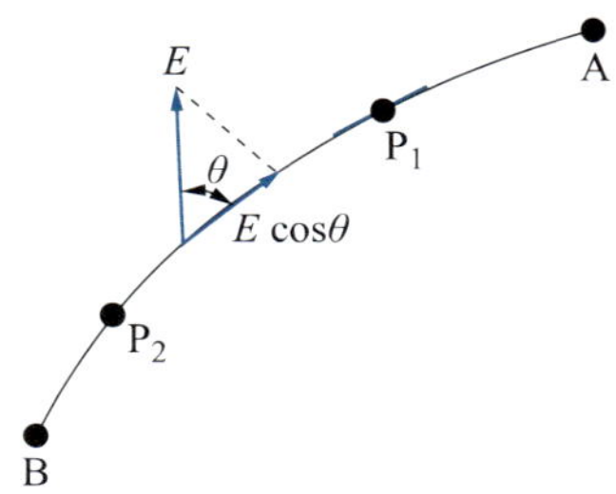

그림 7.4 두 점 사이의 일

따라서 전계 중의 임의의 점 A에서 B까지 전하 Q를 이동시키는데 필요한 일은 다음과 같이 표현된다.

$$W_{AB} = -\int_A^B QE \cdot \delta l \;\; [\mathrm{J}] \tag{7.11}$$

즉, 이 만큼의 에너지를 Q가 있는 전계에 가하지 않으면 전하를 A에서 B로 이동시킬 수 없다. 특히 단위 전하를 A에서 B까지 이동시키는 데 필요로 하는 일의 양을 AB 사이의 전위차(電位差, electric potential difference)라고 한다. 이것을 V_{AB}로 나타내면 다음과 같이 표현된다.

$$V_{AB} = -\int_A^B E \cdot dl \;\; [\mathrm{V}] \tag{7.12}$$

식 (7.12)의 적분은 일반적으로 도중의 경로에 의해서 변한다. 그러나 자연계의 모든 물질은 에너지 보존의 법칙에 의해 지배를 받는다. 따라서 전계가 도중의 경로에는 관계하지 않음을 알 수 있고, 두 점 사이의 전위차는 두 점에 의해서만 정해지고 폐곡선을 따라서 일주하면 반드시 다음과 같은 식이 성립한다.

$$\oint E \cdot dl = 0 \tag{7.13}$$

그러면 한 개의 점전하에 대한 전계 내의 두 점 사이의 전위차를 구해보자. 그림 7.5에서 점 P에 전하 Q가 있고 P점에서 점 A, B까지의 거리를 각각 r_1, r_2라 하면 적분 경로를 AB의 직선이라 하고, P점에서 이 위의 임의의 한 점 T까지의 거리를 r이라고 하자. 그러므로 식 (7.9)를 식 (7.12)에 대입하면 다음과 같은 결과를 얻을 수 있다.

$$V_{AB} = -\int_A^B E \cdot dl = -\frac{Q}{4\pi\epsilon_0}\int_{r_1}^{r_2}\frac{1}{r^2}dr = \frac{Q}{4\pi\epsilon_0}\left(\frac{1}{r_2} - \frac{1}{r_1}\right) \text{ [V]} \tag{7.14}$$

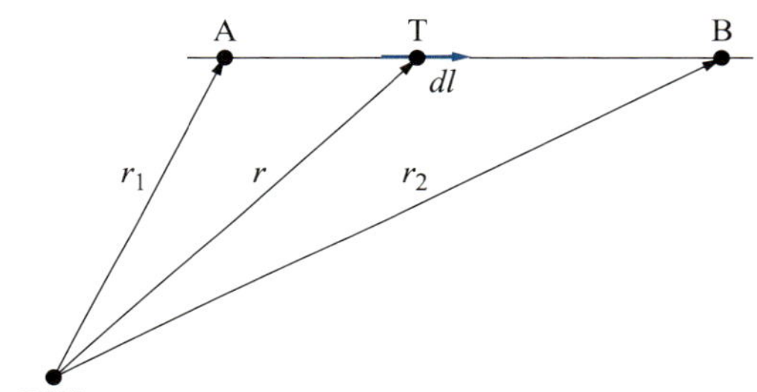

그림 7.5 두 점 사이의 전위차

그러므로 한 쪽의 점을 고정시켜 놓으면 다른 모든 점과의 전위차를 비교할 수 있게 된다. 기준 점 A를 무한원점으로 하였을 때 이 점과 B점 사이의 전위차를 B점의 전위(電位, electric potential)라 한다.

$$V_B = -\int_\infty^B E \cdot dl \text{ [V]} \tag{7.15}$$

$$V_B = \frac{Q}{4\pi\epsilon_0}\frac{1}{r_2} \text{ [V]} \tag{7.16}$$

전위 혹은 전위차의 M.K.S 단위는 볼트(volt)라고 한다. 1 [C]의 전하를 운반하는데 필요한 일이 1 [J] 일 때의 전위 또는 전위차가 1 [V]이다. 실제 산업 현장에서 정전 현상이 거의 미치지 않는 장소를 기준으로 한다는 의미에서 대지(大地, earth)를 영전위(零電位, zero potential)라 하고, 이것을 기준 전위(基準 電位, reference potential)라 한다.

예제 7.4

어떤 원점에 전하 $Q = 0.4$ [μC]인 점전하가 있을 때 두 점 A (4, 0, 0) [m]와 B (0, 3, 0) [m] 사이의 전위차 V_{BA} [V]는 얼마인가?

풀이

전하가 있는 원점에서 A점까지의 거리 $r_1 = 4$ [m]이고, B점까지의 거리 $r_2 = 3$ [m]이므로 두 점 사이의 전위차는 다음과 같다.

$$\begin{aligned} V_{BA} = V_B - V_A &= \frac{Q}{4\pi\epsilon_0}\left(\frac{1}{r_2} - \frac{1}{r_1}\right) \\ &= (9\times 10^9)\times(0.4\times 10^{-6})\times\left(\frac{1}{3} - \frac{1}{4}\right) \\ &= 300\ [\text{V}] \end{aligned}$$

즉, A 점에 비하여 B 점의 전위가 300 [V] 높다는 것을 의미한다.

7.4 등전위면과 전위 경도

등전위면(等電位面, equipotential surface)은 전계 E [V/m]가 존재하는 면이며, 그 위의 각 점의 전위가 서로 같은 면이다. 예를 들어 한 개의 점전하에 의한 전계는 식 (7.16)에서 전하로부터의 거리가 일정하면 전위도 일정하므로 등전위면의 전하를 중심으로 하는 동심구면이며, 그림 7.6과 같은 점선으로 표시되는 것이 등전위면이다.

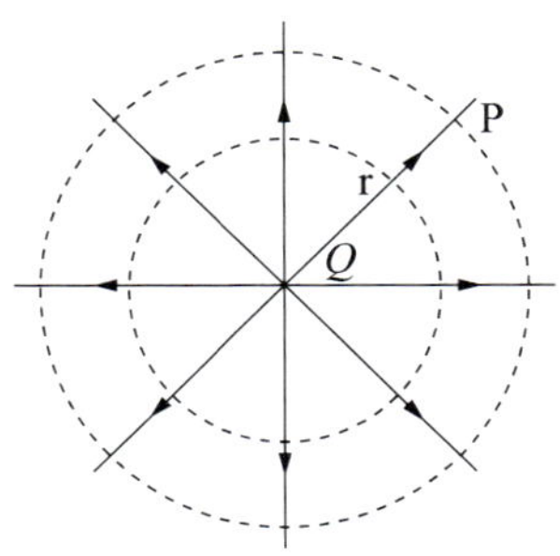

그림 7.6 점전하와 등전위면

만일 전기력선과 직교하지 않으면 그림 7.7과 같이 전계 E [V/m]의 등전위면 AB 위의 성분은 '0' 이 아니다. 그러므로 같은 면 위의 두 점 AB 사이에서는

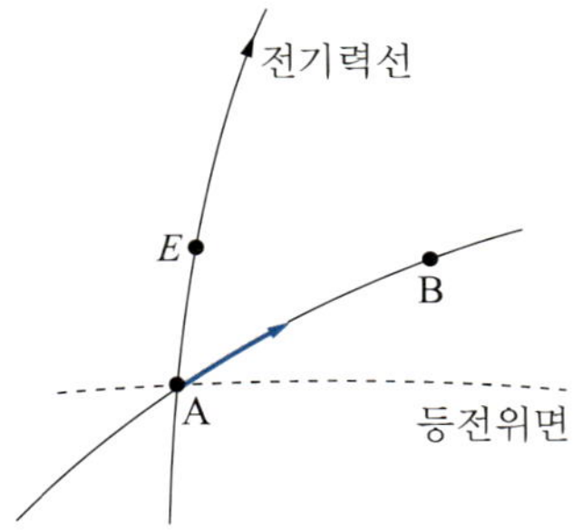

그림 7.7 전기력선과 등전위면

$-\int_{A}^{B} E \cdot dl$ 이 반드시 '0' 이 아니다. 즉, 등전위면 위의 임의의 두 점 사이에는 전위차가 있는 경우도 있다. 그런데 등전위면 상에서는 전위가 같으므로 임의의 두 점 사이의 전위차는 반드시 '0' 이 되기 때문이다. $E=0$ 일 때는 반드시 직교한다고 할 수 없다. 다시 말하면 여러 개의 전하에 의한 쿨롱의 합력이 '0' 이 되어 평형이 되는 점을 평형점(平衡點, point of equilibrium)이라 한다.

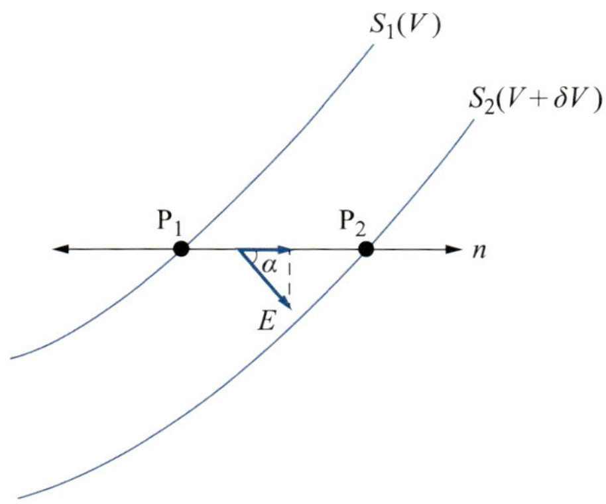

그림 7.8 등전위면 S_1, S_2

※ 등전위면의 성질

① 등전위면은 폐곡면이다.

② 서로 다른 전위를 나타내는 등전위면은 교차하지 않는다. 왜냐하면 전계 내의 각 점의 전위는 그 위치에 따라 결정되는 유일한 값만 가지므로 그 점은 반드시 하나의 등전위면에만 속하기 때문이다.

③ 등전위면의 내부에 전위가 높은 등전위면이 있으면 내부에 정(+) 전하가 존재하고, 반대로 전위가 낮은 등전위면이 있으면 부(−) 전하가 존재한다.

④ 전기력선과 등전위면은 직교한다.

그림 7.8과 같이 전위 V의 등전위면 S_1과 이것보다 약간 전위가 다른 $V+\delta V$의 등전위면 S_2를 그린다. 임의의 수직방향 직선과 S_1, S_2와의 교점 P_1, P_2 사이의 전위차는 δV이다. P_1, P_2 사이의 거리를 $\delta \mathrm{n}$이라 하고, E의 n 방향의 성분을 E_n이라고 하면 다음과 같은 수식이 가능하다.

$$\delta V = -E_n \delta \mathrm{n} = -E\, \delta \mathrm{n} \cos \alpha \ \ [\mathrm{V}] \tag{7.17}$$

여기서, α는 전계 E와 n 사이의 각이다.

따라서 식 (7.17)은 다음과 같이 나타낸다.

$$E_n = -\frac{\partial V}{\partial n} \ \ [\mathrm{V/m}] \tag{7.18}$$

식 (7.18)에서 임의의 방향에 대한 전계는 그 방향에 대한 전위의 부(−)의 경도(傾度, gradient)라고 할 수 있다. 마찬가지 방법으로 전계의 직각 좌표축 방향의 성분은 다음과 같이 나타낼 수 있다.

$$E_x = -\frac{\partial V}{\partial x} \ \ [\mathrm{V/m}] \tag{7.19}$$

$$E_y = -\frac{\partial V}{\partial y} \ \ [\mathrm{V/m}] \tag{7.20}$$

$$E_z = -\frac{\partial V}{\partial z} \ \ [\mathrm{V/m}] \tag{7.21}$$

따라서 전계의 세기 E는 벡터의 합으로 나타낼 수 있다.

$$E = \mathrm{i}\, E_x + \mathrm{j}\, E_y + \mathrm{k}\, E_z = -\mathrm{i}\frac{\partial V}{\partial x} - \mathrm{j}\frac{\partial V}{\partial y} - \mathrm{k}\frac{\partial V}{\partial z} \ \ [\mathrm{V/m}] \tag{7.22}$$

$\frac{\partial V}{\partial x}$, $\frac{\partial V}{\partial y}$, $\frac{\partial V}{\partial z}$를 좌표축 방향의 성분으로 하는 벡터 $\left(\mathrm{i}\frac{\partial V}{\partial x} + \mathrm{j}\frac{\partial V}{\partial y} + \mathrm{k}\frac{\partial V}{\partial z}\right)$를 전위 경도(電位 傾度, potential gradient)라고 한다. 이것을 grad V로 나타내면 다음과 같다.

$$\mathrm{grad}\ V = \left(\mathrm{i}\frac{\partial V}{\partial x} + \mathrm{j}\frac{\partial V}{\partial y} + \mathrm{k}\frac{\partial V}{\partial z}\right) \tag{7.23}$$

$$E = -\,\mathrm{grad}\ V \ \ [\mathrm{V/m}] \tag{7.24}$$

또한, 벡터 연산자 ∇(nabla)를 정의하면 다음과 같다.

$$\nabla = \mathrm{i}\,\frac{\partial}{\partial x} + \mathrm{j}\,\frac{\partial}{\partial y} + \mathrm{k}\,\frac{\partial}{\partial z} \tag{7.25}$$

$$\nabla\, V = \mathrm{grad}\ V \tag{7.26}$$

벡터 미적분학에서 기울기 또는 경도는 스칼라장에서 최대의 증가율을 나타내는 벡터장을 뜻한다. 기울기를 나타내는 벡터장을 화살표로 표시할 때 화살표의 방향은 증가율이 최대가 되는 방향이며, 화살표의 크기는 증가율이 최대일 때 증가율의 크기를 나타낸다.

예제 7.5

전위 함수 $V = 3xy + z + 2$ [V] 일 때 점 (4, −4, 4)에 있어서 전계의 세기는 ?

풀이

$E = -\mathrm{grad}\ V = -\nabla V$ [V/m] 이므로 다음과 같이 계산된다.

$$\begin{aligned} E &= -\nabla V \\ &= -\left[\frac{\partial}{\partial x}(3xy+z+2)i + \frac{\partial}{\partial y}(3xy+z+2)j + \frac{\partial}{\partial z}(3xy+z+2)k\right] \\ &= -(3yi+3xj+k) = -[3\times(-4)i+(3\times4)j+k] \\ &= 12i-12j-k\ [\mathrm{V/m}] \end{aligned}$$

7.5 가우스의 법칙

19세기 독일의 위대한 수리물리학자 가우스(Carl Friedrich Gauss)는 1840년 퍼텐셜에 관한 가우스의 정리(Gauss's theorem)를 발견하였다. 전기력선의 밀도는 전계의 세기와 일치하므로 임의의 한 개의 면 S에 대해서 E_n은 E의 dS에 수직한 방향의 성분에 대한 $\int_S E_n\, dS$를 구하면 이것이 그 면을 통과하는 전기력선의 수라는 것을 입증하였다.

$$\oint_S E_n\, dS = \oint_S E \cdot dS \tag{7.27}$$

그림 7.9(a)와 같이 점전하 Q를 포위하는 폐곡면 S를 가정한다. S에서 발산되는 전기력선의 총수는 다음과 같다.

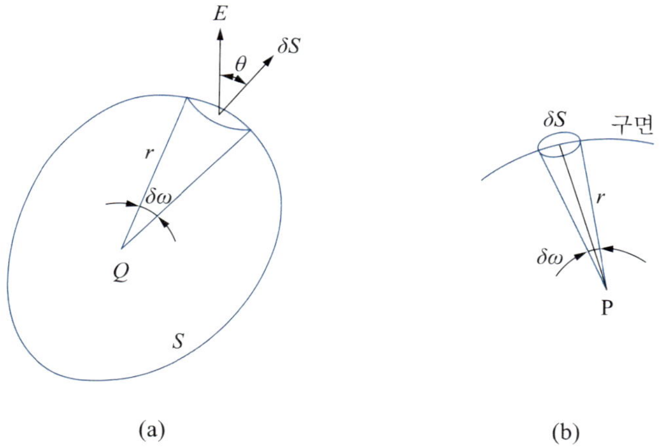

그림 7.9 면 S에서 나오는 전기력선 및 입체각

$$\Phi = \oint_S E \cdot dS = \frac{Q}{4\pi\epsilon_0}\oint_S \frac{1}{r^2} \cdot dS \ \ [\mathrm{Wb}] \tag{7.28}$$

그림 7.9(b)와 같이 δS는 P를 중심, 반지름 r인 구면의 일부라고 하면 δS는 r에 수직이다. 이 때 $\delta\omega$는 입체각(立體角, solid angle)이며, 단위는 라디안(radian)이다. 따라서 식 (7.28)은 Q를 포위하는 폐곡면을 의미하며 다음과 같다.

$$\Phi = \frac{Q}{4\pi\epsilon_0}\oint_S d\omega \ \ [\mathrm{Wb}] \tag{7.29}$$

일반적으로 폐곡면 내의 한 점이 폐곡면을 보는 입체각은 그 점을 중심으로 하는 구면을 보는 입체각과 같으며, 구의 반지름을 R이라 하면 구의 표면적은 $4\pi R^2$이 되므로 그 입체각은 $(4\pi R^2)/R^2 = 4\pi$이다. 따라서 식 (7.28)에서 그 입체각은 4π가 되어 다음과 같다.

$$\Phi = \frac{Q}{4\pi\epsilon_0} 4\pi = \frac{Q}{\epsilon_0} \ \ [\mathrm{Wb}] \tag{7.30}$$

폐곡면 내부에 Q_1, Q_2, Q_3, $\cdots$, Q_n의 전하가 있을 때에는 각각의 전하에 대한 전계를 E_1, E_2, E_3, $\cdots$, E_n이라 하면 다음과 같이 표현된다.

$$\oint_S E \cdot dS = \oint_S E_1 \cdot dS + \oint_S E_2 \cdot dS + \oint_S E_3 \cdot dS + \cdots + \oint_S E_n \cdot dS \tag{7.31}$$

이 식의 우변 각 항에 대해서 식 (7.30)을 구한 것과 같이 적용하면 다음과 같다.

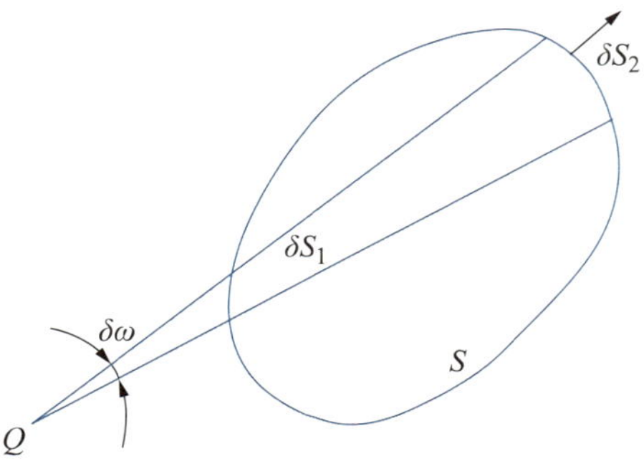

그림 7.10 폐곡면을 절단하는 면적 δS_1과 δS_2

$$\Phi = \oint E \cdot dS = \frac{1}{\epsilon_0}\sum Q_i \ [\mathrm{Wb}] \tag{7.32}$$

만일 전하 Q가 그림 7.10과 같이 폐곡면의 외측에 있을 때 Q를 정점으로 하는 원추형을 가정하고, 이것이 폐곡면을 절단하는 면적을 δS_1, δS_2라고 하면 δS_1, δS_2의 면적 벡터의 방향은 Q에 대해서 같은 방향이 되어야 한다. 따라서 식 (7.28)을 이용하여 식 (7.29)를 구한 것과 마찬가지로 δS_1을 통과하여 폐곡면에서 나오는 전기력선의 수 $\delta\Phi_1$은 다음과 같이 표현된다.

$$\delta\Phi_1 = -\frac{Q}{4\pi\epsilon_0}\frac{1}{r^2}\delta S_1 = -\frac{Q}{4\pi\epsilon_0}\delta\omega \ [\mathrm{Wb}] \tag{7.33}$$

동일한 방법으로 $\delta\Phi_2$를 구하면 다음과 같이 표현된다.

$$\delta\Phi_2 = \frac{Q}{4\pi\epsilon_0}\frac{1}{r^2}\delta S_2 = \frac{Q}{4\pi\epsilon_0}\delta\omega \ [\mathrm{Wb}] \tag{7.34}$$

따라서 δS_1, δS_2를 통과하여 폐곡면에서 나오는 전기력선의 수 $\delta\Phi_1 + \delta\Phi_2$는 다음과 같다.

$$\delta\Phi_1 + \delta\Phi_2 = \frac{Q}{4\pi\epsilon_0}(-\delta\omega + \delta\omega) = 0 \tag{7.35}$$

이것을 폐곡면 전체에 대해서 계산해도 '0' 이 되는 것을 알 수 있다. 그러므로 전계 내의 임의의 폐곡면에서 나오는 전기력선의 총수는 내부에 있는 전하 총량의 $1/\epsilon_0$배와 같다. 즉, 외부에 있는 전하는 관계하지 않는 것이며, 이것을 가우스의 정리(Gauss's theorem)라고 정의한다.

7.6 가우스 법칙의 계산

전하 분포에 대한 전계를 구하기 위해서 가우스 법칙을 이용하여 편리하게 그 값을 구할 수 있다. 예를 들어 구도체, 동심구, 무한 원주, 무한 평면, 무한 평행판, 도체 표면 등의 전계 및 전위는 다음과 같은 관계가 성립한다.

[1] 구도체에 생성되는 전계 및 전위

전하 Q [C], 구의 반지름 a [m] 일 때의 전계 및 전위는 다음과 같다.

(1) 구 외부($r > a$)의 전계 및 전위

일반적으로 전하는 도체의 표면에 존재하므로 가우스의 정리를 적용하면 다음과 같다.

$$E = \frac{Q}{4\pi\epsilon_0}\frac{1}{r^2} \ [\mathrm{V/m}] \tag{7.36}$$

$$V = \frac{Q}{4\pi\epsilon_0}\frac{1}{r} \ [\mathrm{V}] \tag{7.37}$$

(2) 구 내부($r < a$)의 전계 및 전위

① 전하가 표면에만 존재할 때

가우스의 정리에서 알 수 있듯이 일반적으로 전하는 도체에 존재하므로 다음과 같다.

$$E_i = 0 \ [\mathrm{V/m}] \tag{7.38}$$

$$V_i = V_a = \frac{Q}{4\pi\epsilon_0}\frac{1}{a} \ [\mathrm{V}] \tag{7.39}$$

② 전하가 내부까지 균일하게 분포할 때

전하가 모두 균일하게 분포되었다는 조건이 있으므로 가우스의 정리를 적용하면 다음과 같다.

$$E_i = \frac{Q}{4\pi\epsilon_0}\frac{r}{a^3} \ [\mathrm{V/m}] \tag{7.40}$$

$$V_i = \frac{3Q}{8\pi\epsilon_0}\frac{a^2 - r^2}{a^3} \ [\mathrm{V}] \tag{7.41}$$

예제 7.6

공기 중에서 점 A (3, 0, 0) [m]에 25×10^{-6} [C] 의 전하가 있다. 점 B (6, 4, 0) [m]의 전계의 세기를 크기와 방향으로 나타내시오.

풀이

거리 벡터($\vec{r}$)는 $\overrightarrow{BA}$ 와 같으므로 주어진 값을 정리하면 다음과 같다.

$$\overrightarrow{BA} = (6-3)i + (4-0)j = 3i + 4j$$

그러므로 크기와 방향을 결정하면 다음과 같다.

$$r = \sqrt{(3^2 + 4^2)} = 5 \text{ [m]}$$

$$\vec{r_0} = \frac{3}{5}i + \frac{4}{5}j$$

따라서 전계의 세기는 다음과 같다.

$$E = \frac{1}{4\pi\epsilon_0}\frac{Q}{r^2}\vec{r_0}$$

$$= (9 \times 10^9) \times \left(\frac{25 \times 10^{-6}}{5^2}\right) \times \left(\frac{3}{5}i + \frac{4}{5}j\right)$$

$$= 9 \times 10^3 \times \left(\frac{3}{5}i + \frac{4}{5}j\right) \text{ [V/m]}$$

[2] 동심구에 생성되는 전계 및 전위

그림 7.11과 같이 동심구가 있을 때 내구의 반경을 a [m], 외구의 안쪽 반경을 b [m], 외구의 바깥쪽 반경을 c [m] 라 하면 다음과 같이 전계 및 전위를 나타낸다.

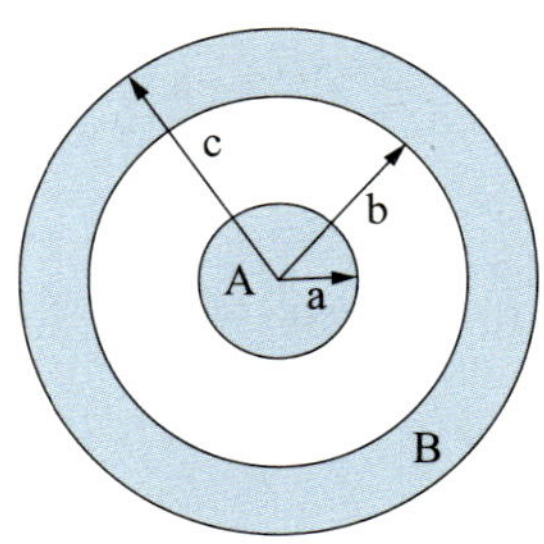

그림 7.11 동심구의 단면도

(1) 도체 A에만 Q [C] 의 전하가 있을 때 전계는 도체 사이 a ~ b와 도체 밖 c ~ ∞에 모두 존재하며, 도체 내부에는 존재하지 않는다.

① 도체 사이 및 밖의 전계

$$E = \frac{Q}{4\pi\epsilon_0}\frac{1}{r^2} \ [\mathrm{V/m}] \tag{7.42}$$

② 내구 A 도체의 전위

$V_A = -\int_\infty^a E \cdot dl$ 이나 전계가 '0' 인 곳 $b \sim c$는 필요하지 않으므로 다음과 같이 나타낸다.

$$V_A = \frac{Q}{4\pi\epsilon_0}\left(\frac{1}{a} - \frac{1}{b} + \frac{1}{c}\right) \ [\mathrm{V}] \tag{7.43}$$

③ 외구 B 도체의 전위

$$V_B = \frac{Q}{4\pi\epsilon_0}\frac{1}{c} \ [\mathrm{V}] \tag{7.44}$$

(2) 외구 B 도체에만 Q [C] 의 전하가 있을 때 전계는 도체 밖 c ~ ∞에만 존재한다.

① 도체 사이의 전계

$$E = 0 \ [\mathrm{V/m}] \tag{7.45}$$

② 도체 밖의 전계

$$E = \frac{Q}{4\pi\epsilon_0}\frac{1}{r^2} \ [\mathrm{V/m}] \tag{7.46}$$

③ 내구의 전위

$$V_A = \frac{Q}{4\pi\epsilon_0}\frac{1}{c} \ [\mathrm{V}] \tag{7.47}$$

④ 외구의 전위

$$V_B = \frac{Q}{4\pi\epsilon_0}\frac{1}{c} \ [\mathrm{V}] \tag{7.48}$$

(3) 내구에는 +Q [C], 외구에는 −Q [C] 의 전하가 있을 때 전계는 도체 사이에만 존재한다.

① 도체 사이의 전계

$$E = \frac{Q}{4\pi\epsilon_0}\frac{1}{r^2} \ [\mathrm{V/m}] \tag{7.49}$$

② 도체 밖의 전계

$$E = 0 \ [\mathrm{V/m}] \tag{7.50}$$

③ 내부 도체의 전위

$$V_A = \frac{Q}{4\pi\epsilon_0}\left(\frac{1}{a} - \frac{1}{b}\right) \ [\mathrm{V}] \tag{7.51}$$

④ 외부 도체의 전위

$$V_B = 0 \ [\mathrm{V}] \tag{7.52}$$

예제 7.7

진공 중에서 내구의 반지름이 2 [cm] 인 도체 A와 내외 반지름이 각각 4 [cm], 5 [cm] 인 도체구 B를 동심으로 놓고 도체구 A에 $Q_A = 2\times10^{-10}$ [C] 의 전하를 대전시키고 도체구 B에는 전하를 주지 않았을 때 내부 도체구 A의 전위는 얼마인가?

풀이

내구 A 도체의 전위를 구하는 문제이다. 이 때 전계가 0 인 곳은 외부 도체이므로 다음과 같은 수식을 이용하면 계산이 가능하다.

$$\begin{aligned} V_A &= \frac{Q}{4\pi\epsilon_0}\left(\frac{1}{a} - \frac{1}{b} + \frac{1}{c}\right) \\ &= (9\times10^9)\times(2\times10^{-10})\times\left(\frac{1}{0.02} - \frac{1}{0.04} + \frac{1}{0.05}\right) \\ &= 81 \ [\mathrm{V}] \end{aligned}$$

[3] 무한 원주(원통) 도체에 대한 전계 및 전위차

그림 7.12와 같이 동심 원주가 있을 때 반경을 a [m], 단위 길이마다 선전하 밀도가 λ [C/m] 일 때의 전계 및 전위는 다음과 같이 나타낸다.

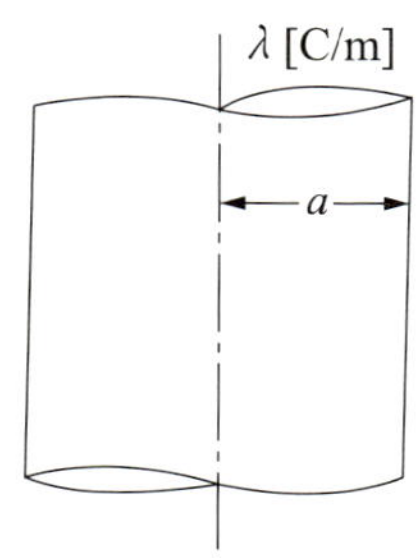

그림 7.12 동심원주

(1) 원주 외부(r 〉a)의 전계

$$E = \frac{\lambda}{2\pi\epsilon_0}\frac{1}{r} \ [\mathrm{V/m}] \tag{7.53}$$

(2) 원주 내부(r 〈 a)의 전계

① **전하가 표면에만 존재할 때**

$$E_i = 0 \ [\mathrm{V/m}] \tag{7.54}$$

② **전하가 고르게 분포되었을 때**

$$E_i = \frac{\lambda}{2\pi\epsilon_0}\frac{r}{a^2} \ [\mathrm{V/m}] \tag{7.55}$$

(3) 원주 밖의 전위차

원주 중심에서 r_1 [m] 되는 A점과 r_2 [m] 되는 B점 사이의 전위차는 다음과 같이 나타낸다.

$$V_{AB} = \frac{\lambda}{2\pi\epsilon_0}\ln\left(\frac{r_2}{r_1}\right) \ [\mathrm{V}] \tag{7.56}$$

예제 7.8

진공 중에서 무한장 직선 전하에서 4 [m] 떨어진 곳의 전계가 9×10^6 [V/m] 이다. 선전하 밀도 λ [C/m]는 얼마인가?

풀이

무한장 원주의 전계를 구하기 위해서는 다음과 같은 수식이 적용된다.

$$E = \frac{\lambda}{2\pi\epsilon_0}\frac{1}{r} \ [\mathrm{V/m}]$$

$$\lambda = 2\pi\epsilon_0\times r\times E = \frac{4}{18\times10^9}\times(9\times10^6) = 2\times10^{-3} \ [\mathrm{C/m}]$$

[4] 무한 평면 도체에 의한 전계 및 전위

단위 면적당의 면전하 밀도가 σ [C/m^2] 일 때의 전계 및 전위는 다음과 같이 나타낸다.

(1) 전계

전계는 거리에 관계없이 평등 전계를 형성한다.

$$E = \frac{\sigma}{2\,\epsilon_0}\ \ [\mathrm{V/m}] \tag{7.57}$$

(2) 전위

r_1 [m] 되는 A점과 r_2 [m] 되는 B점 사이의 전위차는 다음과 같이 나타낸다.

$$V_{AB} = -\int_{r_2}^{r_1} E \cdot dl = \frac{\sigma}{2\,\epsilon_0}(r_2 - r_1)\ \ [\mathrm{V/m}] \tag{7.58}$$

예제 7.9

진공 중에서 전하밀도 $\pm 6 \times 10^{-9}$ [C/m^2]인 무한 평면이 간격 2 [m] 떨어져 있을 때 임의의 점에서 전계의 세기는 얼마인가?

풀이

무한 평면에서 전계는 거리에 관계없이 평등 전계를 형성한다.

$$E = \frac{\sigma}{2\,\epsilon_0} = \frac{6 \times 10^{-9}}{(2) \times (8.855 \times 10^{-12})} \fallingdotseq 340\ [\mathrm{V/m}]$$

[5] 무한히 넓은 2매의 평행판 도체 내부의 전계 및 전위차

간격에 비해 넓이가 상대적으로 큰 평행판 콘덴서 내부의 전계를 구하기 위한 것으로 한쪽 면에 $+\sigma$ [C/m^2], 다른 쪽에 $-\sigma$ [C/m^2] 의 전하가 있을 때이다.

(1) 내부의 전계

내부의 전계는 거리와 관계없이 평등 전계이며, 외부에는 전계가 존재하지 않는 것을 알 수 있다.

$$E = \frac{\sigma}{\epsilon_0}\ \ [\mathrm{V/m}] \tag{7.59}$$

(2) 간격 d [m] 인 양면 사이의 전위차

$$V = E \cdot d = \frac{\sigma}{\epsilon_0} \cdot d \ \ [\mathrm{V}] \tag{7.60}$$

예제 7.10

간격이 2 [mm], 단면적이 10 [mm^2] 인 평행 전극에 1,000 [V]의 직류 전압을 공급할 때 전극 사이의 전계의 세기는 얼마인가?

풀이

전계의 세기는 거리에 반비례하고 인가된 전압에 비례한다.

$$E = \frac{V}{d} = \frac{1{,}000}{2 \times 10^{-3}} = 5 \times 10^5 \ [\mathrm{V/m}]$$

[6] 도체 표면의 전계

그림 7.13과 같이 도체 표면의 전기력선은 도체 면에 수직이고, 도체 내에서는 전계가 없으므로 가우스 정리를 적용하면 다음과 같이 나타낼 수 있다. 이 때 면전하 밀도는 σ [C/m^2] 이다.

$$\oint E \cdot dS = ES = \frac{S\sigma}{\epsilon_0} \tag{7.61}$$

그러므로 도체 표면의 전계는 다음과 같다.

$$E = \frac{\sigma}{\epsilon_0} \ \ [\mathrm{V/m}] \tag{7.62}$$

도체 표면에서 전계는 거리에 무관하며 일정하다는 것을 알 수 있다. 만일 도체의 전위 V가 주어졌을 때 표면의 외향 법선을 n이라고 하면 표면에 수직한 전계의

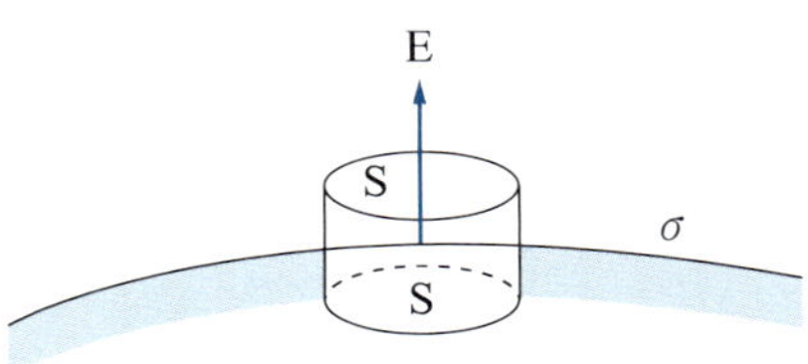

그림 7.13 도체 표면의 전계

크기는 다음과 같다.

$$E = -\frac{\partial V}{\partial n} \ [\text{V/m}] \tag{7.63}$$

따라서 식 (7.62)와 식 (7.63)은 같으므로 다음과 같은 결과를 얻을 수 있다.

$$\frac{\partial V}{\partial n} = -\frac{\sigma}{\epsilon_0} \ [\text{V/m}] \tag{7.64}$$

즉, 도체의 표면 밀도, 전위 및 전계의 관계를 표시하는 식이며, 이것을 쿨롱 등식 (coulomb equation)이라고 한다.

예제 7.11

진공 중에 있는 임의의 구도체 표면에서 발산되는 전계의 세기가 2×10^3 [V/m] 일 때 면전하 밀도 σ [C/m^2]는 얼마인가?

풀이

도체 표면에서 전계는 거리에 무관하며 일정하므로 다음과 같이 표현된다.

$$E = \frac{\sigma}{\epsilon_0} \ [\text{V/m}]$$

따라서 면전하 밀도는 다음과 같다.

$$\begin{aligned}\sigma &= \epsilon_0 E \\ &= (8.855 \times 10^{-12}) \times (2 \times 10^3) = 1.771 \times 10^{-8} \ [\text{C/m}^2]\end{aligned}$$

7.7 정전 응력

대전 도체의 표면에 작용하는 정전 응력(靜電 應力)을 구하기 위해서는 그림 7.13과 같이 도체 표면의 미소 면적 부분 δS를 가정하자. 이 부분의 전계는 식 (7.62)로 표시되지만 이것은 δS 부분의 전하에 의한 E_{1n}과 δS 이외의 부분에 의한 전계 E_{2n}의 합성 값이라고 가정할 수 있으며, 다음과 같이 나타낼 수 있다.

$$E = E_{1n} + E_{2n} = \frac{\sigma}{\epsilon_0} \ [\text{V/m}] \tag{7.65}$$

또한, 도체 내부에서는 δS의 부분에 의한 전계는 식 (7.65)의 것과 크기는 동일하며, 방향은 반대이므로 도체 내부의 전계가 0이 된다.

$$E_{1n} - E_{2n} = 0 \tag{7.66}$$

그러므로 식 (7.65) 및 식 (7.66)에서 다음과 같은 결과를 얻을 수 있다.

$$E_{1n} = E_{2n} = \frac{\sigma}{2\epsilon_0} \ [\mathrm{V/m}] \tag{7.67}$$

따라서 δS 부분의 전계 중에서 δS 이외의 전하에 의한 전계는 $\sigma/2\epsilon_0$이고, 이 전계에 의하여 δS 부분의 전하 $\sigma\,\delta S$가 힘을 받게 되며 힘 F는 다음과 같다.

$$F = E_{2n}\,\sigma\,\delta S = \frac{1}{2}\frac{\sigma^2}{\epsilon_0}\delta S \ [\mathrm{N}] \tag{7.68}$$

따라서 도체 표면의 단위 면적에 작용하는 힘 f는 다음과 같다.

$$f = \frac{F}{\delta S} = \frac{1}{2}\frac{\sigma^2}{\epsilon_0} = \frac{1}{2}\epsilon_0 E^2 \ [\mathrm{N/m^2}] \tag{7.69}$$

이것을 정전 응력(靜電 應力) 또는 정전 압력(靜電 壓力)이라고 한다. 이 힘은 σ^2 또는 E^2에 비례하므로 대전 전하의 종류에 관계없이 항상 정(正)이고 외부로 향하므로 이로 인하여 도체 표면은 외부로부터 장력을 받으며, E의 값이 주위 공기의 절연 내력 3×10^6 [V/m] 보다 커지면 코로나 방전이 발생할 때도 있다.

예제 7.12

반지름이 3 [cm]의 절연된 도체구를 대전시켜서 전위 15×10^3 [V]로 하였을 때의 정전 응력은 얼마인가?

풀이

구도체의 전계 및 단위 면적당의 정전 응력은 다음과 같다.

$$E = \frac{V}{d} = \frac{15\times10^3}{3\times10^{-2}} = 5\times10^5 \ [\mathrm{V/m}]$$

$$f = \frac{1}{2}\epsilon_0 E^2 = \frac{1}{2}\times(8.855\times10^{-12})\times(5\times10^5)^2 \fallingdotseq 1.1 \ [\mathrm{N/m^2}]$$

7장 연습문제

01. 자연계에 존재하는 물질을 마찰하면 전기가 발생하는 데 이것을 무엇이라 하는가?

답 마찰 전기

02. 모피, 유리, 운모, 명주, 목재, 수지, 금속, 셀룰로이드 등 임의의 두 개를 마찰시키면 한쪽은 정(正), 다른 한쪽은 부(負)의 극성을 나타내는 것을 무엇이라 하는가?

답 대전

03. 은(Ag), 구리(Cu), 금(Au), 알루미늄(Al) 등과 같이 전기가 자유로이 이동할 수 있는 물질은 무엇인가?

답 도체

04. 하나의 대전체 가까이에 다른 대전체를 놓으면 두 개의 전하 사이에 힘이 작용한다는 사실을 실험으로 증명한 사람은?

답 쿨롱

05. 두 점전하 사이에 작용하는 힘은 Q_1과 Q_2 사이의 곱에 비례하고 거리의 제곱에 반비례하며, 방향은 Q_1과 Q_2 사이를 연결하는 직선상에 있다는 법칙은?

답 쿨롱의 법칙

06. 유전체 중에서 진공의 유전율(space permittivity) 값은?

답 $\epsilon_0 = 8.855 \times 10^{-12}$ [F/m]

07. 검전하에 작용하는 힘을 단위 점전하에 작용하는 힘으로 환산하면 그 점에 작용하는 세기는 무엇인가?

답 전계

08. 실제 산업 현장에서 정전 현상이 거의 미치지 않는 장소를 기준으로 한다는 의미에서 대지(大地, earth)를 영전위(零電位, zero potential)라 하고 이것을 무엇이라 하는가?

답 기준 전위

09. 전계 E[V/m] 중의 면이며 그 위의 각 점의 전위가 서로 같은 면을 무엇이라 하는가?

답 등전위면

10. 전계 내의 임의의 폐곡면에서 나오는 전기력선의 총수는 내부에 있는 전하 총량의 $\frac{1}{\epsilon_0}$ 배와 같으며, 외부에 있는 전하는 관계하지 않는다는 법칙은?

답 가우스의 법칙

11. 도체 표면의 단위 면적에 작용하는 힘을 나타내는 것으로 대전 전하의 종류에 관계없이 항상 정(正)이고 외부로 향하므로 이로 인하여 도체 표면은 외부로부터 장력을 받는데, 이것을 무엇이라 하는가?

답 정전 응력

제 8 장

자기의 현상 및 법칙

8.1 자기 현상

자철광(磁鐵鑛, magnetite)이 철을 끌어당기는 성질이 있다는 사실을 발견한 것은 인류가 철을 사용하기 시작한 후라고 생각된다. 자석은 쇠붙이를 끌어당기는 성질이 있으며, 중심을 매달면 남과 북을 가리킨다. 이러한 성질의 근원을 자기(磁氣, magnetism)라고 하고, 그 물체를 자석(磁石, magnet)이라 한다. 자침이 남북을 가리키는 것은 지구 자체가 큰 구상의 자석으로 북극 부근에 S 극이 있고, 남극 부근에는 N 극이 있기 때문이다. 적도 부근에서는 수평으로 유지되는 자침도 지구의 극에 가까워지면 점점 기울어지는 이유는 지구 자기가 그림 8.1과 같은 자력선으로 작용하기 때문이다.

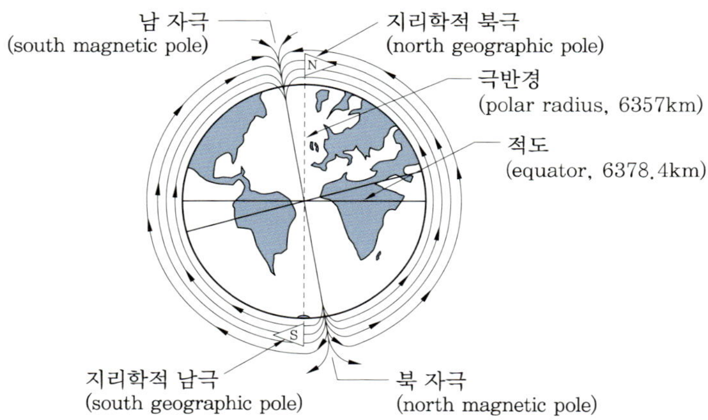

그림 8.1 지구의 자기 현상

자석에는 막대 자석, 말굽 자석, 자침, 전자석 등이 있다. 자석은 양 끝에 가장 강한 자기를 가지고 있는데 이 부분을 자극(磁極, magnetic pole)이라 한다. 자석의 자극은 주위의 물질에 대하여 자기적인 힘을 미치는 데 이 힘을 자기력(磁氣力, magnetic force)이라고 하며, 자기력이 미치는 공간을 자계(磁界, magnetic field)라고 한다. 자계의 형태는 눈으로 보이지 않으므로 자계의 상태를 표시하는 가상의 선을 자기력선(磁氣力線, line of magnetic force)이라고 한다. 이 자기력선은 그림 8.2에 나타낸 것과 같이 자기력선 상호간에는 교차하지 않으며, 자석의 N 극에서 발산하여 S 극으로 수렴하는 성질을 가지고 있다.

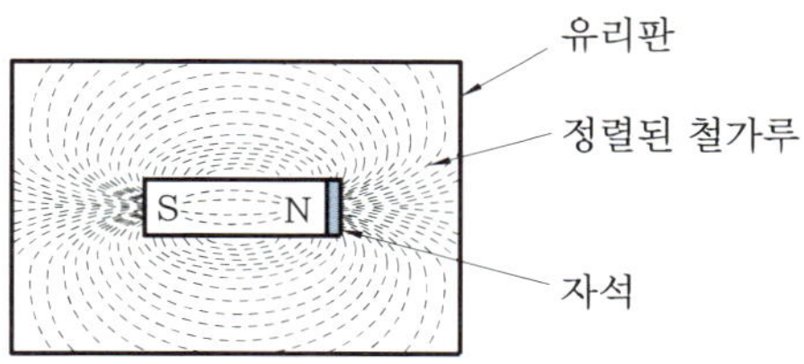

(a) 자석의 극성

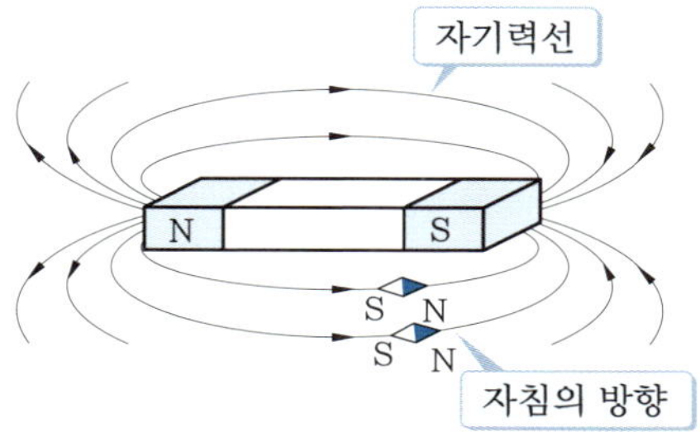

(b) 자석의 자기력선

그림 8.2 자석의 극성과 자기력선

8.2 쿨롱의 법칙

자석 사이에 작용하는 힘의 양을 해석하는 데 정지되어 있는 정전기에 작용하는 쿨롱의 법칙이 동일하게 적용된다. 그림 8.3(a)와 같이 N 극과 S 극의 자석을 공기 중에 놓으면 서로 간에 흡인력(吸引力, attractive force)이 작용할 것이다. 그런데 자석에서는 자극을 분리할 수 없으므로 힘을 측정하기 위한 자석은 매우 가늘고 길어서 한 자석의 양극이 서로 영향을 미치지 않는 매우 긴 것을 가정한다. 이와 같은 자극을 점자극(點磁極, point pole)이라 하고, 그림 8.3(b)와 같이 나타낸다. 이러한 조건일 때 두 점자극을 각각 m_1, m_2, 자극 사이의 거리를 r, 자극 상호간에 작용하는 힘을 F라 하면 다음과 같은 함수로 나타낸다.

$$F \propto \frac{m_1 m_2}{r^2} \ \ [\mathrm{N}] \tag{8.1}$$

$$F = k \frac{m_1 m_2}{r^2} \ \ [\mathrm{N}] \tag{8.2}$$

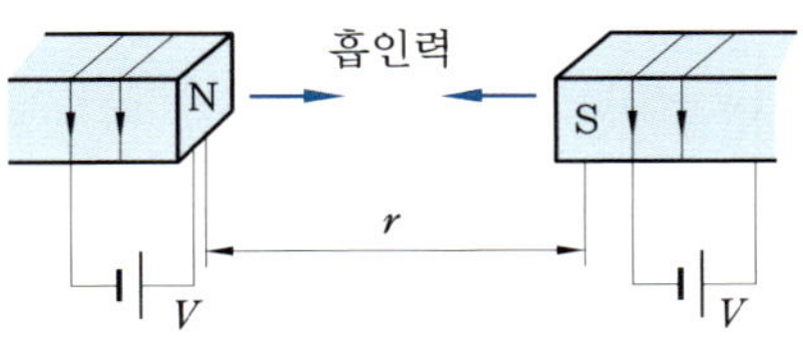

(a) 흡인력

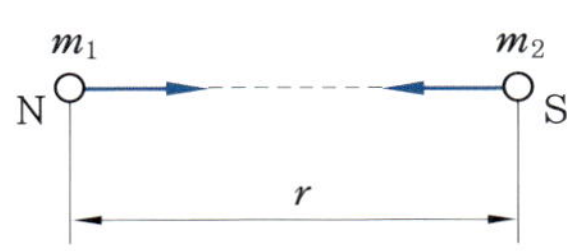

(b) 점자극

그림 8.3 쿨롱의 법칙

자석에 작용하는 힘의 방향은 두 자극을 연결하는 직선상에 있다. 이것을 자기에 관한 쿨롱의 법칙(Coulomb's law)이라 하고, 이 법칙으로부터 자극의 세기에 대한 단위가 정의된다. M.K.S 단위계에서는 진공 중에 서로 같은 세기의 두 점자극을 1 [m] 거리에 놓았을 때 작용하는 힘이 6.33×10^4 [N]이 되는 것을 단위로 하여 1 웨버(Weber, [Wb])라 한다. 따라서 이 단위계에 의하면 $k = 6.33 \times 10^4$이 되어 식 (8.2)는 다음과 같이 나타낸다.

$$F = 6.33 \times 10^4 \frac{m_1 m_2}{r^2} \ [\text{N}] \tag{8.3}$$

m_1, m_2 는 웨버[Wb]이고, r 은 거리[m]이다. 정전계에 관한 쿨롱의 법칙과 동일한 형태로 나타내기 위해 다음과 같은 수식을 이용한다.

$$6.33 \times 10^4 = \frac{1}{4\pi\mu_0} \tag{8.4}$$

진공에 대한 투자율(透磁率, permeability) μ_0는 다음과 같다.

$$\mu_0 = \frac{1}{4\pi \times 6.33 \times 10^4} = 4\pi \times 10^{-7} \ [\text{H/m}] \tag{8.5}$$

따라서 쿨롱의 법칙은 매질의 비투자율이 μ_r 이라고 할 때 다음과 같이 표현된다.

$$F = \frac{1}{4\pi\mu_0} \frac{m_1 m_2}{\mu_r r^2} = 6.33 \times 10^4 \frac{m_1 m_2}{\mu_r r^2} \ [\text{N}] \tag{8.6}$$

그리고 진공의 투자율 μ_0 의 단위는 다음과 같다.

$$\mu_0 = [\text{Wb}^2/\text{N} \cdot \text{m}^2] = [\text{H/m}] \tag{8.7}$$

투자율은 진공의 투자율과 비투자율의 곱으로 나타낸다.

$$\mu = \mu_0 \mu_r = 4\pi \times 10^{-7} \times \mu_r \ [\text{H/m}] \tag{8.8}$$

μ_r 은 매질의 종류에 따라 결정되는 값이므로 매질의 비투자율(比透磁率, relative permeability)이라고 한다.

예제 8.1

공기 중에서 2.5×10^{-4} [Wb], 4×10^{-3} [Wb]의 두 자극 사이에 작용하는 힘이 6.33 [N]이었다면 두 자극 사이의 거리 [cm]는?

풀이

공기 중에서 비투자율 $\mu_r=1$이므로 두 자극 사이에 작용하는 힘은 다음과 같다.

$F=\dfrac{1}{4\pi\mu_0}\dfrac{m_1 m_2}{\mu_r r^2}=6.33\times10^4\dfrac{m_1 m_2}{\mu_r r^2}$ [N]을 변환하면 다음과 같다.

$$r=\pm\sqrt{\frac{1}{4\pi\mu_0}\frac{m_1 m_2}{F}}$$

$$\therefore\ r=\sqrt{\frac{6.33\times10^4(2.5\times10^{-4})\times(4\times10^{-3})}{6.33}}=0.1\ [\mathrm{m}]=10\ [\mathrm{cm}]$$

8.3 자계의 세기와 자속 밀도

[1] 자계의 세기

자석의 자극 근처에 다른 작은 자석이나 철편을 놓아두면 여기에 자력이 작용하는 것을 알 수 있다. 이와 같이 자기의 힘이 미치는 공간을 자계(磁界, magnetic field) 또는 자기장이라고 한다. 이때 자기장의 상태를 표시하기 위하여 자계의 크기와 방향은 다음과 같이 정의한다.

자계 중의 한 점에 단위 점자하인 1 [Wb]를 놓았을 때 이 자하에 작용하는 힘의 크기 및 방향을 그 점에서의 자계의 세기(intensity of magnetic field) 또는 자기력(磁氣力, magnetic force)이라 하며, 기호는 H, 단위는 [A/m] 또는 [N/Wb]를 사용한다. 즉, 1 [A/m]의 자계의 세기는 1 [Wb]의 자하에 1 [N]의 자기력이 작용하는 자계의 크기를 나타내며, 자계의 크기와 방향을 함께 나타내는 것을 자계의 세기라고 한다. 만일 m [Wb]의 점자극에서 r [m] 떨어진 점의 자계의 세기 H는 다음과 같이 나타낸다.

$$H=\frac{m}{4\pi\mu r^2}=6.33\times10^4\frac{m}{\mu_r r^2}\ [\mathrm{A/m}] \tag{8.9}$$

H [A/m]의 자계 내에 m [Wb]의 자극을 놓았을 때 이 자극에 작용하는 힘 F [N] 는 다음과 같이 나타낸다.

$$F = m\,H\ [\mathrm{N}] \tag{8.10}$$

[2] 자속 밀도

자계의 상태를 나타내기 위하여 자력선을 이용하는 방법에 대하여 설명하였다. 이 방법은 $+m$ [Wb]의 자극에서 공기 중에서는 m/μ_0개의 자력선이 나오고, 비투자율이 μ_r인 매질 중에서는 $m/\mu_0\mu_r$개의 자력선이 나오게 되므로 1개의 자극에서 나오는 자력선의 수가 자극의 위치와 주변 매질에 따라 달라지므로 불편하다. 이 불편을 없애기 위해 자극이 어떤 매질 중에 있더라도 $+m$ [Wb]의 자극에서는 언제나 m개의 자력선이 나온다고 가정하면 이 선에 의하여 자계의 상태를 나타내도록 한다. 이와 같은 자력선을 자속(磁束, magnetic flux)이라 하며, 기호는 Φ, 단위는 자극의 세기와 같은 단위인 웨버 [Wb]를 사용한다.

즉, 단위 면적당 자속선의 수를 자속 밀도(磁束 密度, magnetic flux density)라 하고 대문자 B로 정의하며, 그 크기는 다음과 같이 정의된다.

$$B = \frac{\Phi}{A}\ [\mathrm{Wb/m^2}] \tag{8.11}$$

여기서, B는 자속 밀도 [Wb/m^2], Φ는 자속 [Wb], A는 단면적 [m^2] 이다.

그림 8.4에 나타낸 바와 같이 자속 Φ는 단면적 A를 통과하는 자속선의 수를 의미한다. 자기력선은 발산하는 전체 수와 수렴하는 전체 수가 같다. 또한, 자기력선 사이의 간격이 좁은 곳은 밀도가 높고, 간격이 넓은 곳은 밀도가 낮음을 알 수 있다. SI 단위로 자속 밀도는 테슬라(tesla, [T]) 단위로 측정한다.

$$1\,[\mathrm{T}] = 1\,[\mathrm{Wb/m^2}] \tag{8.12}$$

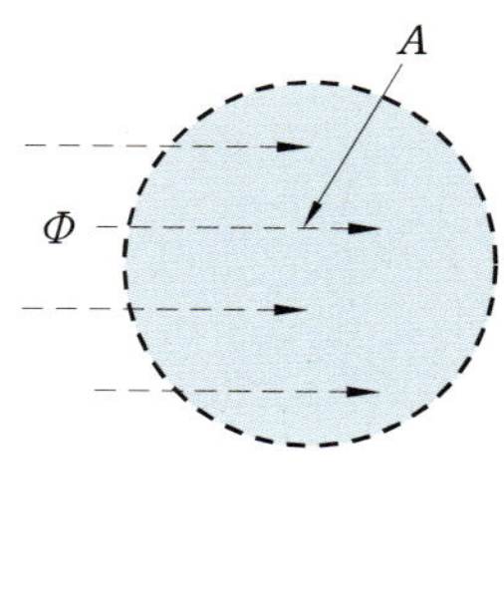

그림 8.4 자기력선

결론적으로 자계의 크기 H[A/m]와 자속 밀도 B[Wb/m^2] 사이에는 다음의 관계로 나타낼 수 있다.

$$B = \mu H = \mu_0 \mu_r H \quad [\mathrm{Wb/m^2}] \tag{8.13}$$

예제 8.2

단면적 4 [cm^2]의 철심에 6×10^{-4} [Wb]의 자속을 통하게 하려면 2,800 [AT/m]의 자계가 필요하다. 이 철심의 비투자율은 얼마인가?

풀이

자속밀도와 자계의 세기는 다음과 같은 관계가 있다.

$$B = \mu H = \mu_0 \mu_r H = \frac{\Phi}{A} \ [\mathrm{Wb/m^2}]$$

그러므로 철심의 비투자율은 다음과 같다.

$$\mu_r = \frac{B}{\mu_0 H} = \frac{\Phi/A}{\mu_0 H} = \frac{\Phi}{\mu_0 HA}$$

$$= \frac{6 \times 10^{-4}}{(4\pi \times 10^{-7}) \times 2{,}800 \times (4 \times 10^{-4})} \fallingdotseq 426$$

예제 8.3

100 [AT/m]의 자계 중에서 어떤 자극을 놓았을 때 받는 힘이 2×10^2 [N]일 때의 자하 [Wb]는 얼마인가?

풀이

작용력 $F = mH$ [N]이므로 자하는 다음과 같이 구할 수 있다.

$$m = \frac{F}{H} = \frac{2 \times 10^2}{100} = 2 \ [\mathrm{Wb}]$$

8.4 자위 및 자위차

어떤 공간 내에 점자하(點磁荷, point magnetic charge) m'[Wb]의 자극을 놓았을 때 이 자극에 작용하는 힘이 F[N]이라면 자계의 세기 H[AT/m]는 다음과 같이 나타낸다.

$$H = \frac{F}{m'} \ [\mathrm{N}] \tag{8.14}$$

그러므로 자계의 세기(H)는 단위 정자하(正磁荷, positive magnetic charge)에 작용하는 힘과 같으며, 자기력의 방향과 일치한다. 점자하 m'[Wb]를 자계 H의 역방향으로 이것과 θ의 기울기를 이루는 방향으로 거리 δl 만큼 움직일 때의 일 dW는 다음과 같이 표현된다.

$$dW = -F\delta l = -m' H \delta l \tag{8.15}$$

즉, 점자하 m'[Wb]를 점 B에서 A까지 이동시키는 데 필요한 일은 다음과 같다.

$$W = -m' \int_B^A H \cdot \delta l \ [\mathrm{J}] \tag{8.16}$$

따라서 무한 원점에서 자계 중의 임의의 P점까지 단위 점자하를 운반하는 데 소요되는 일을 그 점에 대한 자위(磁位, magnetic potential)라 하며 다음과 같다.

$$U_P = \frac{W}{m'} = -\int_\infty^P H \cdot \delta l = -\int_\infty^P H\cos\theta\,\delta l \ [\mathrm{AT}] \tag{8.17}$$

그리고 단위 점자하를 자계의 역방향으로 두 점 A, B 사이를 움직일 때의 일을 자위차(磁位差, magnetic potential difference)라고 하며, 다음과 같이 표현한다.

$$U = \frac{W}{m'} = -\int_B^A H \cdot \delta l = -\int_B^A H\cos\theta\,\delta l \ [\mathrm{AT}] \tag{8.18}$$

자위의 단위는 1 [Wb]의 자하를 운반할 때의 일이 1 [J]이 되는 두 점 사이의 자위차를 의미하며, 1 [J/Wb] 또는 1 [AT] 등으로 정의 된다. 또한, θ는 자계 H와 거리 δl이 이루는 각이다.

그림 8.5와 같이 공기 중에 점자하 m [Wb]에서 r [m]의 거리에 있는 한 점 P의 자계는 식 (8.9)와 같으므로 이것을 식 (8.18)에 대입하고 A, B를 m에서 각각 r_1, r_2의 거리에 있는 점이라 하면 $\theta = \pi$, $r = r_2 - l$ 등의 관계가 있다.

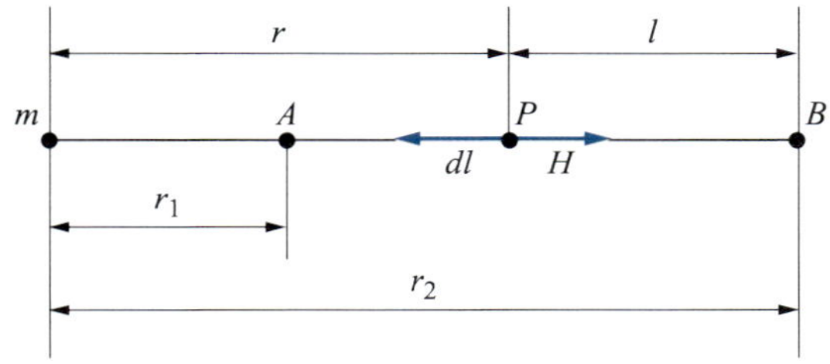

그림 8.5 두 점 사이의 자위차

그러므로 A, B 두 점 사이의 자위는 다음과 같다.

$$U = -\int_0^{r_2 - r_1} \frac{m}{4\pi\mu_0}(-1)\,dl \tag{8.19}$$

$$= \frac{m}{4\pi\mu_0}\left[\frac{1}{r_2 - l}\right]_0^{r_2 - r_1} = \frac{m}{4\pi\mu_0}\left(\frac{1}{r_1} - \frac{1}{r_2}\right) \text{[AT]}$$

만일 $r_2 \to \infty$ 일 때의 자위 U는 A점의 자위 U_A는 다음과 같다.

$$U_A = \frac{1}{4\pi\mu_0}\frac{m}{r_1} \text{ [AT]} \tag{8.20}$$

마찬가지 방법으로 B점의 자위 U_B는 다음과 같다.

$$U_B = \frac{1}{4\pi\mu_0}\frac{m}{r_2} \text{ [AT]} \tag{8.21}$$

그리므로 식 (8.20) 및 식 (8.21)의 차를 나타내면 다음과 같다.

$$U = U_A - U_B = -\int_B^A H \cdot dl \text{ [AT]} \tag{8.22}$$

즉, 두 점 A, B 사이의 자위차는 A점의 자위와 B점의 자위차를 나타낸다. 자계 H의 l 방향의 성분을 H_l이라 하면 식 (8.22)의 관계에서 알 수 있듯이 다음과 같은 관계가 있다.

$$H_l = H\cos\theta = \frac{-dU}{dl} \text{ [AT/m]} \tag{8.23}$$

또한, U의 성분을 x, y, z 각각의 함수로 나타내면 자계 H는 다음과 같다.

$$H = -\,grad\,U = -\nabla U = -\left(i\frac{\partial U}{\partial x} + j\frac{\partial U}{\partial y} + k\frac{\partial U}{\partial z}\right) \text{ [AT/m]} \tag{8.24}$$

자계 중에서 같은 자위의 점으로 이루어진 면을 등자위면(等磁位面, equimagnetic potential surface)이라고 하며, 자력선과 직교한다. 그런데 자기에는 전기의 도체에 해당하는 성분이 없으므로 어떤 물체를 자계 중에 놓았을 때 표면이 항상 등자위면이 되는 것은 아니다.

8.5 전기 쌍극자

물질은 (−) 전하를 띤 전자와 (+)를 띤 핵이 평형을 이루고 전기적으로 중성을 이루고 있다. 그러나 총 (−) 전하와 총 (+) 전하의 위치가 일치하지 않을 때 (−) 전하를 띤 물질과 (+) 전하를 띤 물질이 일정한 거리를 두고 떨어져 있는 상태를 전기 쌍극자(電氣 雙極子, electric dipole)라고 한다.

그림 8.6과 같은 형태로 자극의 세기가 $\pm m$ [Wb], 길이가 l [m]인 미소 자석이 놓여 있을 때 임의의 점에서 자위 및 자계를 구할 수 있다. 자석의 중심을 좌표의 원점으로 취했을 때 임의의 점 $P(r,\ \theta)$의 자위 U는 다음과 같다.

$$U = \frac{m}{4\pi\mu_0}\left(\frac{1}{r_1} - \frac{1}{r_2}\right) = \frac{m}{4\pi\mu_0}\ \frac{r_2 - r_1}{r_1 r_2}\ \ [\mathrm{AT}] \tag{8.25}$$

r_1과 r_2는 다음과 같이 나타낼 수 있다.

$$r_1 \fallingdotseq r - \frac{l}{2}\cos\theta \tag{8.26}$$

$$r_2 \fallingdotseq r + \frac{l}{2}\cos\theta \tag{8.27}$$

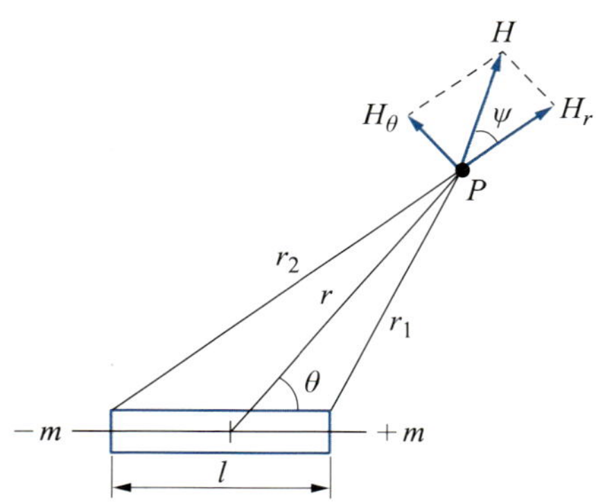

그림 8.6 미소 자석

그러므로 식 (8.26)과 식 (8.27)을 식 (8.25)에 대입하여 정리하면 다음과 같다.

$$U = \frac{m}{4\pi\mu_0}\frac{r_2 - r_1}{r_1 r_2} = \frac{m}{4\pi\mu_0}\frac{\left(r + \frac{l}{2}\cos\theta\right) - \left(r - \frac{l}{2}\cos\theta\right)}{\left(r - \frac{l}{2}\cos\theta\right)\left(r + \frac{l}{2}\cos\theta\right)} \tag{8.28}$$

$$= \frac{m}{4\pi\mu_0}\frac{l\cos\theta}{\left(r^2 - \frac{l^2}{4}\cos^2\theta\right)} \;[\mathrm{AT}]$$

미소 자석이므로 l은 매우 작고, 미소 자석의 중심에서 임의의 점 P까지의 거리 r은 상대적으로 멀다. 즉, $r \gg l$의 관계가 성립하므로 자위는 다음과 같이 나타낼 수 있다.

$$U = \frac{m}{4\pi\mu_0}\frac{l\cos\theta}{r^2} \;[\mathrm{AT}] \tag{8.29}$$

그리고 자기 모멘트 $M = ml$ [Wb·m] 이므로 식 (8.29)는 다음과 같다.

$$U = \frac{1}{4\pi\mu_0}\frac{M\cos\theta}{r^2} \;[\mathrm{AT}] \tag{8.30}$$

또한, 임의의 점 P의 자계 H의 r 방향과 이에 대한 수직 방향의 성분을 구좌표계의 미분 방정식으로 나타내면 H_r 및 H_θ는 다음과 같다.

$$H_r = -\frac{\partial U}{\partial r} = \frac{2M\cos\theta}{4\pi\mu_0 r^3} \;[\mathrm{AT/m}] \tag{8.31}$$

$$H_\theta = -\frac{1}{r}\frac{\partial U}{\partial\theta} = \frac{M\sin\theta}{4\pi\mu_0 r^3} \;[\mathrm{AT/m}] \tag{8.32}$$

즉, 전기 쌍극자의 값과 같은 패턴이 된다. 그리고 임의의 점 P에서 자계 H의 크기 및 방향은 다음과 같다.

$$H = \sqrt{H_r^2 + H_\theta^2} = \frac{M}{4\pi\mu_0 r^3}\sqrt{3\cos^2 + 1} \;[\mathrm{AT/m}] \tag{8.33}$$

$$\psi = \tan^{-1}\left(\frac{1}{2}\tan\theta\right) \tag{8.34}$$

예제 8.4

그림 8.7과 같은 미소 자석의 중심축과 60°의 각도로 2 [m] 떨어진 점 P에서의 자위 U를 구하시오. 단, 미소 자석의 길이는 10 [cm], 자하는 2×10^{-2}[Wb] 이다.

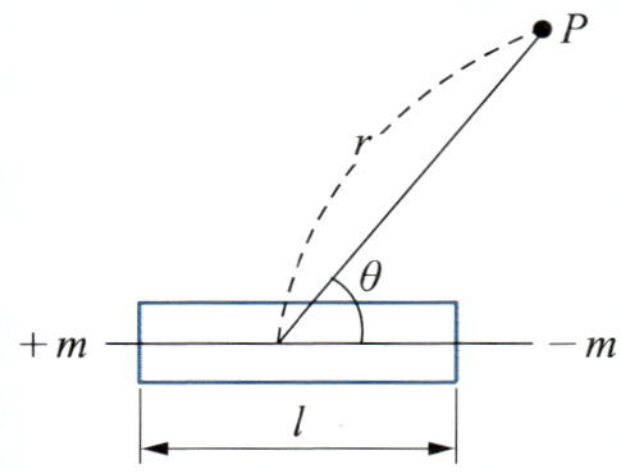

그림 8.7 미소 자석의 자위

풀이

자기 모멘트 $M = ml$ [Wb·m] 으로 나타낸다. 그러므로 주어진 값을 대입하면 다음과 같다.

$$M = ml = (2\times 10^{-2})\times(10\times 10^{-2}) = 2\times 10^{-3}\ [\text{Wb·m}]$$

그리고 자위는 다음과 같이 표현되므로 자기 모멘트를 대입하여 구할 수 있다.

$$U = \frac{1}{4\pi\mu_0}\frac{M\cos\theta}{r^2}$$
$$= (6.33\times 10^4)\times\frac{(2\times 10^{-3})\times(0.5)}{2^2} \fallingdotseq 15.8\ [\text{AT}]$$

예제 8.5

자기 쌍극자의 자기 모멘트는 6×10^{-3} [Wb], 쌍극자 중심으로부터의 거리는 80 [cm], 쌍극자의 정방향 각도는 60° 일 때 자기 쌍극자에 의한 자위 U는 얼마인가?

풀이

전기쌍극자에서 자위는 다음과 같이 구할 수 있다.

$$U = \frac{1}{4\pi\mu_0}\frac{M\cos\theta}{r^2}$$
$$= (6.33\times 10^4)\times\frac{(6\times 10^{-3})\times(0.5)}{(80\times 10^{-2})^2} \fallingdotseq 296.7\ [\text{AT}]$$

8.6 자계 중의 회전력

그림 8.8과 같은 상태에서 자계 H가 있을 때 길이 l, 자기 모멘트 $M = ml$인 미소 자석이 있다. 미소 자석의 N극 및 S극에는 자계와 같은 방향과 반대 방향으로 $f = mH$인 힘이 작용하므로 화살표와 같은 시계 회전 방향으로 회전하는 데 이것을 회전력 또는 토크 T(Torque)라고 한다.

$$T = f\,l\sin\theta = mH\,l\sin\theta = ml\,H\sin\theta = MH\sin\theta \ \ [\text{N}\cdot\text{m}] \tag{8.35}$$

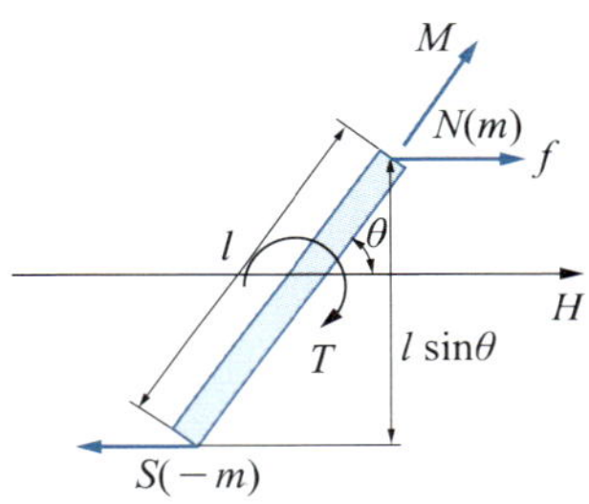

그림 8.8 미소 자석의 회전력

그리고 회전력은 언제나 방향이 있으므로 이것을 벡터로 표시할 수 있다. 그림 8.9에서 벡터 $\breve{A}$ 와 $\breve{B}$ 가 이루는 각을 $\theta\,(0 \le \theta \le \pi)$라고 하면 다음과 같이 정의되는 $\breve{A}$ 와 $\breve{B}$ 의 벡터적(vector product or cross product)이라고 하며, $\breve{A} \times \breve{B}$ 또는 $[\breve{A}\,\breve{B}]$와 같이 나타낸다. 따라서 크기는 $\breve{A}$ 와 $\breve{B}$ 로 형성되는 평행 4변형의 면적은 $AB\sin\theta$ 이며, 방향은 $\breve{A}$ 와 $\breve{B}$ 를 포함하는 평면에 수직이고 $\breve{A}$ 에서 $\breve{B}$ 로 회전할 때의 오른나사의 진행 방향과 일치한다. 또한, 이것으로부터 다음과 같은 관계가 성립하는 벡터적의 계산이 가능하다.

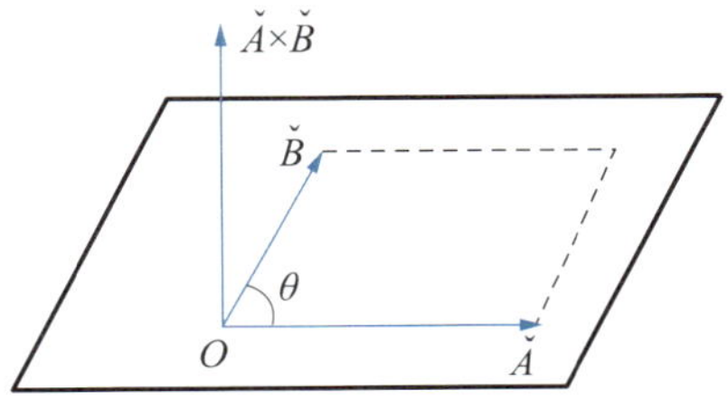

그림 8.9 자계 중의 회전력

(1) 교환 법칙

$\breve{A} \times \breve{B} = -\breve{B} \times \breve{A}$: 성립한다

$\breve{A} \times \breve{B} \neq \breve{B} \times \breve{A}$: 성립하지 않는다

(2) 결합 법칙

$(c\breve{A}) \times \breve{B} = \breve{A} \times (c\breve{B}) = c(\breve{A} \times \breve{B})$: 성립한다

$\breve{A} \cdot (\breve{B} \times \breve{C}) = (\breve{A} \cdot \breve{B}) + (\breve{A} \cdot \breve{C})$: 성립한다

$\breve{A} \times (\breve{B} \times \breve{C}) \neq (\breve{A} \times \breve{B}) \times \breve{C}$: 성립하지 않는다

(3) 배분 법칙

$\breve{A}(\breve{B} \times \breve{C}) = (\breve{A} \times \breve{B}) + (\breve{A} \times \breve{C})$: 성립한다

그리고 벡터는 표기 및 방법에 따라 스칼라적(scalar product or dot product)과 벡터적(vector product or cross product)으로 구분된다. 스칼라적은 다음과 같이 나타낸다.

$$\mathbf{A} \cdot \mathbf{B} = a_x b_x + a_y b_y + a_z b_z = |\mathrm{A}||\mathrm{B}| \cos\theta = \mathbf{B} \cdot \mathbf{A} \tag{8.36}$$

또한, 벡터적은 다음과 같이 나타낸다.

$$\mathbf{A} \times \mathbf{B} = |\mathrm{A}||\mathrm{B}|_{\mathrm{n}} \sin\theta \tag{8.37}$$

$_{\mathrm{n}}$은 A와 B 평면에 직각인 단위 벡터(unit vector)이다. 그리고 벡터의 동질성은 다음과 같은 관계가 있다.

$$\mathbf{i} \cdot \mathbf{i} = \mathbf{j} \cdot \mathbf{j} = \mathbf{k} \cdot \mathbf{k} = 1 \tag{8.38}$$

$$\mathbf{i} \cdot \mathbf{j} = \mathbf{j} \cdot \mathbf{k} = \mathbf{k} \cdot \mathbf{i} = 0 \tag{8.39}$$

$$\mathbf{i} \times \mathbf{i} = \mathbf{j} \times \mathbf{j} = \mathbf{k} \times \mathbf{k} = 0 \tag{8.40}$$

$$\mathbf{i} \times \mathbf{j} = \mathbf{k},\ \mathbf{j} \times \mathbf{k} = \mathbf{i},\ \mathbf{k} \times \mathbf{i} = \mathbf{j} \tag{8.41}$$

예제 8.6

자극의 세기는 60 [Wb], 길이가 10 [cm]인 자석을 2 [AT/m]의 자계와 평등 자계에 30° 만큼 기울여 놓으면 자석이 받는 회전력은 얼마인가?

풀이

자성체에 작용하는 회전력은 다음과 같다.

$$T = MH\sin\theta = ml\,H\sin\theta$$
$$= (60)\times(10\times10^{-2})\times(2)\times\left(\frac{1}{2}\right) = 6\ [\mathrm{N\cdot m}]$$

예제 8.7

20×10^{-6} [Wb·m]의 자기 모멘트를 가진 봉 자석을 자계의 수평 성분이 20 [AT/m]인 곳에 자기 자오면으로부터 90° 회전하는 데 필요한 일은 얼마인가?

풀이

자성체가 회전하는데 필요한 에너지는 다음과 같이 나타낸다.

$$W = \int_0^\theta T\cdot d\theta = MH\int_0^\theta \sin\theta\cdot d\theta = MH(1-\cos\theta)\ [\mathrm{J}]$$

그러므로 주어진 값을 이용하여 계산하면 다음과 같다.

$$W = MH(1-\cos\theta)$$
$$= (20\times10^{-6})\times(20)\times(1-\cos 90^\circ) = 4\times10^{-4}\ [\mathrm{J}]$$

8.7 물질의 자화 현상

자연계에 존재하는 어떤 물질을 자계 내에 놓으면 그 물질의 단면에 자극이 형성되어 자화되는 데 이와 같은 현상을 자기 유도(磁氣 誘導, magnetic induction)라 하며, 이렇게 자화되는 물질을 자성체(磁性體, magnetic substance)라 한다.

[1] 자화의 근원

자기 모멘트(magnetic moment)는 자기 능률이라고도 한다. 자기 모멘트의 발생은 흐르는 전류가 만드는 것, 외부 자기장 안에 놓인 자석 또는 전류 회로에 의한 것, 원자핵 주위를 회전하는 전자에 의한 것 등이 있다. 크기와 방향을 가지는 벡터량으로 방향은 S(−)극에서 N(+)극으로 향한다. 자기량과 함께 자성을 나타내는 양의 하나이지만 자석의 세기는 자기량보다는 자기 모멘트의 크기로 표시한다. 또한, 폐회로를 흐르는 전류는 그 회로를 주변으로 하는 얇은 자석판과 동등한 작용을 가지는데 이 경우의 자기 모멘트는 전류의 방향을 오른 나사가 도는 방향으로 할 때 나사의 진행 방향을 따른다.

일반적으로 자기장 H 안에 자석 또는 전류 회로를 놓으면 자석이나 회로에는 모멘트를 가진 짝힘이 작용한다. 특히 자기 모멘트의 방향이 자기장에 수직일 때 최대의 모멘트를 갖는 짝힘이 생긴다. 또한, 원자 내에서 원자핵의 주위를 회전하는 전자의 경우도 폐회로를 흐르는 전류와 등가이므로 자기 모멘트를 생각할 수 있다. 즉, 궤도 자기 모멘트는 연속적인 값을 가질 수 없고, 자기 모멘트의 최소 단위에 정수를 곱한 보어 마그네톤(Bohr magneton)이라는 비연속적인 값만을 얻을 수 있다.

그림 8.10은 원자의 자기 능률을 나타낸 것으로 스핀 자기 능률 M_s (spin magnetic moment)와 궤도 운동 자기 능률 M (orbital motion magnetic moment)을 나타낸 것이다. '0' 점을 중심으로 $+e$인 전하를 갖는 원자핵이 있으며, 그 주위를 반지름 r의 궤도 운동을 하고 있는 $-e$의 전하를 갖는 전자가 자전하고 있는 것을 나타내고 있다. 즉, 전자는 자전하면서 원자핵의 주위를 궤도 운동하고 있는 것이다.

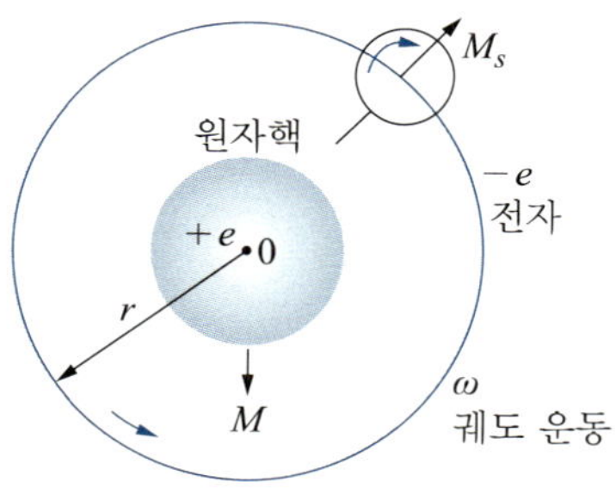

그림 8.10 원자의 자기 능률

전자의 궤도 운동을 구하기 위해 반지름 r의 원운동을 하고 있는 전자의 회전 각속도를 ω라 하면 매초 $\omega/2\pi$ 회의 속도로 회전하므로 이 전자의 회전에 의해서 발생하는 전류 $I = -e\omega/2\pi$ [A] 이다. 전류 I [A]가 단면적 S [m^2]을 포위하는 폐회로에서 발생되는 자기 능률 $M = \mu_0 NSI$ [Wb·m] 이다. 그리고 코일의 감은 수 N을 '1' 이라 하면 $M = \mu_0 SI$ [Wb·m] 이 되고, 단면적 $S = \pi r^2$ [m^2]을 대입하면 전자의 궤도 운동에 따른 자기 능률(M)은 다음과 같다.

$$M = \mu_0\left(-\frac{e\,\omega}{2\pi}\right)\pi\,r^2 = -\frac{1}{2}\mu_0\,e\,\omega\,r^2 \ \ [\text{Wb·m}] \tag{8.42}$$

이 전자의 질량이 m일 때 전자의 각운동량 $P = m\,\omega\,r^2$ 이므로 궤도 운동 자기 능률 M (orbital motion magnetic moment)은 다음과 같이 표현된다.

$$M = -\frac{\mu_0\,e}{2\,m}\,P \ \ [\text{Wb·m}] \tag{8.43}$$

궤도 운동 자기 능률만을 실험적으로 실증할 수 없으므로 궤도 운동 이외의 전자는 다른 각운동량이 있을 것으로 가정한다. 그리고 그 때의 에너지를 스핀 자기 능률 M_s (spin magnetic moment)라 정의한다. 실험에 의해 입증된 결과에 의하면 스핀 자기 능률은 각운동량 P와 다음과 같은 관계가 있다.

$$M_s = -\frac{\mu_0\,e}{m}\,P \ \ [\text{Wb·m}] \tag{8.44}$$

즉, 스핀 자기 능률은 궤도 운동 자기 능률의 2배가 되는 것을 알 수 있다. 이것을 일반화하여 나타내면 다음과 같다.

$$M = -g\,\frac{\mu_0\,e}{2\,m}\,P \ \ [\text{Wb·m}] \tag{8.45}$$

g는 자이로 자기 계수(磁器係數, gyromagnetic coefficient)라고 한다. 궤도 운동에 대해서는 $g=1$, 스핀에 대해서는 $g=2$가 된다. 강자성체는 스핀에 대하여 $g=2$ 또는 '2'에 가까운 값이 실측되고 있다. 따라서 강자성체의 역할은 $g=2$인 스핀에 의한 자기 능률이므로 강자성체에 대한 자성의 본질이라는 것을 알 수 있다.

[2] 자화의 세기

자석을 반복하여 절단하면 그 절단면에 새로운 극성이 나타나는 것이 자성체의 성질이다. 자계 내에 있는 자성체 중의 한 점의 미소 체적 δv를 취하고 이 점에서의 자화 방향까지 고려하여 그 자기 능률을 벡터 δM이라 할 때 자화의 세기 또는 자화도(磁化度, intensity of magnetization)는 다음과 같다.

$$J = \lim_{\delta v \to 0}\frac{\delta M}{\delta v} = \frac{d\,M}{d\,v} \ \ [\text{Wb/m}^2] \tag{8.46}$$

자기 능률의 방향은 S극에서 N극으로 향하는 벡터이다. 그러므로 자화의 세기도 자화된 자성체 내부의 S극에서 N극으로 향하는 벡터이다. 또한, 미소 체적의 자화 방향에 대한 단면적을 δS, 자하를 δm 이라고 하면 자화의 세기에 대한 크기 J는 다음과 같다.

$$J = \lim_{\delta S \to 0} \frac{\delta m}{\delta S} = \frac{dm}{dS} \text{ [Wb/m}^2\text{]} \tag{8.47}$$

즉, 자화의 세기는 그 체적의 단면에 나타낼 수 있다. 자성체의 길이가 l [m]이라면 체적에 대한 자화의 세기는 다음과 같다.

$$J = \frac{m \times l}{S \times l} = \frac{M}{V} \text{ [Wb/m}^2\text{]} \tag{8.48}$$

V는 자성체의 체적 [m^3]이므로 자화의 세기는 단위 체적에 대한 자기 모멘트로도 정의할 수 있다.

예제 8.8

길이 10 [cm], 원형 단면의 지름 4 [cm]인 자성체를 길이의 방향으로 균일하게 자화시키기 위한 자화의 세기는 0.3 [Wb/m^2]이었다. 이 자성체의 자기 모멘트 M[Wb·m]은 얼마인가?

풀이

자화의 세기 $J = \lim_{\delta v \to 0} \frac{\delta M}{\delta v} = \frac{dM}{dv}$ [Wb/m^2] 이다.

그러므로 $J = \frac{M}{V}$ [Wb/m^2]에서 자기 모멘트는 다음과 같다.

$$\begin{aligned} M &= J \cdot V = J \cdot S \cdot l = J \cdot \pi r^2 \cdot l \\ &= (0.3) \times \pi \times (2 \times 10^{-2})^2 \times (10 \times 10^{-2}) \\ &\fallingdotseq 3.77 \times 10^{-5} \text{ [Wb·m]} \end{aligned}$$

[3] 투자율과 자화율

동일한 물리계에서 서로 다른 물질의 전자석이 사용된다면 그 자석의 세기는 사용된 철심에 의해서 변하게 될 것이다. 이 변화의 주된 원인은 철심을 통과하는 자속선의 수가 많고 적음에 따라 지배받기 때문이다. 또한, 물질을 자계 내에 놓으면 그 단면에 자극이 생긴다. 이 때 물질은 자화되었다고 한다. 이와 같은 현상을 자기유도(磁氣 誘導, magnetic induction)라고 하며, 이렇게 자화된 물질을 자성체라고 한다. 즉, 자속에 민감하게 반응하는 것을 자성체라 하며, 이 물질들은 고투자율을 가지고 있다. 물질의 투자율(透磁率, permeability)은 그 물질을 통과하는 자속선을 나타내는 측정 단위이며, 전기 회로의 전도(傳導, conduction)와 유사하다.

투자율(μ)은 진공의 투자율(μ_0)과 비투자율(μ_r)의 곱으로 표시된다. μ_0는 진공(眞空, vacuum)의 투자율이고, μ_r는 비투자율(比透磁率, relative permeability)을 의미한다. 일반적으로 강자성체의 비투자율은 $\mu_r \geq 100$이고, 공기 중에서의 비자성 물질은 $\mu_r = 1$이 된다.

$$\mu = \mu_0\, \mu_r \ \ [\mathrm{H/m}] \tag{8.49}$$

$$\mu_r = \frac{\mu}{\mu_0} \tag{8.50}$$

$$\mu_0 = 4\pi \times 10^{-7} \ \ [\mathrm{H/m}] \tag{8.51}$$

비투자율 μ_r은 회로 내의 다른 물리량에 대해서 영향을 받는 변수이기 때문에 도식화 할 수 없다.

자성체의 종류는 강자성체, 상자성체, 반자성체 등으로 분류한다. 강자성체(强磁性體, ferromagnetic)는 그림 8.11(a)에서 자화되는 정도가 매우 강하며 자석을 없애도 잔류 자기가 많이 남아 있는 물질로서 니켈(Ni), 철(Fe), 코발트(Co), 망간(Mn) 또는 이들의 합금(合金, alloy) 등이 해당된다. 상자성체(常磁性體, paramagnetic)는 그림 8.11(b)와 같이 자화되는 물질로 알루미늄, 주석, 백금 등이 해당되며, 반자성체(反磁性體, diamagnetic)는 그림 8.5(c)와 같이 구리(Cu), 납(Pb), 아연(Zn) 등이 있다.

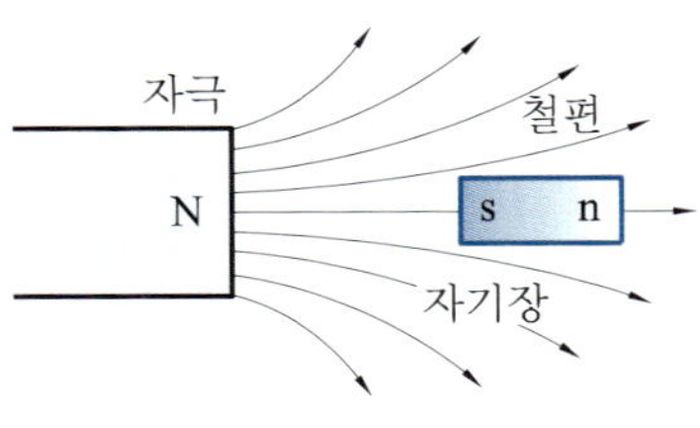

(a) 강자성체

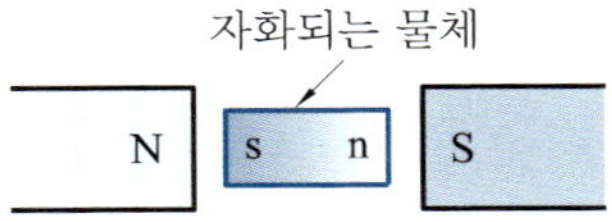

(b) 상자성체

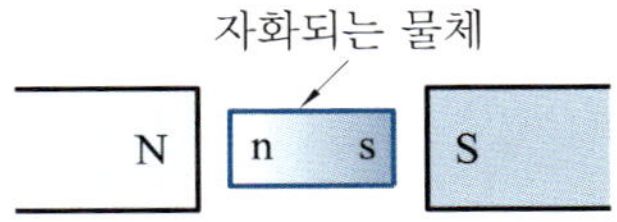

(c) 반자성체

그림 8.11 자성체의 자기 유도

예제 8.9

자계의 세기 1,500 [AT/m] 되는 점의 자속 밀도가 2.8 [Wb/m^2]이다. 이 공간의 비투자율은 얼마인가?

풀이

자속밀도와 자계는 다음과 같은 관계가 있다.

$$B = \mu H = \mu_0 \mu_r H \text{ [Wb/m}^2\text{]}$$

그러므로 비투자율은 다음과 같이 계산된다.

$$\mu_r = \frac{B}{\mu_0 H} = \frac{2.8}{(4\pi \times 10^{-7}) \times 1{,}500} \fallingdotseq 1{,}486$$

물질의 자화의 세기 J는 자성체의 종류에 따라 결정되는 자화율 χ와 자계의 세기 H의 곱으로 나타낼 수 있다.

$$J = \chi H \text{ [Wb/m}^2\text{]} \tag{8.52}$$

식 (8.52)를 자속 밀도 $B = \mu_0 H + J$ [Wb/m^2]에 대입하여 정리하면 다음과 같다.

$$B = \mu_0 H + \chi H = (\mu_0 + \chi) H = \mu H \text{ [Wb/m}^2\text{]} \tag{8.53}$$

여기서, μ는 자성체의 투자율(投資率, permeability)이다. 진공의 투자율 μ_0 [H/m]와 μ의 비율을 그 자성체의 비투자율 μ_r (比投資率, relative permeability)이라 한다. 그리고 자화율 χ (磁化率, magnetic susceptibility)와 진공의 투자율 μ_0의 비율을 비자화율 χ_r(比磁化率, relative magnetic susceptibility)이라하며, 다음과 같은 관계가 있다.

$$\mu = \mu_0 + \chi \tag{8.54}$$

$$\chi = \mu - \mu_0 = \mu_0(\mu_r - 1) = \mu_0 \chi_r \tag{8.55}$$

$$\chi_r = \mu_r - 1 \quad \text{또는} \quad \mu_r = 1 + \chi_r \tag{8.56}$$

$$\mu = \mu_0(1 + \chi_r) \tag{8.57}$$

즉, 자성체의 비투자율 μ_r이 큰 물질일수록 자화가 잘 된다. 그리고 자화율 χ는 자성체에 단위 자계를 주었을 때 생기는 자화를 나타내는 양이다.

예제 8.10

반지름이 2 [cm]인 원형 단면을 가진 환상 철심에 비투자율이 600 인 코일을 감고 이것에 전류가 흐를 때 철심 중의 자계의 세기가 500 [AT/m]이었다. 자화율 χ [H/m]와 자화의 세기 J [Wb/m^2]은 얼마인가?

풀이

자화율은 다음과 같다.

$$\chi = \mu - \mu_0 = \mu_0(\mu_r - 1)$$
$$= (4\pi \times 10^{-7}) \times (600 - 1) \fallingdotseq 7.52 \times 10^{-4} \ [\text{H/m}]$$

그러므로 자화의 세기는 다음과 같다.

$$J = \chi H = (7.52 \times 10^{-4}) \times 500 = 0.376 \ [\text{Wb/m}^2]$$

8.8 자기 회로

자기 회로는 자성체와 전원을 접속한 회로이며, 그림 8.12와 같은 자기 회로를 예로 들어 설명하기로 한다. 이와 같이 철심에 코일을 감고 전류를 흘리면 철심 내에 자속이 발생한다. 이때 자속 Φ는 코일의 권수 N이 많을수록 흐르는 전류 I가 클수록 커진다. 이처럼 자속을 만들 수 있는 원동력이 되는 것을 기자력(起磁力, m.m.f; magneto-motive force)이라 하며, 기호는 F이다. 단위는 암페어 턴(Ampere Turn)으로 [AT]를 사용한다.

$$F = NI \ [\text{AT}] \tag{8.58}$$

이 기자력에 의하여 생기는 자속의 양은 Φ [Wb]이며, 기자력이 클수록 자속이 많이 생기는데 이 경우 자속이 통과하는 철심의 통로를 자기 회로(磁氣 回路, magnetic

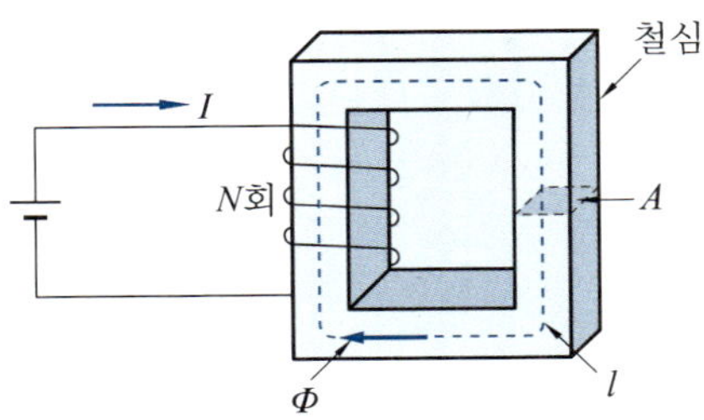

그림 8.12 자기 회로

circuit)라고 한다. 지금 코일의 감은 수를 N 회, 자기 회로의 평균 길이를 l [m]로 하여 전류를 I [A] 만큼 흘리면 코일 내부의 자계는 다음과 같이 나타낸다.

$$H = \frac{NI}{l} \ \ [\mathrm{AT/m}] \tag{8.59}$$

이 자계에 의하여 철심이 자화하여 철심 내부에 발생되는 자속 밀도를 B [Wb/m²], 철심의 투자율을 μ 라고 하면 자속 밀도는 다음과 같이 나타낸다.

$$B = \mu H \ \ [\mathrm{Wb/m^2}] \tag{8.60}$$

따라서 철심 내부를 통과하는 전 자속 Φ 는 철심의 단면적이 A [m²]이므로 다음과 같이 나타낸다.

$$\Phi = BA = \mu HA = \mu \frac{NI}{l} A = \frac{NI}{\left(\dfrac{l}{\mu A}\right)} = \frac{NI}{R_m} \ \ [\mathrm{Wb}] \tag{8.61}$$

분모항의 R_m 값은 다음과 같이 나타내며, 자기 저항(磁氣 抵抗, reluctance)이라고 한다.

$$R_m = \frac{l}{\mu A} = \frac{NI}{\Phi} = \frac{F}{\Phi} \ \ [\mathrm{AT/Wb}] \tag{8.62}$$

따라서 자기 회로를 통과하는 자속 Φ [Wb]는 기자력 NI [AT]에 비례하고, 자기 저항 R_m [AT/Wb]에 반비례한다. 이러한 관계를 자기 회로에 관한 옴의 법칙이라고 한다. 전기 회로와 자기 회로를 비교하면 유사한 특성이 있으며, 이를 표 8.1에 나타낸다.

표 8.1 전기 회로와 자기 회로의 비교

전기 회로		자기 회로	
전압	$V = IR$ [V]	기자력	$F = NI$ [AT]
전류	$I = \frac{V}{R}$ [A]	자속	$\Phi = \frac{F}{R_m}$ [Wb]
전기 저항	$R = \frac{V}{I}$ [Ω]	자기 저항	$R_m = \frac{l}{\mu A}$ [AT/Wb]
전계의 세기	$E = \frac{V}{d}$ [V/m]	자계의 세기	$H = \frac{F}{l}$ [A/m]
전속 밀도	$D = \frac{Q}{A}$ [C/m²]	자속 밀도	$B = \frac{\Phi}{A}$ [Wb/m²]

예제 8.11

환상 철심에 감은 코일에 5 [A]의 전류를 흘리면 200 [AT]의 기자력이 생기는 것으로 한다면 코일의 권수는 얼마로 하여야 하는가?

풀이

$F=NI$ [AT]이므로 코일의 권수는 다음과 같다.

$$N=\frac{F}{I}=\frac{200}{5}=40\ [\text{회}]$$

예제 8.12

철심이 든 환상 솔레노이드에서 1,000 [AT]의 기자력에 의해서 철심 내에 5×10^{-5} [Wb]의 자속이 통하면 이 철심 내의 자기 저항은 몇 [AT/Wb]인가?

풀이

자속, 자속밀도, 단면적 등은 다음과 같은 관계가 있다.

$$\Phi=BA=\mu HA=\mu\frac{NI}{l}A=\frac{NI}{\left(\frac{l}{\mu A}\right)}=\frac{NI}{R_m}=\frac{F}{R_m}\quad[\text{Wb}]$$

그러므로 자기 저항은 다음과 같이 구할 수 있다.

$$R_m=\frac{F}{\Phi}=\frac{1{,}000}{5\times10^{-5}}=2\times10^{7}\ [\text{AT/Wb}]$$

8.9 히스테리시스 곡선

니켈, 철, 코발트, 망간 등과 같은 강자성체(强磁性體, ferromagnetic)를 자화시킬 때 자계의 세기 H를 증가시키면 자속 밀도 B도 증가하게 된다. 그러나 자계의 세기를 계속 증가시켜도 자속 밀도는 어느 범위에 이르면 증가하지 않게 되는데 이와 같은 현상을 자기 포화(磁氣 飽和, magnetic saturation)라 한다.

그림 8.13은 자계의 세기 H와 자속 밀도 B의 관계를 나타낸 것인데 이 곡선을 자화 곡선(磁化 曲線, magnetization curve) 또는 $B-H$ 곡선이라고 한다.

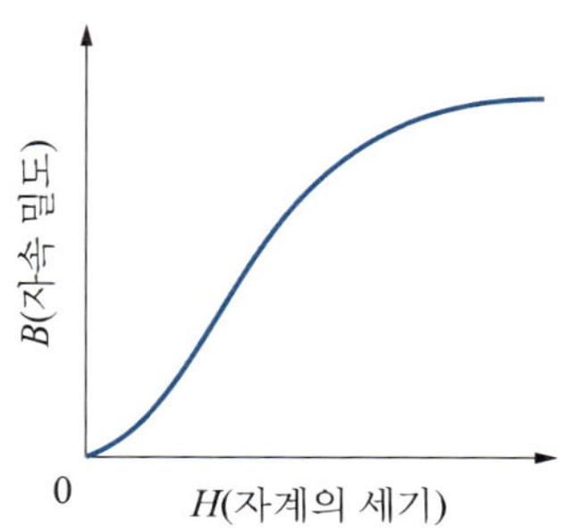

그림 8.13 자화 곡선

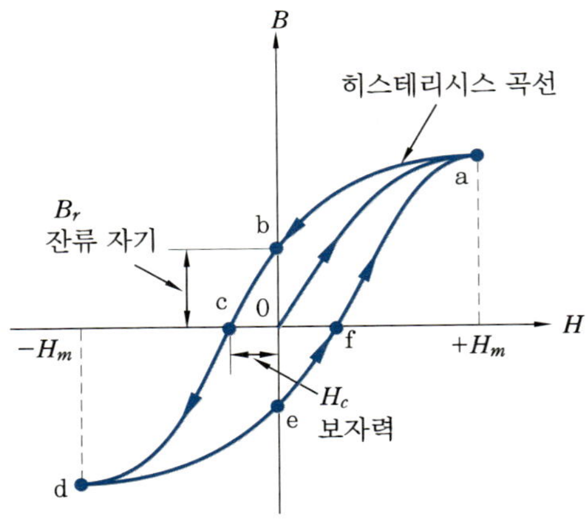

그림 8.14 히스테리시스 곡선

자화되지 않은 강자성체를 자장 중에 놓고 자계의 세기를 그림 8.14의

$$0 \rightarrow +H_m \rightarrow 0 \rightarrow -H_m \rightarrow 0 \rightarrow +H_m$$

과 같이 변화시키면 철편 중의 자속 밀도 B는

$$0 \rightarrow \mathrm{a} \rightarrow \mathrm{b} \rightarrow \mathrm{c} \rightarrow \mathrm{d} \rightarrow \mathrm{e} \rightarrow \mathrm{f} \rightarrow \mathrm{a}$$

와 같이 변화한다.

이 경우 B와 H의 관계를 표시한 곡선을 히스테리시스 곡선(hysteresis loop)이라고 한다. 자성체를 $+H_m$으로 자화시킨 후 자계의 세기 H를 '0' 으로 하여도 자성체는 B_r값만큼 자기가 남게 되는데 이를 잔류 자기(殘留 磁氣, residual magnetization)라고 한다. 이 잔류 자기 B_r값을 '0' 으로 만드는데 소요되는 자계의 크기 H_c를 보자력(保磁力, coercive force)이라고 한다.

히스테리시스 환을 1 회 그려서 처음의 a점에 되돌아가면 히스테리시스 환의 면적만큼 여분의 에너지가 필요로 하게 됨을 알 수 있다.

$$w_k = \oint H \cdot dB = \text{히스테리시스 내의 면적} \tag{8.63}$$

자계의 에너지는 처음과 동일하므로 히스테리시스 면적에 해당하는 에너지는 손실이며, 이것은 열로 발산된다는 것이 확인되었다. 전기기기에서는 대부분 교류를 사용하므로 1 [Hz]에서 w_h 만큼의 에너지가 소비되므로 매초 f [Hz]에서는 단위체적당 다음과 같은 손실이 발생한다.

$$P_h = f\, w_h \ [\mathrm{W/m^3}] \tag{8.64}$$

P_h 는 히스테리시스 손실이다. 이러한 히스테리시스 손실은 규소강(硅素鋼, silicon steel)을 사용함으로써 줄일 수 있다. 그리고 스테인메츠(Steinmetz)는 여러 가지 전기기기용 자성체를 조사하여 w_h 가 최대 사용 자속 밀도의 약 1.6 제곱에 비례한다는 실험식을 다음과 같이 얻었다.

$$w_h = \eta\, B_m^{1.6} \ [\mathrm{J/m^3}] \tag{8.65}$$

이 실험식에서 η는 히스테리시스 계수(hysteresis coefficient)라고 부르며, 재료에 따라 다른 값을 나타낸다. 또한, B_m 의 지수 1.6 은 스테인메츠의 상수(Steinmetz's constant)라고 부른다.

8.10 앙페르의 오른나사 법칙

도선에 전류가 흐를 때 그 주위에 자계가 발생한다는 현상을 1820년 덴마크의 물리학자 에르스텟(H.C. Oersted, 1777～1851)에 의해서 발견되었다. 에르스텟은 도선 가까이에 놓은 자침이 도선에 흐르는 전류에 의하여 움직인다는 사실로부터 전류가 흐르는 도선 주위에 자계가 발생된다는 것을 발견하였다. 그림 8.15에 나타낸 바와 같이 도체 주위에는 동심원상으로 철가루가 배열되는 것을 볼 수 있는데 이로 미루어 보아 도체에 전류가 흐르면 도체 주위에는 자기장이 형성됨을 알 수 있다.

그 후 1822년 프랑스의 과학자 앙페르(A.M. Ampere, 1775～1836)의 실험적 연구에서 중요한 법칙을 발견하였다. 이때 자기력선의 방향은 전류가 흐르는 방향으로 오른 나사가 진행 할 때 나사의 회전 방향과 일치한다. 이것을 앙페르의 오른나사 법칙(Ampere's right-handed screw rule)이라고 하며, 이를 그림 8.16에 나타낸다.

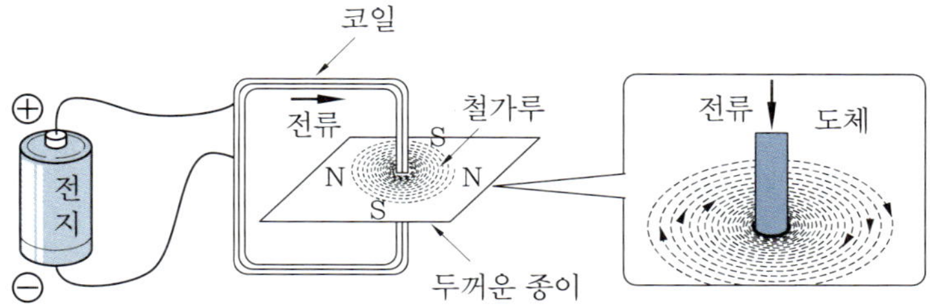

그림 8.15 전류에 의한 자기장의 발생

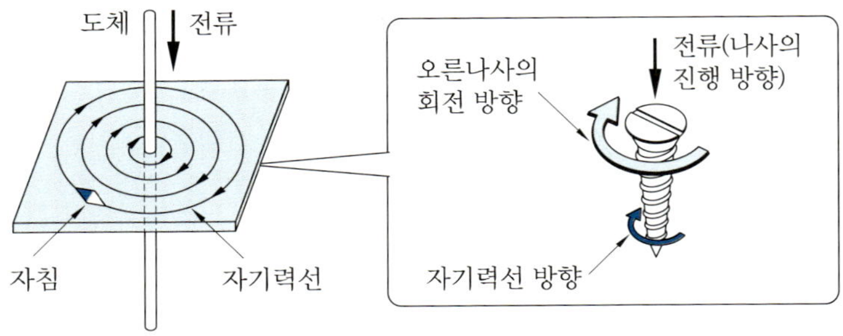

그림 8.16 앙페르의 오른 나사 법칙

8.11 플레밍의 법칙

존 앰브로즈 플레밍(John Ambrose Fleming, 1849~1945)은 영국의 전기기술자이며, 물리학자이다. 그는 플레밍의 법칙을 고안한 것과 2극 진공관의 발명으로 유명하다. 플레밍의 법칙은 전류, 자장, 도체 운동의 3방향에 관한 것으로 플레밍의 오른손 법칙(Fleming's right hand rule)과 플레밍의 왼손 법칙(Fleming's left hand rule)으로 이루어져 있다. 마이클 패러데이에 의하여 발견된 전자기 유도 현상을 판단하기 쉽도록 인간의 손 모양으로 표시한 것이다.

[1] 플레밍의 왼손 법칙

그림 8.17(a)와 같이 N극과 S극으로 형성된 자기장 B [Wb/m^2] 내에 도체를 놓고, 도체에 직류 전류 I [A]를 흘려주면 도체는 힘을 받아 움직이게 되는데 이 힘 F를 전자력(電磁力, e.m.f; electromagnetic force)이라고 한다. 그런데, 전자력의 크기 F [N]은 다음 식으로 나타낼 수 있다.

$$F = BIl\sin\theta \ \ [\mathrm{N}] \tag{8.66}$$

B는 자속 밀도 [Wb/m^2], I는 전류 [A], l은 도체의 길이 [m]이다.

전자력에 의한 도체의 이동 방향은 플레밍의 왼손 법칙(Fleming's left hand rule)에 따른다. 이 법칙은 그림 8.17(b)와 같이 왼손의 세 손가락을 서로 직각으로 펼치고, 둘째손가락을 자기장 방향, 셋째손가락을 전류의 방향에 일치시킬 때 엄지손가락 방향이 도체의 운동 방향이 된다. 전동기의 회전 방향은 플레밍의 왼손 법칙에 의하여 결정된다.

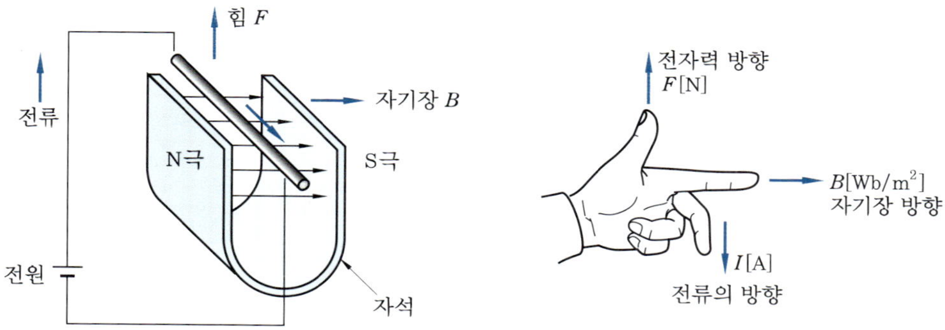

(a) 전기장 내에서의 도체 운동　　(b) 자력선과 손의 비교

그림 8.17 플레밍의 왼손 법칙에 의한 전자력 발생의 방향

예제 8.13

자속밀도 0.8 [Wb/m^2]인 평등 자계 내에 자계의 방향과 30°의 방향으로 놓은 길이 10 [cm]의 도체에 5 [A]의 전류가 흐를 경우 도체가 받는 힘은 얼마인가?

풀이

전류가 흐를 때 도체가 받는 힘은 다음과 같은 수식으로 구할 수 있다.

$$F = BIl\sin\theta$$
$$= 0.8 \times 5 \times 10 \times 10^{-2} \times \sin 30° = 0.2 \ [\text{N}]$$

[2] 플레밍의 오른손 법칙

그림 8.18은 전자 유도에 관한 실험 방법을 나타낸 것이다. 그림 8.18(a)에서 N 극과 S 극 사이의 자기장 내에 있는 도체를 상하로 움직이게 되면 도체에 기전력이 유도되어 검류계의 바늘이 움직이게 된다. 마찬가지로 그림 8.18(b)에서 코일 내부로 자석을 넣었다 뺐다 하면 코일에 기전력이 유도되어 검류계의 바늘이 움직이게 된다. 이러한 현상들을 전자 유도(電磁 誘導, electromagnetic induction)라고 한다. 이때 N 극과 S 극 사이의 자기장 B 내에서 도체가 힘 F의 방향으로 운동을 하게 될 때 유도되는 전류 I의 방향을 나타낸 것이 플레밍의 오른손 법칙(Fleming's right hand rule)이다. 이 법칙은 그림 8.19와 같이 오른손의 세 손가락을 서로 직각으로 펼치고, 첫째손가락을 도체의 운동 방향, 둘째손가락을 자기장의 방향에 일치시킬 때 셋째손가락의 방향이 전류가 흐르는 방향이 된다. 발전기의 전압 발생 방향은 플레밍의 오른손 법칙에 의하여 결정된다.

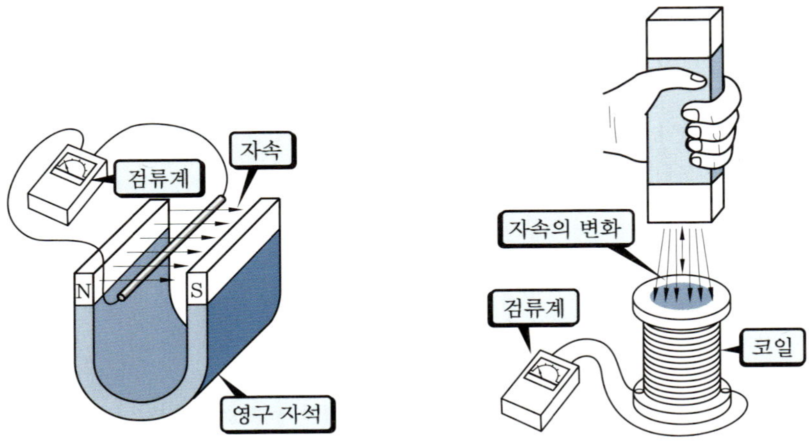

(a) 자기장 내에서 도체 운동 (b) 코일 내에서 도체 운동

그림 8.18 전자 유도의 현상

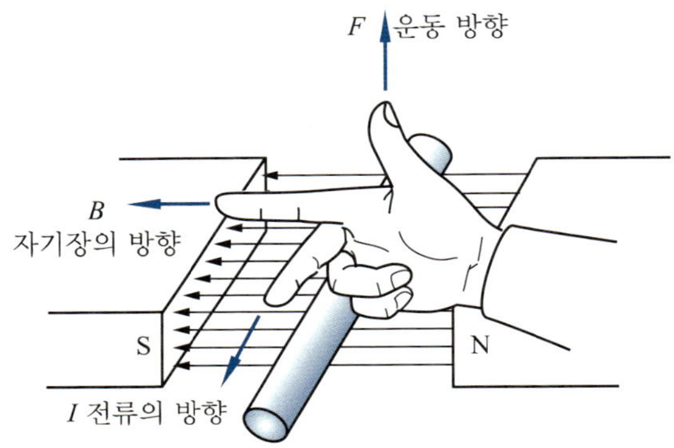

그림 8.19 플레밍의 오른손 법칙에 의한 전류의 발생 방향

예제 8.14

어떤 공간에서 0.2 [Wb/m^2]의 평등 자계 속에 자계와 직각 방향으로 놓인 길이 30 [cm]의 도체를 자계와 30°의 방향으로 30 [m/s]의 속도로 이동시킬 때 도체 양단에 유기되는 기전력은 얼마인가?

풀이

도체에 유기되는 기전력은 다음과 같이 구할 수 있다.

$$\begin{aligned} e &= Blv\sin\theta \\ &= 0.2\times 0.3\times 30\times \sin 30° = 0.9 \ [\text{V}] \end{aligned}$$

예제 8.15

어떤 공간에서 1 [Wb/m^2]의 자속 밀도에 수직으로 놓인 길이 1 [m]인 도체에 1 [N]의 힘이 작용한 것으로 측정되었다면 도체에 흐르는 전류는 얼마인가?

풀이

$F = BIl\sin\theta$ [N] 이므로 전류는 다음과 같다.

$$I = \frac{F}{Bl\sin\theta} = \frac{1}{1\times 1\times \sin 90°} = 1 \ \text{[A]}$$

8.12 비오-사바르의 법칙

프랑스의 물리학자 비오(Jean-Baptiste Biot,1774～1862)와 그의 조수인 사바르(Félix Savart 1791～1841)는 1820년 전류가 흐르는 도선에 의해 만들어지는 자기장의 세기를 계산할 수 있는 적분식을 제안했다. 이것을 비오-사바르의 법칙(Biot-Savart's law)이라고 부르며, 자석의 성질은 전기와 무관한 성질이 아니라 전하에 의해 만들어지는 성질이라는 것이 밝혀진 것이다.

즉, 전선에 흐르는 전류에 의해서 발생되는 자계의 세기는 전류의 크기와 거리에 따라 다르게 된다. 그림 8.20(a)와 같이 전류 I [A]가 흐르는 도체의 미소 부분 dl [m] 지점에서 r [m] 떨어진 P 점의 자계의 세기 dH [A/m]는 dl 과 점 P를 연결하는 방향이 dl 과 이루는 각을 θ [rad]라고 할 때 다음과 같이 나타낸다. 이 식을 비오-사바르의 법칙(Biot-Savart's law)이라고 한다.

$$dH = \frac{I\,dl\sin\theta}{4\pi r^2} \ \text{[AT/m]} \tag{8.67}$$

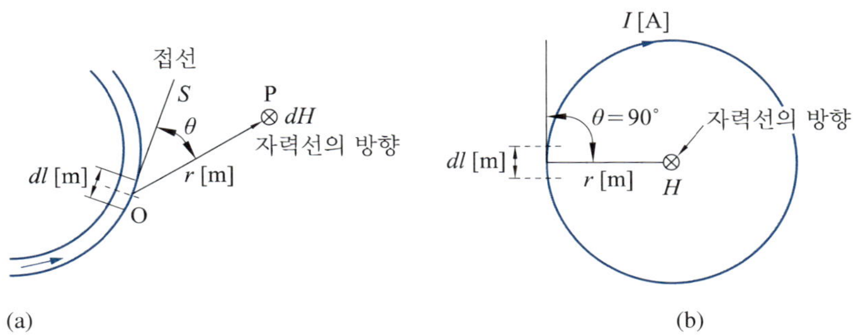

그림 8.20 비오-사바르의 법칙

예를 들면 그림 8.20(b)에서와 같이 반지름이 r [m]인 원형 코일에 전류가 흐를 때 원형 코일의 중심에서의 자계의 세기 H_0는 다음과 같이 나타낸다.

$$H_0 = \int_0^{2\pi r} \frac{I\,dl \sin 90°}{4\pi r^2} = \frac{I}{4\pi r^2}\int_0^{2\pi r} dl \;\; [\mathrm{AT/m}] \qquad (8.68)$$

따라서, 반지름이 $r\,[\mathrm{m}]$ 일 때 구의 표면적 $S = 4\pi r^2\,[\mathrm{m}^2]$ 이고, 구의 원둘레 $l = 2\pi r\,[\mathrm{m}]$ 이다.

만일 원형 코일의 감은 횟수가 N 일 경우에 자계의 세기는 다음과 같이 나타낸다.

$$H = \frac{NI}{2r} \;\; [\mathrm{AT/m}] \qquad (8.69)$$

예제 8.16

반지름이 40 [cm]인 원형 코일에 전류 100 [A]가 흐르고 있다. 이때 중심점에서의 자계의 세기는 얼마인가?

풀이

원형 코일의 중심에서 작용하는 자계의 세기는 다음과 같이 구할 수 있다.

$$H = \frac{NI}{2r} = \frac{100}{2\times 40\times 10^{-2}} = 125 \;\; [\mathrm{AT/m}]$$

예제 8.17

진공 중에 놓인 평행 2 회선에 흐르는 전류가 각각 2 [A], 3 [A]이고, 선간 거리가 10 [cm]일 때 두 선간에 작용하는 힘 [N]은 얼마인가?

풀이

평행한 2 선간에 작용하는 힘은 다음과 같이 나타낸다.

$$F = \frac{\mu_0 I_1 I_2}{2\pi r} \;\; [\mathrm{N}]$$

그러므로 작용하는 힘은 다음과 같다.

$$F = \frac{\mu_0 I_1 I_2}{2\pi r} = \frac{(4\pi\times 10^{-7})\times 2\times 3}{2\pi\times(10\times 10^{-2})} = 12\times 10^{-6} \;\; [\mathrm{N}]$$

8장 연습문제

01. 자석은 쇠붙이를 끌어당기는 성질이 있으며, 중심을 매달면 남북을 가리키는 근원을 (   )라 한다.

답 자기

02. 자계의 형태는 눈으로 보이지 않으므로 자계의 상태를 표시하는 가상의 선을 (   )이라고 한다.

답 자기력선

03. 공기 중에서 0.1 [m] 떨어진 두 자극 2.5×10^{-4} [Wb], 4×10^{-3} [Wb] 사이에 작용하는 힘은?

답 6.33 [N]

04. 어떤 철심의 비투자율이 1,000 이고, 자계의 세기가 200 [AT/m]이라면 자속 밀도는 얼마인가?

답 $8\pi \times 10^{-2}$ [Wb/m^2]

05. 자극의 세기가 100 [AT/m]의 자계 중에서 5×10^{-2} [Wb]의 자하를 놓았을 때 받는 힘은 얼마인가?

답 5 [N]

06. 자성체의 종류 중에서 강자성체는 자화되는 정도가 매우 강하며 자석을 없애도 잔류 자기가 많이 남아 있는 물질로서 (, , ,) 등이 있다.

답 니켈, 철, 코발트, 망간

07. 환상 철심에 코일을 100 회 감고, 전류를 10 [A] 흘리면 기자력은 얼마가 발생하는가?

답 1,000 [AT]

08. 강자성체를 자화시킬 때 자계의 세기를 증가시키면 자속 밀도도 증가하게 된다. 그러나 자계의 세기를 계속 증가시켜도 자속 밀도는 어느 범위에 이르면 증가하지 않게 되는데 이와 같은 현상을 ( )라 한다.

답 자기 포화

09. 플레밍의 왼손 법칙에서 왼손의 세 손가락을 서로 직각으로 펼치고, 첫째손가락은 ( ), 둘째손가락은 ( ), 셋째손가락은 ( )과 일치한다.

답 도체의 운동 방향, 자기장의 방향, 전류의 방향

10. 2 [Wb/m^2]의 평등 자계 속에 자계와 직각 방향으로 놓인 길이 50 [cm]의 도체를 자계와 60°의 방향으로 50 [m/s]의 속도로 이동시킬 때 도체 양단에 유기되는 기전력은 얼마인가?

답 $e \fallingdotseq 43.3$ [V]

제 9 장

코 일 (인덕터)

9.1 패러데이의 전자 유도 법칙

도체를 코일 모양으로 감아 놓고 자석을 가까이 했다가 멀리하면 자속의 세기 변화에 의해 도체에 기전력이 유도되는 현상을 나타낸 것이 그림 9.1이다. 코일에 검류계(檢流計, galvanometer)를 접속해 놓고 자석(磁石, magnet)을 코일에 가까이 하거나 멀리할 때마다 검류계의 바늘이 움직인다. 즉, 코일 내에서 자장의 변화가 발생하고 그 에너지에 의해 전압이 유도되어 전류가 흐른다는 사실을 알 수 있는데 이러한 현상이 자속의 변화에 대한 전자 유도(電磁 誘導, electromagnetic induction)이다. 그리고 이때 발생한 전압은 유도 기전력(誘導 起電力, induced electromotive force)이고, 흐르는 전류는 유도 전류(誘導 電流, induced current)이다.

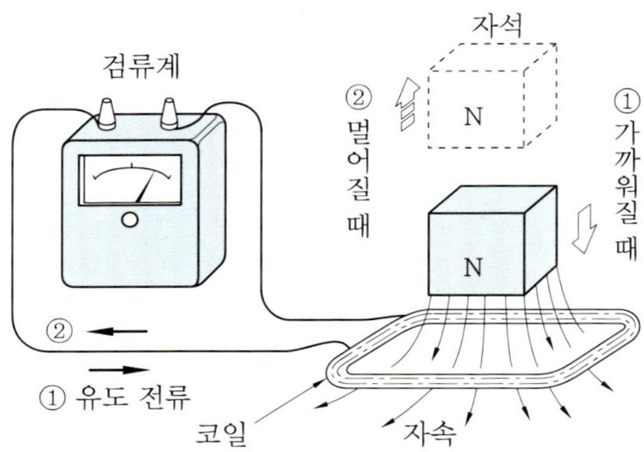

그림 9.1 자속 변화와 전자 유도 현상

그림 9.2는 도체와 자속의 쇄교(鎖交, interlinkage)를 나타낸 것으로 도체가 자기력선을 끊을 때 도체 내에 전위가 발생한다는 원리이다. 전자 유도에 의해서 발생되는 유도 기전력의 크기는 코일을 지나는 자속의 매초 변화량과 코일의 감은 수에 비례한다. 이것을 전자 유도에 관한 패러데이의 법칙(Faraday's law)이라 한다. 따라서 N회 감은 코일의 내부를 통하는 자속이 Δt초 동안에 $\Delta\Phi$ 만큼 증감하였을 때의 유도 기전력 v는 다음 식으로 나타내며, 음(−)의 부호는 감소를 의미한다.

$$v = (\text{코일의 감은 수}) \times (\text{매초 변화하는 자속 수})$$

$$= -N\frac{\Delta\Phi}{\Delta t}\ [\text{V}] \tag{9.1}$$

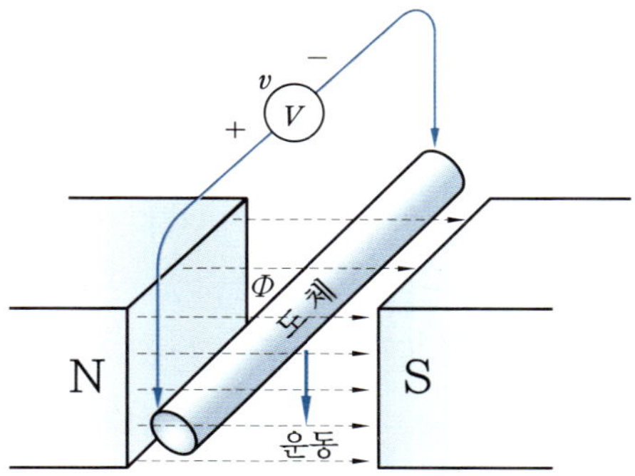

그림 9.2 도체와 자속의 쇄교

그림 9.3에서 자속 쇄교수 Φ가 감소하면 이것을 방해하는 기전력 v는 Φ가 증가하는 방향으로 발생한다. 그래서 Φ가 감소할 때 v는 처음의 Φ에 대하여 앙페르의 오른손 법칙에 의한 방향을 취한다. 즉, 도체와 자계의 관계에서 전계(電界, electric field)를 발생되는 기전력으로 나타내면 다음과 같다.

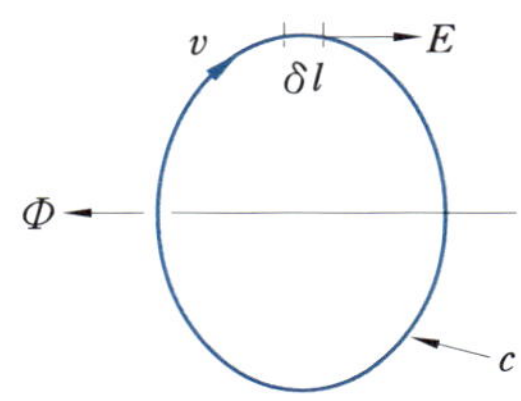

그림 9.3 자속과 전계의 관계

$$v = \oint E \cdot dl = -\frac{d\Phi}{dt} \ [\mathrm{V}] \tag{9.2}$$

그러므로 기전력의 단위는 자속 쇄교수가 매초 1 [Wb]의 비율로 변화할 때 발생하는 기전력을 단위로 하여 1 [V]라고 정의할 수 있다.

예제 9.1

권수 1 회의 코일에 5 [Wb]의 자속이 쇄교하고 있을 때 0.1 [s] 사이에 이 자속이 0 으로 변하였다면 이 때 코일에 유도되는 기전력은 얼마인가?

풀이

코일에서 유도되는 기전력은 다음과 같다.

$$v = -N\frac{\Delta\Phi}{\Delta t} \ [\mathrm{V}]$$

그러므로 주어진 값을 대입하여 정리하면 다음과 같다.

$$v = -N\frac{\Delta\Phi}{\Delta t} = -1 \times \frac{5}{0-0.1} = 50 \ [\mathrm{V}]$$

9.2 렌츠의 법칙

독일의 과학자 렌츠(Heinrich Friedrich Emil Lenz, 1804~1865)는 1834년 유도 기전력과 유도전류는 자기장의 변화를 상쇄하려는 방향으로 발생한다는 전자기 법칙을 발견하였다. 즉, 전류의 크기가 증가하면 코일과 쇄교(鎖交, interlinkage)하는 자속의 크기도 증가한다. 그림 9.4에서 검류계에 흐르는 전류와 자속과의 관계를 조사해 보면 그림 9.4(a)와 같이 코일을 지나는 자속이 증가될 때는 자속을 감소시키는 방향으로 유기 기전력이 발생한다. 반면에 그림 9.4(b)와 같이 코일을 지나는 자속이 감소될 때는 자속을 증가시키는 방향으로 유기 기전력이 발생한다. 그러므로 유도 기전력은 자속의 변화를 방해하려는 방향으로 발생하는 것을 알 수 있다. 이것을 유도 기전력의 방향에 관한 렌츠의 법칙(Lenz's law)이다.

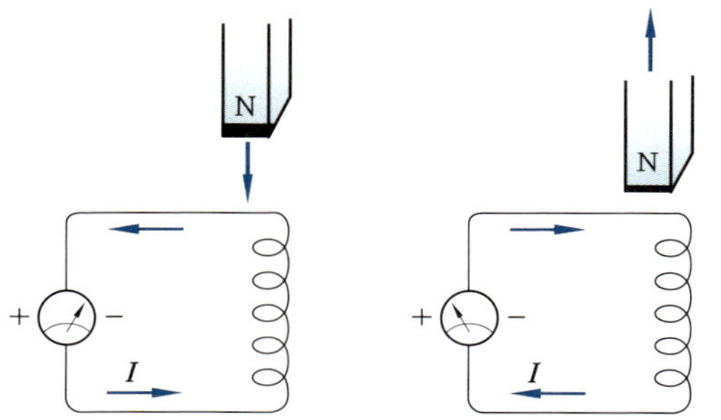

(a) 자속이 증가할 때 (b) 자속이 감소할 때

그림 9.4 유도 기전력의 방향

예제 9.2

100 회 감은 코일과 쇄교하는 자속이 0.1 [s] 동안에 0.5 [Wb]에서 0.3 [Wb]로 감소했다면 이 때 코일에 유도되는 기전력은 얼마인가?

풀이

코일에서 유도되는 기전력은 다음과 같다.

$$v = -N\frac{\Delta\Phi}{\Delta t}\ [\mathrm{V}]$$

그러므로 주어진 값을 대입하여 정리하면 다음과 같다.

$$v = -N\frac{\Delta\Phi}{\Delta t} = -100\times\frac{(0.3-0.5)}{0.1} = -100\times\frac{-0.2}{0.1} = 200\ [\mathrm{V}]$$

9.3 자기 인덕턴스

그림 9.5에서 철심에 코일을 감아 놓고, 코일에 흐르는 전류를 변화시키게 되면 코일에 유도 기전력이 생긴다. 이때 전자 유도에 의하여 생기는 유도 기전력 v_L [V]는 다음과 같다.

$$v_L \propto \frac{\text{전류의 변화}}{\text{변화에 필요한 시간}} \text{ [V]} \tag{9.3}$$

그러므로 비례 상수를 L로 나타내고, 전류의 변화에 대한 시간의 변화를 렌츠의 법칙에 따른 방향까지 고려하면 다음과 같은 수식을 얻을 수 있다.

$$v_L = -L\frac{\Delta I}{\Delta t} \text{ [V]} \tag{9.4}$$

비례상수 L은 코일이 갖는 고유 값으로 코일의 자기 인덕턴스(self inductance)라고 하며, 인덕턴스의 단위는 미국의 물리학자 조셉 헨리(Joseph Henry, 1797~1878)의 이름을 따서 헨리 [H]를 사용하고 있다. 1 [H]의 인덕턴스는 매초 1 [A]의 전류 변화에 의하여 코일에 1 [V]의 유도 기전력이 생기는 것을 말한다.

그림 9.6은 전기 · 전자 회로에 널리 사용되는 인덕터(inductor)와 코일의 모양이며, 그림 9.7은 기호이다.

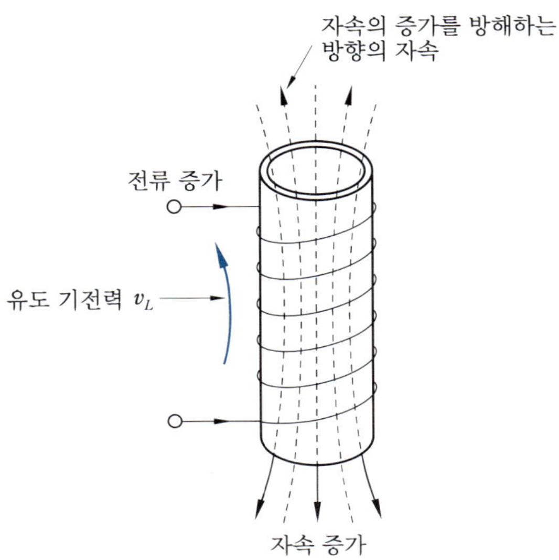

그림 9.5 자기 유도

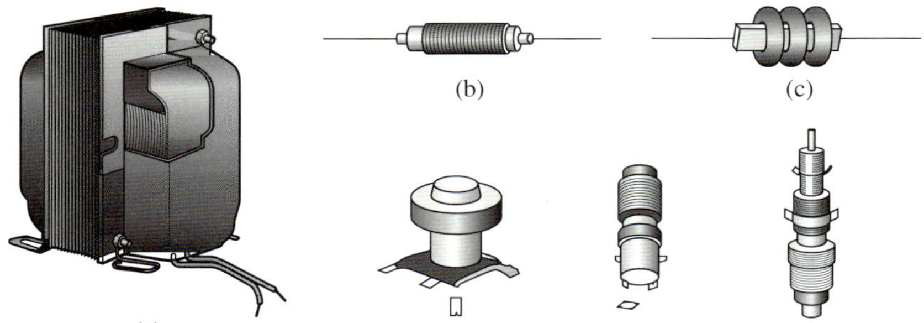

그림 9.6 인덕터 및 코일의 모양

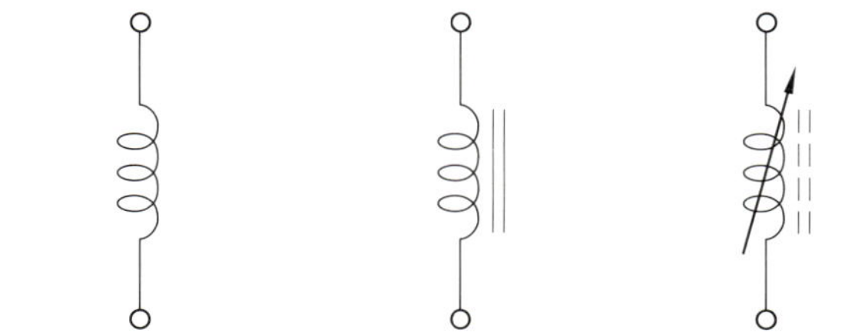

그림 9.7 코일의 기호

한편 코일의 권수 N 회의 쇄교 자속이 Δt초 동안에 $\Delta \Phi$ [Wb] 만큼 변화했을 때의 유도 기전력 v_L은 다음과 같다.

$$v_L = -N \frac{\Delta \Phi}{\Delta t} \ [\mathrm{V}] \tag{9.5}$$

자속의 변화 $\Delta \Phi$는 전류의 변화 ΔI에 의해서 발생되는 것이므로 식 (9.4)와 식 (9.5)를 정리하면 다음과 같은 관계를 얻을 수 있다.

$$N\Phi = LI \tag{9.6}$$

그러므로 자기 인덕턴스 L은 다음과 같다.

$$L = \frac{N\Phi}{I} \ [\mathrm{H}] \tag{9.7}$$

예제 9.3

자로의 길이가 1 [m], 단면적이 10 [cm^2], $\mu_r = 100$, $N = 1{,}000$ 회인 회로에서 생성할 수 있는 최대 인덕턴스는 얼마인가?

풀이

코일에서 발생되는 인덕턴스, 자속, 저항 등의 관계는 다음과 같다.

$$L = \frac{N\Phi}{I},\ \Phi = \frac{NI}{R_m},\ R_m = \frac{l}{\mu A}$$

그러므로 주어진 값을 대입하여 정리하면 다음과 같다.

$$L = \frac{N\Phi}{I} = \frac{N^2}{R_m} = \frac{\mu A N^2}{l}$$

$$= \frac{(4\pi\times10^{-7})\times(100)\times(10\times10^{-4})\times(1{,}000)^2}{1} = 4\pi\times10^{-2}\ [\mathrm{H}]$$

9.4 상호 인덕턴스

인덕턴스(inductance)는 회로에 흐르는 전류의 변화에 의해 전자기 유도로 생기는 역기전력의 비율을 나타내는 양이며, 자속 변화의 원인에 따라 자기 인덕턴스와 상호 인덕턴스로 나눈다.

그림 9.8과 같이 서로 다른 별개의 두 개 코일을 가까이 놓고, 1차 코일에 전류가 흐를 때 자속은 2차 코일과도 쇄교한다. 이때 1차 코일에 흐르는 전류 I_1이 변화하면 2차 코일에 쇄교하는 자속 Φ도 변하게 되므로 전자 유도 현상에 의하여 2차 코일에는 자속의 변화를 방해하려는 방향으로 유도 기전력 v_2가 발생한다.

이와 같이 한쪽 코일에 흐르는 전류가 변화할 때 다른 쪽 코일에 유도 기전력이 발생하는 현상을 상호 유도(相互 誘導, mutual induction)라고 한다. 따라서 2차 코일에 발생하는 유도 기전력 v_2는 1차 코일에 흐르는 전류의 변화율 $\Delta I_1/\Delta t$ 에 비

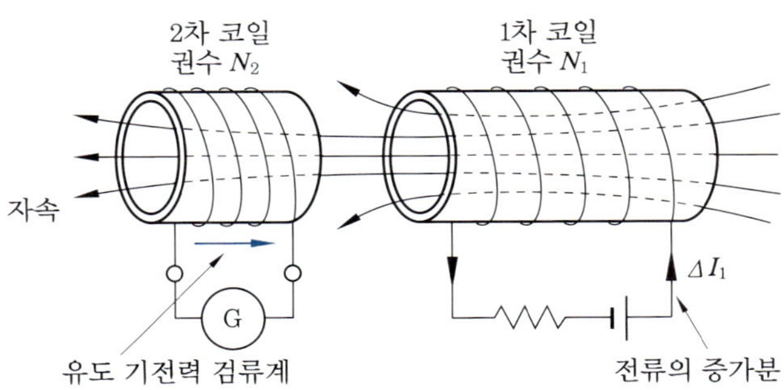

그림 9.8 상호 인덕턴스

례하므로 다음과 같다.

$$v_2 = -M\frac{\Delta I_1}{\Delta t}\ [\mathrm{V}] \tag{9.8}$$

이때의 비례상수 M을 상호 인덕턴스(mutual inductance)라고 하고, 단위는 자기 인덕턴스와 같은 헨리 [H]를 사용한다. 즉, 한쪽 코일에 흐르는 전류가 1초 동안에 1 [A]만큼 변화하여 다른 쪽 코일에 유도되는 기전력이 1 [V]일 때 1 [H]라고 한다. 2차 코일의 권수가 N회일 때 쇄교하는 자속이 Δt초 동안에 $\Delta\Phi$ 만큼 변화한다면 2차 코일에 유도되는 기전력 v_2는 다음과 같다.

$$v_2 = -N_2\frac{\Delta\Phi}{\Delta t}\ [\mathrm{V}] \tag{9.9}$$

2차 코일의 자속 변화 $\Delta\Phi$ 는 1차 코일의 전류 변화 ΔI_1에 의해서 발생되는 것이므로 식 (9.8)과 식 (9.9)에서 다음과 같다.

$$N_2\Phi = MI_1 \tag{9.10}$$

상호 인덕턴스 M은 다음과 같이 나타낸다.

$$M = \frac{N_2\Phi}{I_1}\ [\mathrm{H}] \tag{9.11}$$

예제 9.4

어떤 2개의 이상적인 코일이 있다. 한 코일의 전류가 매초 8 [A] 흐를 때 다른 코일에는 15 [V]의 기전력이 유도된다. 이 때 두 코일 사이에서 발생되는 상호 인덕턴스는 얼마인가?

풀이

1차 코일에 발생하는 유도 기전력 v_1는 2차 코일에 흐르는 전류의 변화율 $\Delta I_2/\Delta t$에 비례하므로 다음과 같이 나타낼 수 있다.

$$v_1 = -M\frac{\Delta I_2}{\Delta t}\ [\mathrm{V}]$$

회로에서 주어진 값을 대입하여 정리하면 다음과 같다.

$$15 = M\times\frac{8}{1}$$

그러므로 상호 인덕턴스는 다음과 같다.

$$M = \frac{15}{8} = 1.875\ [\mathrm{H}]$$

9.5 코일의 연결

저항 및 콘덴서와 같이 코일도 직렬과 병렬로 연결할 수 있다. 코일의 직렬 연결로 인덕턴스를 증가시킬 수 있으나 병렬 연결은 인덕턴스를 감소시킨다. 인덕터와 인덕터 사이의 상호 전자 유도 작용이 무시될 경우에 있어서 인덕턴스의 접속에 대해서 알아보기로 한다.

[1] 직렬 연결

그림 9.9(a)는 n개의 인덕턴스가 직렬 접속된 회로를 나타낸 것이며, 그림 9.9(b)는 합성 인덕턴스 L_0 하나로 등가 변환된 회로를 나타낸 것이다. 회로에 전압 v_0가 인가되어 역시 같은 크기의 전류 i_0가 유입된다면 인덕턴스 L_0는 직렬 접속된 n개 인덕턴스에 대한 합성 인덕턴스라고 할 수 있다. 그림 9.9(a)에서 보면 전압 v_0는 각 인덕턴스 양 단자에 형성되는 전위차의 합으로 표시되며, 각 인덕턴스에 흐르는 전류는 일정하므로 다음과 같다.

$$\begin{aligned} v_0 &= v_1 + v_2 + \cdots + v_n \\ &= L_1 \frac{di_0}{dt} + L_2 \frac{di_0}{dt} + \cdots + L_n \frac{di_0}{dt} \\ &= (L_1 + L_2 + \cdots + L_n) \frac{di_0}{dt} \ [\mathrm{V}] \end{aligned} \tag{9.12}$$

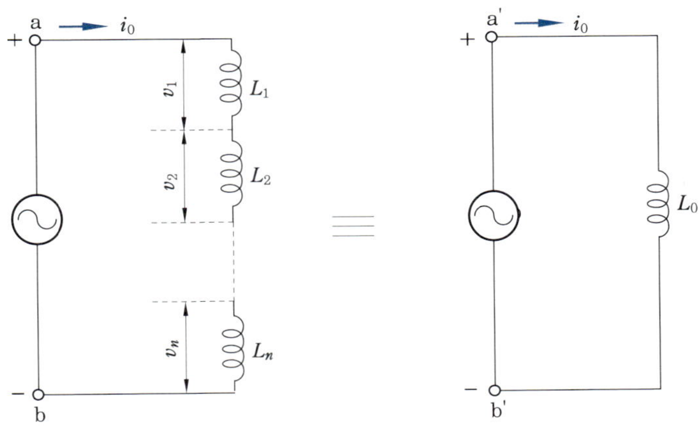

(a) 직렬 연결 회로 (b) 등가 변환 회로

그림 9.9 인덕턴스의 직렬 연결

그리고 그림 9.9(b)는 다음과 같이 나타낸다.

$$v_0 = L_0 \frac{di_0}{dt} \ [\mathrm{V}] \tag{9.13}$$

그러므로 식 (9.12)와 (9.13)으로부터 직렬 합성 인덕턴스 L_0를 나타내면 다음과 같다.

$$L_0 = L_1 + L_2 + \cdots + L_n \ [\mathrm{H}] \tag{9.14}$$

즉, 저항의 직렬 연결과 같은 형식의 수식으로 나타낼 수 있는 것이다.

예제 9.5

어떤 2개의 코일을 직렬 접속하여 그 합성 인덕턴스를 측정하였더니 240 [mH]이었고, 이것의 극성을 반대로 하여 측정했을 때는 합성 인덕턴스가 190 [mH]로 측정되었다. 이 경우 두 코일의 상호 인덕턴스 M은 얼마인가?

풀이

합성 인덕턴스가 커질 때는 두 상호 자속이 합해지는 경우이고, 작아질 때는 상쇄되는 경우로 볼 수 있으므로 각각의 합성 인덕턴스는 다음과 같다.

① 합해지는 경우 : $L_+ = L_1 + L_2 + 2M = 240$ [mH]

② 상쇄되는 경우 : $L_- = L_1 + L_2 - 2M = 190$ [mH]

위의 관계를 정리하면 다음과 같다.

$$L_+ - L_- = 4M$$

이므로, 상호 인덕턴스는 다음과 같다.

$$M = \frac{L_+ - L_-}{4} = \frac{240 - 190}{4} = 12.5 \ [\mathrm{mH}]$$

예제 9.6

그림 9.10과 같은 직렬 임피던스 회로가 있다.
$L_1 = 6$ [mH], $L_2 = 12$ [mH], $R_1 = 5$ [Ω],
$R_2 = 10$ [Ω], $M = 5$ [mH] 이다.
L_1과 L_2는 서로 유도 결합되어 있을 때 등가 직렬 임피던스는 얼마인가?
단, $\omega = 377$ [rad/s] 이다.

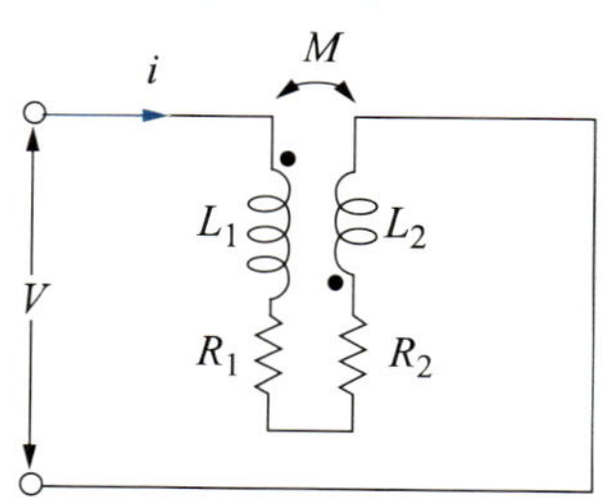

그림 9.10

풀이

주어진 회로에서 L_1과 L_2는 전류 방향이 같으므로 가극성이며, 다음과 같이 수식을 나타낼 수 있다.

$$\begin{aligned}\dot{Z} &= R_1 + R_2 + j\omega(L_1 + L_2 + 2M) \\ &= 5 + 10 + j\,377 \times (6 \times 10^{-3} + 12 \times 10^{-3} + 2 \times 5 \times 10^{-3}) \\ &= 15 + j\,10.556\ [\Omega]\end{aligned}$$

[2] 병렬 연결

그림 9.11(a)는 n개의 인덕턴스를 병렬 연결한 것이다. 그림 9.11(b)는 합성 인덕턴스 L_0 하나로 등가 변환된 회로를 나타낸 것이며, 인가된 전압은 동일하게 v_0로 나타낸다. 그림 9.11(a)는 병렬 회로이므로 각각의 인덕턴스 양단에 인가된 전위차는 동일한 v_0를 나타내고, 각 지로에 흐르는 전류의 합은 유입된 전류 i_0는 같음을 알 수 있다.

$$\begin{aligned}i_0 &= i_1 + i_2 + \cdots + i_n \\ &= \frac{1}{L_1}\int v_0\,dt + \frac{1}{L_2}\int v_0\,dt + \cdots + \frac{1}{L_n}\int v_0\,dt \\ &= \left(\frac{1}{L_1} + \frac{1}{L_2} + \cdots + \frac{1}{L_n}\right)\int v_0\,dt\ \ [\mathrm{A}]\end{aligned} \tag{9.15}$$

그리고 그림 9.11(b)는 다음과 같이 나타낸다.

$$i_0 = \frac{1}{L_0}\int v_0\,dt\ \ [\mathrm{A}] \tag{9.16}$$

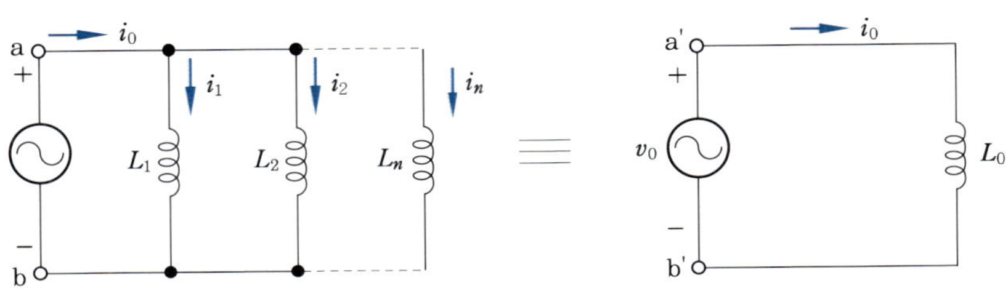

(a) 병렬 연결 회로 (b) 등가 변환 회로

그림 9.11 인덕턴스의 병렬 연결

식 (9.15)와 식 (9.16)으로부터 합성 인덕턴스 L_0는 다음과 같이 나타낸다.

$$\frac{1}{L_0} = \frac{1}{L_1} + \frac{1}{L_2} + \cdots + \frac{1}{L_n} \tag{9.17}$$

또는, 합성 인덕턴스 L_0는 다음과 같이 나타낸다.

$$L_0 = \frac{1}{\dfrac{1}{L_1} + \dfrac{1}{L_2} + \cdots + \dfrac{1}{L_n}} \text{ [H]} \tag{9.18}$$

즉, 병렬 저항의 합성 저항과 같은 형식의 수식으로 표현됨을 알 수 있다.

예제 9.7

어떤 회로에서 2개의 코일이 병렬 접속되어 있다. 각각의 인덕턴스는 20 [mH], 40 [mH] 이다. 상호 인덕턴스의 영향이 없다고 가정할 때 합성 인덕턴스는 얼마인가?

풀이

병열 연결된 인덕턴스는 다음과 같은 수식으로 나타낸다.

$$L = \frac{L_1 L_2 - M^2}{L_1 + L_2 \pm 2M} \text{ [H]}$$

여기서 분모의 '+'는 가극성 회로일 때 적용되고, '−'는 감극성 회로를 의미한다. 그런데 제시된 회로에서 상호 인덕턴스의 영향이 없으므로 합성 인덕턴스는 다음과 같다.

$$L = \frac{L_1 L_2}{L_1 + L_2} = \frac{20 \times 40}{20 + 40} \fallingdotseq 13.3 \text{ [mH]}$$

예제 9.8

그림 9.12와 같은 회로에서 $\omega L_1 = 4\,[\Omega]$, $\omega L_2 = 8\,[\Omega]$, $\omega M = 3\,[\Omega]$, $1/\omega C = 6\,[\Omega]$일 때 C에 흐르는 전류 I_2는 얼마인가?

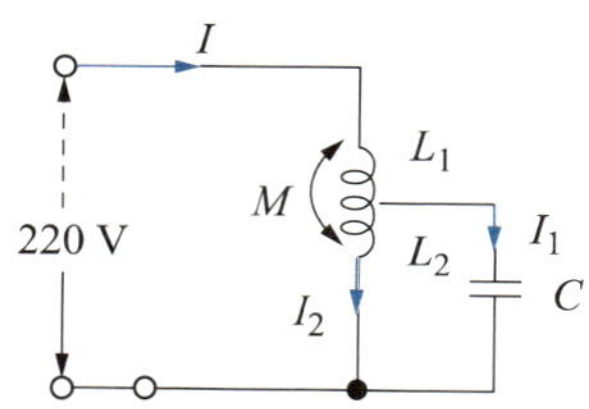

그림 9.12 유도 결합 회로

풀이

상호 결합된 회로를 해석하기 위해서 그림 9.13과 같이 회로를 나타낼 수 있으며, 회로의 연립 방정식을 세우면 다음과 같다.

$$\{j\omega(L_1+M)+j\omega(L_2+M)\}\times I+\{-j\omega(L_2+M)\}\times I_2=220\,[\mathrm{V}]$$

$$\{-j\omega(L_2+M)\}\times I+\left\{j\omega(L_2+M)-j\omega M-j\frac{1}{\omega C}\right\}\times I_2=0$$

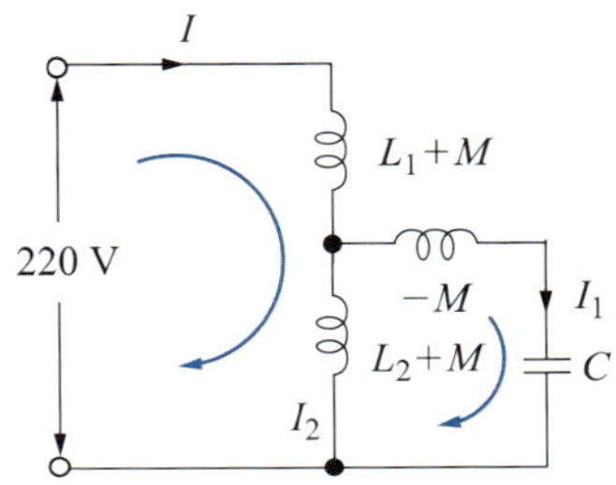

그림 9.13 각각의 성분으로 분리한 인덕턴스 회로

그러므로 두 개의 연립 방정식을 행렬로 나타내면 다음과 같다.

$$\begin{bmatrix} j18 & -j11 \\ -j11 & j2 \end{bmatrix}\begin{bmatrix} I \\ I_2 \end{bmatrix}=\begin{bmatrix} 220 \\ 0 \end{bmatrix}$$

따라서 행렬식을 이용하여 계산하면 다음과 같다.

$$I_2=\frac{\begin{vmatrix} j18 & 220 \\ -j11 & 0 \end{vmatrix}}{\begin{vmatrix} j18 & -j11 \\ -j11 & j2 \end{vmatrix}}$$

$$=\frac{(j18\times 0)-(-j11\times 220)}{(j18\times j2)-(-j11\times -j11)}=\frac{j2{,}420}{-36+121}\fallingdotseq j28.5\,[\mathrm{A}]$$

예제 9.9

그림 9.14와 같이 인덕턴스가 직·병렬 연결되어 있다. 직렬 연결된 L_1과 L_2의 결합계수가 20 % 이고, 병렬 연결된 L_3과 L_4의 결합계수가 40 % 이다. 주어진 회로에서 $L_1=L_2=6\,[\mu\mathrm{H}]$, $L_3=L_4=8\,[\mu\mathrm{H}]$ 일 때 전체 인덕턴스는 얼마인가?

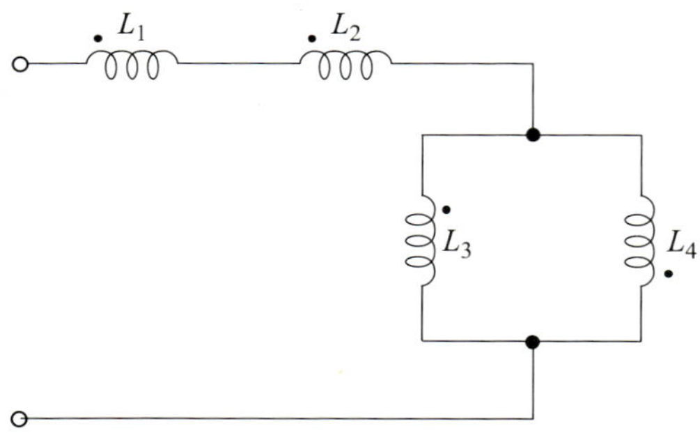

그림 9.14 인덕턴스의 연결 회로

풀이

연결된 회로의 인덕턴스와 상호 인덕턴스를 관계를 알아본다.

$M_{12} = kL_1$이고, $M_{21} = kL_2$이므로 $M_{12} = M_{21}$는 서로 같다.

$M_{34} = kL_3$이고, $M_{43} = kL_4$이므로 $M_{34} = M_{43}$는 서로 같다.

그러므로 결합계수를 적용한 수식은 다음과 같다.

$$(M_{12})^2 = (M_{21})^2 = k^2 L_1 L_2$$
$$(M_{34})^2 = (M_{43})^2 = k^2 L_3 L_4$$

그리고 주어진 값을 대입하여 정리하면 상호 인덕턴스는 다음과 같이 된다.

$$M_{12} = M_{21} = k\sqrt{L_1 L_2} = 0.2 \times \sqrt{(6\times 10^{-6})\times(6\times 10^{-6})} = 1.2\times 10^{-6}\,[\mathrm{H}]$$
$$M_{34} = M_{43} = k\sqrt{L_3 L_4} = 0.4 \times \sqrt{(8\times 10^{-6})\times(8\times 10^{-6})} = 3.2\times 10^{-6}\,[\mathrm{H}]$$

직렬 연결된 인덕턴스를 계산하면 다음과 같다.

$$L_A = L_1 + M_{12} = (6\times 10^{-6}) + (1.2\times 10^{-6}) = 7.2\times 10^{-6}\,[\mathrm{H}]$$
$$L_B = L_2 + M_{21} = (6\times 10^{-6}) + (1.2\times 10^{-6}) = 7.2\times 10^{-6}\,[\mathrm{H}]$$

병렬 연결된 인덕턴스를 계산하면 다음과 같다.

$$L_C = L_3 - M_{34} = (8\times 10^{-6}) - (3.2\times 10^{-6}) = 4.8\times 10^{-6}\,[\mathrm{H}]$$
$$L_D = L_4 - M_{43} = (8\times 10^{-6}) - (3.2\times 10^{-6}) = 4.8\times 10^{-6}\,[\mathrm{H}]$$

따라서 전체 인덕턴스는 다음과 같다.

$$\begin{aligned} L &= L_A + L_B + (L_C \parallel L_D) \\ &= (7.2\times 10^{-6}) + (7.2\times 10^{-6}) + (2.4\times 10^{-6}) = 16.8\times 10^{-6}\,[\mathrm{H}] \end{aligned}$$

9.6 R−L 직렬회로에서 저장구간의 과도현상

그림 9.15와 같이 $R-L$ 직렬 회로에 $t=0$에서 직류 기전력 E를 인가하는 경우의 과도 현상(過渡 現象, transient phenomenon)에 대해서 설명한다. 회로에 흐르는 전류 i는 그림과 같이 가정하면 $K.V.L$에 의해 전압 방정식을 세우면 다음과 같다.

$$E = v_R + v_L = Ri + L\frac{di}{dt} \ [\mathrm{V}] \tag{9.19}$$

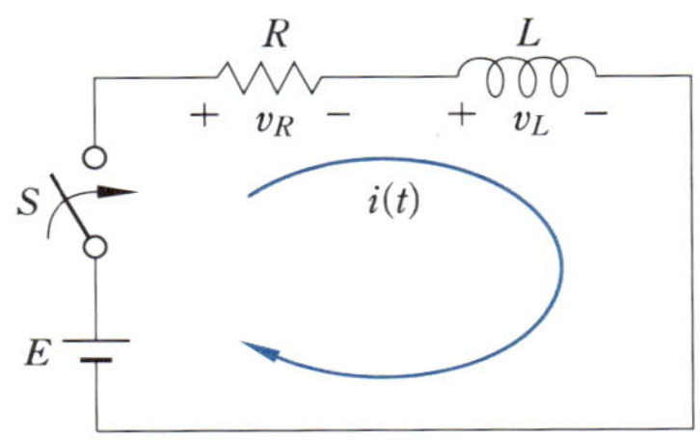

그림 9.15 $R-L$ 회로의 직류 전압 인가

이와 같은 미분 방정식의 일반해[1](一般解, general solution) i는 수학적으로는 특수해(特殊解, particular solution) i_p와 보조해(補助解, complementary solution) i_c와의 합으로 나타낸다.

$$i = i_p + i_c \ [\mathrm{A}] \tag{9.20}$$

회로 미분 방정식에 있어서 특수해는 정상 상태 때의 정상해(定常解, steady state solution) i_s를 의미한다. 이 경우 인가 전원이 직류로서 일정하므로 정상해로서의 정상 전류($t=\infty$ 일 때) 역시 크기가 일정한 전류가 된다. 정상해 i_s가 일정하므로 이를 식 (9.19)에 적용하면 $di/dt=0$이 되어 $E=Ri$로부터 정상해는 다음과 같다.

$$i_s = \frac{E}{R} \ [\mathrm{A}] \tag{9.21}$$

다음에 과도해(過渡解, transient solution) i_t는 보조해와 같은 의미이므로 식 (9.19)의 좌변을 '0' ($E=0$) 으로 놓으면 구할 수 있다.

$$Ri + L\frac{di}{dt} = 0 \tag{9.22}$$

1) 일반해는 여러 방정식에서 존재하지만 단 하나로 정해지지 않을 경우가 있다. 이때 임의의 수, 함수 등을 포함한 넓은 의미의 해를 일반해라고 한다.

양변을 변수 분리하여 나타내면 다음과 같다.

$$\frac{di}{i} = -\frac{R}{L}dt \tag{9.23}$$

양변을 적분하면 다음과 같다.

$$\ln i = -\frac{R}{L}t + a \tag{9.24}$$

이 식을 지수 함수 형식으로 고치면 다음과 같은 형식으로 나타낸다.

$$i_t = e^a \cdot e^{-\frac{R}{L}t} = A\,e^{-\frac{R}{L}t}\ [\mathrm{A}] \tag{9.25}$$

따라서 식 (9.19)의 일반해 i는 다음과 같다.

$$i = i_p + i_c = i_s + i_t = \frac{E}{R} + A\,e^{-\frac{R}{L}t}\ \ [\mathrm{A}] \tag{9.26}$$

미지수 A는 적분 상수 α의 역대수이지만 α가 임의의 값이므로 A 역시 적분 상수로 생각해도 좋다. 이 A는 회로의 초기 조건(初期 條件, initial condition)에 의해 결정 될 수 있다. 지금 $t=0$, 스위치 S를 닫기 직전의 회로 전류 i를 '0' 이라고 하면 $t=0_+$, 스위치 S를 닫은 직후에도 '0' 이 되어야 한다. 왜냐하면 인덕턴스 L에 흐르는 전류는 불연속적으로 급변할 수 없고 연속적으로만 변할 수 있기 때문이다. 따라서 이러한 초기 조건은 다음과 같다.

$$i(t)\,|_{t=0} = 0 \tag{9.27}$$

이것을 식 (9.26)에 대입하면 다음과 같다.

$$A = -\frac{E}{R} \tag{9.28}$$

그리고 식 (9.28)을 식 (9.26)에 대입하고 정리하면 다음과 같다.

$$i = \frac{E}{R}(1 - e^{-\frac{R}{L}t})\ \ [\mathrm{A}] \tag{9.29}$$

제1항 $\frac{E}{R}$가 정상 전류, 제2항 $-\frac{E}{R}e^{-\frac{R}{L}t}$가 과도 전류를 나타냄을 앞에서 언급하였다. 식 (9.29)를 그래프로 나타내면 그림 9.16과 같다. 이때 전류 i는 '0' 으로부

터 정상 상태 일 때 전류값인 $I = E/R$ 에 점근(漸近, a gradual approach)한다.

그림 9.16에서 전류 i의 곡선에 $t=0$인 원점에서 접선을 그어 이것이 점근선인 $i=I$와 만나는 점 A까지의 시간을 τ라고 하면 식 (9.29)로부터 다음과 같은 결과를 얻을 수 있다.

$$\tan\theta = \frac{di}{dt}\Big|_{t=0} = \frac{E}{L} \tag{9.30}$$

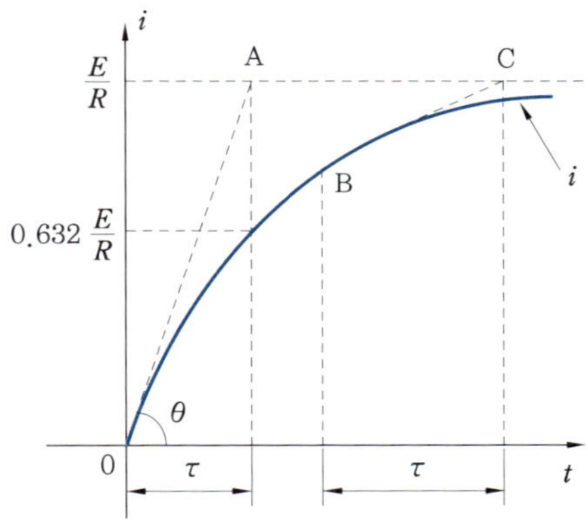

그림 9.16 $R-L$ 직렬 회로에서의 과도 전류

또한, 그림 9.16으로부터 $\tan\theta = \dfrac{E/R}{\tau}$ 를 식 (9.30)에 대입하면 다음과 같은 식을 얻을 수 있는 데 이것을 τ로 나타내고 시정수(時定數, time constant)라고 한다.

$$\tau = \frac{L}{R} \tag{9.31}$$

식 (9.29)와 같은 지수 함수는 그림 9.10에서 보는 것처럼 접선을 곡선 상의 임의의 점 B 에서 긋더라도 접점과 접선이 정상치와 만나는 점 C 사이의 시간 간격은 역시 식 (9.31)에서의 시정수 τ와 같게 되는 특징이 있다. 시정수 τ가 클수록 과도 현상이 오래 지속됨을 알 수 있다. 그리고 시정수 τ의 역수를 감쇠율(減衰率, damping factor)이라 하며, α로 나타낸다.

$$\alpha = \frac{1}{\tau} = \frac{R}{L} \tag{9.32}$$

한편 식 (9.29)를 시정수 τ를 이용하여 나타내면 다음과 같은 식으로 표현할 수 있다.

$$i = \frac{E}{R}\left(1 - e^{-\frac{1}{\tau}t}\right)\ [\mathrm{A}] \tag{9.33}$$

전압 인가 후 이 식으로부터 시간의 경과에 따른 전류의 변동 상태를 알아보면 다음과 같다.

(1) $t = \tau$ 경과 할 때

$$i(\tau) = \frac{E}{R}(1 - e^{-\frac{1}{\tau}\tau}) = \frac{E}{R}(1 - e^{-1}) \fallingdotseq 0.632\frac{E}{R}\ [\mathrm{A}] \tag{9.34}$$

즉, t가 τ이면 정상 전류 값의 63.2 [%]에 도달하게 됨을 의미한다.

(2) $t = 2\tau$ 경과 할 때

$$i(2\tau) = \frac{E}{R}(1 - e^{-\frac{1}{\tau}2\tau}) = \frac{E}{R}(1 - e^{-2}) \fallingdotseq 0.865\frac{E}{R}\ [\mathrm{A}] \tag{9.35}$$

즉, t가 2τ이면 정상 전류 값의 86.5 [%]에 도달하게 됨을 의미한다.

(3) $t = 3\tau$ 경과 할 때

$$i(3\tau) = \frac{E}{R}(1 - e^{-\frac{1}{\tau}3\tau}) = \frac{E}{R}(1 - e^{-3}) \fallingdotseq 0.950\frac{E}{R}\ [\mathrm{A}] \tag{9.36}$$

즉, t가 3τ이면 정상 전류 값의 95.0 [%]에 도달하게 됨을 의미한다.

(4) $t = 4\tau$ 경과 할 때

$$i(4\tau) = \frac{E}{R}(1 - e^{-\frac{1}{\tau}4\tau}) = \frac{E}{R}(1 - e^{-4}) \fallingdotseq 0.982\frac{E}{R}\ [\mathrm{A}] \tag{9.37}$$

즉, t가 4τ이면 정상 전류 값의 98.2 [%]에 도달하게 됨을 의미한다.

(5) $t = 5\tau$ 경과 할 때

$$i(5\tau) = \frac{E}{R}(1 - e^{-\frac{1}{\tau}5\tau}) = \frac{E}{R}(1 - e^{-5}) \fallingdotseq 0.993\frac{E}{R}\ [\mathrm{A}] \tag{9.38}$$

즉, t가 5τ이면 정상 전류 값의 99.3 [%]에 도달하게 됨을 의미한다.

그러므로 시스템의 신뢰도를 이론적으로 99[%] 이상 확보하기 위해서는 $t = 5\tau$는 되어야 한다는 것을 알 수 있다.

즉, 어떤 회로 및 시스템이 완벽하게 구동되고 실행되기 위해서는 다양한 형태의 보완 장치 및 확인 과정 등이 필요하다는 것을 의미한다.

따라서 모든 시스템의 설계 및 제작 등은 오작동(誤作動, malfunction)의 가능성이 있고, 그 오작동의 확률을 낮추기 위한 방법은 철저한 표준작업절차[2)](標準作業節次, SOP; Standard Operating Procedure)의 준수 및 진단 등을 반복적으로 실시하여 문제점을 개선하는 것이 필요하다.

9.7 R−L 직렬회로에서 감쇠구간의 과도현상

그림 9.17과 같이 $R-L$ 직렬 회로에 정상 전류 $I = E/(R+R_0)$가 흐르고 있는 도중 시각 $t=0$에서 스위치 S_1을 닫음과 동시에 스위치 S_2를 열면 이 회로에 가해졌던 직류 전압이 단락(短絡, electric short)되면서 회로 전류 i는 점차 감소한다.

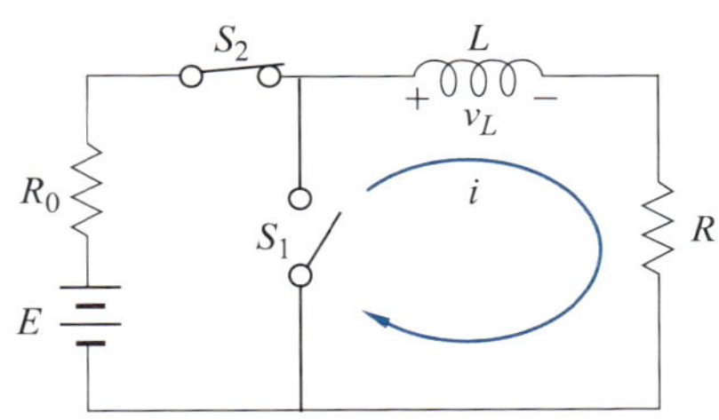

그림 9.17 $R-L$ 회로의 단락

키르히호프의 제2법칙인 전압법칙을 적용하여 방정식을 세우면 다음과 같다.

$$v_L + v_R = 0 \tag{9.39}$$

그리고 $v_L = L\dfrac{di}{dt}$ 이고, $v_R = Ri$ 이므로 각각을 전압방정식에 대입하여 정리하면 다음과 같다.

$$L\frac{di}{dt} + Ri = 0 \tag{9.40}$$

2) 표준작업절차는 주로 제품의 제조 및 품질 관리 작업의 순서, 절차, 방법 등을 정한 규정이다. 즉, 개발된 제품 및 시스템 등에 대한 시험 실시 과정의 적합성과 신뢰성을 보증하기 위하여 시험 실시 기준을 표준화한 것이다.

이 방정식의 일반해는 정상항이 '0' 이 되어 과도항만으로 이루어진다.

따라서 식 (9.25)와 마찬가지로 i는 다음과 같다.

$$i = A\,e^{-\frac{R}{L}t}\ [\mathrm{A}] \tag{9.41}$$

미지수 A를 결정하는 초기 조건은 $t=0$에서 $i=I$이므로 $A=I$이다. 그러므로 전류 i는 다음과 같다.

$$i = I e^{-\frac{R}{L}t}\ [\mathrm{A}] \tag{9.42}$$

이때의 전류 i의 시간적 변화는 그림 9.18과 같다. 이것은 그림 9.16을 역으로 놓은 모양이고, 전류 곡선 상의 임의의 점에서 그은 접선이 횡축과 교차하는 점까지의 시간 τ는 역시 L/R로서 변화가 없음을 알 수 있다.

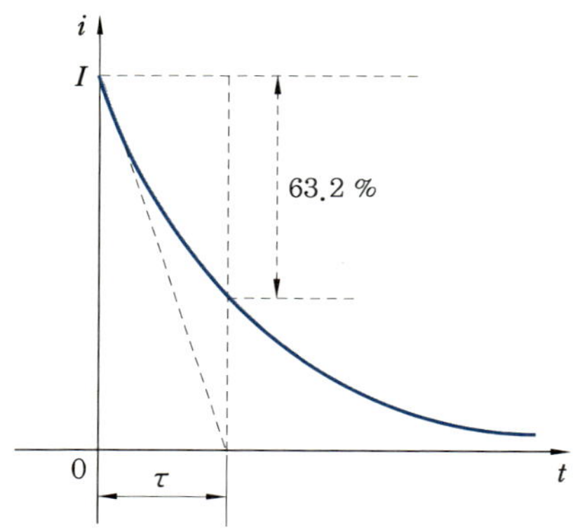

그림 9.18 $R-L$ **회로 단락 시의 감쇠 전류**

예제 9.10

$R-L$ 직렬 회로에서 $R=10$ [Ω], $L=30$ [mH]인 경우 시정수 τ [s]는 얼마인가?

풀이

$R-L$ 직렬 회로에서 시정수 $\tau=\dfrac{L}{R}$이다.

그러므로 주어진 값을 대입하면 다음과 같다.

$$\tau = \frac{L}{R} = \frac{30\times10^{-3}}{10} = 3\times10^{-3}\ [\mathrm{s}]$$

9.8 코일에 저장되는 에너지

회로 소자가 유도성 소자만으로 된 회로에 전류 $i = \sqrt{2}\, I \sin \omega t$ [A]를 그림 9.19(a)에 흐르면 이때의 인덕터 양단의 단자 전압은 다음과 같이 나타낸다.

$$v = \sqrt{2}\, V \sin\left(\omega t + \frac{\pi}{2}\right) = \sqrt{2}\, V \cos \omega t \ \ [\mathrm{V}] \tag{9.43}$$

그러므로 순시 전력 p는 단자 전압 v와 전류 i의 곱으로 나타내므로 다음과 같이 표시된다.

$$p = v\, i = 2VI \sin \omega t \cdot \cos \omega t = VI \sin 2\omega t \ \ [\mathrm{W}] \tag{9.44}$$

$$\because \ \sin \alpha \cdot \cos \beta = \frac{1}{2}\{\sin(\alpha + \beta) + \sin(\alpha - \beta)\}$$

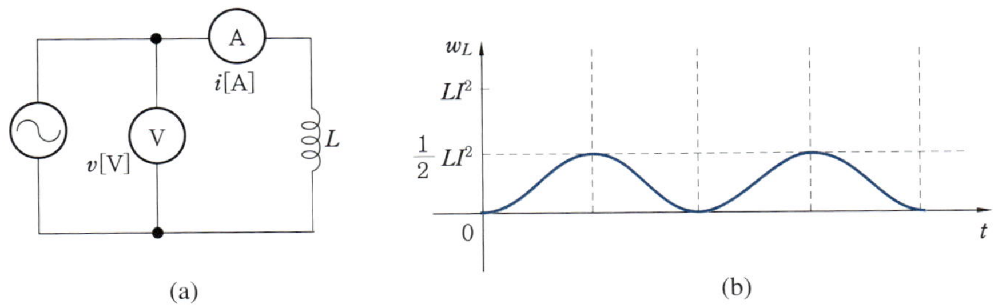

그림 9.19 인덕턴스 회로에서의 전력 및 에너지

이때의 평균 전력은 식 (9.44)가 정현파이므로 다음과 같다.

$$P = \frac{1}{T}\int_0^T p\, dt = \frac{1}{T}\int_0^T VI \sin 2\omega t\, dt = 0 \tag{9.45}$$

식 (9.43)에서 순시 전력 p는 그림 9.19(b)에서 보는 바와 같이 주파수가 전압 또는 전류의 2배가 되는 $2\,\omega$의 정현파로서 주기적으로 그 부호가 변하고 있음을 알 수 있다. 이는 $p > 0$인 때는 전원으로부터 인덕터에 전력이 공급되고 있고, $p < 0$인 경우는 인덕터로부터 전원측으로 전력을 변환하고 있는 것이다.

즉, 자체 손실이 없는 이상적인 인덕터 자체에서는 전력 소모가 없음을 의미하고 있으며, 평균 전력 P가 '0' 이라는 결과에서 입증하고 있다. 이와 같은 현상으로부터 인덕터 L은 저항 R처럼 전원으로부터 공급받은 전력을 공급 받음과 동시에 소비하는 것이 아니고 전력을 공급 받는 동안 및 공급 받은 전력을 다시 전원부로 모두 반환하기까지는 공급 받은 전력은 에너지 형태로 인덕터 자체에 축적되어 있음을 알 수 있다.

코일 L에서 전류 i의 방향으로의 전압 강하를 v라 하면 다음과 같다.

$$v = L\frac{di}{dt}\ \ [\mathrm{V}] \tag{9.46}$$

그러므로 순시 전력 p는 다음과 같다.

$$p = v\,i = Li\frac{di}{dt}\ \ [\mathrm{W}] \tag{9.47}$$

시각 t_1과 t_2 사이에서 인덕터에 유입되는 에너지 w'_L를 다음과 같다.

$$w'_L = \int_{t_1}^{t_2} p\,dt = \int_{t_1}^{t_2} Li\frac{di}{dt}dt = \int_{i_1}^{i_2} Li\,di = \frac{1}{2}L(i_2^2 - i_1^2)\ \ [\mathrm{J}] \tag{9.48}$$

i_1, i_2는 각각 t_1, t_2에서의 회로 전류를 말한다. 이 식은 L에 유입된 어느 시간 동안 L에 유입되는 에너지는 전류의 초기값과 최종값에만 관계되고 도중 값의 변화 상태에는 관계가 없음을 보여주고 있다. 인덕터 L에는 처음부터 급격히 큰 전류가 흐를 수 없는 초기 전류 $i_1 = 0$으로 보면 전류값이 $i\,(=i_2)$인 순간에 인덕터의 순간축적에너지는 다음과 같다.

$$w_L = \frac{1}{2}L\,i^2\ \ [\mathrm{J}] \tag{9.49}$$

실제에 있어 인덕터 L에 축적되는 에너지는 자기에너지(magnetic energy)이므로 인덕터 주위에 형성되는 자계(磁界, magnetic field)에 축적되고 있음을 알 수 있다. 전류가 흐르는 유도 회로의 스위치를 여는 순간 목격되는 불꽃 현상은 인덕터에 축적되어 있던 자기에너지의 방전에 의한 것이다.

식 (9.49)에 순시 전류 $i = \sqrt{2}\,I\sin\omega t\,[\mathrm{A}]$를 대입하면 다음과 같이 정리된다.

$$w_L = \frac{1}{2}L\,i^2 = LI^2\sin^2\omega t = \frac{1}{2}LI^2(1-\cos 2\omega t)\ \ [\mathrm{J}] \tag{9.50}$$

$$\because\ \sin^2\theta = \frac{1}{2}(1-\cos 2\theta)$$

이것을 한 주기의 축적에너지 W_L로 나타내면 다음 식과 같이 표현이 가능하며,

파형은 그림 9.19(b)와 같다.

$$W_L = \frac{1}{T}\int_0^T \omega_L\, dt = \frac{1}{T}\int_0^T \frac{1}{2} L I^2 (1 - \cos 2\omega t)\, dt = \frac{1}{2} L I^2 \text{ [J]} \qquad (9.51)$$

예제 9.11

자로의 길이가 100 [cm], 단면적이 10 [cm^2], $\mu_r = 1{,}000$, $N = 1{,}000$ 회인 회로에서 10 [A]의 전류가 흐를 때 발생하는 자기에너지는 얼마인가?

풀이

코일에서 발생되는 인덕턴스, 자속, 저항 등의 관계는 다음과 같다.

$$L = \frac{N\Phi}{I},\quad \Phi = \frac{NI}{R_m},\quad R_m = \frac{l}{\mu A}$$

그러므로 이들의 관계를 정리하면 다음과 같은 수식을 얻을 수 있다.

$$\begin{aligned} L &= \frac{N\Phi}{I} = \frac{N^2}{R_m} = \frac{\mu A N^2}{l} \\ &= \frac{(4\pi\times 10^{-7})\times 1{,}000\times(10\times 10^{-4})\times(1{,}000)^2}{100\times 10^{-2}} \\ &= 4\pi\times 10^{-1} \text{ [H]} \end{aligned}$$

따라서 축적되는 에너지 $W_L = \frac{1}{2} L I^2$이므로 다음과 같이 계산된다.

$$W_L = \frac{1}{2} L I^2 = \frac{1}{2}\times 4\pi\times 10^{-1}\times 10^2 = 20\pi \text{ [J]}$$

9장 연습문제

01. 코일 내에서 자장의 변화가 발생하면 전압이 유도되어 전류가 흐른다는 사실을 알 수 있는데, 이러한 현상을 자속의 변화에 대한 (　　　　)라고 한다.

답 전자 유도

02. 1 회의 코일에 2 [Wb]의 자속이 쇄교하고 있을 때 0.01 [s] 사이에 이 자속이 0 으로 변하였다면 이 때 코일에 유도되는 기전력은?

답 200 [V]

03. 유도 기전력은 자속의 변화를 방해하려는 방향으로 발생하며, 이것을 유도 기전력의 방향에 관한 (　　　　　　)이라 한다.

답 렌츠의 법칙

04. 전기·전자 회로에 널리 사용되는 인덕터(또는 코일)의 종류가 아닌 것은?

① 공심 코일　② 철심 코일　③ 가변 코일　④ 펄스 코일

답 ④

05. 자로의 길이가 0.5 [m], 단면적이 10 [cm^2], $\mu_r = 1{,}000$, $N = 500$ 회인 회로에서 생성할 수 있는 최대 인덕턴스는 얼마인가?

답 $L = 2\pi \times 10^{-1}$ [H]

06. 한쪽 코일에 흐르는 전류가 변화할 때 다른 쪽 코일에 유도 기전력이 발생하는 현상을 (　　) 라고 한다.

답 상호 유도

07. R-L 직렬 회로에서 (　　　)가 클수록 과도 현상(transient)이 오래 지속됨을 알 수 있다.

답 시정수

08. R-L 직렬 회로에서 R = 300 [Ω], $L = 60$ [mH]인 경우 시정수 τ [s]는 얼마인가?

답 $\tau = 2 \times 10^{-4}$ [s]

09. 코일의 직렬 연결은 인덕턴스를 (　　)시킬 수 있으나, 병렬 연결은 인덕턴스를 (　　)시킨다.

답 증가, 감소

10. 자로의 길이가 1 [m], 단면적이 10 [cm^2], $\mu_r = 1{,}000$, $N = 500$ 회인 회로에서 20 [A]의 전류가 흐를 때 발생하는 자기에너지는 얼마인가?

답 $W_L = 62.8$ [J]

제 10 장

기본소자와 페이저

10.1 수의 체계

일반적으로 우리들이 사용하는 수의 체계(number system)는 자연수, 정수, 유리수, 실수, 복소수 등으로 분류한다. 자연수의 집합은 N, 정수의 집합은 Z, 유리수의 집합은 Q, 실수의 집합은 R, 복소수의 집합은 C로 나타낸다. 기호를 사용하여 이들 집합의 포함 관계를 나타내면 다음과 같다.

$$N \subset Z \subset Q \subset R \subset C \tag{10.1}$$

이외에도 사원수(四元數, quaternion)가 있어서 복소수의 집합은 사원수 집합의 부분집합이다. 이와 같은 분류의 기준은 단순히 집합으로서만이 아니라 각각의 수의 집합 내에서 덧셈이나 곱셈과 같은 연산에 관한 특별한 규칙을 만족하거나 혹은 방정식의 근을 구하는 것과 연관된 대수적 구조와도 관련이 있다. 이렇게 어떤 수의 집합을 구조와 함께 고려할 때 이를 수의 체계라고 한다.

[1] 자연수

자연수(自然數, natural number)의 집합은 1, 2, 3, 4, ⋯ 등이다. 두 자연수를 더하거나 곱한 결과는 자연수이다. 이런 의미에서 자연수의 집합은 덧셈과 곱셈에 대해 닫혀 있다고 한다. 또한, 덧셈과 곱셈에 대한 교환법칙과 결합법칙이 성립한다. 덧셈에 대한 항등원은 없으며, '1'은 곱셈에 대한 항등원이다. 그러나 곱셈에 대한 역원은 자연수 중에는 '1' 이외에는 없다. '1'의 곱셈에 대한 역원은 '1' 그 자신이다. 덧셈과 곱셈 사이에 분배법칙이 성립한다.

[2] 정수

정수(定數, integer)의 집합은 자연수와 음의 정수 및 '0'으로 이루어져 있다. 정수의 집합은 자연수와 같이 덧셈과 곱셈에 대하여 닫혀 있으며, 덧셈과 곱셈에 대한 교환법칙과 결합법칙 및 분배법칙이 성립한다. 또한, 곱셈에 대한 항등원(恒等元, identity element)인 '1'이 있으며, 덧셈에 대한 항등원인 '0'이 있고 이에 대한 역원(逆元, inverse element)이 있다. 자연수 n의 덧셈에 대한 역원은 $n+x=0$을 만족하는 x로서 자연수에는 존재하지 않지만 정수에는 존재한다.

예를 들면, '3' 의 역원은 '−3' 으로 $3+(-3)=0$ 이다. 이처럼 정수의 수의 체계는 덧셈에 대한 군이 되며, 덧셈과 곱셈에 대한 환으로서 자연수와는 다른 수의 체계를 이룬다.

[3] 유리수

유리수(有理數, rational number)의 집합은 정수 및 분수를 포함한다. 유리수의 집합은 덧셈과 곱셈에 대하여 닫혀 있고 교환법칙, 결합법칙, 분배법칙이 성립하며 덧셈에 대하여 정수와 같이 군을 이룰 뿐 아니라 '0' 을 제외한 수의 곱셈에 대한 역원도 있어 정수와 달리 체라고 불리는 수의 체계를 이룬다. '0' 이 아닌 정수 n의 곱셈에 대한 역원은 $nx=1$을 만족하는 x를 의미한다.

예를 들면, '3' 의 곱셈에 대한 역원은 '1/3' 으로 방정식 $3x=1$의 근이다.

[4] 무리수

무리수(無理數, irrational number)는 실수 가운데 두 정수의 비이다. 즉, 분수로 표현할 수 없는 수를 의미한다. 수학에서 연구하는 대상 중 가장 기본적인 것의 하나가 수이다. 수의 개념은 자연수에서 정수로, 정수에서 유리수로, 유리수에서 실수로 확장된다. '어떤 수에 그 자신을 곱할 때 2 가 되는 수가 있을까?'라는 질문이나 '정사각형의 넓이가 3 이 되게 하려면 한 변의 길이는 얼마가 되어야 하는가?' 등의 질문에 대한 답은 두 정수의 비로 나타나는 수이다. 즉, 유리수에서는 찾을 수 없다. 이와 같이 두 정수의 비로 나타낼 수 없는 수를 무리수라고 하며, 무리수와 유리수를 합하여 실수라고 한다.

[5] 실수

실수(實數, real number)의 집합은 유리수(有理數, rational number)와 무리수(無理數, irrational number)로 이루어진다. 실수의 집합은 덧셈과 곱셈에 대해 유리수와 같은 규칙을 만족하여 체를 이룬다. 유리수 중에는 방정식 $x^2-2=0$의 근이 없으나 무리수인 $\sqrt{2}$, $-\sqrt{2}$는 이 방정식의 근으로서 실수에 속한다. 실수와 유리수의 또 다른 큰 차이점의 하나는 유리수는 자연수와 일대일 대응이 되게 할 수 있으나 실수는 그렇게 할 수 없다는 것이다. 이것은 유리수보다 무리수가 월등히 많음을 뜻한다. 또한, 실수의 집합은 유리수의 집합과 달리 완비성(completeness)을 가지고 있다.

[6] 복소수

복소수(複素數, complex number)의 집합은 실수와 허수로 이루어진다. 복소수의 집합도 유리수나 실수처럼 덧셈과 곱셈에 대하여 같은 규칙을 만족하여 체를 이룬다. 실수와의 차이는 방정식 $x^2+1=0$의 근은 j와 $-j^2$으로서 실수에는 없으나 복소수에는 있다는 점이다. 또한, 복소수를 계수로 갖는 임의의 다항식으로 이루어진 방정식이다. 예를 들어 나타내면 다음과 같다.

$$a_n x^n + a_{n-1} x^{n-1} + \cdots + a_1 x + a_0 = 0 \tag{10.2}$$

즉, 이 수식의 근은 복소수 가운데서 모두 찾을 수 있다는 대수학의 기본정리는 복소수의 수체계가 갖는 큰 특징의 하나이다.

[7] 사원수

사원수(四元數, quaternion)는 해밀턴 수(Hamilton number)라고도 하며, 복소수를 확장해 만든 수의 체계이다. 즉, 제곱하여 '-1' 이 되는 세 개의 허수 단위 i, j, k를 각각 제곱하면 다음과 같다.

$$i^2 = j^2 = k^2 = -1 \tag{10.3}$$

그리고 세 개의 허수 단위 i, j, k를 순차적으로 곱하면 다음과 같다.

$$i \times j = k\,, \quad j \times i = -k \tag{10.4}$$

$$j \times k = i\,, \quad k \times j = -i \tag{10.5}$$

$$k \times i = j\,, \quad i \times k = -j \tag{10.6}$$

그리고 네 개의 실수 a, b, c, d와 세 개의 허수 단위 i, j, k를 포함한 수식을 제시할 수 있다. 즉, 4개의 실수와 3개의 허수를 이용한 것을 사원수 q라고 정의하며, 다음과 같이 나타낸다.

$$q = a + bi + cj + dk \tag{10.7}$$

즉, 네 개의 실수 성분을 가지며, 덧셈과 곱셈의 결합법칙 및 덧셈의 교환법칙을 만족한다. 그러나 곱셈의 교환법칙은 성립하지 않는다. 실수나 복소수에서는 곱하는 순서가 바뀌어도 그 결과가 같은데 이것을 교환법칙이라 한다. 이 당연해 보이는 교환법칙이 사원수에 대해서는 성립되지 않으며, 이런 구조를 비가환(非可換, non-commutative)이라 한다.

10.2 복소수의 기초

[1] 복소 평면

간단한 교류 회로에서는 벡터도(vector diagram)에 의한 계산이 편리하지만 복잡한 교류 회로에서는 계산이 곤란한 경우가 있다. 따라서 벡터(vector)를 복소수(複素數, complex number)로 표시하여 대수적인 계산으로 해석하는 방법을 기호법(記號法, symbolic method)이라 한다. 수의 개념을 확장하면 실수(實數, real number)와 허수(虛數, imaginary number)까지도 포함할 수 있는 복소수를 생각할 수 있다. 실수의 기본 단위는 '1' 로서 모든 실수는 이것의 배수로 표시하지만 허수에서는 제곱하여 '−1' 이 되는 수를 기본 단위로 하며, j 로 나타낸다.

$$j^2 = -1, \quad j = \sqrt{-1} \tag{10.8}$$

복소수는 실수를 X축, 허수를 Y축으로 하는 직각 좌표 형식의 복소 평면(複素 平面, complex plane) 상의 한 점으로 나타낸다. 그림 10.1에서 벡터 $\dot{A} = 3 + j2$는 다음과 같은 복소수로 나타낸다.

$$\dot{A} = a + jb \tag{10.9}$$

a는 복소수 A의 실수부(實數部, real part)라 하고, b를 복소수 A의 허수부(虛數部, imaginary part)라 한다.

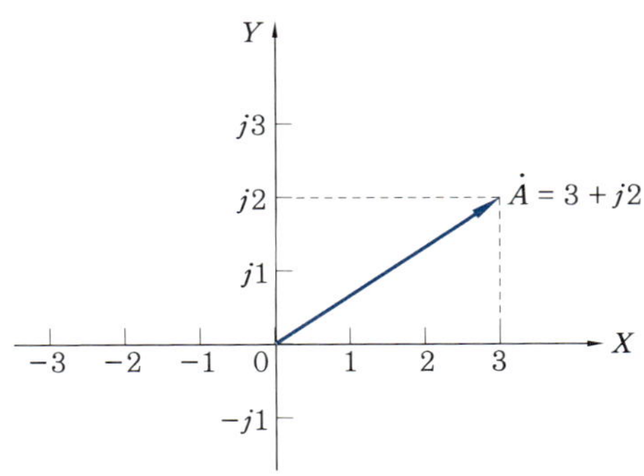

그림 10.1 복소수의 표시

[2] 복소수의 연산

두 복소수에 대한 모든 연산은 실수에 관한 연산이 특수한 경우로서 포함되도록 정의된다. $\dot{A} = a + jb$ 와 $\dot{B} = c + jd$ 인 복소수가 있을 경우 두 식에 사칙 연산을 적용하면 다음과 같이 나타낸다.

(1) 덧셈(addition)

$$\dot{A} + \dot{B} = (a + jb) + (c + jd) = (a + c) + j(b + d) \tag{10.10}$$

(2) 뺄셈(subtraction)

$$\dot{A} - \dot{B} = (a + jb) - (c + jd) = (a - c) + j(b - d) \tag{10.11}$$

(3) 곱셈(multiplication)

$$\begin{aligned} \dot{A} \times \dot{B} &= (a + jb) \times (c + jd) = ac + j(ad + bc) + j^2 bd \\ &= (ac - bd) + j(ad + bc) \end{aligned} \tag{10.12}$$

(4) 나눗셈(division)

$$\begin{aligned} \frac{\dot{A}}{\dot{B}} &= \frac{(a + jb)}{(c + jd)} = \frac{(a + jb)}{(c + jd)} \frac{(c - jd)}{(c - jd)} = \frac{ac + j(bc - ad) - j^2 bd}{c^2 + d^2} \\ &= \frac{ac + bd}{c^2 + d^2} + j\frac{bc - ad}{c^2 + d^2} \end{aligned} \tag{10.13}$$

그리고 두 복소수가 같다고 하는 것은 두 복소수의 실수부, 허수부가 각각 같다는 것을 의미한다.

$$a + jb = c + jd \tag{10.14}$$

그러므로 다음과 같은 관계가 성립한다.

$$a = c, \ b = d \tag{10.15}$$

또한, 공액 복소수(共軛 複素數, complex conjugate number)는 복소 평면상에서 실수축에 대해 대칭 관계에 있는 것을 말하며, 복소수 $\dot{A}$ 의 공액 복소수는 $\dot{A}^*$로 나타낸다. 그림 10.2는 공액 복소수를 나타낸 것이며, 식의 표현은 다음과 같다.

$$\dot{A} + \dot{A}^* = (a+jb)+(a-jb) = 2a \tag{10.16}$$

$$\dot{A} - \dot{A}^* = (a+jb)-(a-jb) = j2b \tag{10.17}$$

$$\dot{A}\ \dot{A}^* = (a+jb)(a-jb) = a^2+b^2 \tag{10.18}$$

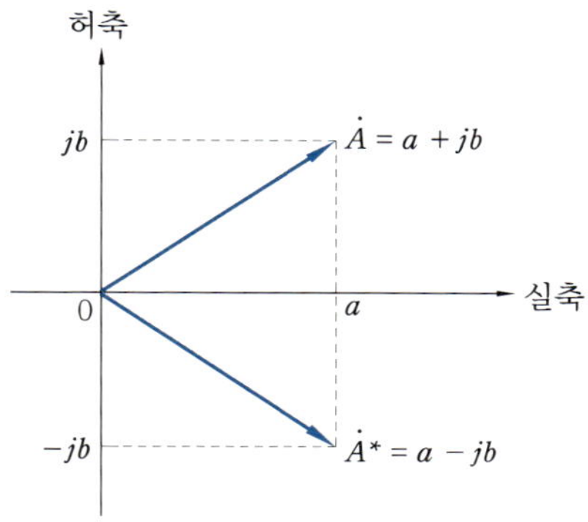

그림 10.2 공액 복소수

예제 10.1

벡터 $\dot{A} = i-j+3k$, $\dot{B} = i+ak$일 때 벡터 $\dot{A}$ 가 수직이 되기 위한 a의 값은? 단, i, j, k는 x, y, z 방향의 기본 벡터이다.

풀이

$A \perp B$가 되기 위한 조건은 $\dot{A} \cdot \dot{B} = 0$ 이다.

$$\dot{A} \cdot \dot{B} = 1\times 1+(-1)\times 0+3\times a = 0$$

$$1+3a = 0$$

$$a = -\frac{1}{3}$$

[3] 벡터(vectors)

복소수의 연산에 사용되는 벡터는 표기 및 방법에 따라 스칼라적(scalar product)과 벡터적(vector product)으로 구분된다. 스칼라(scalar)가 크기만을 가지고 있는 양임에 비해 벡터(vector)는 크기(magnification)와 방향(rotation)을 가지고 있으므로 두 가지 정보 모두를 나타내야 하는 양을 표현하기 위해서 쓰인다. 속도, 가속도, 힘, 전기장, 자기장 등 대부분의 중요한 물리량 등이 있다. 벡터(량)을 스칼라(량)과 구별하는 데는 일반적으로 그 양(量, quantity)을 표시하는 기호 a 에 $\dot{a}$, $\vec{a}$, $\check{a}$ 등으로 나타낸다.

(1) 스칼라적(scalar product)

스칼라적(scalar product)은 dot product 라고 한다. 영벡터(zero vector)가 아닌 두 벡터 A, B 의 크기 $|A|$, $|B|$와 A, B가 이루는 각 θ 의 cos 과의 곱 $|A||B|\cos\theta$ 를 A, B 의 내적이라 하며, 내적의 결과는 스칼라이다. 그리고 수식으로 표현하면 다음과 같다.

$$\mathbf{A}\cdot\mathbf{B} = a_x b_x + a_y b_y + a_z b_z = |\mathrm{A}||\mathrm{B}|\cos\theta = \mathbf{B}\cdot\mathbf{A} \tag{10.19}$$

(2) 벡터적(vector product)

벡터적(vector product)은 cross product 라고 한다. 벡터적은 두 벡터 A 와 B 의 크기를 각각 A, B 라 하고, 그 사이의 각을 θ 라고 하면 그 벡터적 $A \times B$는 벡터양 C 가 된다고 정의한다. 그 방향은 A 와 B 를 포함하는 면에 수직으로 오른손 나사의 법칙에 따라 그 크기는 A 와 B 를 2 변으로 하는 평행 사변형의 면적 $|A||B|\sin\theta$ 이다. 그리고 수식으로 표현하면 다음과 같다.

$$\mathrm{A}\times\mathrm{B} = |\mathrm{A}|\,|\mathrm{B}|_{\mathrm{n}}\sin\theta \tag{10.20}$$

$_{\mathrm{n}}$은 A와 B 평면에 직각인 단위 벡터(unit vector)이다.

(3) 벡터의 동질성

동질성(同質性, homogeneity)은 어떤 집단을 구성하는 성원의 질이 같거나 거의 비슷한 성질이다. 벡터 해석에 적용되는 동질성은 다음과 같이 정의된다.

$$\mathbf{i}\cdot\mathbf{i} = \mathbf{j}\cdot\mathbf{j} = \mathbf{k}\cdot\mathbf{k} = 1 \tag{10.21}$$

$$\mathbf{i}\cdot\mathbf{j} = \mathbf{j}\cdot\mathbf{k} = \mathbf{k}\cdot\mathbf{i} = 0 \tag{10.22}$$

$$\mathbf{i}\times\mathbf{i} = \mathbf{j}\times\mathbf{j} = \mathbf{k}\times\mathbf{k} = 0 \tag{10.23}$$

$$\mathbf{i}\times\mathbf{j} = \mathbf{k} = -\mathbf{j}\times\mathbf{i},\quad \mathbf{j}\times\mathbf{k} = \mathbf{i} = -\mathbf{k}\times\mathbf{j},\quad \mathbf{k}\times\mathbf{i} = \mathbf{j} = -\mathbf{i}\times\mathbf{k} \tag{10.24}$$

(4) 벡터의 구배, 발산 및 회전

구배(勾配, gradient)는 수평선 또는 수평면에 대한 기울어짐의 정도를 나타내는 값이다. 예를 들어 삼각형의 빗변이 갖는 기울기는 높이와 밑변의 비의 값이며, 다음과 같이 표현된다.

$$\nabla \psi = \left(\frac{\partial}{\partial x}\mathbf{i} + \frac{\partial}{\partial y}\mathbf{j} + \frac{\partial}{\partial z}\mathbf{k}\right) \psi \tag{10.25}$$

발산(發散, divergence)은 무한급수(無限級數, infinite series)를 한데 모아 묶음으로 되지 않을 때 사용된다. 임의의 벡터계 A가 주어졌을 때 어떤 한 점 P에 있어서 그 주위에 생각할 수 있는 미소 체적 dv를 포함하는 작은 폐곡면 S의 면적 ds의 외향 법선 방향 단위 벡터를 n이라고 하고, 그 지점에서 유한의 값을 가질 때 이것을 그 점에 있어서 A의 발산이라 한다. 즉, 발산은 div A 또는 ∇· A 라는 기호로 나타내며, 이것을 직각 좌표로 나타내면 다음 식과 같이 표현이 가능하다. 이 정의에서 알 수 있는 바와 같이 P점에 벡터의 원천이 있을 때에만 이것은 값이 있으므로 자기 유도의 발산은 항상 '0' 이고, 전기 변위의 발산은 그 곳에 있어서의 전하 밀도를 나타낸다.

$$\nabla \bullet \mathrm{V} = \left(\frac{\partial}{\partial x}\mathbf{i} + \frac{\partial}{\partial y}\mathbf{j} + \frac{\partial}{\partial z}\mathbf{k}\right) \bullet (V_1\mathbf{i} + V_2\mathbf{j} + V_3\mathbf{k}) \tag{10.26}$$

벡터의 회전(回轉, curl or rotation)은 3차원 벡터장을 다른 3차원 벡터장으로 대응시키는 1차 미분 연산자의 하나이다. 수식에서 기호는 ∇× 또는 curl 등이 사용된다. 어떤 점에서의 벡터장의 회전은 그 점을 포함하는 임의의 폐곡면 S에서 바깥 방향 법선 벡터와 그 벡터장의 벡터 곱의 면적분과 그 곡면으로 둘러싸인 부피(V)의 비를 '0' 으로 보낼 때의 극한을 의미한다.

$$\nabla \times \mathrm{V} = \left(\frac{\partial}{\partial x}\mathbf{i} + \frac{\partial}{\partial y}\mathbf{j} + \frac{\partial}{\partial z}\mathbf{k}\right) \times (V_1\mathbf{i} + V_2\mathbf{j} + V_3\mathbf{k}) \tag{10.27}$$

(5) 스칼라 함수에서의 라플라시안(Laplacian)

3차원 공간에서 좌표에 관한 2계 미분 연산자(二階 微分 演算子)를 라플라시안(Laplacian)이라고도 한다. 일반적으로 ∇^2을 ψ 라플라시안이라고 말하고, 데카르트 좌표(Cartesian coordinate) x, y, z 를 사용하면 다음과 같이 표현된다.

$$\nabla^2 \psi = \left(\frac{\partial^2 \psi}{\partial x^2} + \frac{\partial^2 \psi}{\partial y^2} + \frac{\partial^2 \psi}{\partial z^2}\right) \tag{10.28}$$

10.3 복소수의 여러 가지 표현

복소 평면상에서 볼 때 한 점에 대응하는 복소수는 원점으로부터의 거리인 크기와 양의 실축과 복소수 선분이 이루는 각을 갖는 양이라고도 말할 수 있기 때문에 복소수는 크기와 각을 갖는 표현 형식인 삼각 함수 형식(三角 函數 形式, trigonometric form), 극좌표 형식(極座標 形式, polar form), 지수 함수 형식(指數 函數 形式, exponential form) 등으로 표현이 가능하다.

[1] 삼각 함수 형식

삼각 함수 형식(三角 函數 形式, trigonometric form)은 복소수 $\dot{A} = a + jb$를 그림 10.3과 같이 표시하는 방법이다. 원점 O로부터 복소수 $\dot{A}$를 대표하는 점까지 거리를 $\dot{A}$의 크기라 하며 $|\dot{A}|$ 또는 A로 나타낸다. 또한, 복소수 $\dot{A}$와 양의 실축으로 이루는 각 θ를 복소수 $\dot{A}$의 편각(偏角, argument)이라고 한다.

$$|\dot{A}| = A = \sqrt{a^2 + b^2} \tag{10.29}$$

$$\theta = \arg(\dot{A}) = \tan^{-1}\frac{b}{a} \tag{10.30}$$

$$\dot{A} = a + jb = A(\cos\theta + j\sin\theta) \tag{10.31}$$

이와 같은 표현식을 삼각 함수 표현식이라 한다.

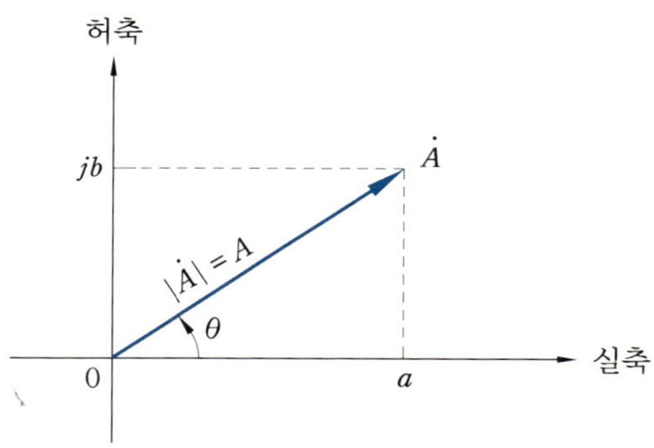

그림 10.3 복소수의 크기와 편각

[2] 극좌표 형식

극좌표 형식(極座標 形式, polar form)은 극좌표를 이용하는 방법이다. 즉, 동경의 길이 및 동경과 기선이 이루는 각으로 표현되는 좌표 형식을 말한다. 그림 10.3의 복소 평면상에서 양의 실축을 기선으로 복소수 $\dot{A}$ 를 가리키는 선분을 동경으로 간주한다면 복소수 $\dot{A}$ 를 대표하는 점은 크기와 각이 각각 다음과 같이 표시된다.

$$A = \sqrt{a^2 + b^2} \tag{10.32}$$

$$\theta = \tan^{-1}\frac{b}{a} \tag{10.33}$$

$$\dot{A} = a + jb \tag{10.34}$$

$$= A\angle\theta = A(\cos\theta + j\sin\theta) = \sqrt{a^2+b^2}\angle\tan^{-1}\frac{b}{a}$$

$A\angle\theta$ 을 극좌표 형식의 복소수 표시라 한다.

예제 10.2

벡터 $\dot{A} = -i7 - j$, $\dot{B} = -i3 - j4$의 두 벡터가 이루는 각도는 얼마인가?

풀이

$\dot{A}\cdot\dot{B} = |A|\,|B|\cos\theta$을 이용하여 구할 수 있다.

$$\cos\theta = \frac{\dot{A}\cdot\dot{B}}{|A|\,|B|}$$

$$= \frac{(-7)\times(-3)+(-1)\times(-4)}{\sqrt{(-7)^2+(-1)^2}\sqrt{(-3)^2+(-4)^2}} = \frac{25}{25\sqrt{2}} = \frac{1}{\sqrt{2}}$$

$$\theta = \cos^{-1}\frac{1}{\sqrt{2}} = 45°$$

[3] 지수 함수 형식

정현파 교류를 표현하는 방법 중의 하나가 복소수를 이용한 지수 함수 형식(指數函數 形式, exponential form) 이다. 지수 함수의 밑수(base) e는 자연 로그(natural logarithm)의 밑수로도 쓰이며, 다음과 같이 정의되는 무리수이다.

$$e = \lim_{x\to\infty}\left(1+\frac{1}{x}\right)^x \simeq 2.7182 \tag{10.35}$$

이를 매클로린 급수(Maclaurin series)[1])로 전개하면 다음과 같이 나타낸다.

$$e^x = 1 + x + \frac{x^2}{2!} + \frac{x^3}{3!} + \cdots \tag{10.36}$$

이 식에 $x = j\theta$ 인 경우 다음과 같은 복소수로 확장이 가능하다.

$$\begin{aligned} e^{j\theta} &= 1 + j\theta + \frac{(j\theta)^2}{2!} + \frac{(j\theta)^3}{3!} + \cdots \\ &= \left(1 - \frac{\theta^2}{2!} + \frac{\theta^4}{4!} - \frac{\theta^6}{6!} + \cdots\right) + j\left(\theta - \frac{\theta^3}{3!} + \frac{\theta^5}{5!} - \frac{\theta^7}{7!} + \cdots\right) \end{aligned} \tag{10.37}$$

그리고 삼각 함수에 대한 매클로린 급수 전개식은 다음과 같다.

$$\cos\theta = 1 - \frac{\theta^2}{2!} + \frac{\theta^4}{4!} - \frac{\theta^6}{6!} + \cdots \tag{10.38}$$

$$\sin\theta = \theta - \frac{\theta^3}{3!} + \frac{\theta^5}{5!} - \frac{\theta^7}{7!} + \cdots \tag{10.39}$$

식 (10.33)과 식 (10.34)를 식 (10.32)에 대입하면 $e^{j\theta}$ 는 다음과 같은 오일러의 정리(Euler's theorem)로 간략화 할 수 있다.

$$e^{j\theta} = \cos\theta + j\sin\theta \tag{10.40}$$

$e^{j\theta}$의 크기는 절대 값을 의미하며 다음과 같이 나타낸다.

$$|e^{j\theta}| = |\cos\theta + j\sin\theta| = \sqrt{\cos^2\theta + \sin^2\theta} = 1 \tag{10.41}$$

오일러 공식을 극좌표 형식으로 나타내면 $e^{j\theta}$ 는 다음과 같다.

$$e^{j\theta} = \cos\theta + j\sin\theta = 1\angle\theta \tag{10.42}$$

따라서 크기가 A이고 각이 θ인 복소수 $\dot{A}$ 의 지수 형식 표현은 다음과 같다.

$$\dot{A} = A\angle\theta = A(\cos\theta + j\sin\theta) = Ae^{j\theta} \tag{10.43}$$

1) 어떤 함수를 이해할 때 가장 간단한 함수의 예인 다항식으로 근사하면 도움이 된다. 이때 주어진 함수를 원점 근처에서 다항식으로 근사한 것이 그 함수의 매클로린 급수이다.

예제 10.3

$\dot{A} = -1 + j\sqrt{3}$을 극좌표 형식으로 나타내어라.

풀이

복소수 $\dot{A}$의 크기와 편각은 각각 다음과 같다.

$$A = \sqrt{(a^2 + b^2)} = \sqrt{(-1)^2 + (\sqrt{3})^2} = 2$$

$$\theta = \tan^{-1}\frac{b}{a} = \tan^{-1}\frac{\sqrt{3}}{-1} = \tan^{-1}(-\sqrt{3}) = 120°$$

$$\dot{A} = 2\angle 120°$$

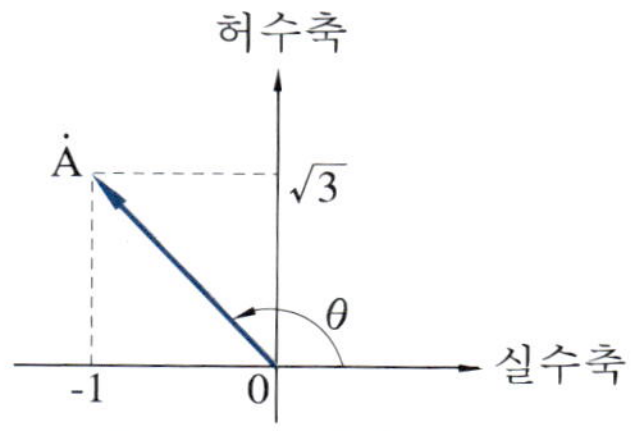

그림 10.4

10.4 정현파의 복소수 표시

정현파(正弦波, sine wave)는 주기적이고 연속적으로 진동하는 가장 간단한 파동을 말한다. 사인 함수로 기술되므로 사인파라고 부르나 코사인 함수도 기본적으로 같은 현상을 기술한다. 회전하는 점의 한 축 방향의 그림자는 사인파를 만들며, 원점 대칭인 파형이다.

그림 10.5는 초기각 θ_2와 θ_1로부터 반시계 방향으로 동일한 각속도 ω로 원운동하는 화살표 성분 $\overrightarrow{OP}$와 $\overrightarrow{OQ}$의 Y축 상의 정투영 $\overrightarrow{OP}$, $\overrightarrow{OQ}$가 회전각의 변화에 따라 각각 그림 10.5(b)에 두 사인파를 그려 가고 있는 모습을 나타낸다. 이러한 사인파의 순시값 표시식을 통해서 최대값, 주파수(또는 각주파수) 및 초기 위상을 알 수 있지만 R, L, C 수동 소자 등으로 구성되는 일반 교류 회로의 경우 전압과 전류는 항상 동일한 주파수를 가지므로 이러한 회로 해석에 있어서는 일반적으로 전압, 전류의 크기와 상대적인 위상만이 문제가 된다.

따라서 사인파 $V_m \sin(\omega t + \theta)$는 길이가 V_m이고, $t = 0$에서 정방향의 수평축과 이루는 각이 θ와 같고 일정한 각속도 ω로서 반시계 방향으로 회전하는 하나의 선분으로 대표할 수 있다.

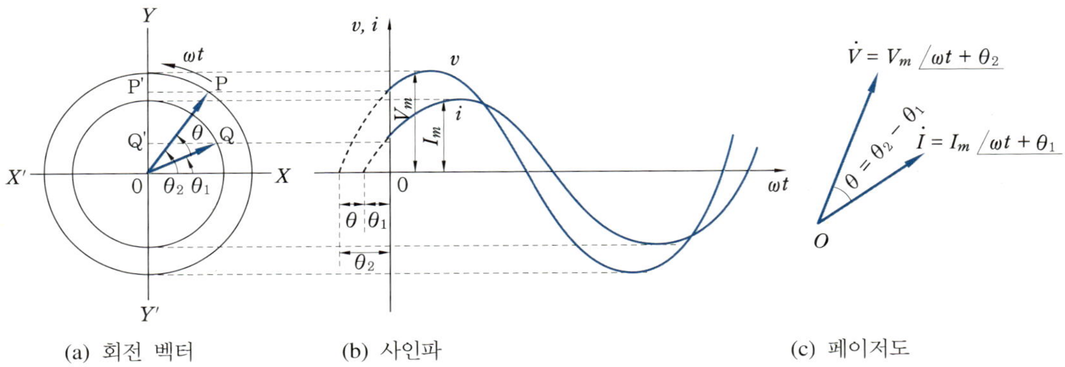

그림 10.5 회전 벡터와 페이저

이와 같은 회전성분은 길이와 각의 두 요소를 가지고 있으므로 다음과 같이 나타낸다.

$$\dot{V} = V_m \angle \theta = V_m e^{j\theta} \ [\mathrm{V}] \tag{10.44}$$

즉, 사인파의 최대값과 위상을 나타내는 선분 또는 복소수를 페이저(phasor)라고 하며, 선분의 끝에 화살표를 붙여서 그림 10.5(c)와 같이 나타낸다. 하나의 회로에 관계되는 여러 개의 전압, 전류 성분을 대표하는 페이저들을 하나의 복소 평면에 그린 것을 페이저도(phasor diagram)라고 한다.

페이저(phasor)라는 용어는 위상(位相, phase)과 벡터(vector)에서 유래되었으며, 사인파의 경우에만 사용되므로 벡터와는 구분되어야 한다. 또한, 사인파의 크기는 일반적으로 실효값으로 대표되므로 페이저의 크기도 사인파의 최대값 대신에 실효값으로 나타내는 것이 일반적이다.

$$V = \frac{V_m}{\sqrt{2}} e^{j\theta} = V e^{j\theta} = V \angle \theta \ [\mathrm{V}] \tag{10.45}$$

예제 10.4

$\dot{A} = 20\left(\cos\frac{\pi}{3} + j\sin\frac{\pi}{3}\right)$, $\dot{B} = 5\left(\cos\frac{\pi}{6} + j\sin\frac{\pi}{6}\right)$로 표시되는 두 복소수가 있다. $\dot{A}\,\dot{B}$를 극좌표 형식으로 구하시오.

풀이

$\dot{A} = 20\angle\frac{\pi}{3}$, $\dot{B} = 5\angle\frac{\pi}{6}$이므로 다음과 같이 구할 수 있다.

$$\dot{A}\,\dot{B} = \left(20\angle\frac{\pi}{3}\right)\left(5\angle\frac{\pi}{6}\right) = 20\times 5\angle\left(\frac{\pi}{3}+\frac{\pi}{6}\right) = 100\angle\frac{\pi}{2}$$

10.5 소자의 페이저 표시

페이저(phasor)는 정현곡선 함수의 진폭과 위상을 극좌표 형태로 표현했을 때의 복소수 값이다. 특히, 방향 성분을 포함할 때는 벡터 페이저(vector phasor)라 한다.

전기 회로의 기본 소자인 R, L, C를 이용하여 회로를 구성하고, 전압과 전류의 관계를 순시값으로 나타낼 때 전류 $i=\sqrt{2}I\sin(\omega t+\alpha)$ [A]가 흐르면 각 소자의 순시 전압은 다음과 같이 나타낸다.

$$v_R = Ri = \sqrt{2}RI\sin(\omega t+\alpha) \text{ [V]} \tag{10.46}$$

$$v_L = L\frac{di}{dt} = \sqrt{2}\omega LI\sin(\omega t+\alpha+90°) \text{ [V]} \tag{10.47}$$

$$v_C = \frac{1}{C}\int i\,dt = \frac{\sqrt{2}I}{\omega C}\sin(\omega t+\alpha-90°) \text{ [V]} \tag{10.48}$$

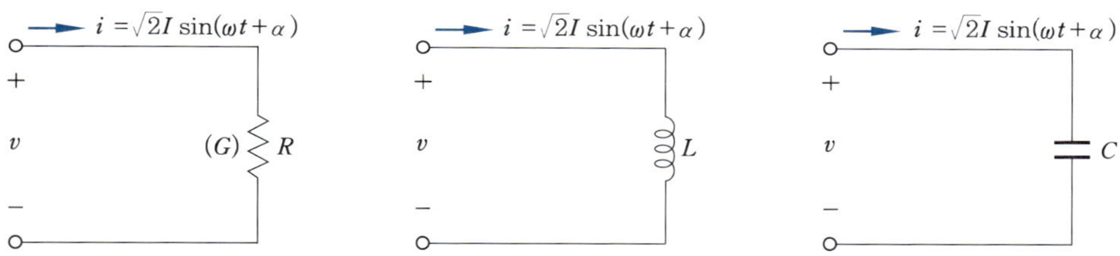

(a) 저항 (b) 인덕턴스 (c) 커패시턴스

그림 10.6 순시값으로 표현된 소자의 회로도

이와 같이 순시값으로 표현된 소자들을 페이저로 나타내면 다음과 같이 표현되며, 각 소자의 페이저도(phasor diagram)는 그림 10.7과 같다.

$$\dot{V}_R = RI\angle\alpha = R\dot{I} \text{ [V]} \tag{10.49}$$

$$\dot{V}_L = \omega LI\angle(\alpha+90°) = j\omega L\dot{I} \text{ [V]} \tag{10.50}$$

$$\dot{V}_C = \frac{1}{\omega C}I\angle(\alpha-90°) = -j\frac{\dot{I}}{\omega C} \text{ [V]} \tag{10.51}$$

$$\begin{aligned}\dot{V} &= \dot{V}_R+\dot{V}_L+\dot{V}_C = R\dot{I}+j\omega L\dot{I}-j\frac{1}{\omega C}\dot{I} \\ &= \left[R+j\left(\omega L-\frac{1}{\omega C}\right)\right]\dot{I} = \dot{Z}\dot{I} \text{ [V]}\end{aligned} \tag{10.52}$$

복소 임피던스 $\dot{Z}$ 는 다음과 같이 나타낸다.

$$\dot{Z} = R + j\left(\omega L - \frac{1}{\omega C}\right) \; [\Omega] \tag{10.53}$$

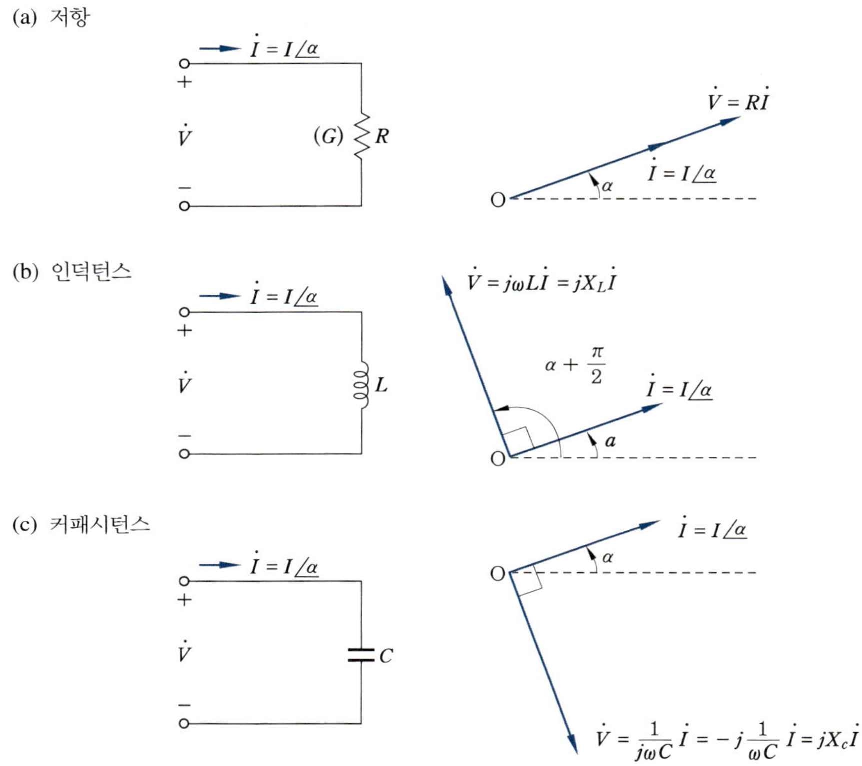

그림 10.7 소자의 페이저도

예제 10.5

어느 한 점으로 유입하는 전류가 i_1, i_2이고 이점으로부터 유출되는 전류가 i_3, i_4이다. 이들 전류가 다음과 같을 때 i_4 를 구하시오.

$i_1 = \sqrt{2}\,15\sin\omega t$ [A], $i_2 = \sqrt{2}\,5\sin(\omega t + 60°)$ [A], $i_3 = \sqrt{2}\,8\sin(\omega t - 45°)$ [A]

풀이

키르히호프 전류법칙에서 유입되는 전류와 유출되는 전류는 같으므로 다음과 같은 관계가 성립한다.

$$i_4 = i_1 + i_2 - i_3$$

$$\dot{I}_1 = 15 \angle\ 0° \ [\text{A}]$$

$$\dot{I}_2 = 5 \angle\ 60° \ [\text{A}]$$

$$\dot{I}_3 = 8 \angle -45° \ [\text{A}]$$

그리고

$$\begin{aligned}\dot{I}_4 &= \dot{I}_1 + \dot{I}_2 - \dot{I}_3 = 15\ \angle 0° + 5\ \angle 60° + 8\ \angle -45° \\ &= (15 + j0) + (2.50 + j4.33) - (5.66 - j5.66) \\ &= 11.84 + j9.99 \fallingdotseq 15.5\ \angle 40.2° \ [\text{A}]\end{aligned}$$

그러므로

$$i_4 = \sqrt{2}\ 15.5 \sin(\omega t + 40.2°) \ [\text{A}]$$

10.6 복소 임피던스

임피던스(impedance)는 교류 회로에서 전류가 흐르기 어려운 정도를 나타낸다. 복소수로서 실수부분은 저항, 허수부는 리액턴스를 의미하며, 크기뿐만 아니라 위상도 함께 표현할 수 있는 벡터량 이다. 임피던스의 단위는 옴[Ω]을 사용하며, 보통 기호 Z로 표시한다.

그림 10.8(a)와 같이 전류 페이저를 기준으로 했을 때 전압 페이저의 위상이라고 할 수 있다. 그러므로 임피던스도 크기와 각을 갖는 양이라고 할 수 있으며, 그림 10.8(b)와 같이 나타낸다. 이상의 내용을 정리하면 복소 임피던스 $\dot{Z}$ 는 다음과 같이 나타낸다.

$$\dot{Z} = Z \angle\ \theta = \frac{V}{I} \angle (\alpha - \beta) = \frac{\dot{V}}{\dot{I}} \ [\Omega] \tag{10.54}$$

이 식을 직교 좌표 형식으로 나타내면 다음과 같이 나타낸다.

$$\begin{aligned}\dot{Z} &= Z \angle \theta \\ &= Z(\cos\theta + j\sin\theta) = Z\cos\theta + jZ\sin\theta \\ &= R + jX \ [\Omega]\end{aligned} \tag{10.55}$$

복소 임피던스의 실수부는 저항(抵抗, resistance) 성분 R, 허수부는 리액턴스(reactance) 성분 X가 되며, 그림 10.8(b)와 같이 나타낸다.

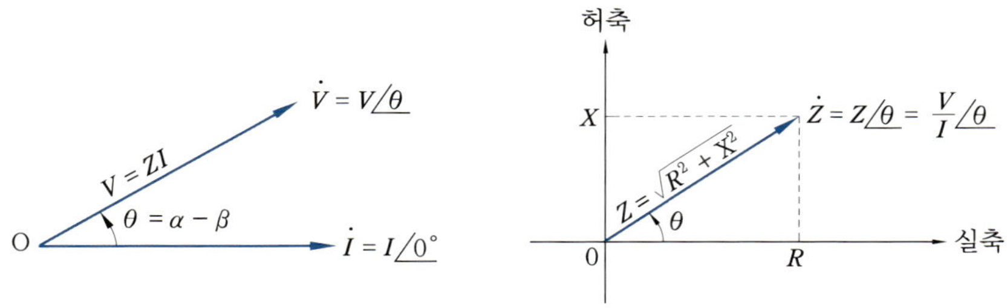

(a) 전압-전류 페이저 (b) 복소 임피던스

그림 10.8 전압-전류 페이저와 복소 임피던스

[1] 직렬 합성

그림 10.9와 같이 n개의 임피던스가 직렬 접속되어 있는 경우 저항의 직렬 합성법이 동일하게 적용될 수 있다.

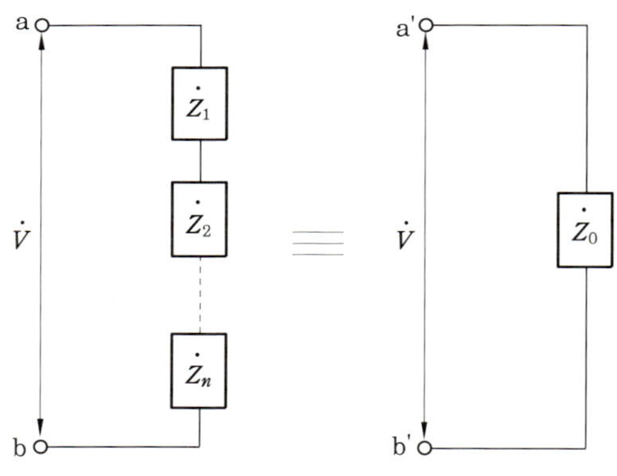

(a) (b)

그림 10.9 임피던스의 직렬 합성

즉, 합성 임피던스 $\dot{Z}_0$은 다음과 같이 나타낸다.

$$\dot{Z}_0 = \dot{Z}_1 + \dot{Z}_2 + \cdots + \dot{Z}_n \ [\Omega] \tag{10.56}$$

[2] 병렬 합성

그림 10.10과 같이 n개의 임피던스가 병렬 접속되어 있는 경우 저항의 병렬 합성법이 동일하게 적용될 수 있다.

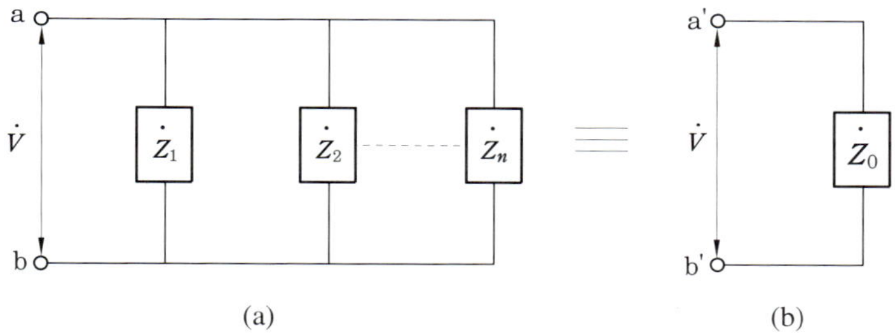

그림 10.10 임피던스의 병렬 합성

즉, 합성 임피던스 $\dot{Z}_0$은 다음과 같이 나타낸다.

$$\frac{1}{\dot{Z}_0} = \frac{1}{\dot{Z}_1} + \frac{1}{\dot{Z}_2} + \cdots + \frac{1}{\dot{Z}_n} \ [℧] \tag{10.57}$$

또는 합성 임피던스 $\dot{Z}_0$은 다음과 같이 나타낸다.

$$\dot{Z}_0 = \frac{1}{\dfrac{1}{\dot{Z}_1} + \dfrac{1}{\dot{Z}_2} + \cdots + \dfrac{1}{\dot{Z}_n}} \ [\Omega] \tag{10.58}$$

예제 10.6

회로에 220 [V], 60 [Hz]의 교류 전압을 인가했을 때 22 [A]의 전류가 흐르고 전류는 전압보다 위상이 30° 늦음이 관측되었다. 전류 페이저를 기준으로 임피던스 페이저 식은?

풀이

전류와 전압은 다음과 같다.

$$\dot{I} = 22 \angle 0° \ [\mathrm{A}]$$
$$\dot{V} = 220 \angle 30° \ [\mathrm{V}]$$

그러므로 임피던스는 다음과 같다.

$$\begin{aligned}\dot{Z} &= \frac{\dot{V}}{\dot{I}} = \frac{220 \angle 30°}{22 \angle 0°} = 10 \angle 30° \\ &= 10(\cos 30° + j \sin 30°) \\ &= 5\sqrt{3} + j\,5 \ [\Omega]\end{aligned}$$

10.7 복소 어드미턴스

저항 R 의 역수를 컨덕턴스 G 로 나타내듯이 복소 임피던스 $\dot{Z}$ 의 역수를 복소 어드미턴스(complex admittance) 또는 간단히 어드미턴스(admittance)라 하며, 기호는 $\dot{Y}$, 단위는 모(mho, [℧])를 사용하며, 다음과 같이 표현된다.

$$\dot{Y} = \frac{1}{\dot{Z}} = \frac{\dot{I}}{\dot{V}} = \frac{I\angle\beta}{V\angle\alpha} = \frac{I}{V}\angle(\beta-\alpha) = Y\angle\theta' \ [℧] \tag{10.59}$$

그림 10.11(a)에서 θ'는 어드미턴스 각을 의미하며, 임피던스의 크기 $\dot{Z}$ 의 역수와 같다.

$$\theta' = \beta - \alpha = -(\alpha-\beta) = -\theta \tag{10.60}$$

만일, 임피던스 $\dot{Z} = R + jX$ 라면 어드미턴스 $\dot{Y}$ 는 다음과 같이 나타낸다.

$$\dot{Y} = \frac{1}{\dot{Z}} = \frac{1}{R+jX} = \frac{R}{R^2+X^2} + j\frac{-X}{R^2+X^2} = G + jB \ [℧] \tag{10.61}$$

어드미턴스 $\dot{Y}$ 의 실수부 G 는 컨덕턴스(conductance), 허수부 B 는 서셉턴스(susceptance)라 하며, Y, G, B 의 단위는 모(mho, [℧])이다.

특히, 병렬 회로를 해석할 때는 임피던스보다 어드미턴스를 이용하는 것이 편리하며, 전류 $\dot{I}$ 는 다음 식으로 표현된다.

$$\dot{I} = \frac{\dot{V}}{\dot{Z}} = \dot{Y}\dot{V} \ [\text{A}] \tag{10.62}$$

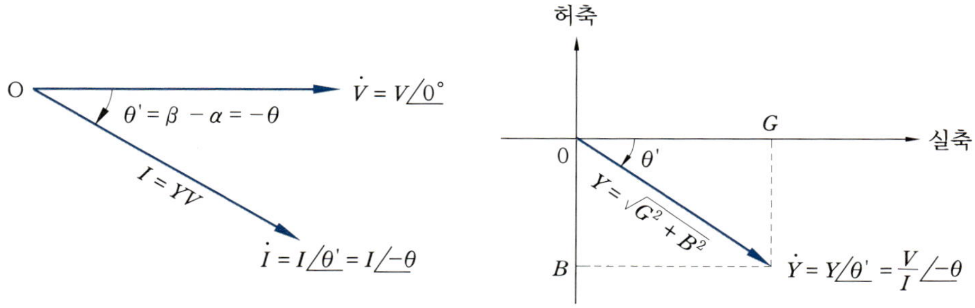

(a) 전압-전류 페이저(전압 기준)　　(b) 복소 어드미턴스

그림 10.11 전압-전류 페이저와 복소 어드미턴스

[1] 직렬 합성

그림 10.12와 같이 n개의 어드미턴스가 직렬 접속되어 있는 경우 그 합성 어드미턴스 $\dot{Y}_0$는 컨덕턴스 직렬 합성법을 동일하게 적용한다. 즉, 합성 어드미턴스 $\dot{Y}_0$는 다음과 같이 나타낸다.

$$\frac{1}{\dot{Y}_0} = \frac{1}{\dot{Y}_1} + \frac{1}{\dot{Y}_2} + \cdots + \frac{1}{\dot{Y}_n} \ [\Omega] \tag{10.63}$$

또는 합성 어드미턴스 $\dot{Y}_0$는 다음과 같이 나타낸다.

$$\dot{Y}_0 = \frac{1}{\dfrac{1}{\dot{Y}_1} + \dfrac{1}{\dot{Y}_2} + \cdots + \dfrac{1}{\dot{Y}_n}} \ [\mho] \tag{10.64}$$

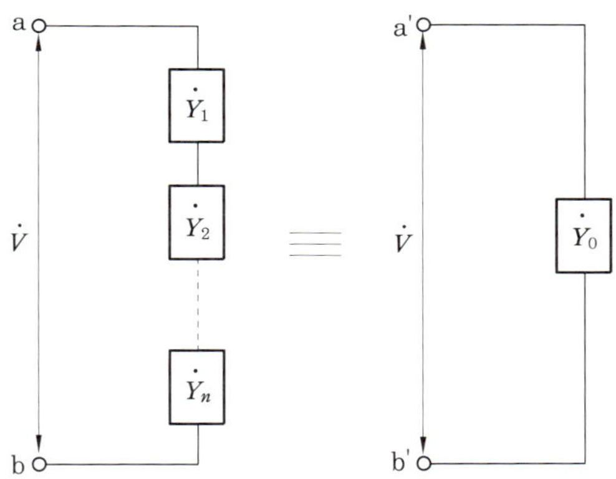

그림 10.12 어드미턴스의 직렬 합성

[2] 병렬 합성

그림 10.13과 같이 n개의 어드미턴스가 병렬 접속되어 있는 경우 그 합성 어드미턴스 $\dot{Y}_0$는 컨덕턴스 병렬 합성법을 동일하게 적용한다.

즉, 합성 어드미턴스 $\dot{Y}_0$은 다음과 같이 나타낸다.

$$\dot{Y}_0 = \dot{Y}_1 + \dot{Y}_2 + \cdots + \dot{Y}_n \ [\mho] \tag{10.65}$$

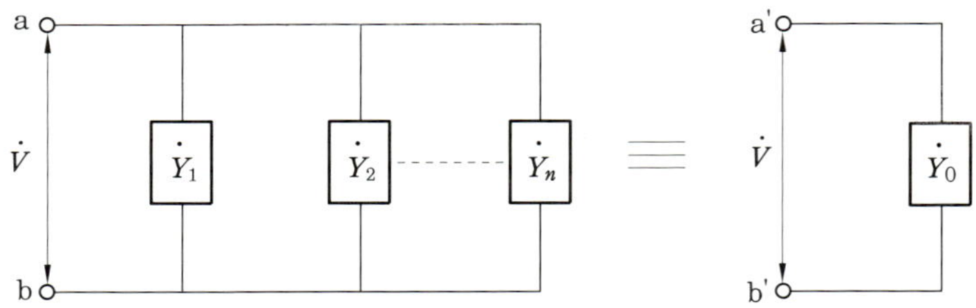

그림 10.13 어드미턴스의 병렬 합성

예제 10.7

회로에 100 [V], 60 [Hz]의 교류 전압을 인가했을 때 5 [A]의 전류가 흐르고 전류는 전압보다 위상이 60° 늦음이 관측되었다. 전압 페이저를 기준으로 어드미턴스 페이저 식은?

풀이

전류와 전압은 다음과 같다.

$$\dot{V} = 100\angle 0° \ [\text{V}]$$
$$\dot{I} = 5\angle -60° \ [\text{A}]$$

그러므로 어드미턴스는 다음과 같다.

$$\dot{Y} = \frac{\dot{I}}{\dot{V}} = \frac{5\angle -60°}{100\angle 0°} = 0.05\angle -60°$$
$$= 0.05\{\cos(-60°) + j\sin(-60°)\}$$
$$= 0.025 - j\,0.043 \ [\mho]$$

10.8 페이저를 이용한 정현파 회로 해석

[1] 직렬 회로

직렬 회로에 대한 페이저를 설명하기 위해 그림 10.14(a)와 같은 $R-L$ 직렬 회로를 예로 들어 보기로 한다. 이 회로의 각주파수 ω, 크기 V의 정현파 전압 $\dot{V}$를 인가했을 때 회로에 유입되는 전류를 $\dot{I}$, R과 L 양단의 전압을 각각 $\dot{V}_R$ 및 $\dot{V}_L$로 나타낼 수 있다.

$$\dot{V}_R = R\dot{I} \ [\text{V}] \tag{10.66}$$

$$\dot{V}_L = j\omega L\,\dot{I} \ [\text{V}] \tag{10.67}$$

또한, 그림 10.14(b)에서 알 수 있듯이 직렬 회로의 임피던스 $\dot{Z}$ 와 임피던스 각 θ는 다음과 같이 나타낸다.

$$\dot{Z} = R + j\omega L \, [\Omega] \tag{10.68}$$

$$\theta = \tan^{-1}\frac{\omega L}{R} \tag{10.69}$$

그러므로 전체 인가 전압 $\dot{V}$ 는 다음 식으로 표현이 가능하다.

$$\dot{V} = \dot{V}_R + \dot{V}_L = R\dot{I} + j\omega L\dot{I} = (R + j\omega L)\dot{I} \ [\text{V}] \tag{10.70}$$

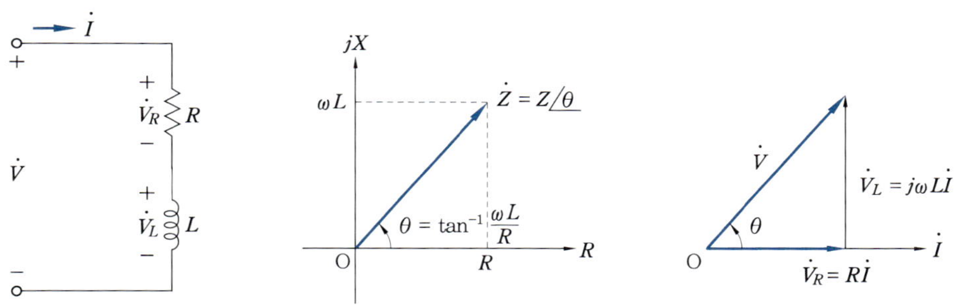

(a) $R-L$ 직렬 회로　(b) 복소 임피던스　(c) 전압-전류 페이저

그림 10.14 $R-L$ **직렬 회로의 해석**

인가 전류 $\dot{I}$ 를 기준으로 페이저도를 그리면 그림 10.14(c)와 같이 표현되며, 식은 다음과 같다.

$$\dot{I} = \frac{\dot{V}}{\dot{Z}} = \frac{\dot{V}}{R + j\omega L} \ [\text{A}] \tag{10.71}$$

그러므로 전류의 크기는 다음과 같이 표현된다.

$$I = \frac{V}{Z} = \frac{V}{\sqrt{R^2 + (\omega L)^2}} \ [\text{A}] \tag{10.72}$$

예제 10.8

그림 10.15(a)와 같은 $R-L$ 직렬 회로에 60 [Hz], $\dot{I}=10\angle 0°$ [A]의 전류가 흐르고 있을 때 다음의 값들을 구하시오.

① 회로 임피던스 $\dot{Z}$를 구하고 이를 복소 평면에 나타내어라.

② 회로 단자 전압 $\dot{V}$를 구하고 전류-전압 페이저도를 구하시오.

③ R, L 각 소자의 양단 전압 V_R, V_L과 전체 단자 전압 V 사이의 관계를 나타내시오.

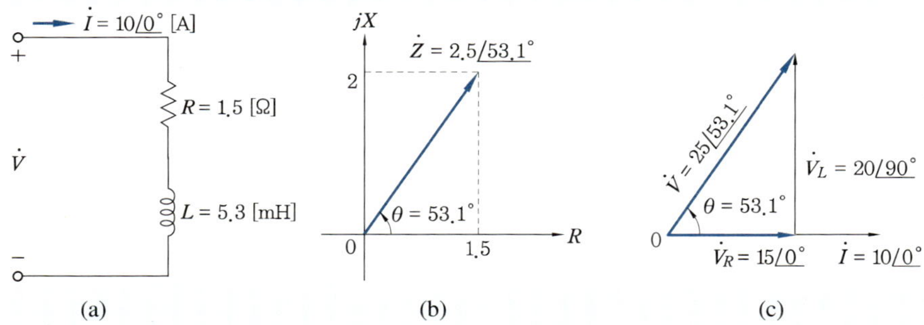

그림 10.15

풀이

① L 에서의 리액턴스는 다음과 같다.

$$X_L = 2\pi f L = 2\times 3.14\times 60\times 5.3\times 10^{-3} \fallingdotseq 2.0\ [\Omega]$$

그러므로 임피던스는 다음과 같이 구할 수 있다.

$$\begin{aligned}\dot{Z} &= R + jX_L = 1.5 + j2 \\ &= \sqrt{1.5^2+2^2}\angle \tan^{-1}\frac{2}{1.5} \\ &= 2.5\angle 53.1°\ [\Omega]\end{aligned}$$

이것을 복소평면으로 나타내면 그림 10.15(b)와 같다.

② $\dot{V} = \dot{Z}\ \dot{I} = (2.5\angle 53.1°)(10\angle 0°) = 25\angle 53.1°$ [V]

또는 $\dot{V} = \dot{Z}\ \dot{I} = (1.5+j2)(10\ \angle 0°) = 15+j20$ [V]

③ 전류-전압의 페이저도는 그림 10.15(c)와 같다.

$$V^2 = V_R^2 + V_L^2\ [\text{V}]$$

또는 $V = \sqrt{V_R^2 + V_L^2}$ [V] 의 관계가 성립한다.

[2] 병렬 회로

그림 10.16(a)와 같은 병렬 회로에서 전압 $\dot{V}$ 가 인가되는 경우 전압 $\dot{V}$ 는 $\dot{Z}_1$, $\dot{Z}_2$에 동일하게 인가되므로 흐르는 각각의 전류는 다음과 같이 나타낸다.

$$\dot{I}_1 = \frac{\dot{V}}{\dot{Z}_1}\ [\text{A}] \tag{10.73}$$

$$\dot{I}_2 = \frac{\dot{V}}{\dot{Z}_2}\ [\text{A}] \tag{10.74}$$

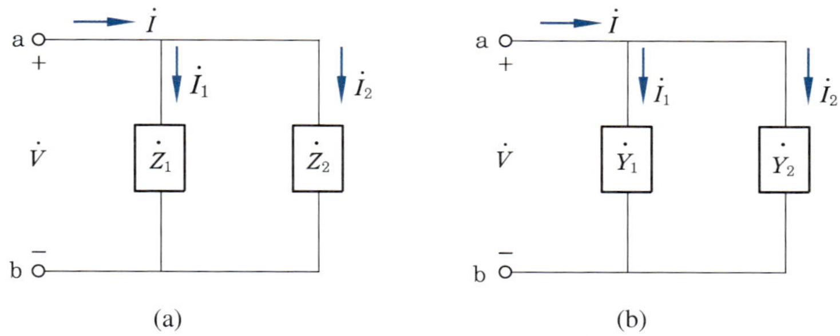

그림 10.16 병렬 회로

그러므로 전체 전류 $\dot{I}$ 는 다음과 같이 나타낸다.

$$\dot{I} = \dot{I}_1 + \dot{I}_2 = \frac{\dot{V}}{\dot{Z}_1} + \frac{\dot{V}}{\dot{Z}_2} = \dot{V}\left(\frac{1}{\dot{Z}_1} + \frac{1}{\dot{Z}_2}\right)\ [\text{A}] \tag{10.75}$$

그리고 단자 a, b 사이에 대한 등가 임피던스 $\dot{Z}_{ab}$ 은 다음으로 표현된다.

$$\dot{Z}_{ab} = \frac{1}{\dfrac{1}{\dot{Z}_1} + \dfrac{1}{\dot{Z}_2}}\ [\Omega] \tag{10.76}$$

그림 10.16(b)와 같은 어드미턴스 병렬 회로에 대한 각각의 전류는 다음과 같다.

$$\dot{I}_1 = \dot{Y}_1 \dot{V}\ [\text{A}] \tag{10.77}$$

$$\dot{I}_2 = \dot{Y}_2 \dot{V}\ [\text{A}] \tag{10.78}$$

그러므로 전체 전류 $\dot{I}$를 나타낸다.

$$\dot{I} = \dot{I}_1 + \dot{I}_2 = \dot{Y}_1 \dot{V} + \dot{Y}_2 \dot{V} = (\dot{Y}_1 + \dot{Y}_2)\dot{V}\ [\mathrm{A}] \tag{10.79}$$

그러므로 등가 어드미턴스 $\dot{Y}_{ab}$는 다음으로 표현된다.

$$\dot{Y}_{ab} = \dot{Y}_1 + \dot{Y}_2 = G + jB\ [\mho] \tag{10.80}$$

따라서 회로 전체 전류의 크기 I는 다음과 같다.

$$I = Y_{ab} V = \sqrt{G^2 + B^2}\ V\ [\mathrm{A}] \tag{10.81}$$

그리고 전체 전압과 전류 사이의 위상차, 어드미턴스 각 θ는 다음과 같이 나타낸다.

$$\theta = \tan^{-1}\frac{B}{G} \tag{10.82}$$

예제 10.9

그림 10.17(a)와 같이 $G = 0.1\,[\mho]$, $B_L = -0.125\,[\mho]$, $B_C = 0.05\,[\mho]$가 병렬 연결된 회로에 $\dot{V} = 80\angle 0°$ [V]의 전압이 인가될 때 ① 회로 전체에 대한 등가 어드미턴스 $\dot{Y}$ 및 어드미턴스 삼각도, ② 회로 전류 $\dot{I}$와 전류의 크기 I, ③ 전압-전류의 페이저도 등을 구하시오.

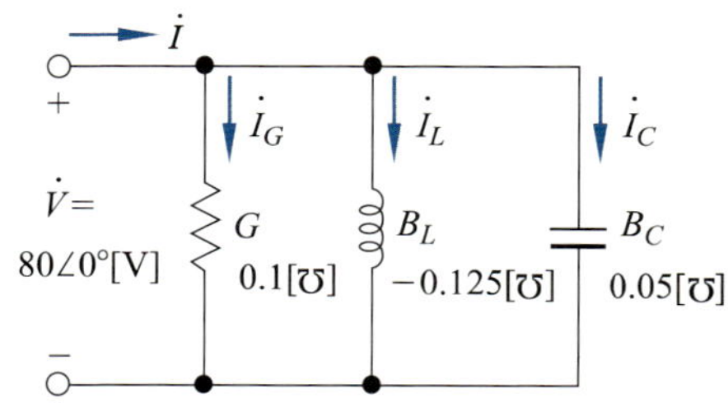

그림 10.17(a)

풀이

① 회로 전체에 대한 등가 어드미턴스 $\dot{Y}$는 다음과 같다.

$$\begin{aligned}\dot{Y} &= \dot{Y}_G + \dot{Y}_L + \dot{Y}_C = G + jB_L + jB_C \\ &= 0.1 + j(-0.125) + j\,0.05 \\ &= 0.1 - j\,0.075\ [\mho]\end{aligned}$$

어드미턴스의 각은 다음과 같다.

$$\theta = \tan^{-1}\frac{B}{G} = \tan^{-1}\left(\frac{-0.075}{0.1}\right) = -36.9°$$

그러므로 어드미턴스 삼각도는 그림 10.17(b)와 같다.

② 회로 전류 $\dot{I}$는 다음과 같다.

$$\dot{I} = \dot{I}_G + \dot{I}_L + \dot{I}_C = G\dot{V} + jB_L\dot{V} + jB_C\dot{V}$$
$$= 0.1 \times 80 - j\,0.125 \times 80 + j\,0.05 \times 80$$
$$= 8 - j\,10 + j\,4 = 8 - j6\ [\text{A}]$$

그리고 회로 전류의 크기는 다음과 같다.

$$I = \sqrt{8^2 + (-6)^2} = 10\ [\text{A}]$$

③ 전압-전류의 페이저도는 그림 10.17(c)와 같다.

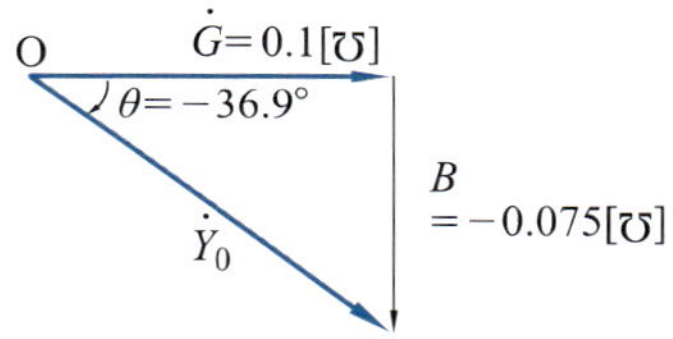

그림 10.17(b)

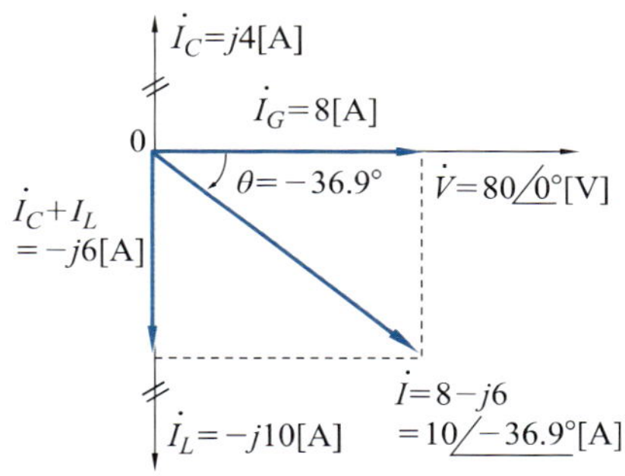

그림 10.17(c)

[3] 직·병렬 회로

그림 10.18(a)와 같은 직·병렬 회로에 전압 $\dot{V}$가 인가될 때의 전류 $\dot{I}_1$, $\dot{I}_2$, $\dot{I}_3$와 각 부분의 단자 전압 $\dot{V}_{ab}$, $\dot{V}_{bc}$ 그리고 전체 전압과 전류 사이의 위상 관계는 저항 회로의 해석 방법과 같은 방법으로 구할 수 있다.

먼저 병렬 회로 부분 $\dot{Z}_2$와 $\dot{Z}_3$에 대한 등가 임피던스 $\dot{Z}_{23}$을 구하여 그림 10.18(b)와 같이 변환시킨 후 이 직렬 회로에 대한 전체 임피던스는 다음과 같이 나타낸다.

$$\dot{Z} = \dot{Z}_1 + \dot{Z}_{23}\ [\Omega] \tag{10.83}$$

그러므로 전체 전압과 전류 사이는 다음과 같은 관계식 등으로 나타낸다.

$$\dot{V} = \dot{Z}\,\dot{I}_1\ [\text{V}] \tag{10.84}$$

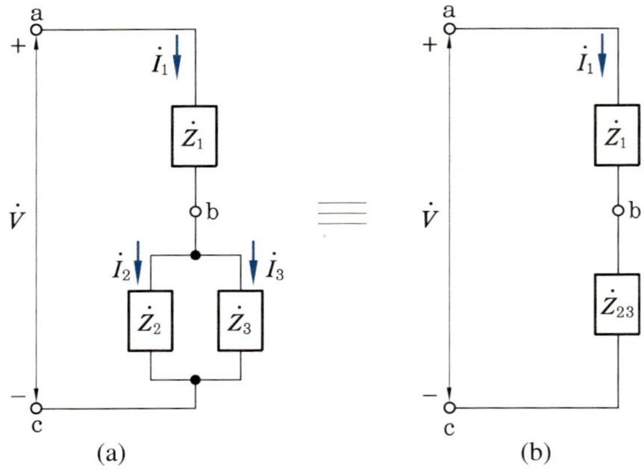

그림 10.18 직·병렬 회로

$$\dot{V}_{ab} = \dot{Z}_1 \dot{I}_1 \text{ [V]} \tag{10.85}$$

$$\dot{V}_{bc} = \dot{Z}_{23} \dot{I}_1 \text{ [V]} \tag{10.86}$$

다음에 분기 전류 $\dot{I}_2$, $\dot{I}_3$는 전체 전류 $\dot{I}_1$이 임피던스 $\dot{Z}_2$와 $\dot{Z}_3$에 반비례하여 배분된다는 원리에 의해서 구할 수 있다.

예제 10.10

그림 10.19(a)와 같이 직·병렬 회로가 구성되어 있다. ① 회로의 등가 임피던스 $\dot{Z}_{ac}$, ② 전체 전압과 전류의 위상차 θ, ③ 회로 전류 $\dot{I}$, $\dot{I}_1$, $\dot{I}_2$, ④ a−b, b−c 사이의 단자 전압 $\dot{V}_{ab}$, $\dot{V}_{bc}$, ⑤ 단자 a, c에 대한 등가 어드미턴스의 회로 등을 구하시오.

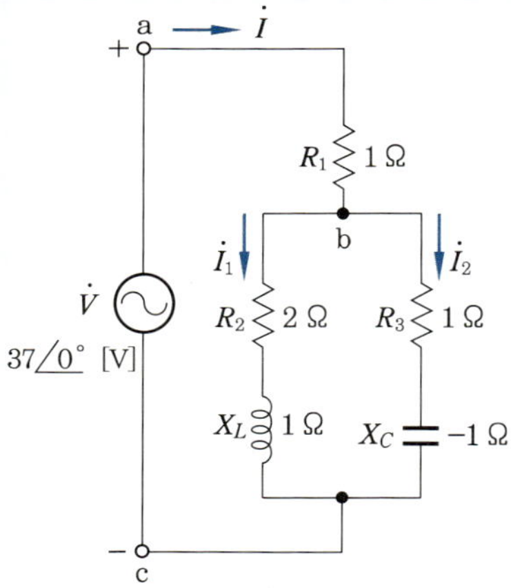

그림 10.19(a)

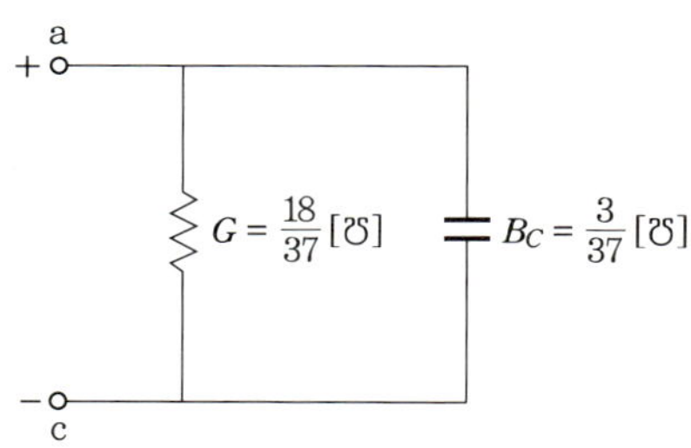

그림 10.19(b)

풀이

① 회로의 등가 임피던스 $\dot{Z}_{ac}$는 다음과 같다.

$$\dot{Z}_{ac} = R_1 + \frac{(R_2 + jX_L)(R_3 + jX_C)}{(R_2 + jX_L) + (R_3 + jX_C)} = 1 + \frac{(2+j1)(1-j1)}{(2+j1)+(1-j1)}$$

$$= 2 - j\frac{1}{3} \quad [\Omega]$$

② $\dot{Z}_{ac}$로부터 임피던스 각은 다음과 같다.

$$\theta = \tan^{-1}\frac{X}{R} = \tan^{-1}\left(\frac{-1/3}{2}\right) \fallingdotseq -9.5^\circ$$

즉, 전체 전압은 전체 전류보다 위상이 9.5°만큼 뒤진다.

③ 회로 전류 $\dot{I}$ 는 다음과 같다.

$$\dot{I} = \frac{\dot{V}}{\dot{Z}_{ac}} = \frac{37}{2 - j\frac{1}{3}} = 18 + j3 \quad [A]$$

회로 전류 $\dot{I}_1$ 및 $\dot{I}_2$는 각각 다음과 같다.

$$\dot{I}_1 = \dot{I} \cdot \frac{(R_3 + jX_C)}{(R_2 + jX_L) + (R_3 + jX_C)} = (18 + j3) \times \frac{1 - j1}{(2 + j1) + (1 - j1)}$$

$$= 7 - j5 \quad [A]$$

$$\dot{I}_2 = \dot{I} \cdot \frac{(R_2 + jX_L)}{(R_2 + jX_L) + (R_3 + jX_C)} \quad [A]$$

또는, $\dot{I}_2 = \dot{I} - \dot{I}_1$에 의해 $\dot{I}_2 = \dot{I} - \dot{I}_1 = 11 + j8$ [A]이다.

④ $a-b$ 사이의 단자 전압 $\dot{V}_{ab}$, $\dot{V}_{bc}$ 각각은 다음과 같다.

$$\dot{V}_{ab} = R_1\dot{I} = 1(18 + j3) = 18 + j3 \quad [V]$$

$$\dot{V}_{bc} = (R_2 + jX_L)\dot{I}_1 = (R_3 + jX_C)\dot{I}_2 \quad [V]$$

또는, $\dot{V}_{bc} = \dot{V} - \dot{V}_{ab}$에 의해 구할 수 있다.

$$\dot{V}_{bc} = \dot{V} - \dot{V}_{ab} = 37 - (18 + j3) = 19 - j3 \quad [V]$$

⑤ 단자 a, c에 대한 등가 어드미턴스 회로를 그리기 위해 어드미턴스를 구하면 다음과 같다.

$$\dot{Y}_{ac} = \frac{1}{\dot{Z}_{ac}} = \frac{1}{2 - j\frac{1}{3}} = \frac{18}{37} + j\frac{3}{37} \quad [℧]$$

그러므로 이에 대한 등가 회로는 그림 10.19(b)와 같다.

10장 연습문제

01. 수의 개념을 확장하면 실수와 허수까지도 포함할 수 있는 (   )를 생각할 수 있다.

답 복소수

02. 복소 평면상에서 볼 때 한 점에 대응하는 복소수는 원점으로부터의 거리인 크기와 양의 실축과 복소수 선분이 이루는 각을 갖는 양이라고도 말할 수 있기 때문에 복소수는 크기와 각을 갖는 표현 형식인 (,   ,   ) 등으로 표현이 가능하다.

답 삼각 함수 형식, 극좌표 형식, 지수 함수 형식

03. 전기 회로의 해석에서 페이저(phasor)라는 용어는 위상과 벡터에서 유래되었으며 사인파의 경우에만 사용되므로 (   )와는 구분되어야 한다.

답 벡터

04. 벡터 $\dot{A} = 4i - j + k$, $\dot{B} = i + 2j + ak$일 때 벡터 $\dot{A}$ 가 수직이 되기 위한 a 의 값은? 단, i, j, k는 x, y, z 방향의 기본 벡터이다.

답 -2

05. 벡터 $\dot{A} = -i3 - j4$, $\dot{B} = -i7 - j$의 두 벡터가 이루는 각도는?

답 $45°$

06. $\dot{A} = 3 + j3$을 극좌표 형식으로 나타내어라.

답 $\dot{A} = 3\sqrt{2} \angle 45°$

07. 회로에 220 [V], 60 [Hz]의 교류 전압을 인가했을 때 11 [A]의 전류가 흐르고 전류는 전압보다 위상이 30° 늦음이 관측되었다. 전류 페이저를 기준으로 임피던스를 페이저 식으로 나타내어라.

답 $\dot{Z} = 10\sqrt{3} + j10\ [\Omega]$

08. 회로에 220 [V], 60 [Hz]의 교류 전압을 인가했을 때 22 [A]의 전류가 흐르고 전류는 전압보다 위상이 60° 늦음이 관측되었다. 전압 페이저를 기준으로 어드미턴스를 페이저 식으로 나타내어라.

답 $\dot{Y} \fallingdotseq 0.05 - j0.09\ [\mho]$

09. R − L 직렬 회로에 R = 3 [Ω], L = 10.6 [mH], f = 60 [Hz]인 경우 회로 임피던스 $\dot{Z}$를 페이저로 나타내시오.

답 $\dot{Z} = R + jX_L = 3 + j4\ [\Omega]$

10. $G = 0.2\ [\mho]$, $B_L = -0.35\ [\mho]$, $B_C = 0.05\ [\mho]$가 병렬 연결된 회로의 전체에 대한 등가 어드미턴스 $\dot{Y}$ 페이저로 나타내시오.

답 $\dot{Y} = 0.2 - j0.3\ [\mho]$

제 11 장

교류전력과 에너지

11.1 저항 부하의 전력 및 에너지

저항(抵抗, resistance)은 전류의 흐름을 방해하는 작용을 한다. 그리고 전기설비에서 부하(負荷, load)는 전기에너지를 소비하는 것을 의미한다. 전열기 및 전등은 전원을 소비하는 측면에서 바라본 부하이며, 발전기는 동력을 생산하는 측면에서 바라본 부하이다. 그리고 전력 계통에서는 그 계통으로부터 전력을 수전하는 전기설비 및 전력을 공급하기 위한 배전선로 그 자체도 포함하여 부하라고 할 수 있다. 그림 11.1(a)와 같이 부하가 저항 R만으로 구성되어 있는 회로에서 인가 전압은 V이고, 흐르는 전류가 i일 때 회로의 전력을 구해본다.

저항 R에 인가되는 전압은 다음과 같다.

$$v = V_m \sin\omega t = \sqrt{2}\, V \sin\omega t \ \ [\mathrm{V}] \tag{11.1}$$

전압이 인가되면 흐르는 전류 i는 전압과 동상이므로 다음과 같다.

$$i = I_m \sin\omega t = \sqrt{2}\, I \sin\omega t \ \ [\mathrm{A}] \tag{11.2}$$

즉, 식 (11.1)과 식 (11.2)을 그림 11.1(b)와 같이 표현된다. 따라서 저항에서 소비되는 순시 전력(瞬時 電力, instantaneous power) p는 다음과 같다.

$$\begin{aligned} p &= vi \\ &= \sqrt{2}\, V \sin\omega t \cdot \sqrt{2}\, I \sin\omega t \\ &= 2VI \sin^2\omega t = VI(1-\cos 2\omega t) \ [\mathrm{W}] \end{aligned} \tag{11.3}$$

그리고 순시 전력 p의 한 주기 동안의 평균 전력 P를 그림 11.1(c)에서 구해보면 다음과 같다.

$$\begin{aligned} P &= \frac{1}{T}\int_0^T p\, dt \\ &= \frac{1}{T}\int_0^T VI(1-\cos 2\omega t)\, dt = VI \ [\mathrm{W}] \end{aligned} \tag{11.4}$$

일반적으로 전력은 평균 전력을 의미하며, 순시 전력과 구별하기 위해 대문자 P를 사용한다. 그림 11.1(c)를 보면 순시 전력 p와 평균 전력 P는 언제나 $p \geq 0$ 또는 $P > 0$의 관계가 형성됨을 알 수 있다. 이것은 전원으로부터 저항 부하에 언제나 전력이 공급되고, 에너지가 소비되고 있음을 의미한다. 소비되는 에너지 형태는 모두 열(熱, heat)이며, 이때 열로 소비되는 전력 w_R은 다음과 같다.

$$w_R = \int_0^t p\,dt = VI\int_0^t (1-\cos 2\omega t)\,dt \tag{11.5}$$
$$= P\left(t - \frac{1}{2\omega}\sin 2\omega t\right)\ [\text{J}]$$

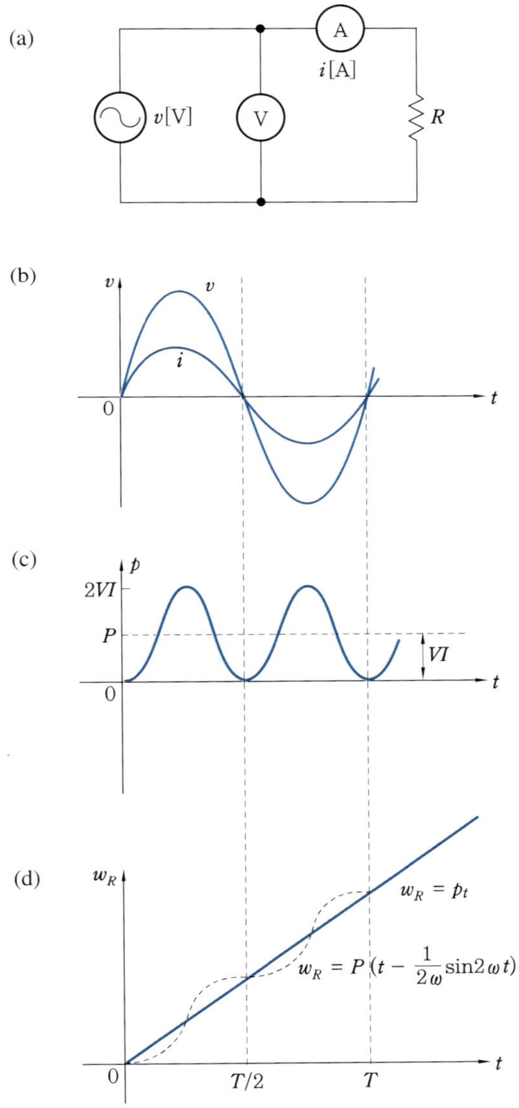

그림 11.1 저항 부하의 전력 및 에너지

식 (11.5)에서 일반적으로 $t \gg \frac{1}{2\omega}\sin 2\omega t$의 관계가 있으므로 다음과 같이 약식으로 표현이 가능하며, 그림 11.1(d)와 같이 나타낸다.

$$w_R = Pt \text{ [J]} \tag{11.6}$$

예제 11.1

그림 11.2의 회로에 있어서 컨덕턴스 G_3에서 소비되는 전력을 구하시오.
여기서, $v = \sqrt{2}\sin 377t$ [V]이다.

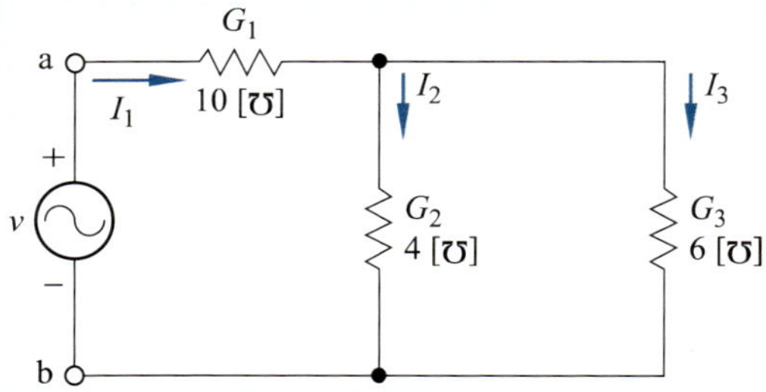

그림 11.2 회로망

풀이

$P_3 = I_3^2 \times \frac{1}{G_3}$이므로 $a-b$ 우측에 대한 등가 컨덕턴스를 구하면 다음과 같다.

$$G_{ab} = = \frac{G_1 \times (G_2 + G_3)}{G_1 + (G_2 + G_3)} = \frac{10 \times (4+6)}{10 + (4+6)} = 5 \text{ [℧]}$$

$$I_1 = G_{ab} \times V = 5 \times 1 = 5 \text{ [A]}$$

$$I_3 = I_1 \times \frac{G_3}{G_2 + G_3} = 5 \times \frac{6}{4+6} = 3 \text{ [A]}$$

따라서 소비 전력은 다음과 같다.

$$P_3 = I_3^2 \times \frac{1}{G_3} = 3^2 \times \frac{1}{6} = 1.5 \text{ [W]}$$

11.2 인덕턴스 부하의 전력 및 에너지

인덕턴스(inductance)는 회로에 흐르는 전류의 변화에 의해 전자기 유도로 생기는 역기전력의 비율을 나타내는 양으로 나타낸 것이다. 그림 11.3(a)와 같이 부하가 인덕턴스 L만으로 구성되어 있는 회로에서 인가 전압은 V, 흐르는 전류는 i인 회로에서 코일 L에 흐르는 전류는 다음과 같다.

$$i = I_m \sin \omega t = \sqrt{2}\, I \sin \omega t \quad [\mathrm{A}] \tag{11.7}$$

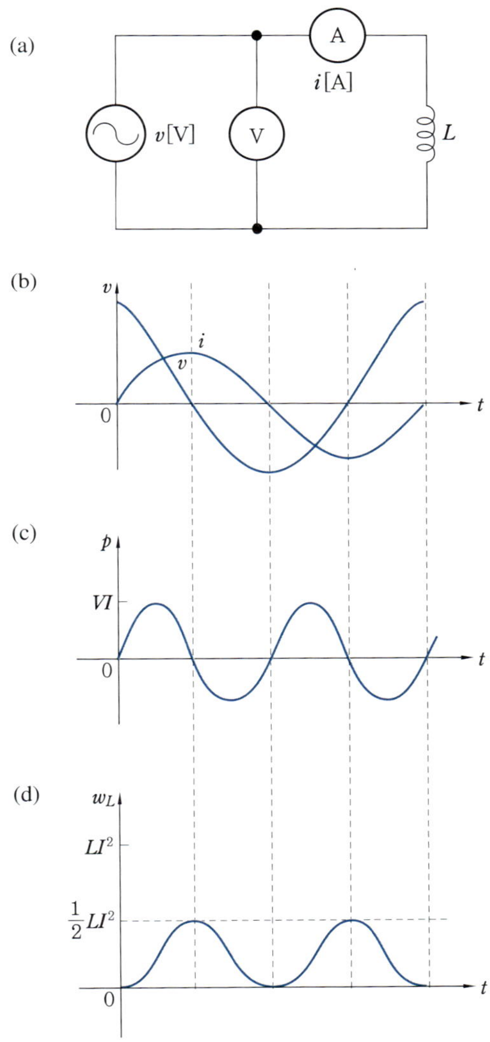

그림 11.3 인덕턴스 부하의 전력 및 에너지

전류가 흐른다면 인가되는 전압 v는 그림 11.3(b)와 같이 나타낸다.

$$v = \sqrt{2}\,V\sin\left(\omega t + \frac{\pi}{2}\right) = \sqrt{2}\,V\cos\,\omega t\ [\mathrm{V}] \tag{11.8}$$

따라서 코일에 공급되는 순시 전력(instantaneous power) p는 다음과 같이 표현된다.

$$\begin{aligned} p &= vi \\ &= \sqrt{2}\,V\cos\,\omega t\cdot\sqrt{2}\,I\sin\,\omega t \\ &= 2\,VI\cos\,\omega t\cdot\sin\,\omega t = VI\sin\,2\,\omega t\ [\mathrm{W}] \end{aligned} \tag{11.9}$$

$$\because\ \cos\,\alpha\cdot\sin\,\beta = \frac{1}{2}\{\sin(\alpha+\beta) - \sin(\alpha-\beta)\}$$

그리고 순시 전력 p의 한 주기 동안의 평균 전력 P를 그림 11.3(c)에서 구해보면 다음과 같다.

$$\begin{aligned} P &= \frac{1}{T}\int_0^T p\,dt \\ &= \frac{1}{T}\int_0^T VI\,\sin\,2\omega t\,dt = 0\ [\mathrm{W}] \end{aligned} \tag{11.10}$$

순시 전력 p는 그림 11.3(c)에서 보는 바와 같이 주파수가 전압 또는 전류의 2배가 되는 2ω의 사인파로 주기적으로 그 부호가 변하고 있음을 알 수 있다. 즉, $p>0$일 때는 전원으로부터 코일에 전력이 공급되고, $p<0$일 때는 코일로부터 전원측으로 전력을 반환하고 있음을 의미한다.

그러므로 코일 자체에는 전력 소모가 없음을 식 (11.10)에서 $P=0$임을 증명하고 있다. 이와 같은 현상으로부터 인덕턴스 L은 저항 R처럼 전원으로부터 공급 받은 전력을 동시에 소비해 버리는 것이 아니고 전력을 공급 받는 동안 및 전력을 반환하기까지 전력을 코일 자체에 축적하고 있음을 알 수 있다. 그러면 이와 같은 내용을 확인하기 위해서는 인덕턴스 L을 구해보면 알 수 있다.

그림 11.3(a)와 같이 인덕턴스 L에서 전류 i의 방향으로 발생한 전압 강하 v는 다음과 같다.

$$v = L\frac{di}{dt}\ [\mathrm{V}] \tag{11.11}$$

그리고 순시 전력 p는 다음과 같이 나타낸다.

$$p = vi = Li\frac{di}{dt}\ [\mathrm{W}] \tag{11.12}$$

주어진 시각 t_1과 t_2 사이에서 코일에 유입되는 에너지 $w_L{}'$은 다음 식으로 나타낸다.

$$\begin{aligned} w_L{}' &= \int_{t_1}^{t_2} p\,dt = \int_{t_1}^{t_2} Li\frac{di}{dt}\,dt = \int_{i_1}^{i_2} Li\,di \\ &= \frac{1}{2}L(i_2^2 - i_1^2)\quad [\mathrm{J}] \end{aligned} \tag{11.13}$$

i_1과 i_2는 각각 t_1과 t_2인 순간의 회로 전류를 의미한다. 식 (11.13)은 어느 시간 동안 L에 유입되는 에너지는 전류의 초기값과 최종값에만 관계되고 전류의 도중 변화 상태와는 아무런 관계가 없음을 의미한다. 그리고 i_1과 i_2의 크기에 따라 $w_L{}'$는 '+' 또는 '−' 를 나타내는 것을 알 수 있고, 이것은 전기에너지가 어느 시간 동안 인덕터에 유입과 유출이 일어나고 있음을 의미한다.

특히, 코일 L에는 $t=0$인 처음부터 큰 전류가 흐를 수 없기 때문에 식 (11.13)에서 초기 전류 $i_1 = 0$으로 보면 전류 i와 i_2가 같을 때 코일에 축적되는 에너지 ω_L은 다음과 같이 나타낸다.

$$w_L = \frac{1}{2}Li^2\ [\mathrm{J}] \tag{11.14}$$

실제의 회로에서 코일 L에 축적되는 에너지는 자기에너지(magnetic energy)로서 전류가 흐름으로써 코일 주위에 형성되는 자계(磁界, magnetic field)에 축적되고 있음이 확인되고 있다. 그러므로 코일에 축적되는 에너지의 크기 w_L은 다음과 같이 나타낸다.

$$w_L = \frac{1}{2}Li^2 = \frac{1}{2}L(\sqrt{2}I\sin\omega t)^2 = \frac{1}{2}LI^2(1-\cos 2\omega t)\ [\mathrm{J}] \tag{11.15}$$

$$\because\ \sin^2\theta = \frac{1-\cos 2\theta}{2}$$

즉, 한 주기 동안의 평균 축적에너지 W_L는 다음과 같이 나타낸다.

$$W_L = \frac{1}{T}\int_0^T w_L\,dt = \frac{1}{2}LI^2\ [\mathrm{J}] \tag{11.16}$$

예제 11.2

$L = 20\,[\text{mH}]$의 무손실 인덕턴스 회로에 $v = \sqrt{2}\,50\sin 100\pi t\ [\text{V}]$의 전압이 인가되었을 때 코일에 축적되는 자기에너지의 최대값과 평균값을 구하시오.

풀이

인덕턴스에 흐르는 최대값 전류 및 실효값 전류를 구하면 다음과 같다.

$$I_m = \frac{V_m}{X_L} = \frac{V_m}{2\pi f L}\ [\text{A}]$$

$$I = \frac{I_m}{\sqrt{2}}\ [\text{A}]$$

축적된 에너지의 최대값은 다음과 같다.

$$W_m = \frac{1}{2}LI_m^2 = \frac{1}{2}L\left(\frac{V_m}{2\pi f L}\right)^2 = \frac{V_m^2}{8\pi^2 f^2 L}$$

$$= \frac{(50\sqrt{2})^2}{8\times\pi^2\times 50^2\times 20\times 10^{-3}} \fallingdotseq 1.27\ [\text{J}]$$

그리고 축적된 에너지의 평균값은 다음과 같다.

$$W_{av} = \frac{1}{2}LI^2 = \frac{1}{2}L\left(\frac{I_m}{\sqrt{2}}\right)^2 = \frac{1}{2}W_m = \frac{1}{2}\times 1.27 = 0.635\ [\text{J}]$$

11.3 커패시턴스 부하의 전력 및 에너지

커패시턴스(capacitance)는 물체가 전하를 축적하는 능력을 나타내는 물리량이다. 그림 11.4(a)와 같이 부하가 커패시턴스 C만으로 구성되어 있는 회로에서 인가 전압은 V, 흐르는 전류가 i일 때 회로의 전력을 구해본다. 커패시턴스 C에 인가되는 전압은 다음과 같다.

$$v = V_m \sin\omega t = \sqrt{2}\,V\sin\omega t\ [\text{V}] \tag{11.17}$$

전압이 인가되고, 흐르는 전류 i는 그림 11.4(b)와 같이 나타낸다.

$$i = \sqrt{2}\,I\sin\left(\omega t + \frac{\pi}{2}\right) = \sqrt{2}\,I\cos\omega t\ [\text{A}] \tag{11.18}$$

따라서 커패시터에 공급되는 순시 전력(instantaneous power) p는 다음과 같이 표현된다.

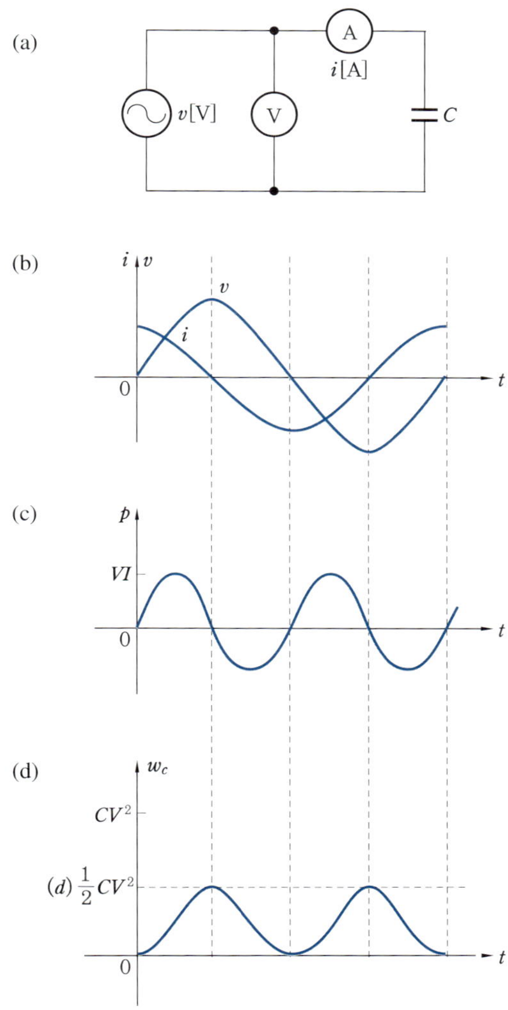

그림 11.4 커패시턴스 부하의 전력 및 에너지

$$
\begin{aligned}
p &= vi \qquad (11.19)\\
&= \sqrt{2}\, V \sin \omega t \cdot \sqrt{2}\, I \cos \omega t \\
&= 2\, VI \sin \omega t \cdot \cos \omega t = VI \sin 2\omega t \ [\mathrm{W}]
\end{aligned}
$$

$$\because \ \sin\alpha \cdot \cos\beta = \frac{1}{2}\{\sin(\alpha+\beta) + \sin(\alpha-\beta)\}$$

그리고 순시 전력 p의 한 주기 동안의 평균 전력 P를 그림 11.4(c)에서 구해보면 다음과 같다.

$$P = \frac{1}{T}\int_0^T p\, dt = \frac{1}{T}\int_0^T VI \sin 2\omega t\ dt = 0\ [\mathrm{W}] \qquad (11.20)$$

순시 전력 p는 그림 11.4(c)에서 보는 바와 같이 주파수가 전압 또는 전류의 2배가 되는 2ω의 사인파로 주기적으로 그 부호가 변하고 있음을 알 수 있다. 즉, $p > 0$ 일 때는 전원으로부터 커패시터에 전력이 공급되고, $p < 0$일 때는 커패시터로부터 전원측에 전력을 반환하고 있음을 의미한다.

그러므로 콘덴서 자체에는 전력 소모가 없음을 식 (11.20)에서 $P = 0$임을 증명하고 있다. 이와 같은 현상으로부터 콘덴서 C는 저항 R처럼 전원으로부터 공급 받은 전력을 동시에 소비해 버리는 것이 아니고 전력을 공급 받는 동안 및 전력을 반환하기까지 전력을 콘덴서 자체에 축적하고 있음을 알 수 있다.

그러면 이와 같은 내용을 확인하기 위해서는 커패시턴스 C를 구해보면 알 수 있다. 그림 11.4(a)와 같이 커패시턴스 C에서 전류 i의 방향으로의 전압 강하는 v라 하면 다음과 같이 전류로 나타낼 수 있다.

$$i = C\frac{dv}{dt}\ [\mathrm{A}] \tag{11.21}$$

그리고 순시 전력 p는 다음과 같이 나타낸다.

$$p = vi = Cv\frac{dv}{dt}\ \ [\mathrm{W}] \tag{11.22}$$

주어진 시각 t_1과 t_2 사이에서 콘덴서에 유입되는 에너지 $w_c{}'$는 다음 식으로 나타낸다.

$$\begin{aligned} w_c{}' &= \int_{t_1}^{t_2} p\,dt \\ &= \int_{t_1}^{t_2} Cv\frac{dv}{dt}\,dt = C\int_{v_1}^{v_2} v\,dv \\ &= \frac{1}{2}C(v_2^2 - v_1^2)\quad [\mathrm{J}] \end{aligned} \tag{11.23}$$

v_1과 v_2는 각각 t_1과 t_2인 순간의 회로 전류를 의미한다.

식 (11.23)은 어느 시간 동안 C에 유입되는 에너지는 전류의 초기값과 최종값에만 관계되고, 전류의 도중 변화 상태와는 아무런 관계가 없음을 의미한다. 그리고 v_1과 v_2의 크기에 따라 $w_c{}'$는 '+' 또는 '−' 를 나타내는 것을 알 수 있고, 이것은 전기에너지가 어느 시간 동안 커패시터에 유입과 유출이 일어나고 있음을 의미한다.

특히, 커패시터 C 양단의 전압은 연속적으로만 변할 수 있기 때문에 단자 전압의 초기값 $v_1 = 0$으로 보면 전압 v는 v_2와 같으므로 순간 커패시터에 축적되는 에너지 w_c는 다음과 같이 나타낸다.

$$w_c = \frac{1}{2} C v^2 \ \ [\mathrm{J}] \tag{11.24}$$

실제의 회로에서 커패시터 C에 축적되는 에너지는 커패시터 양극판 사이의 전위차가 형성되는 전계(電界, electric field)에 따라 정전에너지(electrostatic energy)로서 축적된다. 그러므로 한 주기 동안의 평균 축적에너지 W_c는 다음과 같이 나타낸다.

$$W_c = \frac{1}{2} C V^2 \ \ [\mathrm{J}] \tag{11.25}$$

예제 11.3

어떤 시스템의 0.1 [μF]인 콘덴서에 $v = 2\sin 200\pi t$ [V]의 전압이 인가될 때 이 콘덴서에 축적되는 정전에너지의 최대값과 평균값을 구하시오.

풀이

정전에너지의 최대값은 다음과 같다.

$$\begin{aligned} W_m &= \frac{1}{2} C V_m^2 \\ &= \frac{1}{2} \times 0.1 \times 10^{-6} \times 2^2 = 2 \times 10^{-7} \ \ [\mathrm{J}] \end{aligned}$$

정전에너지의 평균값은 다음과 같다.

$$\begin{aligned} W_{av} &= \frac{1}{2} C V^2 = \frac{1}{2} \times C \left(\frac{V_m}{\sqrt{2}}\right)^2 \\ &= \frac{1}{2} W_m = \frac{1}{2} \times 2 \times 10^{-7} = 10^{-7} \ [\mathrm{J}] \end{aligned}$$

11.4 일반 회로의 전력과 역률

전기 설비의 시스템에 일반적으로 사용하는 부하는 그림 11.5(a)와 같이 R, L, C 소자가 포함된 경우가 대부분이다. 이와 같은 2단자망의 등가 임피던스를 $Z \angle \theta$라 하면 인가된 전압 v는 다음과 같이 나타낸다.

$$v = V_m \sin \omega t = \sqrt{2}\, V \sin \omega t \ \ [\mathrm{V}] \tag{11.26}$$

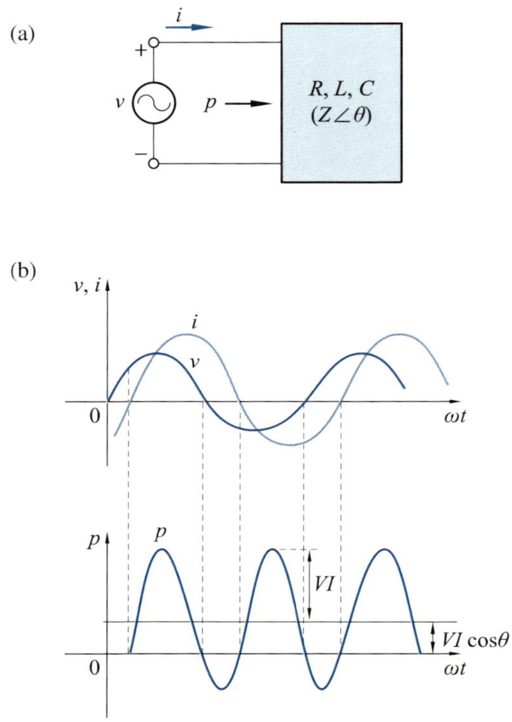

그림 11.5 일반 부하의 교류 전력

교류 전압이 두 단자에 인가될 때 흐르는 전류 i는 다음과 같이 나타낸다.

$$i = \sqrt{2}\,I\sin(\omega t-\theta)\ [\mathrm{A}] \tag{11.27}$$

이때 회로에 공급되는 순시 전력(瞬時 電力, instantaneous power) p는 다음과 같이 표현된다.

$$\begin{aligned} p &= vi \\ &= \sqrt{2}\,V\sin\omega t \cdot \sqrt{2}\,I\sin(\omega t-\theta) \\ &= 2VI\sin\omega t \cdot \sin(\omega t-\theta) \\ &= VI\cos\theta - VI\cos(2\omega t-\theta)\ [\mathrm{W}] \end{aligned} \tag{11.28}$$

$$\because\ \sin\alpha\,\sin\beta = \frac{1}{2}\{\cos(\alpha-\beta)-\cos(\alpha+\beta)\}$$

그림 11.5(b)에서 첫째 항은 일정한 값을 나타내며, 둘째 항은 각주파수 2ω, 진폭 VI인 정현파를 나타낸다. 따라서 식 (11.28)의 순시 전력 p의 한 주기 동안의 평균 전력 P를 구하면 다음과 같다.

$$P = \frac{1}{T}\int_0^T p\ dt \tag{11.29}$$
$$= \frac{1}{T}\int_0^T [VI\cos\theta - VI\cos(2\omega t - \theta)]\ dt$$
$$= VI\cos\theta\ \ [\mathrm{W}]$$

$$\because \int \cos(ax+b)\,dx = \frac{1}{a}\sin(ax+b) + c$$

식 (11.29)의 V, I는 각각에 인가된 전압과 전류의 실효값이며, θ는 전압과 전류의 위상차이다. 즉, 직류 회로의 전력 계산에서는 전압과 전류를 곱하기만 하면 되지만 교류 회로에서는 전압과 전류의 실효값의 곱에 $\cos\theta$를 곱하는 것으로 표현됨을 알 수 있다. $\cos\theta$를 회로 역률 또는 역률(力率, power factor)이라고 정의하며, $p.f$ 라고 표현한다. 이것은 일반적인 용어로 효율과 같은 의미로 때로는 백분율 [%]로도 표시하며, 수식은 다음과 같이 나타낸다.

$$p.f = \cos\theta = \frac{P}{VI} \times 100\ [\%] \tag{11.30}$$

그리고 전압과 전류의 곱인 VI는 공급 전력 또는 피상 전력(皮相 電力, apparent power)이라고 정의되며, 임피던스 삼각형은 그림 11.6과 같이 나타낸다. 즉, 임피던스 삼각형을 이용하여 역률과 전력을 구하면 다음과 같이 나타낸다.

$$p.f = \cos\theta = \frac{R}{Z} \tag{11.31}$$

$$P = VI\cos\theta = RI^2\ [\mathrm{W}] \tag{11.32}$$

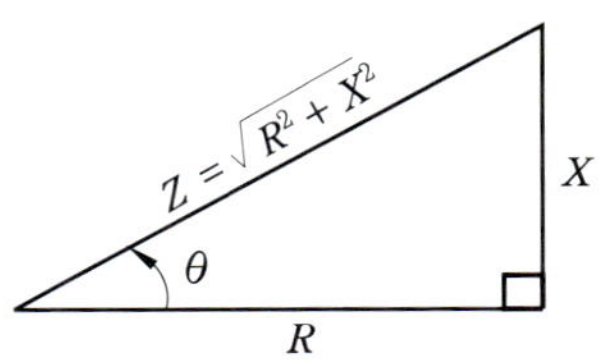

그림 11.6 임피던스 삼각형

예제 11.4

$R=30$ [Ω], $L=0.127$ [H]의 직렬 회로에 $v=\sqrt{2}\,100\sin 100\pi t$ [V]의 전압이 인가되었을 때 다음을 구하시오.

① 회로 역률 $p.f$ 를 구하시오.
② 회로에 공급되는 순시 전력 p의 최대값 및 이의 평균값, 평균 전력 P를 구하시오.
③ 저항 R에서의 최대 소비 전력과 평균 소비 전력을 구하시오.
④ 인덕턴스 L에 공급되는 최대 전력과 평균 전력 그리고 이에 축적되는 최대 에너지와 평균 에너지를 구하시오.

풀이

L에서의 리액턴스 및 임피던스는 다음과 같다.

$$X_L = \omega L = 100\pi \times 0.127 \fallingdotseq 40 \ [\Omega]$$
$$Z = \sqrt{R^2 + X_L^2} = \sqrt{30^2 + 40^2} = 50 \ [\Omega]$$

① $p.f = \cos\theta = \dfrac{R}{Z} = \dfrac{30}{50} = 0.6$

② $I = \dfrac{V}{Z} = \dfrac{100}{50} = 2$ [A]

최대 전력과 평균 전력은 다음과 같다.

$$P_{\max} = VI\cos\theta + VI = VI(\cos\theta + 1) = 100 \times 2(0.6+1) = 320 \ [\text{W}]$$
$$P = VI\cos\theta = 100 \times 2 \times 0.6 = 120 \ [\text{W}]$$

또한, 회로 임피던스 및 평균 전력은 다음과 같다.

$$\dot{Z} = R + jX = 30 + j40 \ [\Omega]$$
$$P = I^2R = 2^2 \times 30 = 120 \ [\text{W}]$$

③ R에서의 최대 소비 전력 및 평균 소비 전력은 다음과 같다.

$$P_{R\max} = 2VI = 2V_RI = 2(RI)I = 2RI^2 = 2 \times 30 \times 2^2 = 240 \ [\text{W}]$$
$$P_R = I^2R = 2^2 \times 30 = 120 \ [\text{W}]$$

④ L에 공급되는 최대 전력은 다음과 같다.

$$P_{L\max} = VI = V_LI = (X_LI)I = X_LI^2 = 40 \times 2^2 = 160 \ [\text{W}]$$

평균 전력 $P_L = 0$

최대 축적에너지와 평균 축적에너지는 다음과 같다.

$$W_{L\max} = LI^2 = 0.127 \times 2^2 = 0.508 \ [\text{J}]$$
$$W_L = \frac{1}{2}LI^2 = \frac{1}{2}W_{L\max} = \frac{1}{2} \times 0.508 = 0.254 \ [\text{J}]$$

11.5 유효 전력과 무효 전력

교류 회로의 2단자 회로망에서 단자 전압과 전류가 θ의 위상차를 가지고 있을 때 그림 11.7과 같이 전류를 전압과 동상인 성분 $I\cos\theta$와 90° 위상차를 갖는 성분 $I\sin\theta$로 나누어 생각하면 전자는 평균 전력 $V(I\cos\theta)$를 전적으로 담당하는 반면 후자는 평균 전력에 전혀 기여하지 못한다. 이러한 의미에서 $I\cos\theta$를 유효 전류(有效 電流, active current), $I\sin\theta$를 무효 전류(無效 電流, reactive current)라고 한다.

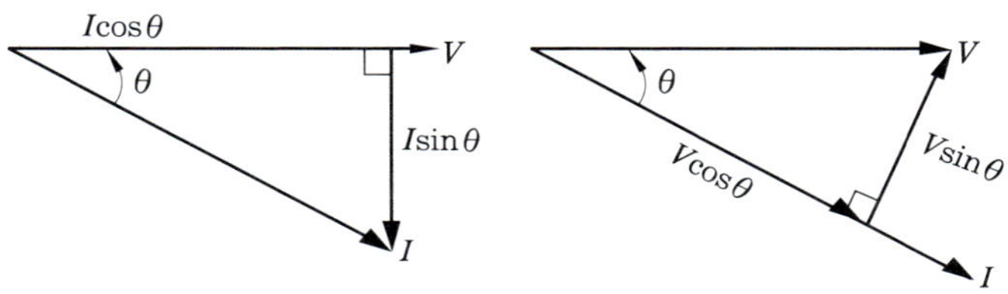

그림 11.7 유효 성분과 무효 성분

그리고 $VI\cos\theta$를 유효 전력(有效 電力, active power), $VI\sin\theta$를 무효 전력(無效 電力, reactive power)이라고 한다. 유효 전력은 평균 전력 또는 전력이라고 부르며 기호는 P이고, 단위는 와트 [Watt]이다. 그리고 무효 전력의 기호는 P_r로 나타내고, 단위는 바([Var], volt-amperes reactive)이다.

$$P = VI\cos\theta \ \ [\mathrm{W}] \tag{11.33}$$

$$P_r = VI\sin\theta \ \ [\mathrm{Var}] \tag{11.34}$$

식 (11.34)의 무효 전력을 나타내는 식에서 $\sin\theta$를 무효율(無效率, reactive factor)이라 하며, $r.f$ 라 나타낸다. 그림 11.7의 임피던스 삼각도를 이용하면 다음과 같이 나타낸다.

$$r.f = \sin\theta = \frac{P_r}{VI} \tag{11.35}$$

$$r.f = \sin\theta = \frac{X}{Z} \tag{11.36}$$

$$P_r = VI\sin\theta = XI^2 \ [\mathrm{Var}] \tag{11.37}$$

11.6 피상 전력

전력(電力, electric power)은 단위 시간 동안 전기 장치에 공급되는 전기에너지 또는 단위 시간 동안 다른 형태의 에너지로 변환되는 전기에너지를 말한다. 교류 회로의 2단자 회로망에 있어서 단자 전압과 실효 전류의 곱을 피상 전력(皮相 電力, apparent power)이라 하며, 기호는 P_a, 단위는 [VA]가 된다. 이것은 인가된 전압과 회로에 유입된 전류 사이의 위상 관계는 고려하지 않고 단지 회로에 인가된 전압과 유입되는 전류의 크기만을 생각하기 때문에 겉보기 전력이라고도 하며, 전압과 전류의 곱으로 표시된다는 점에서 직류 전력과 같은 수식으로 표현된다.

$$P_a = VI = ZI^2 = YV^2 \text{ [VA]} \tag{11.38}$$

그리고 유효 전력 P, 무효 전력 P_r, 피상 전력 P_a 사이에는 다음의 관계가 성립하며, 그림 11.8과 같이 전력 삼각도(電力 三角度, power triangle)로 나타낼 수 있다.

$$\begin{aligned} P^2 + P_r^2 &= (VI\cos\theta)^2 + (VI\sin\theta)^2 \\ &= (VI)^2 = P_a^2 \end{aligned} \tag{11.39}$$

식 (11.39)에 나타낸 피상 전력의 물리적 의미는 2단자 회로망에 공급되는 순시 전력이 진동하는 진폭을 나타낸다. 또한, 전기 설비에서 피상 전력은 변압기, 발전기, 콘덴서, 케이블 등의 정격 및 용량을 나타내는데 단위는 [VA]를 사용한다.

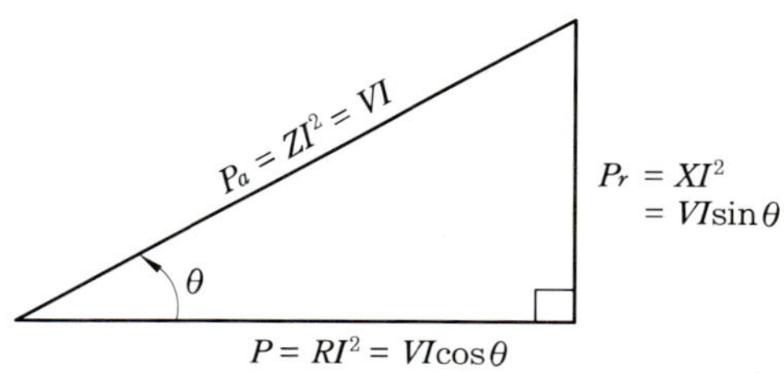

그림 11.8 전력 삼각도

11.7 복소 전력

전기 설비의 2단자 회로망에 공급되는 유효 전력을 실수부로 나타내고, 무효 전력을 허수부로 하는 복소수를 그 회로에 대한 복소 전력(複素 電力, complex power)이라 한다. 일반적으로 복소 전력은 벡터 피상전력을 의미하며, 표기는 $\dot{P}_a$ 또는 $\dot{S}$ 등으로 나타낸다. 그리고 복소 전력 $\dot{P}_a$는 유효전력 $\dot{P}$와 무효전력 $\dot{P}_r$의 벡터적인 합이며, 관계는 다음과 같다.

$$\begin{aligned}\dot{P}_a &= \dot{P} + j\dot{P}_r \\ &= VI\cos\theta + j\,VI\sin\theta = VI\angle\theta = VIe^{j\theta} \\ &= RI^2 + jXI^2 = \dot{Z}\,I^2 \\ &= GV^2 + j(-B)V^2 = \dot{Y}^*V^2\ [\text{VA}]\end{aligned} \tag{11.40}$$

그리고 $\dot{P}_a$의 공액 복소 전력 $\dot{P}_a{}^*$는 다음과 같이 표현이 가능하다. 즉, 실수부는 같고, 허수부는 부호가 반대인 복소 전력이다.

$$\begin{aligned}\dot{P}_a{}^* &= \dot{P} - j\dot{P}_r \\ &= RI^2 - jXI^2 \\ &= GV^2 + jBV^2 \\ &= (G + jB)V^2 \\ &= \dot{Y}\,\dot{V}\,\dot{V}^* \\ &= \dot{I}\,\dot{V}^*\ [\text{VA}]\end{aligned} \tag{11.41}$$

복소수의 연산에서 $\dot{A}\,\dot{A}^* = A^2$의 관계가 있으므로 다음과 같다.

$$I^2 = \dot{I}\,\dot{I}^* \tag{11.42}$$

그러므로 $\dot{P}_a$는 다음과 같이 변환이 가능하다.

$$\dot{P}_a = \dot{Z}\,I^2 = \dot{Z}\,\dot{I}\,\dot{I}^* = \dot{V}\,\dot{I}^*\ \ [\text{VA}] \tag{11.43}$$

즉, $\dot{P}_a$는 다음과 같이 표현이 가능하다.

$$\dot{P}_a = \dot{V}\dot{I}^* \ [\mathrm{VA}] \tag{11.44}$$

전압과 전류가 모두 직교 좌표형의 복소수로 표현되어 있을 때는 이와 같이 복소 전력을 이용하면 회로 해석이 쉽다. 식 (11.44)로부터 실수부는 유효 전력이고, 허수부는 무효 전력이므로 다음과 같이 각각을 표현할 수 있다.

$$P = R_e(\dot{V}\dot{I}^*) \ [\mathrm{W}] \tag{11.45}$$

$$P_r = I_m(\dot{V}\dot{I}^*) \ [\mathrm{Var}] \tag{11.46}$$

예제 11.5

회로에 $\dot{V} = 30 + j10$ [V]의 전압이 인가되어 $\dot{I} = 40 + j30$ [A]의 전류가 흐르고 있을 때 이 회로에서의 유효 전력, 무효 전력, 피상 전력 및 역률을 구하시오.

풀이

복소 전력 $\dot{P}_a$를 구해보면 다음과 같다.

$$\begin{aligned}\dot{P}_a &= \dot{V}\dot{I}^* \\ &= (30 + j10)(40 - j30) \\ &= 1{,}500 + j(-500) = 1{,}581 \angle -18.4° \ [\mathrm{VA}]\end{aligned}$$

유효 전력 P 및 무효 전력 P_r는 다음과 같다.

$$P = R_e(\dot{P}_a) = 1{,}500 \ [\mathrm{W}]$$

$$P_r = I_m(\dot{P}_a) = -500 \ [\mathrm{Var}]$$

피상 전력 P_a는 복소 전력 $\dot{P}_a$의 절대값에 해당하므로 다음과 같다.

$$P_a = \sqrt{P^2 + P_r^2} = \sqrt{1{,}500^2 + (-500)^2} \fallingdotseq 1{,}581 \ [\mathrm{VA}]$$

그리고 역률 $p.f$는 다음과 같다.

$$p.f = \cos\theta = \frac{P}{P_a} = \frac{1{,}500}{1{,}581} \fallingdotseq 0.95$$

11.8 최대 전력 전송

전력 전송(電力 傳送, power transmission)은 유선 또는 무선으로 전기에너지를 어떤 장소에서 다른 장소로 보내는 것을 말한다. 그림 11.9와 같은 회로에서 전원부의 복소 임피던스를 $\dot{Z}_s$, 부하의 복소 임피던스를 $\dot{Z}_L$ 이라 하면 다음과 같이 나타낸다.

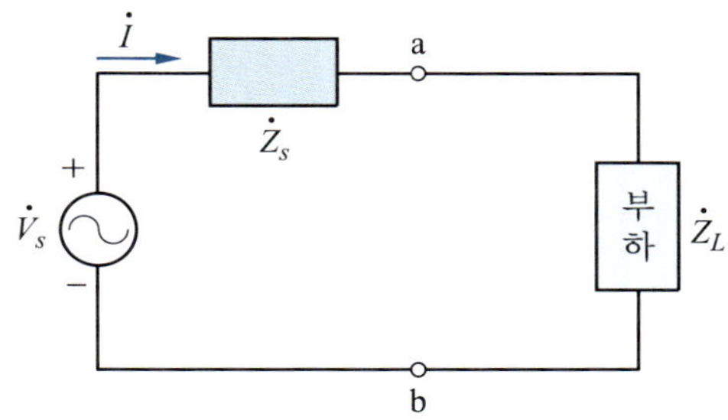

그림 11.9 전력 전송 회로

$$\dot{Z}_s = R_s + jX_s \ [\Omega] \tag{11.47}$$

$$\dot{Z}_L = R_L + jX_L \ [\Omega] \tag{11.48}$$

일반적인 회로의 전원부로부터 부하에 공급되는 전력이 최대가 되는 조건을 구하기 위해서는 회로 전류 $\dot{I}$ 및 크기 I를 구하면 가능하다.

$$\dot{I} = \frac{\dot{V}_s}{\dot{Z}} = \frac{\dot{V}_s}{\dot{Z}_s + \dot{Z}_L} = \frac{\dot{V}_s}{(R_s + R_L) + j(X_s + X_L)} \ [\text{A}] \tag{11.49}$$

$$I = \frac{V_s}{Z} = \frac{V_s}{\sqrt{(R_s + R_L)^2 + (X_s + X_L)^2}} \ [\text{A}] \tag{11.50}$$

부하에서의 전력 P_L은 다음과 같이 나타낸다.

$$P_L = R_L I^2 = \frac{R_L \cdot V_s^2}{(R_s + R_L)^2 + (X_s + X_L)^2} \ [\text{W}] \tag{11.51}$$

식 (11.51)에서 P_L이 최대가 되는 조건은 리액턴스가 최소가 될 때 이므로 다음의 조건이 가능하다.

$$X_s + X_L = 0 \tag{11.52}$$

$$X_L = -X_s \tag{11.53}$$

그러므로 식 (11.51)의 분모의 둘째 항은 '0' 이 된다. 그림 11.10(a)의 회로에서

$X_L = -X_s$ 인 조건하에서 부하 저항 R_L을 변화시켜 식 (11.51)의 $R_L/(R_s + R_L)^2$가 최대로 되는 조건을 구하면 이로부터 P_L의 최대 조건 및 최대값을 구할 수 있다.

즉, $R_L/(R_s + R_L)^2$은 $R_L = 0$, ∞ 일 때 각각 '0' 이 된다.

그러므로 $\frac{d}{dR_L}\left[\frac{R_L}{(R_s + R_L)^2}\right] = 0$ 을 만족하는 $R_L = R_s$일 때 부하 전력 P_L은 최대값이 된다.

$$R_L = R_s \tag{11.54}$$

$$X_L = -X_s$$

즉, 부하 임피던스 Z_L과 전원부의 복소 임피던스를 $\dot{Z}_s$는 다음과 같은 관계가 있다.

$$Z_L = Z_s^* \tag{11.55}$$

그러므로 식 (11.54)와 식 (11.55)를 만족하는 순간 부하는 전원으로부터 최대 전력(最大 電力, maximum power)을 공급 받게 된다. 이때 부하에 전송되는 최대 전력($P_{L\max}$)은 식 (11.51)에서 $X_s + X_L = 0$이고, $R_s = R_L$일 때 가능하므로 다음과 같이 나타낼 수 있다.

$$P_{L\max} = I^2 R_s = \left(\frac{V}{2R_s}\right)^2 \times R_s = \frac{V^2}{4R_s} \text{ [W]} \tag{11.56}$$

이상의 결과에서도 알 수 있듯이 부하 임피던스(Z_L)와 전원의 내부 임피던스(Z_s)가 공액 관계를 가질 때 회로 역률(力率, power factor)은 '1' 이 되며, 이상적인 에너지 전송이 일어나게 된다.

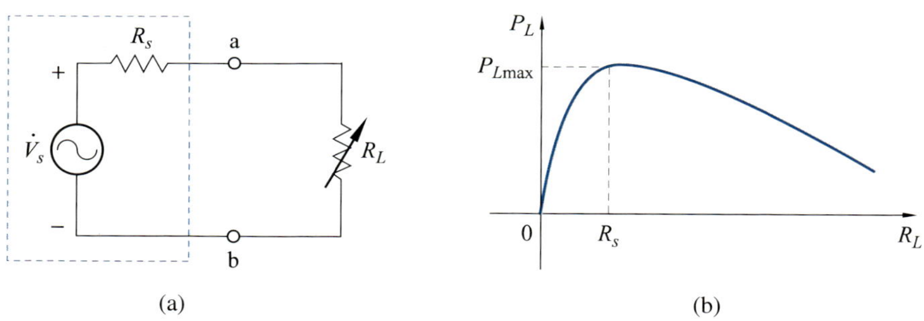

그림 11.10 R_L의 변화에 따른 부하 전력의 변화

11.9 전력의 측정

[1] 직류 전력의 측정

직류 전력의 측정은 전력계(電力計, wattmeter)에 의한 직접 측정법과 전압계(電壓計, voltmeter)와 전류계(電流計, ammeter) 등을 이용하는 간접 측정법이 있다.

(1) 직접 측정법

직류 전력을 직접 측정하는 방법은 전류력계형 전력계를 사용하는 것이다. 그림 11.11과 같이 전력계의 고정 코일에 부하 전류를 흘리고 가동 코일에 전압을 가한다. 부하의 전압을 E, 전류를 I라고 하고, 전압 코일의 저항을 r_e, 전류 코일의 저항을 r_i라 하면 전력계의 지시가 W일 때 전력 P [W]는 다음과 같이 나타낸다.

① 그림 11.11(a)의 전력(P)

$$P = W - I^2 r_i \text{ [W]} \tag{11.57}$$

② 그림 11.11(b)의 전력(P')

$$P' = W - \frac{E^2}{r_e} \text{ [W]} \tag{11.58}$$

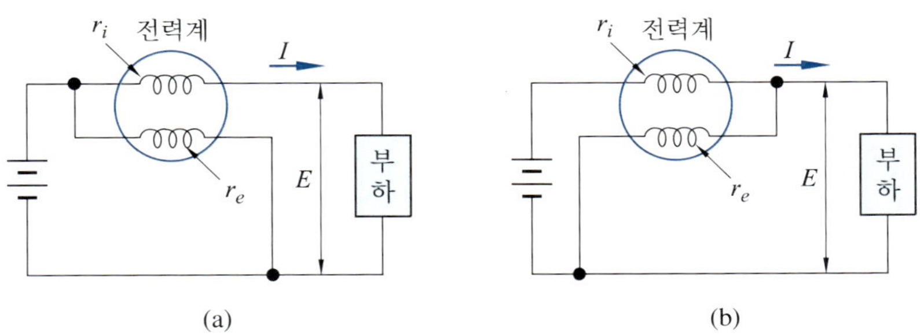

그림 11.11 직접 측정법에 의한 직류 전력 측정

(2) 간접 측정법

직류 회로에서 전력은 전압 V와 전류 I의 곱 VI로 주어지므로 부하의 전압, 전류를 각각 전압계와 전류계로 측정함으로써 계산에 의해 전력을 구할 수 있다. 그림 11.12는 전압계와 전류계를 이용하여 전력을 측정하는 방법이다. 전압계의 지시를 E, 전류계의 지시를 I, 전압계의 내부 저항을 r_e, 전류계의 내부 정항을 r_i 라 하면 전력 P [W]는 다음과 같이 계산에 의하여 나타낸다.

① 그림 11.12(a)의 전력(P)

$$P = EI - \frac{E^2}{r_e} \ \text{[W]} \tag{11.59}$$

② 그림 11.12(b)의 전력(P')

$$P' = EI - I^2 r_i \ \text{[W]} \tag{11.60}$$

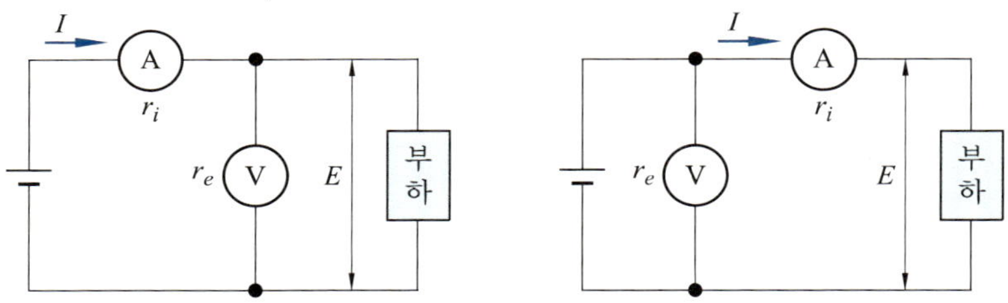

(a) (b)

그림 11.12 간접 측정법에 의한 직류 전력 측정

[2] 단상 교류 전력의 측정

교류 회로의 단상 전력 측정에는 전류력계형 전력계를 사용하는 직접 측정법과 3대의 전류계 또는 전압계를 사용하는 간접 측정법이 있다.

(1) 직접 측정법

단상 실효 전력의 측정에는 그림 11.13(a)와 같이 전압 코일 pc를 전원측에 접속하거나 그림 11.13(b)와 같이 부하측에 접속하여 측정하는데 정밀급 계기는 전류 코일의 손실과 전압 코일의 손실을 지시값에서 제외해야 한다. 또한, 부하에 리액턴스가 있을 때 역률 $\cos\theta$를 측정하려면 그림 11.13(c)와 같이 전압계, 전류계 및 전력계를 접속한다. 전압계의 지시를 E, 전류계의 지시를 I라 하면 전력계의 지시 P는 다음과 같이 나타낸다.

$$P = EI\cos\theta \ \ [\mathrm{W}] \tag{11.61}$$

식 (11.61)로부터 역률 $\cos\theta$를 구할 수 있으며, 다음과 같이 나타낸다.

$$\cos\theta = \frac{P}{EI} \tag{11.62}$$

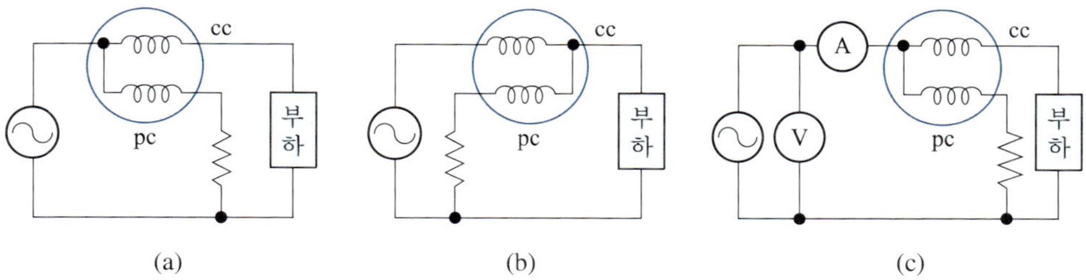

그림 11.13 직접 측정법에 의한 단상 교류 전력 측정

(2) 간접 측정법

단상 전력을 간접적으로 측정하기 위해서는 그림 11.14(a)와 같이 3대의 전류계를 사용하는 3 전류계법과 그림 11.14(b)와 같이 3대의 전압계를 사용하는 3 전압계법이 사용된다.

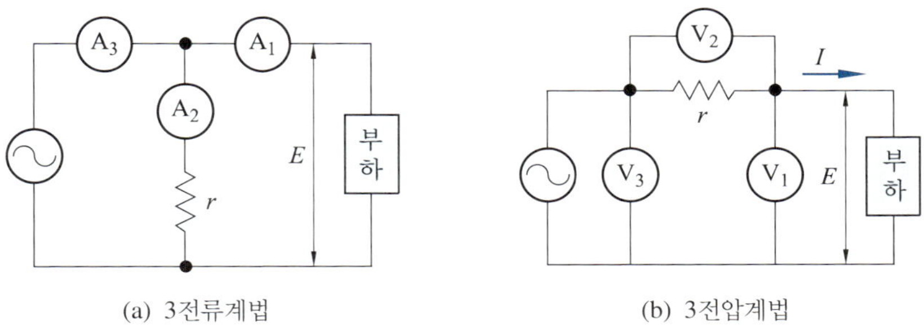

그림 11.14 간접 측정법에 의한 단상 교류 전력 측정

그림 11.14(a)에서 각 전류계의 지시를 각각 I_1, I_2, I_3라 하고, 부하의 전압을 E, 위상을 θ라 하면 다음과 같이 나타낸다.

$$I_3^2 = I_1^2 + I_2^2 + 2\,I_1\,I_2 \cos\theta \;\; [\mathrm{A}] \tag{11.63}$$

그러므로 전력은 다음과 같은 관계가 있다.

$$P = E\,I_1 \cos\theta = I_2\,r\,I_1 \cos\theta \;\; [\mathrm{W}] \tag{11.64}$$

식 (11.63)과 식 (11.64)에서 교류 전력 P [W]는 다음과 같이 나타낸다.

$$P = \frac{r}{2}\left(I_3^2 - I_1^2 - I_2^2\right) \;\; [\mathrm{W}] \tag{11.65}$$

그리고 그림 11.14(b)에서 각 전압계의 지시를 E_1, E_2, E_3라 하면 $E_2 = rI$가 되므로 E_3는 E_2와 E_1의 벡터 합이 되므로 다음과 같이 나타낸다.

$$E_3^2 = E_1^2 + E_2^2 + 2\,E_1\,E_2 \cos\theta \tag{11.66}$$

그러므로 전력은 다음과 같은 관계가 있다.

$$P = E_1\,I \cos\theta = \frac{E_1\,E_2 \cos\theta}{r} \;\; [\mathrm{W}] \tag{11.67}$$

그러므로 식 (11.66)과 식 (11.67)에서 교류 전력 P [W]은 다음과 같이 나타낸다.

$$P = \frac{1}{2r}\left(E_3^2 - E_1^2 - E_2^2\right) \;\; [\mathrm{W}] \tag{11.68}$$

[3] 3상 교류 전력의 측정

3상 교류 전력을 측정하기 위한 방법은 단상 전력계 2대를 사용하는 2 전력계법이 있고, 단상 전력계 3대를 사용하는 3상 전력계법 및 3상 전력계를 사용하는 방법 등이 있다.

(1) 2 전력계법

2 전력계법(二電力計法, The two-wattmeter method)은 3상 3선식 회로에서 부하의 전력을 측정할 때 단상 전력계 2대를 사용하여 그림 11.15와 같이 측정하면 된다. 전원으로부터 회로에 공급되는 복소 전력은 다음과 같이 나타낸다.

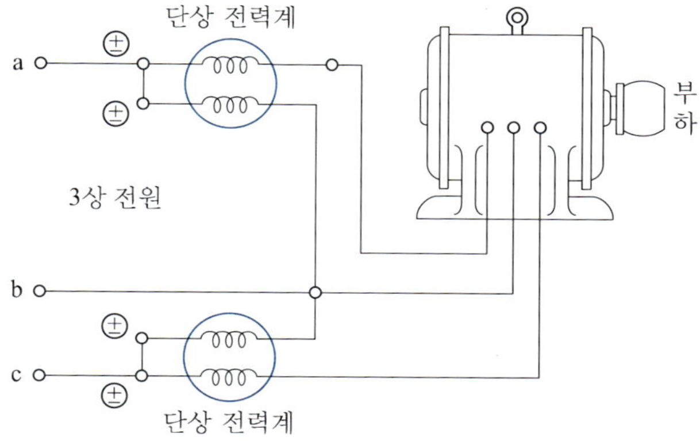

그림 11.15 2 전력계법을 이용한 3상 전력 측정

$$\dot{P}_a = \dot{P} + j\dot{P}_r \tag{11.69}$$

$$= RI^2 + jXI^2 = \dot{Z}I^2 = \dot{Z}\dot{I}\dot{I}^* = \dot{V}\dot{I}^* \text{ [VA]}$$

그리고 공액 복소 전력은 다음과 같이 나타낸다.

$$\dot{P}_a^* = \dot{P} - j\dot{P}_r \tag{11.70}$$

$$= RI^2 - jXI^2 = GV^2 + jBV^2$$

$$= (G + jB)V^2 = \dot{Y}\dot{V}\dot{V}^* = \dot{I}\dot{V}^* \text{ [VA]}$$

Y 결선인 그림 11.16과 같은 3상 3선식 회로에 있어서 공액 복소 전력은 다음과 같이 나타낸다.

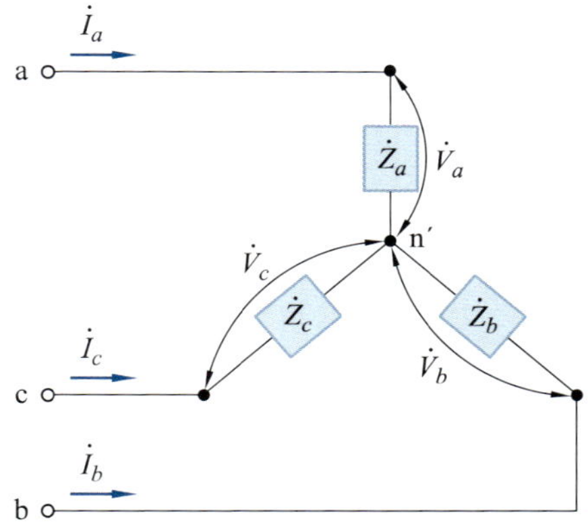

그림 11.16 Y 결선 회로

$$\dot{P}_a^* = \dot{P} - j\dot{P}_r \tag{11.71}$$
$$= \dot{I}_a \dot{V}_a^* + \dot{I}_b \dot{V}_b^* + \dot{I}_c \dot{V}_c^* \ [\mathrm{VA}]$$

그림 11.16의 회로에서 중성선이 없기 때문에 평형, 불평형에 관계없이 $K.C.L$에 의해서 전체 전류는 다음과 같다.

$$\dot{I}_a + \dot{I}_b + \dot{I}_c = 0 \tag{11.72}$$

그러므로 식 (11.70)은 다음과 같이 나타낸다.

$$\dot{P}_a^* = \dot{P} - j\dot{P}_r = \dot{I}_a \dot{V}_a^* + \dot{I}_b \dot{V}_b^* + \dot{I}_c \dot{V}_c^* \tag{11.73}$$
$$= \dot{I}_a \dot{V}_a^* + \dot{I}_b \dot{V}_b^* + \dot{I}_c \dot{V}_c^* - (\dot{I}_a + \dot{I}_b + \dot{I}_c)\dot{V}_c^*$$
$$= \dot{I}_a(\dot{V}_a^* - \dot{V}_c^*) + \dot{I}_b(\dot{V}_b^* - \dot{V}_c^*)$$
$$= \dot{I}_a \dot{V}_{ac}^* + \dot{I}_b \dot{V}_{bc}^* \ [\mathrm{VA}]$$

(2) 3 전력계법

3 전력계법(三電力計法, The three-wattmeter method)은 단상 전력계 3대를 그림 11.17과 같이 접속하여 측정하는 방법으로 각 전력계는 각 상의 전력을 지시하므로 3상 부하 전력 W는 다음과 같이 나타낸다.

$$W = W_1 + W_2 + W_3 \ [\mathrm{W}] \tag{11.74}$$

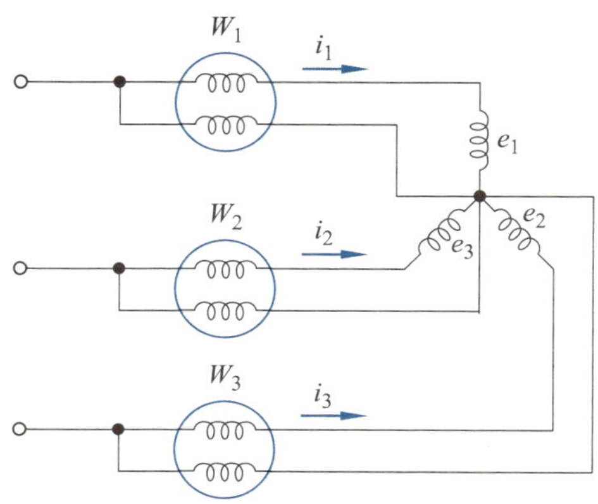

그림 11.17 3 전력계법을 이용한 3상 전력 측정

11.10 전력량의 측정

교류 전력과 시간을 곱한 것이 전력량(電力量, electric energy)인데 이 교류의 전력량은 전력량계(電力量計, watt-hour meter or electricity meter)로 측정한다. 전기 요금을 산출할 때 적산 전력량계를 사용하면 가능하다.

그림 11.18에서와 같이 부하 전류가 흐르는 전류 코일의 철심과 전압 코일의 철심 사이에 알루미늄 회전 원판을 넣은 것으로 이 원판의 회전 속도는 사용 전력에 비례한다.

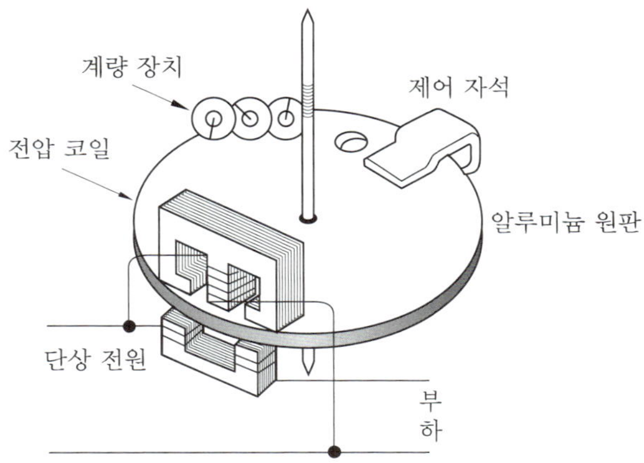

(a) 실체도

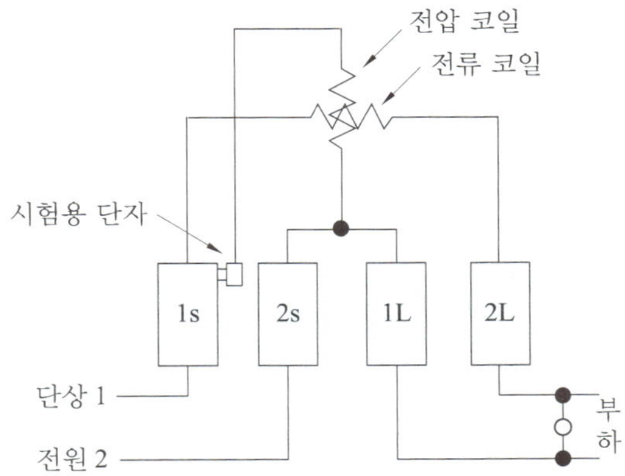

(b) 접속도

그림 11.18 단상 전력량의 측정

11장 연습문제

01. $R_1 = 5\,[\Omega]$, $R_2 = 15\,[\Omega]$이 직렬로 연결된 회로에 교류 220 [V]의 전압이 양단에 인가되었을 때 R_2 에서 소비되는 전력은?

답 1,815 [W]

02. 손실이 없는 인덕턴스 회로에 $L = 30\ [\mathrm{mH}]$, $v = \sqrt{2}\ 100 \sin 377t\ [\mathrm{V}]$의 전압이 인가되었을 때 코일에 축적되는 자기에너지의 최대값은?

답 2.35 [J]

03. 0.4 [μF]의 용량을 가지고 있는 콘덴서에 $v = 4 \sin 377t\ [\mathrm{V}]$의 전압이 인가될 때 이 콘덴서에 축적되는 정전에너지의 평균값은?

답 1.6×10^{-6}[J]

04. $R = 30\,[\Omega]$, $X = 40\,[\Omega]$의 직렬 회로에 $v = \sqrt{2}\ 220 \sin 377\,t\ [\mathrm{V}]$의 전압이 인가되었을 때 회로 역률(p.f)과 실효 전류(I)를 구하시오.

답 p.f = 0.6, I = 4.4 [A]

05. 어떤 교류 회로의 2단자 회로망에서 단자 전압과 전류가 θ 의 위상차를 가지고 있을 때 $I\cos\theta$를 (　　　　　), $I\sin\theta$를 (　　　　　)라고 한다.

답 유효 전류, 무효 전류

06. 교류 회로의 2단자 회로망에 있어서 단자 전압과 전류의 실효값의 곱을 (   )이라 한다.

답 피상 전력

07. 전기 설비의 2단자 회로망에 공급되는 유효 전력을 실수부로, 무효 전력을 허수부로 하는 복소수를 그 회로에 대한 (   )이라 한다.

답 복소 전력

08. 전선로에 있어서 최대 전력을 전송하기 위해서는 리액턴스가 어떻게 될 때 인가?

답 최소

09. 어떤 전기 회로에서 직류 전력의 측정은 전력계에 의한 (   )과 전압계와 전류계 등을 이용하는 (   )이 있다.

답 직접 측정법, 간접 측정법

10. 교류 전력과 시간을 곱한 것이 전력량인데 이 교류의 전력량은 전력량계로 측정하며, 전기 요금 산출 시에 (   )를 사용하면 가능하다.

답 적산 전력량계

제 12 장

3상 회로

12.1 다상 방식의 이점

전기 설비의 주파수(周波數, frequency)는 같지만 위상(位相, phase)을 달리하는 여러 개의 기전력(起電力, electromotive force)이 동시에 존재하는 교류 방식을 다상 방식(多相 方式, polyphase system)이라 한다. 다상 방식을 사용하여 같은 전력을 전송하는 경우 단상에 비해 송전선을 많이 절약할 수 있고, 회전 자계(回轉 磁界, revolving magnetic field)를 얻을 수 있다는 이점이 있다.

다상 방식 가운데 현재 가장 많이 쓰이는 것은 3상 방식(三相 方式, three-phase system)이다. 발전, 송전, 배전 등 산업용 전력 계통에는 대부분 3상 방식이다. 대칭 3상 방식의 경우 순시 전력의 총합이 항상 일정하기 때문에 3상 전동기는 일정한 회전력을 얻어 진동과 소음이 작은 이점이 있다.

그림 12.1과 같이 전원과 부하 사이를 왕복하는 송전 선로가 필요하며, 이와 같은 방식을 단상 방식(單相 方式, single phase system)이라 한다. 이와 같은 단상 방식은 송전선에서 선로 손실을 줄이고, 전선의 단면적과 전압을 높이는데 한계를 가지고 있다.

따라서 단상 방식 보다는 다상 방식을 사용하는 것이 경제적이다. 그림 12.1의 단상 송전 회로의 부하를 R, 송전선의 선로 저항을 R_l이라고 하면 단상 2선식 송전 선로에 흐르는 전류 I는 다음과 같이 나타낸다.

$$I = \frac{V}{R + R_l} \quad [\mathrm{A}] \tag{12.1}$$

이때 부하에서 소비되는 전력 P는 다음과 같이 나타낸다.

$$P = I^2 R \quad [\mathrm{W}] \tag{12.2}$$

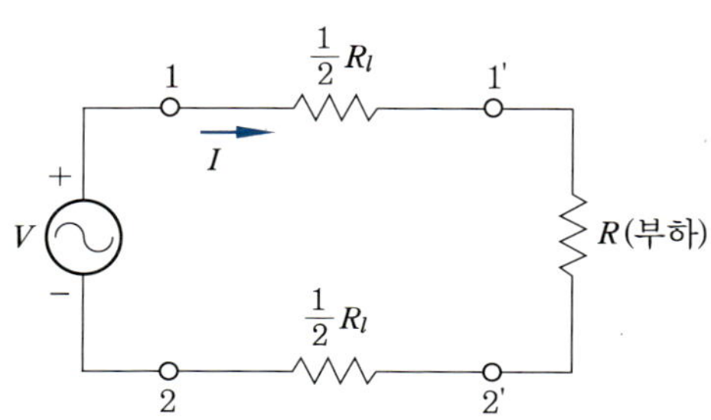

그림 12.1 단상 송전 선로

선로에 소비되는 전력 P_l은 다음과 같이 나타내다.

$$P_l = I^2 R_l \quad [\mathrm{W}] \tag{12.3}$$

따라서 선로에서 소비되는 전력과 부하에서 소비되는 전력의 비는 다음과 같이 나타낸다.

$$\frac{P_l}{P} = \frac{R_l}{R} \tag{12.4}$$

그림 12.1의 회로를 2개 겹쳐서 이루어지는 그림 12.2의 회로에서 $V_1 = V_2 = V$라 하면 두 폐회로는 완전 대칭 관계에 있기 때문에 $I_1 = I_2 = I_0$가 되며, 이때 부하 $2R$에서 소비되는 전력은 다음과 같이 나타낸다.

$$P = 2 I_0^2 R \quad [\mathrm{W}] \tag{12.5}$$

그러나 선로에 소비되는 전력 P_l은 선로 $2-2'$를 흐르는 전류가 '0' 이 되기 때문에 다음과 같이 나타낸다.

$$P_l = I_0^2 R_l \quad [\mathrm{W}] \tag{12.6}$$

따라서 선로에 소비되는 전력 P_l과 부하에서 소비되는 전력 P의 비(比, ratio)는 다음과 같다.

$$\frac{P_l}{P} = \frac{1}{2}\frac{R_l}{R} \tag{12.7}$$

즉, 단상 방식에 비해 2상 방식의 소비 전력은 반으로 줄어드는 것을 알 수 있다.

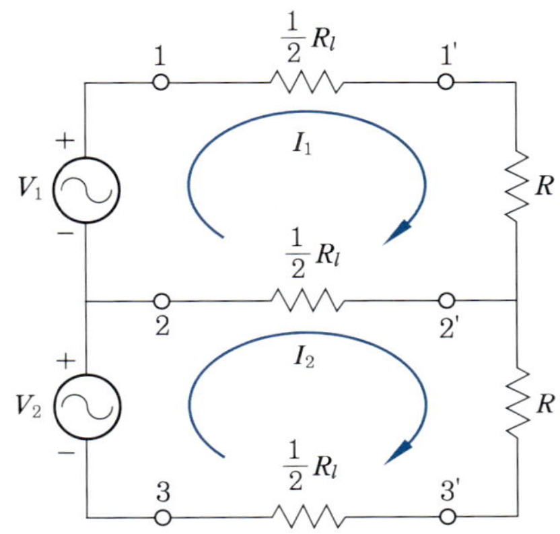

그림 12.2 2상 송전 선로

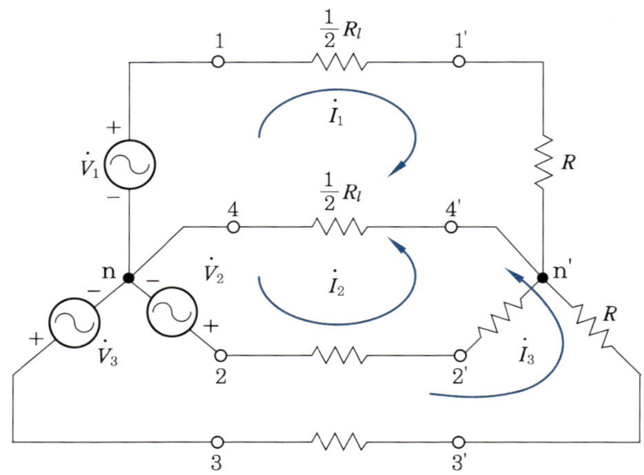

그림 12.3 3상 송전 선로

같은 방식으로 그림 12.3과 같이 3개의 단상 송전 선로를 겹쳐 놓은 3상 방식에서 각 선에 흐르는 전류를 $\dot{I}_1$, $\dot{I}_2$, $\dot{I}_3$라 하면 크기 I는 모두 같으므로 부하에 소비되는 전력 P는 다음과 같다.

$$P = 3I^2R \quad [\mathrm{W}] \tag{12.8}$$

만일 3상 기전력 $\dot{V}_1$, $\dot{V}_2$, $\dot{V}_3$의 크기가 같고 위상이 120° 씩 차이가 나는 그림 12.4와 같은 대칭 3상 전압을 이루고 있다면 각 선로 전류 $\dot{I}_1$, $\dot{I}_2$, $\dot{I}_3$ 도 각각 크기가 같고 위상이 120° 씩 차이가 나는 그림 12.5와 같은 3상 대칭 전류가 된다.

그러므로 중성선 $n-n'$에 흐르는 전류는 '0' 이 된다.

$$\dot{I}_n = \dot{I}_1 + \dot{I}_2 + \dot{I}_3 = 0 \quad [\mathrm{A}] \tag{12.9}$$

선로에 소비되는 전력의 총합 P_l는 다음과 같이 나타낸다.

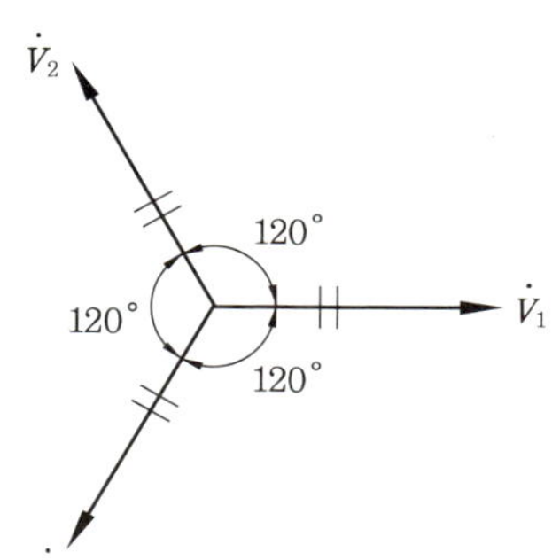

그림 12.4 대칭 3상 기전력

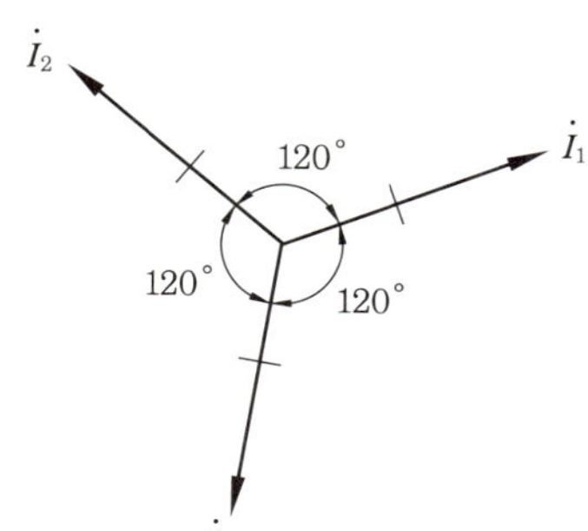

그림 12.5 대칭 3상 전류

$$P_l = \frac{1}{2}I_1^2 R_l + \frac{1}{2}I_2^2 R_l + \frac{1}{2}I_3^2 R_l = \frac{3}{2}I^2 R_l \ \text{[W]} \qquad (12.10)$$

결국 다상 방식의 전력 공급 방식을 적용하면 선로의 수를 줄일 수 있고 경비 절감과 더불어 선로에서 소실되는 전력을 줄이는 장점이 있다.

12.2 기전력의 발생 및 접속

기전력(起電力, e.m.f; electromotive force)은 단위전하 당 한 일(work)이다. 즉, 기전력은 낮은 퍼텐셜에서 높은 퍼텐셜로 단위 전하를 이동시키는 데 필요한 일이다. 기전력의 단위는 [J/C]이며, 볼트 [V]와 같다. 전지, 발전기 등은 다른 형태의 에너지를 전기에너지로 바꿈으로써 지속적으로 기전력을 얻을 수 있도록 고안되어 있으며, 회로를 개방했을 때의 단자(端子, terminal) 사이의 전위차로 정의한다. 그림 12.6은 대칭 3상 회로에서 발생하는 기전력의 파형 및 페이저를 나타낸 것이다.

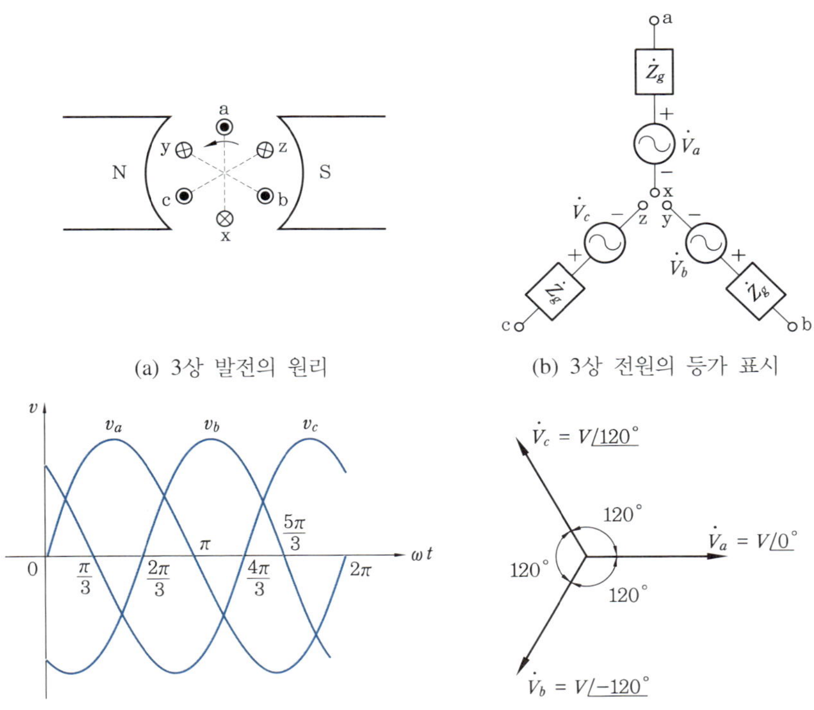

(a) 3상 발전의 원리 (b) 3상 전원의 등가 표시

(c) 3상 전압의 순시값 (d) 전압의 페이저(상순 a, b, c)

그림 12.6 대칭 3상 회로

그림 12.6(a)는 3상 발전의 원리를 보여주고 있으며, 여기서는 동일 구조를 갖는 3개의 권선이 120° 의 간격으로 전기자에 감겨 있다. 그림 12.6(b)는 3상 발전기의 전기자가 일정한 속도로 회전하면 각 권선의 양단에는 크기는 같고 120°의 위상차가 있는 3개의 단상 전압이 유도되는 등가 회로이다. 그림 12.6(c)는 3상 전압의 순시값을 나타낸 것으로 $a \rightarrow b \rightarrow c$ 상순에 따라 순차적인 정현파를 나타내고 있다. 그림 12.6(d)는 3상 회로의 전압 페이저를 나타낸 것으로 3개의 단상 전압을 일괄하여 생각할 때 이를 3상 전압이라 한다.

그림 12.7은 3상 전원의 결선 방법을 나타낸 것이다. 3개의 단상 전압이 3상 전압으로 이용될 때는 각 단자간의 결합 방식에 따라 그림 12.7(a)는 Y 결선(星形 結線, Y-connection), T 결선(T-connection), 성형 결선(星形 結線, star connection) 등으로 부른다. 그리고 그림 12.7(b)는 삼각 결선(三角 結線, △-connection), 환상 결선(環狀 結線, ring connection), π 결선(π-connection) 등으로 부른다.

3상 전원에서 각 상전압(相電壓, phase voltage)은 120° 씩 위상차가 나지만 그 크기가 같고, 그 내부 임피던스도 같은 것을 평형 3상 전원 또는 대칭 3상 전원이라고 한다. 3상 전원에 부하가 접속되는 경우 각 전원의 내부 임피던스는 부하 임피던스에 비해 매우 작은 것이 일반적인 해석이므로 3상 전원은 이상 전원으로 간주 할 수 있다. 전원을 △ 결선할 때 전원의 내부에는 시계 방향으로 순환 전류가 흐를 것으로 예상하지만 대칭 3상 전원(對稱 3相 電源, symmetrical three-phase source)의 경우 3개의 전원 전압이 평형을 이루기 때문에 순환되는 방향으로 기전력의 총합은 '0' 이 되며, 다음과 같은 수식이 성립한다.

$$\dot{V}_a + \dot{V}_b + \dot{V}_c = 0 \ [\mathrm{V}] \tag{12.11}$$

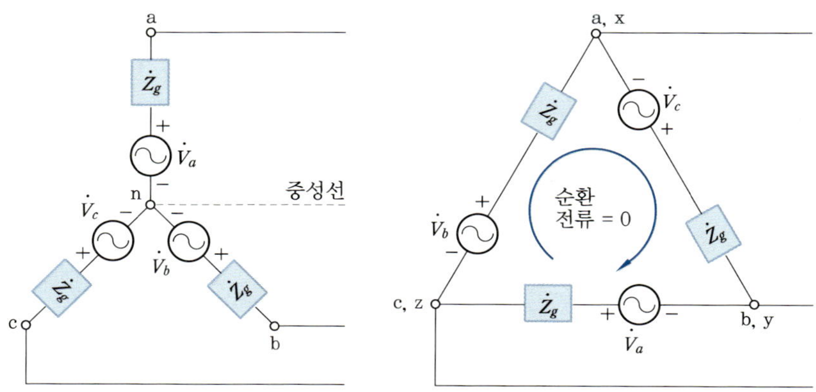

(a) Y 결선 (b) △ 결선

그림 12.7 3상 전원의 결선

12.3 3상 회로의 구성

3상 전원에 부하를 접속하여 구성되는 3상 회로는 부하측도 Y 결선 또는 △ 결선이 될 수 있으므로 전원부와의 조합 방식에 따라 Y−Y, Y−△, △−Y, △−△ 등의 방식으로 구분된다. 이 경우 부하측도 전원과 마찬가지로 대칭 3상 부하로 되어 있을 때 이를 평형 3상 회로 또는 평형 3상 교류(平衡 3相 交流, symmetrical three-phase AC)라 하며, 그렇지 못한 때를 불평형 3상 회로 또는 불평형 3상 교류(不平衡 3相 交流, asymmetrical three-phase AC)라 한다. 그림 12.8은 대표적인 3상 회로인 3상 4선식 회로에서 여러 부하를 접속하는 방법을 보여주고 있다. 각 상의 차이는 120°이며, 대칭으로 배치된 것을 알 수 있다.

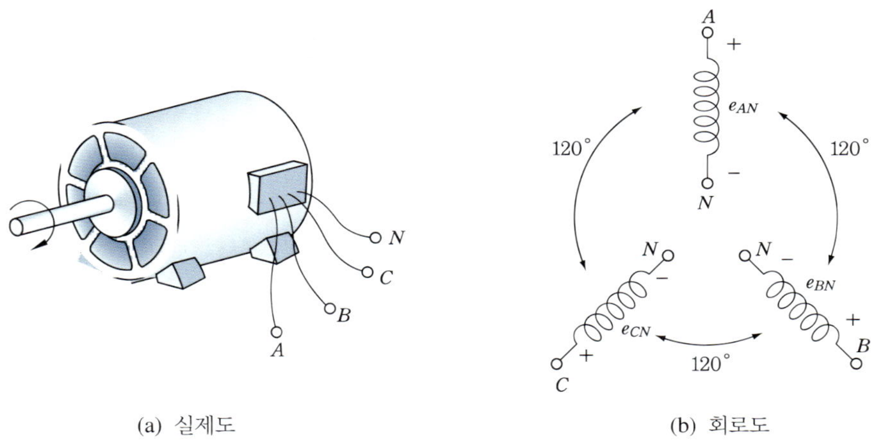

그림 12.8 3상 전원과 부하 접속의 예

그림 12.9는 3상 변압기의 △−Y 결선 예로서 1차 측은 △ 결선되어 있으며, 2차 측은 Y 결선이 되어 있는 회로를 나타낸 것이다. 단상 회로와 달리 3상 회로는 상순(相順, phase sequence)이 매우 중요한 의미를 가지므로 해석에 있어서 상순은 엄격히 지정되어야 한다.

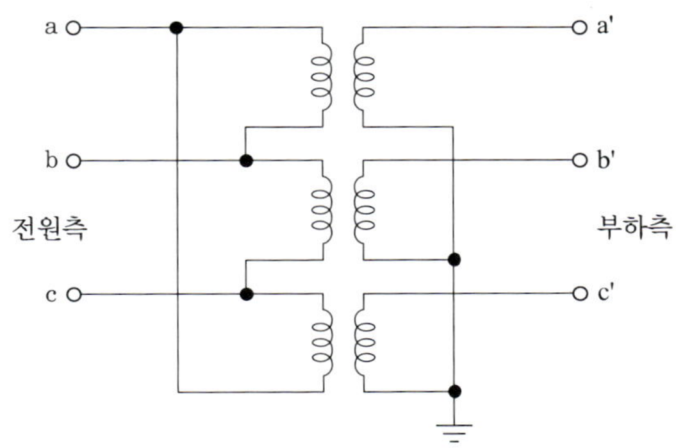

그림 12.9 3상 변압기의 △−Y 결선

특히, 불평형 회로에서 상순이 바뀌게 되면 회로 해석의 결과가 다르게 되며, 3상 발전기와 같은 경우는 전동기의 회전 방향이 반대로 된다.

12.4 평형 3상 회로의 전압과 전류

그림 12.10은 대칭 3상 Y 결선 회로의 결선과 페이저를 나타낸 것이다. 그림 12.10(a)는 이상적인 평형 3상 회로에 있어서 Y 결선의 전원부이다. 여기서 상전압(相電壓, phase voltage)을 각각 $\dot{V}_a$, $\dot{V}_b$, $\dot{V}_c$ 라 하고, 각각의 상전류(相電流, phase current)를 $\dot{I}_a$, $\dot{I}_b$, $\dot{I}_c$라 하면 각 선로를 흐르는 선전류(線電流, line current) $\dot{I}_{la}$, $\dot{I}_{lb}$, $\dot{I}_{lc}$ 는 다음과 같다.

$$\dot{I}_{la} = \dot{I}_a \text{ [A]} \tag{12.12}$$

$$\dot{I}_{lb} = \dot{I}_b \text{ [A]} \tag{12.13}$$

$$\dot{I}_{lc} = \dot{I}_c \text{ [A]} \tag{12.14}$$

각 선로의 선간 전압(線間 電壓, line to line voltage) $\dot{V}_{lab}$, $\dot{V}_{lbc}$, $\dot{V}_{lca}$는 각각 단자 ab, bc, ca 사이의 전위차와 같으므로 다음과 같이 나타낸다.

$$\dot{V}_{lab} = \dot{V}_a - \dot{V}_b = \dot{V}_a + (-\dot{V}_b) \text{ [V]} \tag{12.15}$$

$$\dot{V}_{lbc} = \dot{V}_b - \dot{V}_c = \dot{V}_b + (-\dot{V}_c) \text{ [V]} \tag{12.16}$$

$$\dot{V}_{lca} = \dot{V}_c - \dot{V}_a = \dot{V}_c + (-\dot{V}_a) \text{ [V]} \tag{12.17}$$

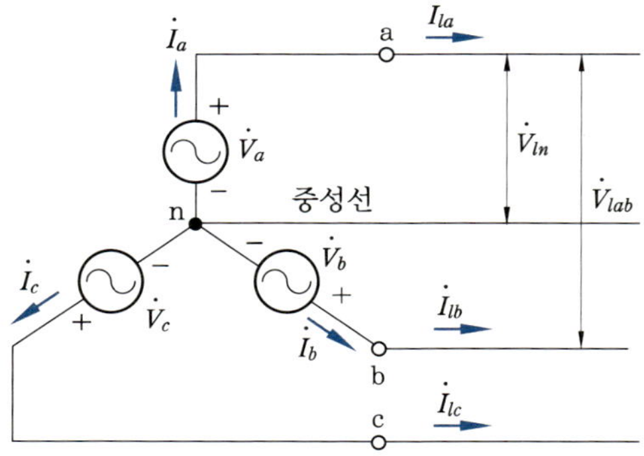

(a) 이상적인 평형 Y 전원

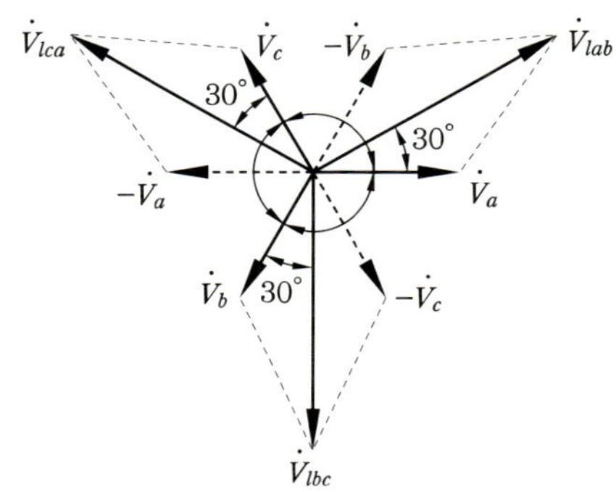

(b) 상전압과 선간 전압

그림 12.10 대칭 3상 Y 결선 회로

전원의 상전압과 선간 전압 사이의 관계를 설명하기 위해 식 (12.15), 식 (12.16), 식 (12.17)을 페이저도로 나타낸 것이 그림 12.10(b)이다. 상순을 a, b, c로 나타내보면 각각의 선간 전압은 상전압보다 위상이 30° 앞서며, 그 크기는 $\sqrt{3}$ 배가 됨을 알 수 있다. 또한, 중성선이 존재하는 3상 4선식의 경우 각각의 상전압은 각 선로와 중성선 사이의 전위차가 되기 때문에 선간 전압은 선로와 중성선 사이의 전위차 역시 $\sqrt{3}$ 배가 된다.

즉, Y 결선 평형 전원에 있어서 상전류 $\dot{I}_p$ 와 선전류 $\dot{I}_l$ 그리고 상전압 $\dot{V}_p$, 선간 전압 $\dot{V}_l$, 선로와 중성선 사이의 전위차 $\dot{V}_{\text{ln}}$ 사이에는 다음과 같은 관계가 성립한다.

$$\dot{I}_l = \dot{I}_p \ [\text{A}] \tag{12.18}$$

$$\dot{V}_l = \sqrt{3}\,\dot{V}_p \angle\theta = \sqrt{3}\,\dot{V}_{\text{ln}} \angle 30° \ [\text{V}] \tag{12.19}$$

그림 12.11은 대칭 3상 △ 결선 회로의 결선과 페이저를 나타낸 것이다. 그림 12.11(a)는 이상 전압 △ 결선 평형 전원 부하로서 각각의 선간 전압은 전원의 상전압과 일치하므로 크기와 위상이 완전히 같다.

$$\dot{V}_{lab} = \dot{V}_a \ [\text{V}] \tag{12.20}$$

$$\dot{V}_{lbc} = \dot{V}_b \ [\text{V}] \tag{12.21}$$

$$\dot{V}_{lca} = \dot{V}_c \ [\text{V}] \tag{12.22}$$

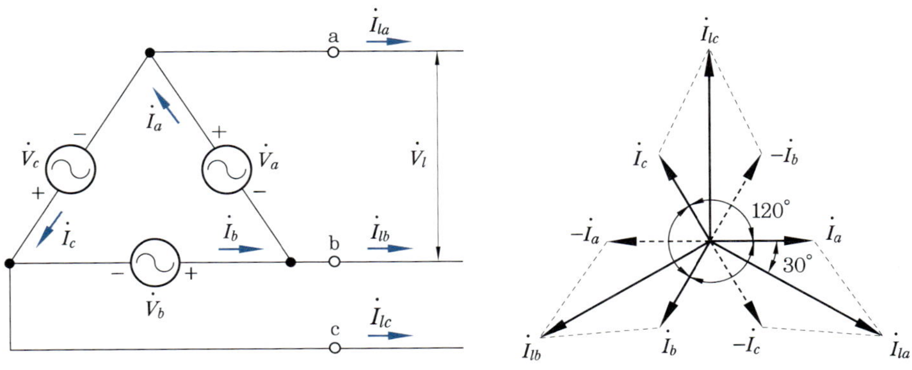

(a) 이상적인 평형 △ 전원

(b) 상전류와 선전류

그림 12.11 대칭 3상 △ 결선 회로

그러나 전원부 내의 폐회로에는 순환 전류가 흐르지 않으므로 상전류와 선간 전류 사이에는 다음의 관계가 성립한다.

$$\dot{I}_{la} = \dot{I}_a - \dot{I}_c = \dot{I}_a + (-\dot{I}_c) \ [\mathrm{A}] \tag{12.23}$$

$$\dot{I}_{lb} = \dot{I}_b - \dot{I}_a = \dot{I}_b + (-\dot{I}_a) \ [\mathrm{A}] \tag{12.24}$$

$$\dot{I}_{lc} = \dot{I}_c - \dot{I}_b = \dot{I}_c + (-\dot{I}_b) \ [\mathrm{A}] \tag{12.25}$$

선전류와 상전류 사이의 관계를 설명하기 위해 식 (12.23), 식 (12.24), 식 (12.25)를 페이저도로 나타내면 그림 12.11(b)와 같이 나타낸다. 즉, 이상적인 △ 결선 평형 전원에 있어서 이들의 결과를 정리하면 다음과 같이 나타낸다.

$$\dot{V}_l = \dot{V}_p \ [\mathrm{V}] \tag{12.26}$$

$$\dot{I}_l = \sqrt{3}\,\dot{I}_p \angle \theta' = \sqrt{3}\,\dot{I}_p \angle -30° \ [\mathrm{A}] \tag{12.27}$$

예제 12.1

△－△형 평형 3상 회로의 선로에 30 [A]의 전류가 흐르고 있다. 부하 한 상의 임피던스가 $\dot{Z} = 3 + j4$ [Ω]일 때 부하의 상전류, 상전압 및 선간 전압의 크기를 구하시오.

풀이

상전류는 다음과 같다.

$$I_p = \frac{I_l}{\sqrt{3}} = \frac{30}{\sqrt{3}} = 10\sqrt{3} = 17.3 \ [\mathrm{A}]$$

그러므로 상전압은 다음과 같다.

$$V_p = ZI_p = \sqrt{3^2 + 4^2} \times 17.3 = 86.5 \ [\mathrm{V}]$$

선간 전압은 다음과 같다.

$$V_l = V_p = 86.5 \ [\mathrm{V}]$$

12.5 평형 3상 전원의 등가 변환

그림 12.12는 내부 임피던스를 갖는 평형 3상 회로의 △ 결선 및 Y 결선을 각각 나타낸 것이다. 전원부로서 필요에 따라 이들은 상호 등가 변환이 가능하다. 두 전원부가 외부 회로에 대해 등가가 되기 위해서는 각 선간 전압(단자 전압)이 같아야 한다. 각 단자 사이의 전압을 각각 $\dot{V}_{12}'$, $\dot{V}_{23}'$, $\dot{V}_{31}'$를 나타내면 다음과 같다.

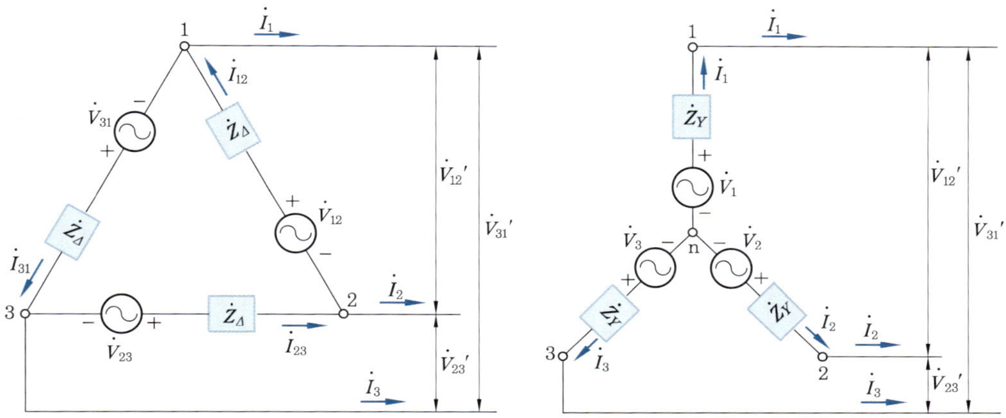

(a) △ 결선 (b) Y 결선

그림 12.12 3상 전원의 등가 변환

그림 12.12(a) 대칭 3상 △ 결선으로 다음과 관계가 성립된다.

$$\dot{V}_{12}' = \dot{V}_{12} - \dot{Z}_\Delta \dot{I}_{12}\ [\mathrm{V}] \qquad \dot{V}_{12} = \dot{V}_{12}' + \dot{Z}_\Delta \dot{I}_{12}\ [\mathrm{V}] \tag{12.28}$$

$$\dot{V}_{23}' = \dot{V}_{23} - \dot{Z}_\Delta \dot{I}_{23}\ [\mathrm{V}] \qquad \dot{V}_{23} = \dot{V}_{23}' + \dot{Z}_\Delta \dot{I}_{23}\ [\mathrm{V}] \tag{12.29}$$

$$\dot{V}_{31}' = \dot{V}_{31} - \dot{Z}_\Delta \dot{I}_{31}\ [\mathrm{V}] \qquad \dot{V}_{31} = \dot{V}_{31}' + \dot{Z}_\Delta \dot{I}_{31}\ [\mathrm{V}] \tag{12.30}$$

그림 12.12(b)는 대칭 3상 Y 결선으로 다음과 관계가 성립된다.

$$\dot{V}_{12}' = \dot{V}_{1n} - \dot{V}_{2n}\ [\mathrm{V}] \qquad \dot{V}_{12}' = (\dot{V}_1 - \dot{Z}_Y \dot{I}_1) - (\dot{V}_2 - \dot{Z}_Y \dot{I}_2)\ [\mathrm{V}] \tag{12.31}$$

$$\dot{V}_{23}' = \dot{V}_{2n} - \dot{V}_{3n}\ [\mathrm{V}] \qquad \dot{V}_{23}' = (\dot{V}_2 - \dot{Z}_Y \dot{I}_2) - (\dot{V}_3 - \dot{Z}_Y \dot{I}_3)\ [\mathrm{V}] \tag{12.32}$$

$$\dot{V}_{31}' = \dot{V}_{3n} - \dot{V}_{1n}\ [\mathrm{V}] \qquad \dot{V}_{31}' = (\dot{V}_3 - \dot{Z}_Y \dot{I}_3) - (\dot{V}_1 - \dot{Z}_Y \dot{I}_1)\ [\mathrm{V}] \tag{12.33}$$

식 (12.28)～식 (12.30)과 식 (12.31)～식 (12.33)이 같아지기 위해서는 다음의 관계가 성립되어야 한다.

$$\dot{V}_{12} = \dot{V}_1 - \dot{V}_2 \ [\mathrm{V}] \tag{12.34}$$

$$\dot{V}_{23} = \dot{V}_2 - \dot{V}_3 \ [\mathrm{V}] \tag{12.35}$$

$$\dot{V}_{31} = \dot{V}_3 - \dot{V}_1 \ [\mathrm{V}] \tag{12.36}$$

및

$$\dot{Z}_\Delta \dot{I}_{12} = \dot{Z}_Y(\dot{I}_1 - \dot{I}_2) \ [\mathrm{V}] \tag{12.37}$$

$$\dot{Z}_\Delta \dot{I}_{23} = \dot{Z}_Y(\dot{I}_2 - \dot{I}_3) \ [\mathrm{V}] \tag{12.38}$$

$$\dot{Z}_\Delta \dot{I}_{31} = \dot{Z}_Y(\dot{I}_3 - \dot{I}_1) \ [\mathrm{V}] \tag{12.39}$$

그런데 식 (12.34)～식 (12.36)에서 $\dot{V}_1$, $\dot{V}_2$, $\dot{V}_3$와 $\dot{V}_{12}$, $\dot{V}_{23}$, $\dot{V}_{31}$은 각각 평형 3상 기전력이므로 이들의 관계를 페이저도로 나타내면 그림 12.13과 같다. △ 결선의 선간 전압 $\dot{V}_{12}$, $\dot{V}_{23}$, $\dot{V}_{31}$은 Y 결선의 전원 $\dot{V}_1$, $\dot{V}_2$, $\dot{V}_3$보다 각각 위상이 30° 앞서고, 크기는 $\sqrt{3}$ 배가 되므로 그림 12.13의 세 단자 1, 2, 3에 대해 나타내면 다음과 같다.

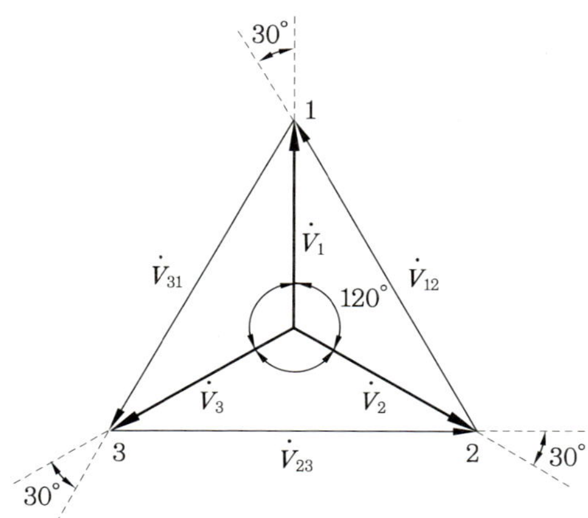

그림 12.13 전원의 등가 변환에 관한 페이저도

[1] Y 전원에서 △ 전원으로 변환할 때

3상 회로에서 전원 연결 방법은 Y 결선과 △ 결선이 대부분이다. Y 전원에서 △ 전원으로 변환할 때는 회로의 성질을 유지하며 변환하는 것이 매우 중요하며, 이와 같이 바꾸는 것을 등가(等價, equivalence) 변환이라 한다. 즉, Y−△ 등가 변환을 하면 다음과 같은 결과를 얻을 수 있다.

$$\dot{V}_{12} = \dot{V}_1 - \dot{V}_2 = \sqrt{3}\,\dot{V}_1 \angle 30° \ [\mathrm{V}] \tag{12.40}$$

$$\dot{V}_{23} = \dot{V}_2 - \dot{V}_3 = \sqrt{3}\,\dot{V}_2 \angle 30° \ [\mathrm{V}] \tag{12.41}$$

$$\dot{V}_{31} = \dot{V}_3 - \dot{V}_1 = \sqrt{3}\,\dot{V}_3 \angle 30° \ [\mathrm{V}] \tag{12.42}$$

[2] △ 전원에서 Y 전원으로 변환할 때

3상 회로에서 전원 연결 방법은 △ 결선과 Y 결선이 있다. △ 전원에서 Y 전원으로 변환할 때는 회로의 성질을 유지하며 변환하는 것이 매우 중요하며, 이와 같이 바꾸는 것을 등가(等價, equivalence) 변환이라 한다. 즉, △−Y 등가 변환을 하면 다음과 같은 결과를 얻을 수 있다.

$$\dot{V}_1 = \frac{1}{\sqrt{3}}\dot{V}_{12} \angle -30° \ [\mathrm{V}] \tag{12.43}$$

$$\dot{V}_2 = \frac{1}{\sqrt{3}}\dot{V}_{23} \angle -30° \ [\mathrm{V}] \tag{12.44}$$

$$\dot{V}_3 = \frac{1}{\sqrt{3}}\dot{V}_{31} \angle -30° \ [\mathrm{V}] \tag{12.45}$$

그런데 등가인 3상 회로의 경우 내부 전류는 '0' 이므로 내부 임피던스의 등가 변환은 식 (12.37)～식 (12.39)에 의해 다음과 같은 수식의 표현이 가능하다.

$$\dot{I}_1 + \dot{I}_2 + \dot{I}_3 = 0 \tag{12.46}$$

즉, 식 (12.37)에서 식 (12.39)를 빼고, 식 (12.46)을 적용하여 정리하면 다음 식을 얻을 수 있다.

$$\dot{Z}_\Delta(\dot{I}_{12} - \dot{I}_{31}) = \dot{Z}_Y(2\dot{I}_1 - \dot{I}_2 - \dot{I}_3) = 3\dot{Z}_Y\dot{I}_1 \tag{12.47}$$

그림 12.12(a)에서 $\dot{I}_1 = \dot{I}_{12} - \dot{I}_{31}$ 이므로 내부 임피던스 $\dot{Z}_\Delta$ 와 $\dot{Z}_Y$ 사이에는 다음과 같은 관계가 성립된다.

$$\dot{Z}_\Delta = 3\,\dot{Z}_Y \ [\Omega] \tag{12.48}$$

$$\dot{Z}_Y = \frac{1}{3}\,\dot{Z}_\Delta \ [\Omega] \tag{12.49}$$

즉, △ 결선의 회로는 Y 결선의 회로에 비해 임피던스가 3배인 것을 알 수 있고, 역으로 Y 결선의 회로는 △ 결선의 회로에 비해 임피던스가 1/3배인 것을 알 수 있다.

예제 12.2

그림 12.14(a)와 같은 △형의 평형 3상 전원을 Y형으로 등가 변환하시오.

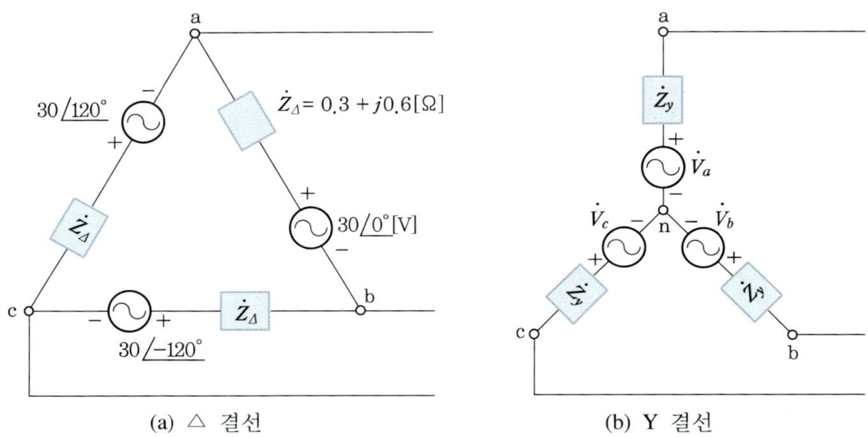

그림 12.14

풀이

Y형으로 등가 변환하면 그림 12.14(b)와 같이 나타낸다. $\dot{V}_a$, $\dot{V}_b$, $\dot{V}_c$라 하면 그림 12.14(a)에서 각 전원은 $\dot{V}_{ab} = 30\angle 0°$, $\dot{V}_{bc} = 30\angle -120°$, $\dot{V}_{ca} = 30\angle 120°$이므로 다음과 같다.

$$\dot{V}_a = \frac{1}{\sqrt{3}}\dot{V}_{ab}\angle -30° = \frac{30}{\sqrt{3}}\angle -30° = 17.3\angle -30° \ [\text{V}]$$

$$\dot{V}_b = \frac{1}{\sqrt{3}}\dot{V}_{bc}\angle -30° = \frac{30}{\sqrt{3}}\angle -150° = 17.3\angle -150° \ [\text{V}]$$

$$\dot{V}_c = \frac{1}{\sqrt{3}}\dot{V}_{ca}\angle -30° = \frac{30}{\sqrt{3}}\angle 90° = 17.3\angle 90° \ [\text{V}]$$

Y형 전원의 등가 임피던스는 다음과 같다.

$$\dot{Z}_Y = \frac{1}{3}\dot{Z}_\Delta = \frac{1}{3}(0.3 + j0.6) = 0.1 + j0.2 \ [\Omega]$$

12.6 평형 3상 회로의 해석

평형 3상 회로(三相 回路, three-phase circuit)는 위상이 120°씩 차이를 갖는 3개의 교류 기전력에 의해서 전력이 공급되는 회로이다. 회로는 3선 혹은 4선의 도체로 구성되고, 전원과 부하는 원칙적으로 △ 결선 또는 Y 결선 등으로 접속된다. 따라서 대칭 3상 회로의 전원이나 부하는 모두 △→Y 또는 Y→△ 변환이 가능하기 때문에 어떠한 평형 3상 회로도 Y－Y 결선으로 대표할 수 있다. 평형 3상 회로가 그림 12.15(a)와 같은 Y－Y 결선으로 변형되면 회로 해석이 편리하다. 그림 12.15(a)에서 전원 내부 임피던스는 $\dot{Z}_g$, 선로 임피던스는 $\dot{Z}_l$, 부하 임피던스는 $\dot{Z}_L$이며 이들을 하나의 임피던스 $\dot{Z}_0(=\dot{Z}_g+\dot{Z}_l+\dot{Z}_L)$로 묶어 놓은 것이 그림 12.15(b)이다.

그림 12.15(b)는 밀만의 정리(Millman's theorem)에 의해 구할 수 있고, 이 경우 $\dot{V}_a+\dot{V}_b+\dot{V}_c=0$ 이므로 중성점 $n-n'$ 사이의 전위차는 다음과 같이 나타낸다.

$$\dot{V}_{n-n'}=\frac{\dot{Y}_0\dot{V}_a+\dot{Y}_0\dot{V}_b+\dot{Y}_0\dot{V}_c}{\dot{Y}_0+\dot{Y}_0+\dot{Y}_0}=\frac{\dot{Y}_0(\dot{V}_a+\dot{V}_b+\dot{V}_c)}{\dot{Y}_0+\dot{Y}_0+\dot{Y}_0}=0 \qquad (12.50)$$

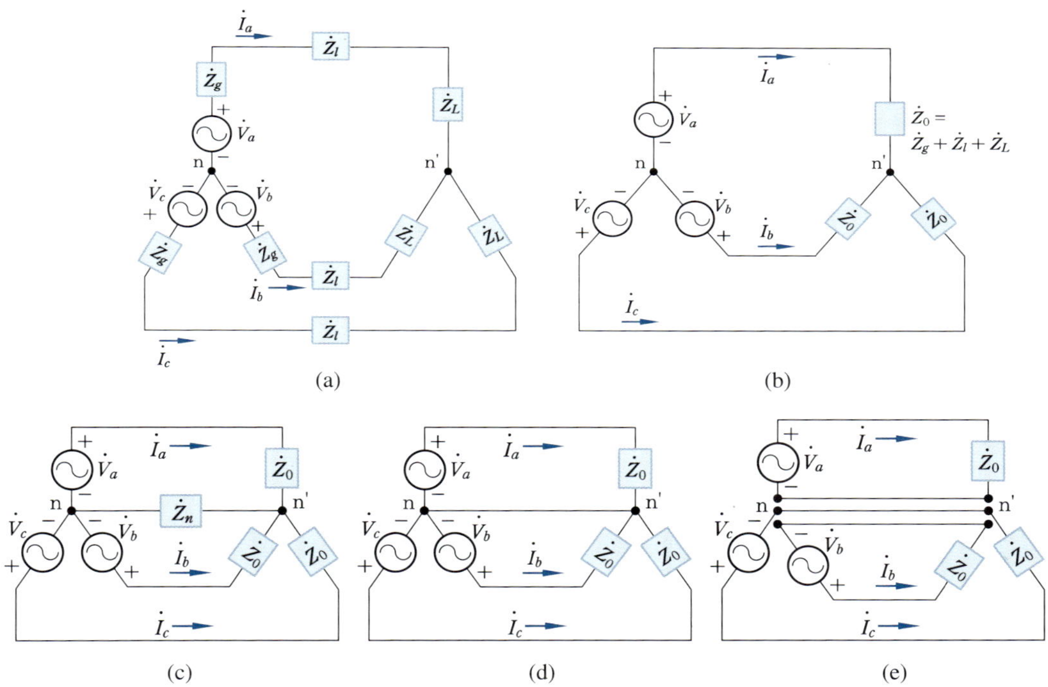

그림 12.15 평형 3상 회로의 등가 단상 회로

그러므로 그림 12.15(c)와 같이 $n-n'$ 사이에 Z_n의 임피던스가 있는 중성선이 접속되거나 그림 12.15(d)와 같이 $n-n'$가 단락되는 경우라도 회로의 다른 부분에는 아무런 영향도 주지 않게 된다. 따라서 그림 12.15(a)에서 구하고자 하는 선전류 $\dot{I}_a$, $\dot{I}_b$, $\dot{I}_c$는 그림 12.15(d)로부터 구할 수 있다.

$$\dot{I}_a = \frac{\dot{V}_a}{\dot{Z}_0} \ [\text{A}] \tag{12.51}$$

$$\dot{I}_b = \frac{\dot{V}_b}{\dot{Z}_0} \ [\text{A}] \tag{12.52}$$

$$\dot{I}_c = \frac{\dot{V}_c}{\dot{Z}_0} \ [\text{A}] \tag{12.53}$$

그리고 그림 12.15(d)의 단락 중성선 $n-n'$를 세 부분으로 분리하여 그림 12.15(e)와 같이 3개의 단상 회로로 나누는 것이 가능하다. 즉, 분리된 등가 단상 회로로부터 어느 한 상에 관한 전류, 전압이 구해지게 되면 다른 상에 대한 것은 120°의 위상차만을 고려하면 된다. 그러므로 평형 3상 회로의 전력을 구하는데 있어서도 등가 단상 회로에서 구한 값을 3배하면 된다.

예제 12.3

그림 12.16(a)와 같은 평형 3상 회로에 있어서 선전류 및 전원으로부터 공급되는 유효전력의 총합을 구하시오. 단, $\dot{V}_{ab}=180\angle 0°$, $\dot{V}_{bc}=180\angle -120°$, $\dot{V}_{ca}=180\angle 120°$이다.

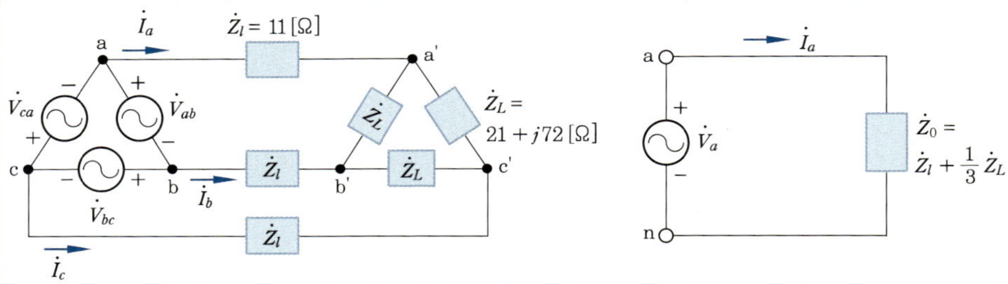

(a) △-△ 결선 (b) 등가 회로

그림 12.16

풀이

평형 3상 회로이므로 그림 12.16(b)와 같이 단상의 등가 회로로 변화하여 해석한다.

$$\dot{Z}_0 = \dot{Z}_l + \frac{1}{3}\dot{Z}_L = 11 + \frac{1}{3}(21 + j72) = 18 + j24 \ [\Omega]$$

$$\dot{V}_a = \frac{1}{\sqrt{3}}\dot{V}_{ab}\angle -30° = \frac{1}{\sqrt{3}}180\angle -30° = 60\sqrt{3}\angle -30° \text{ [V]}$$

선전류 $\dot{I}_a$ 는 다음과 같다.

$$\dot{I}_a = \frac{\dot{V}_a}{\dot{Z}_0} = \frac{60\sqrt{3}\angle -30°}{18+j24}$$

$$= \frac{60\sqrt{3}\angle -30°}{30\angle \tan^{-1}\frac{4}{3}} = \frac{60\sqrt{3}\angle -30°}{30\angle 53.1°} = 2\sqrt{3}\angle -83.1° \text{ [A]}$$

따라서 $\dot{I}_b$, $\dot{I}_c$는 $\dot{I}_a$와 120°의 위상차가 있다.

$$\dot{I}_b = 2\sqrt{3}\angle(-83.1° - 120°) = 2\sqrt{3}\angle -203.1° \text{ [A]}$$

$$\dot{I}_c = 2\sqrt{3}\angle(-83.1° + 120°) = 2\sqrt{3}\angle 36.9° \text{ [A]}$$

회로 임피던스 $\dot{Z}_0 = 18 + 24$ [Ω]이므로 1상에서 소비되는 유효 전력 P_a는 다음과 같다.

$$P_a = I_a^2 \cdot R = (2\sqrt{3})^2 \times 18 = 216 \text{ [W]}$$

따라서 3상 전체에서 소비되는 전력은 3배가 된다.

$$P = 3P_a = 3 \times 216 = 648 \text{ [W]}$$

12.7 3상 회로의 전력

3상 회로의 전력은 그 결선 방식이나 평형, 불평형에 관계없이 각 상의 전력을 단상에서와 마찬가지 방법으로 구한 후 이들의 합을 구하면 된다. 부하의 상전압을 $\dot{V}_a$, $\dot{V}_b$, $\dot{V}_c$로 표기하고, 상전류를 $\dot{I}_a$, $\dot{I}_b$, $\dot{I}_c$로 나타낸다. 그리고 각 상에서 상전압과 상전류의 상차를 각각 θ_a, θ_b, θ_c라 하면 3상 회로의 유효 전력 P와 무효 전력 P_r은 다음과 같이 나타낸다.

$$P = \dot{V}_a\dot{I}_a\cos\theta_a + \dot{V}_b\dot{I}_b\cos\theta_b + \dot{V}_c\dot{I}_c\cos\theta_c \text{ [W]} \tag{12.54}$$

$$P_r = \dot{V}_a\dot{I}_a\sin\theta_a + \dot{V}_b\dot{I}_b\sin\theta_b + \dot{V}_c\dot{I}_c\sin\theta_c \text{ [Var]} \tag{12.55}$$

평형 회로는 다음의 관계가 성립한다.

$$V_a = V_b = V_c = V_p \ [\text{V}] \tag{12.56}$$

$$I_a = I_b = I_c = I_p \ [\text{A}] \tag{12.57}$$

$$\theta_a = \theta_b = \theta_c = \theta_p \tag{12.58}$$

$$P = 3\,V_p I_p \cos\theta \ [\text{W}] \tag{12.59}$$

$$P_r = 3\,V_p I_p \sin\theta \ [\text{Var}] \tag{12.60}$$

θ 는 3상 부하의 상전압과 상전류의 위상차를 나타내고 있지만 부하의 임피던스 $\dot{Z}_L = R + jX$ 의 임피던스 각 $\theta = \tan^{-1}(X/R)$ 를 의미하기도 한다. 3상 회로에서 주로 선간 전압 V_l과 선전류 I_l이 주로 사용되므로 이들의 형태로 나타내면 다음과 같이 표현이 가능하다.

△ 결선에서는 다음과 같은 관계가 성립된다.

$$I_p = \frac{1}{\sqrt{3}} I_l \ [\text{A}] \tag{12.61}$$

$$V_p = V_l \ [\text{V}] \tag{12.62}$$

Y 결선에서는 다음과 같은 관계가 성립된다.

$$I_p = I_l \ [\text{A}] \tag{12.63}$$

$$V_p = \frac{1}{\sqrt{3}} V_l \ [\text{V}] \tag{12.64}$$

그러므로 전력은 다음과 같이 나타낸다.

$$P = \sqrt{3}\ V_l I_l \cos\theta \ [\text{W}] \tag{12.65}$$

$$P_r = \sqrt{3}\ V_l I_l \sin\theta \ [\text{Var}] \tag{12.66}$$

그러나 이 식을 사용하는데 있어서는 위상각 θ 가 선간전압과 선전류의 상차가 아니라 상전압과 상전류의 상차임을 명심해야 한다. 즉, 식 (12.59)와 식 (12.60)에서 θ는 선간 전압과 선전류가 아니라 복소 전력 $\dot{P}_a$을 구함에 따라 결정되는 상의 각 이다. 따라서 3상 회로의 복소 전력 $\dot{P}_a$는 유효 전력 P와 무효 전력 P_r을 각각 실수부와 허수부로 나타낸다.

$$\dot{P}_a = P + jP_r \text{ [VA]} \tag{12.67}$$

평형 회로의 경우 식 (12.67)은 다음과 같이 나타낸다.

$$\dot{P}_a = 3V_pI_p\cos\theta + j3V_pI_p\sin\theta = 3(V_pI_p\cos\theta + jV_pI_p\sin\theta) \text{ [VA]} \tag{12.68}$$

또한, 피상 전력의 크기는 다음과 같이 구한다.

$$P_a = |\dot{P}_a| = \sqrt{P^2 + P_r^2} \text{ [VA]} \tag{12.69}$$

평형 회로일 때의 피상 전력은 다음과 같다.

$$P_a = \sqrt{(3V_pI_p\cos\theta)^2 + (3V_pI_p\sin\theta)^2} = 3V_pI_p = \sqrt{3}\,V_lI_l \text{ [VA]} \tag{12.70}$$

$$\because \cos^2\theta + \sin^2\theta = 1$$

한편, 3상 회로의 역률 $p.f$ 및 무효율 $r.f$ 는 다음과 같이 나타낸다.

$$p.f = \frac{P}{P_a} \tag{12.71}$$

$$r.f = \frac{P_r}{P_a} \tag{12.72}$$

그리고 평형 회로의 경우는 다음과 같이 나타낸다.

$$p.f = \frac{P}{P_a} = \cos\theta \tag{12.73}$$

$$r.f = \frac{P_r}{P_a} = \sin\theta \tag{12.74}$$

예제 12.4

어떤 회로에서 한 상의 임피던스가 $\dot{Z} = 3 + j4$ [Ω]인 평형 3상 Y 부하에 220 [V]의 선간 전압이 인가되어 있을 때 선전류와 3상 전체에 대한 유효 전력, 무효 전력, 피상 전력, 3상 역률 및 무효율을 구하시오.

풀이

Y 결선에서 한 상의 상전압은 다음과 같다.

$$V_p = \frac{1}{\sqrt{3}} \cdot 220 \text{ [V]}$$

선전류는 다음과 같다.

$$I = \frac{(1/\sqrt{3})220}{\sqrt{3^2+4^2}} = \frac{44}{\sqrt{3}} \fallingdotseq 25.4\ [\mathrm{A}]$$

유효 전력은 다음과 같다.

$$P = 3P_1 = 3I^2R = 3\left(\frac{44}{\sqrt{3}}\right)^2 \times 3 = 5{,}808\ [\mathrm{W}]$$

무효 전력은 다음과 같다.

$$P_r = 3P_{r1} = 3I^2X = 3\left(\frac{44}{\sqrt{3}}\right)^2 \times 4 = 7{,}744\ [\mathrm{Var}]$$

피상 전력은 다음과 같다.

$$P_a = 3P_{a1} = 3V_pI = 3\times\frac{220}{\sqrt{3}}\times\frac{44}{\sqrt{3}} = 9{,}680\ [\mathrm{VA}]$$

역률은 다음과 같다.

$$p.f = \cos\theta = \frac{R}{Z} = \frac{3}{\sqrt{3^2+4^2}} = \frac{3}{5}$$

무효율은 다음과 같다.

$$r.f = \sin\theta = \frac{X}{Z} = \frac{4}{\sqrt{3^2+4^2}} = \frac{4}{5}$$

12.8 회전 자계

자계의 세기는 전류에 비례하므로 그림 12.17과 같이 어느 코일에 $i = I_m \sin\omega t$ [A]의 단상 교류를 흘렸을 때의 자계의 세기 h는 비례상수 k 라 하면 다음과 같이 나타낸다.

$$h = kI_m \sin\omega t \quad (12.75)$$
$$= H_m \sin\omega t\ \ [\mathrm{AT/m}]$$

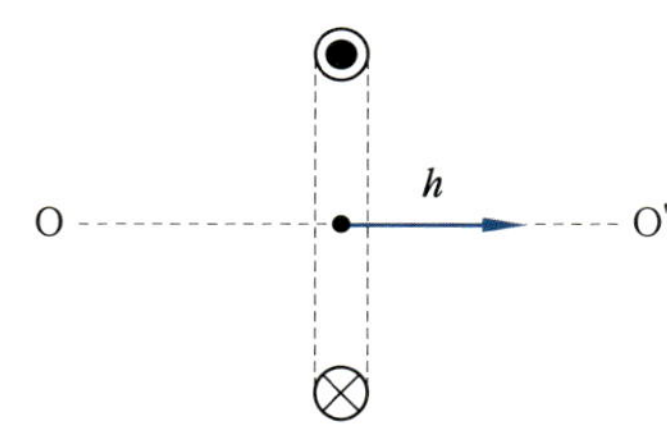

그림 12.17 전류가 만드는 자계

발생 자계는 항상 O와 O' 축상에서 교대로 변화한다. 이와 같은 자계를 교번 자계(交番 磁界, alternating magnetic field)라 한다. 단상 교류에 의해서 생기는 이와 같은 교번 자계는 한 축상에서 교대로 변화하지만 공간에 $2\pi/n$ 씩 간격을 두고 배치된 n개의 코일에 n상 교류의 전류를 흘리면 그 합성 자계는 공간을 회전하는 자계로 된다.

그림 12.18과 같이 A, B, C 3개의 코일이 공간에 $2\pi/3$ 씩 배치된 3상 코일에 평형 3상 교류 i_a, i_b, i_c를 흘렸을 때 발생하는 자계를 각각 h_a, h_b, h_c라 하면 다음과 같이 나타낸다.

$$h_a = H_m \sin\omega t \quad [\mathrm{AT/m}] \tag{12.76}$$

$$h_b = H_m \sin(\omega t - 120°) \quad [\mathrm{AT/m}] \tag{12.77}$$

$$h_c = H_m \sin(\omega t + 120°) \quad [\mathrm{AT/m}] \tag{12.78}$$

이들의 합성 자계를 구하기 위해서는 x 축과 y 축으로 분해하여 각각의 합성 자계 성분을 h_x, h_y라 하면 다음과 같이 나타낸다.

$$\begin{aligned} h_x &= h_{ax} + h_{bx} + h_{cx} \\ &= H_m \sin\omega t + H_m \sin(\omega t - 120°) \cdot \cos(-120°) + H_m \sin(\omega t + 120°) \cdot \cos 120° \\ &= H_m \left\{ \sin\omega t - \frac{1}{2}\sin(\omega t - 120°) - \frac{1}{2}\sin(\omega t + 120°) \right\} \\ &= \frac{3}{2} H_m \sin\omega t \quad [\mathrm{AT/m}] \end{aligned} \tag{12.79}$$

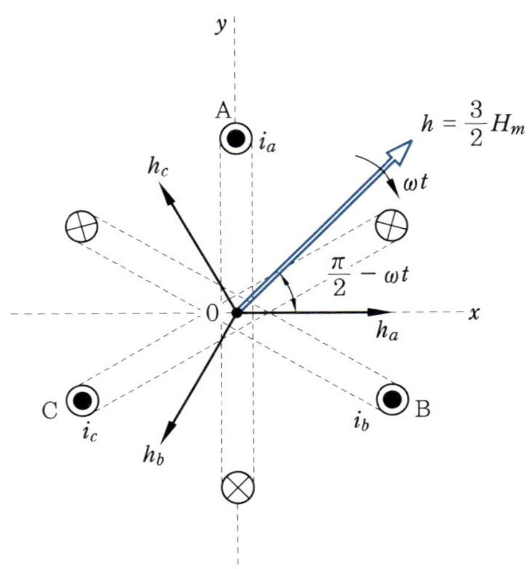

그림 12.18 회전 자계

$$\because \begin{cases} \sin(\alpha+\beta) = \sin\alpha \cdot \cos\beta + \cos\alpha \cdot \sin\beta \\ \sin(\alpha-\beta) = \sin\alpha \cdot \cos\beta - \cos\alpha \cdot \sin\beta \end{cases}$$

$$\begin{aligned} h_y &= h_{ay} + h_{by} + h_{cy} \\ &= 0 + H_m \sin(\omega t - 120°) \cdot \sin(-120°) \\ &\quad + H_m \sin(\omega t + 120°) \cdot \sin 120° \\ &= H_m \left\{ \frac{\sqrt{3}}{2} \sin(\omega t - 120°) - \frac{\sqrt{3}}{2} \sin(\omega t + 120°) \right\} \\ &= \frac{3}{2} H_m \cos\omega t \ \ [\mathrm{AT/m}] \end{aligned} \tag{12.80}$$

즉, x 축과 y 축에서 발생되는 자계는 다음과 같다.

$$h_x = \frac{3}{2} H_m \sin\omega t \ \ [\mathrm{AT/m}] \tag{12.81}$$

$$h_y = \frac{3}{2} H_m \cos\omega t \ \ [\mathrm{AT/m}] \tag{12.82}$$

그러므로 합성 자계의 순시값을 h, 합성 자계가 x축과 이루는 각을 θ라 하면 다음과 같다.

$$h = \sqrt{h_x^2 + h_y^2} = \frac{3}{2} H_m \ \ [\mathrm{AT/m}] \tag{12.83}$$

$$\theta = \tan^{-1}\frac{h_y}{h_x} = \tan^{-1}(\cot\omega t) = \frac{\pi}{2} - \omega t \tag{12.84}$$

식 (12.83)과 식 (12.84)를 페이저로 표시하면 다음과 같다.

$$\dot{H} = \frac{3}{2} H_m \angle \frac{\pi}{2} - \omega t \ \ [\mathrm{AT/m}] \tag{12.85}$$

합성 자계의 세기는 한 코일에서 생기는 최대 자계값의 3/2배로 항상 일정하고 교류의 각속도와 같은 회전 속도를 가지며, 이것을 회전 자계라 한다. 회전 자계의 방향을 바꿔주기 위해서는 어느 두 코일의 전류의 방향을 반대로 해주면 된다.

12.9 불평형 3상 회로

3상 교류(三相 交流, three-phase AC)는 평형 회로가 되도록 전원을 설계하지만 정상 부하의 변동 또는 사고에 의한 전원 및 부하의 변동 등으로 불평형 회로가 발생하는 것이 현실이다. 이와 같은 불평형 회로의 해석은 폐로 해석법, 절점 해석법, 대칭 좌표법 등이 적용된다.

[1] 3상 4선식, Y-Y 회로(중성점 접지식)

그림 12.19와 같이 3상 4선식 불평형 회로에 있어서 전원의 중성점 n을 영전위(기준 준위)로 하고 부하의 중성점인 n'에 대한 전위 $E_{n'}$를 밀만의 정리(Millman's theorem)를 이용하여 구하면 다음과 같다.

$$E_{n'} = \frac{Y_a E_a + Y_b E_b + Y_c E_c}{Y_a + Y_b + Y_c + Y_n} \ \text{[V]} \tag{12.86}$$

단, $Y_a = \dfrac{1}{Z_a}$, $Y_b = \dfrac{1}{Z_b}$, $Y_c = \dfrac{1}{Z_c}$, $Y_n = \dfrac{1}{Z_n}$ 등이다.

그리고 3상 4선식 불평형 회로에 각각의 선전류는 다음과 같다.

$$I_a = (E_a - E_{n'})\, Y_a \ \text{[A]} \tag{12.87}$$

$$I_b = (E_b - E_{n'})\, Y_b \ \text{[A]} \tag{12.88}$$

$$I_c = (E_c - E_{n'})\, Y_c \ \text{[A]} \tag{12.89}$$

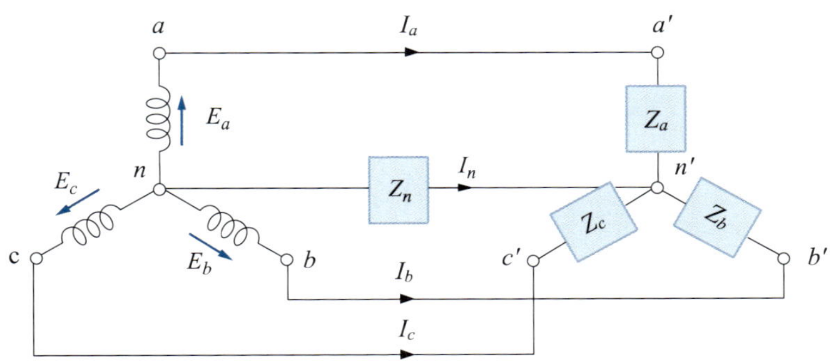

그림 12.19 3상 4선식 불평형 회로

그러므로 중성선에 흐르는 전류 I_n은 다음과 같다.

$$I_n = I_a + I_b + I_c \text{ [A]} \tag{12.90}$$

[2] 3상 3선식, Y-Y 회로(중성점 비접지식)

접지(接地, earth)는 감전 등의 전기사고를 예방할 목적으로 전기기기와 대지를 도선으로 연결하여 기기의 전위를 '0' 으로 유지하는 것이다. 즉, 대전된 도체를 용량이 아주 큰 다른 도체(지구)에 연결하는 것을 말한다. 그림 12.20과 같이 3상 3선식 Y-Y 불평형 회로에 있어서 중성선이 없기 때문에 그림 12.19의 회로에서 $Z_n = 0$, $I_n = 0$인 회로와 같다. 그러므로 전원의 중성점 n을 기준전위로 할 때 부하의 중성점인 n'에 대한 전위 $E_{n'}$를 밀만의 정리(Millman's theorem)를 이용하여 구하면 다음과 같다.

$$E_{n'} = \frac{Y_a E_a + Y_b E_b + Y_c E_c}{Y_a + Y_b + Y_c} \text{ [V]} \tag{12.91}$$

단, $Y_a = \dfrac{1}{Z_a}$, $Y_b = \dfrac{1}{Z_b}$, $Y_c = \dfrac{1}{Z_c}$ 이다.

그리고 각각의 선전류는 그림 12.20의 독립 회로가 2개뿐이므로 폐로 해석법을 적용하여 구할 수 있다. 즉, 폐로 전류 I_1, I_2를 가정하면 다음과 같은 회로 방정식이 가능하다.

$$V_a - V_b = Z_a I_1 + Z_b (I_1 - I_2) \text{ [V]} \tag{12.92}$$

$$V_b - V_c = (I_2 - I_1) Z_b + Z_c I_2 \text{ [V]} \tag{12.93}$$

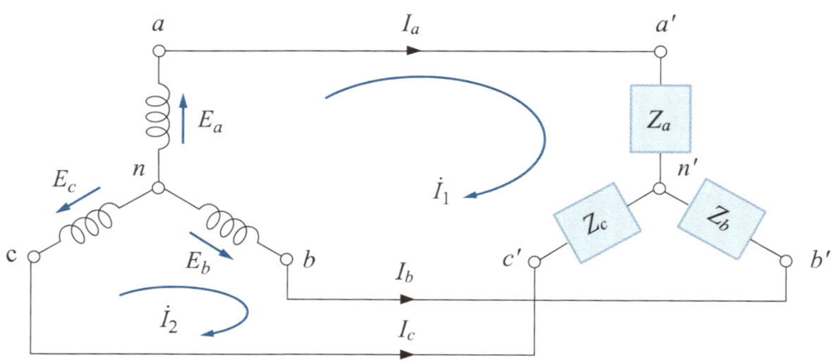

그림 12.20 3상 3선식 불평형 회로

폐로 전류 I_1, I_2를 각각 구하면 선전류는 다음과 같이 얻을 수 있다.

$$I_a = I_1 \ [\text{A}] \tag{12.94}$$

$$I_b = I_2 - I_1 \ [\text{A}] \tag{12.95}$$

$$I_c = -I_2 \ [\text{A}] \tag{12.96}$$

[3] 3상 3선식, △-Y 회로

불평형 회로는 앞에서 해석한 회로 외에도 △-Y 회로, Y-△ 회로, △-△ 회로 등에서 발생될 수 있다. △-Y 결선된 회로에서 전원의 임피던스가 극히 적을 때 3상 단자 전압은 부하에 관계없이 거의 일정하다. 즉, 부하의 영향이 거의 없는 △ 회로의 전원을 갖는 선간 전압 V_{ab}, V_{bc}, V_{ca} 등에 부하의 임피던스 Z_a, Z_b, Z_c 각각을 접속하였을 때 선전류를 구할 수 있다.

그림 12.21에서 키르히호프의 제 1법칙 및 제 2법칙을 적용하여 방정식을 세우면 다음과 같다.

$$Z_a I_a - Z_b I_b = V_{ab} \ [\text{V}] \tag{12.97}$$

$$Z_b I_b - Z_c I_c = V_{bc} \ [\text{V}] \tag{12.98}$$

$$I_a + I_b + I_c = 0 \ [\text{A}] \tag{12.99}$$

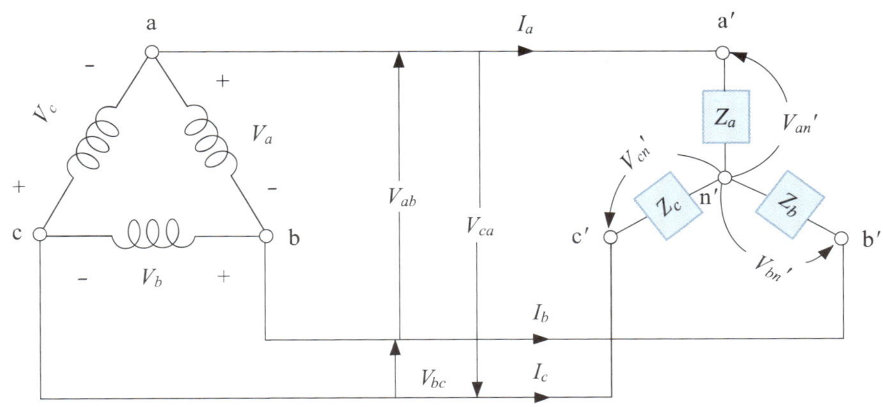

그림 12.21 3상 3선식 △-Y 불평형 회로

이 연립 방정식을 풀면 선전류는 다음과 같이 표현된다.

$$I_a = \frac{Z_b(V_{ab} + V_{bc}) + Z_c V_{ab}}{Z_a Z_b + Z_b Z_c + Z_c Z_a} = \frac{Z_c V_{ab} - Z_b V_{ca}}{\Delta} \text{ [A]} \tag{12.100}$$

$$I_b = \frac{Z_a V_{bc} - Z_c V_{ab}}{\Delta} \text{ [A]} \tag{12.101}$$

$$I_c = \frac{-Z_b(V_{bc} + V_{ab}) + Z_a V_{bc}}{\Delta} = \frac{Z_c V_{ca} - Z_a V_{bc}}{\Delta} \text{ [A]} \tag{12.102}$$

단, $\Delta = Z_a Z_b + Z_b Z_c + Z_c Z_a$이다.

또한, 3상 3선식 △−Y 회로에서 부하의 상전압 $V_{an'}$, $V_{bn'}$, $V_{cn'}$는 다음과 같다.

$$V_{an'} = Z_a I_a = \frac{Z_a Z_c V_{ab} - Z_a Z_b V_{ca}}{\Delta} \text{ [V]} \tag{12.103}$$

$$V_{bn'} = Z_b I_b = \frac{Z_a Z_b V_{bc} - Z_b Z_c V_{ab}}{\Delta} \text{ [V]} \tag{12.104}$$

$$V_{cn'} = Z_c I_c = \frac{Z_b Z_c V_{ca} - Z_c Z_a V_{bc}}{\Delta} \text{ [V]} \tag{12.105}$$

예제 12.5

그림 12.22와 같이 $Z_a = Z_b = R$, $Z_c = jX$의 임피던스를 성형으로 접속하고, a, b, c 단자에 대칭 3상 전압 $V_{ab} = V$, $V_{bc} = a^2 V$, $V_{ca} = aV$를 인가하였을 때 부하의 상전압은 얼마인가?

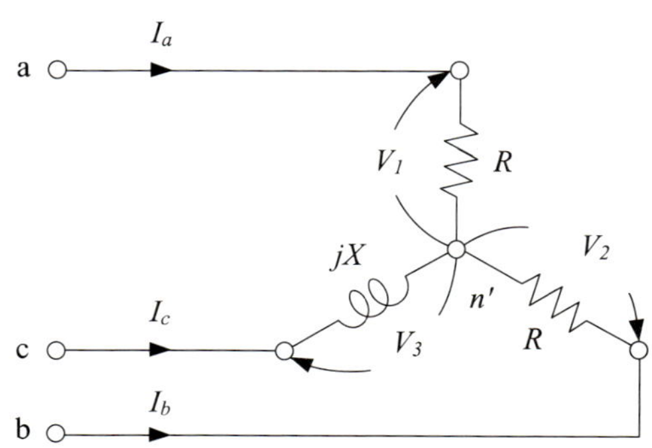

그림 12.22 Y-결선 불평형 부하 회로

풀이

△ − Y 회로에서 $\Delta = Z_a Z_b + Z_b Z_c + Z_c Z_a$ 이다. 그러므로 Δ는 다음과 같다.

$$\Delta = Z_a Z_b + Z_b Z_c + Z_c Z_a = R \cdot R + R \cdot jR + jR \cdot R = R^2(1+j2)$$

그리고 Y − 결선 회로의 상전압 V_1, V_2, V_3는 다음과 같다.

$$V_1 = Z_a I_a = \frac{Z_a Z_c V_{ab} - Z_a Z_b V_{ca}}{\Delta} = \frac{R \cdot (jR) \cdot V - R \cdot R \cdot aV}{R^2(1+j2)} = \frac{(j-a)V}{1+j2}$$

$$= \frac{j + \frac{1}{2} - j\frac{\sqrt{3}}{2}}{1+j2} V$$

$$= \frac{1 + j(2-\sqrt{3})}{2(1+j2)} V \fallingdotseq 0.232\, V \text{ [V]}$$

$$\because\ a = -\frac{1}{2} + j\frac{\sqrt{3}}{2}$$

$$V_2 = Z_b I_b = \frac{Z_a Z_b V_{bc} - Z_b Z_c V_{ab}}{\Delta} = \frac{R \cdot (R) \cdot a^2 V - R \cdot R \cdot V}{R^2(1+j2)} = \frac{(a^2 - j)V}{1+j2}$$

$$= \frac{-\frac{1}{2} - \frac{j\sqrt{3}}{2} - j}{1+j2} V$$

$$= \frac{-1 - j(2+\sqrt{3})}{2(1+j2)} V \fallingdotseq 0.864\, V \text{ [V]}$$

$$\because\ a^2 = -\frac{1}{2} - j\frac{\sqrt{3}}{2}$$

$$V_3 = Z_c I_c = \frac{Z_b Z_c V_{ca} - Z_c Z_a V_{bc}}{\Delta} = \frac{jR \cdot R \cdot aV - jR \cdot R \cdot a^2 V}{R^2(1+j2)} = \frac{j(a-a^2)V}{1+j2}$$

$$= \frac{j\left\{\left(-\frac{1}{2} + j\frac{\sqrt{3}}{2}\right) - \left(-\frac{1}{2} - j\frac{\sqrt{3}}{2}\right)\right\}}{1+j2} V$$

$$= \frac{-\sqrt{3}}{1+j2} V \fallingdotseq 0.775\, V \text{ [V]}$$

[4] 3상 3선식, △ 회로

그림 12.23과 같이 3상 △ 불평형 회로의 임피던스가 Z_{ab}, Z_{bc}, Z_{ca}일 때 상전압 V_{ab}, V_{bc}, V_{ca}의 대칭 또는 비대칭 3상 전압이 공급되었다고 생각하자. △ 결선 회로의 상전압과 선간 전압은 동일하므로 부하의 상전류 I_{ab}, I_{bc}, I_{ca}는 다음과 같다.

$$I_{ab} = \frac{V_{ab}}{Z_{ab}} \ [\mathrm{A}] \tag{12.106}$$

$$I_{bc} = \frac{V_{bc}}{Z_{bc}} \ [\mathrm{A}] \tag{12.107}$$

$$I_{ca} = \frac{V_{ca}}{Z_{ca}} \ [\mathrm{A}] \tag{12.108}$$

또한, 선전류 I_a, I_b, I_c 와 상전류 I_{ab}, I_{bc}, I_{ca}는 다음과 같은 관계가 있다.

$$I_a = I_{ab} - I_{ca} \ [\mathrm{A}] \tag{12.109}$$

$$I_b = I_{bc} - I_{ab} \ [\mathrm{A}] \tag{12.110}$$

$$I_c = I_{ca} - I_{bc} \ [\mathrm{A}] \tag{12.111}$$

그러므로 상전류의 총합은 다음과 같다.

$$I_a + I_b + I_c = 0 \ [\mathrm{A}] \tag{12.112}$$

그러므로 식 (12.106)~식 (12.108)을 식 (12.109)~식 (12.111)에 대입하여 정리하면 다음과 같이 선전류를 구할 수 있다.

$$I_a = \frac{V_{ab}}{Z_{ab}} - \frac{V_{ca}}{Z_{ca}} \ [\mathrm{A}] \tag{12.113}$$

$$I_b = \frac{V_{bc}}{Z_{bc}} - \frac{V_{ab}}{Z_{ab}} \ [\mathrm{A}] \tag{12.114}$$

$$I_c = \frac{V_{ca}}{Z_{ca}} - \frac{V_{bc}}{Z_{bc}} \ [\mathrm{A}] \tag{12.115}$$

예제 12.6

어떤 배전선로에서 그림 12.23과 같은 △-Y 불평형 회로의 각 상의 전압이 $\dot{V}_a = 60\angle 0° \ [\mathrm{V}]$, $\dot{V}_b = 60\angle -120° \ [\mathrm{V}]$, $\dot{V}_c = 60\angle 120° \ [\mathrm{V}]$ 이다. 그리고 각각의 부하 임피던스는 $\dot{Z}_a = 1 \ [\Omega]$, $\dot{Z}_b = -j1 \ [\Omega]$, $\dot{Z}_c = j1 \ [\Omega]$ 이다.

① 선전류 I_a, I_b, I_c 구하시오. 또한 ② 전원으로부터 공급되는 총 유효전력, 총 무효전력, 피상전력 및 역률 등은 얼마인가?

풀이

그림 12.23은 △－Y 불평형 회로이므로 전원부를 Y－결선 회로 형태로 등가 변환하면 그림 12.24와 같이 나타낼 수 있다.

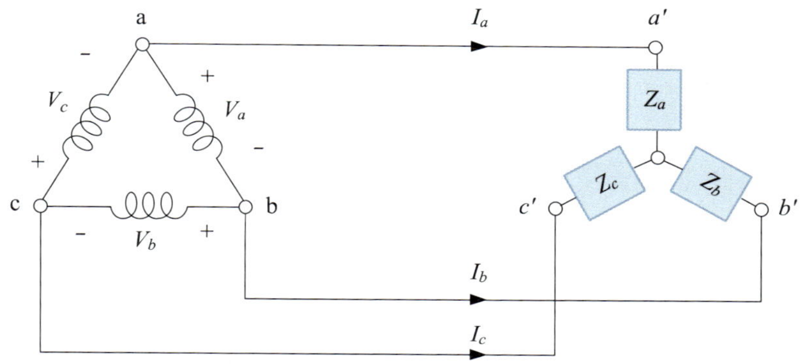

그림 12.23 3상 3선식 △－Y 불평형 회로

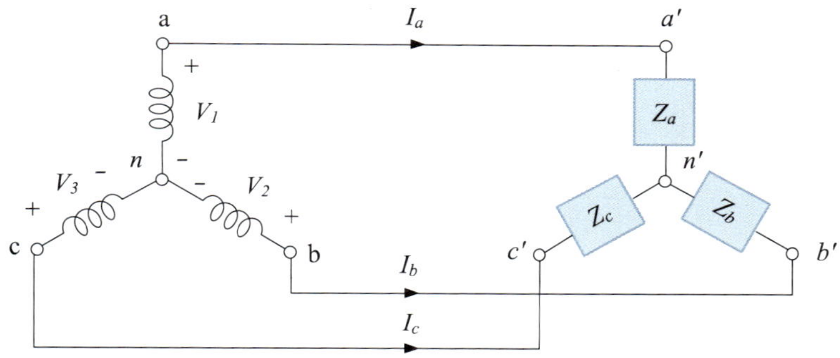

그림 12.24 △－Y 결선을 Y－Y 결선으로 변경된 회로

△ 전원에서 Y 전원으로 변환할 때의 전압은 다음과 같다.

$$\dot{V}_1 = \frac{1}{\sqrt{3}}\dot{V}_a\angle -30°$$
$$= \frac{1}{\sqrt{3}}60\angle -30° = 20\sqrt{3}\angle -30° = 30 - j10\sqrt{3} \fallingdotseq 30 - j17.3 \text{ [V]}$$

$$\dot{V}_2 = \frac{1}{\sqrt{3}}\dot{V}_b\angle -30°$$
$$= \frac{1}{\sqrt{3}}60\angle(-120° - 30°) = 20\sqrt{3}\angle -150° \fallingdotseq -30 - j17.3 \text{ [V]}$$

$$\dot{V}_3 = \frac{1}{\sqrt{3}}\dot{V}_c\angle -30°$$
$$= \frac{1}{\sqrt{3}}60\angle(120° - 30°) = 20\sqrt{3}\angle 90° \fallingdotseq j34.6 \text{ [V]}$$

그림 12.24의 중성점 n을 기준으로 부하점 n'의 전위 $V_{n'}$를 밀만의 정리(Millman's theorem)를 이용하여 구하면 다음과 같다.

$$V_{n'} = \frac{Y_a V_1 + Y_b V_2 + Y_c V_3}{Y_a + Y_b + Y_c}$$
$$= \frac{(1)\times(30-j17.3)+(j1)\times(-30-j17.3)+(-j1)\times(j34.6)}{1+j1+(-j1)}$$
$$\fallingdotseq 82 - j47.3 \text{ [V]}$$

각각의 선전류는 다음과 같다.

$$I_a = (V_1 - V_{n'})\, Y_a = \{(30-j17.3)-(82-j47.3)\}\times(1) = -52+j30 \text{ [A]}$$
$$I_b = (V_2 - V_{n'})\, Y_b = \{(-30-j17.3)-(82-j47.3)\}\times(j1) = -30-j112 \text{ [A]}$$
$$I_c = (V_3 - V_{n'})\, Y_c = \{(j34.6)-(82-j47.3)\}\times(-j1) = 81.9-j82 \text{ [A]}$$

총 유효전력은 다음과 같다.

$$P = P_a + P_b + P_c = I_a^2 Z_a + I_b^2 Z_b + I_c^2 Z_c = I_a^2(1) + I_b^2(0) + I_c^2(0)$$
$$= \left(\sqrt{(-52)^2+(30)^2}\right)^2$$
$$= (\sqrt{3{,}604})^2 = 3{,}604 \text{ [W]}$$

총 무효전력은 다음과 같다.

$$P_r = P_{ra} + P_{rb} + P_{rc} = I_{ra}^2(0) + I_{rb}^2(-1) + I_{rc}^2(1)$$
$$= \left(\sqrt{(30)^2+(-112)^2}\right)^2\times(-1) + \left(\sqrt{(81.9)^2+(-82)^2}\right)^2\times(1)$$
$$= (\sqrt{13{,}444})^2\times(-1) + (\sqrt{13{,}431})^2\times(1)$$
$$= -13 \text{ [Var]}$$

피상전력은 다음과 같다.

$$P_a = \sqrt{P^2 + P_r^2} = \sqrt{(3{,}604)^2 + (13)^2} \fallingdotseq 3{,}604 \text{ [VA]}$$

역률은 다음과 같다.

$$p.f = \frac{P}{P_a} = \frac{3{,}604}{3{,}604} = 1$$

12.10 선로의 전압 강하

전기 설비는 저항, 인덕터, 콘덴서 등의 소자가 직·병렬로 연결되어 있는 복합 설비이다. 이와 같이 구성된 전기 설비에 전류가 흐르면 회로의 특성에 따라 전압 강하가 발생하여 전원측보다 부하측의 전압이 낮아지기 때문에 전기 설비가 가지고 있는 기능을 적절하게 발휘하지 못한다. 그러므로 부하의 특성을 고려한 회로의 구성이 시스템의 안정도 향상에 영향을 미친다. 그림 12.25는 전기에너지를 전달하는 매개체인 전선 한 가닥에서 발생되는 전압 강하 e를 나타낸 식이다.

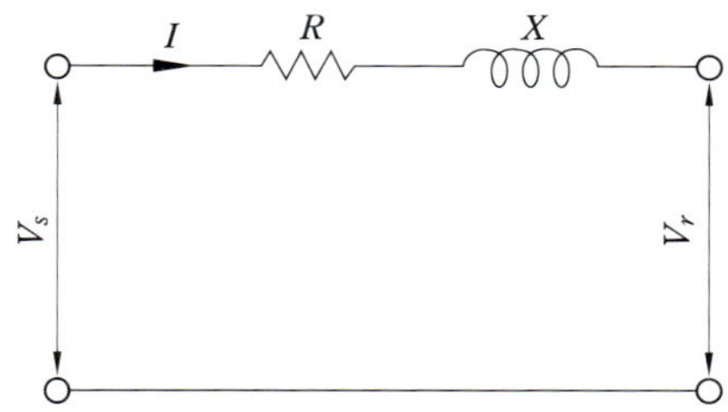

그림 12.25 전선의 임피던스

$$e = V_s - V_r = I(R + jX) = I(R\cos\theta + jX\sin\theta) \text{ [V]} \tag{12.116}$$

V_s는 송전단 전압, V_r은 수전단 전압, R은 전선 한 가닥의 저항, X는 전선 한 가닥의 리액턴스, I는 선전류, θ는 위상차이다.

[1] 단상 2선식의 전압 강하

그림 12.26에 단상 2 선식의 선로를 나타낸 것이며, 전압 강하는 다음과 같은 식으로 나타낸다.

$$\begin{aligned} e &= V_s - V_r = (R \cdot I) \times 2 \\ &= \frac{1}{58} \times \frac{100}{97} \times \frac{L}{A} \times I \times 2 \cong \frac{35.6\,LI}{1{,}000\,A} \text{ [V]} \end{aligned} \tag{12.117}$$

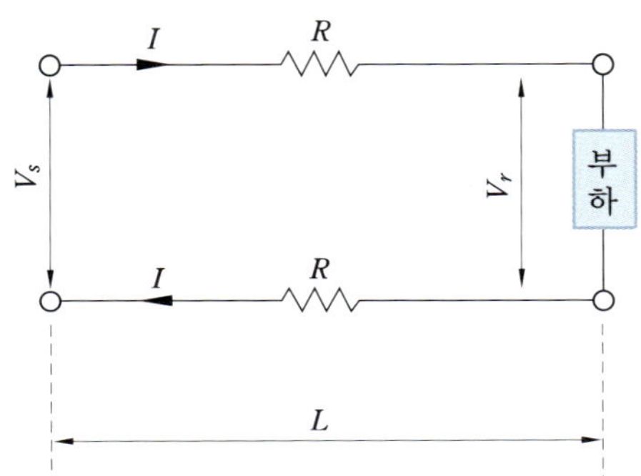

그림 12.26 단상 2선식 회로의 전압 강하

A [mm^2]는 도체의 단면적이며, L [m]은 선로의 길이를 나타낸다. 회로의 리액턴스를 무시하고 역률을 '1' 로 가정하고, 표준 연동의 고유 저항을 $\frac{1}{58}\times 10^{-6}$ [Ω · m], 전선의 도전율을 97 [%]로 가정한다.

예제 12.7

단상 2선식 선로에 10 [A]가 흐르고 있을 때 도체의 단면적이 10 [mm^2]이고, 선로의 길이가 100 [m]라면 전압 강하는 얼마인가?

풀이

단상 2선식 선로의 전압 강하는 다음과 같이 나타낸다.

$$e = V_s - V_r \cong \frac{35.6\,L\,I}{1{,}000\,A} \text{ [V]}$$

그러므로 주어진 값을 이용하면 다음과 같이 전압 강하는 구할 수 있다.

$$e = \frac{35.6\,L\,I}{1{,}000\,A} = \frac{35.6\times 100\times 10}{1{,}000\times 10} = 3.56 \text{ [V]}$$

[2] 3상 3선식의 전압 강하

그림 12.27에 3상 3선식의 선로를 나타낸 것이며, 전압 강하는 다음과 같은 식으로 나타낸다.

$$e = V_s - V_r = (R \cdot I)\times 3 \tag{12.118}$$

$$= \frac{1}{58}\times\frac{100}{97}\times\frac{L}{A}\times I\times\sqrt{3} \cong \frac{30.8\,L\,I}{1{,}000\,A} \text{ [V]}$$

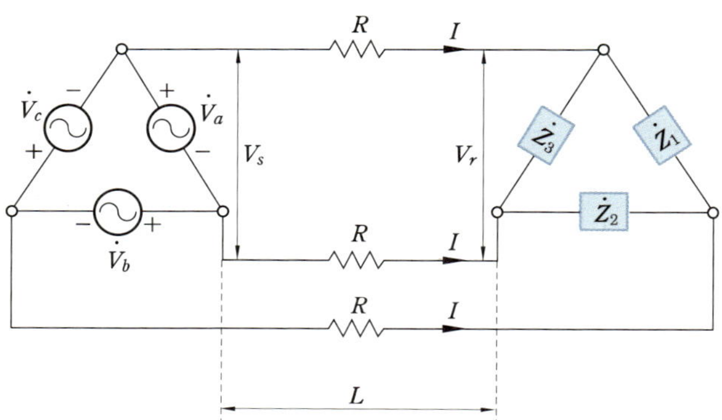

그림 12.27 3상 3선식 회로의 전압 강하

예제 12.8

3상 3선식 선로에 100 [A]의 전류가 흐르고 있을 때 도체의 단면적이 100 [mm^2]이고, 선로의 길이가 1,000 [m]라면 전압 강하는 얼마인가?

풀이

3상 3선식 선로의 전압 강하는 다음과 같이 나타낸다.

$$e = V_s - V_r \cong \frac{30.8\,LI}{1{,}000\,A} \text{ [V]}$$

그러므로 주어진 값을 이용하면 다음과 같이 전압 강하는 구할 수 있다.

$$e = \frac{30.8LI}{1{,}000\,A} = \frac{30.8 \times 1{,}000 \times 100}{1{,}000 \times 100} = 30.8 \text{ [V]}$$

[3] 3상 4선식 또는 단상 3선식의 전압 강하

3상 4선식의 선로 방식에서는 부하가 평형되어 있는 경우를 가정한 것이다. 즉, 중성선에 전류가 흐르지 않는다고 설정하였으며, 전압 강하는 다음과 같은 식으로 나타낸다.

$$e = V_s - V_r = (R \cdot I) \tag{12.119}$$
$$= \frac{1}{58} \times \frac{100}{97} \times \frac{L}{A} \times I \cong \frac{17.8\,LI}{1{,}000\,A} \text{ [V]}$$

예제 12.9

3상 4선식 선로에 50 [A]의 전류가 흐르고 있을 때 도체의 단면적이 100 [mm^2]이고, 선로의 길이가 2,000 [m]라면 전압 강하는 얼마인가?

풀이

3상 4선식 선로의 전압 강하는 다음과 같이 나타낸다.

$$e = V_s - V_r \cong \frac{17.8\,LI}{1{,}000\,A} \text{ [V]}$$

그러므로 주어진 값을 이용하면 다음과 같이 전압 강하는 구할 수 있다.

$$e = \frac{17.8LI}{1{,}000\,A} = \frac{17.8 \times 2{,}000 \times 50}{1{,}000 \times 100} = 17.8 \text{ [V]}$$

12장 연습문제

01. 전기 회로에서 주파수는 같지만 위상을 달리하는 여러 개의 기전력이 동시에 존재하는 교류 방식을(   )이라 한다.

답 다상 방식

02. 평형 3상 회로의 경우 상간의 각도는 몇도 인가?

답 120°

03. 3상 회로의 선로에 소비되는 전력의 총합은 어떻게 나타내는가?

답 $P_l = \frac{3}{2} I^2 R_l$ [W]

04. Y 결선이 되어 있는 선로의 상전류와 선전류의 크기는?

답 같다.

05. 3상 Y 결선 선로의 선간 전압은 상전압 크기의 몇 배인가?

답 $\sqrt{3}$

06. 평형 3상 $\triangle - \triangle$ 회로의 선로에 60 [A]의 전류가 흐르고 있다. 부하 한 상의 임피던스가 $\dot{Z} = 3 + j4$ [Ω]일 때 부하의 상전류, 상전압 및 선간 전압의 크기를 구하시오.

답 34.6 [A], 173.2 [V], 173.2 [V]

07. 3상 회로를 사용하는 경우 합성 자계의 크기는 한 코일에서 생기는 최대 자계값의 (　　　)배로 항상 일정하고 교류의 각속도와 같은 회전 속도를 유지한다.

답 3/2

08. 단상 2선식 선로에 40 [A]가 흐르고 있을 때 도체의 단면적이 50 [mm^2]이고, 선로의 길이가 100 [m]이라면 전압 강하는?

답 2.848 [V]

09. 3상 3선식 선로에 200 [A]의 전류가 흐르고 있을 때 도체의 단면적이 250 [mm^2]이고, 선로의 길이가 1,000 [m]라면 전압 강하는?

답 24.64 [V]

10. 3상 회로에 있어서 회전 자계의 방향을 바꿔주기 위해서는 어느 두 코일의 전류의 방향을 (　　　　)로 해주면 된다.

답 반대

제 13 장

변압기

13.1 변압기의 원리

덴마크의 물리학자 외르스테드(Hans Christian Ørsted, 1777～1851)는 1820년 경 볼타전지의 양극과 음극의 양 끝을 잇는 철사에 강한 전류를 흘려보냈다. 북쪽에서 남쪽 방향을 향하는 철사 옆에 나란히 놓인 나침반의 바늘은 철사의 방향과 수직하게 동쪽에서 서쪽을 향하도록 90° 회전한 후 계속 그 방향을 가리키는 것을 발견하였다. 그리고 철사에 흐르는 전류의 방향을 바꾸었더니 나침반의 바늘은 즉시 180° 회전했고, 철사가 놓인 방향에 상관없이 바늘은 철사에 흐르는 전류의 방향에 따라서 철사의 한쪽 옆이나 다른 쪽 옆을 향하는 것을 발견하였다. 자침에 작용하는 힘의 양상이 정전기력이나 만유인력과 다르다는 점을 알 수 있었다. 바늘이 회전했다는 사실은 두 질량이나 두 전하 사이에 작용하는 단순한 인력이나 척력으로 설명하기 어려웠다. 그것은 전류에서 발생한 회전력이 영향을 준다는 점을 의미한다. 또한, 나침반의 바늘이 전하에 의해 영향을 받지는 않는다는 사실로부터 그 회전이 자기적인 효과라는 것이 입증되었다. 즉, 외르스테드는 전류가 흐르는 도선 주변에 놓인 자석이 특정한 방향을 가리키는 방식으로 움직이게 하는 힘이 자기장(磁氣場, magnetic field)이라는 사실을 발견하였다.

프랑스의 물리학자 앙페르(André-Marie Ampère, 1775～1836)는 외르스테드의 발견에 근거하여 전기와 자기의 관계를 연구하였다. 앙페르는 자신의 실험과 이론적 분석에 근거해서 자기 혹은 자기력은 전기가 움직일 때 발생하는 현상이라는 것을 증명하였다. 앙페르는 이것은 자석 속에 미소한 분자적 차원의 전류들이 무수히 많이 흐르는 것으로 해석하였다. 이런 분자적 전류는 어떤 부분에서는 상쇄되지만 자석의 극 부위에서는 상쇄되지 않아서 자석에 보이는 N 극과 S 극을 보이는 것이었다. 그의 이러한 연구는 19세기에 발전한 전기동역학의 기초가 되었다.

1831년에 영국의 과학자 패러데이(Michael Faraday, 1791～1867)는 앙페르의 연구에 자극을 받아 자석 혹은 자기력이 낳는 전기적 효과를 찾기 위해 실험을 하던 중에 자기장의 변화가 전류를 만들어 내는 전자기 유도(電磁氣 誘導, electromagnetic induction) 현상을 발견하였다. 패러데이는 코일로 감아 놓은 도선의 양끝을 검류계와 연결하고, 그 코일 안으로 자석을 집어넣었다 뺐다 하면 전류가 흐른다는 사실을 입증하였다. 전지는 연결하지 않고 자석만 코일 속으로 움직였을 뿐인데 검류계의 바늘이 움직인 것이다. 코일 속에 자석을 넣으면 자기장이 생기고 이러한 자기장의 변화에 의해 전류를 흐르게 하는 전압이 유도된 것이다. 전자기 유도 현상에서 자기장이 없거나 일정한 크기의 자기장이 지속되는 경우에는 전류가 유도되지 않는다. 자기장의 증가나 감소 등으로 자기장의 변화가 있을 때에만 전류가 유도된다. 패러데이가 발견한 전자기 유도 현상은 자석을 움직여서 전기를 만들어 내는 길을 열었으며, 이것은 발전기(發電機, generator) 기술의 과학적 토대가 되었다.

1834년 독일의 과학자 렌츠(Heinrich Friedrich Emil Lenz, 1804~1865)는 패러데이가 전자기 유도를 발견했다는 과학적 사실을 기초하여 더욱 진보된 렌츠의 법칙을 발표하였다. 유도 기전력의 방향은 코일 면을 통과하는 자속의 변화를 방해하는 방향으로 나타낸다는 것을 입증하였다. 즉, 유도 전류에 의한 자기장은 자속의 변화를 방해하는 방향이 된다. 만일 어떤 코일의 위쪽에 S극이 유도된다면 자석은 저절로 가속되어 역학적 에너지가 증가하는 동시에 코일에는 유도 전류에 의한 전기에너지가 생길 것이다. 이것은 에너지 보존 법칙에 위배되는 경우이다. 렌츠의 법칙은 에너지 보존 법칙의 한 예이며, 변압기(變壓器, Tr; transformer)의 제작에 응용된 것이다.

전기적 압력을 변환하는 변압기는 전자 유도 작용을 이용한 것으로써 교류 회로에 이용된다. 높은 전압 적은 전류의 교류 전력을 동일 주파수의 낮은 전압 많은 전류의 교류 전력으로 바꾸어 주거나 그 역의 과정을 행하는 전기기기로서 정지기의 일종이다.

그림 13.1은 변압기의 원리를 설명하기 위한 기본 구성도로서 얇은 규소 강판을 성층하여 만든 철심에 2개의 권선을 감았다. 이때 전원에 접속되어 있는 권선을 1차 권선(1次 捲線, primary winding)이라 하고, 부하에 접속되어 있는 권선을 2차 권선(2次 捲線, secondary winding)이라 한다.

그림 13.2와 같이 1차 권선 P의 감은 횟수를 N_1, 2차 권선 S의 감은 횟수를 N_2라 하자. 1차 권선을 전원에 접속하면 교류는 크기와 방향이 주기적으로 변화하므로 1차 권선과 2차 권선에 기전력 E_1, E_2가 유도된다. 이때 1차 권선에서 발생한 자속이 모두 2차 권선을 관통한다고 하면 시간에 대한 자속 변화의 비율은 두 권선이 같게 된다.

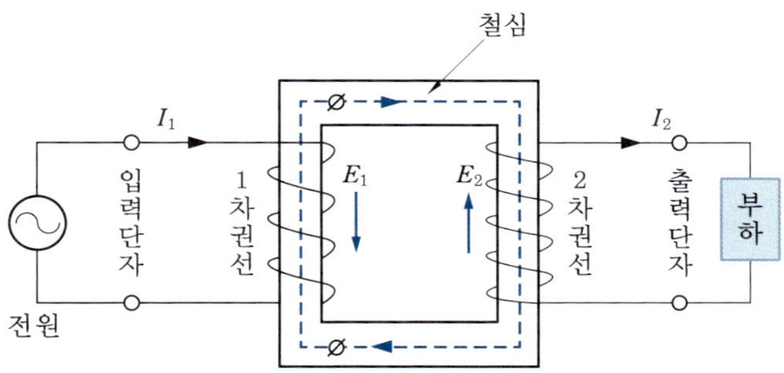

그림 13.1 변압기의 기본 구성

따라서 1차 권선과 2차 권선의 양 끝에 유도되는 기전력은 각 권선의 감은 횟수에 비례하게 된다. 1차 권선의 공급 전압 V_1과 유도 기전력 E_1이 평형을 이루고, 권선의 저항을 무시하면 1차 권선의 유도 기전력 E_1과 공급 전압 V_1은 그 크기가 같게 된다. 따라서 1차 권선의 권수를 N_1, 2차 권선의 권수를 N_2, 1차 권선의 인가 전압을 V_1, 2차 권선에 유도되는 전압을 V_2 라 하면 다음과 같다.

$$\frac{V_1}{V_2} \fallingdotseq \frac{E_1}{E_2} = \frac{N_1}{N_2} = a \tag{13.1}$$

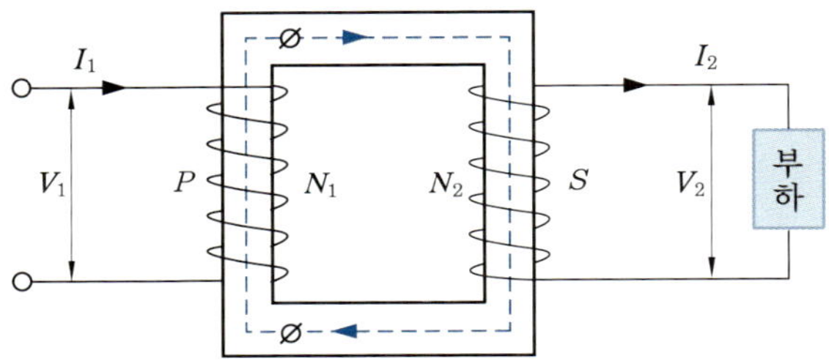

그림 13.2 변압기의 원리

식 (13.1)에서 알 수 있는 바와 같이 1차 코일의 권수 N_1과 2차 코일의 권수 N_2의 비를 적당히 조절함으로써 일정한 공급 전압 V_1에 대하여 원하는 2차 전압 V_2 값을 얻을 수 있다. a는 변압비(變壓比, transformation ratio) 또는 권수비(捲數比, turns ratio)라고 한다.

그림 13.2와 같이 2차측 S 코일에 부하를 접속하여 전류 I_2를 흐르게 하면 이에 대응하여 1차측 P 코일에는 전류 I_1이 유입한다. 이때 변압기에 손실이 없다고 하면 P 코일의 입력 $V_1 \times I_1$과 S 코일의 출력 $V_2 \times I_2$는 같으므로 다음과 같은 관계가 가능하다.

$$V_1 I_1 = V_2 I_2 \tag{13.2}$$

식 (13.1)과 관련하여 다음 식을 얻을 수 있다.

$$\frac{V_1}{V_2} = \frac{E_1}{E_2} = \frac{I_2}{I_1} \tag{13.3}$$

따라서 $\frac{I_1}{I_2} = \frac{1}{a}$로 나타낼 수 있다. 이것을 전류비(電流比, current ratio)라 한다.

예제 13.1

전력 설비의 1차 전압이 6,600 [V], 2차 전압이 220 [V]일 때 단상 변압기의 권수비는?

풀이

단상 변압기의 권수비는 다음과 같은 관계가 있다.

$$\frac{E_1}{E_2} = \frac{N_1}{N_2} = a$$

그러므로 주어진 값을 이용하여 계산하면 다음과 같다.

$$\frac{E_1}{E_2} = \frac{6,600}{220} = 30 = a$$

13.2 변압기의 구조

변압기를 구성하고 있는 중요한 부분은 철심(鐵心, iron core)과 권선(捲線, winding wire)이다. 이 둘을 배치하는 방식에 따라 변압기의 구조는 내철형, 외철형 및 권철심형 등으로 나눌 수 있으며, 그림 13.3에 나타낸다.

내철형(內鐵型, core type)은 그림 13.3(a)와 같이 철심이 안쪽에 있도록 권선을 감아 놓은 형태이며, 외철형(外鐵型, shell type)은 그림 13.3(b)와 같이 철심이 바깥쪽에 있도록 권선을 안에 감아 놓은 형태이다. 권철심형(捲鐵心型, wound core type)은 철심을 이은 자리가 없도록 규소 강대를 나선형으로 감아서 만든 형식이므로 전기적 손실이 감소된다. 그림 13.3(a)와 13.3(b)에서 변압기의 철심은 철손을 줄이기 위하여 두께가 0.35∼0.5 [mm] 정도이고, 규소 함량이 4∼4.5 [%]인 규소 강판을 필요한 크기로 절단한 후 성층(成層, lamination)하여 사용한다.

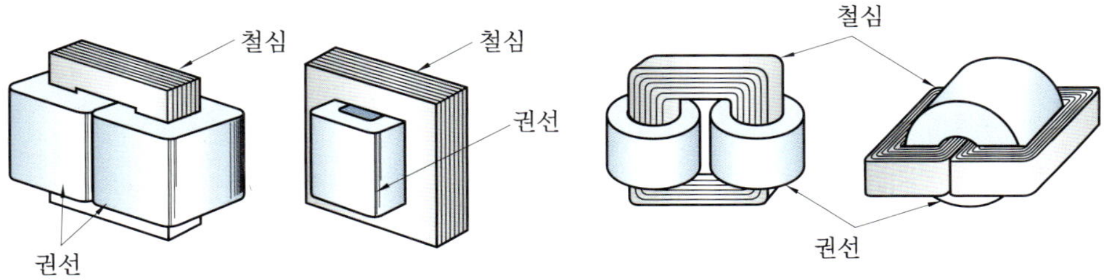

(a) 내철형 (b) 외철형 (c) 권철심형

그림 13.3 변압기의 구조

각 층 사이의 절연을 위하여 강판의 표면에 니스를 칠하거나 얇은 종이를 붙이기도 한다. 이들 규소 강판(硅素 鋼板, silicon steel sheet)은 열간 압연에 의하여 얇게 만들며, 그림 13.3(c)와 같은 권철심형의 경우에는 냉간 압연에 의한 방향성 규소 강대를 감아서 철심으로 사용하는데 이는 강판의 압연 방향을 따라 자속의 투과율이 높아지기 때문이다. 특히, 권철심 변압기는 압연에 의하여 제작하므로 철심과 여자 전류가 감소되는 이점이 있다. 변압기의 냉각 방식으로는 공랭식, 풍냉식, 유입 자냉식, 유입 수냉식, 유입 풍냉식, 유입 송유식 등이 있다.

13.3 이상 변압기

실제 변압기의 해석은 좀 복잡하지만 여기서는 변압기의 이론을 쉽게 이해하기 위하여 권선의 저항이나 누설 자속 등이 없는 이상 변압기(理想 變壓器, ideal transformer)로 가정하고, 다음과 같은 조건이 성립되는 변압기를 말한다.

① 변압기 권선의 저항은 '0' 이며, 동손이 없다.
② 변압기 철심 내부에서 발생되는 철손이 없다.
③ 철심의 투자율이 매우 크고, 자속 Φ 는 철심 내부에만 통하며 외부로의 누설 자속은 없다.

[1] 부하가 접속되지 않은 경우

그림 13.4(a)와 같이 변압기의 2차측에 부하를 접속하지 않은 상태에서 1차측에 교류 전압 $\dot{V}_1$을 가하면 1차 권선에는 $\dot{V}_1$보다 위상이 90° 늦은 교류 전류 $\dot{I}_0$가 흐른다.

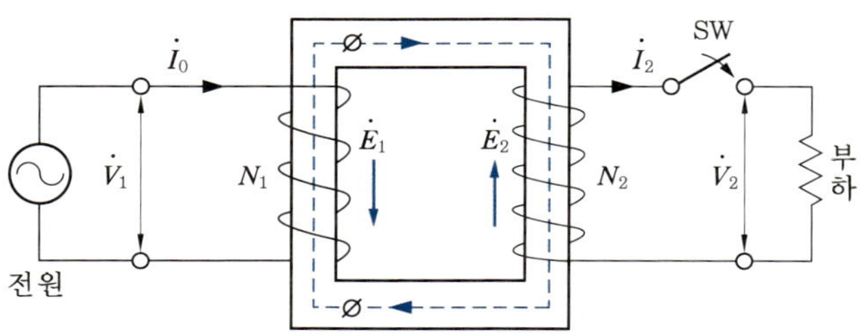

(a) 변압기 회로

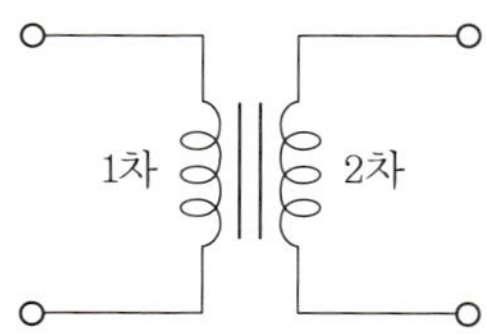

(b) 기호

그림 13.4 무부하 시의 변압기 회로

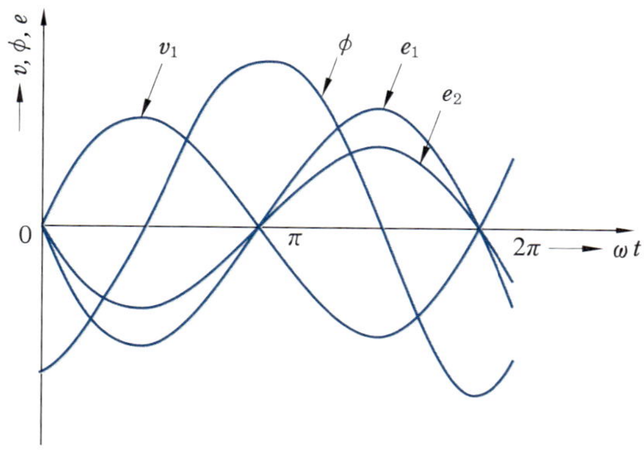

(a) 전압과 자속의 파형

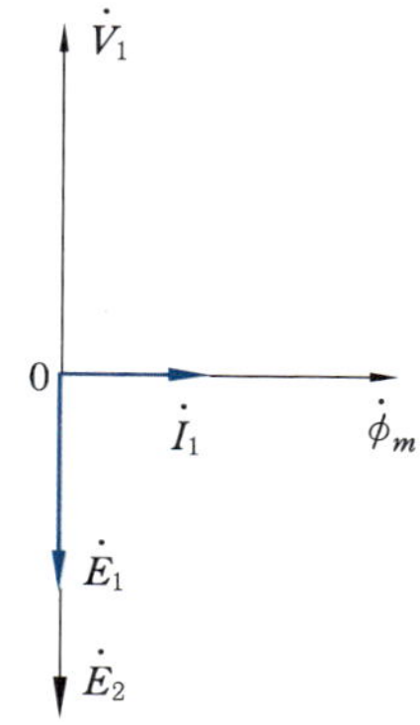

(b) 벡터도

그림 13.5 무부하 시의 전압과 자속

이 전류를 여자 전류(勵磁 電流, exciting current)라고 하며, 이 여자 전류에 의하여 철심에는 교번 자속 $\dot{\Phi}$가 생긴다. 이때 자속 $\dot{\Phi}$는 여자 전류 $\dot{I}_0$와 동상이 되는 데 이를 그림 13.5(a)에 나타낸다. 교번 자속 $\dot{\Phi}$의 변화에 따라 1차 권선에는 유도 기전력 $\dot{E}_1$이 발생하고, 유도 기전력 $\dot{E}_1$은 공급 전압 $\dot{V}_1$과 위상이 반대이고 크기는 같은데 이를 그림 13.5(b)의 벡터도와 같이 나타낸다.

그리고 교번 자속 $\dot{\Phi}$는 2차 권선에도 동시에 쇄교(鎖交, interlinkage)하므로 1차 유도 기전력 $\dot{E}_1$과 동상인 2차 유도 기전력 $\dot{E}_2$가 발생된다. 자속의 최대값 Φ와 유도 기전력의 최대값 E 사이의 관계는 다음 식으로 나타낼 수 있다.

$$E_1 = \omega N_1 \Phi = 2\pi f N_1 \Phi \ [\mathrm{V}] \tag{13.4}$$

$$E_2 = \omega N_2 \Phi = 2\pi f N_2 \Phi \ [\mathrm{V}] \tag{13.5}$$

그러므로 전압의 실효값(V_1, V_2)은 다음과 같이 나타낸다.

$$V_1 = \frac{E_1}{\sqrt{2}} = 4k_f f N_1 \Phi = 4.44 f N_1 \Phi_m \ [\mathrm{V}] \tag{13.6}$$

$$V_2 = \frac{E_2}{\sqrt{2}} = 4k_f f N_2 \Phi = 4.44 f N_2 \Phi_m \ [\mathrm{V}] \tag{13.7}$$

$k_f = \dfrac{\pi}{2\sqrt{2}} = 1.11$ 이며, 파형률(波形率, form factor)이라 한다.

$$\because \ \text{정현파의 파형률} = \frac{\text{실효값}}{\text{평균값}} = \frac{\frac{1}{\sqrt{2}}V_m}{\frac{2}{\pi}V_m} = \frac{\pi}{2\sqrt{2}} = 1.11$$

위 두 식에서 E_1과 E_2의 크기에 관하여 정리하면 다음의 관계가 된다.

$$\frac{E_1}{E_2} = \frac{N_1}{N_2} \fallingdotseq \frac{V_1}{V_2} = a \tag{13.8}$$

즉, 변압기의 1차와 2차 권선에 유도되는 기전력의 비는 그 권수의 비와 같음을 알 수 있다. 일반적으로 이것을 a로 표시하고, 이것을 권수비(捲數比, turns ratio)라고 한다. 이 권수비는 보통 정격 전압이 낮은 권선을 기준으로 해서 나타낸 두 권선의 권수비를 말한다.

따라서 $E_2 < E_1$인 경우의 변압기는 강압 변압기(降壓 變壓器, step-down transformer)라고 하고, 반대로 $E_2 > E_1$인 경우의 변압기는 승압 변압기(昇壓 變壓器, step-up transformer)라고 한다.

예제 13.2

단면적이 10 [cm²]인 철심에 200 회의 권선을 감아 이 권선에 60 [Hz], 60 [V]인 교류 전압을 인가하였을 때 철심의 자속 밀도는 얼마인가?

풀이

변압기의 실효값은 다음과 같이 나타낸다.

$$V_1 = \frac{E_1}{\sqrt{2}} = 4.44 f N_1 \Phi_m$$

그러므로 철심의 자속은 다음과 같다.

$$\Phi_m = \frac{V_1}{4.44 f N_1} = \frac{60}{4.44 \times 60 \times 200} \fallingdotseq 1.126 \times 10^{-3} \ [\text{Wb}]$$

그리고 철심의 자속 밀도는 다음과 같다.

$$B_m = \frac{\Phi_m}{A} = \frac{1.126 \times 10^{-3}}{10 \times 10^{-4}} = 1.126 \ [\text{Wb/m}^2]$$

[2] 부하가 접속된 경우

그림 13.6과 같이 변압기의 2차측에 부하 $\dot{Z}_L$을 접속하게 되면 2차측에 흐르는 전류 $\dot{I}_2$는 다음과 같이 나타낸다.

$$\dot{I}_2 = \frac{\dot{E}_2}{\dot{Z}_L} \ [\text{A}] \tag{13.9}$$

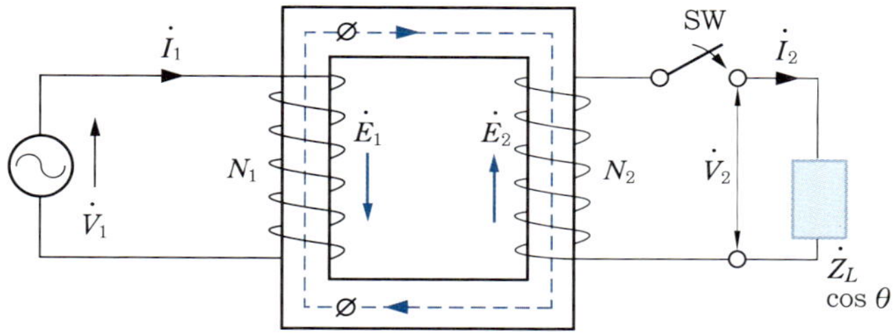

그림 13.6 부하가 접속된 변압기 회로

이때 2차 권선에 전류 $\dot{I}_2$가 흐르면 2차 권선에 기자력 $\dot{N}_2\dot{I}_2$가 생기고, 자속 $\dot{\Phi}_2$가 새로이 자기 회로에 발생된다. 따라서 무부하 상태에서 $\dot{V}_1$ 전압에 의해 존재하고 있는 자속 $\dot{\Phi}$에 대하여 자기적인 균형이 깨지면 철심 내의 자속은 $\Phi'(=\dot{\Phi}+\dot{\Phi}_2)$로 변하려고 한다. 그러나 1차 공급 전압 $\dot{V}_1$은 변함이 없는데 자속은 Φ'가 되었으므로 원래대로 자속이 Φ가 되기 위해서는 1차 권선에서 Φ_2를 상쇄하는 전류 $\dot{I}_1'$가 흘러 다음의 관계가 성립한다.

$$N_1\dot{I}_1' + N_2\dot{I}_2 = 0 \tag{13.10}$$

전류 $\dot{I}_1'$를 1차 부하 전류(1次 負荷 電流, primary load current)라고 하며, 1차 총 전류 $\dot{I}_1$은 여자 전류 $\dot{I}_0$와 1차 부하 전류 $\dot{I}_1'$의 벡터 합이 되어 다음과 같이 된다.

$$\dot{I}_1 = \dot{I}_0 + \dot{I}_1' \ [\text{A}] \tag{13.11}$$

식 (13.10)을 다시 쓰면 다음과 같이 나타낸다.

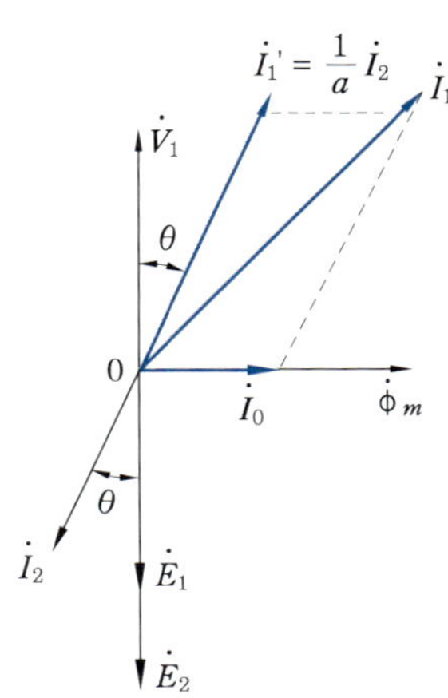

그림 13.7 부하 상태의 벡터도

$$\frac{\dot{I}_1'}{\dot{I}_2} = \frac{N_2}{N_1} = -\frac{1}{a} \tag{13.12}$$

식 (13.12)의 $\frac{1}{a}$을 전류비(電流比, current ratio)라고 하고, 식 (13.11)에서 여자 전류 $\dot{I}_0$는 1차 부하 전류 $\dot{I}_1'$보다 매우 적으므로 $\dot{I}_1 \approx \dot{I}_1'$이기 때문에 식 (13.12)를 다시 쓰면 다음과 같다.

$$\frac{I_1}{I_2} = \frac{N_2}{N_1} \tag{13.13}$$

결국 1차측에서 $\dot{V}_1 \dot{I}_1$의 피상 전력이 공급되면 다음과 같은 수식으로 나타낼 수 있다.

$$\dot{V}_1 \dot{I}_1 = \dot{V}_2 \dot{I}_2 \tag{13.14}$$

입력 전력은 부하에 공급되는 피상 전력 $\dot{V}_2 \dot{I}_2$와 같다. 즉, 이상 변압기 내에서는 손실이 없이 전력이 1차측에서 2차측에 모두 전송된다고 생각할 수 있다.

예제 13.3

1차 전압 3,300 [V], 권수비가 30 인 단상 변압기로 전등 부하에 20 [A]를 공급할 때의 입력 전력은 얼마인가?

풀이

변압기의 권수비와 전압비의 관계는 다음과 같다.

$$\frac{E_1}{E_2} = \frac{N_1}{N_2} = \frac{I_2}{I_1} = a$$

그러므로 1차 전류는 다음과 같다.

$$I_1 = \frac{1}{a} I_2 = \frac{1}{30} \times 20 = \frac{2}{3} \text{ [A]}$$

전등 부하이므로 역률 $\cos\theta = 1$이다.
그러므로 입력 전력은 다음과 같다.

$$P_1 = V_1 I_1 \cos\theta = 3{,}300 \times \frac{2}{3} \times 1 = 2{,}200 \text{ [W]}$$

13.4 실제 변압기

지금까지는 손실이 없는 이상 변압기라고 가정하였지만 이상 변압기의 제작은 불가능하고 실제의 변압기에는 권선 저항, 권선과 쇄교(鎖交, interlinkage)하지 않는 누설 자속, 철심의 포화, 철손 등이 있다. 여기서는 이들을 고려한 실제 변압기의 동작을 설명하기로 한다.

[1] 권선의 저항

권선에는 저항이 존재하고 여자 전류 I_0 및 1차 부하 전류 I_1'에 의한 전압 강하 및 동손을 일으킨다. 즉, 권선의 저항을 고려하기 위해서는 1차, 2차의 권선 저항 r_1, r_2를 각각 이상 변압기의 1차, 2차 권선에 접속하여 생각하면 된다.

[2] 누설 자속

이상 변압기에서는 1차 권선에 흐르는 전류 I_1에 의해 발생한 자속 Φ는 모두 2차 권선과 쇄교하고, 부하 전류 I_2에 의해 2차 권선에서 발생한 자속 Φ_2는 모두 1차 권선과 쇄교한다고 생각했다. 그러나 실제의 변압기에서는 1차 권선과는 쇄교하지만 2차 권선과는 쇄교하지 않는 자속, 또는 이것과는 역으로 2차 권선과는 쇄교하지만 1차 권선과 쇄교하지 않는 자속이 존재한다. 이와 같은 자속을 누설 자속(漏洩 磁束, leakage flux)이라 부른다. 따라서 누설 자속이 변압 작용에는 전혀 도움이 되지 않는 누설 리액턴스(leakage reactance)로 생각할 수 있으므로 x_1, x_2로 나타낸다. 결국, 권선의 저항과 누설 자속을 고려하면 다음과 같이 나타낸다.

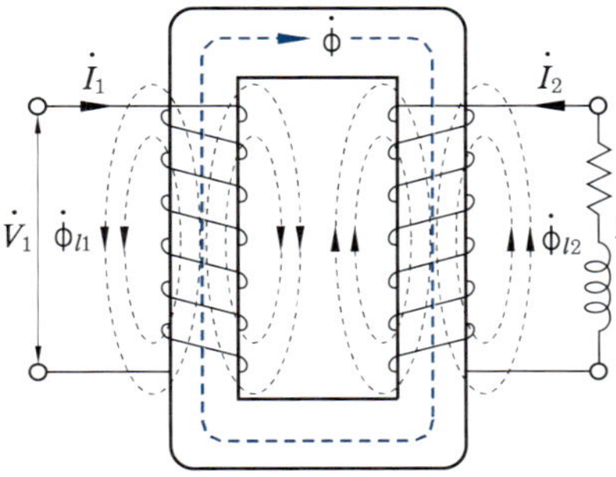

(a) 변압기 회로

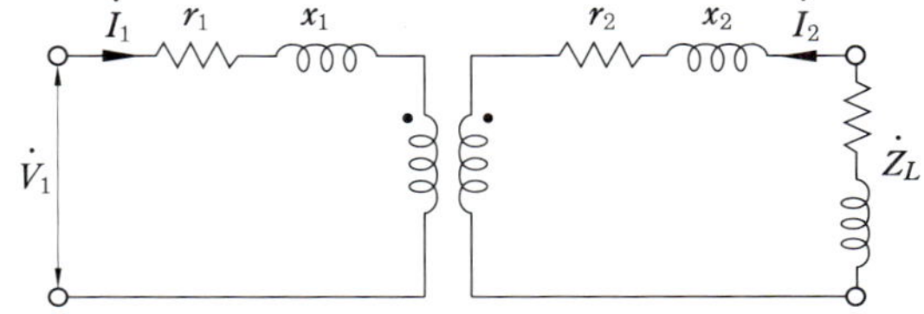

(b) 권선 저항, 누설 자속을 고려한 등가 회로

그림 13.8 누설 자속이 있는 변압기

$$\dot{Z}_1 = r_1 + jx_1 \ [\Omega] \tag{13.15}$$

$$\dot{Z}_2 = r_2 + jx_2 \ [\Omega] \tag{13.16}$$

즉, 1차 임피던스와 2차 임피던스가 생기므로 이들을 그림 13.8에 나타낸다.

[3] 여자 전류와 여자 어드미턴스

변압기의 1차 권선에 정현파 교류 전압을 가해 주면 여자 전류 i_0가 흐르고 철심 내에는 정현파 교번 자속 $\dot{\Phi}$가 생긴다. 그러나 실제의 변압기는 변압기 철심에 자기 포화 및 히스테리시스 현상이 있기 때문에 1차 권선에 공급된 전원이 정현파이더라도 1차 권선에 흐르는 전류 i_0은 정현파가 될 수 없고, 그림 13.9와 같이 고조파를 포함한 비정현파 전류 i_0'가 된다.

여자 전류 i_0'는 정현파 교류의 파형이 아니지만 편의상 정현파 교류로 취급하여 i_0로 나타낸다. 따라서 여자 전류는 왜형파가 되므로 그대로는 벡터적인 취급이 불가능하다. 그래서 이 여자 전류의 실효값을 가지고 1차 전압 $\dot{V}_1$ 사이의 전력이 철심에 생기는 철손을 공급하는 위상을 가진 등가의 정현파 전류 $\dot{I}_0$를 생각할 수 있다. 이것을 무부하 전류 또는 여자 전류라 부르며, 그림 13.10에 나타낸다.

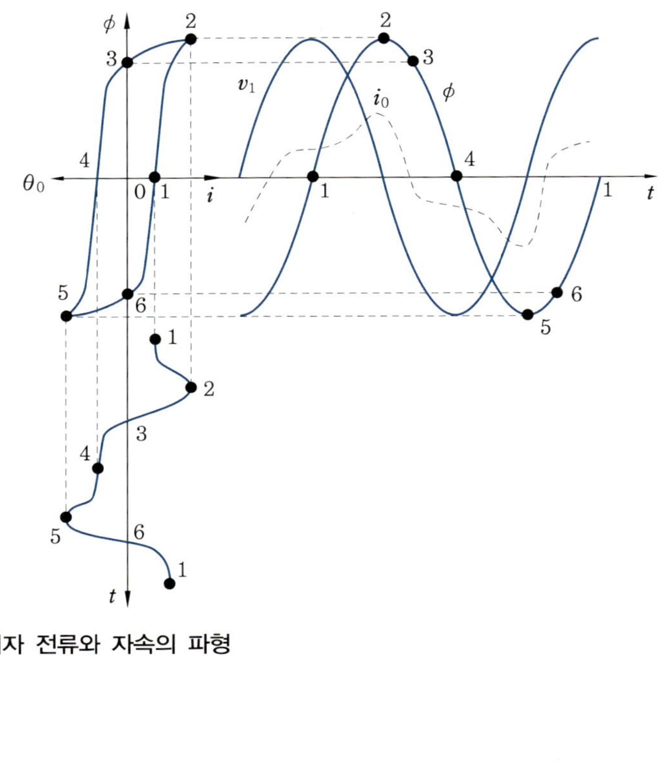

그림 13.9 여자 전류와 자속의 파형

변압기 철심에는 히스테리시스 현상에 따른 손실이 생기며, 자속 변화로 인한 맴돌이 전류 때문에도 손실이 생긴다. 이 두 가지의 손실을 히스테리시스손(hysteresis loss) 및 맴돌이 전류손(eddy current loss)이라고 하며, 두 손실을 합하여 철손(鐵損, iron loss)이라고 한다.

그림 13.10에서 여자 전류 $\dot{I}_0$는 $\dot{I}_{0w}$와 $\dot{I}_{0m}$의 두 성분으로 분리하여 생각할 수 있는데 이때의 $\dot{I}_{0w}$는 $\dot{V}_1'$와 동상으로서 철손을 공급하는 철손 전류(鐵損 電流, iron loss current)이며, $\dot{I}_{0m}$은 $\dot{\Phi}$와 동상으로서 자속을 유지하는 자화 전류(磁化 電流, magnetizing current)이다. 따라서 변압기의 1차 권선에 여자 전류 $\dot{I}_0$만이 흐른다고 하면 1차 권선에는 철손 전류 $\dot{I}_{0w}$와 자화 전류 $\dot{I}_{0m}$의 두 전류가 나뉘어 흐른다.

$$\dot{I}_0 = \dot{I}_{0w} + \dot{I}_{0m} \quad [\text{A}] \tag{13.17}$$

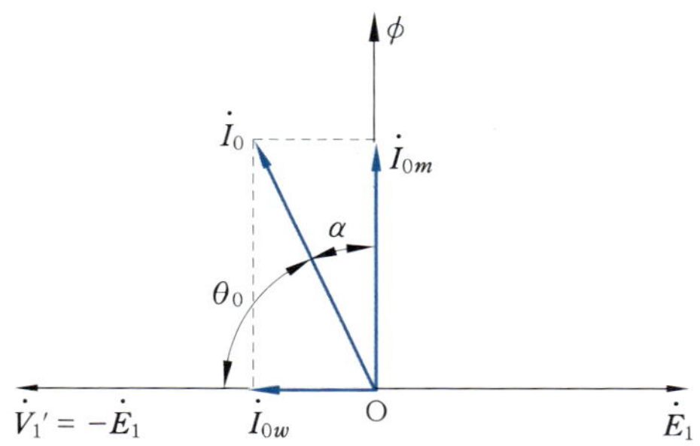

그림 13.10 여자 전류의 벡터도

이들은 그림 13.11과 같은 등가 회로로 나타낼 수 있으며, 이와 같은 등가 회로를 여자 회로(勵磁 回路, exciting circuit)라고 한다. 그리고 이 여자 회로에서 g_0는 여자 컨덕턴스, b_0는 여자 서셉턴스, 이들을 합성한 Y_0는 여자 어드미턴스(exciting admittance)라 한다.

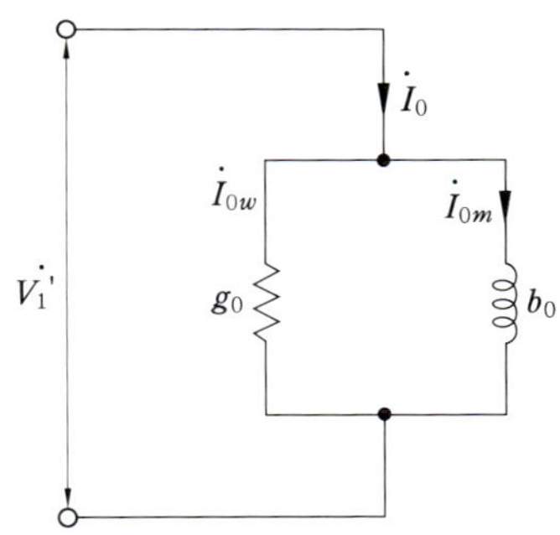

그림 13.11 등가 여자 회로

13.5 변압기의 등가 회로

등가 회로(等價 回路, equivalent circuit)는 두 개의 2단자 회로에 대하여 그 전압과 전류 관계가 완전히 서로 같을 때 서로 등가라고 하며, 한쪽을 다른 쪽의 등가 회로라고 부른다. 이상 변압기에서는 권선의 저항, 누설 리액턴스, 철손 등을 무시하고 전압, 전류, 자속 등을 계산하였지만 이들을 고려한 실제의 변압기에 대해서 전압, 전류 등을 계산하기 위해서 그림 13.12와 같은 실제의 변압기 회로를 얻을 수 있다.

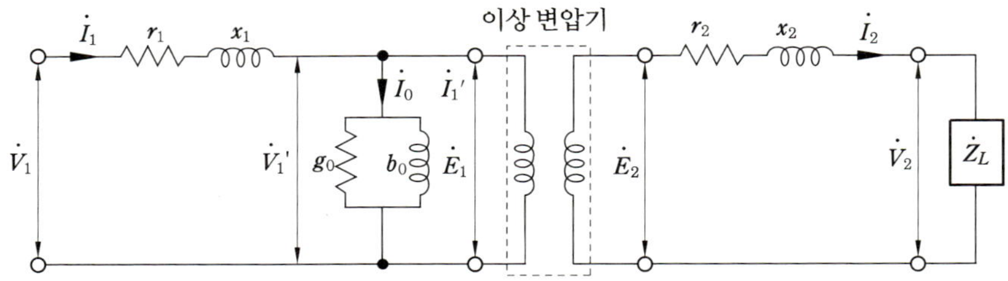

그림 13.12 실제 변압기의 등가 회로

따라서 이와 같은 등가 회로에서 1차 임피던스 $\dot{Z}_1$ [Ω], 2차 임피던스 $\dot{Z}_2$ [Ω], 부하 임피던스 $\dot{Z}_L$ [Ω] 그리고 여자 어드미턴스 $\dot{Y}_0$ [℧]는 다음과 같이 나타낸다.

$$\text{1차 임피던스 : } \dot{Z}_1 = r_1 + jx_1 \ [\Omega] \tag{13.18}$$

$$\text{2차 임피던스 : } \dot{Z}_2 = r_2 + jx_2 \ [\Omega] \tag{13.19}$$

$$\text{부하 임피던스 : } \dot{Z}_L = r + jx \ [\Omega] \tag{13.20}$$

$$\text{여자 어드미턴스 : } \dot{Y}_0 = g_0 + jb_0 \ [\mho] \tag{13.21}$$

전압과 전류와의 관계는 다음과 같이 나타낸다.

$$\dot{V}_1 = \dot{V}_1' + (r_1 + jx_1)\dot{I}_1 = -\dot{E}_1 + (r_1 + jx_1)\dot{I}_1 \ [\text{V}] \tag{13.22}$$

$$\dot{V}_2 = \dot{E}_2 - (r_2 + jx_2)\dot{I}_2 = \dot{I}_2 \dot{Z}_L \ [\text{V}] \tag{13.23}$$

$$\dot{I}_1 = \dot{I}_0 + \dot{I}_1' \ [\text{A}] \tag{13.24}$$

예제 13.4

단상 변압기 2차측의 105 [V] 단자에 1 [Ω]의 저항을 접속하고 1차측에 1 [A]의 전류가 흐를 때 1차 단자 전압이 900 [V]이었다. 1차측 탭 전압 [V]과 2차 전류 [A]는 얼마인가? 단, 이상 변압기를 사용했으며, V_T는 1차 탭 전압, I_2는 2차 전류이다.

풀이

변압기의 전력과 저항과의 관계는 다음과 같다.

$$V_1 I_1 = V_2 I_2 = \frac{V_2^2}{R_2}$$

그러므로 주어진 각각의 값을 대입하면 다음과 같다.

$$900 \times 1 = \frac{V_2^2}{1}, \quad V_2 = 30 \text{ [V]}$$

따라서 권수비는 다음과 같다.

$$a = \frac{V_1}{V_2} = \frac{900}{30} = 30$$

1차측 탭 전압은 다음과 같다.

$$V_T = a\, V_2' = 30 \times 105 = 3{,}150 \text{ [V]}$$

2차측 전류 I_2는 다음과 같다.

$$I_2 = a I_1 = 30 \times 1 = 30 \text{ [A]}$$

13.6 변압기의 손실과 효율

[1] 변압기의 손실

변압기가 1차 쪽에서 2차 쪽으로 전력을 전달할 때 변압기 내부에서는 전력의 손실이 발생하게 되며, 이때 생기는 손실을 변압기의 손실(損失, loss)이라 한다. 변압기의 손실은 무부하손(無負荷損, no-load loss)과 부하손(負荷損, load loss)의 두 가지 종류로 나눈다. 무부하손은 변압기가 무부하 상태에 있을 때 일어나는 손실이고, 부하손은 2차 쪽에 부하가 있을 경우에 전류가 흐름으로 인해 발생하는 손실이다.

철손(鐵損, iron loss)은 1차측이 전원에 접속되어 있으면 부하의 접속 유무에 관계없이 철심에서 생기는 것으로 히스테리시스손(hysteresis loss)과 맴돌이 전류손(eddy current loss)으로 이루어진다. 이 철손은 무부하손의 대부분을 차지하는 것으로 변압기의 효율에 큰 영향을 미치게 된다.

동손(銅損, copper loss)은 저항손(抵抗損, ohmic loss)이라고도 하며 1차 및 2차 권선에 전류가 흐를 때 발생하는 줄열에 의한 손실을 말하며, 무부하 또는 부하 접속할 때 생기는 것이다. 단, 무부하일 때는 1차 권선에 여자 전류만 흐르기 때문에 그 크기는 아주 작다. 유전체손(誘電體損, dielectric loss)은 변압기의 전압이 높을 때 절연물의 유전체로 인해서 생기는 손실이고, 표류 부하손(漂流 負荷損, stray load loss)은 누설 자속 또는 변압기의 구조에 따라 예측할 수 없이 생기는 손실을 말한다. 이와 같은 무부하손과 부하손은 전압계, 전류계, 전력계 등을 사용하여 측정할 수 있다.

[2] 변압기의 효율

변압기는 전력을 취급하기 때문에 효율(效率, efficiency)은 매우 중요한 특성 중의 하나이다. 변압기는 정지기이므로 전기 기기 중에서 효율이 약 97 [%] 정도 된다. 변압기의 효율을 나타내는 방법으로는 실측 효율과 규약 효율 등이 있다.

(1) 실측 효율

실측 효율(實測 效率, measured efficiency)은 실제로 부하를 접속하고 정격 전압을 가했을 때 변압기의 1차측 전력계에 나타난 전력 P_1 [W]을 측정하고, 2차측 전력계에 나타난 전력 P_2 [W]를 측정함으로써 다음과 같이 효율 η를 구한다.

$$\eta = \frac{\text{출력}}{\text{입력}} \times 100 \ \ [\%] \tag{13.25}$$

그러나 이 방법은 실제로 정격 전압을 가해 주고 정격 전류를 흘려주기 때문에 시설이 많이 필요하고 큰 전력이 소모된다. 이러한 이유 때문에 실측 효율 방법은 거의 사용되지 않는다.

(2) 규약 효율

변압기의 효율은 매우 높아서 입력과 출력 사이에 큰 차이가 없으므로 일반적으로는 다음과 같은 규약 효율(規約 效率, conventional efficiency)을 사용한다.

$$\eta = \frac{\text{출력}}{\text{출력} + \text{손실}} \times 100 \ \ [\%] \tag{13.26}$$

손실은 변압기의 무부하손과 부하손을 말하며, 이것은 변압기의 무부하 시험이나 단락 시험을 통해서 발굴할 수 있다. 변압기의 정격 2차 전압을 V_2, 정격 2차 전류를 I_2, 부하의 역률을 $\cos\theta$, 철손을 P_i [W], 2차 쪽으로 환산한 전체 저항을 r_{21}이라 하면 규약 효율 η는 다음과 같이 나타낸다.

$$\eta = \frac{\text{출력}}{\text{출력} + \text{무부하손} + \text{부하손}} \times 100 \ [\%]$$
$$= \frac{V_{2n} I_{2n} \cos\theta}{V_{2n} I_{2n} \cos\theta + P_i + r_{21} I_{2n}^2} \times 100 \ [\%] \tag{13.27}$$

이와 같이 정격 출력과 무부하손 및 부하손을 알고서 식 (13.26)에 따라 계산한 효율을 규약 효율(規約 效率, conventional efficiency)이라고 하며, 변압기의 효율을 계산할 때 이 방법을 사용한다.

(3) 전일 효율

변압기에 접속되어 있는 부하의 크기는 일정하지 않고 하루 종일 끊임없이 변화하고 있다. 이와 같이 변동하는 부하에 대해서 하루 종일 적산 출력과 적산 입력의 비를 생각하고 시간 T에 대하여 고려하면 이것을 전일 효율(全日 效率, all-day efficiency) η_d라 부르며 다음 식으로 계산한다.

$$\eta_d = \frac{V_2 I_2 \cos\theta \times T}{V_2 I_2 \cos\theta \times T + 24 P_i + r_{12} I_2^2 \times T} \times 100 \ [\%] \tag{13.28}$$

예제 13.5

변압기의 변압비가 무부하에서는 14.5 : 1 이고, 정격 부하의 역률에서는 15 : 1 이다. 이 변압기의 동일 역률에서의 전압 변동률은 얼마인가?

풀이

권수비는 무부하시의 전압비와 같으므로 다음과 같은 수식이 성립한다.

$$\frac{V_1}{V_{20}} = 14.5, \quad \frac{V_1}{V_{2n}} = 15$$

따라서 무부하 전압 및 정격부하 전압은 다음과 같이 나타낼 수 있다.

$$V_{20} = \frac{V_1}{14.5}, \quad V_{2n} = \frac{V_1}{15}$$

그러므로 무부하 전압과 정격부하 전압의 비는 다음과 같다.

$$\frac{V_{20}}{V_{2n}} = \frac{V_1/14.5}{V_1/15} = \frac{15}{14.5}$$

그러므로 전압 변동률은 다음과 같다.

$$\xi = \frac{V_{20} - V_{2n}}{V_{2n}} \times 100 = \frac{15 - 14.5}{14.5} \times 100 = 3.45 \ [\%]$$

13.7 단상 변압기의 결선

[1] 변압기의 극성

송배전 방식은 3상 교류 방식이 대부분이므로 3상 변압기를 사용하거나 단상 변압기 3대를 알맞게 사용한다. 2대 이상의 단상 변압기를 결선하는 경우 결선이 잘못되면 변압기가 파손되므로 변압기의 극성을 미리 알아야 한다. 변압기 극성(極性, polarity)은 어느 순간에 1차 단자와 2차 단자에 나타나는 유기 기전력의 상대적인 방향을 말한다.

그림 13.13에서 변압기 외함(外函, electrical box or enclosure)의 같은 쪽에 있는 고압 및 저압 단자인 A와 a를 접속하고, 다른 단자 B와 b 사이에 전압계 V를 연결하고, 고압측인 A, B 사이에 적당한 전압 V_1을 가했을 때의 저압측 a, b 사이의 전압을 V_2, 그리고 V의 지시를 V_0라고 하자.

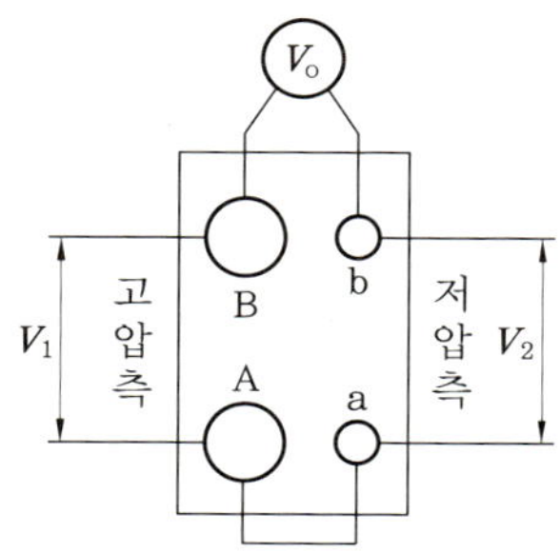

그림 13.13 변압기의 극성 시험

이때 변압기의 지시가 $V_0 = V_1 - V_2$이면 A와 a, 그리고 B와 b는 같은 극성이 되고, 변압기의 1차와 2차 권선은 그림 13.14(a)의 관계로 된다. 이와 같이 고압 및 저압 단자의 극성이 같은 쪽에 있는 변압기를 감극성(減極性, subtractive polarity) 변압기라고 한다.

그리고 그림 13.14(b)와 같이 그림 13.14(a)와는 반대로 $V_0 = V_1 + V_2$로 되어 A와 a, 그리고 B와 b의 극성이 다른 변압기를 가극성(加極性, additive polarity)이라 한다. 감극성과 가극성의 극성을 쉽게 구별하기 위하여 변압기 외함에 그림 13.15와 같이 단자 기호를 붙인다. 대문자 U, V는 고압 단자를 나타내고, 소문자 u, v는 저압 단자를 나타낸다.

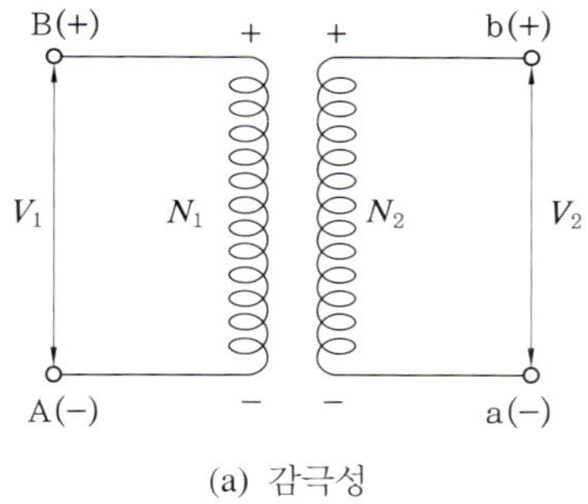

그림 13.14 변압기의 극성

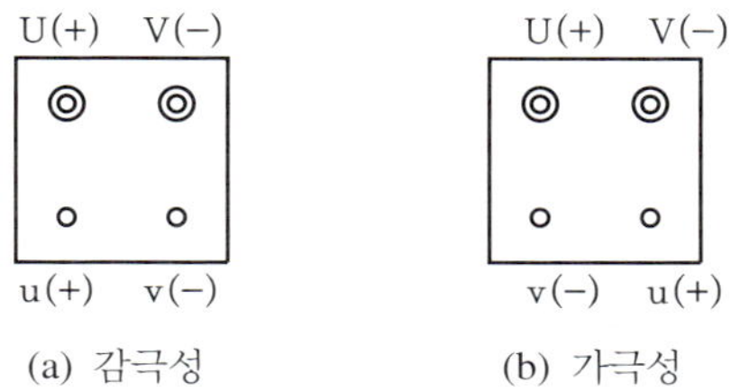

그림 13.15 변압기의 단자기호

[2] 단상 변압기의 3상 결선

3상 변압기 대신에 단상 변압기 3대를 사용하여 3상 변압을 하고자 할 경우에는 3대의 단상 변압기의 정격 용량, 정격 전압, 정격 주파수, 권선의 저항, 누설 리액턴스 등이 같아야 한다. 단상 변압기 3대를 사용하며 3상 결선할 때는 그림 13.16과 같이 Y−Y 결선, △−△ 결선, Y−△ 결선, △−Y 결선의 방법이 있다.

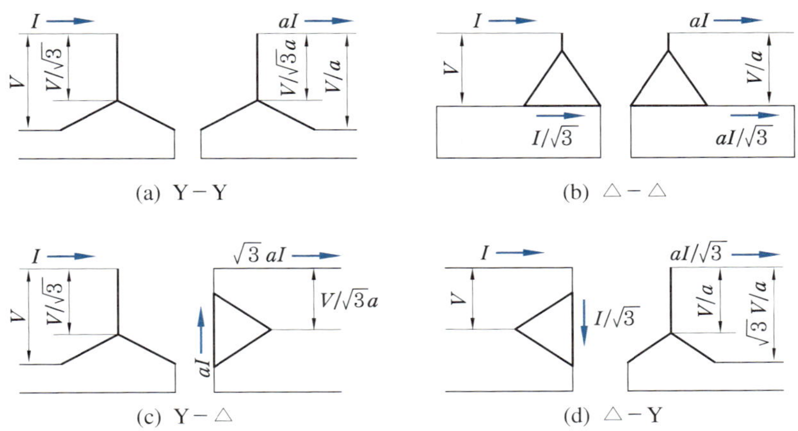

그림 13.16 단상 변압기의 3상 결선

[3] 단상 변압기의 병렬 운전

부하의 증설로 인하여 새로운 변압기를 증설할 때 그림 13.17과 같이 변압기의 1차 단자와 2차 단자를 각각 병렬로 접속하여 운전하는 것을 병렬 운전(竝列 運轉, parallel running)이라 한다. 이때 단상 변압기 2대 이상으로 병렬 운전을 하고자 할 때는 여러 가지 조건을 만족시켜야 한다.

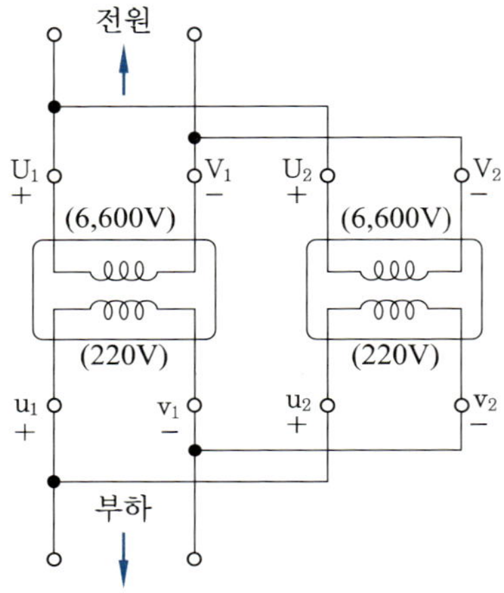

그림 13.17 변압기의 병렬 운전

> **※ 변압기의 병렬 운전 조건**
> ① 1차, 2차 정격 전압 및 극성이 같을 것
> ② 권수비가 같을 것
> ③ 퍼센트(%) 저항 강하 및 리액턴스 강하가 같을 것
> ④ 3상일 때는 각변위가 같을 것

13.8 3상 변압기

변압기(變壓器, transformer)는 전자기 유도 현상을 이용하여 교류의 전압이나 전류의 값을 변화시키는 장치이다. 일반적으로 단상 변압기는 1차 코일에 교류 전압이 걸리면 교류 전류에 의하여 자속의 변화가 나타나고, 이것은 다시 2차 코일에 유도 기전력을 일으키는 원리이다. 따라서 3상 전원을 얻기 위해서는 단상 변압기 3대를 사용하여 각종 결선 방법에 의하여 3상 전원을 변압하였으나 그 대신에 1 대의 3상 변압기(三相 變壓器, three phase transformer)를 사용하면 3상 전원을 편리하게 얻을 수 있다.

그림 13.18과 같이 단상 변압기 3대를 조합할 때 중앙의 공통 자기 회로를 생략할 수 있다. 그리고 그림 13.19는 3상 변압기의 연결도를 나타낸 것이다. 이러한 구조에서는 중앙부 자기 회로에 비하여 외측의 자기 회로가 길어지고, 여자 전류가 약간의 불평형을 일으키지만 부하 전류와 비교하면 작기 때문에 큰 지장은 없다.

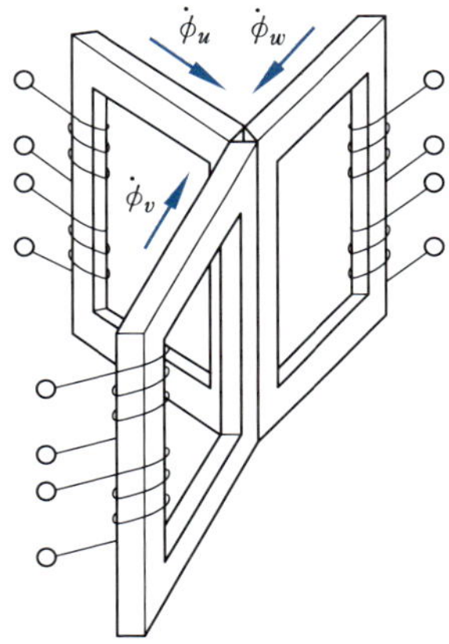

그림 13.18 단상 변압기 3대의 조합

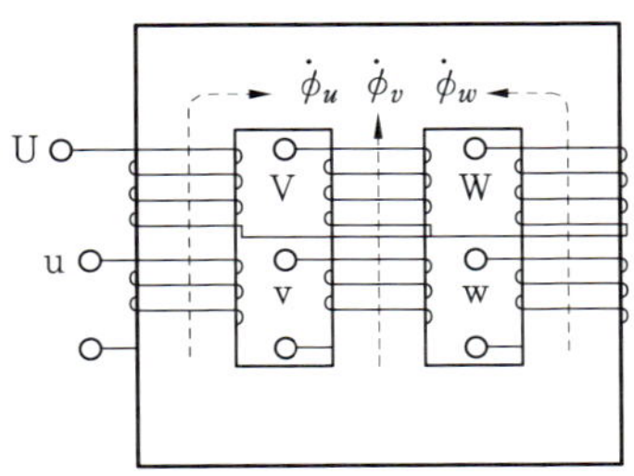

(a) 내철형 3상 변압기

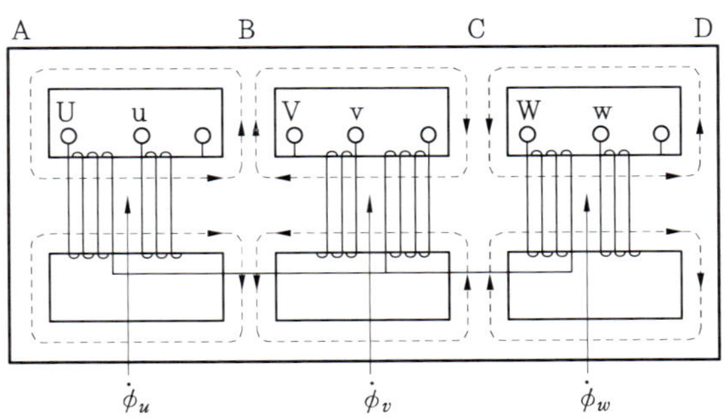

(b) 외철형 3상 변압기

그림 13.19 3상 변압기

13.9 단권 변압기

[1] 구조

단상 변압기의 1차 전압과 2차 전압의 크기가 큰 차이가 없을 때는 종래의 변압기 방식 대신에 1차 권선과 2차 권선을 공용으로 사용하면 경제적이다. 이러한 변압기를 단권 변압기(單捲 變壓器, auto-transformer)라고 하며, 그림 13.20(a)에 나타낸다. 이에 비하여 앞에서 설명한 변압기는 2 권선 변압기로서 1차와 2차 자기 회로가 절연되어 있는 방식인데 이를 그림 13.20(b)에 나타낸다.

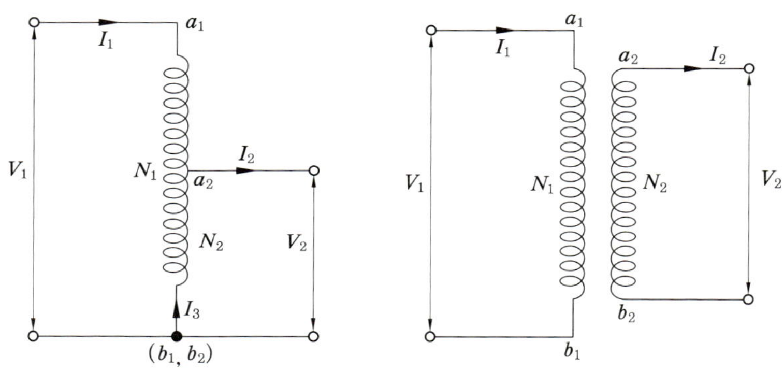

(a) 단권 변압기 (b) 2 권선 변압기

그림 13.20 단권 변압기와 2 권선 변압기

[2] 단권 변압기의 원리

그림 13.21은 단권 변압기를 나타낸 것인데 그림 13.21(a)의 강압용 단권 변압기에서 a−b 부분의 권선을 직렬 권선(直列 捲線, series winding), b−c 부분의 권선을 분로 권선(分路 捲線, shunt winding)이라 한다. 그림 13.21(a)에서 ac = ab + bc 사이의 권수를 n_1, b−c 사이의 권수를 n_2 라 하고, 1차에 전압 $\dot{V}_1$을 공급하였을 때 a−b, b−c 사이에 유기되는 기전력을 $\dot{E}_1$, $\dot{E}_2$라고 하며, 2차 단자 전압을 $\dot{V}_2$라 하고, 권선의 저항, 누설 리액턴스 및 여자 전류를 무시하면 다음과 같이 나타낸다.

$$\frac{V_1}{V_2} = \frac{E_1 + E_2}{E_2} = \frac{n_1}{n_2} = a \qquad (13.29)$$

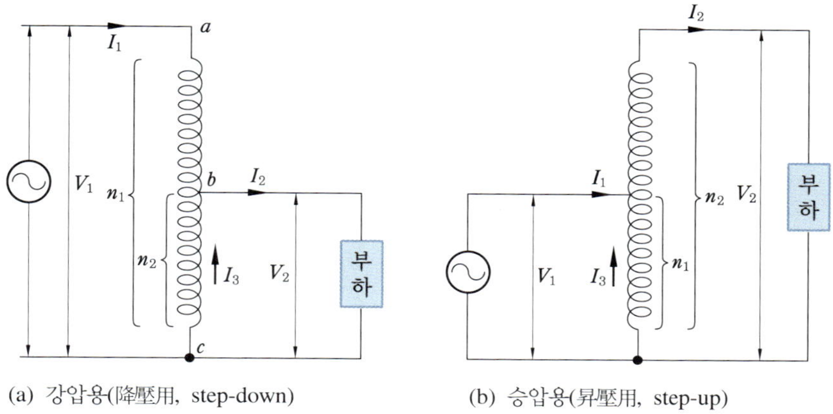

그림 13.21 단권 변압기

예제 13.6

단권 변압기 2대를 V 결선하여 회로 전압 3,000 [V]에서 3,300 [V]로 승압하고 300 [kVA]의 부하에 전력을 공급하려고 한다. 단권 변압기의 용량은 얼마로 하면 되는가?

풀이

직렬 권선의 선전류 I_2는 다음과 같다.

$$I_2 = \frac{300 \times 10^3}{\sqrt{3} \times 3{,}300} \fallingdotseq 52.49 \text{ [A]}$$

V 결선에서는 선간 전압과 권선 전압이 같으므로 직렬 권선의 기전력 e는 다음과 같다.

$$e = 3{,}300 - 3{,}000 = 300 \text{ [V]}$$

단권 변압기의 용량은 직렬 권선의 용량이므로 전압 강하에 2차 전류를 곱한 값이다.

$$e I_2 = 300 \times 52.49 = 15{,}747 \text{ [VA]}$$

예제 13.7

그림 13.22는 승압용 단권 변압기의 결선을 나타낸 것이다. $N_1 = 50$, $N_2 = N_3 = 10$ 이다. 그리고 출력 전류 $I_2 = 8\angle-60°$ [A] 이고, $I_3 = 10\angle-30°$ [A] 이다. 단권 변압기의 1차측 전류는 얼마인가?

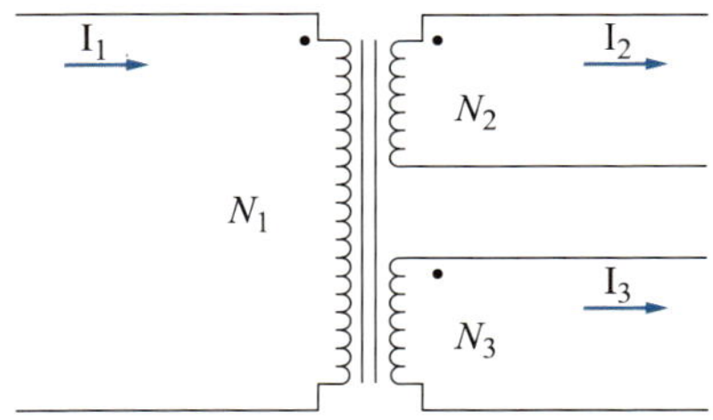

그림 13.22 승압용 단권 변압기

풀이

승압용 단권 변압기의 권수비와 전류의 관계는 다음과 같다.

$$N_1 I_1 - N_2 I_2 - N_3 I_3 = 0$$

따라서 수식을 정리하고, 1차 전류 I_1를 나타내면 다음과 같다.

$$N_1 I_1 = N_2 I_2 + N_3 I_3$$

$$I_1 = \left(\frac{N_2}{N_1}\right) I_2 + \left(\frac{N_3}{N_1}\right) I_3 \text{ [A]}$$

그리고 주어진 값들을 대입하면 계산하면 다음과 같다.

$$\begin{aligned} I_1 &= \left(\frac{10}{50}\right) \times (8\angle-60°) + \left(\frac{10}{50}\right) \times (10\angle-30°) \\ &= (1.6\angle-60°) + 2.0\angle-30°) \\ &= (0.8 - j1.39) + (1.73 - j1) = 2.53 - j2.39 \\ &= 3.48\angle-43.3° \text{ [A]} \end{aligned}$$

13장 연습문제

01. 변압기의 철심을 규소 강판으로 만드는 이유는?

답 철손 발생을 줄이기 위해서 사용한다.

02. 이상적인 변압기(ideal transformer)에 대한 잘못된 설명은?

① 권선의 저항은 0이다. ② 철손이 없다.
③ 동손이 100 [%]이다. ④ 투자율이 매우 크다.

답 ③

03. 어떤 변압기의 자속이 2.0×10^{-3} [Wb], 단면적이 10 [cm^2]이라면 자속밀도는 얼마인가?

답 2 [Wb/m^2]

04. 변압기의 1차 전압 6,600 [V], 권수비가 30 인 경우 2차 전압은?

답 220 [V]

05. 변압기에서 히스테리시스손과 맴돌이 전류손을 합하여 (   )이라 한다.

답 철손

06. 변압기의 실측 효율은 어떻게 나타내는가?

답 $\eta = \dfrac{출력}{입력} \times 100$ [%]

07. 변압기의 규약 효율은 어떻게 나타내는가?

답 $\eta = \dfrac{출력}{출력 + 손실} \times 100$ [%]

08. 변압기의 고압측 단자와 저압측 단자의 극성이 같은 쪽에 있는 변압기를 (   )변압기라 한다.

답 감극성

09. 변압기의 단자를 표시할 때 대문자 U, V는 고압 단자를 나타내고, 소문자 (,   )는 저압 단자를 나타낸다.

답 u, v

10. 단상 변압기의 1차 전압과 2차 전압 크기의 차이가 크지 않을 때 1차 권선과 2차 권선을 공용으로 사용하는 것을 (   )라 한다.

답 단권 변압기

제 14 장

전자회로의 기초

14.1 반도체의 개요

반도체(半導體, semiconductor)는 전기 전도도에 따른 물질의 분류 가운데 하나로 도체(導體, conductor)와 부도체(不導體, insulator)의 중간 영역에 속하는 물질이다. 순수한 상태에서는 부도체와 비슷하지만 불순물의 첨가나 기타 조작에 의해 전기 전도도를 바꿀 수 있다. 일반적으로 실온에서 비저항이 $10^{-3} \sim 10^{10}$ [Ω·cm] 정도이며, 그 범위가 엄격한 것은 아니다.

[1] 전자의 에너지

전자의 에너지는 전자의 상수 및 에너지 상태 등에 따라 다르게 나타난다. 원자(原子, atom)는 물질의 성질을 결정하는 최소 단위이며, 양성자(陽性子, proton) 및 중성자(中性子, neutron)로 이루어진 원자핵과 원자핵 주위 궤도를 회전하는 전자로 이루어져 있다. 원자 안에서 음(−) 전하를 지닌 전자는 양(+) 전하를 지닌 양성자에게 전기적으로 속박되어 있다.

분자는 원자들이 모여서 구성되며, 분자들은 모여서 결정체나 물체를 구성한다. 그림 14.1은 원자의 구조와 전자를 나타낸 것으로 원자핵 주위에 전자를 각각 1 개, 2 개씩 갖는 가장 간단한 구조이다.

전자는 일정한 질량을 가진 입자의 성질과 함께 부피가 제한되지 않은 파동의 성질을 갖는 일종의 에너지 덩어리와 같은 형태로 존재한다. 전자의 전하량과 정지 상태의 질량은 다음과 같다.

$$q_0 = -1.602 \times 10^{-19} \ [\mathrm{C}] \quad (14.1)$$

$$m_0 = 9.1 \times 10^{-31} \ [\mathrm{kg}] \quad (14.2)$$

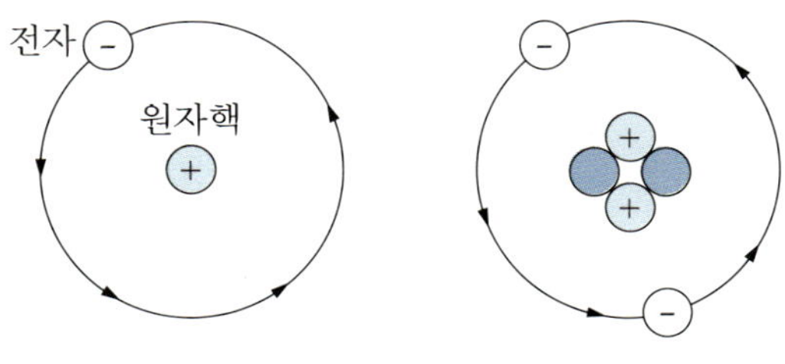

(a) 수소(H) (b) 헬륨(He)

그림 14.1 원자의 구조와 전자

전자의 에너지는 줄 [J]과 비교하여 대단히 작기 때문에 전자볼트 [eV]라는 단위를 사용한다. 1 [eV]는 1 [V]의 전위차를 갖는 전기장 안에 있는 전자가 갖는 위치 에너지의 크기이다.

$$1\,[\mathrm{eV}] = 1.602 \times 10^{-19}\ [\mathrm{J}] \tag{14.3}$$

그리고 전자는 에너지 상태에 따라 속박 전자, 전도 전자, 자유 전자 등으로 분류된다.

① **속박 전자** : 원자핵에 의한 전기적 구심력과 전자 궤도의 공전에 의한 원심력이 평형을 이루며, 원자 안에 속박된 상태이다. 대부분의 전자는 속박 전자(束縛 電子, bound electron)에 속한다.

② **전도 전자** : 원자의 안쪽 궤도에 속박되었던 전자가 외부 에너지를 받아 전기 전도 현상을 일으킬 수 있는 새로운 바깥쪽 궤도로 이동한 상태이다. 전도 전자(傳導 電子, conduction electron)는 도체 속을 이동하는 전자이며, 열과 전기에너지를 전달할 수 있다.

③ **자유 전자** : 열, 빛, 전기장 등에 의하여 외부로부터 충분한 에너지를 얻은 전자가 원자의 속박으로부터 완전히 벗어난 상태로서 공간을 자유롭게 이동할 수 있다. 자유 전자(自由 電子, free electron)는 독립된 입자처럼 도체 외부의 공간을 자유롭게 이동한다.

[2] 고체의 에너지

(1) 고체의 에너지 대역

원자의 가장 바깥 궤도를 회전하는 전자는 원자의 화학적 결합 값을 결정하기 때문에 가전자(價電子, valence electron)라고 부른다. 가전자들의 에너지 준위는 거의 같은 크기를 가지며, 물질 내에서 무수히 많은 원자들이 모여 있다. 이들이 갖는 무수히 많은 가전자들의 에너지 준위는 겹겹이 쌓여 가전자들의 궤도를 중심으로 하나의 에너지 대역을 이룬다. 그리고 안쪽 궤도를 회전하는 전자들은 안쪽 궤도를 중심으로 별도의 에너지 대역을 이룬다. 결정체 전체로 보면 허용대(許容帶, allowed band)는 원자핵을 둘러싸고 있는 전자 궤도를 중심으로 띄엄띄엄 떨어져 존재한다. 그리고 인접한 두 허용대 사이에는 전자가 존재할 수 없는 공간인 금지대(禁止帶, forbidden band)가 존재하며, 고체의 에너지 대역의 분포는 그림 14.2와 같다.

그리고 고체의 에너지 대역은 충만대(充滿帶, full band)와 전도대(傳導帶, conduction band)로 구분할 수 있으며, 충만대는 전자가 가득찬 허용대이다. 상온에서 충만대의 가전자 중의 극히 일부는 금지대를 건너뛰어 전도대로 이동할 수 있을 만큼 큰 에너지를 가진 전자이다. 이때 충만대의 전자는 속박 전자이며, 전도대로 이동한 전자는 전도 전자가 된다. 전도 전자의 발생은 금지대의 폭에 의해 영향을 받으며, 일반적으로 금지대의 폭이 5 [eV]인 물질을 절연체, 대략 1 [eV]인 물질을 반도체, 거의 0 [eV]인 물질을 도체라고 한다. 반도체 재료로 사용되는 실리콘(Si), 게르마늄(Ge) 등의 금지대 폭은 각각 1.12 [eV], 0.67 [eV] 정도이다.

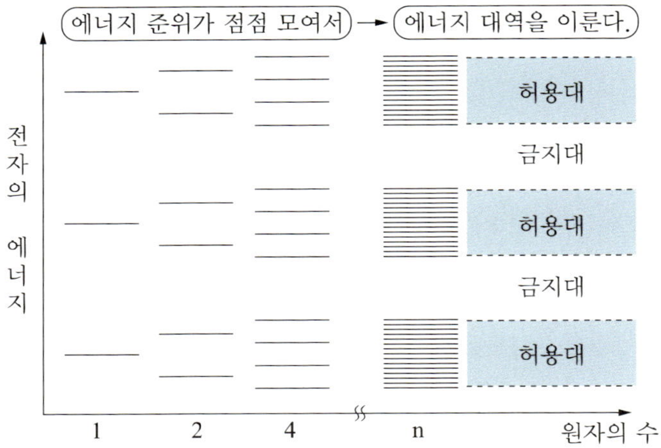

그림 14.2 고체의 에너지 대역

(2) 전자의 방출

전도대로 올라온 전도 전자가 추가적인 에너지를 얻으면 자유 공간으로 방출되어 자유 전자가 된다. 이와 같이 전자가 물질의 표면 밖으로 방출되는 현상을 전자 방출이라고 한다. 자유 전자는 전자 방출의 원인이 되는 에너지의 형태에 따라 다음과 같이 분류된다.

① 열 전자는 외부의 열 에너지에 의하여 방출된 자유 전자이다.
② 광 전자는 외부의 빛 에너지에 의하여 방출된 자유 전자이다.
③ 전기장 전자는 전기장 에너지에 의하여 방출된 자유 전자이다.
④ 2차 전자는 가속된 전자가 원자와 충돌하여 2차적으로 방출된 자유 전자이다.

[3] 반도체 재료

반도체 재료는 게르마늄(Ge), 실리콘(Si) 결정처럼 4개의 가전자로 공유 결합하고 있는 진성 반도체(眞性 半導體, intrinsic semiconductor)와 특성이 반도체 결정 본래의 성질이 아니라 첨가되는 불순물에 의해서 특징지어지는 불순물 반도체(不純物

半導體, impurity semiconductor)로 구분된다. 대부분의 반도체는 불순물 반도체이며 5족 원소를 첨가하면 n-type 반도체, 3족 원소를 첨가하면 p-type 반도체가 된다.

(1) 진성 반도체

진성 반도체(眞性 半導體, intrinsic semiconductor)는 단결정 구조를 가진 순수한 반도체이다. 실리콘(Si) 및 게르마늄(Ge)은 원자핵의 가장 바깥 궤도에 4개의 전자가 존재하는 Ⅳ족 원소에 속하며, 인접한 원자들과 함께 공유 결합을 이룬다. 순수한 반도체에 에너지를 가하면 충만대에 속박되어 있던 전자 가운데 일부가 금지대를 넘어 전도대로 이동할 수 있다. 충만대에서 전도대로 이동한 전자는 이전에 소속되었던 충만대에 하나의 빈자리를 남기게 된다. 이러한 빈자리는 원래 음(−) 전하가 있어야 할 자리에 마치 양(+) 전하가 출현한 것과 같으며, 이것을 정공(正孔, positive hole)이라 한다. 정공은 충만대에서 비교적 이동이 자유로워 전도대의 전자와 함께 전하를 나르는 반송자의 역할을 한다.

(2) 불순물 반도체

불순물 반도체(不純物 半導體, impurity semiconductor)는 순수한 반도체에 의도적으로 특정한 불순물을 첨가하여 전자(電子, electron) 또는 정공(正孔, positive hole)을 크게 증가하도록 한 것이다. 첨가된 불순물에 의해 발생된 전자 또는 정공은 다수 반송자(搬送子, carrier)를 구성하며 다수 반송자가 전자이면 n-type 반도체, 정공이면 p-type 반도체라고 부른다. 그림 14.3은 불순물이 첨가된 반도체의 구조를 나타낸 것이다.

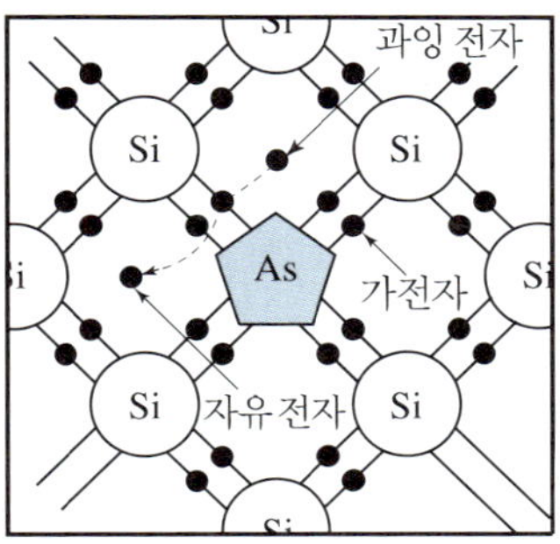

(a) n−type 반도체

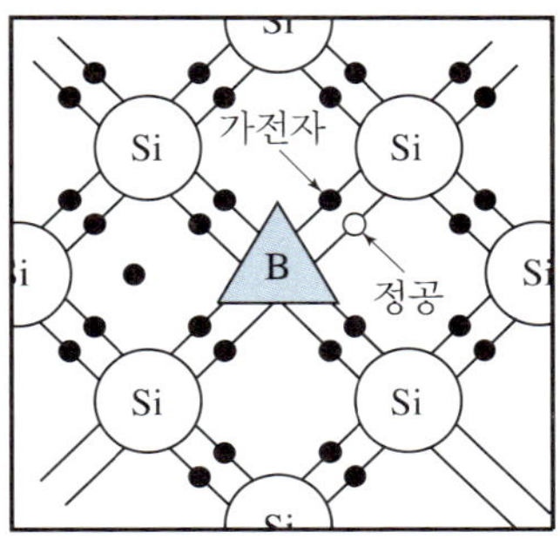

(b) p−type 반도체

그림 14.3 반도체의 구조

① n-type 반도체

안티몬(Sb), 비소(As), 인(P) 등의 Ⅴ족 원소를 불순물로 사용하며 다수 반송자는 전자(電子, electron)이다. 이때 첨가된 불순물을 도너(donor)라고 하며, 도너에 의한 과잉 전자는 상온에서 쉽게 전도대로 옮겨진다.

② p-type 반도체

붕소(B), 알루미늄(Al), 갈륨(Ga), 인듐(In) 등의 Ⅲ족 원소를 불순물로 사용하며 다수 반송자는 정공(正孔, positive hole)이다. 이때 첨가된 불순물을 억셉터(acceptor)라고 부르며, 억셉터에 의한 과잉 정공은 상온에서 쉽게 충만대로 옮겨진다.

14.2 PN 접합 및 다이오드

PN 접합 (PN junction)은 접합의 일종으로 반도체의 내부에서 p형과 n형의 성질을 나타내는 두 영역 사이의 경계 또는 전이 부분이다. 하나의 결정체 속에서 일부분을 p-type으로 다른 일부분을 n-type으로 만든 것을 PN 접합이라 한다. PN 접합을 하면 한쪽 방향으로는 전류를 통과하나 반대 방향으로는 전류를 통과하지 못하는 정류 작용(整流 作用, rectifying action)이 가능하다. 이와 같은 성질을 응용하여 만든 것이 다이오드(D; diode)이다.

즉, 다이오드는 전류를 한 방향으로만 흐르게 하고 그 역방향으로 흐르지 못하게 하는 성질을 가진 반도체 소자(semiconductor device)를 의미한다. 다이오드가 전류를 한 방향만으로 흐르게 하는 작용을 정류(整流, rectification)라 하며, 교류(交流, AC; alternative current)를 직류(直流, DC; direct current)로 변환할 때 쓰인다.

[1] PN 접합

PN 접합(PN junction)은 반도체의 내부에서 p-type과 n-type의 성질을 나타내는 두 영역 사이의 경계 또는 전이 부분을 의미한다. p-type 반도체는 정공의 밀도가 높고, n-type 반도체는 전자의 밀도가 높다. 그림 14.4와 같이 p-type 반도체와 n-type 반도체를 접합시키면 반송자의 밀도차에 의해서 p-type의 정공은 n-type 쪽으로, n-type의 전자는 p-type 쪽으로 이동된다. 이것은 마치 물에 떨어뜨린 잉크가 농도차에 의해서 주위로 확산되는 것과 같은 현상이다. 이동된 전자와 정공은 재결합하여 소멸된다.

결국, 접합면 부근의 p-type 영역에서는 억셉터 원자의 정공이 이동하여 없어지고 (−) 전하를 띠게 된다. n-type 영역에서는 도너 원자의 전자가 이동하여 없어지므로 (+) 전하가 생긴다. 이와 같이 접합면 부근에서 반송자가 없어지고 전위차가 생긴 영역을 공핍층(空乏層, depletion layer)이라 한다. 이러한 공핍층이 형성되면 전위차가 발생하기 때문에 반송자는 더 이상 이동하지 못한다.

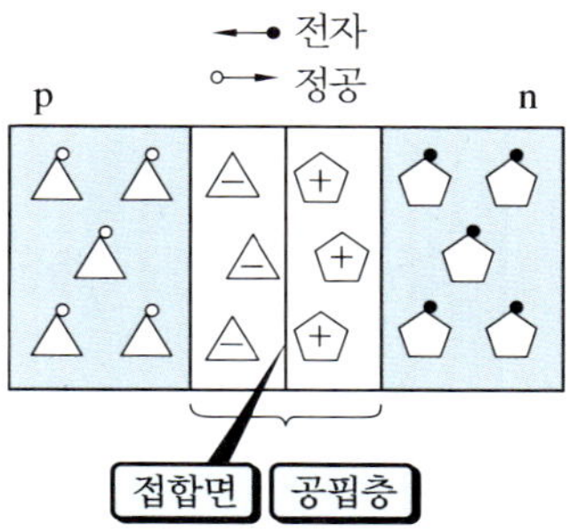

그림 14.4 PN 접합

그러나 그림 14.5(a)와 같이 전압을 가해 주면 공핍층(空乏層, depletion layer)의 전위차가 낮아져 반송자가 이동하여 전류가 흐른다. 이와 같이 전류가 흐르기 쉽게 가해준 전압은 순방향 전압이며, 이때 흐르는 전류는 순방향 전류이다. 게르마늄 다이오드의 순방향 전압은 약 0.2 [V] 이상, 실리콘 다이오드는 약 0.6 [V] 이상이다.

그림 14.5(b)와 같이 전압을 가하면 n-type의 전자는 (+) 전원으로 이동하고, p-type의 정공은 (−) 전원으로 이동하게 된다. 따라서 전위차는 더욱 커지고 공핍층이 넓어져 전류는 흐르지 못한다. 이 때 가해 준 전압은 역방향 전압이며, 전류는 역방향 전류이다. 이와 같이 PN 접합 소자에 전압을 가하면 일정 방향으로만 전류가 흐르게 되는데 이것을 PN 접합 다이오드 또는 다이오드(D; diode)라고 한다.

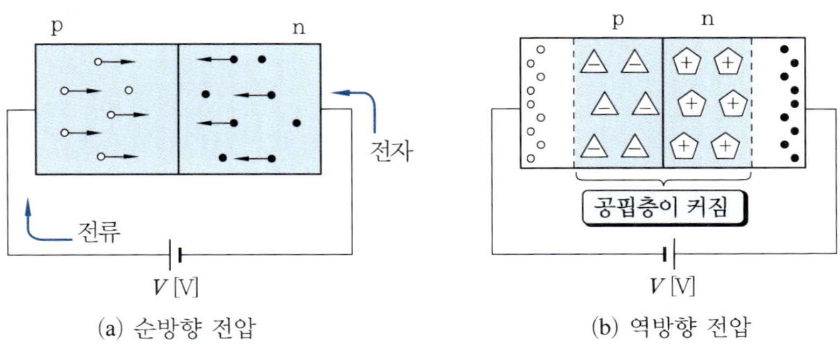

그림 14.5 PN 접합 다이오드의 반송자 이동

[2] 다이오드

(1) 다이오드의 종류 및 특성

다이오드(D; diode)는 진공관 다이오드(vacuum-tube diode)와 반도체 다이오드(semiconductor diode)가 있다. 다이오드 용도로 사용되는 진공관(眞空管, vacuum-tube)[1)]은 2극관 또는 2극진공관이라고 한다. 진공관 다이오드는 보통 진공관의 경우와 같이 방열형과 직열형이 있는 데 이것은 열전자 방출체인 음극의 가열 방식에 따라 구분한다. 그림 14.6은 진공관 다이오드의 전압과 전류 특성을 5개의 영역으로 나누어 나타낸 것이다.

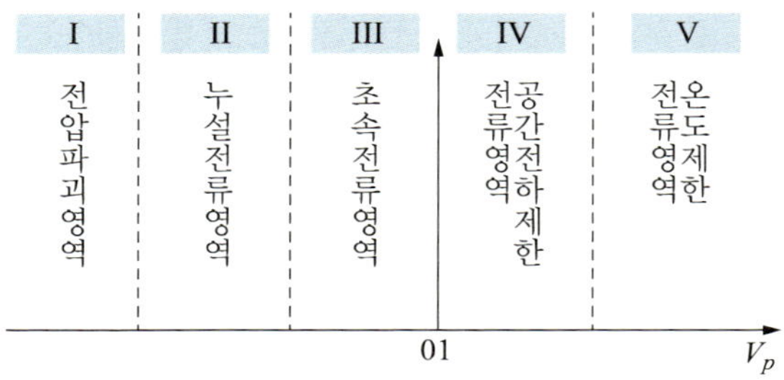

그림 14.6 진공관 다이오드의 전압과 전류 특성

① **영역 I** : 양극(陽極, anode)이 음극(陰極, cathode)에 대하여 매우 큰 음전압을 갖게 되어 그 진공용기 속에서 공간을 통하여 방전을 일으키거나 용기의 벽을 따라 방전하는 전압파괴 영역이다.

② **영역 II** : 음극으로부터 방출된 열전자에 의한 전자전류가 누설 전류(漏洩 電流, leakage current)에 대해 무시할 수 있는 누설전류 영역이다.

③ **영역 III** : 음극으로부터 방출되는 열전자들이 초속도를 갖고 있기 때문에 양극전압 V_p가 다소 음의 값으로 되더라도 양극전류 I_p가 양극으로 유입되게 되는 초속전류 영역이다.

④ **영역 IV** : 음극을 이탈한 전자들이 일정한 속도 분포를 가지고 있으며, 양극전압 V_p가 충분히 크지 못하므로 음극보다도 전위가 낮은 곳이 생기고 이것에 의해 양극전류 I_p가 제한되는 영역이다.

⑤ **영역 V** : 양극전압 V_p가 충분히 커서 음극에서 방출된 전자가 음극 앞에서 머뭇거리지 않고 모두 양극을 향해 진행하여 포착되는 영역으로 양극전류 I_p는 음극에서 방출되는 전자의 수에 따라서 음극온도에 의하여 결정된다.

---

1) 진공관은 높은 진공 속에서 금속을 가열할 때 방출되는 전자를 전기장으로 제어하여 정류 및 증폭 등의 특성을 얻을 수 있는데 이러한 용도를 위해 만들어진 유리관을 말한다.

반도체 다이오드는 일반적으로 점접촉 다이오드이며, 그 종류도 매우 다양해지고 많은 분야에 응용되고 있다. 점접촉 다이오드는 구조가 간단하고 값이 싸며 고주파 특성이 좋으나 접촉점에 압력이 가해지기 때문에 특성이 이상적인 p-n접합 다이오드에 비해 나쁘다. 따라서 일반적으로 p-n접합 다이오드를 주로 사용한다. p-n접합 다이오드는 순방향 바이어스 일 때 저항 값은 아주 작고, 역방향 바이어스 일 때 저항 값은 상대적으로 매우 크다.

그림 14.7은 PN 접합 다이오드의 전압과 전류의 특성 곡선을 나타낸 것이다. 표 14.1은 다이오드의 종류 및 응용 분야를 나타낸 것이다.

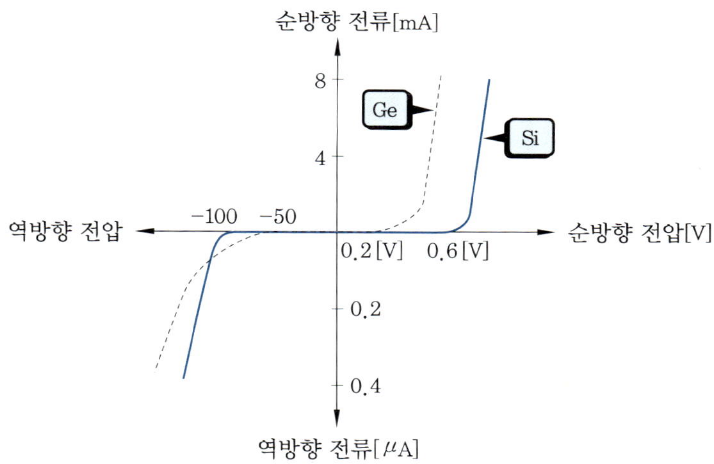

그림 14.7 PN 접합 다이오드의 전압과 전류 특성 곡선

표 14.1 다이오드의 종류 및 응용 분야

다이오드의 종류	응용 분야
정류 다이오드	교류를 직류로 변환하는 정류 회로
스위칭 다이오드	고속 ON/OFF 특성을 이용한 스위칭 회로
정전압(제너) 다이오드	정전압 특성을 이용한 전압 안정화 회로
발광 다이오드(LED)	발광 특성을 이용한 표시용 램프 및 디스플레이
수광(포토) 다이오드	광 검출 특성을 이용한 광센서
가변 용량(바랙터) 다이오드	가변 용량 특성을 이용한 FM 변조 회로
터널(에사키) 다이오드	음 저항 특성을 이용한 마이크로파 발진 회로
배리스터 다이오드	트랜지스터 출력단의 온도 보상 회로
MES(쇼트키) 다이오드	금속과 반도체의 접촉 특성을 응용

예제 14.1

어떤 밀폐된 시스템의 온도가 27 [℃]라면 열 전압(thermal voltage) V_T는 얼마인가? 단, 볼츠만 상수 $k = 1.38 \times 10^{-23}$ [J/K] 이고, 전하량 $q = 1.602 \times 10^{-19}$ [C] 이다.

풀이

절대온도 $T = 273 + 27$ [℃] = 300 [K] 이다.

그러므로 열 전압(thermal voltage) V_T는 다음과 같다.

$$V_T = \frac{k\,T}{q} = \frac{(1.38 \times 10^{-23}) \times (300)}{1.602 \times 10^{-19}} \fallingdotseq 26\ [\mathrm{mV}]$$

(2) 다이오드의 극성 및 고장 검사

전자 회로에서 스위치의 핵심 역할을 하는 반도체 다이오드는 PN 접합의 양쪽 영역에 각각 외부 전극을 연결한 것이며, 다이오드의 회로 기호와 외형은 그림 14.8과 같다. 두 개의 전극 중에서 p-type 쪽을 양극 또는 애노드(A; anode), n-type 쪽을 음극 또는 캐소드(K; cathode)라고 부른다. 다이오드는 일반적으로 캐소드 쪽에 띠 모양의 표식이 있으므로 애노드와 캐소드를 쉽게 구별할 수 있다.

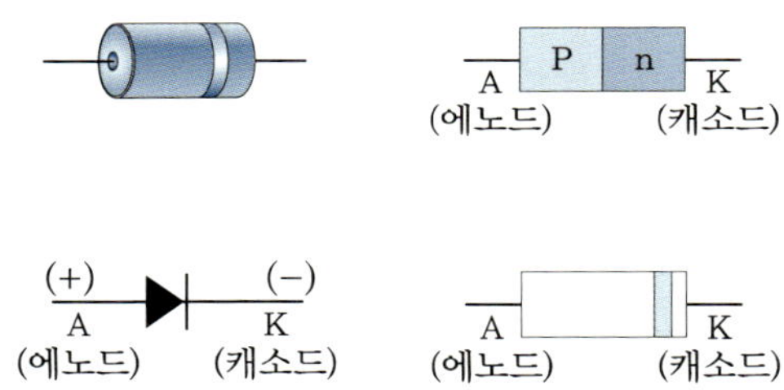

그림 14.8 다이오드의 기호 및 극성

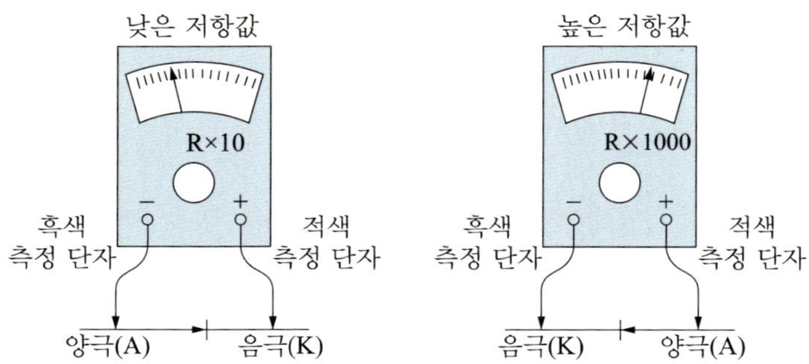

(a) 순방향 측정 (b) 역방향 측정

그림 14.9 아날로그 회로 시험기를 이용한 다이오드의 검사

그리고 다이오드의 고장 여부는 회로 시험기로 간단히 검사할 수 있다. 정상적인 다이오드는 그림 14.9(a)와 같이 아날로그 회로 시험기의 흑색 측정 단자를 다이오드의 애노드(A)에 연결하고, 적색 측정 단자를 다이오드의 캐소드(K)에 연결한 순방향 측정에서 적은 저항 값을 나타낸다. 반대로 그림 14.9(b)와 같은 역방향 측정에서는 높은 저항 값을 나타낸다. 이러한 특성을 이용하여 정상적인 다이오드의 애노드와 캐소드를 판별할 수 있다. 디지털 회로 시험기는 내부 전원의 극성과 측정 단자의 연결이 아날로그 회로 시험기와 반대로 되어 있으므로 주의가 요구된다.

예제 14.2

그림 14.10의 다이오드에서 동작점이 (a) $I_D = 4\ [\mathrm{mA}]$, (b) $I_D = 2\ [\mathrm{mA}]$, (c) $V_D = -10\ [\mathrm{V}]$일 때 각각의 직렬 저항 값을 구하시오.

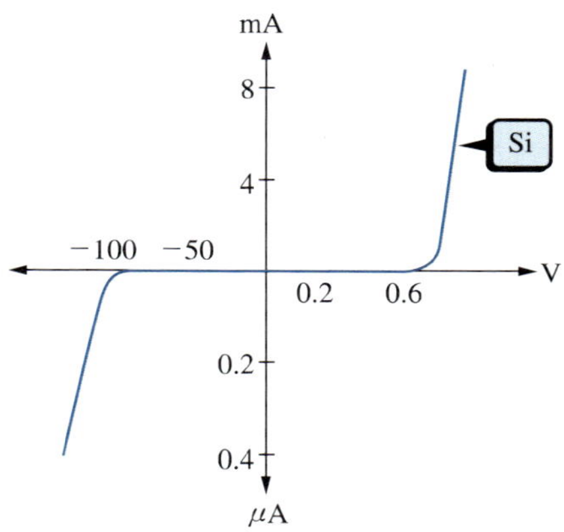

그림 14.10 다이오드의 동작 곡선

풀이

(a) $I_D = 4\ [\mathrm{mA}]$일 때 특성 곡선에서 $V_D \fallingdotseq 0.7\ [\mathrm{V}]$이므로 저항 값은 다음과 같다.

$$R_D = \frac{V_D}{I_D} = \frac{0.7}{4 \times 10^{-3}} = 175\ [\Omega]$$

(b) $I_D = 2\ [\mathrm{mA}]$일 때 특성 곡선에서 $V_D \fallingdotseq 0.6\ [\mathrm{V}]$이므로 저항 값은 다음과 같다.

$$R_D = \frac{V_D}{I_D} = \frac{0.6}{2 \times 10^{-3}} = 300\ [\Omega]$$

(c) $V_D = -10\ [\mathrm{V}]$일 때 특성 곡선에서 $I_D \fallingdotseq -1\ [\mu\mathrm{A}]$이므로 저항 값은 다음과 같다.

$$R_D = \frac{V_D}{I_D} = \frac{-10}{-1 \times 10^{-6}} = 10\ [\mathrm{M}\Omega]$$

14.3 트랜지스터

트랜지스터(TR; transistor)는 3개 이상의 단자를 가진 반도체의 능동 소자이다. 전기 회로의 부품은 저항, 콘덴서, 코일 등과 같이 대부분 2단자 소자이다. 트랜지스터는 이미터(E; emitter), 베이스(B; base), 컬렉터(C; collector) 등의 단자가 있다. 그 한 단자의 전압 또는 전류에 의해 다른 두 단자 사이에 흐르는 전류 또는 전압을 제어할 수 있는 소자이다.

[1] 트랜지스터의 구성

트랜지스터는 p-type과 n-type 반도체를 3개 층으로 접합한 것이다. 그림 14.11(a)는 트랜지스터의 외형이고, 그림 14.11(b)와 14.11(c)는 npn-type과 pnp-type 트랜지스터의 기호를 나타낸 것이다. 트랜지스터의 전극은 가운데의 베이스(B; base)와 전자나 정공을 방출하는 이미터(E; emitter), 이미터에서 방출된 전자나 정공을 모으는 컬렉터(C; collector)로 구성되어 있다.

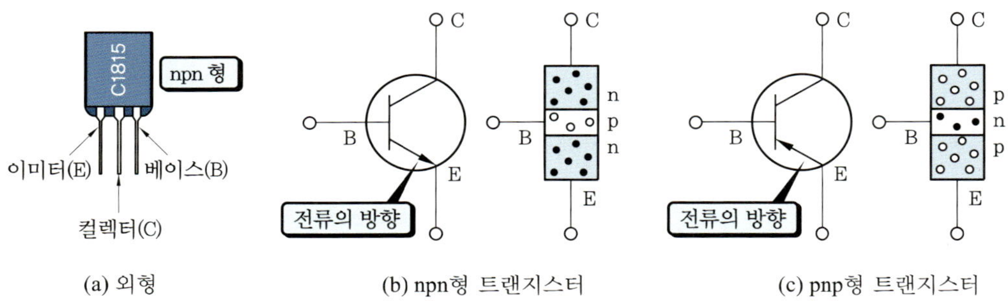

그림 14.11 트랜지스터의 외형 및 기호

그림 14.12(a)는 미국의 JEDEC (Joint Electronic Device Engineering Council)에서 분류하고 있는 BJT 및 FET 의 종류 예를 나타낸 것이다. 미국은 소신호용, 전력용, 고주파용 등으로 분류한다. 첫 번째 숫자 및 다음의 N은 반도체 접합의 수를 표시하는 것이다. 그림 14.12(b)는 일본공업규격 (JIS; Japanese Industrial Standards) 및 일본전자기계공업회 (EIAJ; Electronic Industries Association of Japan)에서 제시하고 있는 트랜지스터의 명칭과 의미이다.

분류	종류	타입	소자
BJT	–	npn	소신호용 : 2N3904, 2N2222 전력용 : MJ802, 2N3055
		pnp	소신호용 : 2N3906, 2N2907 전력용 : MJ4502, 2N2955
FET	J FET	n 채널	2N5457, 2N5458, 2N5459
		p 채널	2N5460, 2N5461, 2N5462
	MOS FET	n 채널	2N4351
		p 채널	2N4352

(a) 미국 JEDEC 의 트랜지스터 분류 예

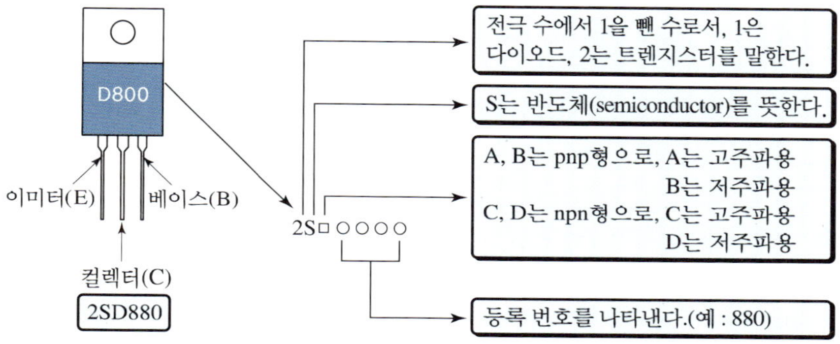

(b) JIS의 트랜지스터 명칭

그림 14.12 트랜지스터의 분류 및 명칭

[2] 트랜지스터의 동작 원리

그림 14.13은 npn-type 트랜지스터의 동작 원리를 나타낸 것이다. 회로도에서 컬렉터와 이미터 사이의 전압 V_{CC}만 인가하면 트랜지스터는 동작되지 않는다. 이 때 베이스와 이미터 사이에 순방향 전압 V_{BB}를 가하면 이미터의 전자는 (−) 전원에 반발되어 베이스로 이동한다. 베이스에 유입된 전자의 일부는 베이스 내의 정공과 재결합하여 소멸된다.

재결합분의 전류는 베이스 단자에서 공급되므로 베이스 전류가 되며, 극히 작은 값이다. 그러나 베이스의 폭이 매우 얇고, V_{CC}의 전압이 높기 때문에 이미터 전자의 대부분은 V_{CC}의 (+) 전원에 이끌려 베이스를 지나 컬렉터로 이동된다.

결국, 컬렉터에는 큰 전류가 흐르게 된다. 컬렉터 전류를 I_C, 베이스 전류를 I_B 라고 하면 이미터 전류 I_E 는 다음과 같다.

$$I_E = I_C + I_B \ [\mathrm{A}] \tag{14.4}$$

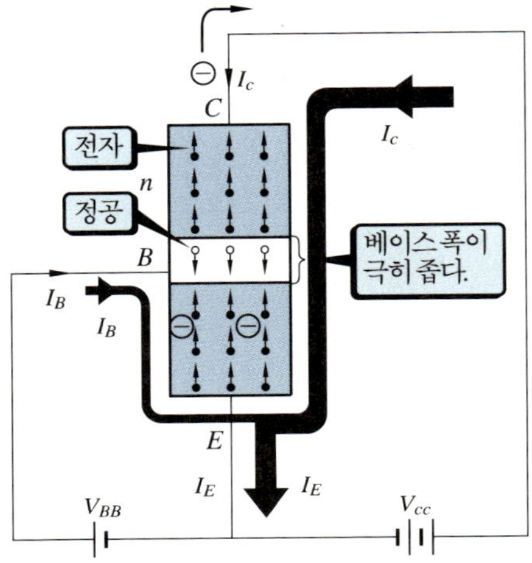

그림 14.13 npn-type 트랜지스터의 동작 원리

그림 14.13은 이미터를 입력과 출력 단자의 공통으로 사용하므로 이미터 접지 회로라 하며, 가장 많이 사용되는 접지 방식(接地 方式, grounding system)이다. 그리고 베이스 전류에 대한 컬렉터 전류의 비를 직류 전류 증폭률이라 하고, h_{FE}로 나타낸다.

$$h_{FE} = \frac{I_C}{I_B} \tag{14.5}$$

그리고 그림 14.14는 트랜지스터의 기본 접지 방법에 대해서 나타낸 것이다. 접지된 단자의 명칭을 이용하여 접지 회로를 명명하고 있다.

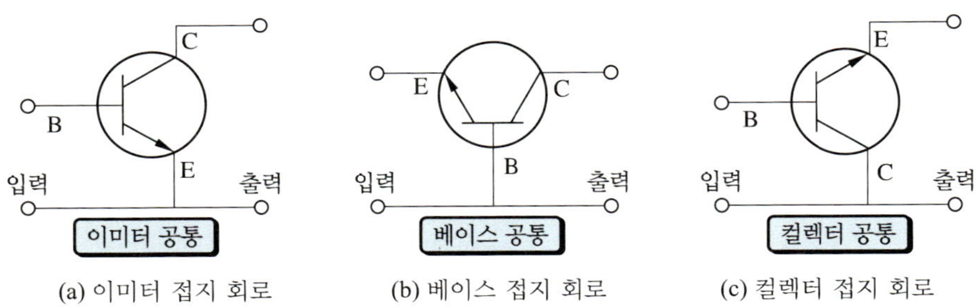

그림 14.14 트랜지스터의 기본 접지

[3] 전계 효과 트랜지스터

트랜지스터는 실리콘과 같은 반도체 결정 속의 전자 또는 정공의 작용을 이용하여 증폭, 발진, 변조, 검파 등의 작용을 한다. npn-type 및 pnp-type 트랜지스터는 입력 전류 또는 베이스 전류를 제어하여 출력 전류 또는 컬렉터 전류를 변화시킨다.

그러나 전계 효과 트랜지스터 (FET; Field Effect Transistor)는 입력 전압을 제어하여 출력 전류를 변화시키는 소자로 구조에 따라 접합형 FET (J − FET)와 MOSFET (Metal Oxide Silicon Field Effect transistor)로 구분된다. 접합형 FET는 p 채널 및 n 채널 등이 있으며, MOSFET는 증가형과 공핍형 등이 있다. 또한, 그림 14.15는 FET의 외형과 기호를 나타낸 것이다.

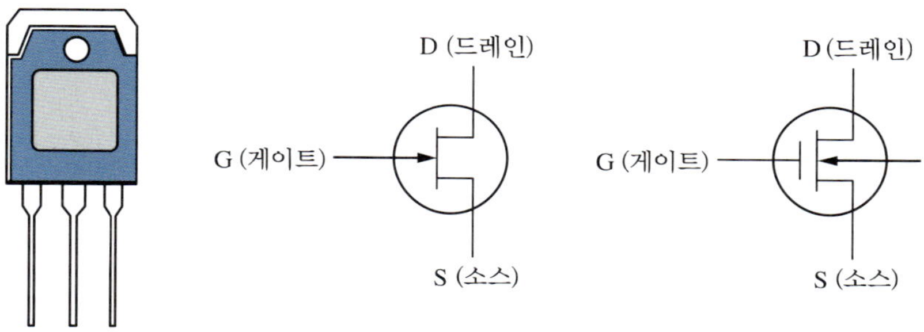

(a) 외형 (b) n채널 J-FET (c) n채널 MOS-FET

그림 14.15 FET의 외형과 기호

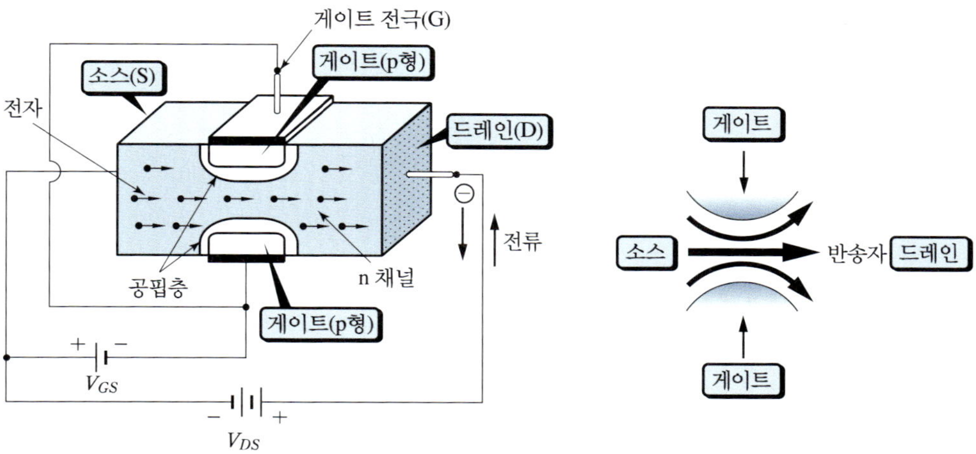

(a) 접합형 FET(n채널)의 동작 원리 (b) FET의 동작 모형

그림 14.16 FET의 동작 원리

그림 14.16은 n 채널형의 접합형 전계 효과 트랜지스터(FET; Field Effect Transistor)에 대한 동작 원리를 나타낸 것이다. 3개의 전극 가운데 반송자가 흘러 들어가는 쪽이 소스(S; source), 흘러 나가는 쪽이 드레인(D; drain), 그리고 반송자가 드레인으로 이동할 때 채널(통로) 폭을 결정해 주는 전극이 게이트(G; gate)이다.

그림 14.16(a)와 같이 드레인과 소스 사이에 전압을 가하면 소스에서 드레인 방향으로 전자가 흘러간다. 게이트 전극에는 (−) 전압이 걸려 있으므로 p-type 안의 정공은 게이트 전극 쪽으로 끌리고, n 채널의 전자는 게이트의 (−) 전압에 반발되어 공핍층이 커진다. 공핍층이 커지면 전류의 통로가 좁아져 드레인의 전류가 제한된다. 이러한 공핍층은 역방향 전압이 클수록 넓어지게 되어 주 전류의 흐름을 제한한다.

FET는 역방향 전압의 바이어스를 가하므로 입력 임피던스가 매우 높고 잡음이 적다. 따라서 저 잡음의 저주파 증폭이나 고주파의 FM, TV의 튜너(VHF, UHF)와 같은 고주파 증폭 또는 고속 스위칭에 사용된다.

[4] 사이리스터

사이리스터(thyristor)는 전력 제어용 반도체 소자를 총칭한다. 사이리스터는 쇼클리 다이오드(shockley diode), 실리콘 제어 정류기(SCR; Silicon Controlled Rectifier)와 같은 단방향 제어 소자와 트리거용 다이오드인 다이악(DIAC; diode ac switch), 교류용 실리콘 제어 정류기인 트라이악(TRIAC; triode ac switch)과 같은 쌍방향 제어 소자 등이 있다.

SCR은 pnpn 접합의 4층 구조를 가진다. 그림 14.17과 같이 두 개의 pnp 및 npn 트랜지스터가 증폭된 전류를 서로 병렬 되먹임 하는 구조로 연결되어 있다. SCR의 게이트 G 단자로 트리거 펄스가 입력되면 npn 트랜지스터에서 출력 전류가 pnp 트랜지스터의 입력 전류로 공급된다.

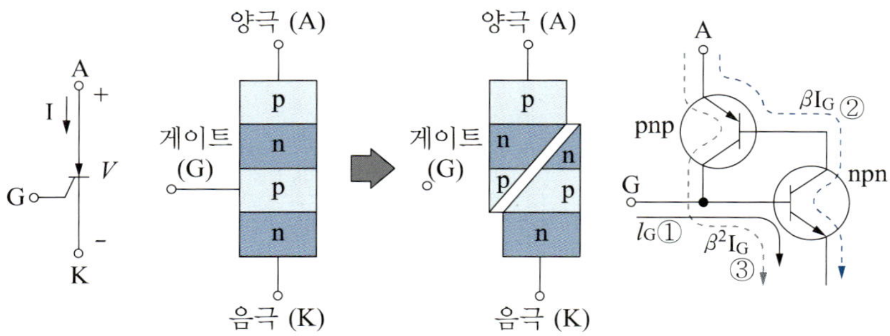

그림 14.17 SCR의 기호 및 동작 회로

pnp 트랜지스터에서 출력 전류는 다시 npn 트랜지스터의 입력 전류로 공급되므로 순간적으로 역방향 항복 전압이 무너지면서 평범한 순방향 다이오드처럼 도통한다. SCR 의 전류는 양극(A)과 음극(K) 전압의 극성이 바뀌면 차단된다. 이러한 특성의 사이리스터는 무접점 ON/OFF 스위치로 사용된다.

그림 14.18은 단접합 트랜지스터(UJT; unijunction transistor)를 나타낸 것으로 하나의 접합만 갖는 구조이다. 커패시터와 저항기 회로를 결합하여 트리거 펄스를 발생시킬 수 있다. UJT 는 SCR 회로의 트리거 신호 발진용 소자로 사용된다. 프로그램 가능한 PUT (Programmable Unijunction Transistor)는 트리거 성능을 가변할 수 있도록 개발된 소자로서 외부 저항 값에 의하여 트리거 성능을 원하는 값으로 설정할 수 있다.

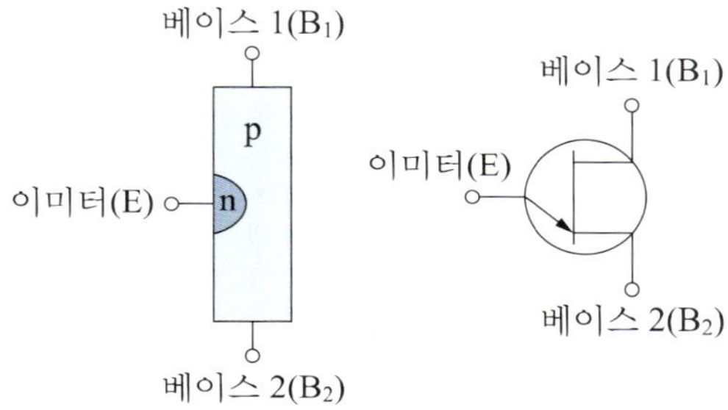

그림 14.18 UJT의 기호 및 구조

그림 14.19는 절연 게이트형 트랜지스터 (IGBT; Insulated Gate Bipolar Transistor)의 고정밀 무접점화 제어를 실현하기 위한 전력용 반도체 스위칭 소자로서 양극성 접합 트랜지스터와 전계 효과 트랜지스터의 장점을 모은 것이다.

IGBT는 전계 효과 트랜지스터처럼 입력 임피던스가 높고, 100 [kHz] 정도의 고속 스위칭이 가능하며, 양극성 접합 트랜지스터의 대전류 출력 특성을 갖추고 있다. IGBT는 범용 인버터, 스위칭 모드 전원 장치, 무정전 전원 장치 등에서 성능 개선이 이루어지고 있으며, 사이리스터의 대체용 소자로서 점차 사용 범위가 확대되고 있다.

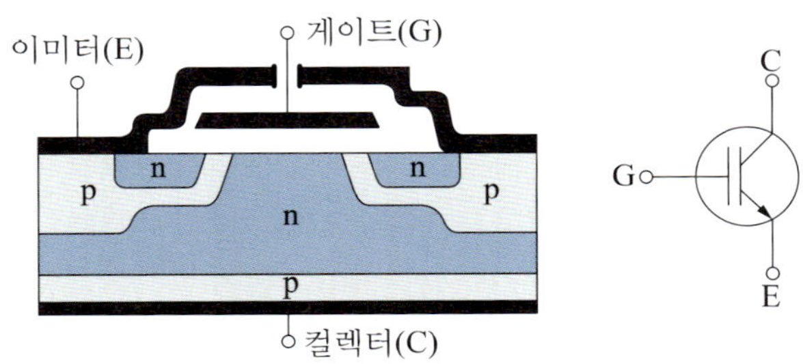

그림 14.19 IGBT 의 기호 및 구조

[5] 광전 소자

(1) 발광 소자 및 수광 소자

광전 변환 장치는 광신호의 변화를 받아 전기 신호로 변환하는 수광 소자(受光 素子, photodetector)와 전기 신호의 변화를 받아 광신호로 출력하는 발광 소자(發光素子, luminous element)가 있다. 반도체 내부의 광전 효과에 의해 자유 전자가 생성되기 위해서는 전자와 정공의 결합을 깨뜨릴 만큼의 큰 에너지가 요구된다.

빛 에너지는 파장에 반비례하므로 광전 소자의 동작은 빛의 파장에 의해 영향을 받는다. 또한, 발광 소자와 수광 소자를 결합하여 한 패키지에 결합시킨 광결합 소자가 있으며, 표 14.2는 종류를 나타낸 것이다.

표 14.2 광전 소자의 분류 및 종류

분 류	광전 소자의 종류
수광 소자	광전도체, 포토다이오드, 포토트랜지스터, 태양 전지 등
발광 소자	발광 다이오드(LED), 레이저 다이오드(LD) 등
광결합 소자	포토아이솔레이터, 포토인터럽터 등
촬상 소자	이미지 센서, CCD(Charge Coupled Device) 등

(2) 광전도체

일반적으로 반도체 결정에 빛이 닿으면 전기 저항이 낮아져 전류가 쉽게 통하는 광전도 현상(光傳導 現象, photoconductive effect)을 나타낸다. 특히 Ⅱ족 및 Ⅵ족 화합물인 황화카드뮴(CdS) 계열의 반도체는 분광 감도가 사람의 눈의 특성과 흡사한 광전도체(光電導體, photoconductor)이다.

광전도체는 가로등의 점멸기를 비롯하여 각종 자동 제어기의 광센서로 사용되고 있다. 또한, 황화카드뮴과 비슷한 셀렌화카드뮴(CdSe) 계열의 반도체는 황화카드뮴에 비하여 적색 쪽에 더욱 민감하다. 한편 이들 광전도체는 빛의 변화에 대한 응답 속도가 포토다이오드에 비해 매우 느려서 고속 신호처리가 필요한 통신 응용에는 사용할 수 없다. 그림 14.20은 CdS의 외형과 기호를 나타낸 것이다.

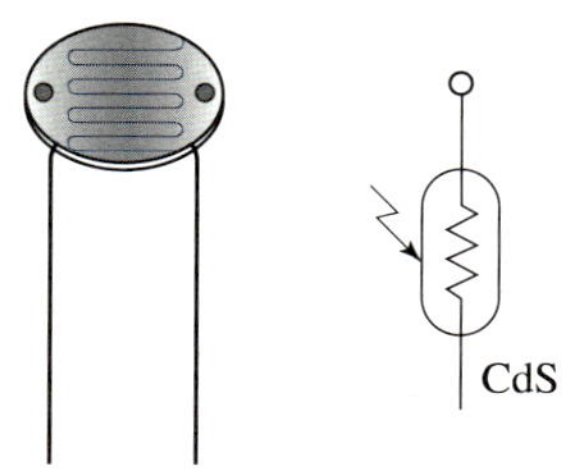

(a) 외형 (b) 기호

그림 14.20 CdS의 외형과 기호

(3) 레이저 다이오드와 발광 다이오드

반도체 재료 중에서 Ⅲ족과 Ⅴ족 화합물인 갈륨비소(GaAs)는 실리콘(Si)보다 광 방출 효과가 뛰어난 물질이다. 갈륨비소의 결정 격자 구조는 실리콘과 비슷하며 Ⅵ족 원소를 첨가하면 n-type으로, Ⅱ족 원소를 첨가하면 p-type으로 동작한다. 갈륨비소로 만든 pn 접합 다이오드는 순방향 바이어스에서 파장이 800 [nm] 수준인 근적외선을 방출하는 레이저 다이오드(LD; Laser Diode)가 되며, 프린터, CD 드라이브, 광통신 등에 사용된다.

갈륨비소 다이오드는 램프처럼 사용하는 발광 다이오드(LED; Light Emitting Diode)로 만들 수도 있다. 가시광선 중에 적색부터 녹색까지 단색 빛을 방출하는 물질들은 갈륨비소(GaAs)와 갈륨인(GaP)을 적절한 비율로 혼합한 GaAsP 화합물로 만들어지며, 이러한 LED의 전기적 특성 곡선은 그림 14.21과 같다.

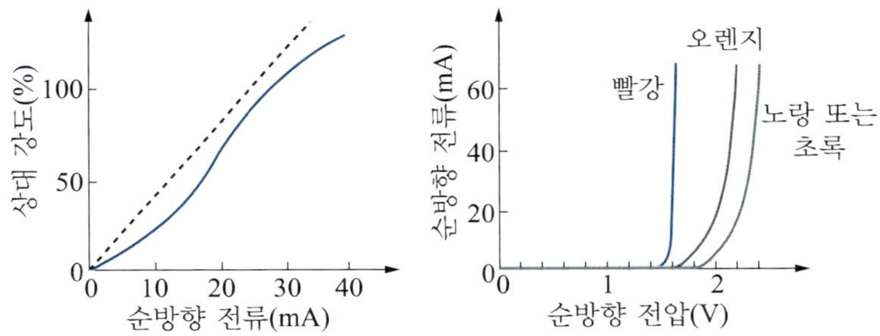

(a) 광출력-전류 특성 (b) 순방향 전류-전압 특성

그림 14.21 GaAsP LED의 특성 곡선

(4) 광결합 소자

포토커플러(PC; Photo Coupler)는 발광 소자와 수광 소자를 함께 조합한 광결합 소자이며, 그림 14.22와 같이 구성된다. 포토커플러는 전기 절연 광결합 소자이며, 발광 소자와 수광 소자가 마주 보는 구조로 작은 케이스 속에 봉입되어 있다.

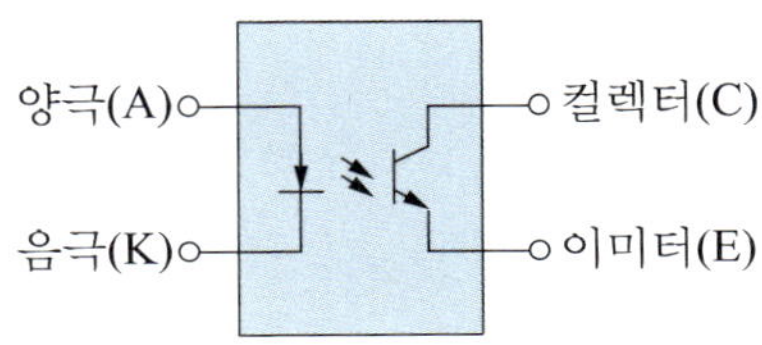

그림 14.22 포토커플러의 회로

포토인터럽터(PI; Photo Interrupter)는 차광 감지 광결합 소자이며, 포토커플러와 달리 발광된 빛이 일단 케이스 밖으로 나왔다가 거울에 반사되어 되돌아와 수광되는 광센서의 일종이다.

14.4 직류 전원 회로

[1] 전원 회로

우리나라의 가정에서 전자 제품의 전원으로 사용되는 것은 220 [V], 60 [Hz]의 상용 교류이다. 국가마다 50 [Hz] 또는 60 [Hz]의 주파수, 100~240 [V]의 전압, 그리고 전원을 꽂는 플러그의 모양이 각각 다르므로 외국에서 가져온 전자 제품을 사용하지 못하거나 잘못 연결하여 고장이 나는 경우도 발생한다. 표 14.3은 주요 국가의 전압 및 주파수를 나타낸 것이고, 그림 14.23은 교류를 직류로 변환하는 전원 회로를 나타낸 것이다.

표 14.3 주요 국가의 전압 및 주파수

지역	국가	도시	전압 [V]	주파수 [Hz]
아시아	한국	서울	220	60
	일본	도쿄	100	50/60
	중국	베이징	220	50
북미	미국	워싱턴	120	60
	멕시코	멕시코시티	127	60
유럽	프랑스	파리	127/220	50
	영국	런던	240	50
	독일	베를린	220	50
	러시아	모스크바	127	50

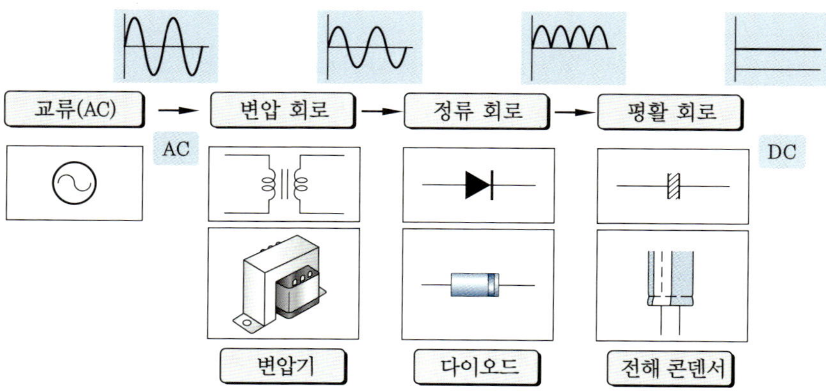

그림 14.23 교류를 직류로 변환하는 전원 회로

① **변압기** : 변압기(變壓器, Tr; transformer)는 전자 유도 현상을 이용하여 교류의 전압이나 전류의 값을 변환시키는 장치이다. 전원 회로에서 변압기의 또 다른 역할은 1차측 전원과 2차측 전원을 전기적으로 분리하여 절연을 하는 것이다. 절연 기능은 감전 사고를 예방하고, 1차측 입력 전압의 급격한 변동에 의한 제품 파손을 막아 주는 역할을 한다. 또한, 작은 변압기를 사용하여 소형 휴대용 전자 제품의 전원 공급 장치를 구성하기도 하며, 트랜스포머 또는 트랜스로 줄여서 부르기도 한다.

② **정류기** : 정류기(整流器, rectifier)는 교류 전력에서 직류 전력을 얻기 위해 만들어진 전기적인 회로 소자 또는 장치이며, 한 방향으로만 전류를 통과시키는 기능이 있다. 대부분의 전원 장치에서는 실리콘 다이오드가 사용되며, 제어 정류기의 응용에는 사이리스터가 주로 사용된다.

[2] 정류 회로

교류 전원을 직류 전원으로 변환하는 것을 정류(整流, rectification)라 하고, 그 회로를 정류 회로(整流 回路, rectifier circuit)라고 한다. 이러한 정류 회로에는 다이오드가 중요한 역할을 하게 된다. 정류 방식에는 반파 정류 회로, 전파 정류 회로, 브리지 정류 회로, 배전압 정류 회로 등이다.

(1) 반파 정류 회로

그림 14.24와 같이 다이오드 1 개로 교류의 양(+)과 음(−)의 반주기만을 정류하므로 반파 정류라 하고, 그 회로를 반파 정류 회로(半波 整流 回路, half-wave rectifier circuit)라고 한다. 반파 정류 회로는 다이오드에 (+) 반주기가 가해질 때만 도통되어 출력된다. 또한, (−) 반주기가 가해지면 출력되지 않는다. 따라서 반파 정류 회로로 정류된 전압에는 교류분이 많이 포함되어 있고, 정류 효율이 낮아 잘 사용되지 않는다.

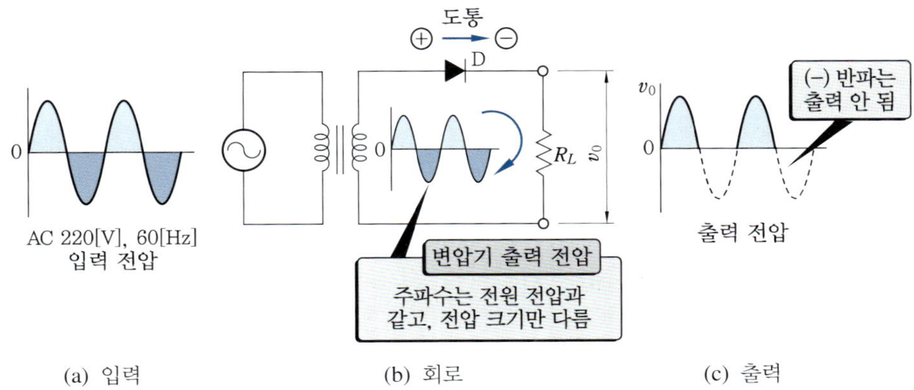

그림 14.24 반파 정류 회로

예제 14.3

그림 14.25는 반파 정류 회로 및 파형을 나타낸다. 입력 전압 $v_1 = 220\sin 377t$ [V] 이고, 저항 $R = 300[\Omega]$ 일 때 ① 직류 전류 I_{dc}, ② 맥동 전류 I_{rms} 및 ③ 맥동률(ripple factor) r_f 각각을 구하시오.

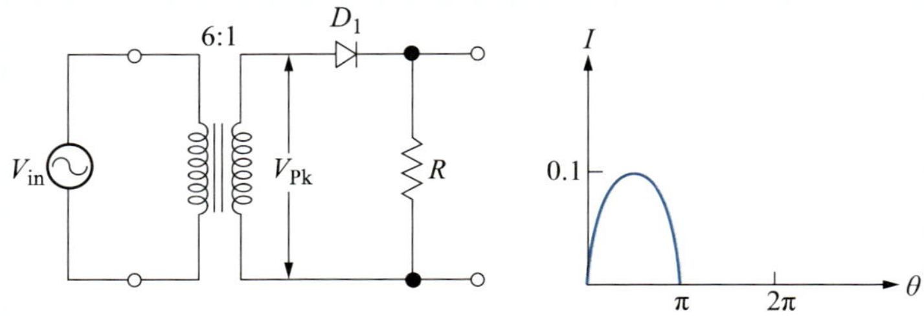

그림 14.25 반파 정류 회로 및 파형

풀이

먼저 V_{pk} 및 I_{pk} 각각을 구하면 다음과 같다.

$$V_{pk} = \frac{220}{6} \fallingdotseq 36.7 \text{ [V]}$$

$$I_{pk} = \frac{V_{pk}}{R} = \frac{(220/6)}{300} \fallingdotseq 0.12 \text{ [mA]}$$

① 직류 전류 I_{dc}는 다음과 같다.

$$\begin{aligned} I_{dc} &= \frac{1}{2\pi}\int_0^{\pi} I_{pk}\sin\theta\, d\theta \\ &= -\frac{I_{kp}}{2\pi}[\cos\theta]_0^{\pi} = \frac{I_{kp}}{2\pi}[1+1] = 0.318\, I_{pk} \\ &= 0.318 \times (0.12 \times 10^{-3}) = 3.8 \times 10^{-5} \text{ [A]} \end{aligned}$$

② 맥동 전류 I_{rms}는 다음과 같다.

$$\begin{aligned} I_{rms}^2 &= \frac{1}{2\pi}\int_0^{\pi}[I_{pk}\sin\theta]^2\, d\theta \\ &= \frac{I_{pk}^2}{2\pi}\int_0^{\pi}\frac{1-\cos 2\theta}{2}\, d\theta = \frac{I_{pk}^2}{2\pi}\times\frac{\pi}{2} = \frac{I_{pk}^2}{4} \end{aligned}$$

$$I_{rms} = \frac{I_{pk}}{2} = \frac{1}{2}\times(0.12\times 10^{-3}) = 6.0\times 10^{-5} \text{ [A]}$$

③ 맥동률(ripple factor) r_f는 다음과 같다.

$$r_f = [I_{rms}/I_{dc}]^{1/2} = [(6.0\times 10^{-5})/(3.8\times 10^{-5})]^{1/2} \fallingdotseq 1.26$$

(2) 전파 정류 회로

그림 14.26은 2개의 다이오드를 사용하여 교류의 (+)와 (−)의 전주기를 정류하는 전파 정류 회로(全波 整流 回路, all wave rectifier)를 나타낸 것이다. 회로에서 변압기의 중간 탭을 중심으로 회로를 구성하여 교류의 (+)와 (−)의 반주기에 대한 동작을 각각 생각해 볼 수 있다. 양(+)의 반주기 동안은 다이오드 D_1이 도통되고, D_2는 도통되지 않는다. 또한, 음(−)의 반주기 동안은 다이오드 D_2가 도통되고, D_1은 도통되지 않는다.

결국, 부하 저항 R_L에는 (+)와 (−)의 전주기에 대한 모든 파형이 출력된다. 전파 정류 회로로 정류한 전압은 반파 정류 회로에 비해 교류분이 훨씬 작게 포함되어 있고, 정류 효율도 반파 정류 회로보다 우수하다.

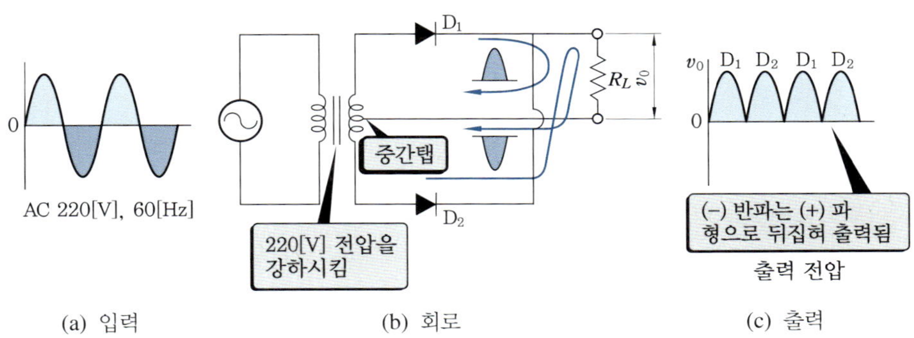

그림 14.26 전파 정류 회로

예제 14.4

어떤 회로에서 200 [μF]의 필터 커패시터를 갖는 전파 정류기가 50 [mA]의 전류를 흐르게 할 수 있는 부하에 연결되었을 때 ① 전파 정류기의 맥동 전압, ② 정류 전압의 피크 값이 28 [V] 라면 필터의 직류 전압, ③ 그리고 필터의 맥동률은 얼마인가?

풀이

① 전파 정류기의 맥동 전압은 다음과 같다.

$$V_{rms} = \frac{I_{dc}}{4\sqrt{3}\, f\, C} = \frac{2.4\, I_{dc}}{C} = \frac{2.4\, V_{dc}}{R_L C} \ \text{[V]}$$

$$V_{rms} = \frac{2.4\, I_{dc}}{C} = \frac{2.4 \times 50}{200} = 0.6 \ \text{[V]}$$

② 커패시터 양단에 걸치는 직류 전압은 다음과 같다.

$$V_{dc} = V_m - \frac{4.17\, I_{dc}}{C} = 28 - \frac{4.17 \times 50}{200} \fallingdotseq 26.96 \ \text{[V]}$$

③ 커패시터 필터의 맥동률은 다음과 같다.

$$r = \frac{V_{rms}}{V_{dc}} \times 100\,[\%] = \frac{2.4\,I_{dc}}{C\,V_{dc}} \times 100\,[\%] = \frac{2.4}{R_L\,C} \times 100\,[\%]$$

$$r = \frac{V_{rms}}{V_{dc}} \times 100\,[\%] = \frac{0.6}{26.96} \times 100\,[\%] \fallingdotseq 2.23\ [\%]$$

예제 14.5

그림 14.27은 전파 정류 회로 및 파형을 나타낸다. 입력 전압 $v_1 = 220\sin 377t$ [V] 이고, 저항 $R = 300\,[\Omega]$ 일 때 ① 직류 전압 V_{dc}, ② 맥동 전압 V_{rms} 및 ③ 맥동률(ripple factor) r_f 각각을 구하시오.

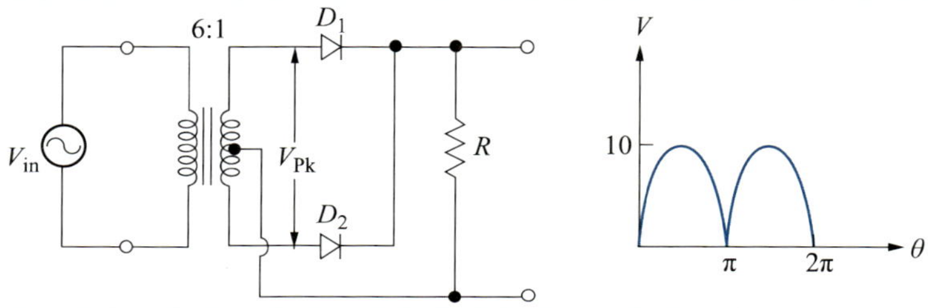

그림 14.27 전파 정류 회로 및 파형

풀이

먼저 V_{pk} 및 $V_{pk}{}'$ 각각을 구하면 다음과 같다.

$$V_{pk} = \frac{220}{6} \fallingdotseq 36.7\ [\text{V}]$$

$$V_{pk}{}' = \frac{V_{pk}}{2} = \frac{(220/6)}{2} \fallingdotseq 18.3\ [\text{V}]$$

① 직류 전압 V_{dc}는 다음과 같다.

$$V_{dc} = \frac{1}{2\pi}\int_0^{2\pi} V_{pk}{}' \sin\theta\, d\theta$$

$$= -\frac{2\,V_{kp}{}'}{2\pi}\,[\cos\theta]_0^{\pi} = \frac{V_{kp}{}'}{\pi}\,[1+1] = \frac{2\,V_{kp}{}'}{\pi} = 0.636\,V_{pk}{}'$$

$$= 0.636 \times 18.3 \fallingdotseq 11.64\ [\text{V}]$$

② 맥동 전압 V_{rms}는 다음과 같다.

$$V_{rms}^2 = \frac{1}{2\pi}\int_0^{2\pi} [\,V_{pk}{}' \sin\theta]^2\, d\theta$$

$$= \frac{2\,V_{pk}{}'^2}{2\pi}\int_0^{\pi} \frac{1-\cos 2\theta}{2}\, d\theta = \frac{V_{pk}{}'^2}{\pi} \times \frac{\pi}{2} = \frac{V_{pk}{}'^2}{2}$$

$$V_{rms} = \frac{V_{pk}'}{\sqrt{2}} = 0.707 \times 18.3 \fallingdotseq 12.94\ [\mathrm{V}]$$

③ 맥동률(ripple factor) r_f는 다음과 같다.

$$r_f = [(V_{rms}/V_{dc})^2 - 1]^{1/2} = [(12.94/11.64)^2 - 1]^{1/2} \fallingdotseq 0.485$$

(3) 브리지 정류 회로

그림 14.28은 교류의 (+), (−) 전주기를 정류하는 전파 정류 방식으로 4개의 다이오드를 사용한 브리지 정류 회로(整流 回路, bridge rectifier circuit)이다. 브리지 정류 회로에서 (+)의 반주기 동안은 D_2, D_3가 도통되고, (−)의 반주기 동안은 D_1, D_4가 도통된다. 브리지 정류 회로는 변압기의 중간 탭을 사용하지 않아도 다이오드 2개를 사용한 전파 정류 회로의 결과를 얻을 수 있어서 많이 사용된다. 이와 같이 다이오드는 한 방향으로만 전류를 통전시켜 정류 작용을 할 수 있다.

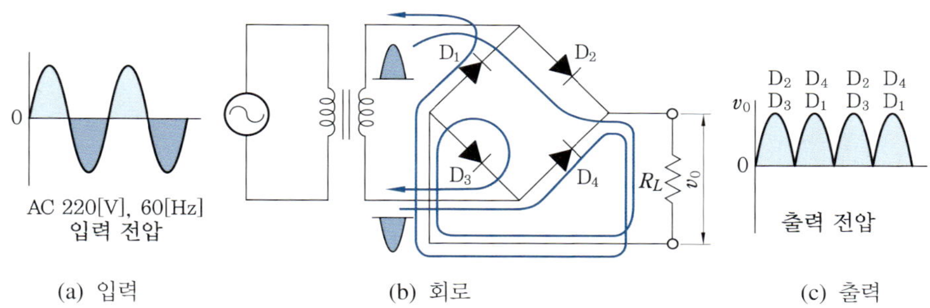

그림 14.28 브리지 정류 회로

예제 14.6

그림 14.29는 브리지 정류 회로 및 파형을 나타낸다. 입력 전압 $v_1 = 220\sin 377t$ [V]이고, 저항 $R = 300\,[\Omega]$ 일 때 ① 직류 전압 V_{dc}, ② 맥동 전압 V_{rms} 및 ③ 맥동 제한 전압이 0.1 [V] 일 때 콘덴서의 정전용량(C)을 구하시오.

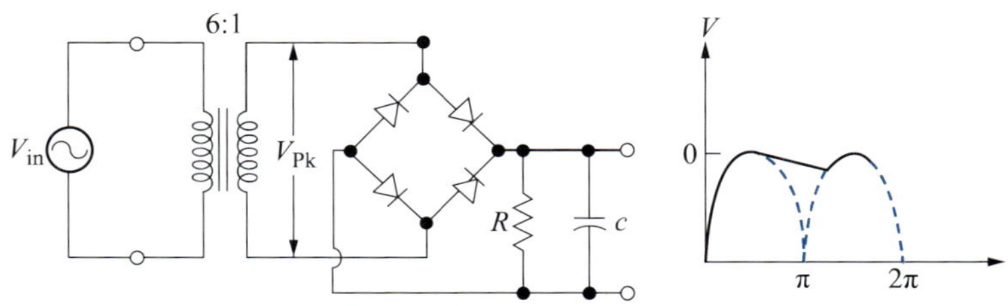

그림 14.29 브리지 정류 회로 및 파형

풀이

먼저 V_{pk} 및 I_{pk} 각각을 구하면 다음과 같다.

$$V_{pk} = \frac{220}{6} \fallingdotseq 36.7\ [\text{V}]$$

$$I_{pk} = \frac{V_{pk}}{R} = \frac{(220/6)}{300} \fallingdotseq 0.12\ [\text{mA}]$$

① 직류 전압 V_{dc}는 다음과 같다.

$$V_{dc} = \frac{1}{2\pi}\int_0^{2\pi} V_{pk} \sin\theta\, d\theta$$

$$= -\frac{2V_{kp}}{2\pi}[\cos\theta]_0^{\pi} = \frac{V_{kp}}{\pi}[1+1] = \frac{2V_{kp}}{\pi} = 0.636\, V_{pk}'$$

$$= 0.636 \times 36.7 \fallingdotseq 23.34\ [\text{V}]$$

② 맥동 전압 V_{rms}는 다음과 같다.

$$V_{rms}^2 = \frac{1}{2\pi}\int_0^{2\pi} [V_{pk}\sin\theta]^2\, d\theta$$

$$= \frac{2V_{pk}^2}{2\pi}\int_0^{\pi} \frac{1-\cos 2\theta}{2}\, d\theta = \frac{V_{pk}^2}{\pi} \times \frac{\pi}{2} = \frac{V_{pk}^2}{2}$$

$$V_{rms} = \frac{V_{pk}}{\sqrt{2}} = 0.707 \times 36.7 \fallingdotseq 25.95\ [\text{V}]$$

③ 콘덴서의 정전용량 C는 다음과 같다.

$$T = \frac{1}{f} = 1/60 \fallingdotseq 16.67 \times 10^{-3}\ [\text{A}]$$

$$C = \frac{Q}{V_r} = \frac{I_{pk}T}{V_r} = \frac{(0.12 \times 10^{-3}) \times (8.33 \times 10^{-3})}{0.1} = 9.996 \times 10^{-6}\ [\text{F}]$$

(4) 배전압 회로

브리지 회로 중에서 그림 14.30과 같이 2개의 다이오드를 커패시터로 바꾸면 출력 전압을 2배로 하는 배전압 회로(倍電壓 回路, dual voltage circuit)가 된다.

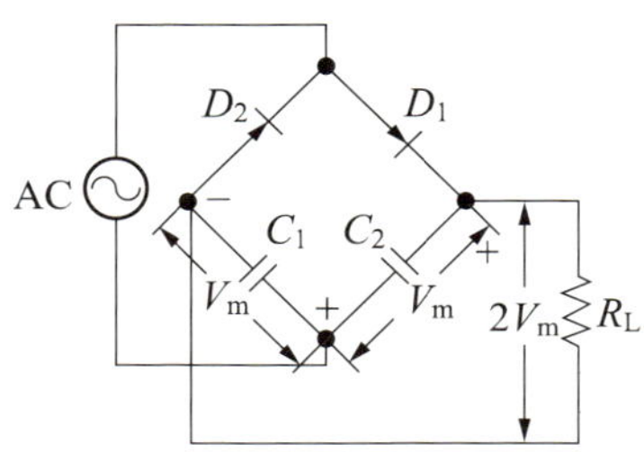

(a) 회로

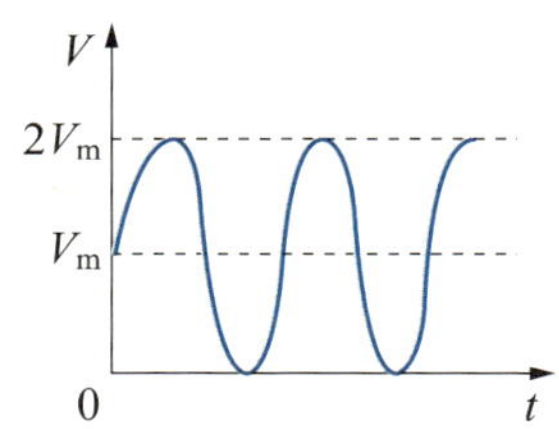

(b) 파형

그림 14.30 배전압 회로 및 파형

(5) 정류 회로의 문제점

다이오드를 통과하여 정류된 출력 파형은 완전한 직류가 아니라 펄스와 같은 파형을 포함하고 있는 직류 성분이다. 이와 같은 파형은 직류 회로에 적용하는 것은 현실적으로 불가능하므로 전압 변동을 제거하기 위한 평활 회로(平滑 回路, smoothing circuit)가 필요하다. 또한, 변압기의 1차측 입력 전압이 불안정하게 변동할 때 변압기의 2차측 출력 전압에 나타나는 불안정한 전압이 정류 회로에도 그대로 발생된다.

그러므로 입력 전압에 전압 변동이 발생하면 출력 전압에도 나타나는 전압 변동을 제거하기 위한 전압 안정화 회로(電壓 安定化 回路, voltage stabilizing circuit)를 추가로 설치된다. 즉, 전원 회로는 정류 회로, 평활 회로, 전압 안정화 회로를 거쳐 비로소 안정된 전원으로 시스템에 공급할 수 있다.

14.5 평활 회로

평활 회로(平滑 回路, smoothing circuit)는 직류 발전기나 정류기에 의해서 직류를 얻는 경우에 직류 중에 포함되는 리플(ripple)을 제거하기 위하여 삽입하는 회로이다. 맥류 성분의 교류 성분을 제거하고 직류 성분만을 출력하기 위해 저주파 필터 회로(filter circuit)가 사용된다. 교류 전원의 60 [Hz] 성분은 브리지 회로를 통과함으로써 2배인 120 [Hz]의 맥류 파형이 나타나고 이 신호는 저주파 필터인 p-type 필터를 통과하면서 120 [Hz]의 성분이 제거된다.

[1] L-C 의 평활 특성

대부분의 평활 회로에는 그림 14.31과 같은 인덕터(L) 및 커패시터(C)를 이용한 저역 통과 필터가 적용된다. L과 C는 주파수에 따른 리액턴스 특성이 서로 반대이므로 필요한 주파수를 차단하거나 통과시키는 필터 회로를 구성할 수 있다. L은 주파수의 변화에 따른 전류의 변화에 대해 역기전력으로 교류의 흐름을 차단하고 직류는 그대로 통과시키는 특성이 있다.

그리고 C는 L과는 반대로 주파수 성분인 교류 성분의 전류는 잘 통과시키지만 직류를 차단하는 특성을 가진다. 그림 14.31(b)는 이런 특성을 필터 회로에 적용한 평활 회로용 저역 통과 필터이다.

(a) 인덕터 입력형 LC 회로 (b) 커패시턴스 입력형 LC 회로

그림 14.31 평활 회로용 저역 통과 필터

그림 14.32는 p-type 저역 통과 필터인 π형 CLC 및 CRC 등을 나타낸 것이다. C와 L의 배치하는 순서에 따라 이름을 명명한 것이다. 회로의 구성이 간단하고 가격이 저렴한 특징이 있다. 또한, 인덕터 L을 저항 R로 치환한 CRC 필터가 사용되기도 한다.

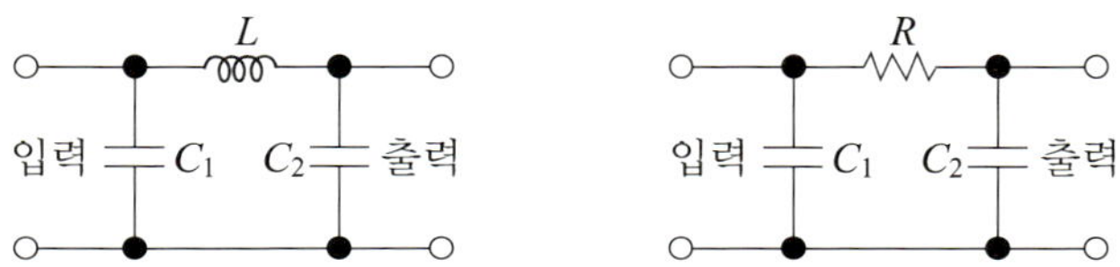

(a) π형 CLC 회로 (b) π형 CRC 회로

그림 14.32 p-type 저역 통과 필터

예제 14.7

그림 14.33과 같이 RC 필터 회로의 부하 R_L 양단에 걸리는 출력 신호의 ① 직류 성분, ② 교류 성분 및 ③ 출력 파형의 맥동률을 구하시오.

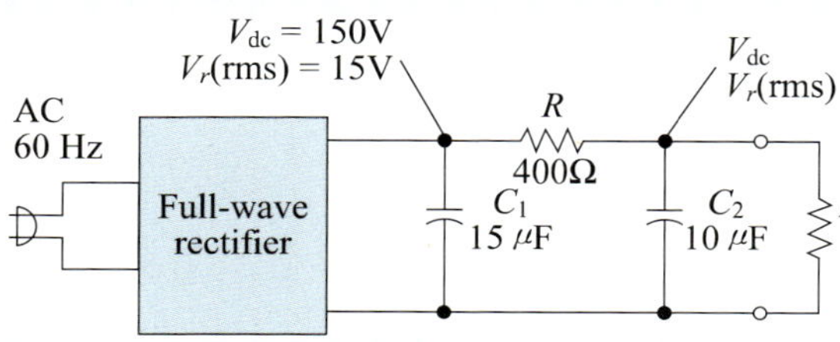

그림 14.33 RC 필터 회로

풀이

① 직류 성분은 다음과 같다.

$$V_{dc}' = \frac{R_L}{R + R_L} V_{dc} = \frac{5 \times 10^3}{400 + (5 \times 10^3)} \times 150 \fallingdotseq 139 \ [\mathrm{V}]$$

② 전파 정류기에 대해서 교류 맥동 주파수는 120 [Hz] 인 커패시터의 용량성 임피던스를 구해야 하므로 $X_C = \frac{1.3}{C_2}$ 이다. 단, C는 [μF], X_C는 [kΩ] 이다.

$$X_C = \frac{1.3}{C_2} = \frac{1.3}{10 \times 10^{-6}} = 130\ [\Omega]$$

그러므로 출력 전압의 교류 성분은 다음과 같다.

$$V'_{rms} = \frac{X_C}{R}\ V_r(\mathrm{s}) = \frac{130}{400} \times 15 \fallingdotseq 4.9\ [\mathrm{V}]$$

③ 출력 파형의 맥동률은 다음과 같다.

$$r = \frac{V'_{rms}}{V'_{dc}} \times 100\ [\%] = \frac{4.9}{139} \times 100 \fallingdotseq 3.5\ [\%]$$

[2] 잡음

잡음(雜音, noise)은 전자 회로에서 본래 의도된 이외의 전류와 전압, 통신의 송신과 수신의 차이 및 정보 검색 과정 등에서 발생된다. 전자 회로에 발생되는 잡음은 리플 잡음과 스위칭 잡음 등이 주된 요소이다. 리플 잡음(ripple noise)을 완전히 제거할 수는 없지만 얼마만큼 적게 만드느냐가 전원 회로 설계의 중요한 요소가 된다. 이러한 리플 잡음은 평활 회로의 커패시턴스 용량이 클수록 작아지지만 용량을 무한정으로 키우는 것도 한계가 있으므로 시스템 동작에 영향을 끼치지 않을 정도로 리플 잡음의 크기를 제한하여 설계한다.

스위칭 잡음(switching noise)은 스위칭 모드 전원 회로(SMPS; Switching Mode Power Supply)에서 발생하는 리플 잡음을 말한다. 스위칭 방식의 전원 회로는 수십 kHz에서 수백 kHz의 스위칭 주파수를 사용함으로써 수백 kHz에서 수십 MHz 대역의 고조파 잡음이 발생한다. 특히 스위칭 방식의 전원 회로에서 스위칭 잡음은 정밀 계측 기기의 회로 성능에 영향을 주므로 잡음을 제거해야 한다. 또한, 스위칭 잡음 고조파는 전자파를 발생시켜 주변의 다른 전자 제품에도 영향을 줄 수 있다. 그러므로 전자파의 크기를 일정 수준 이하로 유지하는 전원 회로를 설계해야 한다.

[3] 블리더 저항

그림 14.34의 저항 R_B는 블리더(bleeder)이며, π형 평활 회로 다음에 병렬로 접속한 저항이다. 블리더의 역할은 커패시터 C_1, C_2의 방전 통로를 마련하는 것이다. 회로에서 R_B가 없이 갑자기 스위치가 OFF 되었을 때 대용량 커패시터에 충전되었던 전하는 방전 통로가 없어 그대로 충전 상태에 머물러 있게 된다. 이처럼 커패시터 내부의 잔류 전하는 상당한 자기에너지를 갖고 있어서 제작 과정 및 수리 과정에서 작업자에게 전기적인 충격을 줄 수 있다. 따라서 불의의 감전 쇼크를 유발하거나 시스템 오작동(誤作動, malfunction)의 원인이 될 수 있다. 즉, 블리더 저항은 회로의 안전성 및 신뢰성 확보를 위해서 필요한 저항이다.

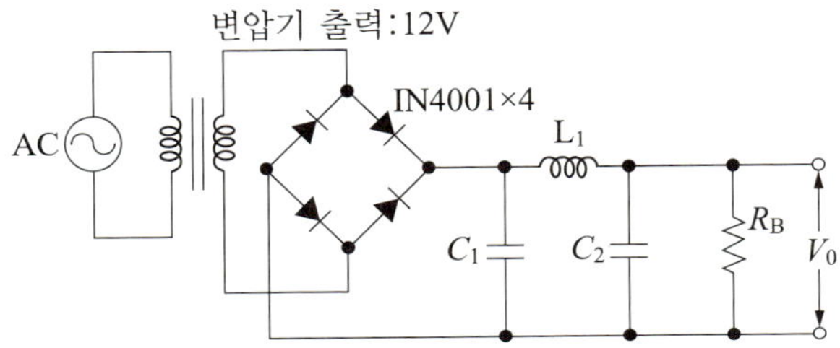

그림 14.34 π형 필터와 블리더 저항

14.6 정전압 안정화 회로

정전압 안정화 회로(定電壓 安定化 回路, constant voltage stabilizing circuit)는 입력 전원 및 부하 저항 등의 변동과 관계없이 일정한 출력을 얻기 위해서 사용된다. 출력 전압의 불안정한 현상은 1차측 입력 전압의 변동이 변압기를 통해 2차측 변압기 출력 전압에 영향을 주기 때문이다. 또한, 전원 회로의 출력 부하 저항의 영향으로 부하 전류가 증가할 수 있다. 일반적으로 제너 다이오드를 이용한 정전압 회로, 3단자 레귤레이터 IC를 이용한 정전압 회로, TL 431을 이용한 정전압 회로, 스위칭 방식 레귤레이터를 이용한 정전압 회로 등이 사용되고 있다.

제너 다이오드(zener diode)는 특정한 역방향 전압에 대해 급격한 항복 특성을 갖는 소자이며, 그림 14.35에서 제너 다이오드의 정전압 $I-V$ 특성을 나타낸 것이다. 그림 14.35(c)는 제너 다이오드의 $I-V$ 특성 곡선에서 알 수 있듯이 출력 전압을 V_z 이내로 제한하는 데 사용된다.

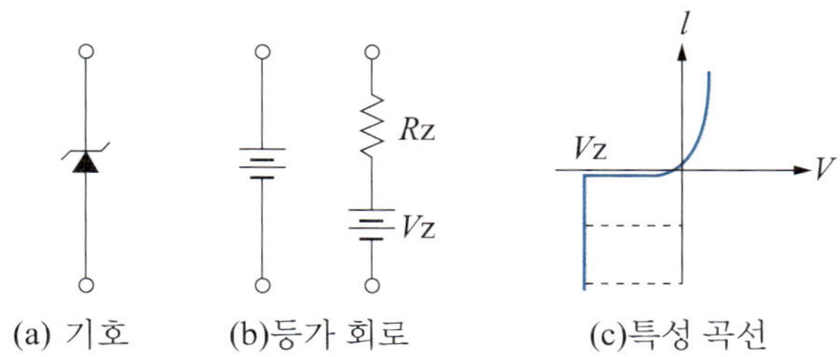

그림 14.35 제너 다이오드의 정전압 $I-V$ 특성

그림 14.36은 입력 전압 V_s 중에서 V_z보다 높은 전압 범위인 $V = V_s - V_z$의 불필요한 전압은 제너 다이오드의 항복 전압 특성으로 인해 제너 다이오드 방향으로 흘려버림으로써 출력 전압은 항상 안정된 $V_0 = V_z$ 가 된다.

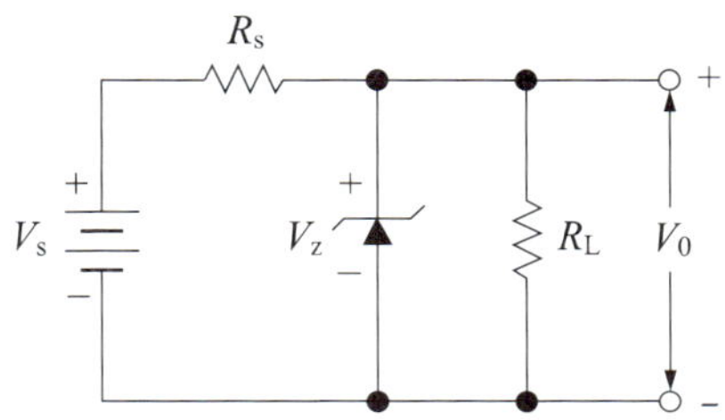

그림 14.36 제너 다이오드의 정전압 특성

그림 14.37은 안정된 정전압 회로를 나타낸 것으로 출력 전압의 변동을 억제하기 위해 되먹임 회로를 추가한 것이다. 이와 같은 되먹임 회로에서 출력 전압 V_0이 증가하면 TR_2의 컬렉터 전류 I_c 가 증가한다. 이것은 V_{CE} 전압 감소를 일으키고 결국 출력 전압 V_0이 감소하게 된다. 즉, 출력 전압이 증가 또는 감소하면 되먹임 회로를 통해 변동한 만큼 감소 또는 증가하게 함으로써 항상 일정한 전압을 유지할 수 있게 된다.

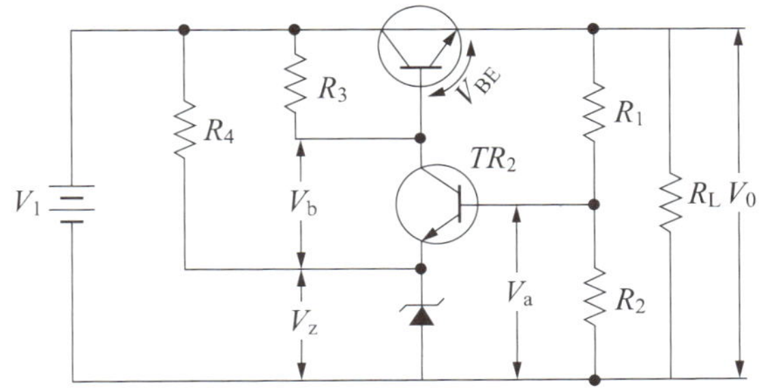

그림 14.37 되먹임 제어 회로가 추가된 정전압 회로

예제 14.8

그림 14.38에서 제너 다이오드 회로에 대한 ① 단자 전압 V_L, ② R에 걸리는 전압 V_R, ③ 제너 다이오드에 흐르는 전류 I_z, ④ 제너 다이오드에서 소비되는 전력 P_z 등을 구하시오.

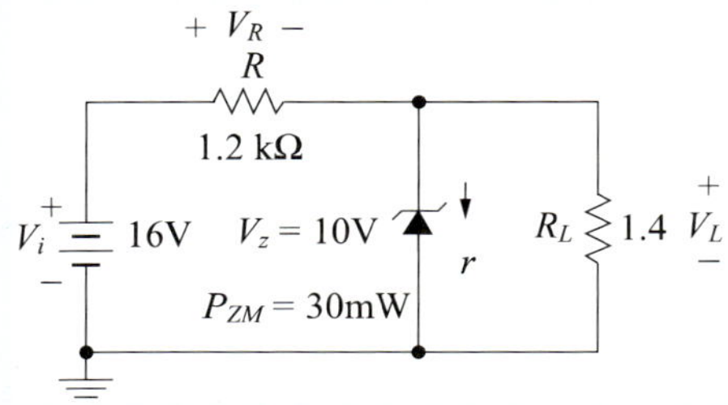

그림 14.38 제너 다이오드를 이용한 전압 조정기 회로

풀이

그림 14.38의 회로를 제안된 회로에 따라 변형하면 그림 14.39와 같다.

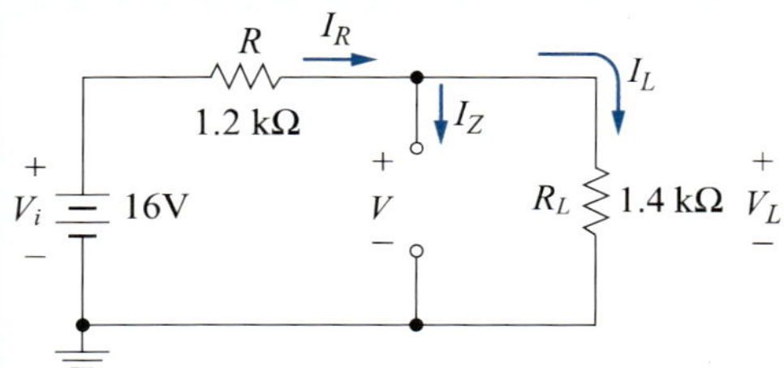

그림 14.39 전압 조정기에 대한 전압의 결정

① 전압 분배 법칙에 의해 단자 전압 V_L을 구하면 다음과 같다.

$$V_L = V = \frac{R_L}{R + R_L} V_i = \frac{1400}{1200 + 1400} \times 16 \fallingdotseq 8.62 \ [\text{V}]$$

② R에 걸리는 전압 V_R은 다음과 같다.

$$V_R = V_i - V_L = 16 - 8.62 = 7.38 \ [\text{V}]$$

③ 제너 다이오드에 흐르는 전류 I_z는 다음과 같다.

$$I_z = 0 \ [\text{A}]$$

④ 제너 다이오드에서 소비되는 전력 P_z는 다음과 같다.

$$P_z = V_z I_z = 10 \times 0 = 0 \ [\text{W}]$$

14장 연습문제

01. 전자의 에너지를 표현하는 데 활용되는 단위는?

답 eV

02. p-type 반도체에서 다수 반송자는 무엇인가?

답 정공

03. 도체 속을 이동하며 열과 전기에너지를 전달하는 것은 무엇인가?

답 전도 전자

04. 반도체의 PN 접합에서 발생하는 순방향 전위 장벽의 크기는 얼마인가?

답 0.7 [V]

05. 전자가 존재할 수 있는 곳으로 에너지 상태가 밀집된 대역은?

답 허용대

06. 반도체 중에서 공핍형 동작과 증가형 동작이 모두 가능한 소자는?

답 MOSFET

07. 반도체 중에서 전력 소모가 가장 낮은 전계 효과 트랜지스터의 구조는?

답 CMOS

08. FET의 고입력 저항과 BJT의 대전류 용량의 장점을 고려하여 제작된 소자는?

답 IGBT

09. 전자 회로에서 평활 회로를 거친 전원은 대부분 직류 성분이지만 일부 정류 회로에서 남아 있는 교류 성분의 잡음 성분은 무엇인가?

답 리플 잡음

10. 입력 전압의 변동이나 부하 전류의 변동에 의해 출력 전압의 변동이 일어난다. 이러한 출력 전압 변동을 안정화하기 위한 회로는 무엇인가?

답 전압 안정화 회로

11. 전원 회로에서 교류를 직류로 바꾸는 것을 ( ), 직류를 교류로 바꾸는 것을 ( ), 직류를 또 다른 직류로 변환하는 회로를 ( )라고 한다.

답 정류 회로, 인버터, 컨버터

12. 전원 회로에서 1차측 입력 전압과 2차측 출력 전압을 전기적으로 절연하는 가능을 갖는 것은?

답 변압기

제 15 장

디지털 회로

15.1 디지털 시스템의 개요

전자 회로의 신호 형태에 따라 아날로그 시스템(analog system)과 디지털 시스템(digital system) 등으로 분류된다. 일상생활에 활용되는 TV, DVD, VTR, 음향기기뿐만 아니라 컴퓨터, 자동제어 기기, 사무기기, 의료용 기기, 산업용 기기 등 다양한 분야에서 디지털화 되어 있다.

[1] 아날로그 신호와 디지털 신호

아날로그 신호(analog signal)를 사용하는 것을 아날로그 시스템이라 하고, 디지털 신호(digital signal)가 사용되는 것을 디지털 시스템이라 한다. 아날로그 신호는 온도, 힘, 가속도 등의 물리량과 같이 유사하게 연속적으로 변화하는 전기적 신호이다. 반면에 디지털 신호는 유한한 수의 값만을 가질 수 있다는 것이며, 불연속적인 신호라는 것이 중요한 특징이다.

그림 15.1(a)는 아날로그 신호를 나타낸 것으로 약간의 변화가 있어도 출력의 변화가 즉시 발생하므로 신호 값이 선형적으로 처리된다. 그림 15.1(b)는 디지털 정보 신호를 나타낸 것으로 입력 값이 출력 값의 대응되는 값에 도달했을 때만 반응하는 것으로 비선형적으로 표시된다. 일상생활에서 접하는 온도계, 시계, 회로시험기 등의 계측기에서 그 크기를 눈금으로 표시하는지 숫자로 표시하는지에 따라 쉽게 구분할 수 있다.

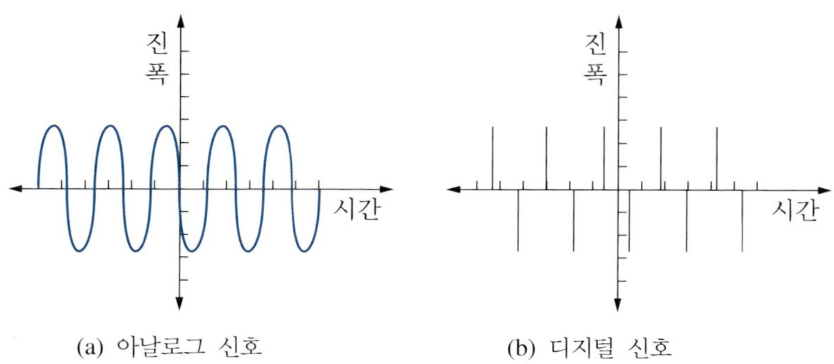

그림 15.1 아날로그 신호와 디지털 신호

음악을 녹음할 때 사용되는 카세트테이프(cassette tape)는 아날로그 신호를 기록한 것이며, 콤팩트 디스크(CD; Compact Disk)는 디지털 신호를 기록한 것이다. 아날로그 신호를 디지털 신호로 바꾸는 기기를 A/D 변환기 (Analog to Digital Converter)라 하고, 디지털 신호를 아날로그 신호로 바꾸는 기기를 D/A 변환기 (Digital to Analog Converter)라 한다.

[2] 디지털 시스템의 특징 및 집적 회로

최근에 사용되는 전기기기의 대부분이 디지털로 구성되어 있다. 반도체 소자의 발달에 따라 디지털 시스템은 진화를 거듭하고 있으며, 특징은 다음과 같다.

① 디지털 시스템은 아날로그 시스템에 비해 신뢰성이 높다.
② 사용자의 측정 오차를 줄일 수 있고, 정확도가 높다.
③ 회로 구성이 간단하여 부피가 작고, 경제적이다.
④ 적절한 기록 장치 또는 매체 등을 이용하여 저장할 수 있다.
⑤ 디지털 시스템은 일정한 환경에서 잡음에 강하고 손실이 거의 없다.
⑥ 디지털 신호는 암호와 같아서 변환 시스템이 없으면 판독이 불가능하다.

디지털 집적 회로는 트랜지스터, 다이오드, 저항, 콘덴서 등을 활용하여 작은 칩(chip)으로 구성한 것이다. 일반적으로 디지털 회로에서 사용되는 단위는 다음과 같다.

① 비트(bit)는 binary digit의 약칭이며, 수학이나 컴퓨터 분야의 이진법의 최소의 단위로 '0' 과 '1' 를 말한다.
② 니블(nibble)은 비트 4 개를 말한다. 4 비트는 1 니블이라 하며, 24 에 해당하는 16 상태를 표현할 수 있다.
③ 쿼터(quarter)는 2 개의 비트(bit)를 나타내며, 1/4 을 의미한다.
④ 바이트(byte)는 정보량의 최소 단위인 비트의 집합으로 구성된 기본 단위이며, 8 비트로 1 바이트를 구성하는 것이 가장 일반적이다.

즉, 집적 회로를 구성한 소자의 수에 따라 구분하면 한 개의 기판 위에 소자 수가 100 개 (gate수는 약 12 개) 이하인 것을 소규모 집적 회로 (SSI; Small Scale Integration), 소자 수가 100 ~ 1,000 개인 것을 중규모 집적 회로 (MSI; Medium Scale Integration), 소자 수가 1,000 ~ 10,000 개인 것을 고밀도 집적 회로 (LSI; Large Scale Integration)라 한다. 그리고 소자 수가 10,000 개 이상인 것을 초고밀도 집적 회로 (VLSI; Very Large Scale Integration)라 한다.

대부분의 디지털 소자의 외형은 비슷하게 보이나 적용된 트랜지스터에 따라 구조 및 전기적 특성이 다르다. 일반적으로 사용되는 TTL (Transistor-Transistor Logic)은 npn-type 트랜지스터가 적용되며, CMOS (Complementary Metal Oxide Semiconductor)는 전계 효과 트랜지스터 (FET; Field Effect Transistor)를 중심으로 제작되어 있다. TTL의 규격은 일반용인 74 시리즈 및 군사용인 54 시리즈 등이 있다. 그리고 CMOS는 4000 시리즈와 고속 CMOS인 74HC 시리즈가 주로 사용된다. 표 15.1은 TTL과 CMOS의 특징에 대해서 비교한 것이다.

표 15.1 TTL과 CMOS의 특성 비교

특 성 \ 종 류	TTL	CMOS
전달 지연 시간	10 [ns]로 짧다.	약 150 [ns]로 길다.
문턱 전압	약 1.5 [V]로 낮다.	약 2.5 [V]로 높다.
소비 전력	크다.	작다.
입력 저항	작다.	크다.
동작 전압	5 [V]	3～18 [V]
팬 아웃	작다.	많다.

전달 지연 시간은 게이트 입력 단자에 신호가 들어와 출력 단자로 나오기까지 걸리는 시간이며, 문턱 전압은 논리 신호 '0' 과 '1' 을 구분하는 경계 전압이다. 또한, 팬 아웃(fan out)은 게이트 출력 단자에 접촉할 수 있는 최대 입력 단자의 수 등을 의미한다.

15.2 진수의 변환

일상생활에서 사용하는 수의 체계는 10진수이며 나이, 몸무게, 키, 길이 등을 표현할 때 사용된다. 그러나 디지털 시스템에 사용되는 수의 체계는 2진수, 8진수, 16진수 등이 있으며, 대부분의 디지털 시스템은 2진수를 이용하여 정보를 표현한다.

[1] 10진수와 2진수

어떤 수치의 값을 표현할 때 0～9 까지의 10 개의 숫자를 사용하는 10진수(decimal)를 사용하는 것이 일반적이지만 수의 체계에는 그 밖에도 많은 진수가 존재한다. 디지털 시스템은 '0' 과 '1' 의 2가지 기호만을 사용하는 2진수(binary)를 사용한다. 예를 들어 15라는 10진수가 있다면 '1' 은 $10^1 = 10$으로 나타내고, 5는 단순히 5를 나타내는 것이다.

$$15_{10} = 1 \times 10^1 + 5 \times 10^0 = 10 + 5 \tag{15.1}$$

밑수 10은 10진수를 나타내며 일반적으로 생략하고 표기하지 않는다. 즉, 10진수는 0~9가지의 10가지 기호만을 이용하는 수의 체계이며, 새로운 자릿수는 가중치가 10배씩 증가하는 수의 체계이다. 그리고 2진수는 '0' 과 '1' 로만 구성되어 있고, '1'보다 큰 수는 자릿수를 하나 증가시켜 표현한다. 예를 들어 101101이라는 6자리의 2진수가 있을 때 그 의미는 다음과 같다.

$$101101_2 = 1 \times 2^5 + 0 \times 2^4 + 1 \times 2^3 + 1 \times 2^2 + 0 \times 2^1 + 1 \times 2^0 \tag{15.2}$$

밑수 2는 2진수를 나타내며, 2진수로 주어진 값을 10진수로 바꾸거나 10진수로 주어진 값을 2진수로 쉽게 변환할 수 있다. 예를 들어 101101_2라는 2진수는 다음과 같이 10진수로 변환이 가능하다.

$$101101_2 = 1 \times 2^5 + 0 \times 2^4 + 1 \times 2^3 + 1 \times 2^2 + 0 \times 2^1 + 1 \times 2^0 = 45 \tag{15.3}$$

반대로 10진수를 2진수로 변환하기 위해서는 주어진 10진수를 2로 나누고 몫과 나머지를 구하고, 그 몫이 '0' 이 될 때까지 그 과정을 반복한 후 구해진 나머지를 역순으로 나열하면 된다.

예제 15.1

10진수 37을 2진수 나타내시오.

풀이

```
2 ) 37
2 ) 18 ······· 나머지 1  ↑
2 )  9 ······· 나머지 0
2 )  4 ······· 나머지 1
2 )  2 ······· 나머지 0
2 )  1 ······· 나머지 0
     0 ······· 나머지 1
```

그러므로 역순으로 읽어서 나타내면 100101_2 가 된다.

[2] 8진수와 10진수

디지털 시스템에서 2진수를 사용하는 이유는 어떤 정보 표현에 있어서 '있다' '없다' 또는 '높다' '낮다' 등의 2가지 형태만이 존재하기 때문이다. 따라서 10진수나 2진수 외에도 3진수, 4진수, 5진수 등 다른 수의 체계가 가능하다. 그러면 8진수(octal)와 16진수(hexadecimal)의 표현은 다음과 같은 방법을 적용한다.

8진수는 0~7 까지의 8 개의 기호를 이용하여 나타내고, 각 자리에서 '7'보다 클 때는 자릿수를 하나씩 올리는 수 체계이다. 즉, 8진수 624_8을 10진수로 바뀌는 다음과 같이 표현된다.

$$624_8 = 6\times 8^2 + 2\times 8^1 + 4\times 8^0 = 404_{10} \tag{15.4}$$

반대로 10진수를 8진수로 표현하기 위해서는 10진수를 2진수로 바꾸는 방법과 동일하다. 단지 나누는 수가 8로 바꾸면 되는 것이다.

그리고 16진수로 표시하기 위해서는 0~9 까지 숫자를 사용하고 그 다음부터는 알파벳의 A, B, C, D, E, F 등의 6 개 기호를 사용한다. 따라서 16진수는 자릿수가 증가할 때마다 가중치는 16 배씩 증가하는 수 체계로 가장 오른쪽 자리는 16^0을 나타낸다. 예를 들어 $27D_{16}$을 10진수로 표현하면 다음과 같다.

$$27D_{16} = 2\times 16^2 + 7\times 16^1 + 13\times 16^0 = 637_{10} \tag{15.5}$$

예제 15.2

8진수 753_8 을 2진수 나타내시오.

풀이

7	5	3
↓	↓	↓
111	101	011

그러므로 111101011_2 가 753_8 을 2진수 표현한 것이다.

예제 15.3

8진수 4416_8 을 2진수 나타내시오.

풀이

4	4	1	6
↓	↓	↓	↓
100	100	001	110

그러므로 4416_8 은 2진수로 100100001110_2 가 된다.

15.3 2진수의 연산

[1] 사칙 연산

2진수의 사칙 연산은 10진수의 사칙 연산과 같은 방법으로 실행되며, 예를 들어 나타내면 다음과 같다.

덧셈	0 + 0 = 0,	0 + 1 = 1,	1 + 0 = 1,	1 + 1 = 10
뺄셈	0 − 0 = 0,	1 − 0 = 1,	1 − 1 = 0,	0 − 1 = 1

① 덧셈	② 뺄셈	③ 곱셈	④ 나눗셈
11011001	10010011	110	11
+ 1010100	− 1001110	× 101	÷ 1001
100101101	1000101	110	11
		000	11
		110	11
		11110	0

[2] 보수의 개념과 음수

2진수를 디지털 시스템으로 표현할 때 그림 15.2와 같은 2진 기억 소자의 집단을 사용하며, 이와 같은 집단을 레지스터(register)라고 한다. 따라서 그림 15.2는 여덟 자리의 2진수를 표현하는 기억 소자이며, 각 자리를 비트(bit, binary digit)라고 부른다.

A_7	A_6	A_5	A_4	A_3	A_2	A_1	A_0

그림 15.2 8비트 2진수 기억 소자

기억 소자에 음수를 저장할 때 가장 왼쪽의 비트(MSB; Most Signification Bit)를 부호 비트(sign bit)로 하여 그 값이 '0' 이면 '양수' 로 하고, '1' 이면 '음수' 로 규정하고 나머지 7 개의 비트를 이용하여 그 크기를 나타내는 방식이다. 그림 15.3은 부호-크기 방식(sign-magnitude convention)을 나타낸 것이다.

(a) 양수	0							
(b) 음수	1							

그림 15.3 부호-크기 방식

예제 15.4

부호-크기 방식으로 표현된 8비트 2진 정보가 그림 15.4와 같을 때 10진 정보로 나타내시오.

0	1	1	0	1	0	0	1

그림 15.4 부호-크기 방식

풀이

01101001은 부호 비트가 0이므로 +01101001이다.

$$1\times 2^6+1\times 2^5+0\times 2^4+1\times 2^3+0\times 2^2+0\times 2^1+1\times 2^0$$
$$=64+32+0+8+0+0+1=105$$

그러므로 +105를 나타낸다.

1의 보수 방식(one's complement form)은 양의 2진수 x의 음수 $-x$를 기억 소자 상에서는 $11111111-x$의 형태로 저장하는 방식이다. $11111111-x$로 정의된 1의 보수는 주어진 값을 11111111에서 빼어야 하지만 이는 각각의 비트를 반전($0\rightarrow 1$, $1\rightarrow 0$)한 것과 같은 결과를 얻게 된다.

예제 15.5

-15를 8비트의 1의 보수 방식으로 나타내시오.

풀이

$x=15$일 때 여덟 자리 2진수는 00001111이 되고, 1의 보수는 $11111111-x=00001111$이다.

$$\therefore\ x=11111111-00001111=11110000$$

즉, 15를 1의 보수 방식으로 표현하면 11110000으로 1의 보수로서 -15를 표현한 것과 같다.

2의 보수 방식(two's complement form)은 디지털 시스템에서 가장 보편적으로 음수를 표현하기 위해 사용하는 방식이다. 여덟 자리 기억 소자에 대해서 설명하면 2의 보수 방식은 $100000000-x$의 형태로 x의 음수 $-x$를 기억 소자 상에 저장하는 방식이다.

예제 15.6

-15 를 8비트의 2 의 보수 방식으로 나타내시오.

풀이

$x=15$에 대해서 2 의 보수로 계산하면 $x=15$ 는 2진수로 00001111 이다. 그러므로 2 의 보수는 $100000000-x=00001111$ 이다.

$$\therefore\ x = 100000000 - 00001111 = 11110001$$

그러므로 -15 를 2 의 보수로 표현하면 11110001 이다. 즉, 2 의 보수는 1 의 보수에 '1' 을 더한 값과 같다.

15.4 실수의 표현

디지털 시스템에서 소수점을 포함하는 실수의 표현에 사용되는 방식을 소수점 방식(小數點 方式, point method)이라 한다. 4 바이트(32 비트) 또는 8 바이트(64 비트)를 사용하며, 그림 15.5는 부동 소수점 방식(浮動 小數點 方式, floating point method)을 나타낸 것으로 부호, 지수부, 가수부 등으로 구성된다.

부호	지수부	가수부

그림 15.5 32 비트 부동 소수점 방식

64 비트 표현은 지수부가 가수부에 할당된 비트 수가 많으므로 표현할 수 있는 수의 범위가 넓다. 실수를 표현하는 방식은 모두 같으며, 한 가지 공통된 방식은 지수형으로 나타내는 것이다. 소수점의 위치를 가장 큰 유효 숫자의 왼쪽으로 옮겨서 지수와 함께 표시하는 것을 정규화(正規化, normalization)라 한다.

10진수	2진수
$3135 = 3.135 \times 10^3$	$-101.11_2 = -1.0111 \times 2^2$
$-3.1350 = -3.135 \times 10^0$	$0.000101_2 = 1.01 \times 2^{-4}$
$0.003135 = 3.135 \times 10^{-3}$	

① 부호 : 표현하려는 실수가 양수이면 '0', 음수이면 '1' 로 표시한다.

② 지수부 : 정규화된 실수의 지수 부분을 표현하며, 바이어스된 지수(biased exponent)를 사용한다.

지수	−1	0	1	2	…
바이어된 지수	01111110	01111111	10000000	10000001	…
	126_{10}	127_{10}	128_{10}	129_{10}	…

③ 가수부 : 정규화된 실수의 가수를 표시하는데 정규화된 실수의 가수는 항상 첫 번째 비트가 '1' 이므로 이를 생략하고 나머지 비트만을 표현한다.

예제 15.7

-0.10111×2^{-3}을 32 비트 부동 소수점 표현으로 나타내시오.

풀이

주어진 수를 정규화하면 -1.0111×2^{-4}이 되며, 다음과 같이 부호, 지수부, 가수부 등을 결정할 수 있다.

① 부호 : 음수이므로 '1' 로 결정된다.

② 지수부 : 지수가 −4 이므로 $-4+127=123$ 이 바이어스된 지수가 된다. 123 을 8 비트로 표현하면 01111011 이 된다.

③ 가수부 : 가수 10111 에서 첫 번째 비트를 생략하면 0111 이 되므로 이를 23 비트로 표현하면 01110000000000000000000으로 된다.
그러므로 32 비트로 표현하면 다음과 같다.

1	01111011	01110000000000000000000
부호	지수부	가수부

이것을 왼쪽에서부터 4 비트로 묶어서 16진수의 한 자리로 나타낼 수 있으므로 $(BDB80000)_{16}$ 이다.

예제 15.8

12.6875_{10}을 32 비트 부동 소수점 표현으로 나타내시오.

풀이

① 주어진 10진수를 2진수로 변환한다.

$$12.6875_{10} = 1100.1011_2$$

가. 정수 부분의 변환

2	12	
2	6	나머지 0
2	3	나머지 0
2	1	나머지 1
	0	나머지 1

− 하에서 상의 순서로 나타낸다.

나. 소수점 변환(1)

$0.6875 \times 2 = 1.375$

$0.375 \times 2 = 0.75$

$0.75 \times 2 = 1.5$

$0.5 \times 2 = 1.0$

− 상에서 하의 순서로 나타낸다.

다. 소수점 변환(2)

− 0.6875 에 2 를 n 번 곱하여 정수를 구한다.
− 구한 정수를 2진수를 구하는 방법과 동일하게 적용하여 변환한다.
− 하에서 상의 순서로 나타낸다.

② 정규화된 표현으로 나타낸다.

$$1100.1011_2 = 1.1001011_2 \times 2^3$$

③ 부호 : 양수이므로 '0' 이다.

· 지수부 : 3 + 127 = 130 이므로 8비트로 표현하면 10000010 이다.
· 가수부 : 11001011에서 첫 번째 비트 '1' 을 생략하면 1001011 이 되므로 이를 23 비트로 표현하면 10010110000000000000000으로 된다. 그러므로 32 비트로 표현하면 다음과 같다.

0	10000010	10010110000000000000000
부호	지수부	가수부

이것을 16진수로 나타내면 $(414B0000)_{16}$으로 된다.

15.5 디지털 코드

디지털 코드는 2진 숫자 코드, 2진 문자 코드, 한글 코드, 유니 코드 등으로 분류된다. 2진 숫자 코드에는 BCD 코드, 3초과 코드, 그레이 코드, 패리트 비트와 해밍 코드 등이 있다. 2진 문자 코드는 ASCII 코드 및 EBCDIC 코드 등이 있다. 또한, 한글 코드는 2 바이트 완성형 코드 및 2 바이트 조합형 코드 등이 있다.

[1] 2진 숫자 코드

(1) BCD 코드

BCD 코드(Binary Coded Decimal code)는 0~9 까지의 10진수를 2진수의 '0' 과 '1' 로 표시하는 코드로 10진수 표현보다 자릿수가 많아 비효율적이지만 코드가 '0' 과 '1' 로만 표시되어 디지털 시스템에 바로 적용할 수 있다. 또한, 2진수의 4 비트가 10진수의 한 자리에 1 대 1로 대응되므로 상호 변환이 쉽다는 특징이 있다. BCD 코드는 표 15.2와 같이 각 비트마다 정해진 값이 있으며, 표 15.3은 256의 BCD 표현의 예를 나타낸 것이다.

표 15.2 BCD 코드

10 진수	BCD 코드	10 진수	BCD 코드
	$2^3 2^2 2^1 2^0$		$2^3 2^2 2^1 2^0$
0	0000	5	0101
1	0001	6	0110
2	0010	7	0111
3	0011	8	1000
4	0100	9	1001

표 15.3 256의 BCD 표현의 예

10 진수	2 진수	BCD		
256	100000000	2 0010	5 0101	6 0110

그리고 소수점을 포함한 10진수를 BCD로 표현할 때는 소수점을 기준으로 10진수 한 자리마다 좌우로 4 비트씩 구분하여 나타낸다. 반대로 소수점을 포함한 BCD

를 10진수로 표현할 경우에는 소수점을 기준으로 4 비트마다 10진수 한 자리로 나타낸다. BCD 코드에 의해서도 산술 연산이 가능하며, BCD 가산법에서는 다음과 같은 두 가지 조건을 적용해야 한다.

① BCD 수를 가산한 결과 각 자릿수의 4 비트가 10 개의 BCD 수(0000~1001)에 포함되어 있으면 그 자체가 BCD 값이 된다.

② 각 자릿수의 4 비트가 10 개의 BCD 수에 포함되어 있지 않거나 자리올림이 발생하면 그 값에 6 (0110)을 더해 주어야만 BCD 값이 된다. 따라서 BCD 코드에 포함되지 않는 여섯 개의 4 비트 때문에 일반적인 2진 가산이 아닌 특별한 연산법이 필요하다.

예제 15.9

7 + 5 를 BCD 로 바꾸어서 연산하시오.

풀이

```
(10진 연산)      (BCD 연산)
      7    →        0111
  +   5    →    +   0101
  -------       ---------
     12             1100   (BCD 수가 아니다.)
                +   0110   (6을 더한다.)
                ---------
               0001 0010   (BCD 수로 12)
                 └──────→ 자리올림 발생
```

(2) 3 초과 코드

3 초과 코드(excess-3 code)는 BCD 코드의 변형된 형태로 BCD 코드에 10진수의 3 (2진수의 0011)을 각각 더한 것이며, 표 15.4는 10진수의 BCD 와 3 초과 코드를 비교한 것이다. 16 개의 2진수 중에서 0011~1100 까지의 10 개의 코드를 10진수 0, 1, …, 9 등으로 각각 대응시킨 것과 같다. 따라서 나머지 6 개의 코드 0000, 0001, 0010, 1101, 1110, 1111 등은 3 초과 코드에서 사용하지 않는다.

표 15.4 10진수의 BCD와 3 초과 코드의 비교

10진수	0	1	2	3	4	5	6	7	8	9
BCD코드	0000	0001	0010	0011	0100	0101	0110	0111	1000	1001
3초과 코드	0011	0100	0101	0110	0111	0111	1001	1010	1011	1100

(3) 그레이 코드

그레이 코드(gray code)는 사칙 연산에 부적당하다. 그러나 서로 이웃하는 숫자와 1 개의 비트만 변하게 되어 있어서 입력 코드로 사용할 때 오류가 적은 특성을 지닌다. 또한, 2진수 코드로 간단히 바꿀 수 있어서 입·출력 장치, 데이터 전송, A/D 변환기 등에 이용된다.

〈1〉 2진수에서 그레이 코드로 변환하는 방법

10진수의 3 은 2진수로 표시하면 0011이다. 이것을 그레이 코드로 변환하는 방법은 다음과 같다. 과정 ①과 같이 2진수의 최상위 비트는 그대로 그레이 코드의 최상위 비트가 된다. 다음 과정 ②와 같이 2진수의 최상위 비트와 그 다음 비트를 더한다. 그리고 과정 ③과 같이 자리올림 수를 제거한 나머지를 그레이 코드로 취한다. 나머지도 같은 방법으로 반복 적용하면 된다.

0	② →	0	④ →	1	⑥ →	1	(2진수)
① ↓		③ ↓		⑤ ↓		⑦ ↓	
0		0		1		0	(그레이 코드)

〈2〉 그레이 코드에서 2진수로 변화하는 방법

10진수 3은 그레이 코드로 나타내면 0010 이다. 이것을 다시 2진수로 변화하는 방법은 다음과 같다. 먼저 과정 ① 과 같이 그레이 코드의 최상위 비트를 그대로 2 진수가 된다. 다음 과정 ② 와 같이 그 결과를 그레이 코드의 다음 비트와 더한다. 그리고 과정 ③ 과 같이 자리올림을 제거한 나머지를 2진수로 취한다. 나머지도 같은 방법으로 반복 적용하면 된다.

0		0		1		0	(그레이 코드)
① ↓	② ↗	③ ↓	④ ↗	⑤ ↓	⑥ ↗	⑦ ↓	
0		0		1		1	(2진수)

예제 15.10

0111_2 를 그레이 코드로 변환하시오.

풀이

0	→	1	→	1	→	1	(2진수)
↓		↓		↓		↓	
0		1		0		0	(그레이 코드)

예제 15.11

1110 그레이 코드를 2진수로 변환하시오.

풀이

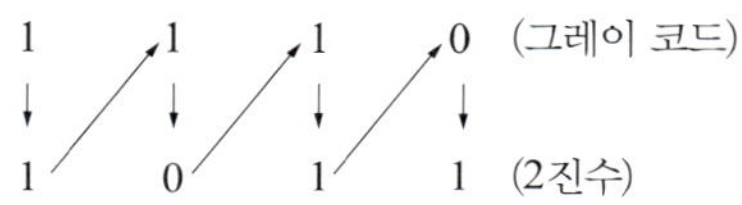

(4) 패리티 비트와 해밍 코드

패리티 비트(parity bit)는 문자 코드 내의 전체 '1' 의 비트가 짝수 개가 되거나 홀수 개가 되도록 그 코드에 덧붙이는 비트이다. 데이터의 끝 부분에 추가된 여분의 비트로 하나의 문자 혹은 문자 블록 내의 1 비트 오류를 검사하기 위해 사용한다. 패리티 비트를 추가하는 방법은 홀수의 규칙과 짝수의 규칙이 있다. 홀수의 규칙은 전송 데이터의 각 코드의 '1' 의 개수가 짝수이면 패리티 비트를 '1' 로 만들고, 홀수이면 '0' 으로 만들어 패리티 비트까지 포함해서 각 코드의 '1' 로 세트되는 비트의 개수가 항상 홀수가 된다. 짝수의 규칙은 패리티 비트를 포함해서 각 코드의 '1' 로 세트되는 비트의 개수가 항상 짝수가 되게 하는 방법이다.

그림 15.6 패리티 비트의 규칙(예)

패리티 비트는 오류를 검사할 수 있으나 정정하지는 못하는 단점이 있다. 패리티 비트의 기능을 확장하여 오류의 검사뿐만 아니라 오류를 정정할 수 있는 대표적인 코드가 해밍 코드(hamming code)이다. 해밍 코드는 4 개의 순수한 정보 비트에 3 개의 체크 비트를 추가하여 총 7 비트를 만들어 전송한다.

행	1	2	3	4	5	6	7
비트	P_1	P_2	D_1	P_3	D_2	D_3	D_4

해밍 코드법의 구성은 왼쪽부터 1, 2, 4번에 패리티 비트를 놓는다. 그리고 3, 5, 6, 7번 비트에 정보 비트를 둔다. 패리티 비트 P_1에는 1, 3, 5, 7 행에 대해서 짝수

패리티가 되도록 비트를 넣고, P_2에는 2, 3, 6, 7 행에 대해서 짝수 패리티가 있다. 그리고 마지막으로 P_3에는 4, 5, 6, 7 행에 대해서 짝수 패리티가 되도록 패리티 비트를 넣으면 가장 이상적인 해밍 코드가 된다.

예제 15.12

10진수 3 에 대한 해밍 코드는 무엇인가?

풀이

3 의 2진수는 0011 로 표현된다. 따라서 D_1, D_2, D_3, D_4에 대한 2진 데이터 0011 을 차례로 대응시킨다. 그리고 P_1, P_2, P_3에 짝수 패리티 비트를 나타내면 다음과 같다.

행	1	2	3	4	5	6	7
비트	P_1	P_2	D_1	P_3	D_2	D_3	D_4

P_1 = 1, 3, 5, 7 행에 대해서 짝수 패리티를 검사하면 1 이다.
P_2 = 2, 3, 6, 7 행에 대해서 짝수 패리티를 검사하면 0 이다.
P_3 = 4, 5, 6, 7 행에 대해서 짝수 패리티를 검사하면 0 이다.

그러므로 1000011 로 구성된 것을 알 수 있다.

전송 데이터의 오류를 검출하고, 정정하는 방법은 다음과 같다.

① 1, 3, 5, 7 행에 대해서 짝수 패리티를 검사하여 C_1 로 한다.
② 2, 3, 6, 7 행에 대해서 짝수 패리티를 검사하여 C_2 로 한다.
③ 4, 5, 6, 7 행에 대해서 짝수 패리티를 검사하여 C_3 로 한다.
④ $C_3\ C_2\ C_1$ 순으로 배열한다.
⑤ $C_3\ C_2\ C_1$의 값이 오류가 발생한 위치가 되며, $C_3\ C_2\ C_1 = 000$ 은 오류가 발생하지 않는다.

[2] 2진 문자 코드

(1) ASCII 코드

ASCII 코드 (American Standard Code for Information Interchange code)는 개인용 컴퓨터에 주로 사용되며, '1' 개의 영문자 코드가 7 비트로 구성되어 있다. 실제 사용할 때는 '1' 비트의 패리티 비트를 포함시켜 8 비트로 전송하며, 표 15.5는

ASCII 코드의 예를 나타낸 것이다.

예제 15.13

다음 ASCII 코드가 무엇을 나타내는가?

1001000　　1000101　　1001100　　1010000

풀이

각의 7 비트를 16진수로 나타내면 다음과 같다.

48　　45　　4C　　50

표 15.5에서 각 값들이 나타내는 문자를 찾아보면 다음과 같다.

H　　E　　L　　P

표 15.5 ASCII 코드와 진수의 비교

문자	7-비트 ASCII	8진수	16진수	문자	7-비트 ASCII	8진수	16진수
A	100 0001	101	41	Z	101 1010	132	5A
B	100 0010	102	42	0	011 0000	060	30
C	100 0011	103	43	1	011 0001	061	31
D	100 0100	104	44	2	011 0010	062	32
E	100 0101	105	45	3	011 0011	063	33
F	100 0110	106	46	4	011 0100	064	34
G	100 0111	107	47	5	011 0101	065	35
H	100 1000	110	48	6	011 0110	066	36
I	100 1001	111	49	7	011 0111	067	37
J	100 1010	112	4A	8	011 1000	070	38
K	100 1011	113	4B	9	011 1001	071	39
L	100 1100	114	4C	blank	010 0000	040	20
M	100 1101	115	4D	.	010 1110	056	2E
N	100 1110	116	4E	(	010 1000	050	28
O	100 1111	117	4F	+	010 1011	053	2B
P	101 0000	120	50	$	010 0100	044	24
Q	101 0001	121	51	*	010 1010	052	2A
R	101 0010	122	52	)	010 1001	051	29
S	101 0011	123	53	−	010 1101	055	2D
T	101 0100	124	54	/	010 1111	057	2F
U	101 0101	125	55	,	010 1100	454	1C
V	101 0110	126	56	=	011 1101	075	3D
W	101 0111	127	57	<RETURN>	000 1101	015	0D
X	101 1000	130	58	<LINEFEED>	000 1010	012	0A
Y	101 1001	131	59				

(2) EBCDIC 코드

대형 컴퓨터 등에서 주로 사용되는 코드이며, 1 개의 영숫자 코드가 8 비트로 구성되어 있다. 전체 256 개의 문자 코드를 구성할 수 있으나 실제로 사용되는 문자 코드의 수는 ASCII 코드와 동일하다. 그림 15.7은 EBCDIC 코드의 구성 및 명칭을 나타낸 것이다.

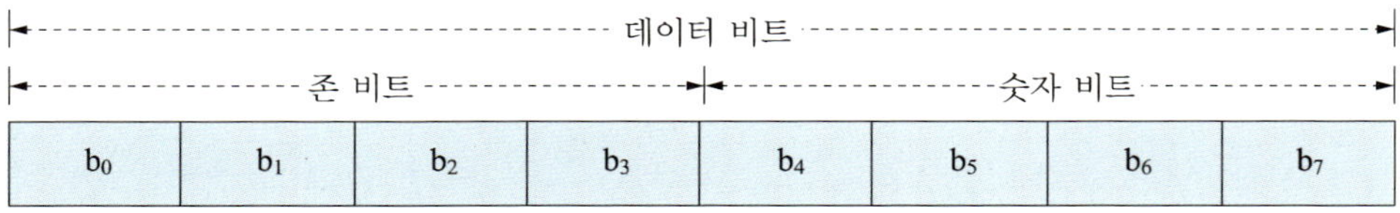

그림 15.7 EBCDIC 코드의 구성 및 명칭

(3) 한글 코드

한글 코드는 2 바이트 완성형 코드와 2 바이트 조합형 코드로 구분된다. 완성형은 글자를 일종의 그림처럼 다루는 방식이며, 한글을 순서대로 나열하고 각각의 낱자에 코드를 부여한 방식이다. 한글로 표현이 가능한 글자 11,172 자 중에서 주로 사용하는 2,000∼3,000 자 정도를 순서대로 코드 값을 부여하였다. 1987년 정부에서 표준으로 정한 KS C 5601 역시 2 바이트 완성형 코드로 되어 있다.

조합형은 한글 글자의 구성 원리인 초성, 중성, 종성 등의 세 갈래 음운을 근거로 설계되었다. 2 바이트 조합형 코드는 그림 15.8과 같이 첫 번째 비트를 가지고 영문자와 한글을 구별하는데 사용한다. 첫 번째 비트가 '0' 이면 2 바이트가 영문자 2 자를 표현하고, '1' 이면 한글이다. 그리고 나머지 15 비트를 5 비트씩 나누어 초성, 중성, 종성 등을 나타낸다.

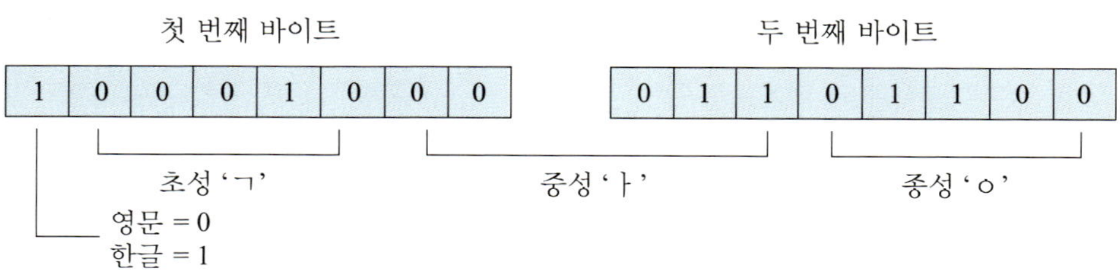

그림 15.8 2 바이트 조합형 한글 코드의 구성 원리

(4) 유니 코드

유니 코드(unicode)는 컴퓨터 관련 업계의 표준으로 규정한 문자 코드로서 각국

의 언어를 통일된 방법으로 표현할 수 있게 제안된 것이다. 영문 26 자와 약간의 특수 문자를 표현하는데 '1' 바이트로 충분하기 때문에 모든 정보가 1 바이트를 단위로 표현되어 있다.

한글, 한자, 일어 등의 문자는 그 구조가 1 바이트로는 표현이 불가능하므로 2 바이트로 조합하여 하나의 문자를 표현하도록 설계되어 있다. 유니 코드는 1991년 창설되어 북미, 유럽, 아시아 등 45 개 주요 기업이 참여하고 있다. 또한, 국제표준화기구(國際標準化機構, ISO; International Organization for Standardization)와 공동 표준 규격 지원을 위한 서비스를 병행하고 있다.

15.6 불 대수와 논리식

불 대수(Boolean algebra)에서 사용하는 변수는 참 '1' 과 거짓 '0' 의 두 가지 값만을 가질 수 있다. 전원을 제어하는 스위치의 ON 과 OFF 로 각각 대응할 수 있다. 불 대수에서는 변수가 '0' 과 '1' 의 값만 가질 수 있으므로 불 대수에서 사용하는 변수를 논리 변수 또는 2차 변수(2-valued variable)라고 하며, '0' 과 '1' 을 논리 상수라 한다. 논리 회로의 입·출력 관계를 논리 연산식 또는 함수의 형태로 나타내는 것을 논리 함수라 한다.

불 대수는 논리 회로를 다룰 때 기본적으로 사용되며, 논리 변수가 가지는 '0' 과 '1' 의 값이 논리 회로에서 전기 신호 상태와 서로 대응된다. 즉, 2 개의 전압 레벨을 표현할 때 낮은 전압 0 [V]를 '0', 높은 전압 +5 [V]를 '1' 로 대응하며 정논리라 한다. 반대로 낮은 전압 0 [V]를 '1', 높은 전압 +5 [V]를 '0' 으로 표현하는 것을 부논리라 한다.

불 대수의 기본 연산은 논리곱의 AND, 논리합의 OR, 논리 부정의 NOT 등의 세 가지가 있다. 이와 같이 각각의 불 연산을 할 수 있도록 구성된 회로를 게이트(gate)라 한다. 세 가지의 기본 연산은 논리 회로에서 AND, OR, NOT 게이트에 의해 실현된다. 표 15.6은 정논리를 기준으로 했을 때 논리 상태에 대응하는 각각의 상태 표현 방법의 예이다.

표 15.6 논리 상태에 따른 각각의 상태를 표현하는 방법

논리 상태	전기 신호 상태	스위치 상태	전압 레벨 상태
0	꺼짐	OFF	0 V
1	켜짐	ON	+5 V

[1] 불 대수와 기본 논리 게이트

(1) AND 연산

AND 연산의 출력 신호는 1 개, 입력 신호는 2 개 이상으로 모든 입력 신호가 '1' 일 때 출력 신호는 '1' 이 된다. 연산 기호로는 •, × 등을 사용하며, 생략할 수도 있다. 논리 변수 A, B를 AND 연산하고 그 결과를 C로 나타내는 논리식은 다음과 같다.

$$C = A \cdot B = A \times B = A\,B \tag{15.6}$$

그림 15.9는 AND 게이트를 나타낸 것이며, 그림 15.10은 다이오드를 사용한 무접점 회로의 AND 회로의 예를 나타낸 것이다. PB_1과 PB_2가 OFF된 상태에서는 트랜지스터가 동작되지 않으므로 출력인 램프 PL은 켜지지 않는다. 그런데 만일 PB_1과 PB_2가 모두 ON 상태가 되면 PB_1과 PB_2의 접점 오른쪽 전압이 5 [V]이므로 다이오드 D_1, D_2는 OFF 상태가 되어 결국 트랜지스터는 ON 상태가 되어 출력 램프 PL은 켜지게 된다.

실제로 많이 사용하는 AND 게이트의 IC로 TTL에서는 7408(2입력), 7411(3입력) 등이 있으며, CMOS에서는 4081(2입력), 4073(3입력) 등이 있다.

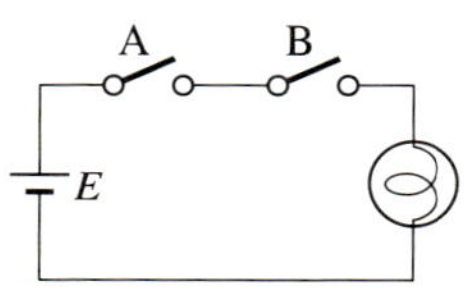

(a) 유접점 회로

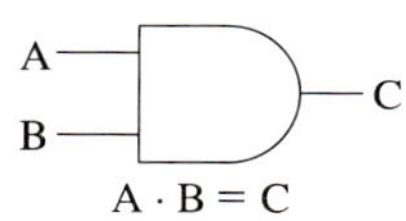

(b) AND 게이트

입 력		출 력
A	B	C
0	0	0
0	1	0
1	0	0
1	1	1

(c) 진리표

그림 15.9 AND 게이트

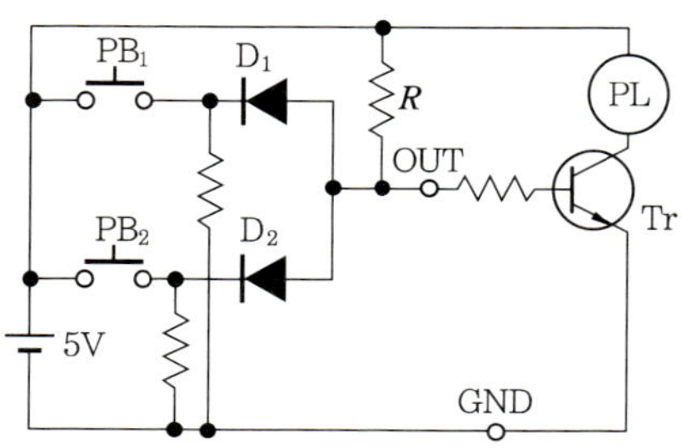

(a) 무접점 AND 게이트 회로

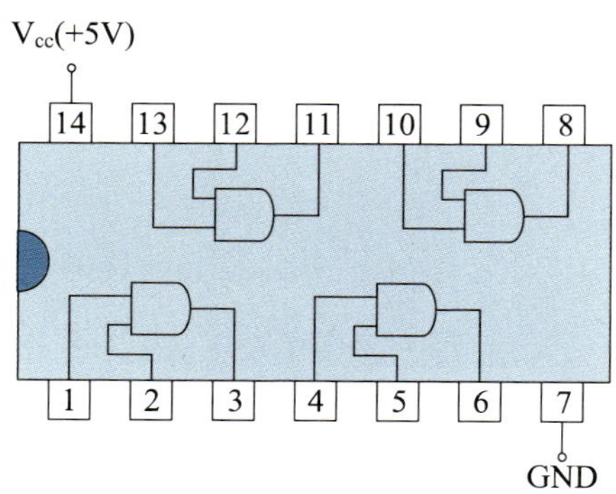

(b) IC 7408 핀 배치도

그림 15.10 무접점 AND 게이트 회로 및 IC 7408 핀 배치도

(2) OR 연산

OR 연산의 출력 신호 1 개, 입력 신호는 2 개 이상으로 여러 입력 신호 중에서 한 개 이상 '1' 이 입력되면 출력 신호는 '1' 이 된다. 연산 기호로는 '+'를 사용하고, 논리 변수 A, B를 OR 연산하여 그 결과를 C에 나타내는 논리식은 다음과 같다.

$$C = A + B \tag{15.7}$$

'+' 의 의미가 대수적인 덧셈이 아니라는 점에 주의해야 한다.

그림 15.11은 OR 게이트를 나타낸 것이며, 그림 15.12는 다이오드를 사용한 무접점 회로의 OR 회로의 예를 나타낸 것이다. PB_1과 PB_2가 OFF 된 상태에서 D_1, D_2는 OFF 상태가 된다. PB_2가 ON 상태이거나 또는 그 반대인 상태에서는 트랜지스터가 동작되어 램프 PL은 켜지는데 만일 PB_1과 PB_2가 모두 ON 되어도 트랜지스터는 ON 되어 출력 램프 PL은 켜진다.

실제로 많이 사용하는 OR 게이트의 종류로는 TTL IC인 7432(2 입력)와 CMOS IC인 4071(2 입력), 4075(3 입력) 등이 있다.

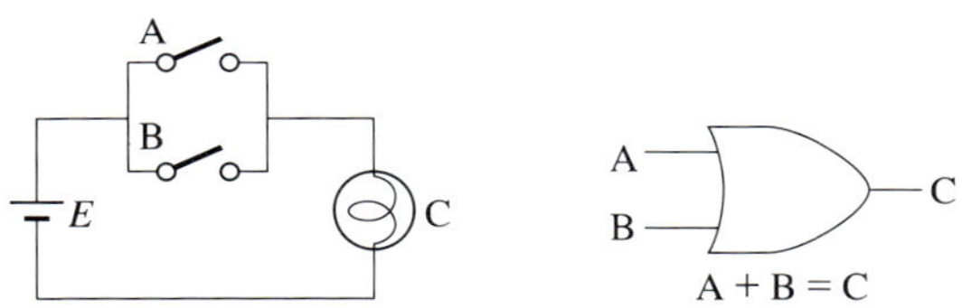

입 력		출 력
A	B	C
0	0	0
0	1	1
1	0	1
1	1	1

(a) 유접점 회로 (b) OR 게이트 (c) 진리표

그림 15.11 OR 게이트

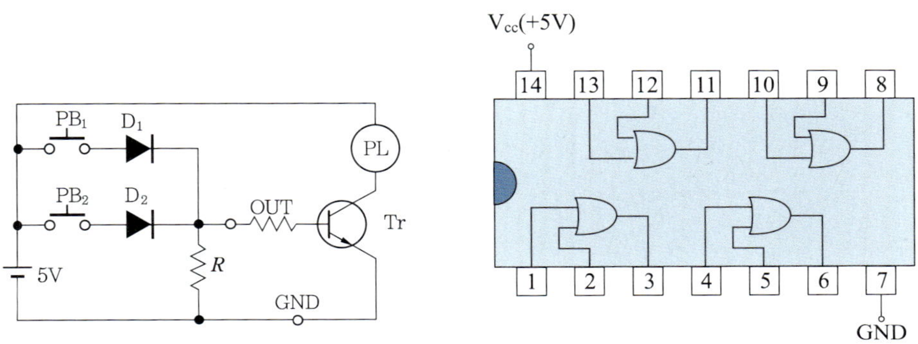

(a) 무접점 OR 게이트 회로 (b) IC 7432 핀 배치도

그림 15.12 무접점 OR 게이트 회로 및 IC 7432 핀 배치도

(3) NOT 연산

NOT 연산은 인버터(inverter)라고도 하며, 출력 신호와 입력 신호가 각각 1 개로서 출력 신호는 항상 입력 신호의 반대가 된다. 논리 변수 A를 부정하고, 그 결과를 C로 나타낸 논리식은 다음과 같다. 즉, Y는 A의 부정이다.

$$C = \overline{A} \tag{15.8}$$

그림 15.13은 NOT 게이트를 나타낸 것이며, 그림 15.14는 트랜지스터를 사용한 NOT 회로의 예이다. PB가 ON 되면 Tr_1은 ON 되고, Tr_2는 OFF 되어 출력 램프 PL은 꺼진다. 만일 PB가 OFF 상태이면 Tr_1은 동작하지 않고, Tr_2는 동작되므로 출력 램프 PL은 켜진다. NOT 게이트는 일반적으로 인버터(inverter)라고도 불리며, 입력에 대한 보수(補數, complement)를 얻을 수 있다.

실제로 많이 사용하는 NOT 게이트의 IC로는 TTL의 7404, 7405, 7406과 CMOS의 4049, 4069 등이 있다.

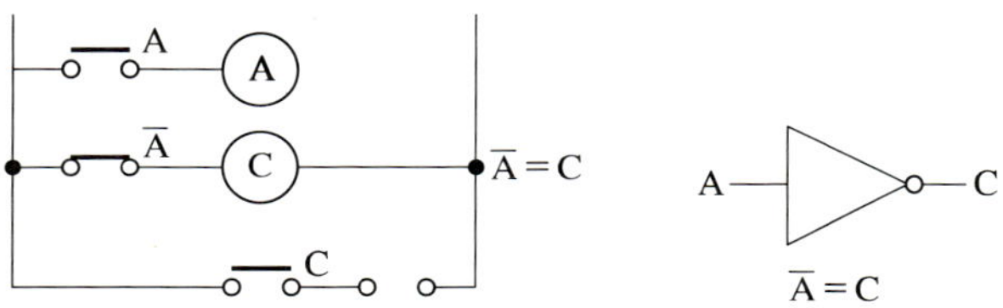

(a) 유접점 회로 (b) NOT 게이트

입 력	출 력
A	C
0 1	1 0

(c) 진리표

그림 15.13 NOT 게이트

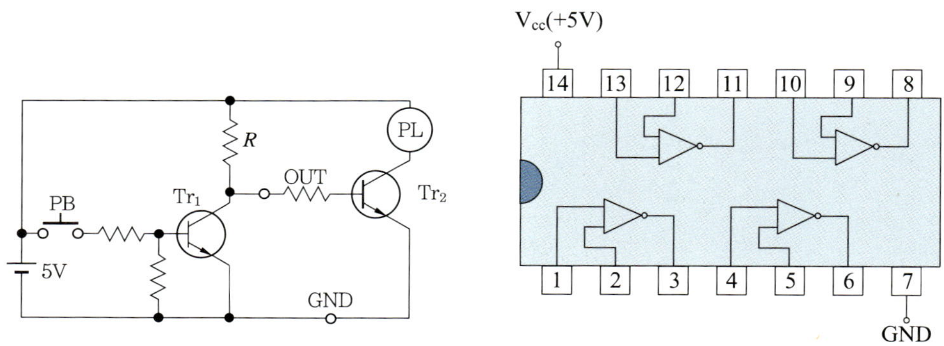

(a) 무접점 NOT 게이트 회로 (b) IC 7404 핀 배치도

그림 15.14 무접점 NOT 게이트 회로 및 IC 7404 핀 배치도

[2] 불 대수와 기타 논리 게이트

(1) NAND 연산

NAND 연산은 AND 회로와 NOT 회로를 합한 것과 같은 기능을 나타낸다. NAND 연산의 출력 신호는 1 개, 입력 신호는 2 개 이상으로 여러 입력 신호 중에서 '0' 이 한 개 이상 입력되면 출력 신호는 '1' 이 된다. NAND 게이트는 실제로 가장 많이 이용되는 것 중의 하나로 AND, OR, NOT 게이트 등의 여러 조합으로도 구성할 수 있다. NAND 연산의 A, B를 입력으로 하고, 그 결과를 C로 나타낸 논리식은 다음과 같다.

$$C = \overline{A \cdot B} = \overline{A\,B} = \overline{A \times B} \tag{15.9}$$

그림 15.15는 NAND 게이트를 나타낸 것이며, 그림 15.16은 NAND 연산 회로 및 7400 핀 배치도의 예이다. NAND 게이트의 IC로는 TTL에서는 7400(2 입력), 7410(3 입력) 등이 있으며, MOS에서는 4011(2 입력), 4023(3 입력) 등이 있다.

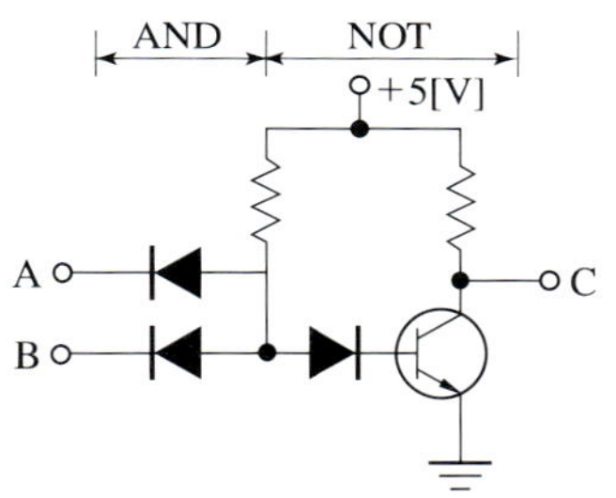

(a) 무접점 NAND 회로

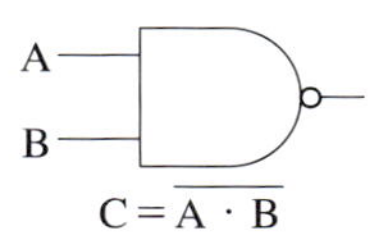

(b) NAND 게이트

입력		출력
A	B	C
0	0	1
0	1	1
1	0	1
1	1	0

(c) 진리표

그림 15.15 NAND 게이트

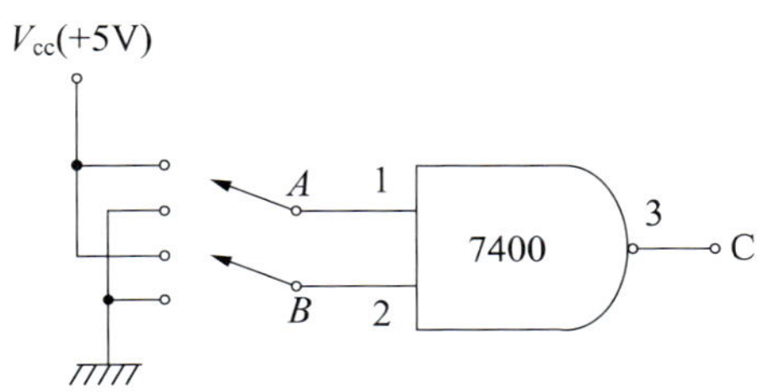

(a) NAND 연산 회로

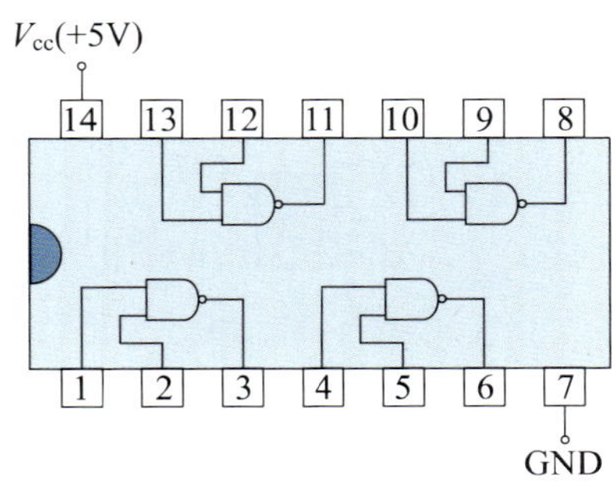

(b) IC 7400 핀 배치도

그림 15.16 NAND 연산 회로 및 IC 7400 핀 배치도

(2) NOR 연산

NOR 연산은 출력 신호가 1 개, 입력 신호는 2 개 이상으로 모든 입력 신호가 '0' 일 때만 출력 신호는 '1' 이 된다. 즉, NOR 회로는 OR 회로와 NOT 회로를 조합한 것이다. 그림 15.17 NOR 게이트 나타낸 것이며, 그림 15.18 NOR 연산 회로 및 IC 7402 핀 배치도이다.

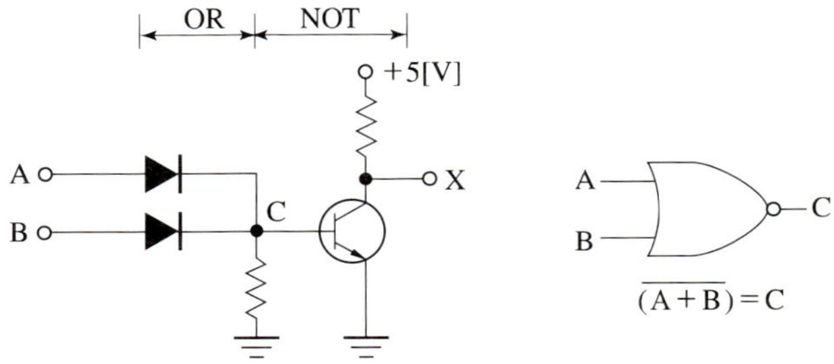

(a) 무접점 NOR 회로　　(b) NOR 게이트

입 력		출 력
A	B	C
0	0	1
0	1	0
1	0	0
1	1	0

(c) 진리표

그림 15.17 NOR 게이트

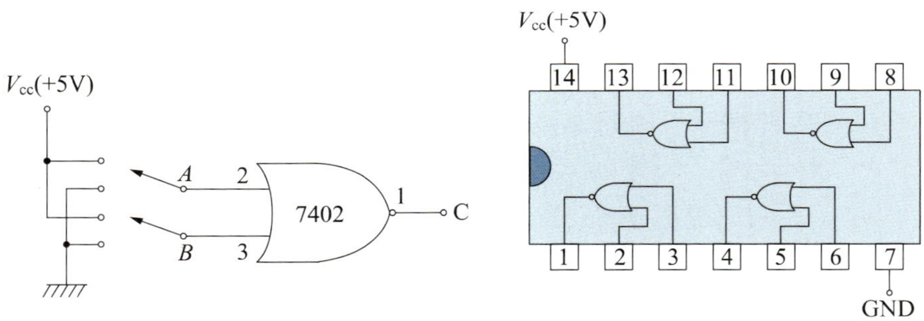

(a) NOR 연산 회로　　(b) IC 7402 핀 배치도

그림 15.18 NOR 연산 회로 및 IC 7402 핀 배치도

(3) XOR 연산

XOR 연산은 배타적 OR (EXOR; exclusive-OR) 연산으로 두 입력 변수의 값이 같을 때에는 출력이 '0' 이 되고, 입력 변수의 값이 서로 다를 때에는 출력 값이 '1' 이 되는 연산이다. 이와 같은 회로를 반일치 회로라고도 하며, 보수 회로에 응용된다. 실제 많이 사용하는 XOR 게이트의 IC는 TTL의 7486 (2 입력)과 CMOS의 4030 (2 입력) 등이 있다. 입력이 A, B일 때 그 결과 C에 대한 논리식은 다음과 같으며, 그림 15.19 XOR 게이트 및 IC 7486 핀 배치도이다.

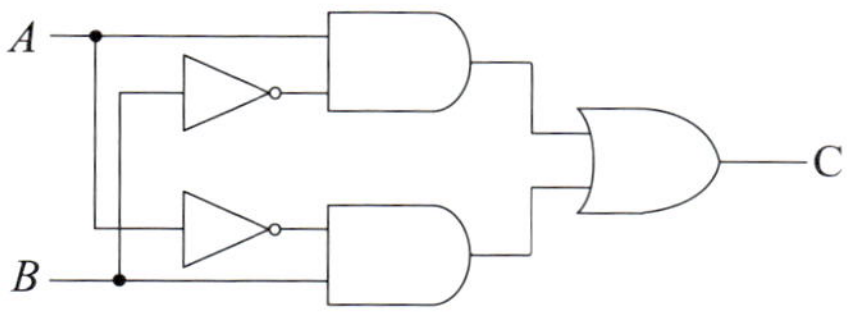

(a) XOR 게이트 구성

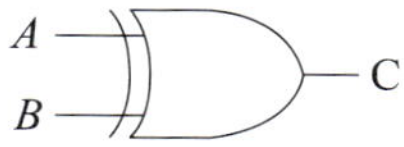

(b) 논리 기호

입 력		출 력
A	B	C
0	0	0
0	1	1
1	0	1
1	1	0

(c) 진리표

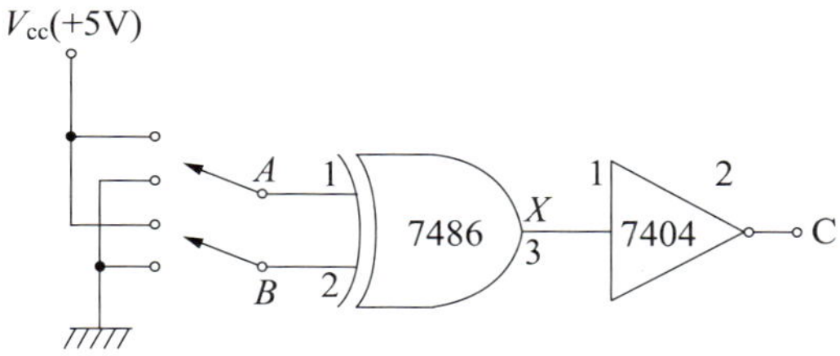

(d) XOR 연산 회로

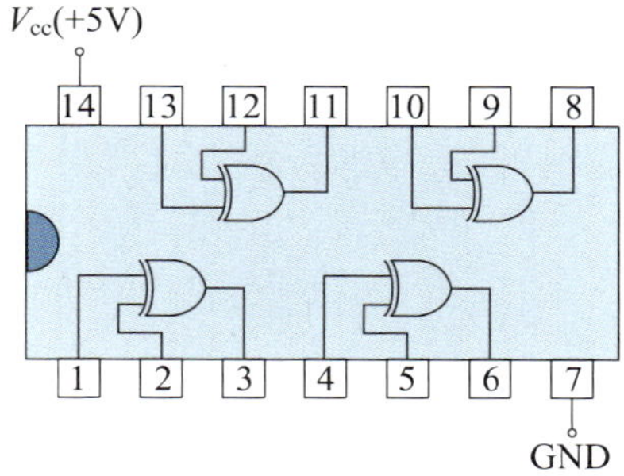

(e) IC 7486 핀 배치도

그림 15.19 XOR 게이트 및 IC 7486 핀 배치도

$$C = A\overline{B} + \overline{A}B = A \oplus B \tag{15.10}$$

(4) XNOR 연산

XNOR 연산은 배타적-NOR (EXNOR; exclusive-NOR) 연산으로 XOR 연산을 부정한 것이다. 두 입력 값이 같을 때는 출력 값이 '1' 이 되고, 다르면 '0' 이 된다. 이와 같은 회로를 일치 회로라 하며, 비교 회로에 응용된다. 대표적인 XNOR 게이트의 IC로는 TTL의 74266(2 입력)이 있다. 입력이 A, B일 때 그 결과 C에 대한 논리식은 다음과 같으며, 그림 15.20 XNOR 게이트 및 연산 회로를 나타낸 것이다.

$$C = \overline{A}\,\overline{B} + AB = \overline{A \oplus B} = A \odot B \tag{15.11}$$

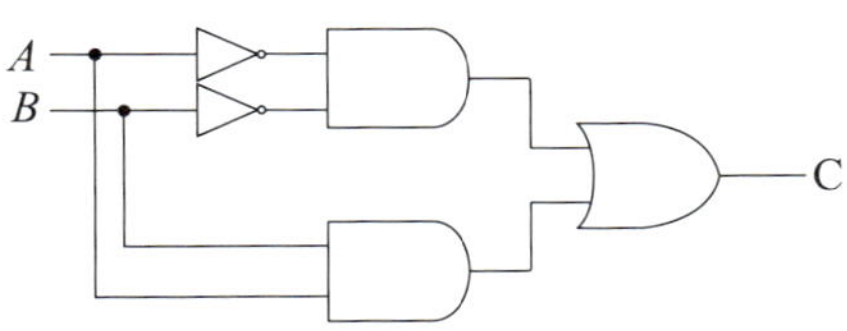

(a) XNOR 게이트 구성

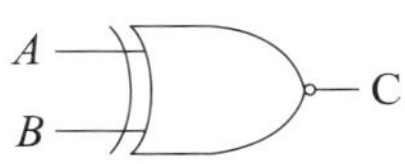

(b) 논리 기호

입 력		출 력
A	B	C
0	0	1
0	1	0
1	0	0
1	1	1

(c) 진리표

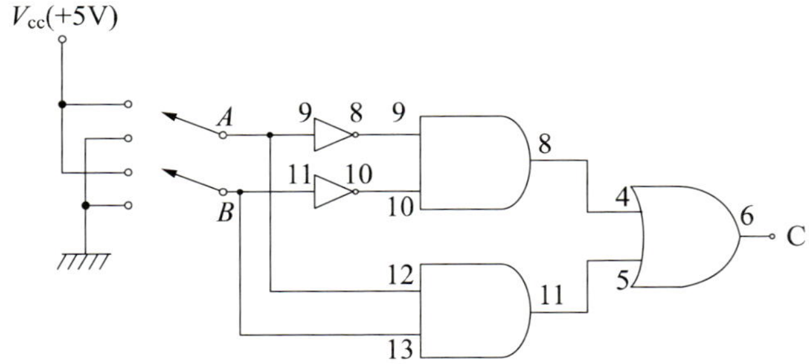

(d) XNOR 연산 회로

그림 15.20 XNOR 게이트 및 연산 회로

(5) 버퍼

버퍼(buffer)는 입력 값이 출력 값으로 그대로 나타나는 것으로 논리적으로 무의미해 보이나 실제로 회로에서는 중요한 기능을 가진다.

첫째, 감쇄 신호의 회복 기능으로 도선 및 여러 게이트의 통과로 약진 신호를 버퍼의 출력으로 감쇄된 신호가 회복된다. 즉, +5 [V]의 논리 '1' 의 상태가 긴 도선의 고유 저항 등에 따른 전압 강하로 인하여 논리 '0' 의 상태가 될 수도 있다. 이때 도선의 중간에 버퍼 회로를 사용하면 원래의 논리 '1' 인 +5 [V]가 정격대로 출력된다. 따라서 버퍼는 입력 신호를 그대로 통과시키는 것이 아니라 입력 신호(데이터)를 감지해서 정격의 출력 신호(데이터)를 내보내는 것이다.

둘째, 지연 시간(遲延 時間, delay time) 기능으로 입력된 신호가 버퍼를 통과해서 출력되는데 전달 지연 시간이 있게 된다. 그 밖에 팬 아웃(fan out)의 확대 및 CMOS의 출력을 여러 개의 TTL에 접속할 때에도 버퍼를 사용할 수 있다. 대표적인 버퍼 게이트의 IC는 TTL의 7434와 CMOS의 4050 등이 있다. 버퍼의 논리 기호 및 진리표는 그림 15.21과 같다.

$$C = A \tag{15.12}$$

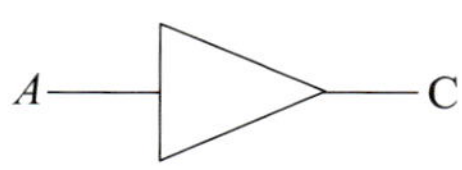

입 력	출 력
A	C
0 1	0 1

그림 15.21 버퍼 회로

15.7 불 대수의 정리

[1] 불 대수의 기본 성질

불 대수는 결과가 참 또는 거짓으로 되는 명제를 기술한 것으로서 불 대수를 이용하여 논리 함수를 간략하게 할 수 있다. 불 대수는 디지털 논리 '0' 또는 '1' 의 요소와 AND, OR, NOT 의 기본 논리를 이용하는 대수로 다음과 같은 기본 가설을 근거로 전개된다.

구분		내용
(1) 공리		① $A \neq 0$ 이면 $A = 1,\ \overline{A} = 0$ $A \neq 0$ 이면 $A = 0,\ \overline{A} = 1$ ② $0 \cdot 0 = 0,\ \ 0 \cdot 1 = 1 \cdot 0 = 0,\ \ 1 \cdot 1 = 1$ ③ $0 + 0 = 0,\ \ 0 + 1 = 1 + 0 = 1,\ \ 1 + 1 = 1$ ④ $\overline{0} = 1,\ \ \overline{1} = 0$
(2) 기본 정리		① $A \cdot 0 = 0,\ \ A + 0 = A$ ② $A \cdot 1 = A,\ \ A + 1 = A$ ③ $A \cdot A = A,\ \ A + A = A$ ④ $A \cdot \overline{A} = 0,\ \ A + \overline{A} = 1$
(3) 기본 법칙	① 교환 법칙	$A + B = B + A$ $A \cdot B = B \cdot A$
	② 결합 법칙	$A + (B + C) = (A + B) + C$ $A \cdot (B \cdot C) = (A \cdot B) \cdot C$
	③ 분배 법칙	$A + (B \cdot C) = (A + B) \cdot (A + C)$ $A \cdot (B + C) = (A \cdot B) + (A \cdot C)$
	④ 흡수 법칙	$A + (A \cdot B) = A$ $A \cdot (A + B) = A$
	⑤ 2중 부정	$\overline{\overline{A}} = A$

불 대수는 논리적 판단을 위한 수학적 기법으로 디지털 회로에서 논리식의 취급에는 다음과 같은 약속이 있다.

① 연산을 할 때에는 부정(NOT), 논리곱(AND), 논리합(OR) 등의 순서대로 한다.
② [ ], { }, ( ) 등의 괄호는 일반 대수학에서의 규칙과 같다.
③ 일반 대수학에서처럼 통분이나 부호를 바꾼 이항은 할 수 없다.
④ 변수 A, B, C, …, Y, Z 등은 어느 문자라도 기호로서 사용된다.
단, 변수가 있는 값은 '0' 또는 '1' 만을 가진다.

그림 15.22(a)는 IC 7408 1개와 7432 1개로 결선한 것으로 분배 법칙을 적용하여 그림 15.22(b)와 같이 나타낼 수 있다.

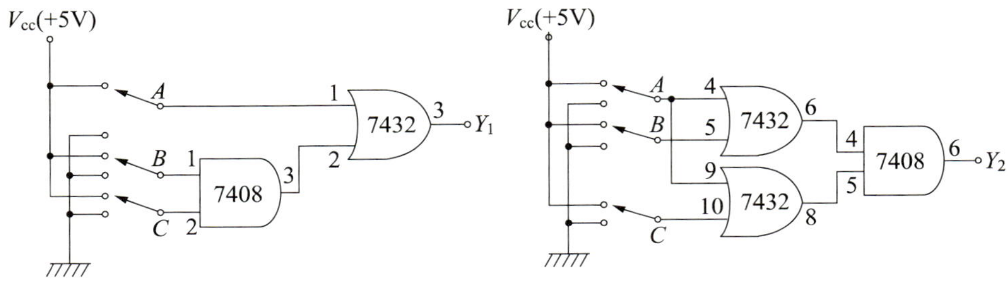

(a) A+(B·C) (b) (A·B)+(A·C)

그림 15.22 분배 법칙을 이용한 논리 회로

[2] 드모르간의 정리

영국의 논리학자이며 수학자인 드모르간(Augustus De Morgan, 1806~1871)이 제안한 드모르간의 정리(De Morgan's theorems)는 쌍대 법칙에 부정의 개념을 적용하여 불 대수식 사이에 논리합과 논리곱의 상호 교환이 가능하도록 한 정리이다. 불 대수 정리의 대수식 사이에는 일정한 관계가 성립되며, 논리식을 간소화 할 수 있다.

〈제 1 정리〉

논리합의 전체 부정은 각각 변수의 부정을 논리 곱한 것과 같다.

$$\overline{A+B} = \overline{A} \cdot \overline{B} \tag{15.13}$$

〈제 2 정리〉

논리곱의 전체 부정은 각각 변수의 부정을 논리 합한 것과 같다.

$$\overline{A \cdot B} = \overline{A} + \overline{B} \tag{15.14}$$

드모르간의 정리는 논리식의 보수를 구할 때에도 사용되며 논리식의 보수(부정)를 구할 때 <정리 1>과 <정리 2>를 이용하여 다음과 같은 방법으로 얻을 수 있다.

> ① 논리식의 전체 부정을 각 논리 변수의 부정으로 바꾼다.
> ② 논리곱(AND)은 논리합(OR)으로 논리합(OR)은 논리곱(AND) 등으로 바꾼다.
> ③ 논리 상수가 있으면 '1' 은 '0' 으로 '0' 은 '1' 로 바꾼다.

그림 15.23은 드모르간의 제 1 정리를 이용한 논리 회로이고, 그림 15.23은 드모르간의 제 2 정리를 이용한 논리 회로를 나타낸 것이다. 회로에서 표시되는 V_{cc}는 Voltage collector로 컬렉터에 공급되는 전원 공급 단자를 나타내는 것이다. 한편, V_{dd} 는 Voltage drain으로 TTL에서는 V_{cc}라 하고, CMOS에서는 V_{dd}로 사용하지만 최근에는 혼용해서 사용한다. 또한, GND 는 V_{ee}는 Voltage emmiter 또는 V_{ss}는 Voltage sources 라고 표현하는 것이 맞지만 통상 단전원일 때는 V_{ee}를 GND로 취급한다.

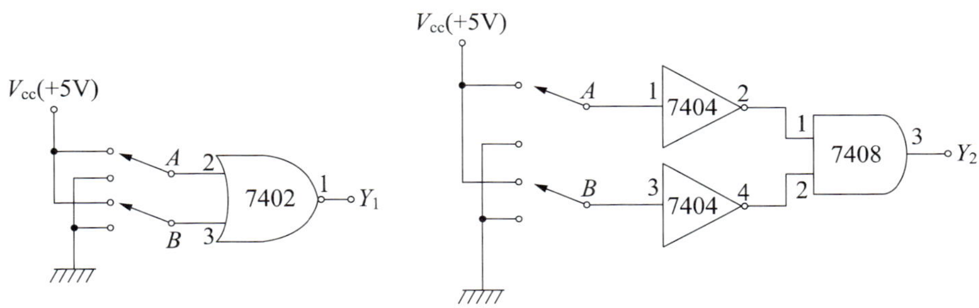

(a) $\overline{A+B}$ 회로 (b) $\overline{A}\cdot\overline{B}$ 회로

그림 15.23 드모르간의 제 1 정리를 이용한 논리 회로

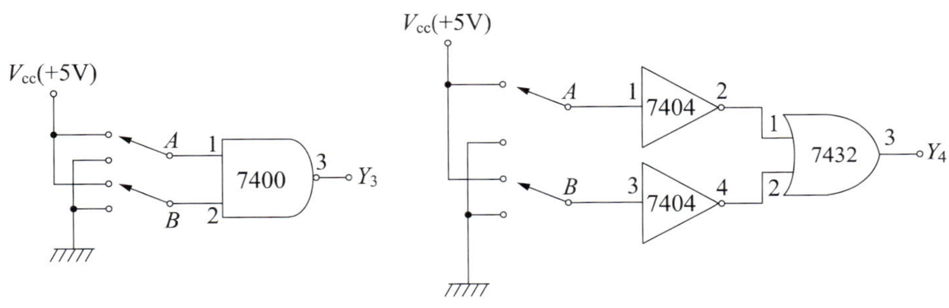

(a) $\overline{A\cdot B}$ 회로 (b) $\overline{A}+\overline{B}$ 회로

그림 15.24 드모르간의 제 2 정리를 이용한 논리 회로

TTL의 경우는 대부분 +5 [V] 전원을 사용하므로 V_{cc}로 +5 [V]를 연결하고, GND는 0 [V]에 접속한다.

예제 15.14

논리식 $(\overline{A} \cdot B) + C \cdot D$의 보수를 구하시오.

풀이

$(\overline{A} \cdot B) + C \cdot D$의 보수는 $\overline{(\overline{A} \cdot B) + C \cdot D}$ 이다.

$$\begin{aligned}\overline{(\overline{A} \cdot B) + C \cdot D} &= \overline{(\overline{A} \cdot B)} \cdot \overline{C \cdot D} \\ &= (\overline{\overline{A}} + \overline{B}) \cdot (\overline{C} + \overline{D}) \\ &= (A + \overline{B}) \cdot (\overline{C} + \overline{D})\end{aligned}$$

[3] 논리식의 쌍대성

불 대수에서 두 논리식 사이에 다음과 같은 관계가 성립하면 두 논리식은 쌍대(雙對, duality) 관계에 있다고 하며, 쌍대 관계는 다음의 방법에 따라 대치하면 얻을 수 있다.

① 논리 변수는 그대로 사용한다.
② 논리곱(AND)은 논리합(OR)으로 논리합(OR)은 논리곱(AND) 등으로 대치한다.
③ 논리 상수가 있으면 '1' 은 '0' 으로 '0' 은 '1' 로 대치한다.

예제 15.15

논리식 $Y = \overline{A}B + C + 0 \cdot D(1 + \overline{E} + F)$을 쌍대 관계로 변환하시오.

풀이

논리의 쌍대성 ①, ②, ③ 등과 같은 방법으로 각각 대치하여 바꾸면 얻을 수 있다.

$$Y = (\overline{A} + B) \cdot C \cdot (1 + D + (0 \cdot \overline{E} \cdot F))$$

15.8 논리식의 간소화

불 대수로 표현된 논리식은 논리 소자를 이용하여 논리 회로로 구성할 수 있다. 논리 소자와 입·출력선의 개수를 줄여 논리 회로를 간소화하는 것은 장치의 크기와 비용을 줄이고, 효율성을 증대하는 효과가 있다. 동일한 출력을 갖는 논리식은 다양하게 표현될 수 있다. 이러한 논리식에서 불필요한 항과 변수를 제거하여 간소화된 등가 회로로 만드는 것을 논리식의 간소화(簡素化, minimization)라고 한다. 논리식의 간소화는 논리 소자를 줄여 효율성을 높이기 위해 필요하다. 간소화 방법에는 다음과 같은 3가지 방법들이 있다.

① 불 대수(Boolean algebra)를 이용하는 방법
② 카르노도(Karnaugh map)를 이용하는 방법
③ 도표법(Quine-McCluskey)을 이용하는 방법

카르노도(Karnaugh map)에 의한 논리식의 간소화는 진리표를 도식적으로 나타내어 적은 수의 변수를 2~5 개 정도 가지는 논리식를 단순화시킬 수 있다. 카르노도는 n 개의 변수로 표현될 수 있는 최소항 또는 최대항을 나타내기 위한 2^n 개의 사각형 항들로 구성된다. 상하 또는 좌우에 인접된 셀(cell)에는 하나의 변수 값만이 다르게 표현된 최소항 또는 최대항이 배치되도록 한 것이며, 그림 15.25는 2 변수일 때의 카르노도이다.

A \ B	0	1
0	m_0	m_1
1	m_2	m_2

(a) 최소항

A \ B	0	1
0	$\bar{A}\,\bar{B}$	$\bar{A}\,B$
1	$A\,\bar{B}$	$A\,B$

(b) 최소항

A \ B	0	1
0	M_0	M_1
1	M_2	M_2

(c) 최대항

A \ B	0	1
0	$A+B$	$A+\bar{B}$
1	$\bar{A}+B$	$\bar{A}+\bar{B}$

(d) 최대항

그림 15.25 2 변수의 카르노도

카르노도를 이용하여 논리식(논리 함수 또는 불 대수)을 단순화하기 위해서는 다음과 같은 순서로 진행된다.

① 논리식을 최소항의 합 형태로 전개한다.
② 카르노도로 논리식의 최소항을 '1' 로 표기하고, 나머지는 '0' 으로 표기한다.
③ $A+\overline{A}=1$ 및 $A \cdot A=A$인 불 대수 정리를 이용하여 인접 항과의 변수를 단순화 작업한다.
④ 최소항이 '1' 인 인접한 항을 가능하면 16 개, 8 개, 4 개, 2 개 단위로 묶는다.
⑤ 논리식의 최대항 함수는 '0' 으로 된 항을 묶고 소거한 함수에 드모르간의 정리(보수)를 적용한다.

최소항으로 분리된 임의의 논리식은 다음과 같다.

$$F_{min} = \overline{A}B + A\overline{B} + AB = m_1 + m_2 + m_3 = \sum(m_1, m_2, m_3) \tag{15.15}$$

최대항으로 분리된 임의의 논리식은 다음과 같다.

$$F_{max}(A, B) = (A+\overline{B})(\overline{A}+B)(\overline{A}+\overline{B}) = M_1 \cdot M_2 \cdot M_3 = \prod(M_1, M_2, M_3) \tag{15.16}$$

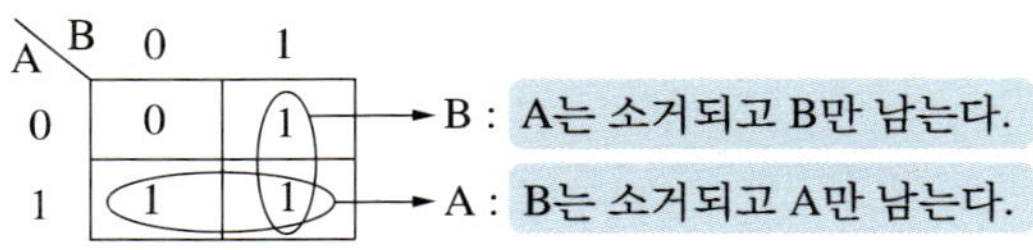

(a) 최소항 묶음, F=A+B

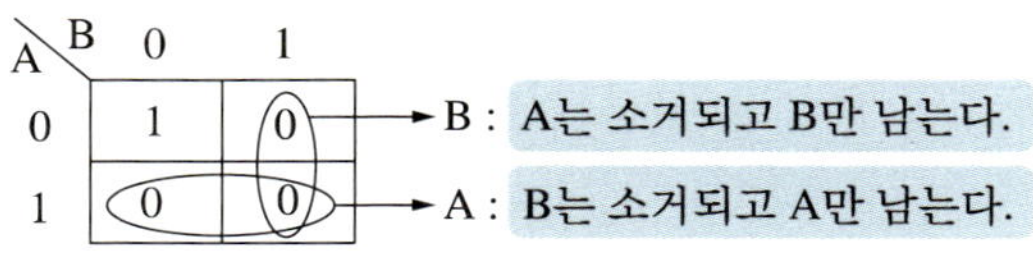

(b) 최대항 묶음, $F_{max}=\overline{F}=(\overline{A}+\overline{B})=\overline{A}\overline{B}$

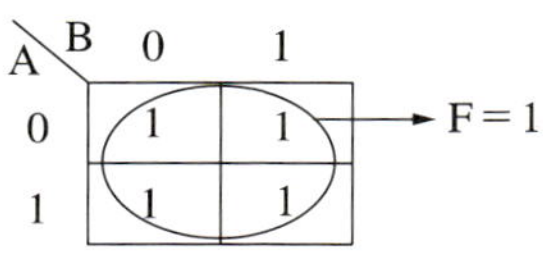

(c) 4개항 묶음, F=1

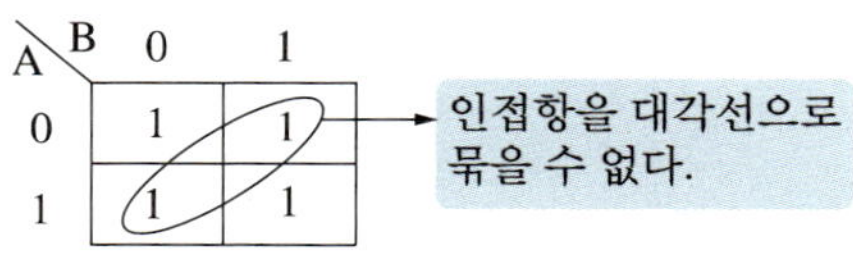

(d) 소거할 수 없는 묶음

그림 15.26 카르노도를 이용한 최소항과 최대항 간소화

그림 15.26의 (a)와 (b)는 2 변수의 카르노도를 나타낸 것으로 $2^2 = 4$ 이다. 즉, 4 개의 최소항과 최대항으로 구성되어 있다. 그림 15.26(a)는 최소항의 위치 m_1, m_2, m_3에 '1' 을 표시하였고, 인접한 항끼리는 그림 15.26(a)와 같이 2 개이다. 또는 그림 15.26(c)와 같이 4 개 단위로 묶음을 만들 수 있다. 그러나 그림 15.26(d)와 같이 인접한 항을 대각선으로 묶을 수는 없다.

그림 15.26(a)는 최소항으로 구성되어 있으므로 남아 있는 변수들은 합하면 되므로 결과 $F = A + B$가 된다. 이것을 불 대수식으로 계산하면 다음과 같다.

$$F_{13} = m_1 + m_3 = \overline{A}\,B + A\,B = B(\overline{A} + A) = B(1) = B \tag{15.17}$$

$$F_{23} = m_2 + m_3 = A\,\overline{B} + A\,B = A(\overline{B} + B) = A(1) = A \tag{15.18}$$

즉, 카르노도의 계산과 일치함을 알 수 있다.

그림 15.26(b)에서 '0' 으로 표시되는 최대항을 묶고 소거하는 방법은 최소항과 동일하나 결과는 드모르간의 정리를 적용하는 것이 차이가 있다. 그러므로 논리식 F에 드모르간의 정리를 적용하여 보수를 취하면 다음과 같다.

$$F_{max} = \overline{F} = (\overline{A + B}) = \overline{A}\,\overline{B} \tag{15.19}$$

이것을 불 대수식으로 계산하면 다음과 같다.

$$F_{13} = M_1 \cdot M_3 = (A + \overline{B}) \cdot (\overline{A} + \overline{B}) = \overline{B} \tag{15.20}$$

$$F_{23} = M_2 \cdot M_3 = (\overline{A} + B) \cdot (\overline{A} + \overline{B}) = \overline{A} \tag{15.21}$$

$$F_{max} = F_{13} \cdot F_{23} = \overline{A}\,\overline{B} \tag{15.22}$$

즉, 불 대수식과 계산카르노도의 계산이 일치함을 알 수 있다.

예제 15.16

논리식 $F = \overline{A}\,\overline{B}C + \overline{A}BC$을 카르노도를 이용하여 간소화 하시오.

풀이

① 3 변수 항의 카르노도를 그리고 최소항에 해당하는 항을 '1' 로 한다.

② '1' 로 된 항을 기본 법칙에 따라 묶어 논리식을 간소화 한다.

③ 간소화된 논리식을 정리하면 결과 $F = \overline{A}C$ 이다.

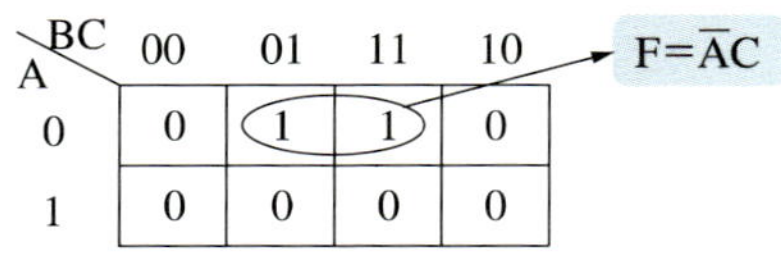

예제 15.17

다음 논리식 $F = ABC + A\overline{B}\,\overline{C} + \overline{A}BC + AB\overline{C}$을 카르노도를 이용하여 간소화 하시오.

풀이

① 3변수 항의 카르노도를 그리고 최소항에 해당하는 항을 '1' 로 한다.

② '1' 로 된 항을 기본 법칙에 따라 묶어 논리식을 간소화 한다.

③ 간소화된 논리식을 정리하면 결과 $F = BC + A\overline{C}$ 이다.

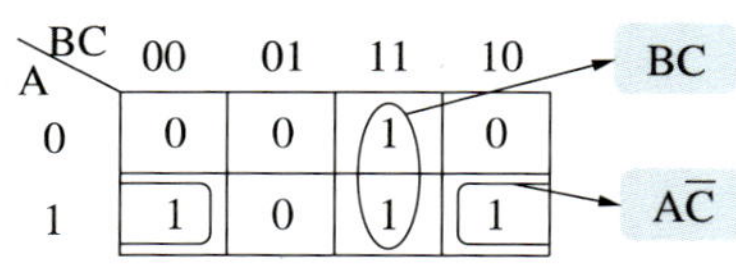

15장 연습문제

01. 게이트 입력 단자에 신호가 들어와 출력 단자로 나오기까지 걸리는 시간은?

답 전달 지연 시간

02. 논리 신호 0 과 1 을 구분하는 경계 전압은?

답 문턱 전압

03. 게이트 출력 단자에 접촉할 수 있는 최대 입력 단자의 수 등을 의미하는 것은?

답 팬 아웃

04. 디지털 시스템에서 0 과 1 의 2가지 기호만을 사용하여 표기하는 진수는?

답 2진수

05. 디지털 회로에서 2진수를 표현할 때 2진 기억 소자의 집단을 사용하는데 이와 같은 집단은?

답 레지스터

06. 실수를 표현하는 방식은 모두 같으며 한 가지 공통된 방식은 지수형으로 나타내는 것이다. 소수점의 위치를 가장 큰 유효 숫자의 왼쪽으로 옮겨서 지수와 함께 표시하는 것은?

답 정규화

07. 숫자 0～9까지의 10진수를 2진수의 0 과 1 로 표시하는 코드로 10진수 표현보다 자릿수가 많아 비효율적이지만 코드가 0 과 1 로만 표시되어 디지털 시스템에 바로 적용할 수 있는 코드는?

답 BCD

08. BCD 코드의 변형된 형태로 BCD 코드에 10진수의 3(2진수의 0011)을 각각 더한 것은?

답 3 초과 코드

09. 사칙 연산에는 부적당하지만 서로 이웃하는 숫자와 1 개의 비트만 변하게 되어 있어서 입력 코드로 사용할 때 오류가 적은 특성을 갖는 코드는?

답 그레이 코드

10. 패리티 비트의 기능을 확장하여 오류의 검사뿐만 아니라 오류를 정정할 수 있는 대표적인 코드는?

답 해밍 코드

11. 대형 컴퓨터 등에서 주로 사용되는 코드이며 1개의 영숫자 코드가 8 비트로 구성되어 있는 코드는?

답 ASCII 코드

12. 2 바이트 완성형 코드와 2 바이트 조합형 코드로 구분되어 있으며 한글을 표기하는 코드는?

답 한글 코드

13. 컴퓨터 관련 업계의 표준으로 규정한 문자 코드로서 각국의 언어를 통일된 방법으로 표현할 수 있게 제안된 코드는?

답 유니 코드

14. 출력 신호는 1개, 입력 신호는 2개 이상으로 모든 입력 신호가 1 일 때 출력 신호는 1 이 되는 연산은?

답 AND 연산

15. 출력 신호는 1 개, 입력 신호는 2 개 이상으로 여러 입력 신호 중에서 한 개 이상 1 이 입력되면 출력 신호는 1 이 되는 연산은?

답 OR 연산

16. 인버터(inverter)라고도 하며 출력 신호와 입력 신호가 각각 1 개로서 출력 신호는 항상 입력 신호의 반대가 되는 연산은?

답 NOT 연산

17. 출력 신호는 1 개, 입력 신호는 2 개 이상으로 여러 입력 신호 중에서 0 이 한 개 이상 입력되면 출력 신호는 1 이 되는 연산은?

답 NAND 연산

18. 출력 신호가 1개, 입력 신호는 2개 이상으로 모든 입력 신호가 0 일 때만 출력 신호는 1 이 되는 연산은?

답 NOR 연산

19. 두 입력 변수의 값이 같을 때에는 출력이 0 이 되고, 입력 변수의 값이 서로 다를 때에는 출력 값이 1 이 되는 연산은?

답 XOR 연산, exclusive-OR, EXOR

20. XOR 연산을 부정한 것으로 두 입력 값이 같을 때는 출력 값이 1 이 되고, 다르면 0 이 되는 연산은?

답 XNOR 연산, exclusive-NOR, EXNOR

21. 쌍대 법칙에 부정의 개념을 적용하여 불 대수식 사이에 논리합과 논리곱의 상호 교환이 가능하도록 한 정리는?

답 드모르간의 정리

부 록

〈표 1〉 단위의 표기, 읽는 법 및 물리량

표기	단 위	단위 읽는 법	물리량	물리량(영문)
Q, q	[C]	Coulomb	전하 전기량	electric charge quantity of electricity
I, i	[A]	Ampere	전류	electric current
R, r	[Ω]	Ohm	저항	electric resistance
V, v	[V]	Volt	전압	voltage
C	[F]	Farad	정전용량 커패시턴스	electrostatic capacity or capacitance
C	[Ah]	Ampere hour	축전지 용량	capacity of battery
ϵ	[F/m]	Farad per meter	유전율	permittivity
L	[H]	Henry	인덕턴스	inductance
f	[Hz]	Hertz	주파수	frequency
D	[C/m^2] [J/m^3]	Coulomb per meter square Joule per meter cubic	전속밀도 에너지 밀도	electric flux density energy flux density
E	[N/C] [V/m]	Newton per Coulomb Volt per meter	전계의 세기	intensity of electric field
σ	[W/s]	Watt per second	전도율	conductivity
ω	[rad/s]	radian per second	각주파수 각속도	angular frequency angular velocity
θ	[rad]	radian	각도	angular measure
N_s	[rpm]	revolution per meter	동기속도 회전속도	synchronous speed rotating speed
G	[S] [℧]	Siemens mho	컨덕턴스	conductance
V	[V/cell]	Volt per cell	축전기 1개의 최저허용전압	a minimum allowable voltage of a battery
P	[W]	Watt	전력 유효전력	electric power effective power
P_r	[Var]	var	무효전력	reactive power
P_a	[VA]	Volt Ampere	피상전력	apparent power
Φ	[Wb]	Weber	자속	magnetic flux

표기	단 위	단위 읽는 법	물리량	물리량(영문)
μ	[H/m]	Henry per meter	투자율	permeability or magnetic permeability
F	[AT]	Ampere Turn	기자력	$m.m.f$, magnetomotive force
M	[Mx/m^2]	Maxwell per meter square	자화력	magnetizing force
m	[Wb·m]	Weber meter	자기모멘트	magnetic moment
J	[G] [Wb/m^2]	Gauss Weber per meter square	자화의 세기	intensity of magnetization
Gb	[Gb]	Gilbert	기자력의 단위	unit of magnetomotive force
P_e	[W/m^3]	Watt per meter cubic	와전류손	eddy current loss
T, τ	[N·m]	Newton meter	회전력	torque
P	[HP] [PS]	Horse Power PferdeStärke	마력	horse power
P	[atm]	atmosphere	기압 압력	atmosphere pressure
t	[h] [s]	hour second	시간	time
v	[m/min] [m/s]	meter per minute meter per second	속도	velocity
A	[m^2]	meter square	면적	area
l	[m]	meter	길이	length
P	[lb]	pound	중량	weight
m	[g]	gram	질량	mass
F	[N] [dyne]	Newton dyne	힘	force
w	[erg]	erg	에너지 일	energy work
mol	[mol]	mole	물질의 양	amount of substance
vol%	[vol%]	volume percent	퍼센트 농도	percent concentration
H	[J] [cal] [BTU]	Joule calorie British Thermal Unit	열량	quantity of heat
Q	[W/m^2]	Watt per meter square	대류열	convective heat
h	[W/m^2·℃]	Watt per meter square degree Celsius	열전달계수	heat transfer coefficient
k	[W/m·K]	Watt per meter Kelvin	열전도율	thermal conductivity
Q	[cal/g]	calorie per gram	융해열 증발열	heat of fusion heat of vaporization

표기	단 위	단위 읽는 법	물리량	물리량(영문)
W	[kg/m^2]	kilogram per meter square	화재하중	fire load
σ	[W/m^2·K^4]	Watt per meter square raise Kelvin to 4th power	스테판-볼츠만 상수	Stefan-Boltzmann constant
ϕ	[rad/m]	radian per meter	위상정수	phase constant
γ	[m^{-1}]	inverse meter	감광계수	photosensitive coefficient
α	[dB/m]	deciBel per meter	감쇠정수 감쇠상수	damping integer damping constant
K	[K]	Kelvin	켈빈온도	kelvin temperature
°F	[°F]	degree Fahrenheit	화씨온도	fahrenheit temperature
°R	[°R]	degree Rankine	랭킨온도	rankine temperature
℃	[℃]	degree Celsius	섭씨온도	celsius degree(temperature)

〈표 2〉 그리스문자의 알파벳

호칭(영어)	한국어	대문자	소문자	호칭(영어)	한국어	대문자	소문자
Alpha	알파	A	α	Nu	누	N	ν
Beta	베타	B	β	Xi	크사이	Ξ	ξ
Gamma	감마	Γ	γ	Omicron	오미크론	O	o
Delta	델타	△	δ	Pi	파이	Π	π
Epsilon	엡실론	E	ε	Rho	로우	P	ρ
Zeta	제타	Z	ζ	Sigma	시그마	Σ	σ, ς
Eta	에타	H	η	Tau	타우	T	τ
Theta	세타	Θ	θ	Upsilon	입실론	Y	υ
Iota	이오타	I	ι	Phi	파이	Φ	φ
Kappa	카파	K	κ	Chi	카이	X	χ
Lamda	람다	Λ	λ	Psi	프사이	Ψ	ψ
Mu	뮤	M	μ	Omega	오메가	Ω	ω

〈표 3〉 단위 환산표

(1) 호칭, 기호 및 크기

호칭	기호	크기	호칭	기호	크기
deka	D	10^{1}	yocto	y	10^{-24}
hecto	h	10^{2}	zepto	z	10^{-21}
kilo	k	10^{3}	atto	a	10^{-18}
mega	M	10^{6}	femto	f	10^{-15}
giga	G	10^{9}	pico	p	10^{-12}
tera	T	10^{12}	nano	n	10^{-9}
peta	P	10^{15}	micro	μ	10^{-6}
exa	E	10^{18}	milli	m	10^{-3}
zetta	Z	10^{21}	centi	c	10^{-2}
yotta	Y	10^{24}	deci	d	10^{-1}

(2) 길이 [L]

환산 전의 단위	환산 후의 단위	환산 계수
cm	in	0.3937
cm	ft	0.0328
ft	m	0.3048
in	cm	2.54
m	ft	3.2808
m	in	39.3701
yd (yard)	ft	3
yd	m	0.9144
자	cm	30.3030

(3) 질량 [M]

환산 전의 단위	환산 후의 단위	환산 계수
kg	lb	2.2046
lb	kg	0.4536
t (metric ton)	kg	1000
t (metric ton)	lb	2204.6
돈	g	3.75
관	kg	3.75
t (long ton)	lb	2240
t (short ton)	lb	2000

(4) 넓이 [L^2]

환산 전의 단위	환산 후의 단위	환산 계수
acre	ft^2	4356
acre	m^2	4046
m^2	ft^2	10.7639
평	m^2	3.3058

(5) 부피 $[L^3]$

환산 전의 단위	환산 후의 단위	환산 계수
cm^3	ft^3	3.5314×10^{-5}
cm^3	Gal (U.S.)	2.6417×10^{-4}
ft^3	cm^3	2.8316×10^4
ft^3	Gal (U.S.)	7.4805
ft^3	L	28.3168
Gal	in^3	231
barrel	Gal (U.S.)	42
in^3	cm^3	16.3871
m^3	ft^3	35.3147
m^3	Gal (U.S.)	264.17

(6) 시간 [T]

환산 전의 단위	환산 후의 단위	환산 계수
h	min	60
h	s	3600

(7) 속도 [L/T]

환산 전의 단위	환산 후의 단위	환산 계수
빛의 속도	m/s	2.9979×10^8

(8) 가속도 $[L/T^2]$

환산 전의 단위	환산 후의 단위	환산 계수
표준 중력 가속도	m/s^2	9.8066
표준 중력 가속도	ft/s^2	32.1740

(9) 힘, 무게 $[ML/T^2 = F]$

환산 전의 단위	환산 후의 단위	환산 계수
N (newton)	d (dyne)	1×10^5
N	lbf	0.2248
kgf	N	9.8066
kgf	lbf	2.2046
lbf	kgf	0.4536
lbf	lbl (poundal)	32.1740
lbf	N	4.4482

(10) 압력 [$F/L^2 = P$]

환산 전의 단위	환산 후의 단위	환산 계수
atm	N/m^2 = Pa	1.0132×10^5
atm	kgf/cm^2	1.0133
atm	lbf/in^2 (psi)	14.696
atm	mmHg (0℃) = torr	760
bar	N/m^2 = Pa	1×10^5
bar	lb/in^2	14.504
lb/in^2	N/m^2 = Pa	6.8947×10^5
N/m^2=Pa	lb/in^2	1.4498×10^{-4}

(11) 에너지, 일, 열 [F/L=E]

환산 전의 단위	환산 후의 단위	환산 계수
BTU	J	1054.35
BTU	cal	251.99
BTU	lbf · ft	777.65
lbf · ft	N · m = J	1.35
lbf · ft	kgf · m	2.14
lbf · ft	kW · h	3.76×10^{-7}
J = N · m	BTU	9.48×10^{-4}
J	W · s	1
J	kgf · m	0.10
kgf · m	BTU	9.28×10^{-3}
kgf · m	N · m = J	9.80
kgf · m	W · h	2.74×10^{-3}
cal	N · m = J	4.18
calIT	J	4.18

(12) 일률, 동력 [E/T, W]

환산 전의 단위	환산 후의 단위	환산 계수
HP (Horse Power)	lbf · t/s	550
HP	W = J/s = J	745.7
HP	kgf · m/s	76.040
PS (PferdeStärke)	kgf · m/s	75
kgf · m/s	W	9.8066
lbf · ft/s	W	1.3558

참고문헌

1. 김진수, 조정형, 진병일, 최재연, 최충석, "전기일반", 교육인적자원부, 2003.
2. 최충석, 김진수, "소방전기회로", 도서출판 동화기술, 2008.
3. 최충석, 김현우, 이경섭, 이춘하, 임양수, 정재희, "전기화재공학", 도서출판 동화기술, 2004.
4. 김현우, 백동현, 최충석, "사진으로 배우고 익히는 전기·소방회로실습", 성안당, 2009.
5. 이능헌, 이덕출, "전기회로", 동일출판사, 2002.
6. 김두현, 김상철, 김응식, 김찬오, 이동훈, 이성일, 정재희, 최충석, 강성화, 조성곤, "최신전기안전공학", 동화기술, 2013.
7. 이덕출, "전열공학", 동일출판사, 1996.
8. 김진수, 이덕출, "전기공학기초", 동일출판사, 2000.
9. 김진수, "전기전자실습", 한국학술정보(주), 2009.
10. 용어사전편찬위원회, "전기전자정보통신 용어사전", 청문각, 2002.
11. 최충석, "소방전기설비", 도서출판 동화기술, 2014.
12. 한국화재감식학회, "화재감식평가(Ⅰ), (Ⅱ)", 도서출판 동화기술, 2013.
13. 양성렬, 안병권, 최충석, 황한열 공역, "자연과학개론", 도서출판 동화기술, 2013.
14. 신백균, 박강식, 이경섭, 이선우, 최충석, 김용혁 공저, 이덕출 감수, "전기응용(상)", 동일출판사, 2014.
15. Giorgio Rizzoni, "Electrical Engineering", Fifth Edition, McGraw Hill, 2008.
16. Hayt Kemmerly Durbin, "Engineering Circuit Analysis", McGraw Hill, 2008.
17. J. S. T. Looms, "Insulators for High Voltages", Peter Peregrinus Ltd., 1988.
18. J. R. Cogdell, "Foundations of Electric Power", Prentice Hall, 1999.
19. Colin Bayliss and Brian Hardy, "Transmission and Distribution Electrical Engineering", Newness, 2007.
20. 교재편찬위원회 역, "대학물리학", 북스힐, 2013.
21. 화학교재연구회 옮김, "일반화학", 사이플러스, 2014.
22. 김병희 외 15, "이화학사전", 한국사전연구사, 1992.
23. David R. Lide et al, "Handbook of Chemistry and Physics", CRC Press, 1995.

찾아보기

저자약력

최충석 (공학박사)

○ 연락처

E-mail : enetek@naver.com / choi365@jj.ac.kr
이동전화 : 010-3695-7460 연구실 : 063-220-3119

○ 학력 및 경력

(현) 전주대학교 공과대학 소방안전공학과 교수
인하대학교 공과대학 전기공학과 공학사/공학석사/공학박사
서울대학교 공과대학 산업안전최고전략과정(AIS) 수료
Kumamoto University, Japan, 객원연구원(한국과학재단우수과학자선발)
인하대학교 산업과학기술연구소 선임연구원
KESCO 전기안전연구원 과장/부장/팀장/수석연구원/부원장
2011년 전주대학교 수퍼스타 교수상 수상

○ 전문가 활동

(사)한국화재소방학회, 학술이사, 편집이사, 평의원, 종신회원
(사)대한전기학회, 시니어회원, 학술이사, 편집이사, 평의원, 종신회원
(사)한국조명전기설비학회, 평의원, 종신회원
(사)한국안전학회, 편집이사, 편집위원, 평의원, 종신회원
(사)한국법과학회, 이사, 평의원, 종신회원
IEEE, NFPA, JAFCN, IEEJ etc member
한국산업안전보건공단, "KOSHA CODE 제정위원회" 위원
전기신문사, "전기설비" 편집자문위원
강원도, 전라북도 "화재조사연구회" 자문위원
한국수력원자력(주), "산업안전증진위원회" 위원
서울특별시 서울메트로 기술자문위원 등
Marquis Who's Who 세계인명사전에 등재
2017, 2018 알버트 넬슨 마르퀴즈 평생공로상 수상

○ 관심 분야

첫째, 전기재해(화재, 감전, 설비사고) 원인분석 및 감정
둘째, 융합기술을 이용한 전기설비의 안전성 향성 및 신뢰성 평가
셋째, 에너지 절감 및 환경 친화적인 시스템 개발 및 현장 적용 등

소방전기회로 정가 29,000원

발 행 2018년 9월 10일 초판 1쇄
저 자 최충석
발행인 전귀연
발행처 신광문화사
경기도 파주시 광인사길 201(문발동, 파주출판도시)
Tel (031)955-4211~6 donghwapub@nate.com
Fax (031)955-4217 www.donghwapub.co.kr
(등록) 1991년 6월 26일/6-130호

ISBN 978-89-7432-935-8

공급처 도서출판 동화기술